LE PREMIER PRINCIPE
LE SECOND PRINCIPE

Du même auteur :

Aux éditions Jean-Claude Lattès :

Léonard de Vinci, essai, 1988 (Prix Vasari de la biographie 1989) ; édition corrigée, 1995 ; Livre de Poche n° 6741.

Walter Carone Photographe, essai, 1992.

Le Réseau Melchior, roman, 1996 ; Livre de Poche n° 14430.

Chez d'autres éditeurs :

Terre Wakan, essai, Robert Laffont, 1974 (épuisé) ; *Terre sacrée*, Albin Michel, 1991.

Macumba, essai, Seghers, 1975 (épuisé) ; Albin-Michel, 1981.

L'Itinéraire du fou, roman, Flammarion, 1978 (Prix del Duca du 1er roman).

Un piège à lumière, roman, Flammarion, 1979.

Man Ray, essai, Belfond, 1980.

Le Livre des dates, essai (avec J.-P. Amunategui), Ramsay, 1981.

La Danse du loup, roman, Belfond, 1982 (Prix des libraires 1983) ; Livre de Poche n° 5950.

Un poisson muet, surgi de la mer, roman, Flammarion, 1985.

Le Manuscrit sur le vol des oiseaux de Léonard de Vinci, avant-propos d'André Chastel et d'Augusto Marinoni, Les Incunables, Paris, 1989.

Le Cheval de Léonard, essai, Adam Biro, 1990.

Le Dit de Murano, essai (photos de K. Tahara), Maeght, 1990.

Madame Satan, roman, Grasset, 1992 ; Livre de Poche n° 13555.

Chambre close, fiction (photos de B. Rheims), Maeght, 1992 ; nouvelle édition, Schirmer/Mosel, 2007.

La Terreur dans le boudoir, roman, Grasset, 1994 ; Livre de Poche n° 13898.

Mona Lisa, essai, Assouline, 1995 ; nouvelle édition, 2004.

Amateur, essai, Kehayoff Verlag, 1996.

INRI, en collaboration avec B. Rheims, Albin Michel, 1998.

Fleur de peau, essai, en collaboration avec G. Lévy, Kehayoff Verlag, 1999.

X'Mas, en collaboration avec B. Rheims, Leo Scheer, 2000.

Ragots, roman, Plon, 2000.

Shanghai, essai (photos de B. Rheims), Robert Laffont, 2003.

Le Voyage de Shanghai, essai, Grasset, 2005.

www.editions-jclattes.fr

Serge Bramly

LE PREMIER PRINCIPE
LE SECOND PRINCIPE

Roman

JC Lattès
17, rue Jacob, 75006 Paris

Tout est vrai. Rien n'est vrai. C'est un roman.

ISBN : 978-2-7096-2769-6

Première édition août 2008.

Pour Nour, Virgile,
Carmen et Hector.

« Être soumis à un procès par le tribunal ou avoir affaire au Château signifie accéder à cette vie cachée, dangereuse et fuyante dont descend toute autre vie – et dont toute autre vie n'est qu'une faible contrefaçon. »

Roberto Calasso, *K.*

Elle n'était pas encore morte.

Elle ne pouvait bouger les yeux ni remuer les membres, sinon de façon spasmodique, mais une partie de son cerveau demeurait en activité, où des images, des sensations, des impressions passaient au ralenti, dans une sorte de brume, sans qu'elle pût en dire la source ni les relier l'une à l'autre.

Elle n'avait pas mal cependant. Oppressée, oui ; quelque chose lui écrasait la poitrine à la façon de ce corset qu'elle avait dû mettre un soir pour un bal costumé, dont on serrait les lacets dans son dos par à-coups, une main contre ses reins, en l'obligeant à chaque fois à rentrer le ventre et tenir sa respiration. Cela l'étouffait jusqu'à la nausée, mais elle ne ressentait pas de douleur particulière, son corps ne lui envoyait aucun signal qui pût lui faire penser qu'elle s'était cassé une jambe ou blessée au visage ou même écorché un coude. De sorte qu'une de ses premières pensées cohérentes fut de se demander combien de temps il allait lui falloir pour récupérer du choc qui l'avait étourdie, et se lever, et rentrer chez elle.

Elle se souvenait des lumières jaunes de la nuit, des marronniers le long des quais, de la vitesse. Il faisait chaud et ils roulaient très vite, pour elle ne savait plus quelle raison. Il lui eût fallu être en mesure de se concentrer pour remonter le fil des événements. Seulement il y avait ce bruit lancinant, ininterrompu, qu'elle avait pris un instant pour la musique d'une fanfare, avec cuivres et grosse caisse, et qui était, elle s'en rendait compte à présent, le hurlement d'un klaxon. Peut-être l'alarme s'était-elle déclenchée par mégarde ? Pourquoi alors le chauffeur ne la coupait-il pas ? Et puis il y avait cette poussière grasse qui flottait alentour. Elle entrait dans ses narines, sa bouche, ses oreilles, s'insinuait partout, dans le moindre repli ou interstice, perturbant le fonctionnement de son esprit qu'elle allait finir par asphyxier à la façon d'un linceul de scories.

Elle s'était assommée un jour contre une poutre qu'elle n'avait pas vue, lorsqu'elle était adolescente, après une course-poursuite dans le grenier, et c'était un peu les mêmes impressions de déséquilibre, de perte de repère, qu'elle éprouvait à présent. Il lui semblait avoir vacillé sous l'onde d'une déflagration et être tombée, avoir roulé, puis… Elle ne savait plus. Lorsque ses yeux remplissaient leur office, par intervalles, elle n'apercevait qu'un voile cotonneux que trouaient de brèves clartés, tels des lumignons oscillant dans le vent, si bien qu'elle n'avait aucune idée de l'endroit où elle avait chuté, ni d'ailleurs de la position dans laquelle elle avait atterri et dont il lui semblait difficile, voire impossible, de s'extraire toute seule. De solides masses la coinçaient, comme si elle avait glissé dans une anfractuosité, entre deux blocs de roches. Ah, si ce maudit klaxon arrêtait un instant son vacarme…

*
* *

Elle n'était pas morte.

On allait l'aider à se remettre debout. Elle discernait des phares, des coups de freins. Les pneus crissaient sur un tapis d'éclats de verre, des gens accouraient à son secours. Plusieurs personnes, devinait-elle, entouraient déjà la voiture, qui ne refuseraient pas de la raccompagner. Des hommes tournaient autour de l'épave et, sans le hurlement continu de l'avertisseur, elle eût pu entendre ce qu'ils disaient et les guider dans leurs efforts pour lui porter assistance. Peut-être ne l'avaient-ils pas encore aperçue et croyaient-ils le véhicule abandonné ?

Des bruits de moteur lui parvenaient également malgré le klaxon condamné à ne plus se taire. Ils ronflaient, puis s'éteignaient et repartaient en pétaradant, dégageant à force – à moins que celle-ci eût une autre origine – une affreuse odeur de caoutchouc brûlé qui lui évoquait un appareil électrique dont avaient grillé les circuits. Cela s'était produit durant les grandes vacances, l'année précédente ; un micro-onde qu'elle avait laissé tourner à vide avait fini par rendre l'âme en dégageant longtemps, on la respirait encore le lendemain jusque sur la terrasse qui dominait l'océan, une puanteur similaire.

Ils avaient dû se rendre compte de sa présence maintenant. Elle ne comprenait pas alors pourquoi, au lieu d'ouvrir les portières et de l'en tirer, ces gens prenaient la voiture en photo. Car les fulgurances répétées qui la traversaient de part en part, la laissant aveugle pendant plusieurs secondes, ne pouvaient provenir que de flashs, elle en avait assez l'habitude pour en reconnaître les éclairs, aussi groggy fût-elle, quelles que fussent les circonstances.

Ils photographiaient la carcasse métallique de l'extérieur. Ils en photographiaient aussi l'intérieur par le trou des vitres, et les alternances de ténèbres et de flamboiements amenuisaient les maigres capacités de réflexion dont elle disposait, si bien qu'elle ne savait plus si elle devait sourire pour paraître à son avantage, comme elle avait appris à toujours le faire en public, ou bien au contraire s'indigner, les traiter de tous les noms et s'enfoncer plus avant dans la cavité qui la tenait prisonnière, afin de disparaître de leur vue.

D'un autre côté, elle ne leur en voulait pas. Agissant sur

elle à la façon d'électrochocs, les flashs ramenaient peu à peu à la surface de sa mémoire, de dessous les eaux glauques où elle sombrait, quelques bribes de souvenirs, comme des débris flottant auxquels elle allait s'accrocher et qui la soutiendraient jusqu'à ce qu'elle reprît pied sur la terre ferme. Ils la réveillaient, la ramenaient à la réalité… Avec une sorte de haut-le-cœur, comme sous l'effet d'une brusque accélération, elle revit soudain, en relief, d'une netteté effarante, l'armée des reporters qui assiégeait l'hôtel, le départ précipité, et puis une sorte de souterrain, de tunnel à quatre voies que séparaient des piliers et, là les coupables, les responsables de l'accident dont elle était victime, embusqués dans l'ombre.

Seulement, à mesure qu'une certaine lucidité lui revenait, des connexions se rétablissaient dans sa chair, le réseau de ses nerfs recouvrait ses fonctions, une lame très aiguë perçait son côté droit et tailladait, tournait, triturait son épaule, son bras, son poignet, la conduisant au bord de la syncope.

*
* *

Elle n'était pas encore morte.

Elle haletait. La vague de douleur se dissipait, comme neutralisée par sa propre violence. Elle n'entendait presque plus, de la même manière, le klaxon tonitruant qui vrillait les oreilles.

Elle virevoltait à proximité d'une nébuleuse molle où chacune de ses pensées venait se dissoudre en naissant, et la suivante disparaissait pareillement, telle une bulle de savon, avant qu'elle pût la retenir…

Elle ne devait pas flancher, mieux valait encore affronter la douleur que ce vide rose qui la dévorait de l'intérieur. Elle voulut appeler – « Je suis là, je vous en supplie, dépêchez-vous… » – mais les mots se volatilisèrent sur ses lèvres, comme happés eux aussi par le gouffre au bord duquel elle se débattait.

Elle devinait cependant qu'une tête essayait de s'introduire à l'intérieur, faisant pleuvoir les débris de ce qui subsistait de la vitre. Elle fut incapable de dire s'il s'agissait d'un homme jeune ou vieux, ou bien d'une femme. Tout paraissait flou dans ses prunelles, sans consistance, une bouillie informe. Un loup noir lui semblait toutefois barrer ce visage, percé d'un œil unique, rond, luisant, et ce cyclope émettait des déclics, tel un robot à deux sous.

Elle n'y prêta pas davantage attention, car quelqu'un s'efforçait d'ouvrir les portières. On secouait une poignée à l'avant, faisant tanguer la voiture. On essayait du côté conducteur, du côté passager, sans plus de résultat, sinon de provoquer, tout près d'elle, de longs gémissements. Ils sortaient de l'arrière de son crâne et elle crut l'espace d'une seconde que c'était elle qui les avait poussés, mais une plainte s'éleva à nouveau, plus stridente, et elle comprit qu'elle n'était pas seule dans la voiture – comment avait-elle imaginé qu'il en fût autrement ? Un blessé s'agitait sur le siège avant, dont les sauveteurs voulaient sûrement s'occuper en premier, parce qu'à entendre les gargouillements qui entrecoupaient ses râles de bête prise au collet, le pauvre paraissait très mal en point.

Ce fut une portière arrière qui finit par céder dans un grincement de tôles. Elle s'entrebâilla d'abord de quelques centimètres, puis suffisamment pour qu'on pût y passer le buste, après que deux personnes eurent pesé dessus. Des voix nombreuses s'élevaient en même temps, parlant une langue qu'elle mit un instant à identifier, et dans ce flot de paroles étrangères elle eut l'impression de reconnaître son prénom.

Oui, c'était bien son prénom qu'on criait, avec véhémence.

Un conciliabule dégénérait là-bas en altercation, des hommes semblaient en venir aux mains, aboyant : « C'est ta faute ! », ou encore : « Je fais mon travail ! », alors que d'autres intimaient l'ordre de reculer… Il n'y avait plus d'éclairs de flash, une lumière intermittente les avait remplacés, accompagnée d'une sirène presque aussi puissante que le klaxon que personne ne semblait se soucier d'arrêter et dont la stridulation lugubre, alliée à la fumée qui emplissait le tunnel – fumée qui modifiait les couleurs comme un prisme, donnant au noir comme au blanc d'étranges irisations dorées –, créait une atmosphère de film : une de ces superproductions où les nazis aiment à fusiller les résistants dans des décors fantasmagoriques.

C'était la police, les secours, un médecin qui arrivaient. Ils l'examineraient, lui donneraient les premiers soins, constateraient qu'elle n'avait pas grand-chose, plus de peur que de mal, lui feraient prendre un calmant, un sédatif, et cette soirée cauchemardesque toucherait à son terme et se résorberait vite en un souvenir risible.

Déjà des doigts lui palpaient le cou, cherchaient son pouls. On lui ôtait quelque chose de dessus le ventre. On lui disait à l'oreille des paroles de réconfort, en articulant chaque syllabe comme lorsqu'on s'adresse à une vieille dame un peu sourde, et ces mots-là étaient prononcés dans sa langue pour être certain qu'elle les comprît :

« Restez calme, ne bougez pas… »

Ne voyaient-ils donc pas qu'elle s'ankylosait, que la vase glaciale où elle s'engluait ne tarderait pas à l'engloutir si elle demeurait ainsi immobile, qu'il lui fallait au contraire remuer d'urgence ?

Elle tenta de prendre appui sur un coude et une atroce souffrance lui fit aussitôt exhaler une plainte qui n'avait rien à envier à celles du moribond qui ruait derrière elle, sur le siège qu'on appelle la « place du mort ».

Chaque fois que celui-ci tressautait, un objet, une boîte, quelque chose en tout cas de rectangulaire et de dur s'enfonçait dans son flanc et lui meurtrissait les côtes. Sûrement son téléphone, pensa-t-elle. Elle l'avait glissé dans la poche de cette légère veste noire d'allure un peu masculine qu'elle avait choisie pour aller dîner et, comme elle avait passé plusieurs coups de fil au cours de la soirée, il devait s'y trouver encore. Voilà, se dit-elle, ma planche de salut. Il suffisait qu'elle parvînt à s'en saisir pour appeler ses parents, à la maison : elle leur demanderait d'envoyer quelqu'un la chercher et de ne pas s'inquiéter, de ne rien dire aux enfants surtout, à ses fils qu'elle ne pourrait sans doute pas voir pendant plusieurs jours contrairement à ce qu'elle leur avait promis, parce qu'il fallait qu'elle se rendît à l'évidence, tout n'allait pas si bien qu'elle l'avait cru, elle s'était certainement luxé le coude droit, sinon brisé la clavicule, la douleur ne s'expliquait pas autrement, de sorte qu'une hospitalisation paraissait en fin de compte inévitable, on lui ferait des radios, on la plâtrerait, et elle serait alors si ridicule et affreuse qu'elle interdirait, du moins au début, toute visite de ses proches, à l'exception de sa mère et de son père… À quoi songeait-elle ? Son père reposait sous une dalle de cimetière depuis au moins cinq ans…

Mon Dieu, pourquoi avait-elle aussi mal ? Tout se brouillait à nouveau dans son esprit.

*
* *

Elle n'était pas morte.

Ni l'homme derrière elle.

Et cela la choquait de les entendre dire qu'il ne fallait en aucun cas déplacer les corps.

Elle tenta de protester, de leur prouver leur erreur, quand on lui souleva la tête, lui permettant de mieux respirer, et qu'on lui ausculta une deuxième fois le pouls, l'index sur sa veine jugulaire. Cette main-là était beaucoup plus délicate, plus expérimentée que l'autre. La voix était aussi plus posée, plus professionnelle. Elle s'exprimait avec la calme assurance de qui possède une longue pratique des blessés. « Je n'aperçois pas de lésion externe, disait-elle à un policier qui jetait des regards effarés à l'intérieur, sinon des plaies superficielles. »

Alors l'espoir revint qui avait commencé à l'abandonner. Des plaies superficielles, elle avait bien entendu. Oh, elle remerciait le ciel de lui avoir accordé sa protection ! Et c'était en même temps dans la logique des choses, n'est-ce pas ? Peut-on se sentir confiante et forte à un instant, et aussi diminuée à celui d'après ? Elle était descendue de l'avion, ce matin, détendue et pleine de vigueur d'avoir nagé tous les jours dans la mer. Elle pouvait encore sentir l'odeur de la crème à bronzer et la brûlure du soleil auquel elle s'était exposée jusqu'au moment du départ pour ne pas en perdre une miette. Était-il vraisemblable qu'un état proche du bonheur virât à la catastrophe en un clin d'œil ?

Il faut que je me focalise, se dit-elle, sur des pensées positives. C'était un exercice qu'elle avait souvent pratiqué et dont elle tirait toujours de grands bénéfices. Faire le vide en soi et évoquer un souvenir heureux pour s'y immerger mentalement, de manière à chasser tout le reste. À sa grande surprise, ce ne fut pas le voyage de ces jours derniers qui se présenta peu à peu à elle, ni les images du grand yacht blanc et des suites d'hôtel qui avaient abrité son escapade en Méditerranée, ni même de l'homme dont elle était tombée amoureuse et qui devait d'ailleurs se demander, en ce moment même, ce qu'il était advenu d'elle, mais un paysage ancien où un sentier coupait les ondulations des champs et longeait des haies couvertes de lierre pour aboutir à une clairière herbeuse, bordée de tilleuls, d'ormes, de grands chênes et de hêtres bruissants au sommet desquels se balançaient des nids de corneilles. Elle n'eut pas le loisir cependant d'explorer plus avant cette verte campagne surgie des abysses de son passé, car la même main qui venait de l'ausculter lui relevait à nouveau la tête, lui saisissait la joue, lui entrouvrait les lèvres, avant de lui poser sur le bas du visage un petit masque blanc muni d'un tuyau, grâce auquel elle eut soudain l'impression que ses poumons s'emplissaient de cette brise bienfaisante qu'elle venait de voir ébouriffer la cime des arbres.

Le médecin l'exhortait à garder courage, tandis que quelqu'un disait : « Parlez-lui dans sa langue », ce qui n'était pas vraiment nécessaire mais montrait qu'ils avaient à son égard les meilleures intentions du monde.

Il lui redressa le menton, doucement, et fit pivoter son crâne jusqu'à lui donner une orientation confortable, ce qui eut pour effet de ramener en arrière la frange qui lui masquait à moitié les yeux. C'est ainsi qu'elle découvrit où et dans quelle position elle se trouvait, et l'état abominable des autres passagers de la limousine.

Le chauffeur s'était empalé sur le volant. Le tableau de bord maculé de sang lui entrait dans l'abdomen et c'était son corps affalé vers l'avant qui pesait sur l'avertisseur sonore. Celui qui agonisait à côté de lui, se débattant contre les airbags, devait donc être le garde du corps. Il attachait tous ses pas aux siens depuis une semaine. Comment s'appelait-il déjà ? Alors qu'elle s'était fait un devoir de ne jamais oublier un prénom ni un patronyme, car rien ne fait plus plaisir aux gens que de constater qu'ils ont laissé une trace individuelle dans votre mémoire et pas seulement celle d'un visage entraperçu à la va-vite, elle ne parvenait plus du tout à retrouver son nom. Elle ne se souvenait d'ailleurs d'aucun nom. Pas même de celui de l'homme qui avait occupé l'essentiel de ses pensées durant ces dernières semaines d'août, dont elle avait partagé l'intimité, auprès de qui elle avait connu des instants d'apaisement d'autant plus délicieux qu'ils étaient en vérité inattendus. Cet homme s'apprêtait à demander sa main, ce qui était sans doute prématuré, et elle ne réussissait pas à attribuer un nom à son visage, comme si l'accident avait mis sens dessus dessous les fiches qui composaient sa mémoire. Elle ne pouvait même pas dire qu'elle l'avait sur le bout de la langue : aucune piste, rien ; tous les noms propres qu'elle avait emmagasinés jusque-là se chevauchaient, se télescopaient, se confondaient en un magma inextricable.

Cet homme gisait au-dessus d'elle, sur la banquette arrière, les yeux révulsés, tout déchiqueté, presque méconnaissable, les jambes hideusement tordues, sa veste de daim constellée de taches pourpres, le jean éclaté, débraguetté, les parties sexuelles à l'air, elle voyait pendre son pénis malgré le tapis de sol dont on l'avait pudiquement couvert.

Il lui fallut un instant pour comprendre qu'il avait cessé de vivre. Il devait y avoir une erreur, cela n'était tout simplement pas possible, même s'il ne faisait pas de doute, vu son état, qu'il avait péri sur le coup, en rebondissant à l'intérieur de l'habitacle de cuir et d'acier. Elle ne se figurait pas comment les choses avaient dégénéré si vite, comment quelqu'un qui paraissait dominer le monde et avait, comme on dit, la vie devant lui, pouvait se transformer sans transition en un pantin désarticulé, en cette imitation bâclée d'être humain. Il y avait là quelque chose d'irréel, d'absurde, c'était tellement injuste…

Elle poussa des cris et se contorsionna, attisant encore la douleur qui ne la quittait plus désormais, et le médecin penché sur elle lui dit en lui tenant l'épaule :

« Chut, les ambulances arrivent, ménagez vos forces. »

*
* *

Elle n'était pas morte.

La collision avait dû la projeter elle aussi vers l'avant. Quand la voiture avait heurté un des piliers du souterrain, elle avait tournoyé comme une feuille dans la bourrasque, mais au lieu d'atterrir sur la banquette comme son compagnon, elle avait fini sa course sur le sol, dans l'espace prévu pour les jambes, entre les sièges avant et arrière.

Un pied coincé entre des ressorts, elle tournait le dos au

pare-brise, comprit-elle. Sa nuque reposait en biais, de trois quarts, probablement sur l'accoudoir, et son menton tombait vers l'avant lorsqu'on ne le lui relevait pas.

Ses paupières se fermèrent d'elles-mêmes pour lui éviter le spectacle obscène du cadavre. Elle allait compter jusqu'à trois, puis elle les ouvrirait, et les choses reprendraient leur cours normal…

Elle n'eut pas cette chance. Son épaule et sa poitrine la tourmentaient de plus belle. Elle serra les dents pour ne pas hurler, et si le médecin qui l'avait examinée ne lui répétait pas sans cesse qu'elle n'avait rien de grave et que la délivrance était proche, elle eût juré que toute cette partie de son corps avait été broyée depuis les seins jusqu'à l'omoplate et elle se fût sûrement laissé aspirer par le trou noir qui planait devant elle, n'ayant plus guère de raison de se battre. Car la douleur s'était déplacée, elle n'irradiait plus de son bras droit, coincé sous sa hanche, c'était sa cage thoracique qui en était maintenait l'épicentre. Une espèce de boule grandissait sous ses côtes, écrasant les organes situés alentour.

Comment cette monstruosité avait-elle pu se produire ?

Elle sanglotait sous le masque à oxygène, mais sans qu'aucune larme ne coulât, du moins le lui sembla-t-il.

Elle se rappelait que leur avion s'était posé sur un petit aéroport en début d'après-midi, puis qu'ils avaient visité une magnifique maison près d'un bois et qu'ils étaient allés se rafraîchir ensuite à l'hôtel, alors que leurs bagages avaient été déposés ailleurs, oui, dans l'appartement décoré de jouets en peluche, en haut de cette grande avenue pleine de néons et de monde… C'était assez confus dans son esprit, comme l'avait été au fond toute l'organisation de la journée.

Elle se souvenait de s'être rendue à un moment chez le coiffeur, ses cheveux en avaient terriblement besoin.

Mais ensuite ? Pourquoi ces changements de programmes, ces allers et retours inutiles ?

Elle se souvenait que les reporters, qui ne la lâchaient

jamais – elle s'en était fait une raison depuis longtemps –, les suivaient, les précédaient, les cernaient, jusque devant l'appartement aux peluches où elle était passée se changer en début de soirée, et que leur nombre n'avait fait que croître.

Elle se souvenait des grosses motos zigzaguant à toute vitesse dans la circulation, des risques qu'ils prenaient pour ne pas se laisser distancer et de ses propres craintes qu'un malheur n'arrivât à l'un d'entre eux.

C'étaient toujours plus ou moins les mêmes, elle en connaissait plusieurs de vue. D'ordinaire elle leur adressait un petit signe, un sourire, ralentissait le pas pour leur laisser le temps de la photographier à leur aise, et ils n'en demandaient pas davantage.

Elle se remémorait leurs gros appareils, le chuintement des moteurs, les éclairs qui semblaient se déclencher tout seuls, leurs interjections familières : « Par ici, s'il vous plaît, par ici, encore une autre… »

Mais ensuite ?

Elle aurait voulu interroger les gens qui l'entouraient, leur demander des éclaircissements, entendre leurs explications, leur version de la chronologie des événements, mais elle avait désormais l'impression d'être enfermée dans une cage tapissée de clous qui la perçaient de part en part, de la nuque jusqu'aux fesses, à chaque fois qu'elle aspirait une bouffée d'air.

Elle aurait donné n'importe quoi contre un moment de répit. De quoi voulait-on la punir ? Mon Dieu, quelle faute avait-elle commise pour mériter cet enfer ?

*
* *

Elle n'était pas encore morte.

Elle n'allait pas mourir. Des véhicules s'engouffraient dans le souterrain. Elle aperçut le clignotement de gyrophares, entendit claquer des portières, puis un piétinement de bottes et le cliquetis métallique de matériel qu'on décharge.

Une autre main remplaça alors celle qui la soutenait, moins précautionneuse, plus autoritaire, pendant que des ordres fusaient de tous côtés et que des bras énergiques s'attaquaient aux portières demeurées closes. – Le mot *désincarcération* fut prononcé à de nombreuses reprises avant qu'elle en saisît le sens, car personne ne se souciait plus de s'exprimer dans sa langue.

Des casques argentés traversèrent son champ visuel, tels des heaumes de chevaliers ; puis des personnages en blouse blanche, aux manches courtes, dont certains portaient des gants qu'elle crut fluorescents. Ceux-là dégageaient des relents d'infirmerie et elle comprit à ce signe qu'on allait enfin la sortir de là.

Une soudaine lumière, d'une blancheur éblouissante, se substitua d'ailleurs à la pénombre dorée du tunnel et, quelques instants plus tard, alors que l'épave de la voiture semblait assaillie de toute part, le klaxon se tut comme par magie, cédant la place à une espèce de bourdonnement, comme on en éprouve parfois en altitude.

Ils s'efforçaient de la dégager, aussi délicatement que possible, mais le moindre mouvement la faisait gémir, trembler, claquer des dents. Aussi, tandis que celui qui dirigeait les opérations lui saisissait le poignet, cherchait la veine et y piquait une aiguille qu'il fixait avec du ruban adhésif, d'autres se glissaient à l'intérieur et, après avoir soulevé la banquette d'où avait disparu son compagnon, ils la prenaient à trois ou quatre par les cuisses, par la taille, sous les aisselles ; puis, coordonnant leur action, ils la tiraient vers l'extérieur, centimètre par centimètre.

Par instants ses muscles se tétanisaient, elle se cambrait en arrière et ils la laissaient reprendre haleine.

Parfois ses yeux se retournaient dans leurs orbites et ne lui montraient plus que le trou noir qui ne cessait de se rapprocher, de se dilater.

*
* *

Elle n'était pas encore morte.

Aussi clairs que précis, les souvenirs envahirent d'un coup les méandres de son crâne, comme si la vanne qui les bloquait avait cédé sous leur pression – comme si les décharges que lui infligeait la douleur avaient réactivé toute la machine.

Elle se souvenait de rires étouffés, d'attouchements, d'un grand lustre de cristal, d'un cadeau qu'on voulait lui offrir…

Elle se rappelait aussi – mais cela lui paraissait à présent très lointain – les contretemps, la réservation annulée, la valse d'hésitations, leur dépit d'avoir à retourner une fois encore à l'hôtel et, là, le dîner avorté sous le plafond de nuages peints, parce que les clients du restaurant ne pouvaient s'empêcher de les épier entre deux bouchées et qu'un couple de convives, lequel avait des sacs en plastique posés sous la table, ressemblait à des journalistes déguisés en touristes, ce qui s'était révélé faux en fin de compte. Ils avaient alors poursuivi le repas dans leur suite dont les fenêtres donnaient sur une haute colonne de bronze et il lui revint en mémoire qu'elle n'avait pas terminé sa sole, parce que le plat s'était refroidi entre-temps. Elle avait repoussé son assiette en prétextant, pour ne pas détériorer davantage l'atmosphère, qu'au fond elle n'avait pas très faim.

Elle se souvenait aussi de la bague dont celui qui se disait déjà son fiancé désirait lui faire surprise (alors qu'elle l'avait essayée et choisie avec lui), et qu'elle s'apprêtait à affronter, à cause de ce qu'impliquait le cadeau, une situation plutôt embarrassante.

« Je ne peux pas accepter, pas aujourd'hui », murmura-t-elle, comme s'il était encore en mesure de l'entendre.

Et de l'irritation grandissante qu'il éprouvait devant l'obstination des reporters massés sous leurs fenêtres, de son désarroi, de l'air déconfit que lui donnait la découverte que tous les moyens qu'il possédait ne suffiraient pas à leur assurer une soirée tranquille. Il faut dire à sa décharge qu'il n'avait pas encore l'habitude de la presse. Il voulait défier les journalistes, les battre sur leur propre terrain, vanité masculine.

Elle se souvint de lui avoir dit de ne pas s'en préoccuper outre mesure et, en gloussant, que c'était là sa vie normale.

Elle se souvint qu'il portait, comme par superstition enfantine, trois ou quatre montres sur lui, l'une à son poignet, les autres dans ses poches.

Elle se souvint encore, quoique ces images-là n'eussent aucun rapport avec les autres, de la verte clairière qui lui était apparue un peu plus tôt, avec ses grands hêtres berçant des nids de corneille…

*
* *

Elle n'était pas morte.

On lui tapotait la joue, on martelait son nom dans ses oreilles, tandis qu'un homme en blanc comptait une fois encore les battements de son cœur. De grandes lettres ornaient sa blouse, qui composaient un message sibyllin.

Elle tenta de capter un regard. « Il faut que je parle à… à… » – Personne ne l'écoutait. Ils paniquaient. Elle avait dû s'évanouir pendant qu'on l'allongeait sur ce qui devait être une civière.

Pourtant les faits lui revenaient avec une logique, une cohérence indéniables. Oh non, elle ne mourrait pas avant d'avoir révélé ce qui lui brûlait les lèvres depuis que la voiture avait pénétré dans cet horrible tunnel et qu'elle n'avait pu formuler jusque-là, trop secouée par l'accident. Son témoignage serait capital. Elle avait vu ce qui s'était produit ; il fallait qu'ils sachent ; elle raconterait tout...

Elle se trouvait étendue presque au niveau du sol et ils étaient de plus en plus nombreux à se courber sur elle, puisant leurs instruments dans des espèces de malle-cabine emplies de flacons et d'appareils dont les pièces chromées étincelaient sous une batterie de projecteurs dressés comme dans un studio. Toutes sortes de véhicules les encerclaient en arrière-plan, garés n'importe comment, des fourgonnettes rouges, d'autres blanches, et des voitures de police reconnaissables à leur rampe de lumières.

Un peu à l'écart, des agents en uniforme paraissaient justement faire leur rapport à des messieurs cravatés de sombre, qui hochaient la tête. On les avait tirés du lit en pleine nuit et ils avaient un air hagard et des gestes las qui ne présageaient rien de bon.

« Appelez les policiers, réussit-elle à articuler. Un commissaire...

— Qu'est-ce qu'elle dit ?

— Elle dit qu'elle a mal, que veux-tu qu'elle dise ? »

Inquiets du rythme de son cœur, ceux-là paraissaient hermétiques à toute autre considération. Elle balbutia encore, quoique sa langue eût la sécheresse d'un morceau de carton :

« Écoutez, s'il vous plaît ! Écoutez-moi...

— Tout va bien, lui répondit-on. Nous avons la situation sous contrôle.

— Non, non... Écoutez-moi : c'était un... un... »

Elle les avait aperçus par la vitre, la leur étant baissée, et elle pouvait faire du visage de l'un au moins des deux hommes une description complète.

Alors que la voiture filait sur les quais, face à la tour Eiffel au deuxième étage de laquelle d'immenses chiffres lumineux décomptaient les jours qui séparaient de l'an 2000, et que le chauffeur accélérait tant et si bien qu'elle avait l'impression de voler dans la nuit, oui, peu avant que n'eussent commencé à défiler les piliers en béton du souterrain, elle les avait vus sortir de la zone obscure où ils s'étaient tenus en embuscade et foncer dans leur direction.

« Grouille, grouille, on va la perdre ! »

Elle reprit ses forces et ouvrit à nouveau la bouche, mais au moment même où elle allait prononcer, dans leur langue, une courte phrase dont elle avait pesé chaque terme pour être certaine de se faire entendre, elle sentit qu'un tuyau s'y enfonçait, entouré d'une corolle de plastique, telle une sucette de nourrisson, et le mot « assassinat » qu'elle voulait articuler fut étouffé par ce bâillon.

*
* *

Escortée de sirènes, l'ambulance dans laquelle on la transportait roulait sur le pavé de Paris à dix à l'heure, sans doute pour lui épargner l'effet des cahots. On avait découpé ses vêtements et des mains lui massaient brutalement la poitrine. Sur sa gauche, un infirmier brandissait deux disques métalliques, comme des cymbales prêtes à claquer.

Incapable de communiquer, puisqu'ils l'avaient intubée, elle n'avait d'autre recours que de graver dans son esprit, trait par trait, ce qu'elle leur expliquerait dès son réveil, à l'hôpital où on la conduisait, accusation que le garde du corps ne manquerait pas de confirmer s'il en réchappait, car, assis du même côté de la voiture, il avait dû être témoin comme elle de toute la scène. Ce n'était pas une erreur de conduite, les deux types avaient voulu provoquer l'accident…

Puis elle perdit connaissance.

Première partie

Le second principe

1.

… Oublions, oublions tout ce qui s'est dit, et remontons le temps jusqu'en 1981, l'année du grand chambardement. On pourrait aller plus loin, bien sûr, et chercher des antécédents aux antécédents ; chaque cause en suppose toujours dix préalables. Mais peu importe au fond pourquoi 1981 fut une année charnière ou comment on en arriva aux « événements de 1981 » ou « trouvant leur origine en 1981 ». Dès qu'on se penche d'un peu trop près sur ces choses, le ton change et prend, à force de pondération, un côté ampoulé de lettre d'excuses. Il y a une hauteur particulière à laquelle il faut planer pour débrouiller les faits sans se laisser distraire par la variété de leurs implications. Trop de recul, et l'on rate l'essentiel ; pas assez, et l'œil s'embue dans la mesquinerie hypnotique des circonstances atténuantes, on pèse « des œufs de mouche avec une balance en fils d'araignée », comme disait Voltaire.

Nos historiens parlent d'une année charnière par souci de mesure. Année rupture serait plus juste : ensuite rien ne fut plus jamais comme avant. Connaissez-vous le second principe de la Thermodynamique ? Nul besoin d'avoir fait les Grandes Écoles pour comprendre ce théorème fondamental, car applicable aux domaines les plus divers. Il est d'une simplicité désarmante. L'entropie d'un système fermé, dit-il, ne peut que croître. En d'autres termes : le désordre va en grandissant, un vase finit toujours par se briser, et lorsqu'il est cassé en deux, il se cassera en huit, puis en vingt morceaux, les choses se compliquent sans cesse, on ne rembobine pas la pellicule du réel. C'est vrai en physique, c'est vrai en politique, en économie, c'est vrai en psychologie et dans les affaires du cœur. À l'intérieur d'un système clos n'existent ni repentir ni miracle ; une voie à sens unique conduit à la poussière, au recyclage ultime. Poètes et mystiques se sont évertués à nous convaincre qu'on pouvait inverser le processus et atteindre, par épuration, à l'unicité parfaite du cercle, du point, de la lumière. Il n'y a pas plus grande tromperie. Quoi que l'on fasse, les aiguilles tournent, l'univers se dilate, les choses se brouillent, le déséquilibre augmente.

Disons que 1981 fut l'année où la fêlure atteignit chez nous, en France, un point critique. Le vase montrait des signes de fatigue, naturellement, bien avant que les feux d'artifice illuminent le seuil de la nouvelle décennie, que les klaxons beuglent dans les rues, que les confetti pleuvent sur les Champs-Élysées et que l'alcool se dilue dans les veines avec son cortège inévitable de rixes, de sexe, de migraines et de déjections immondes ; mais, même s'il n'était plus question d'y mettre des fleurs, parce que l'eau fuyait, le vase eût pu continuer à trôner sur un guéridon pendant quelque temps encore si, vers le milieu de cette année 1981, précisément, il n'avait reçu un choc assez vigoureux pour qu'il ne fût plus possible ensuite de dissimuler que l'irréparable s'était produit. Il n'était même plus question de le conserver à titre décoratif ; pas plus que le guéridon d'ailleurs.

Pour la majorité des Français ce fut un sujet de grande réjouissance, car ils en avaient soupé de l'héritage du grand-père et réclamaient du neuf. Hop, à la poubelle l'antiquaille ! Ceux-là rêvaient de *design* : du blanc, de la fibre de verre. Acier inoxydable pour toutes les bourses. Dans l'autre camp, beaucoup pleuraient et s'arrachaient les cheveux en revanche, persuadés que le pays serait mis à feu et à sang maintenant que la vénérable porcelaine était au rebut et que les forces du mal tenaient les commandes. Les biens seraient confisqués, prophétisaient-ils, et les têtes voleraient comme sous la Terreur. On se souvient de dossiers transférés, de lingots enterrés nuitamment, de valises bouclées à la hâte. – Eh bien, ce vent de panique qui souffla alors sur la France sortait tout droit, lui aussi, du second principe de la Thermodynamique…

Mercredi 29 juillet 1981

Richard Drouin raisonnait différemment. Il se voulait un esprit rationnel, lucide en toute circonstance. Près d'un trimestre s'était écoulé depuis que la gauche unie avait gagné les élections présidentielles et il se disait qu'il était temps de bouger ses pions, même si tout n'allait pas pour le mieux dans le meilleur des mondes. L'entropie, soutenait-il, pousse à la créativité.

C'était un petit homme sympathique. Diverses fossettes creusaient son visage chaque fois qu'il souriait. Il possédait aussi des yeux pétillants, derrière des lunettes à monture métallique, de bonnes joues fraîches que parfumait un after-shave au santal, un crâne déjà déplumé et une moustache poivre et sel, laquelle, loin de le vieillir ou de conférer de la sévérité à ses traits, lui donnait un air puéril, inoffensif, qui secondait à merveille le travail des fossettes. On eût dit une moustache de nain de jardin. *Mr Joyfull* – M. Joyeux –, tel était d'ailleurs le sobriquet dont le gratifiaient nos cousins d'Amérique.

Tout rose et gris qu'il était, M. Joyeux venait de fêter son quarante-deuxième anniversaire.

Il fallait le voir, ce matin-là, héler un taxi devant l'hôtel Amigo, près de la Grand'Place, à Bruxelles. Un imperméable que rien ne justifiait, parce qu'il faisait plutôt chaud même si le soleil tardait à percer, flottait comme une cape sur ses épaules. Sorti en trombe du tambour de la porte, il bombait le torse en agitant une petite main manucurée et toute son expression clamait un impérieux désir de jouir de l'instant sans en laisser se perdre une miette. Cela s'entendait comme une invite et chacun se montrait sensible à ce déploiement d'enthousiasme et y répondait à sa manière : le chauffeur d'une Mercedes en maraude pila, avant de reculer pour se porter à sa hauteur ; le portier de l'hôtel, distrait jusque-là par un groupe de Coréens, se précipita en soulevant son chapeau haut-de-forme, lequel complétait une longue houppelande de cocher, avec un « Bonne journée, monsieur Drouin » que récompensa un pourboire royal ; les Coréens eux-mêmes semblaient émus : ils le désignaient du doigt en hochant la tête, persuadés d'avoir aperçu en chair et en os un rouage important de la grande machine du monde.

« Au Sablon », lança-t-il au chauffeur, lequel lui répondit : « C'est parti » comme s'il avait voulu l'imiter, avant d'ajouter : « Ça ne vous dérange pas que j'écoute la radio ? »

M. Joyeux joua des fossettes. Le bruit l'empêchait de réfléchir, la voiture sentait mauvais, il y avait un chien à longs poils sur le siège avant, d'un genre qu'il détestait, mais ce pouvait être aussi bien le maître qui empestait de la sorte, il n'en laissa rien paraître et sourit de plus belle. Se dominer, vaincre l'adversité par la bonne humeur, c'était pour lui un principe, mieux : une gymnastique.

« Si vous pouviez *juste* baisser un peu le volume… Je vous remercie. »

Il n'y avait pas de circulation par extraordinaire. Richard Drouin ouvrit grand la vitre et se cala confortablement sur son siège. Aucun camion de livraison, aucune benne à ordures n'embouteillait les ruelles du vieux centre. Bruxelles semblait encore assoupie, il serait rendu en deux minutes.

Il ne s'en étonna pas outre mesure. Il était de cette sorte d'individu devant qui les obstacles se résorbent d'eux-mêmes. Passait-il à l'improviste chez son dentiste ou son coiffeur, un client venait de se décommander. « C'est une question de volonté », expliquait-il, et il n'est pas certain qu'il plaisantât.

Place Saint-Jean, captivé par l'émission, le chauffeur faillit brûler le feu rouge. Il eut un geste accusateur en direction du poste et Richard Drouin, distrait dans ses pensées, ne put s'empêcher de tendre l'oreille. Cela ressemblait, par le ton, à la retransmission d'un match de football. On entendait un grand brouhaha en arrière-fond, tandis que le présentateur expliquait d'une voix fiévreuse que plusieurs milliers de spectateurs avaient passé la nuit derrière les barrières de sécurité qui bordaient l'avenue... L'avenue ? Non, plutôt qu'un match, ce devait être une course, voilà : une de ces stupides courses cyclistes.

« ... Ils ont dormi dans des duvets, poursuivait le commentateur, sur les pelouses, sur le trottoir, pour être bien sûrs d'occuper les meilleures places. J'en vois équipés de thermos, de sandwichs. Certains sont venus de loin. Il règne ici une atmosphère de fête indescriptible. Ah, mais j'aperçois une délégation de nos compatriotes. Ils portent une banderole jaune où se détachent fièrement ces mots : Ville de Charleroi... Je m'approche... Bonjour madame, la nuit n'a pas été trop pénible ? »

Richard Drouin eut un doute. Le vélo, se demanda-t-il, peut-il susciter de tels élans ? « On aimerait y être, hein ? » lâcha le chauffeur qui l'épiait dans le rétroviseur. Alors, ne voulant pas paraître en reste : « Ah, la grand-messe du sport ! » répondit-il avec un clin d'œil.

Établir des connivences. M. Joyeux, l'ami du genre humain.

*

* *

Ils avaient chanté des gospels en s'accompagnant à la guitare. Ceux-là avaient allumé un feu pour griller des saucisses, mais la fumée les avait trahis et des policiers à cheval étaient apparus dans un grand bruit de sabots, qui leur avaient parlé des risques d'incendie, très poliment, et ils avaient versé l'eau de leurs gourdes sur les flammes. Ces gens, là-bas, avaient joué au scrabble jusqu'à l'aube, dans la lumière du réverbère. Ils n'allumaient leurs lampes torche que pour calculer les scores ou vérifier un mot dans le dictionnaire dont ils s'étaient munis. On découvrait des pliants, des paniers de pique-nique, des glacières. La bière avait coulé à flot, mais on avait bu du champagne aussi, dans des flûtes en plastique. Tout le monde cependant n'était pas si bien équipé. Beaucoup n'avaient pas de sac de couchage, ni même de couverture, et il avait fait frisquet vers la fin de la nuit. « Nous nous sommes tenu chaud les uns les autres », expliquait une adolescente aux cheveux bleus, dont une douzaine d'anneaux perçaient les oreilles. « De toute façon, s'écria-t-elle, je n'aurais raté ça pour rien au monde ! »

La foule avait doublé, triplé au petit matin, alors que circulaient muffins et gobelets de thé. Des escabeaux se dressaient dans les derniers rangs, où perchaient des familles. Au-dessus des têtes, les fenêtres pavoisées semblaient des loges de théâtre ; certaines, disait-on s'étaient louées « à prix d'or » et l'on spéculait sur le montant de ces locations, deux cents, trois cents guinées, en se dévissant le cou. Combien étaient-ils à présent qui guettaient le passage du cortège ? Des flashs partaient ci et là, quoiqu'il n'y eût rien à photographier encore.

*
* *

La place du Grand'Sablon était déserte. On se serait cru un jour férié plutôt qu'un mercredi ordinaire. C'était autrefois un quartier étudiant, le quartier des mauvais garçons, des *vismets* comme on dit à Bruxelles. À cause des faibles loyers, les antiquaires commençaient à s'y installer, mais pour l'instant les devantures demeuraient closes, à croire que les Belges qui n'étaient pas déjà partis en vacances faisaient tous la grasse matinée.

Richard Drouin se fit déposer devant l'église Notre-Dame des Victoires. Il en admira l'architecture gothique comme n'importe quel touriste, puis remonta la rue de la Régence, en empruntant le côté à l'ombre maintenant que se montrait le soleil. N'ayant plus de public, son allure s'était modifiée. Toujours drapé dans son imperméable beige, il avançait d'un pas nonchalant.

Place Poelart, il contempla un instant l'énorme masse du Palais de Justice que Victor Hugo comparait à un encrier, puis l'horizon de toits, sur sa droite, qu'estompait un fond de brume. L'ascenseur panoramique qui relie le haut au bas de la ville n'était pas encore construit à cette époque, et il descendit sans plus se dépêcher l'escalier qui mène à la rue de l'Épée ou, si l'on préfère, au square Pierre-Breughel-l'Ancien.

Aucun bruit de pas suspect n'ayant retenti derrière lui, il prit un taxi à cent mètres de là et se fit conduire boulevard de l'Impératrice, à hauteur de la gare centrale.

Un tram passa en brinquebalant. Sa montre indiquait dix heures quarante-sept. Il avait beau traîner, il était en avance sur l'horaire.

De la gare il rejoignit à pied la Galerie du Roi, par la rue d'Assault. Les vieux passages couverts comme celui-ci sont bien pratiques. Ils contiennent beaucoup de surfaces polies, cuivres et miroirs, pour surveiller ses arrières, et ils possèdent des entrées multiples, de sorte que personne ne peut dire par où vous en sortirez. La galerie du Roi mène ainsi à la galerie des Princes qui débouche sur la rue des Dominicains ; ou bien à la rue des Bouchers ; ou encore au Marché aux herbes par la galerie de la Reine qui la continue ; et elle présente de nombreuses possibilités encore par les étages. Si jamais on le suivait, ce qu'il ne croyait pas, eh bien, c'était ici que Richard Drouin casserait la filature.

La lumière tombait à profusion des hautes verrières. Il flâna devant une pâtisserie, un maroquinier, une boutique de vêtements pour femme, une autre de souvenirs, où le Mennequen-Pis se déclinait à la place d'honneur dans différentes tailles, en faux marbre, en faux bronze, en chocolat. Une librairie eut sa préférence. C'était un magasin tout en longueur qui ne comptait que deux ou trois clients. Il entra, le nez en l'air, et feuilleta quelques livres d'art, les chefs-d'œuvre des Flandres, les grands transatlantiques. En même temps, comme s'il avait un coup de chaud, il débarrassa ses épaules de son imperméable, le plia serré et le fourra dans le sac en peau de porc qu'il avait tenu dissimulé par en dessous. Si quelqu'un avait attaché ses pas à un grand vêtement beige aux manches ballantes, il raterait un blazer bleu marine, barré d'une courroie de cuir fauve, se faufilant dans la foule. – De quelle foule parlons-nous ? il n'y avait pas vingt promeneurs dans la galerie. – Une casquette était censée parachever la transformation. « Tout cela est bien puéril », se dit Richard Drouin. Il estimait que Bruxelles était en soi une protection suffisante, mais les gens avec lesquels il avait rendez-vous, les frères Azzam – « les Marsouins », pour nos archives –, désiraient qu'il respectât certaines procédures, et il tenait à ne pas leur déplaire, il y tenait absolument.

D'un autre côté, il n'était pas impossible qu'il prît aussi un certain plaisir à ce luxe de précautions.

Encore deux minutes… Il feignit d'étudier les recettes illustrées d'un ouvrage intitulé *Haute Gastronomie wallonne* et regarda autour de lui. La vendeuse papotait avec le caissier, ils ne lui prêtaient aucune attention. Une petite télé noir et blanc était posée entre eux, sur le comptoir. L'antenne dressée, elle diffusait un programme en sourdine. L'image tressautait, piquée de parasites. « Un service d'ordre impressionnant a été mis en place, entendit vaguement Richard Drouin. Des tireurs d'élite ont pris position sur les toits, armés de fusils à lunette, et des policiers en uniforme, placés tous les quatre pas, font face à la foule des spectateurs auxquels se sont mêlés des centaines d'inspecteurs en civil. Beaucoup ont suivi un entraînement spécial en vue de ce grand jour... »

Les fusils à lunette eussent sûrement intéressé M. Joyeux si l'heure n'avait pas sonné. Il quitta la librairie d'un pas redevenu rapide. La voiture annoncée, une Renault 5 aux vitres teintées, l'attendait rue des Bouchers, moteur en marche.

La portière arrière s'entrebâilla. Richard Drouin s'installa sur une banquette étonnamment dure et inconfortable, et le chauffeur démarra en trombe.

C'était un homme d'une trentaine d'années comme ils le sont tous, qu'il gratifia d'un bonjour courtois. Cheveux courts, nuque de taureau, lunettes noires, costume en synthétique choisi trop grand d'une taille afin qu'aucune bosse ne le déformât, ses aptitudes ne faisaient aucun doute. Restait à savoir s'il s'agissait d'un occasionnel ou du garde du corps attitré de ses clients, auquel cas il serait bon de s'en faire un allié. Quoi qu'ils aient dans la cervelle, ces types-là peuvent se montrer très influents. À force de s'en remettre à eux pour les questions de sécurité, leur patron finit souvent par leur accorder une confiance entière. Il suffit qu'ils l'épatent à la salle de gym avec leurs paquets de muscles pour qu'il les consulte sur les questions les plus diverses. La proximité y est aussi pour beaucoup. D'abord c'est comme si on réfléchissait à haute voix, mais bien vite on écoute la réponse... Richard Drouin lui fit remarquer combien Bruxelles était anormalement paisible et joua des fossettes sitôt qu'il eut capté un regard.

« Où sont les gens ? Qu'est-ce qu'ils font ? On se croirait dans une ville fantôme. Ou qu'on a décrété la loi martiale, que c'est le couvre-feu...

— Ils suivent la retransmission, je suppose. Le journal a annoncé qu'il y aurait plus de sept cent cinquante millions de téléspectateurs.

— Vous rigolez ?

— Dans le monde entier, je veux dire.

— C'est inimaginable.

— Surtout avec le décalage horaire. Combien de différence entre Londres et les États-Unis ? Six, sept heures ?

— Il fait nuit noire là-bas. Ça signifie que des millions de gens ont mis leur réveil pour… ?

— Et entre Londres et l'Australie ? »

Les voilà à discuter comme s'ils se connaissaient depuis des lustres.

« Vous voulez que j'allume la radio ? Il y a encore un bout de chemin avant d'arriver à la propriété.

— Je ne dirais pas que ce type de manifestation me fascine, mais c'est vrai que quand la compétition atteint un certain niveau… »

Le garde du corps se mit à rire et M. Joyeux parut satisfait. Dans ces moments-là, ses yeux s'illuminaient et sa moustache se courbait en crocs.

*
* *

« L'Union Jack, le majestueux drapeau britannique, encore et partout… »

Sur les trottoirs du Strand, c'était une marée tricolore que les bobbies s'efforçaient de contrôler. Ceux qui n'agitaient pas de drapeaux étaient habillés en rouge, blanc, bleu pour le moins ; ils avaient des chapeaux, des perruques et même des turbans rouge, blanc, bleu ; ou bien ils allaient en trios : le premier en blanc, celui du milieu avec une chemisette bleue et le troisième avec un polo rouge, par rangs entiers… Un skinhead s'était peint l'Union Jack sur le visage. Cela jurait avec la croix gammée qui pendait à son cou, mais personne ne s'en offusquait au pays de l'individualisme. Ici, le drapeau enveloppait un couple à peu près nu, des fleurs dans les cheveux comme aux plus belles heures de Carnaby Street. Là, taillé en forme de cœur, il ornait le bikini réduit à l'extrême – elle ne portait rien d'autre – d'une jolie blonde tatouée qui agitait les seins et remuait la langue devant l'objectif. Il y a toujours une pin-up en quête d'immortalité pour profiter de l'événement. Et à chaque coin de rue se vendaient des t.shirts, des badges, en même temps que les porte-clefs, boîtes de biscuits, assiettes et autres *mugs* commémoratifs où là aussi la bannière aux bandes entrecroisées flottait fièrement derrière l'effigie des héros du jour, souriant dans un médaillon ovale.

« Oh oui, c'est une occasion de grande fierté pour toute l'Angleterre ! »

À Paris, boulevard Mortier, Celui-qu'on-appelait-Dominique prit à partie Cyrille, son voisin de bureau, planté comme lui les bras croisés devant le poste :

« Chez nous, dit-il, le drapeau ne fait plus recette que dans l'armée, et encore. »

Il avait sa théorie sur le déclin du patriotisme, en France.

« Tu comprends, à la différence des Anglais, nous n'avons pas gagné une guerre depuis Napoléon. Les Prussiens nous ont écrasés en 1870 ; on aurait perdu 14-18 si personne n'était venu à la rescousse ; on a été lamentables en 40 ; et je ne parle pas de l'Indochine, de Suez, de l'Algérie : les guerres coloniales sont toujours perdues d'avance.

— Et alors ?

— Pas une guerre ! Comment veux-tu respecter un drapeau qui est devenu synonyme de défaite ? Tu as déjà vu, toi, un touriste acheter un cendrier ou une tasse à café décorés du drapeau tricolore ? Non. Et tu sais pourquoi ? Parce qu'il n'y en a même pas en vente dans les bacs. Personne n'y croit. La France, c'est la tour Eiffel et la Joconde, un point, c'est tout.

— Tu peux dire aussi que c'est parce qu'il est moche, notre drapeau. Enfin, banal. Couleurs primaires, pas d'étoile, pas de motif...

— Il ne serait pas moche s'il nous menait à la victoire. Rappelle-toi le tableau de Delacroix, tu sais, où il est brandi par la fille avec le nichon à l'air. Il a fière allure.

— Cette fille symbolise la République.

— Voilà le problème. Aujourd'hui, la République porte mieux le drapeau que la Patrie. »

*
* *

La Renault 5 s'immobilisa devant une façade de briques dans une banlieue du nord de Bruxelles. Le quartier ne payait pas de mine, mais les hautes portes hérissées de piques s'ouvrirent sans bruit sur une allée bordée de vigne vierge au bout de laquelle s'étendait un parc insoupçonnable depuis la rue. Cela avait dû être la cour d'une usine ou d'un entrepôt. Un jet d'eau s'élevait maintenant en son centre et une charmille menait aux anciens bâtiments industriels luxueusement restaurés.

Dans le hall, le portrait équestre grandeur nature d'un sultan à la barbe fourchue accueillait le visiteur. *Don de Méhémet Ali Pacha, vice-roi d'Égypte, au marquis de la Valette*, pouvait-on lire en lettres dorées, au bas de la toile. Les pièces sentaient encore la peinture et le plâtre. Certaines n'étaient meublées qu'à moitié, comme si le décorateur avait été remercié avant d'avoir livré son ouvrage. Une poignée manquait à une porte et un tortillon de fils électriques s'échappait d'une plinthe.

Richard Drouin fut introduit dans une bibliothèque dont les rayonnages n'étaient pas encore garnis de livres. Seul un Coran enluminé s'ouvrait sur un lutrin, sous une vue de La Mecque en argent repoussé.

Loin des fenêtres, tout au fond, un gros poste de télévision était allumé, entouré d'un canapé, de fauteuils et de guéridons incrustés de nacre, où étaient posés des tasses et de petits gâteaux secs.

« Entrez. Asseyez-vous, je vous en prie. Nous regardons la retransmission… »

Ils étaient quatre. En plus des frères Azzam, il y avait là une femme d'un certain âge, grasse, guindée, très fardée, et un vieux monsieur très brun, aux cheveux gominés, habillé comme pour une réception, cravate gris perle et chaussures vernies. Celui-ci tourna à peine la tête vers Richard Drouin pour le saluer. Il semblait fasciné par l'écran où venait d'apparaître un carrosse découvert, tiré par six chevaux. Les grains d'un chapelet de cristal coulaient entre ses doigts comme de grosses larmes.

« Asseyez-vous, s'il vous plaît. »

Le landau de la reine quittait le palais de Buckingham. – « Sa Majesté arbore un ensemble turquoise qu'éclairent deux rangs de perles, et un chapeau à fleurs de même couleur, alors que son époux est en grand uniforme d'officier de marine… Ils vont emprunter le Mall et longer Trafalgar Square, avant de se diriger vers le Strand… » Une vaste clameur s'élevait sur leur passage.

Reconnaissables à leurs fameux bonnets en poils d'ours, les *Coldstream Guards* présentaient les armes à leur souveraine et la baïonnette de leur fusil d'assaut H & K étincelait dans le soleil de juillet. « Les pauvres, ils doivent avoir chaud », dit le vieil homme au chapelet. Il s'était exprimé en français, roulant lourdement les r, mais la grosse dame trop maquillée, qui devait être son épouse, lui répondit en arabe, de sorte que Richard Drouin ne put comprendre la réponse.

Les choses ne se déroulaient pas comme prévu et il en était mortifié. Tout avait commencé par ce quiproquo stupide, dans le taxi qu'il avait pris devant l'hôtel Amigo. Pourquoi avait-il cru à une rencontre sportive ? Comment avait-il pu évacuer de sa mémoire que se célébrait aujourd'hui le

« mariage du siècle », ainsi que titraient les quotidiens qu'il avait parcourus la veille dans l'avion de Kinshasa ? Le garde du corps qui l'avait conduit jusqu'ici avait dû le prendre pour un original. Il se serait donné des gifles. C'est fou combien la gaffe la plus insignifiante peut blesser l'amour-propre. – Il y avait surtout cet accueil étrange qui lui donnait l'impression d'arriver à un dîner la veille du soir convenu.

Il avait pris place, comme l'y invitaient les frères Azzam, sur l'un des sièges disposés en fer à cheval autour du poste. On lui servait à présent, d'autorité, un café noir sirupeux, accompagné d'un sablé qui s'effrita entre ses doigts. Mais la conversation, si l'on peut appeler ça ainsi, se limitait à de vagues politesses. Ses hôtes n'avaient d'yeux que pour le spectacle qui se déroulait à l'écran.

« Le fiancé a revêtu également son uniforme d'apparat de commandant de la Royal Navy, comme son jeune frère qui l'accompagne dans un carrosse découvert, alors que, je le rappelle, des menaces terroristes planent toujours sur Londres. Il porte l'Ordre de Jarretière, et toutes ses décorations, et sa casquette blanche d'officier. On le sent un peu tendu… Il lève souvent les yeux vers les toits, comme pour s'assurer qu'aucun sniper de l'Armée républicaine irlandaise ne se cache derrière une cheminée. Bien entendu les deux valets de pied assis à l'arrière du landau, en livrée brodée, jabot et tricorne à la mode du XVIIIe siècle, sont des spécialistes de la protection rapprochée des personnalités. Et il en va de même pour les laquais de la mariée, naturellement. Celui qui a été attaché à la personne de la future princesse se prénomme John, nous a-t-on dit… »

C'était ce ton qui l'avait induit en erreur, cette façon d'accentuer un mot, puis de placer un silence peu avant la chute, comme pour créer du suspense, ce phrasé horripilant, caractéristique des commentateurs sportifs lorsqu'ils n'ont rien à dire et qu'ils meublent en décrivant ce que tout le monde peut voir, avec pour seule béquille la documentation qu'on leur a fournie, qu'ils casent à la va comme je te pousse. Ce n'était pas sa faute s'ils avaient détaillé les particularités de l'itinéraire comme s'il s'était agi d'une étape du Tour de France.

Assis du bout des fesses au bord du gros fauteuil qui respirait le cuir neuf, Richard Drouin avait perdu de son allant mais ne désarmait pas. Il essuya les verres de ses lunettes dans un mouchoir en papier, puis posa sur ses genoux son sac en peau de porc. Les documents qu'on lui avait remis à Kinshasa se trouvaient à l'intérieur, sous l'imperméable roulé en boule. Il ouvrit le sac et en sortit les quatre feuillets que protégeait une fine chemise couleur pervenche, de ce type commun aux administrations, et il les tint à la verticale, entre ses petits doigts blancs et potelés, pour rappeler la raison de leur rendez-vous, tel l'étendard du reproche. Depuis qu'il s'occupait de courtage et jouait les intermédiaires, il n'avait jamais été confronté, se dit-il, à une situation aussi grotesque.

La pantomime n'eut aucun effet. La reine faisait de petits saluts de sa main gantée et semblait très contente, et de l'événement et de la réaction qu'il provoquait chez ses sujets. Le prince consort, lui, forçait le sourire, et cela se remarquait fâcheusement, même si le présentateur de la télévision soutenait le contraire ; à la différence de M. Joyeux, la bonne humeur ne lui était pas naturelle, c'était un esprit hautain et incapable de le dissimuler. Mais voilà qu'un carrosse fermé faisait son apparition pour la plus grande liesse des spectateurs.

Les grains du chapelet s'immobilisèrent. Le vieux monsieur – était-il possible qu'il se fût habillé pour la circonstance ? – montra l'écran à sa femme, du menton, comme pour l'inciter à redoubler d'attention. Deux rides de concentration barraient le front de l'aîné des frères Azzam. Debout, un peu en retrait, les jambes écartées et les mains sur les hanches, le garde du corps ne dévorait pas moins des yeux le carrosse aux vitres closes, d'un noir de carapace d'insecte, que suivait maintenant la caméra. Et Richard

Drouin lui-même, son dossier pervenche toujours à la verticale, ne put retenir de se pencher en avant. Un long mouvement de zoom permettait enfin d'entrevoir un visage voilé de blanc derrière les vitres du carrosse de verre réservé aux mariages royaux, vitres dont on apprit alors qu'elles étaient blindées contre les balles.

Le présentateur parla de la « voiture de Cendrillon ».

Il évoqua aussi une beauté « fragile et mystérieuse sous son voile de soie ».

La grosse dame murmura quelques mots douloureux en arabe. « Ma tante se plaint qu'on n'ait toujours pas vu la robe de la mariée », traduisit le cadet des frères Azzam.

Les affaires attendraient. Autant les imiter, se dit Richard Drouin, et profiter du divertissement imprévu. Qu'y a-t-il de plus réconfortant au fond que les joies et les peines des têtes couronnées ? Il rangea le dossier pervenche à plat sur ses genoux. M. Joyeux, l'adaptabilité en personne.

*
* *

C'était un jour léger, seuls de rares nuages mouchetaient le bleu du ciel. Il ne faisait pas exagérément chaud, une petite brise animait même la cime des arbres. Temps idéal pour un mariage. On ne pouvait rêver meilleur augure pour les noces du futur roi d'Angleterre. – La soirée des élections présidentielles s'était soldée, chez nous, à Paris, par un orage à la mesure de l'événement ; des trombe d'eau avaient tempéré l'euphorie des vainqueurs, place de la Bastille, et les vaincus y avaient vu un signe incontestable de désapprobation divine. – Oh, mais un changement était toujours à craindre, rien n'était encore joué, ni d'un côté ni de l'autre…

Les journalistes continentaux n'omettaient pas de rappeler dans leurs commentaires les émeutes de Brixton des semaines précédentes, et que la colère grondait à Liverpool. Ils mentionnaient aussi, quoique sans les montrer à l'écran, retenus par une sorte de pudeur, les grappes de ballons noirs lancées au-dessus de Londres par les sympathisants des prisonniers irlandais qui faisaient la grève de la faim dans les geôles de Belfast ; leur santé, assuraient-ils, avait atteint « un état critique ». On n'oubliait pas non plus ces pains de dynamite que les chiens des services secrets avaient découverts quelques jours plus tôt, à l'intérieur même du palais de Buckingham, sous le lit d'un domestique. Toutes sortes de rumeurs alarmantes circulaient, et l'on en discutait en connaisseur, à Paris, boulevard Mortier – à la Centrale, comme disent les gens du Service –, et chacun y allait de son commentaire sur les mesures de sécurité prises par le gouvernement anglais. Il y avait les admirateurs sans faille du système britannique (l'expérience de la guerre, etc.), et les autres, qui jouaient les oiseaux de malheur.

Rome, 13 h 11, heure locale

Tandis que dans une bibliothèque bruxelloise dénuée de livre Richard Drouin regardait la future princesse répondre aux acclamations de la foule par de petits gestes encore timides (il fallait les comparer aux vigoureux mouvements de poignet de la reine mère), à Rome, au cinquième étage de l'hôtel Bernini-Bristol, Jean-Luc Massard regagnait sa chambre – une « suite avec vue sur le Vatican », avait-il dit à Sonia, sa femme, au téléphone.

À cette époque-là, Jean-Luc Massard faisait encore penser à un étudiant attardé. Long et mince, il gardait un petit air rêveur et ses cheveux négligés, ses grosses pattes et la mèche en aile d'hirondelle qu'il relevait régulièrement en se servant de ses doigts comme d'un peigne, juraient avec le sérieux de son costume strict de commis de l'État.

Il jeta son cartable sur la commode et alla se soulager à la salle de bain.

Les réunions s'étaient conclues, ce matin encore, par des

déclarations de principes. Le sommet Nord-Sud avançait à une allure d'escargot que beaucoup d'intervenants, appartenant aux rangs des intéressés, il fallait bien le reconnaître, avaient du mal à soutenir. C'était frustrant, exaspérant, mais à la guerre comme à la guerre, l'essentiel était de faire entendre sa voix, d'introduire un son nouveau dans le concert des nations, quelque chose finirait bien par en sortir. Jean-Luc Massard y croyait. Ses parents cheminots l'avaient élevé dans le culte du progrès, avatar matérialiste du salut chrétien, et il avait foi en une entropie positive ; la flèche du temps *devait* tendre vers un monde meilleur.

Reboutonnant son pantalon, le jeune conseiller technique du ministre de l'Économie et des Finances adressa néanmoins une grimace inquiète au miroir, car il craignait d'être sur le point de commettre une sérieuse bêtise.

Les femmes de ménage avaient fait la salle de bain pendant son absence. Elles avaient changé les serviettes et renouvelé le stock de savons, flacons de shampoing et crème pour le corps que la direction offrait aux clients sur un plateau disposé près du lavabo. Jean-Luc Massard en avait déjà mis de côté une demi-douzaine, à l'abri au fond de sa valise, ainsi qu'une paire de chaussons blasonnés en éponge rouge sous cellophane, dont il se disait qu'ils plairaient beaucoup à sa femme. Ces babioles qu'il avait l'impression de voler l'emplissaient d'une joie puérile. Mais ce n'était pas là du vol ; au même titre que les élégants chaussons de bain (qu'on n'avait pas remplacés, malheureusement), les mini produits de beauté entraient dans le prix de la chambre, libre à lui d'emporter ce qu'il n'utilisait pas. On ne pouvait même pas parler d'une quelconque prise de risque ; pur simulacre, impunité garantie… Jean-Luc Massard regarda sa montre avec un pincement au cœur comme s'il découvrait par contraste qu'il s'était engagé sur une voie périlleuse. Enivré par l'air brûlant de la capitale italienne, il avait eu l'impression d'un jeu jusque-là, d'un jeu annexe qui ne portait pas à conséquence.

Dans la chambre, il ôta sa veste et desserra le nœud de la cravate à rayures lie-de-vin que lui avait offerte Sonia la veille de son entrée en fonction au ministère. Oppressé par le silence que soutenait le souffle mécanique de la climatisation, il éprouvait un sentiment de solitude, de vulnérabilité.

La pièce se prolongeait par un petit salon où le canapé faisait face à l'un de ces meubles en marqueterie, propres à cette catégorie d'hôtel, dont les battants dissimulent la télévision, un petit réfrigérateur et, sur des étagères en miroir (toujours beaucoup de miroirs dans les palaces, ils flattent la vanité), un assortiment de verres, de biscuits pour l'apéritif et de chocolats. Il n'avait pas l'habitude d'être logé à pareille enseigne. Jusque-là il avait plutôt tiré le diable par la queue, mais on s'accoutume vite à prendre ses aises. Jean-Luc Massard se servit un whisky, puis alluma la télévision, deux armes efficaces contre les problèmes de conscience.

Par la fenêtre, il apercevait des toits, des terrasses, des jardins écrasés de soleil et, dans le coin gauche, en collant le nez contre la vitre, un peu du dôme majestueux de Saint-Pierre. Il en détourna les yeux sitôt que l'image se stabilisa à l'écran. De hautes colonnes grises apparurent, puis, filmé depuis un dirigeable dont l'ombre glissait sur les façades, le fronton de l'église Saint-Paul, au sommet de Ludgate Hill.

L'immense cathédrale, dont l'architecture n'était pas sans rappeler celle du Vatican, dominait tout Londres jusqu'à la Tamise. Jean-Luc Massard entendit les cloches sonner à la volée et vit le tapis rouge cascadant sur le parvis et les officiers de marine sur les marches, figés dans un garde-à-vous impeccable. Le carrosse de verre s'immobilisa et la mariée en descendit avec son père. La cérémonie religieuse allait commencer.

Il monta le son ; puis le baissa en entendant le commentateur s'exprimer en italien, langue qu'il ignorait ; et jeta un nouveau coup d'œil à sa montre. Julie Wassermann avait dit qu'elle laisserait s'écouler quelques minutes avant de le rejoindre. Cela faisait plus d'un quart d'heure. Peut-être avait-elle changé d'avis et ne viendrait-elle pas ? Au fond, ce ne serait pas plus mal. Le jeu restera à l'état de jeu, se disait-il confusément, et il se contenterait de regarder le mariage royal jusqu'à l'heure de la reprise des débats, quand deux coups retentirent à la porte.

Elle ne s'était pas changée. Julie Wassermann portait son chemisier grège sous le tailleur qu'elle avait acheté en prévision du sommet. Il l'embrassa précipitamment, sur la joue. « Viens, entre. » Puis : « Tu veux boire quelque chose ? » lui demanda-t-il pour dire quelque chose.

*
* *

On découvrait la robe décrétée secret d'État. Les tabloïds avaient fait miroiter en vain des milliers de livres sterling pour obtenir une copie du patron, quelque indication de coupe ou de matière ; pas une petite main ne s'était laissé soudoyer. Rien ne devait être révélé jusqu'à la dernière seconde, c'est-à-dire jusqu'à ce qu'elle apparût à l'écran. Une épaisse enveloppe attendait les journalistes à l'intérieur de Saint-Paul, frappée des armes royales. On pouvait y lire en forts caractères : « Embargo ». En plus du programme des réjouissances, elle contenait, sur plusieurs pages, la description complète de la toilette nuptiale, des bijoux, des escarpins, d'un « parapluie de mariage » même, accompagnée de croquis et du nom de chacun des fournisseurs afin d'éviter toute méprise, mais rien de tout cela, une fois encore, ne devait être « ni publié, ni radiodiffusé, ni télévisé », était-il stipulé, avant l'heure prescrite.

Pourquoi tant de mystère ? se demandait Richard Drouin, à Bruxelles, tandis qu'à Paris, boulevard Mortier, Celui-qu'on-appelait-Dominique claironnait : « Les RP de Buckingham ont monté la mayonnaise comme des chefs ! »

*
* *

Assis côte à côte sur le petit canapé, ils échangèrent vite des baisers, légers d'abord, puis à pleine bouche. Cela paraissait si facile. Ils étaient enfin seuls et la télévision leur évitait tout dialogue superflu.

Julie Wassermann se faisait lourde contre lui. Elle lui tendait les lèvres, la tête renversée en arrière, ses cheveux blonds répandus en éventail, avec une sorte de passivité impatiente, comme un bébé attend le biberon.

Ils avaient sympathisé pendant le vol d'aller, dans la Caravelle gouvernementale. Pour l'un comme pour l'autre, ce voyage officiel était une première. Pas d'attente, pas de formalités douanières, une voiture au bas de la passerelle, des égards, des facilités, un confort, un luxe, des responsabilités aussi (ils représentaient la France), dont ils n'avaient jamais eu la notion : intimidés, grisés et ne voulant pas que cela se remarquât, s'efforçant de ne pas commettre d'impair (il fallait voir le dîner de gala à l'ambassade, au palais Farnèse, on se serait cru sous l'Ancien Régime), se fortifiant réciproquement à coups de sourires et de moues perplexes, ils faisaient front commun et cela les avait rapprochés. « Il y a six mois, avait avoué Jean-Luc Massard, j'enseignais l'économie à l'école des Mines. » De son côté, Julie Wassermann travaillait auparavant, à mi-temps, pour un éditeur de textes de droit ou quelque chose d'approchant. Tous deux faisaient partie de ces militants anonymes que la vague rose avait lancés dans l'arène politique du jour au lendemain.

C'était elle qui avait proposé de le rejoindre dans sa chambre, prétextant de déjeuner en tête-à-tête pour peaufiner le discours de leur ministre et « mieux faire connaissance » ; lui n'aurait jamais osé, par crainte d'une rebuffade ; et elle se laissait guider à présent, tout alanguie et soumise, répondant à ses baisers sans prendre d'initiative, ainsi que pour le mettre en confiance. Quand par intervalles ses paupières s'ouvraient, c'était pour suivre à l'écran la progression de la princesse dans la cathédrale, au bras de son père. Le pauvre homme avait une allure traînante et raide comme s'il avait bu. Il se remettait à peine d'une hémorragie cérébrale, avait-elle lu dans un magazine, et il semblait que c'était sa fille qui le soutenait plutôt que le contraire.

La fameuse robe, fruit de quatre mois de travail intensif, se remarquait d'abord par sa traîne, la plus longue jamais conçue pour un mariage princier. « Sept mètres soixante de long ! » s'extasiait le présentateur, et Julie Wassermann, qui avait remonté le son, parce qu'elle comprenait assez bien l'italien pour sa part, s'étonna – comme s'en était étonné Richard Drouin, à Bruxelles – de l'esprit de compétition qui animait le commentaire. En Italie aussi on parlait records ainsi que dans une émission sportive.

« La traîne brodée de perles et de fils d'argent a nécessité plus de quarante mètres de tulle et cent mètres de taffetas. Elle va se déployer pendant trois minutes trente sur les deux cents mètres du tapis, qui est le plus long tapis rouge existant au monde… »

La princesse marchait dans la nef, comme si elle flottait, suivie de cinq demoiselles d'honneur, et l'énumération des chiffres se poursuivait : dix mille paillettes de nacre, fixées par des rubans de soie cousus à la main, constellaient le voile que retenait le diadème incrusté d'une myriade de pierres précieuses. Ce serait son lot désormais, pouvait-on se dire. Comme sur la piste des stades, il lui faudrait en permanence se montrer à la hauteur, et même se surpasser, si elle voulait ne pas être reléguée au vestiaire.

La caméra saisissait la jeune femme de face, en plan moyen, et la planète entière pouvait admirer enfin, à défaut du visage toujours estompé par la gaze, la soie d'ivoire profond de la jupe que gonflait une crinoline et le décolleté garni d'un ruban froncé, noué sur la gorge, et les manches ballon d'où s'échappait un délicat tuyau de dentelle.

« Une petite broche en forme de fer à cheval a été fixée à

la taille, en guise de porte-bonheur. La tradition britannique veut également que la tenue nuptiale comporte un élément ancien et un autre qui soit emprunté. Le premier consiste en une vénérable pièce de dentelle ayant appartenu à la reine Mary, ingénieusement intégrée au corsage. Quant au second, il s'agirait des joyaux, en particulier de la paire de boucles d'oreille en diamants, que la future reine a empruntée à sa mère… »

Ils reprirent leur souffle comme la mariée atteignait la grille de l'autel où attendait le prince, le sabre au côté. Jean-Luc Massard en profita pour changer de position, de façon à pouvoir caresser à son aise le cou de Julie Wassermann. De là, ses doigts descendirent en douceur vers l'échancrure du chemisier. C'étaient les gros seins de sa collègue qui lui avaient donné des idées en premier. Ils semblaient ballotter librement sous la blouse sage de satin et, depuis leur arrivée à Rome, l'épiant à la dérobée, il se demandait chaque fois que s'entrouvrait la veste du tailleur si elle portait ou non un soutien-gorge. La question l'obsédait tandis que se discutait la dette du tiers-monde. On n'en voyait pas trace, même quand elle gonflait le torse, mais il paraissait étonnant que des seins si volumineux tinssent aussi droit tout seuls, d'autant que Julie Wassermann avait un enfant d'un mariage qui avait rapidement capoté, un fils de cinq ans, croyait-il se souvenir. Il les avait à peine effleurés jusque-là et, tout à l'émotion du premier contact, n'avait pu vraiment se rendre compte. Aurait-il la mauvaise surprise de rencontrer des prothèses ?

Les baisers reprirent. Cette fois elle lui aspirait la langue et sortait parfois la sienne pour lui lécher les coins intérieurs de la bouche. Sa main à lui n'en continua pas moins sa progression. Il y avait bien un soutien-gorge, découvrit-il, mais sans baleine ni couture, et taillé dans une matière assez arachnéenne pour faire illusion. Ne rencontrant pas de résistance, il y glissa deux doigts, explora une masse élastique et tiède, moins ferme qu'il ne l'avait cru, mais d'une consistance indéniablement naturelle, puis saisit avec précaution la pointe grenue d'un mamelon qui réagit aussitôt à la caresse. L'aréole semblait très large. Avait-il vraiment envie d'aller plus loin ? C'est-à-dire : saurait-il se montrer à la hauteur ? Sa curiosité satisfaite, des pensées contradictoires lui traversaient l'esprit, qu'il s'efforçait d'occulter en suivant de biais ce qui se passait à l'écran.

On entendait les grandes orgues, et chanter le chœur. L'assistance s'était levée et l'objectif balayait ce qu'il est convenu d'appeler un parterre de têtes couronnées et de chefs d'État, s'attardant sur les personnalités les plus en vue, la princesse de Monaco, le roi et la reine des Belges, l'héritier du trône du Japon, la première dame américaine dans un ensemble à fleurs, rayonnante comme des suites d'un lifting. La caméra fixa un long moment l'énorme roi du Tonga, îlot du Pacifique ; il pesait plus de cent cinquante kilos et avait apporté avec lui son fauteuil personnel. Elle détailla le visage impérieux du Premier ministre britannique que les médias n'appelaient jamais autrement que « la Dame de fer » ; puis se posa sur notre Grand Sphinx placé au quatrième rang. Revenant sur ses premières déclarations, le président de la République française s'était finalement plié aux règles du protocole et avait consenti à revêtir une jaquette, seul vêtement approprié à la cérémonie, paraît-il. Cette jaquette avait fait couler beaucoup d'encre. Aux yeux de l'électeur de base, c'était l'habit même du capitalisme triomphant. Avec ses basques tombant jusqu'aux genoux, le vêtement semblait terriblement anti-social, et ridicule, rétrograde. Que le chef de l'État, héros du changement, eût choisi, au bout du compte, de céder aux usages donna à Jean-Luc Massard comme une impulsion libératrice. Les Robespierre finissent mal, se dit-il, parce que le pouvoir républicain est fait de concessions. Les principes étaient une chose et la réalité en était une autre ; et, non, ce n'était pas renier ses convictions que de mettre un peu d'eau dans son vin… Sa braguette se gonflait à mesure que s'envolaient ses dernières réserves. En équilibre sur un coude, il plongea la main entière dans le soutien-gorge de Julie Wassermann, tandis que l'autre, s'insinuant sous la jupe, prenait possession des cuisses.

À Paris, à la Centrale, boulevard Mortier, on avait remarqué aussi la jaquette et chacun en tirait ses propres conclusions.

*
* *

« Nous sommes réunis ici sous le regard de Dieu pour unir cet homme et cette femme. »

Les deux mille trois cent treize tuyaux de l'orgue s'étaient tus et l'archevêque de Canterbury, primat d'Angleterre, lisait sa bénédiction.

« Décale-toi un peu, lui demanda-t-elle, que je puisse regarder... »

C'était à l'écran comme une peinture animée. Les toilettes multicolores, les uniformes chamarrés, le grand dallage noir et blanc, la profusion des fleurs, tous les ors et les rouges de la pompe qu'illuminaient la multitude de projecteurs accrochés sous les voûtes, et la noblesse du lieu, la solennité des attitudes, le recueillement, la qualité même des participants faisaient de cette noce une pièce de théâtre grandiose que dominaient des impressions d'harmonie, d'opulence, de pérennité. C'était comme si le chaos des ténèbres se dissipait et que l'ordre humain neutralisait l'entropie toujours croissante de l'univers. Les rites n'ont pas d'autre fonction, mais la célébration de celui-ci, facilement accessible grâce au miracle des ondes, et d'une compréhension aisée, permettait au plus grand nombre de se laisser aller à communier dans une même émotion lénifiante. L'oncle des frères Azzam en avait la chair de poule et la grosse dame à ses côtés s'essuya les yeux plus d'une fois.

« Si quelqu'un s'opposait à cette union, qu'il le dise maintenant ou jamais. »

Le moment le plus touchant fut peut-être celui où, après avoir exprimé sa volonté de la prendre pour épouse – « afin de t'aimer et de te chérir jusqu'à ce que la mort nous sépare » –, le prince glissa l'anneau nuptial au doigt de la mariée. L'anneau, apprit-on alors, que la tradition anglicane n'impose qu'aux femmes, avait été fondu, ainsi que la chevalière du mari, à partir du même bloc d'or que les alliances de la reine, de ses sœurs et de leurs conjoints ; la pépite, ajouta le commentateur dont la voix n'était plus qu'un murmure, était l'orgueil d'une mine du pays de Galles.

Il y eut aussi le moment où la princesse souleva son voile. On découvrait enfin son visage. Elle faisait incroyablement juvénile au milieu de la digne assemblée. Les traits encore pleins de rondeurs et d'imperfections adolescentes, elle avait dix-neuf ans et semblait avoir été préservée jusque-là des cahots de la vie. Elle battait des cils et s'empourprait, paraît-il, au moindre compliment. « Une rose sans épine », disait d'elle l'un de ses oncles. Le même aurait ajouté sans ambages, à l'intention de la presse, qu'elle était « une véritable jeune fille ».

À Paris, ce « véritable jeune fille » fit tiquer Celui-qu'on-appelait-Dominique. On ne vante la virginité d'une femme que pour la vendre au marché aux esclaves, se dit-il tout en mâchant un jambon-beurre-cornichon. La phrase blessait la pudeur. Que ce fût vrai ou non n'entrait pas en ligne de compte. Quand il s'agit de filles à marier, les aristocrates montrent parfois des manières de maquignon. Ils trouvent ça chic. Affirment leurs prérogatives de mâles. Ont l'impression de rester proches des vérités animales et ancestrales de la terre qui a fait leur noblesse. Dans l'esprit de Celui-qu'on-appelait-Dominique passèrent des images de chasse à courre, de biche marquée, de curée sanglante. Avec son grand gabarit, ses membres déliés, son nez un peu fort, son expression craintive, la nouvelle princesse ne tenait que trop bien, pour l'imagination, le rôle de la proie.

*
* *

La télévision exerçait son pouvoir hypnotique. Ils ne cessaient de s'interrompre pour jeter des coups d'œil à l'écran, comme s'ils risquaient de rater une péripétie cruciale. Leurs cous pivotaient parfois ensemble et leurs mains restaient en suspens ou se bornaient pendant quelques secondes à des attouchements mécaniques, et il leur fallait régulièrement faire un effort pour se détacher du spectacle et revenir à eux-mêmes.

Entre deux baisers, Julie lui résumait ce que le présentateur de la RAI traduisait de l'anglais. L'étroitesse du canapé ne leur facilitait pas non plus les choses, mais ni l'un ni l'autre ne songeait à le quitter pour s'ébattre sur le lit.

Les bénédictions se succédaient cependant et le modérateur de l'église d'Écosse remplaça l'archevêque pour lire d'une voix chevrotante une homélie passablement ennuyeuse qui leur donna une espèce de répit.

Les chevilles entravées par le pantalon qu'il n'avait pas pris le temps d'ôter, vacillant, un genou dérapant sur les coussins, Jean-Luc Massard ne réussit pas tout de suite à trouver son chemin et, après diverses tentatives infructueuses, sa collègue du ministère l'aida à entrer en elle. Étendue en biais, la nuque sur l'accoudoir, elle aussi n'était déshabillée qu'à moitié. Entre les pans déboutonnés du chemisier grège, ses gros seins pâles reposaient sur les bonnets du soutien-gorge, les pointes luisantes de salive, car il ne se lassait pas de les sucer pendant qu'elle commentait les images. La jupe remontée lui faisait un boudin gênant autour de la taille. Ils eurent du mal à trouver leur rythme. Enfin il s'éleva de petits soupirs, des halètements, des grincements de ressorts et ils ne songèrent presque plus au mariage royal. Puis il sentit qu'il ne pourrait malheureusement pas se retenir davantage. Julie Wassermann grogna dans son épaule quelque chose qu'il ne comprit pas ; elle lui serra frénétiquement le bras, il s'arc-bouta ; et tout fut fini de leur côté.

Il s'écroula sur elle, comme anéanti, mais la position restait inconfortable pour l'un comme l'autre. Il se rassit, et elle se redressa à son tour sitôt qu'il l'eut libérée de son poids. Il découvrit alors, tandis que le primat d'Écosse achevait la lecture de ses vœux de bonheur, qu'une tache humide étoilait le velours du canapé, dessinant une empreinte anatomique d'une précision troublante. L'estomac de la jeune femme émit au même instant un gargouillement qui la fit rire.

« Ne fais pas cette tête, je meurs de faim », s'exclama-t-elle en finissant de se dégager. Elle avait envie de pâtes, de fromage, de vin rouge, puisqu'ils étaient en Italie, à croire que les femmes se remettent beaucoup plus rapidement que les hommes. « D'accord, passons à table », répondit-il pour faire bonne figure, tout en se demandant avec inquiétude s'il allait réussir à nettoyer l'étoffe.

En plus de l'habituel cadran, le téléphone de la chambre (beaucoup plus sophistiqué que ceux du ministère des Finances) possédait deux rangées de touches marquées de symboles, une cloche, une valise, un plumeau stylisés. Il appuya sur celle qui lui semblait correspondre au room service : elle s'ornait d'une tasse fumante. « Allô ? *Pronto ?* » Il tomba sur un responsable du petit déjeuner qui lui expliqua dans un français presque pédant qu'il fallait composer le 7. Le combiné collé contre l'oreille, il vit alors Julie Wassermann se baisser, les fesses à l'air, et ramasser sa petite culotte, puis, après s'être retournée pour lui tirer la langue, se diriger vers la salle de bain en adoptant à son intention un déhanchement de vahiné.

Le comportement de la jeune femme l'emplissait

d'étonnement. Il n'avait pas l'habitude d'une telle décontraction en matière de sexe, pas du moins depuis ses années d'université ; après sept ans de mariage, Sonia faisait encore des chichis ; tout cela l'effrayait confusément.

La télévision ne lui fut cette fois d'aucun secours. Un visage épanoui occupait l'écran. Une large bouche s'ouvrit pour chanter un air qu'il ne connaissait pas. Les musiques se relayaient à Saint-Paul, des œuvres de compositeurs anglais, Elgar, Walton, Britten, choisies par le prince « que l'on sait très mélomane. »

Jean-Luc Massard entendit couler l'eau de la douche, et il se prit à songer aux implications, aux conséquences. Un repas pour deux, servi dans sa chambre, figurerait sur sa note, car les suppléments, le vrai coup de bambou, n'étaient pas pris en charge par le gouvernement. Il avait commandé une bouteille de chianti. Il fallait prévoir des explications cohérentes à tout ce qui pourrait l'incriminer. Les chèques laissent des traces, mieux vaudrait payer en liquide… Puis il se demanda comment Julie Wassermann, qui se comportait déjà en territoire conquis, le traiterait désormais en public. Il se dit qu'elle aurait barre sur lui, qu'elle pourrait en abuser. Puis l'idée le traversa qu'elle appartenait à Dieu sait quel service spécial, français ou étranger, et qu'elle l'avait piégé, que des photos de leur partie de jambes en l'air lui parviendraient bientôt dans une enveloppe anonyme, qu'on le ferait chanter, qu'il s'était fait avoir comme un bleu. Puis il se mit à sourire… Se jugeait-il si fautif que sa culpabilité se muait en paranoïa ? Ces choses-là, se dit-il, n'existent que dans les romans. Avait-il si peu foi dans son charme ? Il plaisait, il avait le vent en poupe, il le savait, et sa collègue n'avait pas de son côté une réputation de bonne sœur. Voyant les choses sous un angle plus favorable, il s'étira, serra le poing et poussa en direction du poste une sorte de miaulement, un cri modulé qu'il estima en tout cas très félin. N'était-ce pas une journée superbe que ce 29 juillet 1981 ? Oh, il se rappellerait longtemps les noces royales ! Sa vie avait pris un nouveau cours depuis les élections, il en eut soudain pleinement conscience. Pourquoi se mettre martel en tête ? Tout considéré, il se sentait *bien*, et comme soulagé de la pression des derniers mois, et même rechargé en énergie par la grâce de son incartade avec Julie Wassermann, oui, requinqué, triomphant, c'est cela, gonflé à bloc.

Un pan de chemise dépassant de sa braguette, il se mit à arpenter la pièce. Des cloches sonnaient à nouveau au-dehors. Dans une heure tout au plus ils seraient de retour au Palais des congrès, chacun à sa place, prêts à écouter l'allocution du représentant de la Côte d'Ivoire. Il lui suffirait – il s'en sentait capable – de faire sentir à la jeune femme qu'ils devraient s'en tenir là. – Mais si elle frappait à nouveau à sa porte ce soir ? Et s'il avait la faiblesse de céder à la tentation ? Il se connaissait...

Sur le canapé, la trace s'emblait s'être un peu résorbée. Une serviette imbibée d'eau savonneuse, en frottant fort, ferait sûrement l'affaire. L'action n'avait pas duré trois minutes, c'était la chose la plus banale du monde, et voilà qu'il s'infligeait les tourments de lady Macbeth. L'entropie fonctionnait à plein. Bon sang, que fichait-elle sous la douche ?

« *E senza dubbio uno dei capolavori dello famoso compositore inglese...* »

Comme pour échapper à ses pensées, le conseiller technique du ministre de l'Économie et des Finances se laissa une fois encore happer par la télévision.

*
* *

La princesse tenait contre son ventre un immense bouquet de fleurs blanches, gardénias, freesias, stéphanotis, orchidées, muguet, qui avait un peu la forme d'un cerf-volant. La tête inclinée comme pour faire pardonner sa haute taille, ses longs cils palpitant, elle semblait ailleurs et, quoiqu'on lui eût fait longuement répéter le moindre pas, indécise comme si elle avait oublié la suite de son rôle.

À Bruxelles, tandis que ses hôtes vantaient la distinction « si aristocratique » de la future reine, M. Joyeux la trouvait de son côté plutôt empotée, quoique bizarrement sexy. Guettant en permanence l'approbation de son époux, elle donnait l'impression d'une collégienne amoureuse qui n'en revenait pas de sa chance. Bien entendu, il ne partagea pas avec ses hôtes cette opinion iconoclaste.

Le dossier pervenche avait repris place sur ses genoux, à la verticale. Cela faisait plus d'une heure qu'ils regardaient la retransmission et, malgré sa bonne volonté naturelle, Richard Drouin se disait que, merde, ça commençait à bien faire.

Le cadet des frères Azzam remuait lui aussi sur son siège, Dieu merci, en signe d'impatience. Sans doute s'astreignait-il à suivre la fin du programme par respect pour son oncle. Ces gens-là mettent la famille au-dessus de tout, c'est connu : mentalité tribale. L'aîné ? L'aîné affichait un profil de joueur de poker. Il ne manifestait rien, sinon des sentiments de façade. Sans doute se montrerait-il redoutable dans la négociation. Il était beaucoup plus typé que son jeune frère, plus brun (une vilaine peau d'ailleurs), les mains velues, le cheveu ondulé et huileux. Avec ses dents éclatantes, ses mocassins en croco et sa chemise moulante, le cadet devait être le playboy de la famille, tandis que son frère, d'apparence plus primaire, mais aussi plus sobre, plus responsable, était l'héritier désigné, le fondé de pouvoir.

Se méfier tout de même. Ils allaient le prendre en tenaille, et le gentil Arabe, se dit M. Joyeux, ne serait alors pas moins à craindre que le méchant.

*

* *

La princesse se dirigeait vers la reine, assise sur un fauteuil doré à la droite de l'autel, afin de lui faire sa révérence. Élevée au rang d'altesse royale, elle ne plierait plus le genou désormais que devant sa belle-mère.

« La souveraine reçoit l'hommage de celle qui la remplacera un jour. C'est une minute historique ! Le présent rencontre l'avenir. Un véritable instant d'éternité... » – Toujours ce ton hystérique.

Parvenu devant ses parents, le prince, lui, se contenta d'incliner la tête.

À Paris, Celui-qu'on-appelait-Dominique posa sa bière et s'essuya les lèvres du pouce. Ils n'étaient plus qu'une dizaine à regarder la retransmission à la cafétéria de la Centrale, deux ou trois accoudés au comptoir, les autres assis aux tables de formica, discutant à mi-voix dans des volutes de fumée. C'était une morne journée estivale (les rares dépêches du jour concernaient presque toutes l'Iran, où il ne se passait pas grand-chose, il faut bien le dire) et l'on pouvait se permettre de prolonger la pause sans encourir les foudres de la hiérarchie.

La princesse tenait à deux mains son volumineux bouquet, œuvre de la corporation des jardiniers de Londres. Celui-qu'on-appelait-Dominique se dit que l'exercice devait être éprouvant pour les muscles, quand il comprit, un peu déçu, que les fleurs s'accrochaient en fait à la taille grâce à des agrafes invisibles.

On approchait du dénouement. Le moment était venu de quitter la cathédrale. À la suite des mariés, les invités – ils étaient près de deux mille cinq cents – défilèrent sur le tapis rouge, deux par deux, hommes et femmes alternés, les princes de sang en tête, tandis que les autres attendaient, debout à leur place, d'entrer à leur tour dans la parade. Chacun avait à cœur de respecter les consignes ; rien à dire, chorégraphie réglée de main de maître.

La caméra balaya à nouveau la nef, jusque dans ses profondeurs. Lorsqu'elle survola le transept sud où se massaient les représentants de la presse, Celui-qu'on-appelait-Dominique se demanda si, dans le bataillon des photographes, il apercevrait Max Jameson, sa nouvelle recrue. Il n'eut pas le temps de chercher, l'image revint au couple princier qui montait dans un landau découvert sous les hurlements extatiques de la foule.

Sans doute Max Jameson avait-il déjà quitté Saint-Paul, soit pour couvrir la sortie de la cathédrale, soit pour filer à Buckingham prendre position devant le balcon où la famille royale se montrerait à la foule en guise de final. Jameson lui avait expliqué, avant son départ pour Londres, qu'avec ses copains photographes, ils avaient décidé de se partager la tâche plutôt que de se faire des crocs-en-jambe selon leur habitude. « C'est le gros gâteau, ce mariage. Il y en aura pour tout le monde. » Il était idiot de mitrailler à dix le même sujet, sous le même angle. On ne peut pas vendre dix fois le même cliché. Ses confrères et lui avaient ainsi préféré s'entendre à l'avance, quoiqu'ils appartinssent à des agences concurrentes, et ils s'étaient réparti le travail en accord avec le service de presse du palais. Ils avaient même convenu de voyager ensemble, en faisant caisse commune de façon à diminuer leurs frais, et ils avaient réservé au même hôtel pour négocier là aussi les prix au plus bas. Rien qu'avec le minibus, au lieu de taxis individuels, ils économisaient pas mal de livres sterling.

Les carrosses chargeaient les passagers royaux. Bientôt arrivèrent les voitures officielles et le commentateur de la télévision en fut réduit à nouveau à débiter des généralités pour occuper l'antenne. Alors que les mariés descendaient Fleet Street, la rue des journaux (« ils passent devant le siège de ces mêmes tabloïds qui n'ont cessé de les persécuter depuis qu'ils ont annoncé leurs fiançailles... »), il discourut sur la suite des événements, expliquant par le menu comment, par exemple, après s'être changés, le prince et la princesse se rendraient à la gare de Waterloo, d'où un train spécial les conduirait dans le Hampshire au château de

Broadlands, propriété de l'ancien vice-roi des Indes, l'oncle du prince, « son mentor, peut-on dire, lâchement assassiné il y a deux ans par un commando de l'IRA, » et que, là, leur nuit de noce se déroulerait, dans la Chambre verte, chambre à coucher voisine de celle où l'actuelle reine passa la sienne après son propre mariage en 1947 « dont la magnificence est encore dans toutes les mémoires ». Suivit alors une description minutieuse de la pièce, avec ses tentures aux délicates couleurs pastel et le lit à baldaquin aux colonnes torsadées, où ne manquaient pas même les dimensions du matelas, exprimées en *inches*, puis en centimètres. Il en ressortait que le couple serait plutôt à l'étroit pour découvrir les joies de l'amour.

Ce fut, à la cafétéria de la Centrale, une occasion de sifflements et de commentaires graveleux. Un type des transmissions contrefit la voix du présentateur, non sans talent, pour annoncer que, suivant ce que prévoyait le protocole, les préliminaires dureraient six minutes trente et commenceraient par un bref cunnilingus, comme toujours lorsqu'il s'agit du dépucelage d'une altesse royale, suivi du traditionnel soixante-neuf… « Ils publieront peut-être les images », lâcha un jeune fraîchement débarqué des paras. « Ça en prend le chemin », gronda Celui-qu'on-appelait-Dominique, brûlant d'une indignation qu'il ne s'expliquait pas lui-même.

*
* *

À Bruxelles aussi, comme un peu partout dans le monde, on commençait à se désintéresser de la retransmission. Le son fut enfin coupé et la grosse dame se leva à regret, sur un signe de son époux, en déclarant à la ronde, en français cette fois, que « c'était très beau, vraiment ». Elle avait des yeux saillants et, comme souvent les Libanais, une façon singulière de baisser le ton en fin de phrase. Ce decrescendo donnait à ses paroles une inflexion chagrine, presque geignarde. « Très beau » sortait de ses lèvres comme « pénible » ou « atroce ».

M. Joyeux approuva vigoureusement et, dès qu'elle fut partie, ouvrit le dossier de Kinshasa.

Il en fut une fois de plus pour ses frais. Ses hôtes n'allaient pas le laisser exposer son affaire le ventre vide. Pour qui les prenait-il ? « Nous sommes des gens civilisés, lui dit le cadet des frères Azzam. Déjeunons d'abord. »

L'aîné surenchérit, très affable : « Vous avez le temps, votre train ne part qu'à six heures. »

Richard Drouin en fut estomaqué. Personne n'était censé savoir qu'il avait réservé une place pour Paris dans le direct de six heures. Acheté en France il y a plus d'une semaine, le billet dormait dans sa valise, à l'hôtel Amigo. Ils avaient dû envoyer quelqu'un fouiller sa chambre, ce matin, pendant qu'ils l'occupaient à déjouer une improbable filature dans les ruelles de la vieille ville. L'homme de main qui lui avait servi de chauffeur avait eu tout le loisir de faire une perquisition complète avant d'aller le prendre rue des Bouchers, à la sortie de la galerie du Roi. Qu'avait-il bien pu trouver d'autre ? Ses deux passeports étaient sur lui, tout comme son agenda.

Il réfléchissait à toute vitesse, et il se reprit de même. Les frères Azzam le dévisageaient fixement et il joua des fossettes afin de leur montrer qu'il avait compris le message. L'heure inscrite sur son billet n'avait, à vrai dire, pas plus d'importance que sa destination. Ses interlocuteurs souhaitaient juste l'informer qu'ils n'étaient pas nés de la dernière pluie. L'avertissement l'avait déstabilisé néanmoins, il fallait l'admettre, un point pour eux.

« Il faudra nous excuser, nous ne sommes pas en mesure de vous offrir mieux qu'une simple collation, dit le cadet en indiquant d'un geste circulaire la décoration inachevée de la pièce.

— Oh, je suis certain que ce sera parfait », répondit M. Joyeux.

Il allait ajouter quelque amabilité, pour signifier qu'il en fallait davantage pour lui faire perdre ses moyens, quand il fut interrompu par le bruit d'une table roulante que poussait le garde du corps.

« J'espère que vous aimez la cuisine de notre pays. »

Sur le chariot s'alignaient toutes sortes de salades, boulettes, petits pâtés, ainsi qu'une pile de pains ronds et plats et deux bouteilles d'eau minérale. Les assiettes étaient en carton, mais les couverts, en argent massif XVIIIe, n'avaient pas l'air de copies.

Le vieux monsieur aux chaussures vernies fut servi en premier. Y avait-il là encore un message à décoder ?

Fidèle à sa stratégie, Richard Drouin fit honneur au repas. Il reprit du hachis d'herbes accompagné d'une purée de pois chiches et de morceaux de foie baignant dans une sauce rougeâtre. Mais il avait assimilé la leçon. Quand l'aîné des frères Azzam daigna lui demander ce que contenait la chemise posée à ses pieds, il acheva posément sa bouchée, s'essuya la moustache et, au lieu de répondre, donna plutôt des nouvelles de la personne qui avait arrangé leur rendez-vous.

Épouser les procédés de son interlocuteur ; en même temps, établir la confiance, se placer en position d'égalité.

« Notre ami commun, avec qui j'ai déjà eu l'occasion de traiter diverses affaires, m'a chaleureusement recommandé vos services… » Reprendre l'avantage, rappeler que c'était lui, le client.

Le vieux monsieur endimanché, dont Richard Drouin devinait le rôle prépondérant, quoique son contact ne lui en eût rien dit, parut apprécier ce préambule. Prenant la parole à la place de ses neveux : « Nous ne sommes qu'une modeste entreprise familiale de fret », commença-t-il de sa voix plaintive. Là-dessus il lança un ordre en arabe et le garde du corps cambrioleur maître d'hôtel se précipita pour le débarrasser de son assiette. Puis il s'enfonça dans son fauteuil et puisa son chapelet dans une poche, dont ses doigts se mirent aussitôt à triturer les grains. « C'est aujourd'hui un jour très spécial, un jour de réjouissance pour le monde entier. Alors j'espère que vous n'allez pas gâcher le… (il chercha le mot, d'un air très malheureux) l'allégresse générale. »

Le café fut servi. On allait enfin aborder le vif du sujet.

*
* *

Maintenant que le cortège regagnait le palais, la tension augmentait et les policiers redoublaient de vigilance. Les talkies-walkies crépitaient ; il est difficile de prédire les mouvements d'une foule quand arrive la fin de la représentation.

Les roues tournèrent sur le pavé. Dans le landau royal, le prince gardait sa main gantée de blanc appuyée sur la poignée de son sabre. Il ne l'avait pas lâchée de la cérémonie, ça lui donnait une contenance. Son index jouait avec la cordelette à pompon attachée à la garde. Il la tapotait du doigt et la passementerie dorée se balançait de droite à gauche comme un pendule. L'œil découvre quantité de détails révélateurs, qu'il ne remarquerait pas sinon, quand il voit le monde à travers un téléobjectif de 500 mm à miroir.

Les chevaux gris renâclaient et la princesse souriait éperdument à son époux, plutôt qu'à ses admirateurs. Que pouvait-elle bien lui dire ? Elle lui parlait sans cesse et il lui répondait courtoisement, comme à une enfant, presque sans tourner la tête de son côté, trop occupé à saluer le peuple britannique, quoique ce fût à elle que s'adressaient la plupart des vivats.

Il semblait régulièrement embarrassé. Alors qu'on abaissait les marchepieds et qu'il s'apprêtait à descendre de carrosse, la cordelette du sabre se balança à un rythme plus nerveux. L'attentat que tout le monde redoutait était pourtant peu à craindre dans l'enceinte de Buckingham. Peut-être le prince avait-il terriblement envie d'une cigarette ?

Max Jameson en aurait bien grillé une, lui aussi. Son sac en bandoulière, la joue collée contre l'appareil, il suait à grosses gouttes sous le costume de circonstance. Comment faisaient ces gens pour si bien tenir la chaleur ? Une sorte de brume flottait devant lui et il dut battre plusieurs fois des paupières avant que son regard retrouvât son acuité.

Par instants la finalité des choses lui échappait, il se rendait compte de ses insuffisances. L'enjeu financier était considérable et il n'était pas certain d'avoir toujours choisi les bonnes options. Depuis un moment il doutait de lui, de sa concentration, de ses réflexes. Il n'avait cessé d'épier ses confrères, dans les coursives de Saint-Paul, pour voir comment ils procédaient, où ils se plaçaient, quelle focale ils utilisaient, ce qu'ils saisissaient au juste ; et il ne pouvait s'empêcher de les surveiller encore, du coin de l'œil, et de calquer ses décisions sur les leurs. Cela signifiait pour le moins qu'il appuyait sur le déclencheur avec un temps de retard, alors que la bonne photo, que s'arracheraient ce soir les salles de rédaction, se jouait au 125e de seconde. « Oublie la cordelette, se dit-il. Si aucune bombe n'explose, le public ne voudra admirer que le bonheur du couple. C'est une histoire d'amour que doit enregistrer la pellicule, un bonheur sans nuage. »

Il déclencha en rafale, cadrant au jugé.

En plus de son sac, il portait trois appareils autour du cou, dont il avait réglé les courroies à des hauteurs différentes. Chacun était muni d'un objectif particulier et ils s'échelonnaient sur sa poitrine par ordre d'importance. J'ai vu une photo de lui, prise au Sporting de Monaco, quelques années plus tard, qui le montre chargé de cet attirail. C'était le matériel qu'il emportait toujours en reportage, il avait fait ses preuves, mais le mariage de l'héritier d'Angleterre n'était pas un sujet ordinaire.

Avec son accréditation et sa carte de presse virevoltant au milieu, il se sentait encombré, beaucoup plus en tout cas que ses confrères, plus âgés et donc plus expérimentés que lui. Certains devaient avoir des poches spéciales dans leur costume, où stocker films et accessoires. L'un d'eux ne possédait même, pour tout équipement, qu'un très gros zoom, monté sur un monopode, rien de plus, et il semblait s'en sortir à merveille. C'était un Anglais bronzé, aux cheveux rebiquant sur le cou, un bleuet à la boutonnière de son blazer, qui eût pu compter parmi les invités de la couronne. Il semblait aussi à l'aise sur la mince estrade de la presse, où ils se serraient à plus de cinquante, se heurtant constamment du coude, parfois délibérément, que s'il prenait le frais sur le pont d'un yacht. On devinait sans peine, ne fût-ce que par la patine distinguée qui enrobait toute sa personne, qu'il n'avait raté aucun baptême, aucunes funérailles et autres sauteries du gotha européen depuis vingt ans. Un de ces *royals*, comme on les appelle ici, à tu à toi avec le service de presse du palais, et qui considèrent les autres photographes, les Français spécialement, comme une bande de ploucs qui saccagent leurs plates-bandes. Chaque fois que leurs regards se croisaient, ce bellâtre sur le retour le gratifiait d'une moue amusée et Jameson n'en était pas moins humilié que si on lui crachait au visage.

Là, les deux têtes se rapprochaient, la princesse souriait, le prince paraissait plus détendu et agitait gracieusement la main. On tenait quelque chose. Jameson appuya sur le bouton en même temps que les autres et les moteurs firent entendre leur bruit caractéristique, mais, alors qu'il n'en était qu'à la quatrième ou cinquième vue, des insultes s'élevèrent sur la passerelle et une bousculade générale le déséquilibra.

La belle entente décidée par ses confrères avait fait long feu. Les grandes agences avaient envoyé trop de monde, voilà le problème. Ils n'étaient pas plutôt entrés à Saint-Paul qu'ils se disputaient les meilleures places. À la deuxième prise de bec, ils avaient d'ailleurs compris que c'était comme toujours chacun pour soi.

Le temps qu'il retrouvât son cadre, les nuages s'étaient déplacés, le soleil tombait presque à la verticale. Cela faisait une vilaine lumière. Trop de contraste. Le blanc de la robe nuptiale serait surexposé. Et le couple princier se sépara.

*
* *

Ils avaient reçu des milliers de cadeaux. Certains, très modestes : un grille-pain, un lot de mouchoirs, de ces babioles qu'on offre aux jeunes mariés. La presse mentionnait aussi un chiot de pékinois, un lit double (présent du corps diplomatique), des gravures de marine. Tous ces objets devaient être exposés au palais Saint-James quand les majordomes en auraient établi l'inventaire.

Le président américain s'était fendu d'un saladier en cristal. Notre Grand Sphinx national avait offert pour sa part une toile de Raoul Dufy estimée à plusieurs centaines de milliers de francs. De même que sa jaquette, cette munificence suscita les commentaires de la Centrale. Elle étonnait pour une raison similaire. Le gouvernement avait acheté ce coûteux tableau dans le même temps qu'il nommait quatre ministres communistes.

« La substance de la France est plus menacée par le capitalisme que par l'URSS. » Personne n'oubliait ici cette déclaration du nouveau chef de l'État. Pour des hommes dont l'Union soviétique et ses satellites représentaient l'ennemi depuis la fin de la Deuxième Guerre mondiale, qui avaient été formés dans la conviction que toutes les crises de la planète, de l'Indochine à l'Afrique en passant par le Moyen-Orient, étaient fomentées par Moscou, les mots du président avaient de quoi donner des angoisses existentielles. Certains parlaient sérieusement de prendre le maquis ; ceux-là avaient passé au broyeur des liasses de documents sensibles dès l'annonce du résultat des élections, non sans raison d'ailleurs : les noms de plusieurs membres du nouveau gouvernement y figuraient. Le programme commun de la gauche prévoyait le démantèlement des services secrets, ces « nids de barbouzes ». Il y avait déjà eu des remerciements, on annonçait des restrictions de budget, il était question de restructuration, du rattachement du Service à tel ou tel ministère, on entendait nous « civiliser » ; on allait même changer notre nom et féminiser le SDEC pour en faire la DGSE... À quand la dissolution pure et simple de notre maison par les marionnettes du Kremlin qui nous dirigeaient désormais ?

Alors le tableau de Raoul Dufy, « peintre bourgeois » selon l'un de nos spécialistes, provenant d'une galerie chic de la rive gauche, avait somme toute, comme la jaquette de cérémonie, comme la présence même du chef de l'État à la cour de Londres, quelque chose d'infiniment rassurant.

L'œuvre s'intitulait *Régates à Deauville*. « Vous voyez, ça n'a rien de très bolchevique », dit Celui-qu'on-appelait-Dominique avant de regagner le cagibi qui lui servait de bureau. Il en avait assez entendu comme ça et comptait profiter de ce que l'après-midi était calme pour mettre au propre ses notes sur sa nouvelle recrue, nom de code « Reflex ».

*
* *

Les deux premiers feuillets du dossier pervenche contenaient des suites de chiffres et d'abréviations tapés à la machine. C'était la « liste des commissions » : les marchandises dont M. Joyeux désirait confier le transport aux frères Azzam.

AR-X1 désignait les fusils d'assaut ; NC, les munitions de 5,56 mm ; O1-B5, les obus de 105 mm ; etc. C'était un peu plus technique lorsqu'il s'agissait de pièces détachées destinées aux transporteurs de troupe, mais Richard Drouin était suffisamment familier de ce type de matériel pour identifier chaque entrée. Quant aux quantités, elles étaient calculées non pas en unités mais en volumes : véhicules blindés (AV), six cent quatre-vingt-dix mètres cubes.

Il était content de voir que ses hôtes lui accordaient maintenant une attention entière.

« Les containers seront scellés, expliqua-t-il. Désignation : matériel médical. Deux d'entre eux contiendront effectivement des médicaments et un bloc opératoire de campagne. »

Puis il se tut. Si l'on veut qu'une négociation aboutisse, il faut amener la partie adverse à poser des questions, c'est-à-dire à s'impliquer, c'est le b.a.-ba du démarchage à domicile.

Il se composa un regard très candide, et attendit.

Il avait suivi les cours d'un comportementaliste diplômé de Palo Alto à l'époque où il travaillait pour la firme allemande Wälsungen dont les usines produisent le char Wotan. Ce conseiller en communication, qui faisait payer ses stages à prix d'or, insistait sur l'importance de ce qu'il appelait les « filtres culturels ». On n'aborde pas de la même façon, disait-il, un Japonais, un Américain ou un Nigérian. Alors que le Français aime à serrer des mains, par exemple, l'Anglo-Saxon entend conserver ses distances : toujours se tenir à un mètre de lui environ. L'homme du Moyen-Orient, en revanche, ne croit qu'au contact physique. S'il ne s'assied pas à côté de vous, cuisse contre cuisse, assez près en tout cas pour flairer votre odeur, votre affaire a beaucoup de chance de finir aux oubliettes…

Ce fut l'aîné des frères Azzam qui posa la première question :

« Où la marchandise doit-elle être chargée ?

— Colón.

— Et sa destination ? »

M. Joyeux semblait se faire prier pour répondre.

« Afrique.

— Du Nord ? de l'Ouest ? du Sud... ? Anglophone ? Francophone ? C'est vaste, l'Afrique.

— Disons, un port francophone du golfe de Guinée.

— Que l'on vous indiquera au dernier moment, je suppose...

— Exact.

— Pas d'escale ? »

Il secoua la tête. Ses hôtes lui faisaient face en demi-cercle, l'aîné à droite, le cadet à gauche, assis sur de gros fauteuils pareils à celui qu'il occupait, tandis qu'au centre, très en retrait, le vieil oncle en tenue de soirée était à moitié étendu sur le canapé Chesterfield. Ils le cernaient. Pour l'instant, pas de cuisse contre cuisse possible.

« Le paiement ?

— Diamants, manganèse, haricots verts.

— Haricots verts ?

— Extra fins. Huit tonnes, déjà négociées, livrables à Londres.

— Des haricots verts ? »

Ses clients avaient de gros besoins mais n'étaient pas riches, ils ne disposaient pas du moins de structures financières très élaborées. Richard Drouin, qui avait inventorié leurs ressources, n'avait pu trouver mieux pour boucler le budget, mais cette devise-là en valait bien une autre. Le dollar s'envolait, personne ne savait jusqu'où il monterait ; il était préférable, de toute façon, de s'en tenir à des valeurs stables, denrées ou matières premières.

« Modalités du règlement ?

— Les diamants à Zurich.

— À l'accord ?

— Affirmatif. »

Il était passé insensiblement au style militaire, c'était excellent, mais une sorte d'hostilité à son égard demeurait perceptible. Il avait choisi de jouer franc jeu, parce que le contraire eût été suicidaire, et les haricots verts, comme c'était prévisible, n'avaient pas été bien perçus.

Tandis que se poursuivait le ballet des questions et des réponses, Richard Drouin étudiait l'attitude de ses hôtes. Lors des cours de formation, le comportementaliste de Palo Alto lui avait appris également, entre autres choses, l'art de décrypter le langage du corps et il en faisait régulièrement usage. La position des mains par rapport à la bouche, à l'oreille, le fait qu'une paume soit ouverte ou bien fermée, le synchronisme des mots et de l'expression faciale donnent de précieuses indications sur les dispositions d'un interlocuteur. On peut en déduire si la personne est réceptive, ou si elle dissimule une carte dans sa manche, si elle bluffe. Curieusement, avec ses jambes croisées et ses doigts crispés sur les genoux, c'était le plus jeune des frères Azzam qui semblait le plus rétif. Ce fut donc à lui que s'adressa Richard Drouin, mettant beaucoup de persuasion dans le bleu de porcelaine de ses petits yeux ronds, pour préciser comment s'effectuerait le chargement.

« Vous ne nous offrez aucune garantie, finit par lâcher le cadet. Il y a trop de risques. »

Les frères n'avaient pas l'accent arabe, ils devaient avoir fait leurs études en Europe. M. Joyeux se vantait d'avoir une excellente oreille.

L'oncle intervint alors, du fond de son canapé :

« Est-ce qu'il a l'aval ? Demande-lui s'il a l'aval. »

Et comme Richard Drouin cherchait sa réponse :

« Il n'a pas l'aval ! » gémit-il, comme il eût dit : Pourquoi continuons-nous à perdre notre temps ?

L'aval, c'est l'autorisation tacite du gouvernement d'une puissance internationale, ou de ses services secrets, d'armer des forces rebelles ou bien un pays sous embargo. Richard Drouin se dit que la recommandation dont il se prévalait – son contact avait consenti à s'entremettre contre une commission de cent mille dollars – n'était pas aussi solide qu'on le lui avait assuré : elle ne lui avait fourni qu'une médiocre introduction. Les frères ne s'engageraient pas à la légère, et il ne pouvait leur donner tort. L'opération comportait pas mal d'inconnues et il eût été ridicule de prétendre que c'était, comme il disait d'ordinaire, du cousu main... Bien sûr, il existait d'autres transporteurs sur le marché. Leonid Vroubel, un Russe dont la compagnie était basée à Hambourg, ou Yakov Guenahem, un Israélien, très introduit en Afrique, avec qui il avait déjà été en relation, accepteraient le contrat sans faire la fine bouche et probablement pour un coût inférieur ; mais M. Joyeux voulait traiter avec la famille Azzam ; avec personne d'autre. Il avait un plan pour l'avenir. On ne dure pas longtemps dans le métier, avait-il appris, si l'on ne pense pas à long terme.

« L'affaire présente trop d'impondérables », reprit l'aîné. Il avait l'expression de l'employé de banque qui vous annonce que votre compte est passé dans le rouge.

Richard Drouin se fit très humble sur son siège et baissa les yeux en activant ses fossettes. Malice, commisération, sympathie, soumission, il arborait en vérité une expression mouvante des plus ambiguës. Le moment était venu pour lui de jouer son joker. Il eût préféré le réserver à un autre usage, mais ils ne lui laissaient pas d'alternative.

En plus des trois pages dactylographiées, le dossier pervenche contenait une feuille vierge au centre de laquelle était scotchée une photographie à développement instantané : un polaroïd rectangulaire montrant un homme hirsute, menotté à une chaise. Sur sa poitrine était épinglée la première page du quotidien congolais *l'Avenir*, daté de l'avant-veille.

Oh, ils pouvaient fouiller sa chambre à leur guise, il n'arrivait pas les mains vides, il allait leur montrer qu'il avait lui aussi du répondant.

Il sortit la photo sans se presser et la présenta au cadet, qui poussa un juron ; puis à l'aîné, lequel se mit à vociférer en arabe, vociférations auxquelles se mêlèrent aussitôt les glapissements de l'oncle. Pris d'une quinte de toux, celui-ci tenta de se redresser en agrippant l'accoudoir et ses chaussures vernies fouettèrent un instant le vide. Le garde du corps s'empressa de l'aider. Le cadet se leva également et, soutenant le vieil homme par le coude, cala un coussin à pompons dans son dos.

Richard Drouin ne put s'empêcher de songer qu'il assistait à une scène de comédie, mais il était bien le seul à sourire.

« Venez, approchez. » Le patriarche lui fit signe de l'index, comme s'il appelait un garçon de café.

« Donnez-moi ça. » Réclamant ses lunettes, il lui arracha le document des mains.

Il avait un visage tout en longueur, piqué de taches brunes, avec deux plis profonds qui lui creusaient les joues, et de lourds cernes bistres que les loupes des lunettes rendaient presque noirs. Son menton et le bout de ses doigts remuaient de manière machinale, symptômes d'un début de parkinson, et, malgré les efforts qu'il faisait pour se contrôler, la feuille tressautait sans arrêt. Voilà sans doute l'utilité du chapelet : masquer le tremblement de ses mains. Visiblement, l'éventualité de la mort avait cessé d'être une hypothèse pour le vieil homme ; son humeur s'en ressentait, il passait sans transition de l'impatience à la lassitude et de l'indifférence à l'exaltation.

« J'ai cru comprendre, murmura Richard Drouin, que cet individu vous avait causé un grave préjudice. »

Le vieux monsieur tapota le cuir du Chesterfield. « Asseyez-vous. » Il se remit à tousser. « Plus près... » Les voilà enfin cuisse contre cuisse, les narines palpitantes, à respirer leurs fluides corporels.

*
* *

Le plus difficile était désormais derrière eux. Ils se tenaient sur le balcon de Buckingham, entourés de la reine et de son époux, des garçons et des filles d'honneur, de la reine mère, du frère du prince, de la mère de la mariée, tous un peu guindés comme il se doit, mais apparemment soulagés, sinon heureux : la cérémonie s'était déroulée à merveille (« un triomphe ! » les avait complimentés au passage le chef du protocole), et ils prenaient leur temps maintenant, même si la reine mère se plaignait entre ses dents de mourir de soif, afin de saluer ainsi que le veut la tradition la foule massée à leurs pieds, un rassemblement comme les abords du palais n'en avaient encore jamais connu, près d'un demi-million d'admirateurs, braillant à qui mieux mieux, d'autant plus excités qu'ils savaient que le rideau allait bientôt tomber sur la pièce.

L'océan de têtes couvrait l'immense triangle de la place, bien au-delà du Queen Victoria Memorial, jusqu'à la lisière du parc où de longues bannières flottaient à des mâts décorés comme des enseignes de barbier.

« Que disent-ils ? demandait l'un des petits pages. Je n'entends pas… »

Quelqu'un avait crié d'abord : « Donnez-nous un héritier ! » et une clameur confuse s'était élevée peu à peu, réclamant : « Un fils ! Un fils ! » D'autres voix hurlaient en même temps : « Un baiser ! » Cette demande-là, d'un effet plus immédiat, finit par l'emporter sur la première. Des dizaines de milliers de gorges scandèrent ensemble : « Un baiser ! Un baiser ! », de sorte que les mots parvinrent distinctement cette fois jusqu'au balcon royal.

Le poing sur son sabre, l'époux paraissait perplexe. Jamais un membre de la couronne ne s'était abaissé à embrasser une femme en public.

Sur la passerelle de la presse les reporters étaient aux anges. Les téléobjectifs révélaient qu'un conciliabule se tenait là-bas. Mine de rien, le frère du prince encourageait le jeune couple à céder à la ferveur du public, tandis que leur père déplorait ce qu'il devait qualifier de « bouffonnerie ». La mariée rosissait de son côté, sans paraître comprendre ces atermoiements, mais soumise par avance au bon vouloir de sa belle-famille. Elle agitait mécaniquement le bras, ne se prononçant pas, puisque personne ne lui demandait son avis. La tension à laquelle l'avait soumise la cérémonie semblait avoir eu raison de sa volonté. Peut-être aussi craignait-elle de commettre un impair ? Tout s'était si bien passé jusque-là...

« Un baiser ! »

La clameur se faisait cependant de plus en plus insistante. En désespoir de cause, le prince se tourna vers sa mère, laquelle finit par acquiescer d'un hochement de tête. Alors il prit sa femme par la taille et, quand elle eut tendu la tête vers lui, illuminée par une sorte de ravissement, il posa délicatement ses lèvres sur les siennes.

Les spectateurs poussèrent des hourras et exigèrent sur-le-champ un deuxième baiser.

Réglés en position rafale les appareils ne perdirent rien des deux corps qui se rejoignaient, des visages qui s'inclinaient, des bouches qui s'effleuraient. On était certain cette fois de tenir une grande photo.

« Un baiser ! Un baiser ! »

La reine regardait ailleurs ; les petites filles d'honneur pouffaient derrière leur main gantée de blanc ; la reine mère commençait à en avoir assez, les plumes d'autruche de son chapeau frémissaient d'impatience. Le jeune couple souriait de toutes ses dents. Les rappels n'en finissaient pas. Les photographes se mirent de la partie et reprirent le refrain en chœur : « Un baiser ! » pour le cas où leur appareil eût eu une défaillance. Mais c'en était trop pour le prince, il avait joué la partie de son mieux ; cette fois, il se contenta d'embrasser la main de son épouse, la fixant dans les yeux avec toute la conviction dont il était capable ; puis, estimant avoir rempli ses obligations, il marmonna à l'intention de la reine qu'il était temps de rejoindre leurs invités qui attendaient de passer à table dans la grande galerie. Le pompon de son sabre se balançait furieusement.

Avant même que le balcon fût vide, les photographes bondirent de leur estrade, bousculant une caméra de télévision qui manqua être réduite en miettes. Le reportage s'était achevé en beauté. Maintenant, il leur fallait porter leurs films à développer de toute urgence.

Les Français constituaient la délégation la plus importante, car les agences hexagonales tenaient alors le haut du pavé dans la profession. Cependant, si une grosse machine comme Sygma disposait de moyens considérables, une équipe de quinze personnes, des motards, un hélicoptère, les « petits » se débrouillaient comme ils le pouvaient. Les huit photographes auxquels s'était associé Jameson coururent vers le minibus garé à l'entrée du parking, à cent mètres de là, sans prendre la peine de ranger les appareils qu'ils serraient contre leur poitrine. C'était une question de secondes. En se dispersant, la foule allait causer des embouteillages monstres. Plus le temps de s'intéresser aux badauds. Ils devaient se dépêcher s'ils ne voulaient pas rater leur avion.

Ils n'avaient pas le choix. Il n'existait pas encore, en ce temps-là, d'images numériques, transmissibles par les ondes. On devait donner ses pellicules à un laboratoire, tester les émulsions, développer les diapositives, les monter sous cache, puis contretyper les meilleures, ou bien faire des planches contact dans le cas du noir et blanc, avant de tirer des épreuves au format 24 x 30, pour que les vendeurs de l'agence pussent se mettre à la tâche.

En 1981 j'avais vingt-six ans et cela me paraît hier ; mais pour peu que je revoie des documents de cette époque, j'ai l'impression d'un autre monde. Les vêtements étaient à peu près identiques à ceux d'aujourd'hui, les maisons et les voitures guère différentes, mais il n'y avait pas encore d'ordinateur personnel, ni d'internet. Il n'y avait pas non plus de téléphone mobile, ni de TGV sous la Manche, ni de carte à puce, ni de compact disc, ni de télévision câblée (la France ne disposait que des trois chaînes nationales), ni bien sûr de monnaie européenne. Le mur de Berlin n'était pas tombé et l'on vivait toujours à l'heure de la Guerre froide. Le réacteur numéro quatre de la centrale de Tchernobyl fonctionnait tant bien que mal et le chômage ne hantait pas plus les esprits que le réchauffement de la planète. La Grande Arche de la Défense ne défigurait pas la perspective de l'Arc de Triomphe. On fumait dans les lieux publics et même dans les avions. Personne ne craignait le sida et on n'avait jamais entendu parler de vache folle ni de grippe aviaire, virus dont il m'arrive de me demander s'ils ne sont pas eux aussi de complexes effets des lois de la Thermodynamique. Les plus imaginatifs des auteurs de science-fiction n'avaient rien prévu de ce qui allait modifier notre univers durant la décennie suivante. On connaissait alors ses ennemis. Équilibre, innocence, optimisme, oui, ces années-là relèvent bien d'un autre siècle.

*
* *

Ils s'engouffrèrent dans le minibus où attendaient les bagages. « *Are we all here ?* » demanda le chauffeur, et c'est alors qu'ils découvrirent que Max Jameson manquait à l'appel. « Qu'est-ce qu'il fabrique ? » demanda Alain Naudet, le doyen du groupe, en jetant un coup d'œil à sa montre, une Rolex Oysterdate qu'il s'était achetée grâce à ce que lui avait rapporté la photo d'une héritière Grimaldi dans les bras d'un tennisman sur un coin de plage.

« Ce petit con va nous mettre en retard. Qui l'a vu en dernier ? »

Ils décidèrent de lui donner deux minutes, pas plus, qu'ils mirent à profit en déchargeant leurs boîtiers, qu'ils rangèrent à l'abri dans des peaux de chamois, puis en inventoriant leurs précieux films. Les plus précautionneux avaient préparé des pochons en papier kraft ; certains notèrent dessus des indications destinées au labo avant d'y placer leurs pellicules.

« Il te reste une bouteille d'eau ?

— Mais qu'est-ce qu'il fiche ?

— Il a dû se perdre dans la bousculade, répondit Loulou Kervéan, un ancien de Gamma devenu semi indépendant. Il va arriver.

— Je te parie qu'il termine sa bobine sur une gonzesse.

— Si on le plante, il ne trouvera jamais de taxi.

— Il y a le métro. Tant pis, qu'il se démerde !

— Je ne sais même pas s'il parle anglais, Jameson... »

À l'avant, Jean-Pierre Duval tirait sur un cigarillo. C'était un type maigre à long nez, dont le reportage sur le génocide biafrais avait gagné le prix Cameron en 1971. Lui aussi regardait sa montre. « Quand on veut jouer dans la cour des grands, soupira-t-il, on doit faire preuve d'un minimum de professionnalisme. Le plan était de foncer à l'aéroport sans se quitter d'une semelle. »

Après la course effrénée de ces dernières heures, l'inaction soudaine à laquelle obligeait l'absence de Jameson semblait un état contre nature. Les huit reporters, freinés dans leur lancée, en éprouvaient un sentiment d'irritation, comme si d'invisibles liens leur sciaient la peau.

« Ça suffit, ferme ta portière. *Let's go !*

— *Are we sure* ?

— Laisse-lui encore une chance.

— On avait dit deux minutes. Ça en fait cinq.

— Allons-y. *Go, go !* »

Le moteur se mit à ronfler. Par acquit de conscience, Naudet, qui était assis dans le fond, scruta la rue par la lunette arrière jusqu'au moment où le van tourna dans Stag Place.

« Ne t'en fais pas, il nous rejoindra à l'aéroport, ton Jameson. »

Le chauffeur prit par Grosvenor. C'était un conducteur

habile, il se faufilait en douceur entre les gens qui avaient envahi la chaussée. Il faut dire que les Français lui avaient promis une prime de dix livres s'ils réussissaient à attraper l'avion de 16 h 5. Le suivant partait trois quarts d'heures plus tard. C'était trop juste. Les quotidiens attendaient pour boucler leur une du lendemain et la plupart des hebdos préparaient déjà une édition spéciale.

Passé Hyde Park Corner, la circulation se révéla en fait assez fluide. Comme le cœur de Londres était bouclé depuis le matin, beaucoup de voitures étaient restées au garage. Ils longèrent le parc. Une fraîche odeur de gazon humide s'échappait du rideau sombre des arbres. Apercevant la flèche du pathétique monument élevé à la mémoire du prince Albert, face à la salle de concert du même nom, Alain Naudet se rappela sans raison les paroles d'une chanson des Beatles : « *How many holes does it take to fill the Albert Hall... ?* » Il fut incapable d'en retrouver la suite, de sorte que l'air de la chanson lui resta dans la tête.

Bientôt ils rejoignirent l'A4. – « *How many holes...* » – Une demi-heure plus tard, ils s'engageaient sur la bretelle de l'aérogare d'Heathrow.

Il n'y avait pas trop de monde au comptoir d'enregistrement. Non, ils n'avaient que des bagages à main. Leurs sacs excédaient largement le volume et le poids autorisés en cabine, mais les cartes de presse firent merveille, surtout après que Loulou Kervéan eut expliqué qu'ils revenaient de Buckingham. Les hôtesses n'avaient pu suivre qu'une partie de la retransmission et elles étaient avides de savoir comment s'était passée la fin. L'épisode du baiser sur le balcon royal leur plut énormément, elles y virent toutes la marque d'une passion sincère, et ce fut quasiment en héros qu'ils gagnèrent le contrôle des passeports.

Il restait dix minutes avant l'embarquement. Certains coururent dépenser leurs dernières livres dans les boutiques de duty free ; d'autres prirent un sandwich, un café, une bière ; la journée avait été longue, et elle n'était pas terminée. Duval trouva un stand de souvenirs où il acheta quelques babioles commémoratives, notamment une enveloppe premier jour dont le timbre était à l'effigie des mariés, car son fils manifestait des ambitions de philatéliste. Il lui ramenait toujours un souvenir de voyage. De Max Jameson, aucune trace.

« On est quand même salauds.

— Se donner autant de mal pour se faire envoyer à Londres, et tout foirer aussi connement...

— Il en prendra de la graine. On ne nous paye pas pour jouer les nourrices.

— Regarde ce timbre, dit Naudet en agitant son enveloppe premier jour. Tu ne remarques rien de bizarre ? Ils ont représenté la princesse plus petite que son mari d'au moins dix centimètres, alors qu'elle est plutôt plus grande que lui.

— La pauvre, ça promet ! »

Ils se mirent à rire. D'autres photographes faisaient la queue devant la porte d'embarquement, mais dans l'avion la place de Jameson resta vide.

Un steward détailla les consignes de sécurité tandis que les réacteurs se mettaient en marche. L'appareil roula enfin en direction de la piste d'envol. On voyait par le hublot clignoter des feux rouges et verts. Puis, après un long moment, alors que les ceintures étaient bouclées et que les plafonniers étaient mis en veilleuse, le Boeing s'immobilisa, les moteurs s'éteignirent, inexplicablement, et les lumières se rallumèrent.

Ils se rendirent vite compte qu'il se passait quelque chose d'anormal.

Les hôtesses avaient rejoint le poste de pilotage. Une voix sortit soudain des haut-parleurs pour expliquer, en trois langues, qu'il allait falloir procéder à une vérification des bagages. Toutes sortes de véhicules de police et de pompiers entouraient maintenant l'avion.

« Mesdames et messieurs, pas d'affolement, je vous prie... »

Toutes les portes s'ouvrirent à la fois et l'évacuation ne prit qu'un instant.

Ils ne comprenaient pas. Ils interpellaient le moindre employé de la compagnie qui passait à leur portée, et le ton montait. Ils en seraient venus aux mains si les agents de sécurité de l'aéroport, renforcés d'une brigade des forces spéciales, n'avaient montré les dents. En tenue noire de combat, équipés d'armes automatiques, ceux-là se fichaient de la réputation de flegme qu'on prête aux Britanniques. Quand d'ailleurs Naudet, par réflexe professionnel, sortit un Leica pour prendre quelques clichés, il se retrouva aussitôt isolé des autres, les mains sur la tête, quasi en état d'arrestation.

La rumeur courut peu après, alors que les passagers impuissants battaient la semelle sur le tarmac et que les démineurs s'introduisaient dans la soute du Boeing avec leurs chiens, que les autorités portuaires avaient été averties par un coup de téléphone anonyme que l'Armée républicaine irlandaise avait placé une bombe dans l'avion.

*
* *

Max Jameson prit le vol BEA de 16 h 50 et débarqua à Paris moins d'une heure plus tard. Un taxi le conduisit aussitôt à son agence, rue Kepler, où son rédacteur en chef lui passa un savon parce qu'il l'attendait plus tôt.

Développées en toute hâte (le laboratoire se trouvait au sous-sol) les photos se révélèrent plutôt bonnes, meilleures en tout cas que ce qu'il avait craint. Les plus réussies partirent aussitôt pour les journaux et magazines qui avaient un accord d'exclusivité, et les autres furent confiées aux vendeurs, lesquels entreprirent de démarcher aussitôt les organes de presse nationaux et étrangers. À leur grande stupéfaction, la majeure partie de la concurrence française ne s'était pas encore manifestée et le reportage de Jameson, dont on espérait déjà beaucoup, se vendit dix fois plus que prévu ; il fallut même à plusieurs reprises procéder à des enchères. Les commerciaux se frottaient les mains. On mit davantage de monde sur le coup, les téléphones sonnaient jusque dans la salle des archives, les téléscripteurs crépitaient et un ballet de coursiers se mit en place entre l'agence et les gares et les aéroports. La plupart des quotidiens d'Europe continentale s'arrachaient les clichés, car ils n'avaient rien d'autre à se mettre sous la dent et que les rotatives avaient commencé à tourner. Quand les confrères de Max Jameson, pestant et jurant, arrivèrent enfin à Orly, vers sept heures du soir, une bonne part du marché était déjà couverte.

Albert Seligman, le directeur de l'agence, offrit un de ses cigares cubains à Jameson, faveur insigne.

Le dévisageant par-dessus la monture des lunettes en demi-lunes qu'il portait sur le bout du nez :

« Il faudra que tu m'expliques ça un jour, lui dit-il. Je ne sais même pas comment tu as réussi à obtenir ton accréditation.

— Un jour, d'accord », répondit Jameson, l'œil fixé sur les feuilles poussiéreuses du ficus en plastique qui décorait la salle des photographes.

2.

Max Jameson, vingt-neuf ans, étoile montante de son agence. Beau garçon, plein de charisme – un potentiel indéniable.

Il s'appelait en vérité Dumontel, François, Gaétan ; originaire de Danville-Crevon, Seine-Maritime ; libéré de ses obligations militaires pour cause de pieds plats. Le besoin d'un pseudonyme s'était imposé à lui lorsqu'il était entré dans le métier, et il s'était choisi, après quelques tâtonnements, un nom d'allure anglo-saxonne pour se donner une stature internationale, mais dont il exigeait qu'il fût prononcé à la française, Ja-me-son, en détachant bien les trois syllabes, sans doute pour le plaisir de la contradiction.

C'était un esprit tordu. Max, au lieu de François, donne la mesure de son ego.

« Pas d'étude, disait sa fiche. Renvoyé du lycée après avoir redoublé la seconde. Arrêté pour vol de mobylette. »

Il lui fallait un deux roues pour obtenir un emploi à Paris.

Il aimait la mécanique autant que la vitesse. Il fut livreur de pizza ; puis, en janvier 1971, licencié pour avoir pioché dans la caisse, devint coursier d'un labo photo professionnel qui payait un peu mieux.

Telle est l'origine de sa vocation, il ne s'en cachait pas.

Il allait chercher les films à la porte de studios de mode, au standard de magazines ou d'agences de pub et chaque fois que s'entrebâillaient les vantaux du temple il apercevait les fumées d'un monde à part que régentaient, en plus de l'argent, les certitudes et les jolies filles.

On ne le remarquait pas. Il dépassait rarement la réception de toute manière, n'ayant affaire qu'à des secrétaires ou des assistants. On lui tendait une grosse enveloppe de films ou bien il apportait une boîte de tirages, et pendant que le cerbère de service signait le bon de livraison sans lâcher son téléphone, il se donnait beaucoup de mal pour masquer l'intérêt que lui inspiraient ces antichambres du luxe – il ne trouvait pas mieux, « glamour » lui étant alors inconnu – auxquelles l'avait mal préparé le bocage normand.

Notre comportement se forme soit dans l'imitation, soit dans la réaction. Détestant paraître impressionné, le petit provincial adopta un air arrogant en accord avec son casque éraflé, ses rangers poussiéreux et la grosse besace qu'il portait en travers d'un blouson en simili. Les jours de pluie, quand il était trempé et que ses semelles laissaient une empreinte boueuse dans les couloirs, il pouvait se montrer franchement désagréable. Il ne donnait libre cours à sa curiosité que s'il n'y avait personne dans les parages, et même dans ces conditions il se départait rarement d'une moue sarcastique qui finit par lui devenir naturelle.

Les décors de velours ou de béton nu, les portants chromés auxquels pendaient des vêtements dont certains équivalaient à un an de son salaire, les conversations dont il captait des bribes d'autant plus fascinantes qu'elles lui étaient hermétiques, les ravissants mannequins dont l'activité essentielle semblait de tuer le temps, leur book sur les genoux, telles des voyageuses en transit, les images surtout, omniprésentes dans ces fabriques à images dont elles décoraient les parois, où elles couvraient les tables, dont elles comblaient les étagères, lui fournissaient cependant un sujet constant d'étude.

Ses yeux brillaient spécialement dans le hall de certains studios, tel C-Light, rue Fallempin, où il lui arrivait de se rendre jusqu'à cinq, six fois par jour en période de collections. Les photos de très grand format qui en égayaient la blancheur laiteuse représentaient des parfums, des montres incrustées de diamants, des célébrités, des plages à cocotiers, des filles à demi nues, tout ce que la planète produit de plus désirable, et ça l'agaçait prodigieusement. Le papier glacé encadré d'aluminium lui semblait dépositaire d'un secret dont il se sentait exclu. La même personne croisée sur un trottoir, se disait-il, ou le même objet exposé dans une vitrine, ne faisait pas tant d'effet, et il crevait de ne pas comprendre les dessous de cette tromperie.

Il ne livra plus une planche contact sans en examiner d'abord, barricadé dans les lavabos, les bandes au compte-fil, comme il avait vu le faire les clients du laboratoire. Cette loupe elle-même, sorte de cylindre en plastique sur quoi on collait son œil, était un « emprunt » à l'assistante d'un photographe de natures mortes, une rousse hommasse à qui il plaisait bien.

Il se mit à lire les mensuels spécialisés, chaparda des livres dans les librairies, y compris de gros et coûteux albums, *Les Maîtres de l'image argentique*, *Apprenez à développer vous-même*, etc. ; acquit ainsi le vocabulaire adéquat, diaphragme, sensibilité, posemètre, graduation ; et fort de la base théorique, commença à s'amuser avec les agrandisseurs, le soir, lorsque le labo tournait au ralenti.

Le patron, un M. Semama de Tunis qui avait une belle tête de crapaud-buffle, le convoqua dans son bureau. Il était prêt à tolérer beaucoup de choses, à condition de ne pas essuyer les plâtres. Il mit en garde son coursier : la moindre plainte à son encontre lui vaudrait la porte. « Tu te débrouilles, lui dit-il. Je ne veux rien entendre. Tu as compris ? » Ayant de la sympathie pour le jeune homme, il en avait deviné le caractère. La douceur paternaliste cabre la fierté. Il lui parla sur un ton de franchise bourrue auquel il n'y avait rien à redire. Quant à la chambre noire, libre à lui de s'en servir, s'il ne cassait rien et achetait son propre papier.

À cette époque, un magazine vieux de deux ans pouvait l'occuper des heures. Il ignorait les articles, ne parcourait même pas les légendes, ni rien de ce que les metteurs en page appellent le « gris ». Armé d'un crayon, il analysait les images, calculait d'où venait la lumière, puis corrigeait ce qui ne lui plaisait pas, rectifiait un cadrage, modifiait un contour, épurait la ligne d'une cuisse ou fonçait un ciel mal venu à coups de fines hachures. M. Semama hocha la tête. Il lui confia des gants de coton et le mit à la repique, à mi-temps, puis à la retouche, poste normalement tenu par des femmes. Cela nécessitait alors, en plus d'une main qui ne tremblât pas, beaucoup de patience, un très fin pinceau en poils de martre, de la gouache et un scalpel.

Vêtu d'une blouse blanche, il remplissait les cuves le matin, dosait les produits et réglait la température, et il donnait un coup de main, le soir, sur les agrandisseurs. Bientôt il put passer tireur, avec un meilleur salaire, et laissa définitivement tomber la mobylette.

Il habitait en ce temps-là un squat de la rue de Lorient, dans un quartier insalubre, voué aux démolisseurs. Il l'avait repéré en livrant des épreuves à un mensuel underground établi dans un immeuble voisin et y avait fait son trou après une bagarre qui lui avait coûté une molaire. Comme il se nourrissait de café au lait, de tartines, de pâtes au beurre, et se limitait à une sortie par semaine, boîte ou cinéma, et encore : « Chacun paye sa part, disait-il aux filles, c'est à prendre ou à laisser », il eut le loisir enfin de faire des économies.

Dégourdi, coureur, frugal, tout cela paraissait excellent à Celui-qu'on-appelait-Dominique.

Le labo occupait un rez-de-chaussée en longueur, rue

François-Miron, à deux pas de l'Hôtel de Ville. À droite, en entrant, s'ouvrait le bureau de M. Semama : un cube délimité par deux parois de verre qu'isolaient des stores à lamelles métalliques. Derrière, auprès du comptoir de la réception et des tables lumineuses, était accroché un panneau de liège sur lequel les clients punaisaient des annonces : « Vend torche Mekablitz, très peu servi », « Urgent, recherche grand local dans le quartier… » Jameson, qui s'appelait encore Dumontel, inspectait quotidiennement cet éventaire de rêves.

Il finit par y dénicher son premier appareil. Pour ses vingt ans, il s'offrit un Nikon F « révisé, en parfaite condition de marche », équipé du 50 mm standard, qu'il prit l'habitude d'emporter partout avec lui. Il faut dire qu'il ne l'eût pas conservé longtemps s'il l'avait laissé au squat de la rue de Lorient où ses livres disparaissaient l'un après l'autre, pour finir tantôt chez les bouquinistes, tantôt aux toilettes.

Chaque fin de semaine, il arpentait les rues de Paris en quête de sujets. Un samedi de 1973, quittant le vernissage d'une galerie de Saint-Germain (pas besoin d'invitation, on pouvait profiter du buffet), il eut la chance d'apercevoir, attablé à la terrasse d'un restaurant, l'un de ses héros, le photographe suisse Robert Frank, auteur du livre mythique *Les Américains*. Le front bombé, l'œil sombre, le cheveu en bataille, c'était lui, sans erreur possible. Il voulut lui parler, mais qu'avait-il à lui dire en dehors de son admiration ? Craignant de se faire envoyer sur les roses, il passa deux fois devant le restaurant, avant de se cacher derrière une camionnette en stationnement pour le photographier, en largeur, en hauteur, puis « basculé », afin de donner du dynamisme à l'image. Son cœur s'était arrêté de battre, c'était une sensation extraordinaire.

L'avant-dernier cliché était bien construit, très expressif.

Il força les portes d'un magazine, tout fier de son exploit. Par le plus grand des hasards une actrice qui vivait alors son quart d'heure de gloire apparaissait sur l'image, assise à une table mitoyenne. Elle souriait joliment, mais n'occupait qu'une portion du cadre. Le point n'était pas sur elle, il l'avait coupée à mi-ventre. La secrétaire de rédaction qui avait consenti à le recevoir s'écria : « Toi, tu n'as pas les yeux en face des trous ! » Et quand elle eut compris que la jeune femme n'était pas le sujet de la photo : « C'est quoi, l'actualité de ton Robert Machin-Truc ? Qu'est-ce que tu veux que j'en fasse ? Ah, si tu avais cadré vingt centimètres plus à droite... Désolée, mon petit père. »

Ce « mon petit père » lui fut particulièrement insupportable. Il partit en claquant la porte et, quelques jours plus tard, de retour dans sa Normandie natale pour le week-end de la Pentecôte, se promenant à travers la luzerne, il cherchait encore la repartie cinglante qu'il eût dû lancer pour effacer l'offense.

Danville-Crevon est un village de briques et d'ardoise, à une vingtaine de kilomètres de Rouen. On n'est pas plutôt entré dans l'agglomération qu'on en a déjà dépassé le centre. Il y a un monument aux morts tombés pour la France, de grands arbres qui dominent les pâturages où paissent des vaches, et un cours d'eau en contrebas, que tempère une écluse.

Lorsqu'il était adolescent, il venait y pêcher l'écrevisse. Il était en train de fumer une cigarette, le pantalon roulé jusqu'aux genoux et les pieds dans l'eau, lorsque Bidi apparut sur la berge.

Ils se connaissaient depuis le primaire. Il l'avait rangée jusque-là dans la catégorie des gamines, bien qu'elle n'eût qu'un an de moins que lui et fût à peu près de sa taille. C'était une solide jeune femme, aux yeux directs et aux fortes épaules piquées de taches de son. Sous des apparences de rudesse, et malgré des accès de violence célèbres à la ronde (déjà à l'école il ne fallait pas l'énerver, même l'instituteur ne s'y risquait pas), elle était de nature plutôt délicate. Elle se prénommait Brigitte, mais on ne l'appelait que Bidi.

Ils retournèrent ensemble au village en discutant de la vie à Paris, des avantages du travail de coursier (il connaissait ses arrondissements comme un chauffeur de taxi), et de sa nouvelle activité dans un laboratoire photographique. Elle crut qu'il faisait les mariages, les photos d'identité, ce genre de choses, et il ne chercha pas à la détromper.

Elle lui demanda ensuite comment étaient les filles de la capitale et s'il avait une petite amie régulière.

Puis : « Tu as déjà fumé un joint ? »

Les dealers ne manquaient pas dans son squat, mais, sans savoir pourquoi, il secoua la tête d'un air idiot. Le goût du secret, disait Celui-qu'on-appelait-Dominique, lequel parlait d'expérience, est un virus qui s'attrape dans le ventre de sa mère.

Danville-Crevon ne possède qu'un seul café, le But, à l'entrée de la route de Ry. Des coupes et des fanions sportifs décorent les murs tapissés de fausses pierres. Les jours de match le canton s'y retrouve, un demi à la main, devant le gros poste de télé de la salle du fond. En cet après-midi de lundi de Pentecôte, la salle était cependant à peu près déserte.

Ils s'installèrent sur les tabourets rouges du bar. Puis jouèrent plusieurs parties de flipper, sur un *Alien Poker* poussif. Bidi secouait si bien l'appareil qu'elle faisait tilt une boule sur deux. Enfin il lui proposa de la photographier, comme ça, pour avoir un souvenir, et ils s'engagèrent sur le chemin d'un bâtiment en ruine, la ferme Villon, où personne ne les dérangerait.

Du coup, il revint plus souvent à Danville-Crevon. Il prenait le train à la gare Saint-Lazare, puis l'autocar depuis Rouen. Bidi, de son côté, ne le rejoignait pratiquement jamais à Paris, faute d'un prétexte acceptable pour ses parents, sans doute aussi parce qu'elle n'en avait pas tellement envie. La ville lui faisait peur, et ce n'était pas plus mal au fond.

Les choses prirent une nouvelle tournure quelques semaines plus tard.

Un soir qu'il essayait en vain d'entrer dans une boîte de nuit de la rue du faubourg Montmartre, il reconnut un chanteur à la mode qui y arrivait au bras de deux filles. Bourrés tous les trois, ils tanguaient sur le trottoir parmi les poubelles. Les projecteurs de la façade composaient une ambiance dramatique et il avait chargé son appareil d'une pellicule Ektachrome poussée à 800 ASA. M. Semama jugea la photo convaincante. « Tu ne bouges pas. Maintenant je m'en occupe. Tu as compris ? » Il avait l'habitude de clore par cette question la plupart de ses tirades, et il la reposait – « Tu as compris ou non ? » – jusqu'à obtenir une réponse.

Il s'en occupa si bien que la photo fit une demi-page dans un hebdomadaire client du labo. Neuf cents francs, le Pérou ! Jusque-là, Jameson avait surtout réalisé des clichés en noir et blanc de ses copains, au squat, de sa cousine Marie émigrée depuis au Canada, de ses petites amies au premier rang desquelles Bidi (il montrait les plus chastes), et aussi de chats, d'enfants, de vieux dans la rue, admirablement tirés par ses soins sur cartoline mat, avec le cadre noir apparent à l'instar des images de Cartier-Bresson pour qui il avait une dévotion particulière ; mais qui en voulait ? Sa première déconfiture autant que ce succès le poussèrent à sillonner les lieux publics, après le boulot, en quête de vedettes.

Les idéalistes sont rares et capricieux, enseignent les instructeurs du Service. Approchez plutôt des individus ayant appris les vertus de la concession.

Traquant les célébrités, Jameson vint à en fréquenter quelques-unes. Il avait du charme, du bagout, les gens l'aimaient bien. De la chance, de l'opiniâtreté aussi. Ces atouts comptent parmi les plus importants aux yeux d'un officier traitant.

Il se faisait mousser, s'incrustait dans une bande, se

rendait utile, présentait des filles, fournissait de l'herbe, de la coke, de l'héro au besoin, que lui procuraient les dealers de son squat et sur quoi il prélevait une commission.

Il réalisa sa première pochette de disque, le single *Back to Bobigny*, des Nervis ; puis son premier reportage qui parut signé DR, droits réservés, ce qui ne signifiait rien : Max Jameson date de cette époque.

M. Semama le convoqua à nouveau dans son bureau. « Maintenant, tu prends ton vol. On s'arrange. » Il ne travailla plus au labo que l'après-midi. « Pour faire la transition, tu as compris ? Mais ensuite je ne veux plus te voir dans mes pattes. Allez, va, va. » N'empêche qu'il lui retirait désormais de son salaire les frais de tirage et de développement, ne lui accordant dessus qu'une remise de quinze pour cent.

Jameson entra en agence et il obtint sa carte de presse l'année suivante. Le rectangle plastifié barré de rayures tricolores lui donna l'impression d'être devenu quelqu'un, de passer dans la légalité. Il fêta l'événement au squat, avec trois copines, en se défonçant à mort.

Sa matière première jusque vers la fin des années 1970, en dehors des chiens écrasés : la variété française, Dave, Sheila, Johnny, Ringo, un peu Cloclo avec qui il partagea une Claudette. Il réussit aussi de jolis coups : Onassis faisant ses emplettes à Cannes, alors que lui-même suivait là-bas une tournée des Wright Brothers.

« Continue comme ça, disait M. Semama. Travaille la nuit et le jour, potasse la mondanité, et tu arriveras. »

Si l'on s'avisait aujourd'hui d'interroger son nom sur internet, on le trouverait lié surtout aux succès de chanteurs dont on se demanderait d'abord comment leur souvenir survit encore. Pourtant, avant que s'achevât la décennie, il avait déjà, sinon changé son fusil d'épaule, du moins élargi son terrain de chasse. En plus du people, il couvrait le politique.

Au cours d'une de leurs rencontres initiales, Celui-qu'on-appelait-Dominique ne manqua pas de l'interroger sur ce développement de sa carrière. Les choses s'étaient apparemment passées de cette façon :

Max Jameson, qui accompagnait ses vedettes dans leurs déplacements, se retrouva un soir à Nantes où le parti socialiste tenait congrès. On devait y présenter l'hymne qui conduirait au pouvoir le peuple de gauche, et divers chanteurs dits engagés participaient à l'événement.

France socialiste, puisque tu existes
Tout devient possible ici et maintenant !

Certains se souviennent peut-être du refrain. C'était une œuvre de commande ; il eût été naïf d'en attendre davantage.

Max Jameson n'avait encore jamais assisté à un meeting politique. Il fut frappé par l'atmosphère électrique de la salle, par la ferveur des militants. Le moindre slogan lancé de la tribune soulevait des tonnerres d'applaudissements, il y avait des rappels, des sifflets comme dans un concert de rock, et le public trépignait jusqu'à ébranler les murs chaque fois qu'apparaissait, les bras levés en signe de victoire, un ténor du parti.

Il aimait ces élans de la foule.

Entre l'Olympia et la Mutualité, comprit-il, il n'y a guère de différence.

Il mitrailla les fans, les orateurs, les coulisses du spectacle. Un petit homme aux yeux ronds, qui s'exprimait avec une sorte de sagesse paysanne, lui plut particulièrement. Son nom ne disait rien à Jameson, mais il était normand comme lui, du même département. Le bonhomme avait d'épais sourcils, le cheveu aussi noir que rare, de grosses oreilles et des manières très peu parisiennes qui lui valaient le respect des élus de province. Il ne fut pas le plus acclamé, loin de là ; on le connaissait encore mal à l'époque, personne ne pouvait se douter qu'il monterait vite en grade et deviendrait un jour ministre des Finances, puis Premier ministre ; mais

Jameson se fiait à son flair. Il se faufila derrière lui jusqu'au buffet, après les discours, et là, devant tout le monde, le saisit par la nuque et, lui renversant la tête, l'embrassa à pleine bouche.

Alors que les agents du service d'ordre se précipitaient sur le forcené :

« C'est pour que vous vous souveniez de moi, dit-il en s'essuyant les lèvres. Je m'appelle Ja-me-son et je vais être votre photographe personnel. Prenez une coupe, trinquons. »

Le futur ministre était trop abasourdi pour se mettre en colère et Jameson ne le lâcha plus.

Du culot, beaucoup de culot. Le sens de l'opportunité aussi. Celui-qu'on-appelait-Dominique apprécia en connaisseur.

Jameson photographia l'élu sous toutes les coutures, en studio (au studio C-Light, rue Fallempin, dont il était devenu un habitué), en famille, la pipe au bec, sur un pré, devant un clocher de village, au fin fond de leur Seine-Maritime natale, et ce portrait servit triomphalement la campagne électorale.

« Il faut croire que vous nous portez chance…

— Dites plutôt que je suis bon. »

Jameson avait en tout cas le sens de la mise en scène. Affiche politique, poster, pochette de disque, il savait ce qu'appréciait le public mieux que tous les experts en communication du parti. Sur ses clichés, les gens semblaient à la fois très proches et aussi mystérieux que s'ils appartenaient à une espèce différente. D'autres leaders de gauche firent appel à lui, et pas des moindres. Pur produit de l'entropie, Jameson avait un style décontracté et enthousiaste qui collait à merveille à l'air du temps. De son côté, les socialistes lui plaisaient beaucoup. Ils étaient autant bourrés d'illusions que de complexes. Moins gâtés jusque-là que leurs rivaux, ils étaient aussi moins exigeants, plus réjouissants et très naïfs pour ce qui était des frais techniques.

En novembre 1980, Jameson fut chargé de couvrir la tournée qu'une délégation de parlementaires de gauche effectua au Maghreb, et c'est là que Celui-qu'on-appelait-Dominique commença de s'intéresser à lui. Le Maghreb, l'Afrique, le monde extérieur en général, c'est le domaine de la Centrale. Qu'il fût originaire de la Seine-Maritime, et plus précisément de Danville-Crevon, une région où nous avons diverses accointances, acheva de convaincre la hiérarchie.

Un bon reporter peut rendre les services les plus divers. Il entre pour nous dans la catégorie dite des agents polyvalents. En plus d'immortaliser les rencontres au sommet, il a le loisir de fureter dans des zones d'où nous serions éjectés d'office, de photographier des installations sensibles sous couvert de faire du paysage, de tirer le portrait des gens les plus inabordables. C'est un fouineur, un manipulateur : un observateur privilégié. Nous faisons au fond des métiers très semblables, avec cette différence qu'on lui prête moins d'intentions retorses, puisqu'il travaille sur l'actualité immédiate. Fort du droit d'informer, aussi ambigu que soit ce droit, et de la faculté de rendre célèbre, ce qui n'est pas rien, il a l'opinion publique de son côté (il l'avait du moins à cette époque), tandis que nous autres, créatures des égouts, nous devrions plaider coupables a priori.

Celui-qu'on-appelait-Dominique approcha Jameson en se réclamant du département Prospective d'une grosse compagnie pétrolière. Après avoir étudié son book : « J'aime beaucoup ce que vous faites, lui dit-il. Auriez-vous le temps de prendre un verre ? J'ai quelque chose à vous proposer. » Il n'ignorait pas non plus l'art d'être chaleureux. Les échanges devinrent vite personnels. Ils se trouvèrent des intérêts communs, le poisson était ferré.

On commence par les banalités, les questions ouvertes. On enchaîne sur les confidences, c'est facile de se livrer à un inconnu. Il n'en faut pas davantage pour créer un lien. Deux, trois apéritifs, et de fil en aiguille…

Lors de leur seconde rencontre, Celui-qu'on-appelait-Dominique confirma la commande : photographier les cadres d'une filiale que venait d'ouvrir la société censée l'employer : un reportage destiné à la diffusion interne de la boîte, rétribué au tarif en vigueur.

« Téléphonez de ma part à ce numéro. Vous demanderez M. Toranian. Il attend votre coup de fil. »

Il lui fixait toujours rendez-vous en territoire neutre, en dehors des heures de bureaux, le plus souvent dans un bar de la rue La Boétie. Box plaqués acajou, velours à fleurs et fausses suspensions de billard, il y régnait une atmosphère imitée des pubs d'outre-Manche. On peut retrouver à la comptabilité, au service des remboursements, les additions correspondantes.

Jameson n'avait déjà plus rien de l'ancien coursier. Il s'était étoffé, sa carrure, son visage même paraissaient élargis. Les cheveux coupés courts, il s'habillait plutôt bien compte tenu de ses débuts problématiques. Il s'était acheté une Kawasaki 750, certes, il portait des santiags assorties aux tatouages qu'il arborait sur les épaules et les bras, aigle, tête de mort et croix des vaches, mais pour le reste il avait adopté l'uniforme passe-partout, chemise blanche, costume anthracite et cravate noire en tricot. Le petit voyou s'était effacé au profit du photographe dans le vent, et ce qu'il en restait ne faisait que contribuer à son charme.

Les mauvais garçons ont une aura indéniable ; c'est un vice de l'esprit sur quoi les chercheurs devraient se pencher, estimait Celui-qu'on-appelait-Dominique.

L'enquête préalable indiquait que Jameson ne s'entendait pas avec son père ; ils en étaient publiquement venus aux mains. Suivant le scénario imaginé par le psychologue du Service : « J'avais quatre ans quand ma mère s'est remariée, lui raconta-t-il. Mon père s'était déjà tiré en Argentine, tu crois que ça lui aurait suffi ? Dès qu'elle s'est remise de sa dépression, elle est allée tomber folle de la première ordure qui lui a flanqué une trempe… »

Il lui servit son roman, mais le photographe ne surenchérit pas dans cette voie, sans doute parce que, de son côté, la blessure demeurait douloureuse. Cependant, comme la confidence suscite la confidence, il évoqua en échange une vie sentimentale chaotique.

« Vous avez déjà été marié ? demanda-t-il en préambule.

— Jamais pu, répondit Celui-qu'on-appelait-Dominique, ce qui était pour une fois la vérité. Et vous ?

— J'aimerais.

— Quelqu'un en vue ?

— D'une certaine façon…

— Qu'est-ce qui vous retient ? »

Alors, après un moment de flottement, le photographe parla de Bidi, la seule femme qui lui eût jamais plu, du moins qui le laissât toujours insatisfait, c'est-à-dire désireux d'en obtenir davantage, « vous voyez ce que je veux dire ».

Ce qui clochait, résuma-t-il, c'est qu'ils avaient « démarré du mauvais pied ».

Au lieu de le questionner sur ce mauvais pied, Celui-qu'on-appelait-Dominique l'interrogea plutôt sur l'insatisfaction, car il vaut toujours mieux, tant qu'on en est aux préliminaires, appeler des réponses positives.

Jameson lui avoua que Bidi était « une fille drôlement bien ». Des autres, il faisait rapidement le tour.

Dans son métier, les occasions ne manquaient pas, mais elles débouchaient sur des relations aussi factices qu'éphémères. Bidi représentait une réalité solide, rassurante. Elle ne l'avait jamais déçu, de sorte qu'elle lui était devenue, malgré ou peut-être à cause des années, une sorte de point de repère. Se laissant aller, il ajouta : « C'est ma famille. On a pour ainsi dire grandi ensemble. Quand je suis avec elle, j'ai l'impression de retourner à la communale. On se marre, on fait les cons… Elle n'est pas spécialement jolie, ce n'est pas non plus Einstein, ni un coup d'enfer, entre nous. Mais avec elle, comment dire ? je me sens à l'aise, je n'ai plus besoin de faire de cirque. »

Elle travaillait dans l'unique épicerie du village, ajouta-t-il, où elle gagnait « des clopinettes ».

« Une épicière, vous vous rendez compte… »

Son côté narquois avait disparu. Il commanda un autre pastis pour masquer l'embarras dans lequel le plongeaient ses aveux. Il paraissait mortifié.

Celui-qu'on-appelait-Dominique tenait le bon bout. Selon les manuels, la confiance s'instaure entre deux individus après qu'ils se sont montrés l'un à l'autre en position de faiblesse.

« Où est la difficulté ?

— De mon côté, j'imagine. Je lui ai servi tellement de bobards ! Je n'arriverai jamais à remettre les compteurs à zéro.

— Quand les sentiments sont sincères, est-ce si grave ? Les paroles, ce n'est jamais que des mots, du vent.

— Un vent qui fait pas mal de dégâts là-dedans (il posa l'index sur son crâne). Je ne sais pas pourquoi je vous bassine avec mes histoires… Allez, parlons d'autre chose. Buvons à nos femmes et nos motos ! »

La fois suivante il ne put s'empêcher cependant d'y revenir, comme s'il n'avait personne d'autre sur qui s'épancher.

Le dernier week-end à Danville-Crevon s'était mal passé, Bidi lui avait fait une scène épouvantable. Elle ne comprenait pas pourquoi il tardait à quitter Paris et s'établir dans la région, ainsi qu'il le lui avait plus ou moins promis. Comme il s'embrouillait dans des périphrases, elle lui avait lancé une boîte de bière au visage. Il avait l'œil gauche amoché, c'est pour cela qu'il portait des lunettes de soleil.

« Cette folle aurait pu m'éborgner. Mes yeux, c'est mon gagne-pain.

— Ça prouve qu'elle sait viser. Elle ne les a pas pris pour cible par hasard.

— Vous voulez dire qu'elle va recommencer ? »

Jameson en vint ainsi, petit à petit, à ne plus rien cacher, ou presque, à Celui-qu'on-appelait-Dominique.

Ce dernier lui tenait lieu de confesseur, de conseiller matrimonial (le psy de la Maison était d'avis d'accroître la pression en le poussant au mariage), voire de mentor. Lui-même se serait bien passé de ce rôle, mais la victoire dévastatrice de la gauche aux présidentielles, puis aux législatives, l'obligea à redoubler d'attentions envers le photographe attitré du nouveau ministre des Finances, d'autant que Jameson, par voie de conséquence, se voyait confier de plus en plus de reportages à l'étranger.

Il écoutait ses peines de cœur, lui posait des questions sur ses voyages, lui suggérait des destinations, lui confiait de menues missions, un paquet à remettre, un site à photographier (« en douce, surtout ne prenez aucun risque »), que de petites choses encore.

Sans que rien d'explicite fût jamais prononcé, ils finirent par conclure une sorte d'accord, donnant-donnant, un service contre une faveur. Comprenons-nous, comme la plupart des journalistes que nous employons, Max Jameson n'a jamais été payé, j'ai vérifié au fichier central des agents. Une information par-ci, un passe-droit par-là, c'est de cette façon que Celui-qu'on-appelait-Dominique l'a toujours rétribué. La commande de la compagnie pétrolière qui avait permis de le tamponner n'était elle aussi, de son côté, que le remboursement d'une dette parallèle. Nous travaillons main dans la main avec la plupart des sociétés françaises d'exploitation pétrolière (une blague veut que personne n'ait jamais su si ELF était un département de la DGSE, ou au contraire si la DGSE était une sous-branche d'ELF), et il est des choses, de toute façon, qu'on ne refuse pas à notre Maison.

Max Jameson se doutait-il que Celui-qu'on-appelait-Dominique n'était pas l'homme qu'il prétendait être ? Ce n'est pas impossible. Mais j'imagine que le personnage devait lui en imposer, ne fût-ce que par son opacité. C'est une recette qu'on nous inculque : se poser en grand frère. Ses déboires avec Bidi devaient faire le reste.

Combien de gens, enseignants, traducteurs, techniciens, spécialistes de toutes sortes, coopèrent ainsi avec le Service sans le savoir ?

Le mariage royal qui se célébrait à Londres allait sceller en quelque sorte leur accord. Le photographe venait de s'acquitter honorablement d'une mission à Koweït City touchant à la vente de VAP équipés de missiles antichars. Il avait fait un beau portrait de famille de l'émir et de son état-major, ce qui nous avait permis de combler les blancs de leur organigramme (dans ce genre d'affaire, rien ne compte davantage que le choix de l'interlocuteur), et nous lui avions obtenu en remerciement, sans bourse délier (cela fait des années que le gouvernement rogne nos finances), sans nous mouiller non plus, par la bande, toujours selon la règle du prêté contre un rendu, l'accréditation dont rêvait Jameson, ce droit de « jouer dans la cour des grands » dont les autres lui rebattaient les oreilles, le sésame qui ouvrait les portes dorées de la Couronne britannique.

« Marginal », était-il noté sur sa fiche (souligné au crayon rouge). « Immature. Besoin de s'intégrer. » Même s'il ne touchait pratiquement plus à la drogue et s'il était par nature plutôt économe, Max Jameson avait des besoins croissants. Il venait de louer un trois pièces dans le XVIe, avec tout ce que ça comporte. Il s'était acheté une Honda 1200 à crédit, avait offert une bague ornée de brillants à Bidi, une autre, avec une topaze, à sa mère. L'argent trop vite gagné brûle les doigts. Il avait constamment besoin de « se refaire, financièrement parlant ». La recrue idéale.

3.

Au début des années 1980, le M 16 A1 était une arme très convoitée. C'était le fusil des GIs au Vietnam. Les États-Unis avaient perdu la guerre mais non leur prestige, allez comprendre pourquoi, et l'Afrique rêvait comme tout le monde d'être équipée américain.

Fabriqué à l'origine par les usines Colt, le M 16 dérive du M 14 et de l'AR-10. Léger, maniable, précis, très stable en tir automatique, même tenu à une main à la façon des acteurs de Hollywood, il supporte remarquablement des températures extrêmes. S'il avait tendance à s'enrayer dans ses premières versions sous l'effet de la boue et du sable, diverses améliorations ont réduit l'inconvénient, notamment un poussoir d'assistance à la fermeture de la culasse mobile, culasse dont les faces latérales ont été dotées de petites entailles anti-encrassement.

On a logé aussi un kit de nettoyage dans la crosse, sous un volet articulé. (« Que cela ne vous empêche pas d'enfiler une capote anglaise sur le bout du canon. » Le conseil, selon Richard Drouin, valait pour toutes les armes à feu.)

Sa cartouche réglementaire de 5,56 mm, étui laiton ou acier laqué, à balle bi-ogivale chemisée tombac, est conditionnée, soit en boîte de vingt, soit, pour plus de rapidité (mais à un prix différent), fixée par dix sur lame-chargeur.

Richard Droin, alias M. Joyeux, se montrait intarissable sur les performances de cette munition baptisée M 193 s'il s'agissait de la cartouche à balle ordinaire et M 196 lorsqu'on parlait de celle à balle traçante, reconnaissable à sa pointe rouge. Sa trajectoire rasante, ses capacités de perforation, son « haut pouvoir vulnérant » lui semblaient dignes de tous les éloges. « Les cent nonante-trois et nonante-six n'ont pas d'équivalent sur la planète », répétait-il à ses clients, car il était suisse – il avait occupé, paraît-il, de hautes fonctions au sein des services secrets helvétiques, avant de faire carrière dans le privé.

Richard Drouin ne laissait à personne le soin de la démonstration, c'était son plaisir. En guise de cible, il plaçait à cent pas un casque de fantassin et, sûr de son effet, y faisait un trou plus large qu'une pièce de cinq francs. « Voilà pour le blindage, s'écriait-il alors dans un beau déploiement de fossettes. Imaginez les dégâts, si j'avais touché la poitrine d'un... » – là, il plaçait le nom de l'ennemi de ses clients.

En vérité la cartouche belge à balle SS 109 donnait de meilleurs résultats, surtout à longue distance, mais M. Joyeux semblait disposer, à cette époque, d'un stock considérable d'invendus américains.

Jamela, golfe de Guinée, le 27 septembre 1981

S'il se rendait à une première à l'opéra, Richard Drouin portait un smoking en shantoung de coupe italienne. Au bord de la Méditerranée (« sur la Riviera », disait-il), il mettait des mocassins, un pantalon de toile et un polo assorti. S'élançait-il sur les pistes, une combinaison matelassée bleu et rouge, semblable à celle des moniteurs, protégeait du froid son petit corps replet ; il faut reconnaître qu'il skiait à merveille, ayant fait ses classes dans les chasseurs alpins. À l'aise en toute circonstance, c'était sa devise.

Pour les tropiques, il avait adopté la chemisette à poches, le bermuda kaki et de grosses pataugas par-dessus des chaussettes en coton qui lui montaient jusqu'au genou. Un bob de couleur sable complétait la tenue, de sorte qu'avec ses bonnes joues et sa moustache lumineuse il avait alors l'allure plaisante d'un amateur de papillons.

Même le fusil dont la courroie lui sciait l'épaule (un M 16 personnalisé, à trois chargeurs et crosse télescopique) ne réussissait pas à modifier cette impression ; pas plus que la sueur qui lui mouillait le front et les aisselles, car le thermomètre indiquait déjà 35° à l'ombre ; quant aux grosses jumelles au travers desquelles il scrutait la ville, elles ne pouvaient que renforcer l'image de l'entomologiste distingué.

Le cadet des frères Azzam (« Bébé Marsouin », pour nos archives) était du voyage. Il se prénommait Malik, mais les deux hommes gardaient leur distance et se donnaient du « Monsieur ».

Tous deux se tenaient contre la rambarde de la passerelle du *M'Saglion*, porte-conteneurs de trente-deux mille tonneaux battant pavillon chypriote, et inspectaient la côte qui s'étendait à bâbord.

« Qu'en pensez-vous, monsieur Drouin ?

— Le périmètre semble sécurisé.

— Dès que vos amis se manifesteront, je donnerai l'ordre d'accoster.

— Ce sont des clients, monsieur Azzam, pas des amis. Détendez-vous. Je vous ai promis qu'il n'y aurait pas de problème. »

Le capitaine du navire scrutait aussi la baie, depuis la chambre des cartes, avec une expression contrite. Quoiqu'il fût lui-même de complexion assez sombre (sa peau devenait presque bleue sous le néon des coursives), il se méfiait des Noirs, sans distinction d'origine, et ne comprenait pas qu'on fît affaire avec ces gens-là. Le capitaine Anandji était un Bengali raciste.

Richard Drouin balaya à nouveau le port de ses jumelles. Des pirogues louvoyaient entre les cargos qui rouillaient dans la rade, deux ou trois inclinés sur le flanc, tandis qu'au bout de la jetée des gosses plongeaient dans les vagues du haut des cubes de béton goudronnés par les flots.

Par-delà les hangars de la zone de transit, il aperçut le beffroi de la gare, ainsi que divers bâtiments mi-mauresques mi-art déco, typiques de l'administration coloniale et tous en si piteux état qu'on avait dû cesser de les entretenir au lendemain de l'indépendance ; puis les toits plats de villas noyées par les bougainvilliers ; et la diagonale de la route qui se hissait entre de petits immeubles de rapport vers le quartier du Plateau. Seul un carré de buildings comptait plus de quatre étages, qui entouraient, telles les pointes d'une couronne, la place du 27-Juin, ex-place de France, centre névralgique de ce qui avait été, trente ans plus tôt, une sous-préfecture d'avenir. S'y côtoyaient la cathédrale, les banques, le cinéma Lux, le palais de justice et le siège massif de la poste et des télécommunications, imité d'un temple assyrien. Plus loin, beaucoup plus loin sur la droite, du côté des collines ocre jonchées de bidonvilles, d'épaisses colonnes de fumée striaient un ciel de lapis-lazuli, mais elles ne paraissaient pas plus menaçantes, sur ce fond de carte postale, que si elles avaient émané de cheminées d'usine. N'eût-ce été la déflagration épisodique d'un obus de mortier, perçue depuis le large quand le vent soufflait dans son sens, la ville conservait une apparence normale.

La radio leur transmit enfin le signal qu'ils attendaient. Les Forces Armées de Libération, communément appelées FAL, avaient réussi à dégager, en se servant d'une vedette en guise de remorqueur, le quai numéro six où se dressait la flèche de l'unique grue en état de marche.

« Vous laisserez tourner les machines », dit Malik Azzam au capitaine du *M'Saglion*, lequel poussa en retour un soupir à la mesure de son sentiment. « *A miserable goddam bloody feud* », avait expliqué la vieille le capitaine à son second, bengali comme lui. Un de ces petits conflits auxquels la presse internationale ne consacre pas deux lignes par an et qui s'éternisent dans une indifférence unanime, les morts répondant aux morts, parce qu'il n'y a pas de pétrole en jeu, ni d'intérêt stratégique à défendre. Une banale lutte pour le pouvoir, sur une terre ingrate. C'était tomber bien bas, avait-il ajouté en secouant la tête de droite à gauche, quand on avait fait comme lui l'Irlande, le Nicaragua, le Cambodge, que de se mettre au service de causes aussi minables ; car en plus d'être raciste, le capitaine Nanda Ram Anandji, diplômé de l'école navale de Calcutta, avait dans son genre *a rather snobbish mind.*

*
* *

Un colonel Goma les avait rejoints sur la passerelle de navigation, personne d'autre ne serait admis à bord, et M. Joyeux gardait son M 16 personnel bien en évidence.

L'escouade de soldats qui occupait le quai observait avec un intérêt respectueux les manœuvres de déchargement. Ils ne semblaient pas bien méchants. Certains possédaient des ersatz de kalachnikov, aux crosses et courroies de fantaisie, décorées de grigris, de pompons, mais la plupart n'étaient armés que d'un fusil datant de la coloniale, en sus de l'incontournable machette. Combien allaient pieds nus ? Combien n'avaient pas de vareuse, ni même de maillot de corps, ni de ceinture à ce qui leur tenait lieu de pantalon ? On ne voyait pas de camion non plus, ni aucun véhicule motorisé ; peut-être étaient-ils retenus au front, ou bien les rebelles manquaient-ils de carburant ?

Au moins, par chance, l'homme qui conduisait la grue connaissait-il à peu près son affaire. Un premier conteneur se posa en douceur, après s'être dangereusement balancé au-dessus d'une bitte d'amarrage, et les combattants des FAL, laissant éclater leur soulagement, applaudirent la performance comme les passagers d'un avion de ligne saluent un atterrissage réussi.

Rafistolé avec des pièces de fortune, l'engin faisait un bruit infernal. À chaque fois qu'il pivotait sur sa base, que son long cou se levait ou s'abaissait et que roulaient les maillons de sa chaîne, l'immense quadrupède métallique vacillait en râlant comme s'il allait rendre l'âme.

Alors qu'un deuxième conteneur s'élevait dans les airs, Malik Azzam ôta ses lunettes de soleil pour s'essuyer les yeux. La réverbération était si intense que les verres teintés n'empêchaient pas qu'il fût ébloui.

Il ne se sentait pas trop bien. Les muscles de ses jambes subissaient encore le contrecoup du roulis, et il y avait cette moiteur, cette odeur de poisson avarié mêlée de remugles de fuel, et le ahanement des machines que perçait le cri des cormorans et des mouettes, et la canonnade lointaine, à laquelle faisait écho par intervalles une rumeur d'armes automatiques… La tête lui tournait et il se demanda comment il s'était laissé entraîner dans ce traquenard, tandis que son frère aîné, lui, se prélassait dans quelque palace de Hongkong où un nouveau tanker s'apprêtait à enrichir la flotte familiale.

Le moment était venu, lui avait dit en substance son oncle, qu'il reçût le baptême du feu et fît à son tour ses preuves. Il s'était incliné sans rouspéter, la main sur le cœur, mais après l'interminable traversée, durant laquelle ils eussent pu se faire arraisonner dix fois (leur couverture humanitaire n'eût alors trompé personne), et face à cette ville fantôme, prisonnière d'un temps parallèle, il commençait à s'interroger sur la nécessité des choses. Qu'est-ce qu'il foutait ici ? Il frissonnait. Il avait la nuque lourde, une sorte de fièvre déréglait sa perception. Elle embrouillait ses idées, il se comportait comme s'il avait avalé un somnifère avec le mauvais café du petit déjeuner : il rêvait d'un lit à l'ombre, de draps frais où dormir jusqu'au retour en

Europe, et devait fournir de gros efforts pour rester debout, paupières ouvertes.

Richard Drouin se contentait de transpirer. Le M 16 à l'épaule, il demeurait vif et alerte, et il était inadmissible au fond que ce nain rose fût moins incommodé par la chaleur que lui, qui avait pratiquement la moitié de son âge et dont les ancêtres s'étaient endurcis durant des siècles sous le soleil des déserts qu'Allah leur avait confiés dans sa grande miséricorde. Peut-être étaient-ce les cent pour cent d'humidité de l'air qui lui réussissaient mal ?

L'homme que les Américains appelaient M. Joyeux trouvait même le moyen de plaisanter avec le colonel Goma, et Malik Azzam sentit croître en lui une rancœur voisine de la haine.

Le colonel s'esclaffait. Il découvrait le mauve de ses gencives et se frappait la cuisse comme si l'autre lui racontait la chose la plus spirituelle du monde, tandis que M. Joyeux se rengorgeait, en homme qui possède son public.

À le voir, là, en cet instant, épanoui et fringant, n'importe qui l'eût pris pour le véritable armateur du navire, de qui le capitaine tenait ses ordres, tandis que lui-même, Malik Azzam, que personne n'honorait d'un regard, faisait figure de sous-fifre, de fantoche, de stagiaire.

Il avait la gorge irritée, il fallait qu'il bût quelque chose. La bonne humeur de Richard Drouin l'exaspérait. Sa simple présence physique (sa chair fade, le duvet qui auréolait ses oreilles, ses mollets pareils à des jambons) lui donnait des idées de meurtre. D'un autre côté, il lui répugnait de se montrer en position d'infériorité devant le capitaine et l'équipage. Il recula d'un pas incertain et chercha l'abri de l'ombre. Puis, se sentant tituber, il choisit le moindre des maux et se résolut à battre en retraite, le plus dignement possible, dans la chambre des cartes.

Le placard du radio contenait toujours deux ou trois bouteilles d'eau minérale.

« *Are you* OK, *Mr Azzam* ?

— *I just need some water. I'll be fine, thank you, captain.*
— *Oh, it's sure dreadfully hot today !*»

De petits disques blancs glissaient devant ses prunelles. Se laissant tomber sur un fauteuil : Voilà le plus dur, se dit-il, dans une sorte de prémonition de la vieillesse : que l'organisme vous lâche. Un jour il chercherait ses mots et serait incapable de lacer ses chaussures sans aide. Malik Azzam avait vingt-quatre ans et cette perspective déprimante était pour lui une découverte.

S'asperger le visage, avaler deux aspirines, se masser les tempes : il devait reprendre le contrôle de son corps au plus vite, avant de perdre toute autorité. Pourquoi avait-il cru malin de se singulariser en paradant sur la passerelle en tenue de ville, nu-tête et sans arme ? Cela aurait peut-être donné à penser au Danemark, mais dans ce trou du cul du monde ? Aussi haïssable qu'il fût, Richard Drouin avait l'intelligence de se régler sur le climat, se dit-il, autant que sur ses interlocuteurs, voilà une première leçon à retenir. Il trouva un vieux Stetson dans sa cabine, cadeau d'un responsable de la CIA à son regretté père, que Dieu le garde en son paradis, et choisit dans l'armurerie le plus gros pistolet qu'elle contenait, un Browning parabellum chromé à crosse de nacre, avec un holster en rapport. L'image que lui renvoya le miroir ne le fit pas sourire.

Quand il regagna la passerelle de navigation, Richard Drouin et le colonel Goma étaient descendus sur le pont, afin de superviser la phase la plus délicate du déchargement.

Les marins avaient démonté le bastingage de tribord sur environ dix mètres. Avec l'aide de la grue, ils calaient à présent de grandes plaques d'acier entre le navire et le quai, en utilisant des rails de chemin fer comme travées, de façon à former un plan incliné grâce auquel les véhicules blindés que comportait la livraison pourraient rouler jusqu'à terre.

Malik Azzam ne les rejoignit pas, ce n'était pas là une

tâche digne de l'armateur. Son chapeau relevé en arrière, le Browning bien en vue, il croisa les bras sur sa poitrine et les regarda s'agiter en bas d'un air de souveraine indifférence.

Les combattants des FAL daignèrent enfin lever les yeux vers le Stetson incongru. Il avait toujours très chaud, mais ça allait mieux – de mieux en mieux.

Regarde, se disait-il. Écoute, apprends. Oncle Habib sait ce qu'il fait, il ne t'a pas envoyé dans ce merdier sans raison.

Le colonel Goma était un gros homme en battle-dress léopard. Avec sa boule à zéro et sa carrure de boxeur rattrapé par la bière, il lui rappelait quelqu'un ; mais qui ? Le couple qu'il formait avec Richard Drouin était curieusement assorti.

Sur le quai, les soldats montraient des yeux injectés de sang, et cela ne venait pas seulement de la poussière, de la fatigue ou du stress des combats. Ils mastiquaient tous de petites feuilles d'un vert tendre, qu'ils puisaient par poignées dans le sac à grenades qu'ils portaient en bandoulière. Considérée sous cet angle, la décision de leur interdire l'accès à bord paraissait très sage.

Les marins, philippins et indous en majorité, évitaient d'ailleurs leur contact, suivant les préjugés du capitaine Anandji ou bien parce qu'ils devinaient d'instinct que la moindre anicroche pourrait dégénérer en massacre.

Malik Azzam reprit ses jumelles.

À cent mètres de là, derrière les grilles du port coiffées d'une spirale de barbelés, se tenait un marché à ciel ouvert. Les pêcheurs vendaient leurs poissons, les paysans proposaient une botte d'oignons, des patates douces, trois bananes, et les matrones aux gestes lents marchandaient en prenant des poses de théâtre, comme si la guerre civile qui déchirait le pays – qui faisait rage à leur porte – ne les concernait d'aucune façon.

Il vit aussi, étalés à même le sol de terre brunâtre, des flacons d'huile, des bassines aux couleurs criardes, des paquets de chiffons, des boîtes de conserve vides, des bouteilles vides, des cartons vides, des bouts de ferraille et de bois, des dentiers, des pyramides de douilles de tout calibre, un crâne de ruminant, des montures de lunettes et des clefs, des clous, toutes sortes de clous en vrac, tordus et rouillés. Mais ce qui l'étonna le plus était que tout le monde, là-bas, à l'exception d'un gamin amputé des deux bras, évitait prudemment de regarder dans leur direction.

Le moment était venu cependant de sortir les véhicules blindés de leur sarcophage. Le colonel Goma monta sur une échelle pour briser en personne les scellés, puis on abaissa un premier panneau de fer. Les rebelles, dont le nombre semblait avoir triplé depuis le matin, tendirent le cou pour essayer d'apercevoir l'engin qui sommeillait sous une housse à motifs de camouflage. Ceux de derrière poussaient si bien les rangs de devant que plusieurs faillirent tomber à l'eau.

Le colonel Goma ne semblait pas moins ému. Les poings sur les hanches, il adressa quelques mots à ses hommes, lesquels lui répondirent par des exclamations sauvages, qui devaient parler de gloire imminente et de victoire totale, et ils tirèrent des coups de feu en l'air, dont le vacarme fit sursauter tout le bateau ; puis il alla prendre possession de son jouet.

Malheureusement pour lui la housse tenait par des velcros invisibles. Il avait beau en faire le tour, il ne voyait pas comment la détacher et si M. Joyeux n'était pas accouru à son secours, il l'eût sans doute éventrée au coupe-coupe.

Richard Drouin indiqua l'emplacement des attaches et comment les défaire, puis il recula modestement de quelques pas, afin que le colonel ne perdît pas la face.

On vit alors apparaître le nez verdâtre d'un véhicule blindé léger, monté sur six grosses roues tout terrain, puis son corps anguleux, quasi aveugle sous les plaques de surprotection, et sa tourelle, ses trappes de tir et ses sabords latéraux découpés dans l'oblique des côtés supérieurs.

Là encore, il fallut que M. Joyeux aidât le colonel. Il lui

montra comment accéder à l'intérieur grâce à la marche escamotable, et ce fut lui certainement qui mit ensuite le moteur diesel en route, puis qui dirigea l'engin vers le plan incliné par lequel, très précautionneusement, il le conduisit à terre.

Ébahis par le monstre, les combattants des FAL firent cercle tout autour. Ils n'osaient trop s'en approcher. L'un d'eux tendit les doigts vers l'habitacle des phares, sorte de protubérance grillagée, mais au dernier instant sa main retomba, comme s'il avait craint qu'une décharge de mille volts punît son audace, et il émit à la place des hoquets d'admiration.

Malik Azzam reconnut, pour en avoir vu la présentation dans un salon de l'armement, la version poste de commandement d'un VBL fabriqué au Brésil sous licence américaine. On pouvait installer une mitrailleuse de 12,7 sur la tourelle et l'intérieur, aménagé pour recevoir des cartes, des radios et autres outils de transmission, offrait assez de place pour six officiers. Ce n'était pas là du matériel très récent, mais sur les docks déglingués de Jamela, parmi les combattants faméliques et déguenillés des FAL, l'engin semblait un vaisseau du futur.

*
* *

Le soir tombait quand les autres blindés s'alignèrent à leur tour sur le quai, auprès des conteneurs qu'on commençait d'ouvrir. Une grande bande orange séparait l'océan du ciel, tandis qu'un croissant de lune pâle – le croissant presque horizontal des tropiques – brillait au-dessus des toits qu'incendiaient les derniers rayons du soleil.

Ces véhicules-là étaient l'équivalent en version pick-up du poste mobile de commandement. Leur large plateau arrière permettait de ravitailler le front en matériel logistique, eau, rations, carburant, munitions, ou bien d'accueillir des modules spécialisés, tels que poste d'infirmerie, atelier de maintenance ou rampe lance-missiles. Là aussi une mitrailleuse de 12,7 se fixait au-dessus de la trappe supérieure, que servait le chef d'engin. Où les FAL allaient-elles trouver des pilotes qualifiés ? se demandait Malik Azzam.

Il avait escompté que tout fût fini dans la journée, mais au train où ça allait, il ne fallait plus espérer lever l'ancre avant le lendemain. Le colonel Goma devait encore inventorier la livraison pièce par pièce, et vérifier qu'elle fût conforme à la commande, avant de faire son rapport au général Fabrice Malibo, chef suprême de la rébellion, qui leur livrerait alors en personne le prisonnier, c'était ce qui était convenu.

Le capitaine Anandji alluma les projecteurs du navire, illuminant des tourbillons d'insectes.

Le prisonnier était-il arrivé de Kinshasa ? Comment avait-il franchi les frontières ? Dans quel état se trouvait-il ? Quand il l'avait interrogé, Richard Drouin lui avait répété de ne pas se biler pour des détails, de cette voix suave qui l'horripilait, et il s'était fait violence pour ne pas lui rentrer dans le lard.

Des chauves-souris hachaient le crépuscule de leur vol erratique et Malik Azzam pensa obscurément que s'il restait ici un jour de plus, il n'en pourrait plus repartir.

Son humeur avait changé plusieurs fois au cours des dernières heures, passant, à mesure que les ombres s'allongeaient, de l'impatience à la mélancolie, puis, tandis que la place du marché était livrée aux chiens errants, de la mélancolie à une rage impuissante. La beauté du coucher de soleil l'avait d'abord surpris, pour ne pas dire ému. La lumière conférait aux mornes vestiges du port où, semblait-il, pas un bateau n'avait accosté depuis une décennie, sinon pour y pourrir dans les chaînes, la sérénité d'un de ces paysages disparus qu'exhument parfois les rêves. Il était resté un moment à contempler l'harmonieux accord des couleurs, ces verts irisés, ces jaunes, ces incarnats qu'assourdissait un voile humide, étonné d'abord d'y être sensible, alors qu'il ne l'eût probablement pas été, du moins pas de la même façon, à Capri ou aux îles Vierges où les crépuscules sublimes sont d'une certaine manière compris dans le forfait du séjour ; puis son regard s'était tourné vers les soldats qui s'activaient mollement sur le quai, hébétés par l'herbe qu'ils ruminaient et comme exténués d'avance par une tâche qu'ils pressentaient au-dessus de leur force. Ils extrayaient une caisse d'un conteneur, la portaient à pas comptés jusqu'au mur décrépit de l'ancien bureau des douanes, s'emplissaient la bouche d'une nouvelle poignée de drogue, puis allaient s'asseoir sur une pierre, ou bavarder, ou pisser dans l'eau, sans s'inquiéter de savoir si quelqu'un poursuivait la besogne. Parfois ils étaient une vingtaine à transbahuter les lourdes caisses en bois barrées d'inscriptions au pochoir, parfois il n'y en avait plus que deux, ou un seul, qui tournait alors sur lui-même en attendant que quelqu'un l'orientât. Leur accablement devait être contagieux, parce que Malik Azzam avait été gagné peu à peu par un fatalisme angoissé : rien ne rimait à rien, autant prendre son mal en patience, nous sommes des hamsters aveugles en train de trotter sur une roue dans une cage, etc. ; et dans le même temps, parce que telle était sa nature, il s'était vu secouer la torpeur des quais en tirant dans le tas au Browning, convaincu qu'il inverserait ainsi le processus des choses.

La crête des immeubles, sur les hauteurs de la ville, brilla un instant comme du métal en fusion. Puis la nuit s'appesantit d'un coup, une nuit poisseuse, parfumée au mazout et illuminée d'étoiles.

*
* *

Les coudes sur la table, le capitaine Anandji dévorait bruyamment une assiette de *dhal*, purée de lentilles que le cuistot agrémentait de crevettes séchées.

Malik Azzam n'arrivait pas à terminer la simple portion

de riz blanc qu'il s'était servie. Il n'avait pas faim. Il n'y avait pas un souffle de vent. D'après le thermomètre la chaleur était tombée de trois ou quatre degrés, mais son corps ne partageait pas cette opinion.

Son genou tressautait nerveusement sous la table, et il en était au point de se demander s'il ne ferait pas aussi bien d'aller se coucher avec un magazine et deux cachets contre la migraine, quand Richard Drouin, qui avait disparu à terre depuis un moment, passa la tête par la porte pour lui lancer que le général Malibo les attendait à son QG.

« Venez, vous finirez votre curry plus tard. »

M. Joyeux portait encore son bob, malgré l'heure, sans doute pour masquer sa calvitie. Il avait les joues cramoisies, et la courroie du M 16, qu'il n'avait pas quitté depuis le matin, avait tracé une marque cendrée sur le haut de sa chemisette.

« Non, monsieur Drouin, ce n'est pas ce qu'on avait dit. Les FAL doivent livrer le prisonnier à bord.

— Exact. Il y a un petit changement de programme.

— Je n'abandonnerai pas le bateau…

— Distribuez des armes aux marins, monsieur Azzam. Nous en aurons pour une heure ou deux. Le capitaine se débrouillera très bien sans nous. »

Il lui répugnait de céder à M. Joyeux, mais l'ennui dans lequel il se morfondait fut plus fort que son amour-propre. Il coupa court et se leva de table, au lieu d'ergoter inutilement. Après tout, l'oncle Habib ne l'avait pas envoyé jusqu'ici pour jouer les vigiles.

« Le général Malibo présente un potentiel intéressant, lui confia Richard Drouin en lui prenant le bras. Vous ne regretterez pas la balade. »

Malik Azzam se dégagea comme s'il avait senti une tarentule grimper sur sa manche, mais l'autre poursuivit d'un ton paternel, sans paraître remarquer le geste :

« La guerre, c'est bien, mais elle ne dure pas toujours, et l'on fait les meilleures affaires, les plus fructueuses, quand on a son mot à dire dans la préparation de la paix. Il ne faut jamais perdre de vue la reconstruction, croyez-moi monsieur Azzam, voilà où sont les contrats juteux. »

L'armurerie du *M'Saglion* contenait un véritable arsenal. On ne transporte pas du matériel militaire sans s'équiper soi-même au mieux. Bébé marsouin confia à l'équipage des 9 mm Astra, qui sont des pistolets espagnols très fiables, et aux hommes de quart, plutôt que des fusils d'assaut, de courtes mitraillettes israéliennes Uzi, plus adaptées au combat rapproché. Deux chargeurs par personne, quart doublé, pas d'alcool jusqu'à nouvel ordre. M. Joyeux approuva.

« Nous monterons avec le colonel dans le véhicule de commandement. »

Les diesels chauffaient déjà, tous feux allumés, répandant des nuages de fumée nauséabonds.

Une bonne partie des caisses, les plus précieuses d'entre elles en tout cas, qui contenaient les mitrailleuses, les M 16, les obus de 105 mm, les grenades, les mines antipersonnel, avaient été empilées tant bien que mal sur le plateau des pick-up blindés, puis arrimées par de vieilles cordes de chanvre, et des soldats hilares étaient juchés au sommet comme s'ils chevauchaient des bêtes de rodéo.

Malik Azzam ne reconnut pas la troupe ahurie de l'après-midi. Portant chacun une caisse de munitions sur le dos, des centaines de combattants des FAL se dirigeaient vers le haut de la ville à grands pas élastiques, dans une relative discipline. Lorsqu'ils passaient devant les phares, on voyait jouer des musculatures de gymnaste. Qu'était-il advenu des malheureux qui semblaient n'avoir que la peau sur les os ?

D'autres caisses encore gisaient sur le quai parsemé d'éclats de bois, auprès de deux conteneurs aux trois quarts pleins. Elles avaient été ouvertes au pied de biche, vomissant des flocons de polystyrène, puis abandonnées en l'état. Il s'agissait des médicaments et du bloc opératoire dont le général Malibo n'avait pas un besoin urgent.

« Ils laisseront des gardes. Montez. Dépêchons. »

L'intérieur du véhicule de commandement eût été assez confortable si on n'y avait pas entreposé des brassées de M 16 et s'il avait été doté par ailleurs d'un système de climatisation. L'engin ne disposait que de ventilateurs et comme il avait passé plusieurs heures au soleil, la chaleur y était proprement étouffante. Malik Azzam débloqua les ouvertures, tandis que Richard Drouin s'installait aux commandes, auprès du colonel Goma ; puis, n'y tenant plus, il se hissa sur le strapontin de tir, de façon à avoir au moins la tête et le buste à l'extérieur. Tant pis, se dit-il, s'il se faisait allumer par un sniper, tout valait mieux que ce four et la conversation des deux autres.

En se retournant, il vit les blindés qui les suivaient dans le noir, surchargés comme des bus hindous. Les guérilleros les pilotaient sans problème, contrairement à ses prévisions.

*
* *

Le convoi sortit de la zone portuaire en passant sous une arche décorée de dauphins. L'horloge de la gare avait perdu sa grande aiguille et il était difficile de dire si les bâtiments attenants, avec leur floraison de poutrelles auxquelles des morceaux de béton s'accrochaient comme des chiffons, étaient en construction ou bien en ruines. Il tourna ensuite devant une station d'essence enrobée de poussière, dont on n'arrivait plus à identifier le sigle, et s'engagea dans la montée de l'ancienne avenue du maréchal Joffre, tout juste rebaptisée avenue du général Malibo. Il faut dire à la décharge de ce dernier que deux ou trois autres militaires lui avaient prêté leur nom dans l'intervalle.

Ils roulaient dans la clarté de la lune, la centrale électrique ayant cessé sa production depuis longtemps.

Les villas pimpantes que leur avaient montrées les

jumelles depuis le large n'avaient ni porte ni fenêtre pour la plupart, mais là encore il était difficile de faire la part des choses et de distinguer les effets de la guerre de ceux de la misère, de la négligence et du temps. De nombreuses familles s'y terraient en tout cas, que signalaient le rougeoiement d'une flamme, du linge pendu à une corde, des criailleries d'enfants, des mouvements furtifs qui évoquaient la fuite du petit gibier dans un bois.

Partout le sol était jonché de détritus, fragments de maçonnerie et immondices divers. Les murs croulaient. Des tiges de fer s'échappaient des balustres effondrées et des câbles inutiles s'arrondissaient dans les ténèbres au-dessus de voitures réduites à l'état de carcasse. Seule la végétation faisait illusion, encore que, tranchant sur son exubérance, se dressaient par endroits des palmiers décapités et des eucalyptus, des flamboyants qu'on eût dits calcinés par la foudre.

L'eau n'arrivait plus aux habitations. À l'entrée d'un rond-point transformé en décharge publique, où les ordures s'élevaient jusqu'à hauteur de nombril, une petite foule armée de bouteilles et de jerrycans faisait la queue devant un long tuyau tordu, surgi des entrailles d'un bloc de ciment qui avait dû appartenir à une fontaine.

L'apparition des blindés provoqua d'abord un léger affolement, mais très vite la file patiente se reforma devant le jet d'eau, piétinant une boue pareille à du bitume. Les rares regards qu'accrochait Malik Azzam manifestaient davantage la résignation que la peur ou tout autre sentiment.

Les abords du Plateau étaient plus animés. Des lampes à pétrole signalaient les échoppes ouvertes. Ici, un vieux type vêtu d'un maillot de football faisait griller des brochettes ; là, un groupe entourait un poste de radio à piles, on entendait de la musique, et il y avait plus loin un couple enlacé : la jeune femme agitait un gros derrière rond que moulait une jupe fuchsia.

Malik Azzam fut chaviré par le tortillement de ce cul sur

fond de décombres. Il faillit prier Richard Drouin d'arrêter leur véhicule. Des idées spécieuses lui montaient au cerveau, comme une bouffée de chaleur, qui n'étaient pas exemptes de mysticisme. Il croyait aux apparitions ; du jour où ses parents avaient été assassinés, il s'était senti promis à un destin supérieur, et le régime de solitude auquel l'avaient contraint les pensionnats huppés où s'était déroulée ensuite son adolescence – dans le canton de Vaux, en bordure de la forêt de Chantilly, dans le Surrey, au fin fond du Vermont – n'avait fait qu'aggraver ce songe.

Le derrière fuchsia avait disparu depuis un moment quand un cahot le ramena à la réalité. Ici aussi les ordures disputaient la chaussée aux gravats et aux herbes folles.

Il avait toujours cru que la guerre était synonyme d'action, de tension, et n'aurait jamais imaginé qu'elle pût avoir ce visage flasque, cette inconsistance, ce défilement ralenti. Tout au long de la journée les obus de mortier s'étaient écrasés sur les banlieues nord au rythme moyen d'un chaque demi-heure, avec une longue pause pour la sieste, et encore paraissaient-ils tirés à l'aveuglette autant qu'à l'économie, sans cible précise ni plan déterminé : on bombarde et puis on voit, comme une manière de se rappeler à vous plus qu'une réelle menace. Les victimes, quand il y en avait, ne pouvaient en conséquence que s'en prendre au mauvais sort ; pourquoi aussi s'étaient-elles trouvées au mauvais endroit, au mauvais moment ? Puis le soir avait instauré un silence tenace ; chacun vaquait désormais à ses occupations, sans encourir le moindre risque, comme si les canons de l'ennemi n'étaient qu'une chimère diurne, de sorte que les désirs de paix, faute d'un contraire manifeste, devaient être assez flous aussi dans l'esprit de la population.

Alors qu'ils approchaient du centre-ville, Malik Azzam supposa que les rebelles avaient établi leurs quartiers dans l'ancienne mairie ou quelque autre bâtiment officiel ; mais il se trompait une fois encore. Ils traversèrent la place du

27-Juin à toute allure et, laissant sur leur droite la masse sombre des grands immeubles désaffectés (des chèvres campaient derrière les grilles du cinéma Lux), ils prirent par de petites rues qui les conduisirent jusqu'à un faubourg accidenté qu'on appelait Beverly Hills, où alternaient baraques de planches et terrains vagues.

Depuis son perchoir Malik Azzam entendait le colonel Goma indiquer le chemin : « À droite… À gauche après le trou d'obus. » Ils s'étaient considérablement éloignés du port et, à en juger par ses commentaires, M. Joyeux avait perdu de sa belle assurance.

L'asphalte avait cédé la place à une terre caillouteuse et une odeur de cheveux brûlés flottait dans l'air.

Des blessés se traînaient sur une jambe ou avaient le bras en écharpe, la tête bandée, et dans la nuit on ne voyait que le blanc des pansements.

Les militaires se faisaient omniprésents. Il y avait des barrages avec des chicanes, et des jeeps en embuscade, et des sentinelles dans le feuillage des arbres.

Parfois, des poings brandis sortaient fièrement de l'ombre.

Des chiens aboyaient à leur passage.

Des filles en soutien-gorge apparaissaient à la porte de baraquements.

Des gamins accouraient en agitant un drapeau en papier, et certains manquaient passer sous les roues des blindés dans leur désir de les battre à la course.

Enfin, comme ils atteignaient une sorte de grosse villa, bâtie en contrebas d'un tertre rocheux qui offrait une protection naturelle contre les roquettes de l'armée régulière, ils virent une vingtaine de cadavres alignés avec une rigueur d'arpenteur le long du fossé qui bordait la route.

Malik Azzam n'aperçut d'abord qu'une rangée de crânes par-dessus un pointillé de blessures fraîches, puis il découvrit, sans saisir comment ils s'y rattachaient, les corps nus dont la couleur se confondait avec l'obscurité de la terre.

On avait tranché les gorges et les bites, finit-il par comprendre, et les visages étaient débarrassés de leur enveloppe de peau, d'une oreille à l'autre, telles des pièces de boucherie. Les globes oculaires et les dents, privés respectivement de paupières et de lèvres, luisaient hideusement sur le rose nacré des os à vif.

Richard Drouin ralentit cette fois, jusqu'à rouler au pas.

De l'autre côté d'un mur bas, enfermés dans des cages éparpillées entre les arbres d'un verger en terrasses, des dizaines de prisonniers portant l'uniforme des troupes gouvernementales attendaient leur tour, certains assis sur les talons, le menton sur la poitrine, d'autres debout, une main pendant négligemment hors des barreaux, le regard perdu dans le vague.

*
* *

Des années plus tard, hanté par les événements de cette nuit de septembre 1981, Malik Azzam se rappellerait d'abord, prélude obligé à l'horreur répétée des hurlements et du sang lui giclant au visage, l'atmosphère surannée, bourgeoise, presque cosy, qui régnait à l'intérieur de cette maison à colonnes drapée de bougainvilliers violets, blancs et jaunes, que le général Malibo appelait pompeusement « la Résidence ».

D'une certaine manière, les cadavres châtrés, disposés à l'entrée comme des bornes signalétiques, étaient trop effrayants, trop spectaculaires, avec leurs têtes de mort aux yeux intacts, pour ne pas avoir l'air irréels. Ils l'avaient violemment choqué, perturbé même, mais à la façon de monstres de cinéma ; on sent ses intestins se nouer, avant de replonger la main dans le gobelet de pop-corn, happé par la suite du film. Il n'aurait d'ailleurs aucun mal à les décrire en détails, avec les frissons de dégoût attendus, quand il ferait le récit de son voyage à son oncle et son frère, ou quand il lui arriverait d'évoquer en public sa première rencontre avec le général Malibo, et ce serait même alors le clou de l'histoire, ce déploiement de barbarie primitive qui l'avait mis, se vanterait-il, « au bord de la gerbe ». En revanche il ne dirait rien de la Résidence elle-même, comme si le lieu était trop plein de maléfices pour être seulement nommé, ni rien surtout de ce qui s'y était passé vraiment, au cours de cette nuit caniculaire de septembre. À son oncle, à son frère, il ferait à la place un résumé très édulcoré des choses, purement factuel et émaillé de pointes caustiques et de petits haussements d'épaules, de manière à laisser croire qu'il n'y avait pas là, au fond, matière à fouetter un chat.

Il raconterait juste comment les véhicules blindés s'étaient rangés sous un micocoulier géant, devant le perron où se tenait un général Malibo en tenue d'apparat, bombant un torse bardé des médailles multicolores qu'il s'était lui-même décernées, tandis que son état-major, où se distinguaient deux mercenaires occidentaux, se figeait au garde-à-vous derrière lui, la casquette sous le coude, sur un embryon de tapis rouge ; et que, comme s'il s'agissait de la cérémonie de réception d'une délégation officielle, le chef rebelle avait attendu que le colonel Goma les lui eût présentés, Richard Drouin et lui, pour les accueillir de la façon la plus protocolaire, avec courbettes et poignées de main, et déclamer un discours amphigourique saluant le courage et la loyauté indéfectible des grands amis des forces de libération. Il raconterait encore comment le général avait voulu, aussitôt après, voir manœuvrer le véhicule de commandement dans la cour, puis examiner fusils et mitrailleuses, et que M. Joyeux, dont les deux mercenaires étaient à la solde (il les avait envoyés comme instructeurs), eût sûrement fait alors son numéro au M 16 A1, avec un casque de fantassin à cent pas, si l'obscurité n'avait pas été aussi profonde en dépit du générateur qu'on entendait ronronner. On les avait conviés enfin à un simulacre de banquet, conclurait-il, au terme duquel, en guise d'attraction, on lui avait amené un prisonnier déjà si moribond qu'il n'avait pas résisté à l'interrogatoire.

Voilà.

De quoi se souvenait-il encore ?

Il ne voyait pas.

Le prisonnier avait avoué dans quelle banque de Johannesburg il avait déposé le demi-million de dollars qu'il avait volé à la famille Azzam, mais pas le moyen de le récupérer, car il avait expiré avant de répondre à la question.

« J'y suis peut-être allé un peu fort, concéderait-il. Mais, merde, ce fils de pute était complètement déshydraté d'avoir passé une semaine à l'arrière d'un camion, dans une cage à fauves, et les autres abrutis l'avaient déjà salement amoché…

— Surveille ton vocabulaire, le rabrouerait son oncle. Un peu de respect. On ne s'exprime pas comme ça sous mon toit. »

Puis, sur ce ton de plaintif qu'avait toujours le vieil homme :

« C'est toi qui t'es chargé de lui ?

— Oui.

— Jusqu'au bout ?

— Évidemment.

— Bon, c'est bien. »

Même soumis à un débriefing en règle, Malik Azzam ne laisserait percer que des broutilles de ce qui, dès son retour en Europe (il serait trop groggy pendant le voyage pour penser à rien), le tourmenterait longtemps chaque soir.

Le général Malibo ? À prendre en considération, répondrait-il posément. « Nous avons eu un entretien positif. » Et, s'attribuant l'analyse de M. Joyeux : « Beaucoup de potentiel, dirait-il. D'autres opérations sont envisageables à brève échéance. » Richard Drouin ? Un interlocuteur valable, sans aucun doute. Oui, il avait passablement changé d'avis à son sujet, l'homme s'était montré régulier, efficace, plein de ressources.

« Et le bonus ?

— Quel bonus ?

— Le bonus, le petit cadeau qui accompagne la première livraison... Où as-tu la tête ? Qu'est-ce qu'il a offert comme bonus au général ?

— Des uniformes. Un plein conteneur d'uniformes, de quoi équiper plusieurs régiments. Avec les rangers, le béret, le ceinturon...

— Des uniformes ? Bon, c'est régulier. »

Non, Richard Drouin n'avait jamais rencontré le général auparavant ; selon toute vraisemblance, un intermédiaire s'était chargé de la transaction, à l'extérieur du pays. Le capitaine Anandji ? Quoi, le capitaine Anandji ? Tout le monde s'était comporté comme il faut, combien de fois fallait-il qu'il le répète ? Rien à signaler.

*
* *

La Résidence avait été la propriété d'un riche colon breton, amoureux de la faune africaine. Les cages et enclos nombreux disséminés à travers le jardin, et que le général Malibo utilisait comme geôles, abritaient autrefois les animaux d'un zoo privé, lions, hyènes, girafes, crocodiles, et même quelques rares lémuriens de Madagascar. Il ne subsistait de ces pensionnaires-là qu'une famille de perruches dans une volière, mais l'intérieur de la demeure conservait intactes en revanche sa collection de trophées, ses cornes de buffles, d'impalas, de grands koudous, accrochées très haut au-dessus des lambris, de même que ses gros meubles sombres, ses napperons au crochet et toute une ribambelle de bibelots désuets, du singe en porcelaine à la famille d'éléphants aux fines défenses d'ivoire, équitablement répartis entre cheminées et guéridons. Les pillages avaient épargné ce musée colonial pour quelque obscure raison, et si les parquets ne sentaient plus l'encaustique, si les rideaux de cretonne avaient perdu leur couleur, que la moisissure rongeait les gravures montrant des scènes de chasse et que le vert-de-gris ternissait le cuivre des chaudrons livrés aux araignées, la maison n'avait guère changé depuis le départ de ses maîtres, au milieu des années 1960. C'était d'ailleurs, devaient-ils apprendre, cette capacité de résistance aux aléas des ans et de la guerre (la boîte à musique du salon fonctionnait encore), au moins autant que sa situation privilégiée, à l'abri du tertre rocheux, qui avait poussé le général Malibo à y établir son QG quand, la semaine précédente, il avait repris la ville aux forces gouvernementales, lançant le meilleur de ses troupes dans la bataille, afin de disposer d'un port où réceptionner les armes dont il avait besoin.

Des gosses, de toutes jeunes femmes, certaines assez appétissantes avec leurs fesses hautes et leurs lèvres charnues, ainsi que divers traîne-savates qui n'avaient pas plus l'air de militaires que de domestiques, erraient comme des fantômes à travers la vaste pénombre des pièces, n'interrompant leur mystérieuse déambulation que pour se figer sur place, pétrifiés telle l'épouse de Loth, au moment où se matérialisait devant eux l'imposante silhouette du général Fabrice Malibo.

La cinquantaine triomphante, le général était un homme très grand, si grand que les moustaches de M. Joyeux rebiquaient à la hauteur de ses médailles, et il y avait fort à parier que son physique – ces jambes, ces mains herculéennes – avait constitué un élément clé de sa carrière.

Poussant ses hôtes devant lui, il les conduisit à la salle à manger voisine de son bureau et leur demanda sans préambule s'ils savaient comment disposer verres, fourchettes et couteaux autour d'une assiette, car les deux instructeurs yougoslaves dont Richard Drouin lui avait prêté les services s'y connaissaient peut-être en techniques de combat, mais étaient pour le reste des rustres sans manière.

« Vous, leur lança-t-il, avez-vous la bonne éducation ? »

Les armes semblaient soudain lui tenir moins à cœur que les règles de l'étiquette. Il était avide d'apprendre comment se comporter lors d'un dîner de gala, car, tout comme Richard Drouin (c'était à croire que ces deux-là s'étaient donné le mot), il songeait à l'avenir, c'est-à-dire au moment où son armée, qui en occupait déjà un bon tiers, contrôlerait la moitié du pays. Il était assez malin pour pressentir qu'il n'irait pas plus loin sur le plan militaire (« ce sera match nul », résuma-t-il) ; mais il calculait que si ensuite, grâce à quelque nouvelle livraison de matériel, il parvenait à contenir les forces gouvernementales pendant, disons, une année entière (« On fera un à un ; deux à deux au maximum, un score supérieur nuirait aux intérêts primordiaux de notre nation chérie »), il serait alors, de par la stature qu'il aurait acquise, en position de réclamer des instances internationales une conférence pour la paix, à Paris ou Genève, laquelle lui permettrait légitimement d'exiger sa part de pouvoir des imposteurs qui composaient le gouvernement actuel. C'était donc en toute logique qu'il préparait sa reconversion de seigneur de la guerre en politicien respectable, capable de manier ses couverts sans erreur à la table des négociations, sous la présidence de diplomates occidentaux.

« Je les connais, dit-il, les Français, les Américains. Ils n'aiment pas le Nègre de la brousse. Ils t'écoutent si tu as la cravate et que tu leur fais la bonne impression. »

Il apparut vite qu'il avait une liste précise de festivités en tête. Les palais de l'Élysée, de l'ONU et de Buckingham composaient sa priorité, celui de la reine lui faisant spécialement envie depuis qu'il avait suivi la retransmission par la télévision de la noce du prince héritier, deux mois plus tôt. La mariée surtout lui avait tapé dans l'œil. « Cette fille-là, avec sa robe de fée, elle m'a tendu tous les câbles ! » hennit-il, et il répéta : « Elle m'a tendu les câbles, je te jure ! », pendant que Richard Drouin, se tapotant les lèvres du doigt, adressait à Malik Azzam un regard de connivence.

« C'est une personne très jolie. Je voudrais beaucoup lui serrer la main.

— Vous êtes un homme de goût, mon général. »

Il découpait depuis sa photo dans les journaux, et il voulut leur montrer le dossier qu'il avait constitué avec l'aide de son service de renseignements, dont la pièce maîtresse était la reproduction d'un cliché dédicacé (un cœur accompagnait la signature), la gorge offerte et les cheveux coiffés d'une tiare, arrachée aux pages du mensuel *Jour de France*.

On lui avait appris, confia-t-il alors à ses invités, en baissant la voix comme s'il avait promis de ne pas ébruiter l'information, que la princesse était tombée enceinte pendant sa lune de miel. Les jeunes mariés étaient partis en croisière sur le grand bateau à vapeur de la belle-mère. Ils disposaient de vingt et un officiers et cent cinquante-six hommes d'équipage pour leur service, pas moins, il y avait même un orchestre qui jouait des pachangas pour eux tout seuls, mais il fallait croire que, le soir, dans la cabine nuptiale, blottis sous le drap, « hé, ils n'avaient pas chômé ! ».

Il leur naîtrait sûrement un bon gros garçon, poursuivit-il, car il avait le nez en la matière, et Malik Azzam, comme si un coup de baguette magique l'avait tiré soudain de sa léthargie, s'entendit répondre, du même ton grave et secret, que les dernières nouvelles étaient malheureusement moins réjouissantes. La jeune femme avait beaucoup maigri, sans doute écrasée par les obligations de la cour, et les spécialistes la soupçonnaient aujourd'hui de suivre un régime trop drastique, sinon de souffrir d'un dérèglement alimentaire.

Le général en fut abasourdi. Après s'être fait répéter la chose : « Hé, mais elle n'est pas grosse ! s'exclama-t-il. Ce n'est pas bien, ça ! Il ne faut pas ! »

*
* *

Tel avait été sans doute son tort, se dirait plus tard Malik Azzam, quand il chercherait à déterminer comment, du grand guignol, il était tombé dans l'épouvante : il était intervenu dans le monologue du général Malibo. On le tenait jusque-là pour quantité négligeable, personne ne se souciait de lui parler. L'affreux Richard Drouin monopolisait l'attention et il avait dû se dire qu'il tenait enfin une occasion de lui damer le pion – de voler la vedette au nain rose –, tout en se divertissant un peu aux dépens de leur hôte. Seulement, en entrant dans les phantasmes du général, il était passé du rôle serein de potiche à celui d'acteur de premier plan. Il s'était exposé, compromis. Avec pour conséquence de gagner l'estime du chef des FAL... Voilà le premier moteur, se dirait-il, l'angoisse du vide, le besoin irrépressible d'être quelqu'un.

Les choses basculèrent, en vérité, graduellement. Des femmes en boubou avaient déplié une nappe à carreaux, puis sorti des couverts et un service en faïence d'une armoire bretonne et, tout en leur montrant comment dresser la table, de façon à initier le général Malibo aux subtilités du savoir-vivre européen, ici le couteau qui sert au poisson, là celui pour la viande, Malik Azzam n'avait pu s'empêcher de briller, pour asseoir son succès, trop heureux de devenir le bénéficiaire exclusif des questions de leur hôte.

Non content de répéter les niaiseries qu'il avait glanées dans les magazines dont le capitaine Anandji était friand, et tous les potins qu'il tenait de sa tante que n'intéressaient rien tant que les bonheurs et les déboires du Gotha, il se mit à broder, à enjoliver, à inventer même des anecdotes de toutes pièces – comment la reine des Belges avait fait un scandale au bal de la Croix-Rouge, à Monaco, parce qu'on l'avait assise à une place indigne de son rang – de façon à illustrer d'exemples édifiants son cours de bonnes manières. Qui irait vérifier ? se disait-il.

La table se garnissait de plats cependant, afin de passer aux travaux pratiques. Les femmes servirent un *supenti* pêché dans les eaux douces du delta du Niombé, et des gombos aux piments, des beignets de crevettes aux piments, un ragoût calciné de patates aux piments, et enfin, généreusement parfumée des mêmes piments incendiaires, une montagne de haricots verts, « trésor de l'industrie agro-alimentaire nationale » et source majeure de devises pour la rébellion. Les quatre verres réglementaires se remplirent de même, la bière, l'alcool de palme, le rhum et le cognac libanais remplaçant l'eau, le champagne et les vins. Et ainsi, sans s'en rendre compte, oubliant qu'il avait déjà abusé du soleil au cours de la journée, Malik Azzam commença à boire pour alimenter sa verve, pour oublier les piqûres de moustiques, pour éteindre les feux qu'allumaient en lui les épices, pour dissiper la migraine qui lui oppressait les tempes, encouragé par son hôte à coups de grandes claques dans le dos. Ils trinquèrent à la santé de la jeune princesse d'Angleterre, de sa descendance, puis à la gloire des baïonnettes, à la liberté des peuples, à l'éradication de la corruption, au trépas des oppresseurs. Ils débouchèrent de nouvelles bouteilles et se firent le sommelier l'un de l'autre. Oh, comme ils avaient l'air de s'entendre !

« Quand vous vous adressez à un cardinal, appelez-le Votre Éminence et exprimez-vous à la troisième personne. Dites par exemple : Votre Grâce connaîtrait-elle par chance les beautés du continent africain ? Notez que la présence d'un ecclésiastique, si elle n'est plus indispensable de nos jours, contribue grandement à l'éclat d'un banquet… » – Voilà à quoi sert d'avoir été pensionnaire des meilleurs collèges. – « Toi, je vais te prendre comme ministre des Affaires étrangères, je te jure ! »

Le général avait tombé la veste. Il roulait des prunelles

et riait aux éclats, tandis que Malik, tout à son persiflage, n'apercevait pas qu'il était en train de perdre pied.

Il avait maintenant toute la maison pour audience, les gosses, les femmes, certaines portant un nourrisson dans le dos ou donnant le sein, les traîne-savates, et même les officiers, les deux mercenaires yougoslaves et le colonel Goma, occupés jusque-là à préparer la grande offensive du lendemain. Les innombrables habitants de la Résidence entraient et prenaient place où ils pouvaient, certains se serraient à deux sur une chaise, d'autres s'adossaient au mur ou s'asseyaient sur le sol, les genoux entre les bras, dans le rond de lumière chiche que dispensaient les ampoules coiffées de minuscules abat-jour rouges du lustre, afin de voir leur chef tenir une fourchette avec le petit doigt levé (« Vous êtes doué, mon général ! ») et l'entendre débattre des curieux usages des grands de ce monde avec le jeune Blanc à la chemise cintrée, dont le cargo avait livré les armes qui les conduiraient à la victoire. Beaucoup tâchaient de profiter de la leçon, aussi extravagante fût-elle, et des murmures d'assentiment ponctuaient chaque propos.

Seul Richard Drouin, assis en retrait, dans la pénombre, sous les cornes d'une gazelle de Thomson, ne participait pas à la liesse. Il picorait, pour tuer le temps, et s'abstenait pour sa part de consommer autre chose que de la bière.

Le M 16 calé contre sa chaise, il se faisait invisible. On eût dit plus exactement qu'il appartenait au mobilier, tant son bob, sa chemisette et son bermuda kaki entraient dans l'esprit de safari qui animait le décor de la Résidence.

Loin de chercher à récupérer sa prédominance, comme s'il avait passé la main, il regardait avec bienveillance Malik Azzam jouer les bouffons du roi.

Celui-ci ne recouvra un peu de sa lucidité qu'au moment où une jeune femme à la grosse bouche timide, la tête toute ronde, le crâne rasé et les joues marquées de scarifications, lâcha la bouteille de cognac libanais qu'on l'avait sommée de servir. Le flacon glissa de ses doigts, pour exploser en mille morceaux, et le liquide éclaboussa une chaussure et le pantalon du général Malibo, avant de se répandre sur le sol qui l'absorba dans la seconde, comme s'il avait été de terre spongieuse et non d'épais carreaux de ciment.

Le général repoussa la fille avec fureur. Il l'abreuva d'insultes, la roua de coups. Elle levait les bras pour protéger son visage, en poussant des piaillements d'oiseau, quand Malik Azzam eut la présence d'esprit de s'écrier qu'à Buckingham on ne battait pas un domestique maladroit, ni à l'Élysée d'ailleurs.

« Elle m'a mouillé l'uniforme, il faut que je la corrige.

— Non, c'est...

— Cette idiote t'a tendu les câbles ou quoi ?

— Tu ne peux pas la frapper pour ça.

— Tu ? Moi, je dis tu. Toi, tu dis oui, mon général ! »

On aperçut alors que la jeune femme s'était blessée à la cuisse, en atterrissant sur un tesson pointu. Une traînée rouge s'étirait sur le carrelage et elle tremblait de douleur autant que d'effroi.

« Dis, le Blanc, il faut se conformer aux us et coutumes du pays d'accueil, n'est-ce pas ce que tu m'as enseigné ? »

Comme un silence penaud régnait sur la pièce, le général lança alors la pointe de son soulier dans les côtes de la jeune femme, avec un « Hé ! » de triomphe.

« Est-ce que je suis en Grande-Bretagne ? » – Il tapa encore.

« Est-ce que c'est ici la France, par hasard ? » – Il se déchaîna contre la malheureuse.

« Est-ce que j'ai raison, oui ou non ?

— Vous... Vous avez raison, mon général.

— Tu veux lui donner la correction, toi aussi ? »

J'étais soûl, se dirait Malik Azzam, avant de s'avouer, avec le recul, que l'ivresse constituait une piètre excuse et qu'il serait plus honnête de reconnaître que les chairs palpitantes que dénudaient et tuméfiaient les coups du général Malibo l'emplissaient de désirs équivoques. Il avait déjà franchi le pas qui sépare du chaos originel et souhaitait à cet instant, dans le tréfonds de son cerveau embrumé, que le châtiment fût mené à son terme, de quelque façon que ce fût, car de ce terme précisément, dont il n'avait encore qu'une notion abstraite, il était maladivement curieux.

*
* *

Il y eut des chants. Le général chantait, tandis que les femmes tapaient dans leurs mains et que l'un des officiers marquait la cadence en heurtant du manche d'une cuillère la carafe de vin de palme qu'il avait vidée au goulot.

Dansant et titubant, ils étaient sortis dans le jardin où brûlait un feu de joie. Les étincelles tourbillonnaient jusqu'à la cime des arbres.

Escorté de sa troupe, le général Malibo se dirigea vers les corps de ferme dont la masse sombre encadrait l'arrière de la maison. Au centre de la cour envahie de mauvaises herbes piétinées, des cages à volailles s'adossaient à un vieux tracteur dressé sur des parpaings, telle une sculpture stalinienne. La tête loqueteuse d'une poule en émergeait, qui les dévisagea de son œil réprobateur.

Ils se baissèrent pour entrer dans l'ancienne porcherie à moitié ensevelie sous les plantes grimpantes. Une puanteur d'excréments et de chairs en décomposition les prit à la gorge. Là où s'étaient vautrés les cochons, un petit Blanc d'une quarantaine d'années était enchaîné au sol, nu jusqu'à la taille. Quand les torches des soldats l'éclairèrent, on vit qu'il avait une tête et des avant-bras bronzés sur un buste livide, et que ses lèvres craquelées formaient une crevasse pâle dans les copeaux de barbe qui lui noircissaient les joues.

L'homme se souleva à demi en battant des paupières. Il était vraiment en piteux état. Reconnaissant le neveu de son ancien employeur, il ne parut guère surpris et implora pitié aussitôt, en français, puis en arabe au nom d'Allah tout-puissant, comme s'il avait longuement préparé sa plaidoirie. Il se tordait les mains et ses gémissements étaient à peine compréhensibles. Peut-être délirait-il ? Il prétendait tout à la fois appartenir aux services spéciaux français et avoir agi dans l'intérêt de tous lorsqu'il avait détourné l'argent de l'oncle Habib sur le compte qu'il possédait en Afrique du Sud.

« Qu'est-ce que tu veux faire de ce gars-là ? » demanda le général.

Les pensées se bousculaient dans la tête de Malik Azzam. L'oncle Habib lui avait laissé carte blanche et il avait prévu de mener l'interrogatoire en haute mer, à l'intérieur d'un conteneur vide qu'il aurait ensuite balancé par-dessus bord, afin de ne laisser aucune trace qui pût l'incriminer.

Il s'accrochait à son plan, quoiqu'il devinât qu'il n'était plus de mise, lorsque Richard Drouin répondit à sa place, de sa voix sirupeuse :

« Mon ami aimerait poser deux ou trois questions à cet individu.

— Alors d'accord, je vais lui prêter mon coupe-coupe. »

Le général mit d'autorité une machette dans les mains de Malik Azzam, et celui-ci soupesa d'un air perplexe la lame longue et large qui semblait affûtée du matin, comme s'il ne comprenait pas en quoi elle pouvait lui être utile. Elle devait avoir beaucoup servi. Son tranchant était marqué d'ébréchures que n'avait pu effacer la meule et on avait rafistolé son manche avec du fil de fer.

Il se retourna à la recherche de M. Joyeux, mais celui-ci s'était fondu à nouveau dans le décor. Quant au général Fabrice Malibo, il semblait grandir de minute en minute. Sa longue face de cheval désabusé touchait aux poutres vermoulues du plafond, tandis que son ombre s'allongeait en une diagonale fantasque par le travers des murs.

« Tu n'as qu'à lui tailler le masque des FAL, suggéra-t-il.

Ton prisonnier, il connaît, il nous a déjà vus faire, il en a même chié dans son froc. »

Dans l'esprit de Malik Azzam, la poule était entrée à leur suite dans l'ancien local à cochons, et, le bec de profil, en équilibre sur une patte, elle continuait à le dévisager de sa prunelle sévère. Plusieurs jeunes femmes le regardaient pareillement, dont les formes n'avaient rien à envier au cul fuchsia qu'il avait croisé sur la route. Et des gamins se bousculaient derrière, le doigt sur la gâchette d'un revolver, anxieux du spectacle. Leur présence donnait une impression dérangeante de déjà-vu, induite sans doute par la fatigue… Le général et moi n'étions entourés que de deux ou trois soldats, se dirait-il ensuite, c'est impossible, je me trompe. Combien étaient-ils là-dedans ? Sans doute ne délirait-il pas moins que le prisonnier…

« Je vais te montrer. Tu m'as appris le savoir-vivre, à mon tour de te donner une leçon de mon pays. C'est ça, la coopération internationale. »

Il fallait piquer la peau de la pointe, comme on trace un patron. On fait de petites ouvertures espacées d'un centimètre environ, sur le front, à la limite des cheveux ; de là, on passe aux oreilles ; puis on longe le relief de la mâchoire, avant de descendre jusqu'à la pomme d'Adam. La main légère : attention de ne pas crever la trachée, ça interromprait le supplice, du moins le rendrait inopérant. Car il faut reconnaître que le procédé était d'une efficacité redoutable. Le prisonnier parlait, il ne cessait de parler, à toute vitesse, de lui, de ses raisons, de son repentir, d'une Cause à laquelle il croyait plus que tout, de ses enfants, de son épouse, d'humanité, d'Allah, d'indulgence et de malédiction éternelle, les yeux tantôt clos, tantôt grand ouverts dans l'espoir d'intercepter un regard. Ses traits révulsés luisaient d'une sueur ambrée dans quoi se dissolvaient les filets de sang. Il parlait même tellement, entre deux incisions, que plus personne ne l'écoutait, comme si ses aveux avaient perdu désormais leur valeur. D'ailleurs ils lui enfoncèrent un bout de chiffon dans la bouche quand il se mit à crier trop fort.

Ils le piquaient à tour de rôle, pendant que les soldats pesaient sur lui pour l'empêcher de gigoter. Le chef des FAL avait la technique. Ses marques étaient égales et franches et ne laissaient perler qu'un minimum de sang, alors que Malik Azzam, moins expérimenté, n'enfonçait pas assez la lame, ou bien au contraire la poussait trop loin, faisant jaillir le sang en abondance. Les plaies qu'il causait manquaient de régularité, souvent il s'y reprenait à deux fois. Elles devaient être aussi plus douloureuses, mais le prisonnier n'en continuait pas moins de paraître craindre davantage le général (il tremblait à se disloquer les membres chaque fois qu'arrivait son tour), au point que c'en était insultant.

« Entraîne-toi sur la poitrine si tu n'y arrives pas. Regarde, tu suis les côtes. Il faut qu'on puisse détacher la peau en la roulant sur l'os, de l'extérieur vers le centre, comme ça. C'est la méthode. »

À chaque fois que le prisonnier perdait connaissance, ils l'aspergeaient de rhum ou de vin de palme, ce qui avait le mérite non seulement de le réanimer, mais aussi de nettoyer le champ opératoire, si l'on peut dire, de façon à poursuivre le travail dans de bonnes conditions de visibilité.

Malik Azzam buvait au début pour se donner du courage, pour éviter de penser, pour vivifier la haine et la rage. Puis il but parce qu'il n'apercevait plus de raison d'arrêter de boire.

Les choses prenaient désormais leur sens : honneur, solitude, volonté, puissance, maîtrise de soi. C'est une épreuve nécessaire, se disait-il avec fièvre, ne se lassant pas de s'émerveiller de sa capacité à infliger le mal. L'oncle Habib ne lui avait pas confié la mission dans un autre but. Les doutes qui le travaillaient – tiendrais-je le coup ? saurais-je me montrer à la hauteur ? – trouvaient leur réponse d'eux-mêmes dans le feu de l'action, et il s'admirait de constater que, loin de flancher, il franchissait les différents degrés de l'horreur dans un sentiment croissant d'exaltation. Il suffisait de se concentrer sur le petit frémissement du poignet, qu'il percevait lorsque cédait la peau et que la lame raclait l'os, pour se guérir du trac et éteindre les dernières lueurs de cet état de servilité qu'on appelle civilisation.

D'un autre côté, il lui semblait tenir un rôle quasiment passif, du moins celui d'un simple exécutant, comme s'il se contentait d'interpréter une partition écrite pour lui en haut lieu, de toute éternité. Dans cette perspective, n'est-ce pas, on ne pourrait le juger que sur la qualité de la performance, non sur la nature de ses actes, puisqu'il obéissait à une volonté supérieure. Seule sa façon de réagir, de se comporter en ces circonstances extrêmes, devrait être pesée. Il soupçonnait bien que cette manière de raisonner n'était pas très normale, mais il ne s'était jamais considéré non plus comme une personne ordinaire. Le ciel lui permettait enfin, se figurait-il, de venger la mort de ses parents (le vol et la trahison qu'il était censé punir lui étaient complètement sortis de l'esprit), et il s'inquiétait juste de savoir s'il se sentirait différent au petit matin, s'il allait se sentir plus mûr, ou tout à la fois soulagé et un peu déçu comme lorsqu'on fait l'amour pour la première fois… Chaque chose a sa justification. J'accomplis un rite initiatique, se disait-il encore, et il ânonnait ses prières à voix basse (« Il n'y a de dieu que Dieu… »), tandis que le général Malibo, voyant qu'il avait enfin le coup de main, s'éloignait pour le laisser achever seul la besogne.

L'instant le plus marquant ? celui qui continuerait longtemps à hanter sa mémoire ? Quand il découvrit que le nez se détachait en entier avec la peau du visage, pièce centrale du masque.

*
* *

Lorsque le bruit du canon le réveilla, le lendemain matin, il se trouvait sur un lit à moustiquaire, couché à même un vieux matelas maculé de taches brunâtres, du sang caillé plein les doigts, entre les bras d'une jeune Noire dont il ne gardait aucun souvenir. Ils étaient nus tous les deux, il avait la langue pâteuse et la tête lourde.

Il se mit péniblement debout et se retint au mur le temps que la pièce cessât de tanguer.

La fille se leva aussi, peureusement, mais il n'y prêta pas attention. La porte ouvrait sur un large couloir qui se terminait par une fenêtre où s'engouffrait le soleil. Quelle heure était-il ? Qu'avait-il fait de sa Patek-Philipps en platine ? se demanda-t-il en fixant son poignet.

D'autres portes s'ouvraient, comme le canon grondait à nouveau, très proche, ébranlant les fondations de la Résidence, et on le montrait du doigt, avec un sourire amusé, parce qu'il n'avait pas de slip.

Richard Drouin, alias M. Joyeux, apparut à son tour sur le seuil d'une chambre voisine, la moustache en bataille et les lunettes de travers, à peine plus décent, suivi de deux petits garçons noirs aux visages chiffonnés de sommeil.

Les tirs s'intensifiaient. « Les FAL lancent leur grande offensive », expliqua le marchand d'armes. Puis, se grattant la poitrine (il avait le torse couvert de poils roux, il en lui poussait même sur les épaules et dans le dos), il ajouta : « Il est temps de prendre congé. » Et il appela à tue-tête ses mercenaires yougoslaves.

4.

En 1981, le ministère des Finances n'était pas encore installé dans la forteresse cartésienne qui enjambe aujourd'hui le quai de Bercy. Il se trouvait rue de Rivoli, au cœur de la capitale, dans l'aile Richelieu du palais du Louvre.

Lorsqu'il y recevait un visiteur de marque pour la première fois, Jean-Luc Massard ne manquait pas de lui rappeler que les appartements Napoléon III, où il avait son bureau auprès de celui du ministre, avaient été aménagés par l'architecte Hector Lefuel au milieu du Second Empire. Diverses administrations s'y étaient succédé, dont le ministère des Lettres, des Sciences et des Beaux-Arts, avant que les Finances, chassées de leurs locaux de la rue du Mont-Thabor par les obus prussiens, s'y transportassent temporairement… en 1871. Là, il marquait une pause pour expliquer, avec un sourire entendu, que si l'étage noble avait fière allure, avec ses hauts salons d'apparat moulurés et dorés à l'envi, le reste des lieux, subdivisé des caves aux combles en des centaines d'alvéoles malcommodes, lui semblait à l'image de la France que la droite avait léguée à l'actuel gouvernement, une structure archaïque où abondaient les inégalités et les faux-semblants.

Il détaillait alors, pour étayer sa comparaison, les volumes tronqués, les pièces aveugles, les escaliers qui ne menaient nulle part parce qu'on avait voulu, au-dessus, gagner quelques mètres de plancher, et les armoires de métal qui occultaient un trumeau à *putti*, et l'étouffant cagibi d'une dactylo dont le chef le service se prélassait sous une fresque classée qui n'eût pas déparé le musée voisin. Oh, il y avait bien eu quelques tentatives de modernisation : « Un cataplasme sur une jambe de bois, concluait-il, comme toutes les réformes entreprises par nos prédécesseurs. Mais soyez sans crainte, mon cher, nous saurons bâtir l'avenir sur ce provisoire. »

« Provisoire » était un signal convenu avec Mlle Andréol, sa secrétaire. À ce mot, Mlle Andréol lui annonçait qu'on le réclamait d'urgence au téléphone, ou dans telle salle de conférence, et il abandonnait le visiteur aux mains d'une jolie subalterne dont il gonflait les qualités, de façon à faire d'une pierre deux coups.

« Monsieur Massard, s'il vous plaît… »

Le coup de fil salvateur relevait à peine du prétexte, Jean-Luc Massard n'avait littéralement plus une minute à lui. Le matin, il quittait son domicile avant huit heures et, les bons soirs, il emportait à la maison deux ou trois dossiers, sur lesquels il travaillait encore quand s'endormait sa femme.

Les pattes de mouches de Mlle Andréol noircissaient les pages de son agenda de la première à la dernière ligne, et elle y rajoutait des post-it. Les réunions s'enchaînaient, impôts, douanes, marchés publics, collectivités locales, il courait en permanence après le temps. « Voici le *nouveau* Jean-Luc Massard », se moquaient ses vieux amis.

N'ayant plus d'autre possibilité pour les rencontrer, il invitait ceux-là à dîner rue de Rivoli, par roulement, les soirs de week-end où tombait son tour de permanence.

Ces dîners avaient lieu dans le « petit appartement » (relatif, le sien y eût tenu deux fois) réservé à cet usage. Un maître d'hôtel les servait en gants blancs et ils ne se privaient pas de puiser à loisir dans la cave du ministère, jamais en manque de lynch-bages ni de romanée-conti.

Parfois un gendarme apportait une dépêche cachetée et ses copains trouvaient très amusant de s'en emparer à sa place, même si elle provenait du Château, ainsi qu'on surnomme l'Élysée, voire même si elle était estampillée CONFIDENTIEL, et de la lire et la commenter avec autant de sans-gêne que de désobligeance. C'étaient pour la plupart d'anciens collègues d'HEC, de Sciences Po, des universitaires, des chercheurs en veste de velours qui ne seraient jamais tout à fait adultes. Leurs pitreries affligeaient Jean-Luc Massard, mais il estimait encore qu'il lui fallait garder le contact.

Le pouvoir avait eu beau passer dans leur camp, il restait pour ces gauchos de la première heure une entité ennemie. Ils avaient tous applaudi le discours prophétique d'Épinay, dix ans plus tôt : « Maintenant que notre parti existe, je voudrais que sa mission soit d'abord de conquérir. En termes un peu techniques, on appelle ça la vocation majoritaire » ; mais il semblait qu'ils fussent incapables de franchir ce pas, de se défaire d'une espèce de complexe de l'opposition. Montant les degrés en marbre de l'escalier monumental de la porte Richelieu, il y en avait toujours un pour ricaner qu'il saisissait enfin le sens du slogan socialiste « changer la vie ». Et là-dessus, sans cesse à quémander quelque faveur, un passe-droit, une dérogation. Oh, je t'en prie, ils ne se rendent pas compte, disait-il à sa femme.

« Monsieur Massard, s'il vous plaît… »

Mlle Andréol, elle, lui épargnait ces enfantillages. Elle le protégeait, comme elle avait fidèlement protégé le précédent conseiller technique du ministre, et réglait le calendrier de sa vie avec un professionnalisme dénué d'état d'âme. Combien il avait eu tort de se méfier les premiers temps de ce petit bout de femme pomponnée, à bajoues et tailleur bleu marine, dont l'unique défaut était d'avoir servi pendant quinze ans les suppôts du grand capital. Il craignait dans sa candeur qu'elle gardât des liens secrets avec les anciens dirigeants, qu'elle lui dissimulât des choses, quand son seul souci était de le seconder de son mieux. Elle avait fini par s'en ouvrir à lui un jour, les joues toutes rouges, lui donnant le choix entre la muter dans un autre service et lui faire enfin confiance. « Vous fermez vos tiroirs à double tour, je n'ai pas le droit de trier votre courrier, vous ne me laissez pas filtrer vos appels… » Elle semblait au bord des larmes et, un peu honteux, un peu ému, il lui avait tendu les clefs qu'il conservait au bout d'une chaîne, en gage de reddition, comme les bourgeois de Calais avaient remis celles de leur ville.

Aujourd'hui il n'avait plus de secret pour Mlle Andréol, que sa Sonia surnommait le Médor-à-son-patron. On retrouvait le schéma d'identification classique. La secrétaire connaissait le détail de sa vie aussi bien que lui-même, du jour anniversaire de son mariage au numéro de son compte en banque. Il eût parié qu'elle n'ignorait rien non plus de ses frasques (les vieilles filles ont le flair pour ces choses), ni en tout cas de sa liaison avec Julie Wassermann, car, après une longue réaction d'évitement, l'épisode romain avait eu une suite.

« Monsieur Massard, j'ai le député Chevassus en ligne… »

Julie Wassermann l'avait empêché de craquer, au début de l'automne, quand il traversait une mauvaise passe, ce pourquoi il lui serait toujours redevable.

Leur ministre était comme on dit un bourreau de travail. Il n'exigeait pas moins de ses collaborateurs que de sa propre personne, menait dix combats à la fois, dormait trois heures par nuit, avait sans cesse des négociations ou un sommet à organiser, sans parler des débats toujours « houleux » à l'Assemblée nationale. « On se regroupe, disait-il. Ils nous attendent au tournant. » C'était sa grande phrase. L'état de grâce qui suit chaque investiture touchait à son terme et, après un départ brillant, Jean-Luc Massard s'essoufflait. L'exercice de la politique réclame d'abord une constitution à toute épreuve. Les pilules de Captagon dont il avait fait grand usage durant ses années de fac lui étaient d'un secours douteux ; et ni les piqûres miracle d'un certain Dr Schwab auquel l'avait recommandé un camarade de Matignon, ni les cocktails de vitamines, ni les doubles express qu'il buvait à longueur de jour ne suffisaient plus à le tenir d'aplomb. On préparait la loi sur les nationalisations, tremplin d'une réforme fondamentale, et il peinait à suivre la cadence. Pis, son corps lui jouait des tours : le cœur s'emballait, les mâchoires se coinçaient, il cherchait ses mots, il avait des absences.

Le boulot n'était pas seul en cause, conséquence prévisible, ça n'allait pas fort non plus à la maison. Sonia lui reprochait de ne plus s'occuper d'elle, ni de leurs enfants qu'il n'aidait plus à faire leurs devoirs, qu'il oubliait d'aller chercher chez la grand-mère, qu'il n'emmenait plus au tennis le dimanche. Elle-même avait quitté son emploi quand il était entré au ministère, et elle lui en voulait à présent du sacrifice qu'elle avait consenti. Qu'avait-elle gagné en échange ? Il était irritable, il ne la touchait plus.

Son humeur s'en ressentait, son travail en pâtissait, l'engrenage habituel.

On commençait à murmurer dans son dos. Deux ou trois vautours guettaient déjà son poste.

Il avait cru atteindre le fond un matin qu'il séchait sur l'allocution que le ministre allait prononcer à Strasbourg. Il écrivait dix lignes d'une plume brouillonne, pour les jeter à la corbeille. Un tic agitait l'une de ses paupières, et ce qu'il pondait ensuite ne valait pas mieux : un agrégat de platitudes qui le hérissait. Il se faisait l'effet d'un imposteur et pensait sérieusement à jeter l'éponge pour réintégrer la routine confortable de l'université, quand, soudain, Julie Wassermann avait posé les mains sur ses épaules, en lui disant : « Je t'emmène prendre l'air, il faut qu'on cause. »

Il avait imaginé alors toutes sortes de calamités, comme à son habitude. Sa collègue voulait lui annoncer qu'elle était tombée enceinte de lui, à Rome ; ou que, dans une crise, elle avait tout balancé à sa femme ; ou que le ministre, sur le conseil des vautours, l'avait chargée de lui demander sa démission. Bien entendu, il n'y était pas du tout.

Il l'avait suivie jusqu'au jardin des Tuileries, où elle l'avait assis de force sur un banc, entre une statue de Diane chasseresse, se rappelait-il, et un tas de feuilles mortes. Et là, elle lui avait expliqué qu'il allait droit dans le mur, parce que dans un système clos, l'entropie ne fait que croître. – Enfin, elle n'avait pas exactement employé ces termes-là, les lois de la thermodynamique sont une marotte à moi, mais ça revenait à peu près au même. Personne ne résiste à la poussée des frictions internes ; en revanche, si l'on ouvre le système, comme le sous-entend le Second Principe, eh bien, on évite que la cocotte n'explose.

Il l'avait regardée un moment d'un œil vide et elle avait ajouté qu'elle se faisait du mouron pour lui. Il fallait qu'il décompresse, qu'il prenne du bon temps. Qu'il aille au cinéma, qu'il tire un coup, qu'il fume un joint s'il aimait ça, qu'il s'accorde une sieste quotidienne, ou se défonce à la salle de gym, ou claque sa paie au poker, peu importe. Sinon, elle ne donnait pas cher de sa peau.

« Prends exemple sur le président. Il court les libraires, visite les galeries, déjeune avec de petites actrices.

— Tu es gentille, ce n'est pas le moment…

— Calme-toi. Je vais t'aider pour ton discours. On l'écrira ensemble. À deux, ça va toujours plus vite.

— Sérieux ?

— À une condition.

— Ah…

— Que tu suives mon programme au lieu de te bourrer de cachets.

— Quel programme ?

— Tu m'écoutes ? La pensée monomaniaque rend stérile. Le secret, pour tenir, c'est de s'accorder des récréations. Ça donne du recul.

— Arrête, je t'en prie, je ne saurais même pas par où commencer…

— Oh, c'est facile. On commence par choisir un hôtel assez éloigné du ministère. »

Il s'était fendu d'un sourire pitoyable. Elle lui avait alors entouré les épaules et pressé le front contre l'arrondi de son sein, dans un doux enveloppement maternel. « Ça va aller, détends-toi. » Elle sentait un parfum de tubéreuse, se rappelait-il, et il s'était laissé guider comme un petit garçon.

« Monsieur Massard, s'il vous plaît. La CGT attend dans le salon de l'Impératrice. »

L'hôtel, où les chambres se louaient à l'heure, était une maison de rendez-vous, au fond de la rue Jules-Chaplain, proche de Montparnasse. Il y régnait, derrière des volets clos, une atmosphère d'avant-guerre. Le bidet occupait la meilleure place de la salle de bain, une rose de taffetas fleurissait la table de nuit et du mauvais champagne trempait dans un seau. Malgré son égarement, Jean-Luc Massard se rendait compte avec un pincement au cœur que Julie Wassermann était familière des lieux. De son côté, cela faisait si longtemps qu'il ne s'était pas octroyé un moment de répit qu'il lui semblait flotter dans la peau d'un autre. Ça va être le fiasco de l'année, se tourmentait-il.

Ils étaient au moins venus à bout du fameux discours.

Un reportage sur la princesse d'Angleterre, où on la voyait pêcher le saumon en Écosse, le pantalon rentré dans des bottes en caoutchouc, fut à l'origine de la fois suivante. L'un et l'autre ne pouvaient s'empêcher de songer à leur aventure romaine quand ils tombaient sur une photo de la jeune femme dans la presse, coupant le ruban inaugural d'une crèche ou assise auprès de la reine lors de la cession d'ouverture du Parlement. Cela devint bientôt leur code. De même que « provisoire » indiquait à Mlle Andréol qu'il souhaitait écourter un rendez-vous, « Buckingham » s'entendait entre eux comme une invitation à prendre le chemin d'un lit.

Il leur apparut vite, cependant, que le sexe n'entrait que

pour une faible part dans leur relation. Une complicité grandissante prenait le dessus. Ils couchaient en camarades, trouvant plus de plaisir à discuter et batifoler sous le drap à une heure où les fonctionnaires grattent au bureau, qu'à faire l'amour à proprement parler. Julie Wassermann ne lui cachait pas qu'il n'était pas le seul et de son côté il connut bientôt d'autres cinq à sept, avec diverses partenaires (une sous-préfète des Yvelines en particulier), quoique, pour calculer juste, il était rarissime qu'il y consacrât plus de quarante-cinq minutes, trajet, cigarette et douche compris.

Un petit écart par-ci par-là, voilà la panacée. Julie Wassermann tenait la recette de son ex-mari, un conseiller en investissement proche du chef de l'État.

C'est donc si simple ? se demandait Jean-Luc Massard.

Son rendement s'en trouvait amélioré, il donnait du coup moins de motifs de dispute à sa femme.

La vie secrète, à condition de ne pas en abuser, et comment l'eût-il pu ? soulage de la vie ordinaire. Il faisait l'école buissonnière dès que la pression devenait trop forte, comme d'autres suivent un régime quand la balance indique qu'ils ont pris du poids. Les remords eux-mêmes lui étaient profitables, de même que la frayeur procure une bonne décharge d'adrénaline. Il dérobait du temps, il sacrifiait à ce que Georges Bataille appelle la part maudite. C'est le prix à payer, soupirait-il, pour sauver mon mariage et mon job.

Ouvrir le système, pour neutraliser l'entropie. À présent il se demandait comment appliquer la méthode à l'économie nationale.

Paris, janvier 1982

Le type en prenait vraiment à son aise. Mlle Andréol l'avait à l'œil.

Il arpentait le salon bleu, allait d'un objet à l'autre, examinait les fauteuils, se penchait sur l'Apollon du cartel en bronze et lapis-lazuli de la cheminée, avec ses girandoles assortis, comme dans un stand du marché aux puces.

Elle faillit appeler un agent de la sécurité lorsqu'elle le vit repousser le brocart des rideaux pour essayer d'ouvrir – en vain, Dieu merci, elles étaient toutes bloquées pour des raisons aisément compréhensibles – une des fenêtres qui donnaient sur la cour du Louvre. Un huissier l'observait faire sans broncher, et Mlle Andréol n'était pas plus royaliste que le roi. Ce devait être un décorateur, quoiqu'il n'en eût pas tout à fait l'allure. Peut-être un tapissier. Il avait posé un casque de moto sur la console, entre les vases de Chine, et elle avait d'abord pensé à un livreur. Ce type en avait la turbulence, le je-m'en-foutisme.

Le salon bleu servait aux jours de fête, on y recevait les visiteurs de marque. C'était aussi un raccourci commode pour aller du cabinet du ministre à la salle des télex ou à celle de la photocopie, il eût fallu sinon emprunter un dédale de couloirs obscurs, plein de détours et d'embûches. De ce côté-là, se disait la secrétaire, M. Massard a bien raison de critiquer la vétusté des lieux. Ces appartements doublés d'antichambres en enfilades ne conviennent guère au fonctionnement d'une grande institution moderne. Il lui semblait toutefois – elle gardait cette réflexion pour elle – que la nouvelle équipe restait surtout intimidée par le cadre. Elle se souvenait de l'air penaud des membres du cabinet lors de la passation de pouvoir, de leur embarras, de leur ébahissement devant tant de magnificence : du haut de ces murs, un siècle et demi d'Histoire vous contemple, quelqu'un l'avait vraiment dit. Un autre avait suggéré de commander des housses afin de ne pas abîmer les trésors du Mobilier national (il n'osait pas s'asseoir sur le fauteuil en bois de rose qu'on lui avait attribué) et des passages en lino pour protéger de leurs semelles prolétariennes les précieux parquets marquetés. Pour sa part, depuis le temps qu'elle y travaillait, elle ne remarquait plus ces choses, elle se sentait ici chez elle.

Le type se trouvait encore là lorsque Mlle Andréol revint de la photocopie, des dossiers plein les bras.

Il fumait nonchalamment, au milieu de la pièce, répandant autour de lui la cendre d'un épais cigare.

Se disant qu'il y avait tout de même des limites, elle lui demanda sèchement s'il attendait quelqu'un. Elle était préparée à n'importe quelle réponse, mais pas à l'entendre prononcer le nom du ministre.

« Vous savez s'il en a pour longtemps ? ajouta-t-il. Ça fait dix minutes que je poireaute. »

Mlle Andréol n'avait rien contre l'alternance. Les socialistes étaient des gens travailleurs, honnêtes, enthousiastes, cela compensait bien des choses ; mais ils avaient parfois de curieuses fréquentations.

*
* *

Trois jours plus tard, quelle ne fut pas sa surprise de revoir le type au casque de moto, toujours dans le salon bleu, en compagnie cette fois de jeunes gens qui n'avaient pas meilleur genre, au contraire : de vrais romanichels.

Ils avaient empilé un monceau de bagages au milieu de la pièce, des sacs, des caisses, des tubes, des barres en aluminium, comme s'ils s'apprêtaient à planter la tente. Une créature se distinguait par ses lèvres mauves et les épingles de nourrice piquées à ses vêtements, si pareils oripeaux méritaient d'être appelés ainsi. Un garçon s'était tartiné les yeux de khôl, afin de mettre en valeur la lividité de son teint. Les pattes de héron d'un autre sortaient d'épais brodequins militaires que contredisait un bibi de velours. Et cette façon de se dandiner, de prendre des mines, de pouffer à chaque instant : une invasion de zombis homosexuels.

Leur présence eût pu s'expliquer à la rigueur au ministère de la Culture (Mlle Andréol avait entendu dire qu'il s'en passait de belles rue de Valois), mais ici, à l'Économie et aux Finances !

En comparaison, le type au casque paraissait respectable. On apercevait au moins le cordon d'une cravate sous le blouson entrouvert.

Elle s'énerva lorsqu'ils voulurent déplacer la table ronde centrale et son bouquet de glaïeuls. C'était une merveille signée Janselme, et ils l'empoignaient comme un vulgaire meuble de cuisine.

Elle avait eu une mauvaise journée. « Lâchez ça immédiatement », ordonna-t-elle. Mais ils balayèrent l'injonction d'un geste impertinent, si bien qu'elle se mit à crier très fort.

La tête sourcilleuse du conseiller budgétaire apparut à une porte. D'une autre surgit la moustache de phoque du délégué aux questions fiscales. Des secrétaires demandèrent ce qui se passait, d'un ton affolé. Enfin, Darrigault, le petit de la communication qui jouait sans cesse avec ses doigts, arriva au pas de charge pour expliquer que le ministre avait émis le désir d'être photographié au milieu de son état-major et que ces personnes, que Mlle Andréol prenait pour des saltimbanques, n'étaient autres que les artistes mandatés pour promouvoir « l'image du changement ».

Darrigault s'embrouilla un peu dans les présentations, confondant maquilleur et assistant, puis en profita pour rappeler que tous les conseillers et membres du cabinet devaient être prêts pour le petit oiseau à seize heures tapantes, le ministre devant s'envoler ensuite pour Bruxelles.

Inquiète, Mlle Andréol allait lui demander si M. Massard serait du nombre, quand elle se rappela une circulaire de l'avant-veille, intitulée *Des réformes à visage humain*, où il était question en effet d'une amélioration de l'image publique, afin de « mieux toucher le cœur des Français. » Le style en était si fleuri qu'elle avait noté le rendez-vous sans comprendre, croyant à l'une de ces réunions informelles dont il ne sort jamais grand-chose. Mon Dieu, pourvu que M. Massard ait le bon costume !

Là-dessus le ministre en personne fit son apparition, alerté par le remue-ménage. « Ah, bonjour, mon vieux », dit-il en tendant la main au type en blouson. Il avait l'air de tenir le photographe, ce Max Jameson, en haute estime.

Mlle Andréol s'en allait assez vexée lorsqu'elle entendit le ministre ajouter :

« Ce serait bien que vous discutiez un peu avec quelqu'un de mon cabinet… Allez donc parler à Massard, il vous fera un topo. »

Ce fut au tour du petit de la communication de pincer les lèvres. Il avait initié le projet. Mettait-on en doute ses compétences ?

« Monsieur le ministre…

— Plus tard, plus tard. »

*
* *

En France, les fonctionnaires sont aussi mal payés que nombreux, ceci expliquant peut-être cela.

Max Jameson refusa le siège et les magazines que lui proposait Mlle Andréol en attendant que M. Massard pût le recevoir, et lui demanda tout à trac si cela ne la troublait pas de manipuler en permanence des documents où le moindre chiffre comportait une demi-douzaine de zéros.

Comme elle ne voyait pas ce qu'il voulait dire, il lui raconta qu'il venait de photographier un conservateur de musée, entouré dans la journée de kilomètres de Picasso, qui n'avait que deux ou trois croûtes chez lui. Désignant l'audit d'une banque, au sommet d'une pile de rapports : « Je me disais que ça doit faire bizarre de jongler avec les milliards quand on gagne soi-même à peine le double du SMIC. »

Le photographe avait un regard de fouine qui mettait mal à l'aise la secrétaire. Il ne tenait pas en place, touchait à tout, lui donnait le tournis. Elle finit par rétorquer :

« Et vous, ça ne vous dérange pas de photographier des personnes connues, des gens importants ? Parce que vous-même…

— Dans le mille ! répondit Max Jameson. Chère madame, vous marquez un point. »

La secrétaire se sentit rosir. Ces derniers temps, le sang lui montait facilement au visage.

« M. Massard vient de raccrocher, bredouilla-t-elle. Si vous voulez bien me suivre… »

Les yeux de ce garçon furetaient dans les coins. Il l'observait d'une telle façon qu'elle lissa sa robe en se levant de sa chaise, pour le cas où la position assise y eût imprimé un pli indélicat.

Le geste ne lui échappa pas non plus. « Ne faites pas attention à ce que je dis, lui chuchota-t-il en passant dans le bureau du conseiller. On a tous des jours comme ça… » Il n'acheva pas sa phrase, mais elle eut l'impression qu'il lisait clair en elle, comme par empathie, qu'il devinait ses ennuis personnels, les bouffées de chaleur, les insomnies répétées, toutes ces petites misères (Mlle Andréol avait quarante-sept ans) dont elle avait espéré que rien ne filtrât dans son comportement. Elle était de cette génération, en voie d'extinction aujourd'hui, qui trouvait inconvenant, non seulement de se plaindre, mais simplement de parler de soi.

« Monsieur Massard ? M. Jameson, de la part du…

— Je sais, entrez, entrez, je suis à vous dans une seconde. »

*
* *

Max Jameson entendait tout, remarquait tout. Bien sûr, ça pénétrait par une oreille pour ressortir par l'autre. Il se contentait de capter l'air du temps, se justifiait-il. « Je ne travaille pas pour l'éternité, moi. On me paye pour donner forme aux désirs du jour. Je n'ai pas d'autre talent. »

Le ministre trouvait cette modestie tout à fait épatante. « Vous savez que nous sommes du même coin tous les deux, répétait-il. De solides fils de paysans normands, hein, mon vieux ? On s'est élevé à la force du poignet ! »

Les tubes de métal déversés au milieu du salon bleu formaient maintenant une large boîte de lumière que de gros trépieds portaient à l'oblique, telle la lampe d'un bloc opératoire. Il en sortait des câbles reliés à une batterie de générateurs où clignotaient des voyants rouges, et chaque fois que l'assistant appuyait sur le bouton de la cellule photoélectrique qu'il tenait à hauteur de poitrine, un éclair blafard aveuglait la pièce.

La créature aux épingles de nourrice avait transformé la console aux potiches en table de maquillage et les membres du cabinet se soumettaient l'un après l'autre, en ronchonnant pour la galerie, à la corvée du fond de teint et de la poudre. Un peu plus loin, le garçon aux brodequins militaires donnait un dernier coup de peigne à Julie Wassermann dont le bustier indigo, une acquisition de la veille, exposait un décolleté généreux.

Un radiocassette jouait de la musique, des paquets de gâteaux circulaient. C'était un événement, rue de Rivoli, que cette séance de pose. Dactylos et secrétaires se serraient sous la tapisserie du fond, bavardant à mi-voix. On entendit sonner un téléphone, sans que personne ne bougeât pour répondre.

Max Jameson parlait comme une toupie, pour étourdir le client, disait-il. Il ne cessait de poser des questions à chacun, déstabilisantes de préférence, mais avec une curiosité qu'on devinait dépourvue de malice, si bien que personne ne se rebiffait. Des questions sur tout et n'importe quoi, qui empêchaient juste de s'en remettre aux automatismes habituels. Son épouse doit être bien à plaindre, songeait Mlle Andréol.

« Non, non, pas de fauteuil, cria-t-il à l'assistant. Le ministre restera debout. » Et Jean-Luc Massard surenchérit, un kleenex coincé entre le menton et le col de la chemise : « Personne ne s'assoit. On veut une photo dynamique, il faut donner l'image d'une équipe de battants. » Il prenait très au sérieux le nouveau rôle qu'on lui avait confié (les dix minutes passées à réfléchir à ce que devait exprimer la photo lui avaient paru spécialement constructives), et le chargé de la communication lui lança un regard noir en faisant craquer ses articulations.

« Bon, on est prêt ? »

Darrigault n'allait pas demeurer en reste, rien qu'à sa façon de tirer sur la dernière phalange de ses doigts, comme s'il voulait s'arracher les ongles, il était visible qu'il échafaudait une contre-attaque. Il attendit que le groupe se mît en place autour du ministre pour agiter le bras, à la façon d'un juge de touche signalant un hors-jeu.

Le tapis, selon lui, n'allait pas, mais alors pas du tout.

« C'est un tapis persan », dit-il, en insistant sur le dernier mot. Et quand il eut capté l'attention générale : « La communauté israélite pourrait en prendre ombrage (son regard s'arrêta sur le conseiller budgétaire, Yvan Cohen-Vitali.) Par ailleurs, je vous rappelle que nous sommes censés promouvoir l'industrie nationale. À mon sens, un Savonnerie conviendrait beaucoup mieux. »

Quelqu'un lui fit remarquer qu'il conduisait une Volkswagen, mais le petit de la communication tint bon, rétorquant qu'il ne se laisserait pas photographier au volant.

Du conciliabule qui s'ensuivit il ressortit que personne n'osait lui donner tout à fait tort. La Perse, c'est-à-dire l'Iran, n'était-elle pas, par ailleurs, en guerre avec l'Iraq que la France fournissait en chasseurs Mirage et chars AMX ? Mlle Andréol vit le photographe lever les yeux aux ciel. Il fallait tout démonter, pour remplacer le grand tapis à décors d'oiseaux et de fleurs.

Max Jameson consulta sa montre. On l'avait assuré qu'il aurait remballé ses appareils avant la fin de l'après-midi, mais le ministre paraissait soudain beaucoup moins impatient de s'envoler pour Bruxelles. La Caravelle du GLAM, le Groupement des liaisons aériennes interministérielles, attendrait devant un hangar du Bourget : une photo à vocation nationale, c'était bien plus important.

*
* *

Max Jameson jetait d'incessants coups d'œil à son poignet, comme si cela pouvait ralentir le cours des aiguilles. Bidi l'attendait à Danville-Crevon. Il lui avait promis d'être là-bas pour le dîner.

Cette fois, il lui parlerait… Cela faisait des semaines qu'il tournait autour du pot, la décision n'était pas facile. Il y avait du pour, autant que du contre. Tantôt il penchait d'un côté, persuadé qu'il faisait le bon choix, tantôt de l'autre, avec non moins de certitude. Il eût aimé demander conseil à Celui-qu'on-appelait-Dominique, mais n'était pas parvenu à le joindre.

Lorsqu'il composait le numéro de l'homme des pétroles (c'est ce qu'il se figurait), Jameson tombait invariablement sur un répondeur. Une voix de femme disait : « Bonjour, ici DBV Environnement, veuillez indiquer, s'il vous plaît, votre nom, vos coordonnées et le motif de votre appel, nous vous contacterons dès que possible. » Celui-qu'on-appelait-Dominique rappelait en général dans la demi-heure. Pas cette fois ; peut-être était-il en arrêt maladie, ou en déplacement ? Il faudra que je pense à lui demander le numéro de son domicile…

À qui d'autre confier ses problèmes ? Il ne voyait personne de son entourage qui pût lui prêter une oreille raisonnable. Les photographes de l'agence se ficheraient de lui ; M. Semama, son ancien patron au labo, crierait *Mazel*

Tov, avant de lui indiquer un cousin bijoutier susceptible de lui accorder une ristourne ; tandis que ses copains de boîte soupireraient qu'il faut être marteau pour renoncer à la liberté *intentionnellement*.

Si Bidi accepte, pensa soudain Max Jameson, je demanderai au ministre de nous marier, dans sa mairie, ça clouera le bec à plus d'un. Puis se rendant compte de ce qu'il venait de se dire, il comprit que la décision ne lui appartenait plus, qu'il l'avait déjà prise à son insu. Loin de le rasséréner, cette découverte lui donna l'impression qu'un étau lui écrasait les côtes. Et c'était étrange : il souffrait d'une sorte de point de côté, de la taille d'une assiette à soupe. Il pensa d'abord que ça passerait aussi vite que c'était venu, qu'il s'agissait seulement d'un de ces tiraillements de muscle ou de nerf dont on ne sait jamais trop quel conflit chimique les provoque. Mais l'oppression s'accentua au lieu de se résorber, de sorte que l'air vint à lui manquer : il crut à une crise cardiaque, à une embolie. Ses poumons avaient des ratés, comme une moto quand le réservoir tombe à sec et qu'il faut passer sur la réserve. Le cœur allait caler, en panne d'oxygène. Pourquoi ne pouvait-on ouvrir ces foutues fenêtres ? Il n'avait jamais rien éprouvé de tel (si, une fois peut-être, à Orly, au moment de prendre l'avion...). Il avait froid, transpirait, s'affolait, un filtre sombre réduisait sa vision.

« Max ? Max, ça va ? Tu fais une drôle de tête. »

Il comptait ses inspirations, redoutant que la suivante ne fût la dernière. La soufflerie peinait, ralentissait, elle s'arrêterait de fonctionner d'un instant à l'autre dans un grand effondrement d'os et de viscères... Quand l'échéance est en vue, se dit-il, pourquoi ne pas en finir sur-le-champ ? Combien de suicides n'ont pour cause que la peur de disparaître ?

La maquilleuse lui tendait un verre d'eau. Il s'était laissé tomber sur un siège sans s'en rendre compte. Les autres semblaient encore ne s'être aperçus de rien.

À l'oreille : « Tu veux que j'appelle un médecin ? »

La proposition l'emplit d'une angoisse nouvelle. Il ne leur donnerait pas ce plaisir. Il allait brûler les derniers atomes d'air dont il disposait, en puisant dans les moindres recoins de son organisme, et remonter en selle, ce n'était jamais qu'une question de volonté. Si je dois mourir, que ce soit sur la route, tout à l'heure, dans un virage à pleine vitesse ; Bidi m'en voudra moins si j'étais en train de la rejoindre.

Curieusement, alors que son sentiment d'oppression ne le quittait pas, ses poumons continuaient à se gonfler et se vider à un rythme constant, sinon normal. Il but le verre d'eau à petites gorgées précautionneuses et se remit debout en pesant sur les accoudoirs, un pied après l'autre. Ses jambes le portaient, il ne fallait pas mollir, l'étau se desserrait, il respirait encore, ce n'était pas pour cette fois.

Il regarda autour de lui, sonné comme des suites d'un électrochoc. Un tapis aux tons délavés couvrait maintenant le sol ; la boîte de lumière lançait à nouveau ses éclairs, tandis que l'assistant vérifiait la fermeture du diaphragme ; les conseillers discutaient des innombrables amendements que concoctait l'opposition afin de contrer la loi sur les nationalisations ; le tohu-bohu habituel. Jameson chassa un chat de sa gorge, puis s'exclama :

« Mesdames et messieurs, s'il vous plaît… »

Il se sentit tout de suite mieux à l'abri de son appareil.

L'œil rivé au viseur capuchon du gros Hasselblad, il lui sembla que le monde rentrait dans ses marques, redevenait harmonieux et humain. Il était à nouveau aux commandes. L'appareil photo est un bouclier infaillible. Un confrère qui s'était fait tirer dessus au Tchad soutenait que le sien protégeait des balles et permettait même de surmonter les abominations de la guerre.

Il allait leur montrer qui menait le jeu.

Ils se dandinaient tous béatement devant lui dans leur costume de croque-mort, avec un naturel de figurines en plastique. Il pria le barbu qui s'accrochait au basques du ministre de céder sa place à l'allumeuse aux gros seins qui échangeait des regards avec Massard (y avait-il quelque chose entre eux ?), et de se déporter sur la droite, au bord du cadre. Il mit un chauve revêche à gauche, en contrepoint, autant limiter la casse. Et fit avancer le ministre qui avait au moins la stature de l'emploi, de façon à le grandir et l'isoler, tel Jésus conduisant les apôtres. Et fit se redresser le délégué au commerce, saint Pierre aux dents jaunes qui semblait porter tout le poids des réformes sociales sur ses maigres épaules.

« Vous, oui, vous, reculez d'un demi-pas, c'est ça... Magnifique ! Et vous, décalez-vous, voilà ; maintenant levez le menton. Non, je ne vous ai pas dit de fixer le lustre : le regard *un poil* au-dessus de l'objectif... Superbe ! Maintenant pivotez lentement vers moi, d'accord ? Lentement... Qui connaît celle du curé et de la lesbienne aveugle ? Hein ? Mais non, c'était juste pour obtenir un sourire... Décrispez-vous, madame, vous n'êtes pas chez le dentiste... Hé ! vous, ne vous cachez pas derrière votre voisin. Ne soyez pas timide, montrez-moi combien vous êtes fier de travailler pour la République, d'œuvrer pour la prospérité de la France. Génial ! Vous à présent... » Ils lui obéissaient au doigt et à l'œil, bombaient le torse quand il le décidait, rectifiaient leur cravate, ouvraient la bouche ou la fermaient à la demande, ou se reboutonnaient, ou ôtaient leurs lunettes, ou mettaient une main dans la poche. Je pourrais aussi bien leur faire lever la jambe, ces marionnettes danseraient la gigue s'il m'en prenait l'envie.

« Un dernier polaroïd pour contrôler la lumière, mesdames et messieurs, et en route vers la gloire ! »

*
* *

« Encore une séance comme celle-ci, chuchota Jameson à l'oreille de la maquilleuse, et mon appareil va fondre de désespoir.

— C'est vrai qu'ils sont plutôt tartes, admit-elle.

— Tu crois, gloussa le coiffeur, que je pourrais leur toucher un mot à propos de mes impôts ? »

*
* *

La peur vint plus forte, rétrospectivement, quand Jameson fit chauffer sa moto devant la porte du ministère. Il avait cru y passer, c'était peut-être dans sa tête, mais il en était si intimement convaincu, il avait si précisément senti sa cage thoracique se démanteler et sa poitrine sur le point d'arrêter de battre que l'éventualité que les symptômes pussent se reproduire le terrifiait. Que ferait-il alors ? Il se demanda s'il ne serait pas plus sage d'aller consulter à l'hôpital plutôt que de prendre la route, puis il songea aux heures de queue des urgences, aux clochards, aux petits vieux sur des civières, et se dit qu'il n'avait pas vraiment envie de savoir, pas ce soir, pas à ce prix, et que Bidi prendrait très mal qu'il lui fît faux-bond.

Il ferma les yeux en mettant son casque, et à nouveau en enfilant ses doubles gants, une paire en soie, et l'autre en cuir doublé par-dessus, car le thermomètre ne dépassait pas de beaucoup le zéro.

Il serra très hermétiquement les paupières en ajustant son écharpe au col du blouson, comme s'il était temps pour lui d'accoutumer son cerveau aux ténèbres éternelles. Puis il les ouvrit et repoussa jusqu'à mi-course le bouton du starter.

Il était en rage contre lui-même. Déçu, indigné, amer : frustré – il eût été bien en peine d'expliquer pourquoi.

Il poussa le bouton du starter encore d'un cran.

Son goût en matière de deux-roues avait évolué, il avait

abandonné les fades japonaises pour acheter une anglaise nerveuse dans un garage d'Aubervilliers, une Norton Commando noir et rouge de 1975, qui affichait moins de quinze mille kilomètres au compteur. Elle était bruyante, vibrait à tous les régimes, mais les sensations qu'elle procurait dépassaient en qualité, en intensité aussi, tout ce qu'il avait connu jusqu'alors.

Le bicylindre toussait, crachotait, haletait, toujours à se racler la gorge, c'était sa manière de montrer qu'il tournait rond. En l'occurrence, cela donnait à réfléchir.

Jameson effleura du doigt le réservoir comme pour en effacer une tache laissée par la pluie. Les ingénieurs de Norton avaient réussi ce prodige d'inventer une machine anguleuse qui parût tout en courbes. Il l'avait fait équiper d'une bulle coupe-vent et en était aussi fier que s'il en avait dessiné chaque pièce.

Il jeta un coup d'œil au voyant de l'huile, alluma les phares, ôta le starter, débéquilla. Il accomplissait ces préparatifs comme un rituel primitif, une prière aux esprits de la forêt, un salut aux puissances tutélaires. Puis il passa la première et descendit du trottoir pour se faufiler entre les voitures coincées dans un embouteillage qui s'étendait jusqu'à la place de la Concorde.

Qu'arriverait-il si la respiration venait à lui manquer sur l'autoroute ? Quand il se touchait les côtes, sous les aisselles, elles lui semblaient branlantes, près de se démancher…

Il se dépêcha de penser à autre chose, avant que son anxiété – c'était bien davantage qu'un soupçon – ne dégénérât à nouveau en panique. Il songea aux six bobines d'Ektachrome que l'assistant (loué à la journée, tout comme le matériel) devait déposer à l'agence ; au polaroïd que le ministre avait dédicacé à sa demande au nom de Bidi, « avec mes meilleurs vœux de bonheur » ; aux dix mille francs net que lui rapporterait la séance, somme presque indécente pour quelques heures de travail (il s'était dit néanmoins qu'il eût dû exiger davantage, car on avait signé son bon de commande sans sourciller) ; avant de s'apercevoir qu'il était nettement plus efficace, s'il avait besoin d'un dérivatif, de se concentrer sur les difficultés de la circulation.

Il devait être sept heures du soir. Deux millions d'automobilistes rentraient chez eux.

Il passait d'une file à l'autre, balançant sa machine pour éviter de heurter un rétroviseur, et essayait de ne pas poser le pied à terre, même lorsqu'il était contraint de rouler au pas, dans l'idée de tester ses capacités d'équilibre. La conduite en devenait un exercice abstrait. Brûlant les feux rouges, il se retrouva bientôt à slalomer dans la nappe de gaz carbonique comme s'il dévalait hors-piste un abîme de poudreuse.

Après la cuvette bouchée de la Concorde, Jameson prit par le Cours-la-Reine, le long des quais, remontant le flot figé et klaxonnant des voitures par le milieu de la chaussée, où l'espace était amplement suffisant pour l'envergure de son guidon. Il put passer en troisième à l'entrée du souterrain de l'Alma, qu'il traversa sans aucun pressentiment, dont il vit défiler les piliers de béton noircis par la suie sans l'ombre d'une intuition des événements qui, une quinzaine d'années plus tard, devaient bouleverser sa vie. La circulation s'améliorait dès qu'on atteignait les beaux quartiers ; il fonçait déjà vers le Trocadéro et serait vite dans le bois de Boulogne, par où il gagnerait l'autoroute de l'Ouest…

Il sortit du tunnel de Saint-Cloud à plus de cent. Au-delà s'étendait une forêt humide, nue et obscure, qui avait déjà l'odeur de la campagne. Il enclencha la cinquième et vit l'aiguille du compteur progresser vers la droite. Sa cage thoracique le laissait en paix et la nuit composait un paysage irréel où l'esprit pouvait vagabonder sans entrave.

Du surmenage, se rassura-t-il, rien de plus.

Il avait trop travaillé, se dit-il tandis que des papillons de lumière rouges et blancs filaient de part et d'autre de la visière de son casque. Il avait fait la saison de Noël à Gstaad, qui lui avait rapporté une bonne vingtaine de publications, puis l'accouchement de la femme d'un chanteur, sur quoi l'agence s'était mobilisée, puis la visite secrète du président tunisien que lui avait signalée le concierge de l'hôtel Plaza (il fallait songer à lui donner son enveloppe), quarante-huit heures de planque devant une clinique du XVIe avant de voir le vieux leader à la crinière blanche boitiller sur des béquilles, entouré d'un bataillon de gardes du corps, puis une grande première aux Champs-Élysées, et la soirée au Fouquet's qui avait suivi, qu'il avait achevée entre les bras d'une starlette d'Allemagne de l'Est à long nez, dont il n'avait jamais su le nom, dix petites choses encore, et enfin son plus beau coup, dont il revenait tout juste, l'affaire la plus juteuse de sa carrière, le reportage des Bahamas.

Personne n'y croyait à l'agence. « On ne placera rien », soutenait le chef des ventes. Jameson avait menacé de rompre son contrat et d'acheter lui-même son billet.

Personne n'y croyait, parce qu'une trêve avait été négociée à Londres, au mois de décembre, entre la reine et les tabloïds. Le secrétaire de presse de la famille royale avait reçu à Buckingham les principaux éditeurs de journaux pour les prier, au nom de la souveraine, de respecter la vie du jeune couple héritier, arguant que la princesse enceinte était spécialement vulnérable ; il avait insisté sur sa jeunesse, sur sa fragilité, elle avait fait une mauvaise chute dans un escalier, il lui fallait impérativement du repos, au physique comme au mental ; et tout le monde s'était incliné, de sorte que la traque au téléobjectif n'était plus de mise, on se contenterait dorénavant des images officielles, pour les Britanniques une parole ne se reprend pas.

Jameson avait appris là-dessus que le couple princier s'accorderait quelques jours de vacances sur une plage des Caraïbes, et il s'était dit que les tabloïds ne manqueraient pas de retourner leur veste si quelqu'un leur apportait une photo qui en valait la peine. L'information venait de Celui-qu'on-appelait-Dominique, une indiscrétion qu'on lui avait faite, prétendait-il. Il connaissait même le nom d'emprunt sous lequel leurs altesses avaient réservé des billets : *Mr and Mrs Hardy*, car ils voyageraient pour une fois sur une ligne régulière de Londres jusqu'à Nassau, avant de rejoindre par d'autres moyens leur destination finale, l'île « paradisiaque » de Windermere, à quatre-vingt mille de là, un coin très surveillé, à ce qu'on savait.

Celui-qu'on-appelait-Dominique ne l'avait jamais déçu. À peine débarqué, Jameson étudia une carte, loua un bateau à moteur avec un marin, car il n'avait aucune notion de navigation, s'équipa de cannes à pêche pour donner le change, et s'en alla taquiner le gros.

On a toujours des jumelles en mer, il surveillait la côte, se faisant expliquer par le marin, un mulâtre expansif curieusement baptisé Hilton, quels étaient les heureux propriétaires des villas blanches qu'on distinguait parmi les cocotiers. Quand fut prononcé le nom de Mountbatten, Jameson ordonna de jeter l'ancre, décrétant que le coin lui paraissait des plus poissonneux. Hilton ne se formalisa pas de le voir tirer de son sac un immense téléobjectif en guise de moulinet. Il prit le billet de cinquante dollars que lui tendait son client et alla chercher dans la cabine un chapeau de paille et deux bières. Le plus drôle fut qu'une demi-heure plus tard, l'une des lignes qui leur servaient d'alibi se tendit soudain et qu'ils attrapèrent une dorade coryphène d'un bleu éclatant, de près de trente kilos.

Jameson avait repéré la plage de la maison, au fond d'une anse sablonneuse bordée de rochers derrière lesquels s'élevait un épais rideau de végétation. Il y avait là un dériveur, une planche à voile, des transats, des piles de serviettes, mais aucune présence humaine pour le moment. L'affût se prolongea jusque vers le milieu de l'après-midi. Alors que le soleil décroissait, il vit enfin le couple princier apparaître dans ses jumelles, elle en paréo et lunettes sombres, portant un gros sac de toile, lui en short gansé de blanc.

Il avait choisi une ouverture moyenne, pour privilégier la vitesse. Il mit au point d'un doigt fébrile et photographia le couple en train de marcher sur le sable jaune, de choisir les chaises longues, de s'y étendre. Sous son paréo, la princesse portait un tout petit bikini à fronces qui signifiait qu'il avait tiré le gros lot. L'arrondi de son ventre (elle devait être au sixième mois de sa grossesse) se remarquait d'autant mieux que le reste de son corps, ses longues jambes en particulier, avait pas mal minci. C'était la première fois qu'il l'apercevait au naturel, si l'on peut dire, et elle lui parut spécialement séduisante dans la chaude lumière de cette fin de journée.

Jameson finit sa première bobine sur la future maman en train d'enduire son époux d'huile solaire, avec ces gestes tendres qui devaient toucher au cœur la planète entière, et la seconde lorsqu'elle entra dans l'eau turquoise, fendant les vaguelettes d'un pas résolu.

Deux bobines de trente-six poses. Avant le soir il avait regagné Nassau, passé quelques coups de téléphone et trouvé une place dans un vol pour Londres où le rejoignit le directeur de l'agence.

*
* *

Suivant le principe qu'un clou chasse l'autre, il se faisait des frayeurs – ne pas ralentir si un camion déboîtait sans préavis –, qui achevaient d'évacuer la peur qu'il avait éprouvée durant la séance de pose aux Finances.

Quand on roule à moto au-dessus de cent soixante, il ne s'agit plus de contourner les véhicules qu'on double, mais seulement de les esquiver, en se penchant à peine à droite ou à gauche. On éprouve alors le sentiment de faire du surplace et que c'est le reste du monde qui vous arrive dessus comme un gros ballon.

Max Jameson eût été incapable de fournir d'autres efforts. Il était frigorifié. Son blouson lui protégeait à peu près le buste – c'était une sorte de parka, taillée dans une de ces étoffes nouvelles au nom de médicament, qu'il avait ramenée du Canada : il existait encore beaucoup de choses à cette époque qu'on ne trouvait pas en France –, mais le froid lui gelait les doigts, les oreilles, en dépit des deux paires de gants et du casque intégral.

Ses jambes s'ankylosaient, ses fesses se pétrifiaient, ses orteils ne répondaient plus et semblaient bons pour l'amputation. Il accéléra à fond. L'autoroute déroulait ses kilomètres dans une nuit limpide où l'ombre chinoise des bosquets et des maisons semblait taillée au cutter. Il approchait du péage de Rouen, lueur orangée à l'horizon. Il fallait juste espérer qu'il n'y eût pas de verglas.

Si les dix mille francs net du ministère des Finances lui semblaient une somme indécente, ce qu'était en train de lui rapporter le reportage des Bahamas paraissait obscène en regard. Oubliant leurs bonnes résolutions, les tabloïds anglais s'étaient rués sur ses images, signées d'un nom d'emprunt et vendues par le truchement d'un avocat spécialisé pour éviter les représailles. Leur publication avait outré la reine ; on disait qu'elle avait blêmi en les découvrant à la une, sur la table du petit déjeuner. « *THE QUEEN'S ANGER* », titrait dès le lendemain le *Daily Miror*. Son porte-parole avait donné de la voix, leur assurant ainsi un maximum de publicité. Le scandale de ces clichés d'une altesse royale en bikini avait alors incité les journaux les plus conservateurs à les acheter à leur tour, ne fût-ce que pour clamer leur indignation.

Max Jameson trouvait magnifique qu'un type comme lui pût secouer le trône britannique et provoquer un débat national outre-Manche, car selon un sondage de la veille, une bonne partie de la population se disait charmée par ce reportage innocent qui apportait une « bouffée de tendresse estivale dans la brumeuse Angleterre ».

Le Japon, l'Australie, la France, l'Italie s'étaient portés acquéreurs dans la foulée. Jameson n'aurait jamais imaginé gagner un jour autant d'argent. Les gros sous n'en finissaient plus de pleuvoir, comme s'il avait aligné les trois barres jaunes d'une machine à sous.

Qu'allait-il faire du jackpot ? Plusieurs millions resteraient à l'étranger, Max Jameson était un garçon avisé. Les autres serviraient à acheter les dix-sept hectares d'une ferme des environs de Danville-Crevon qu'il offrirait à Bidi en guise d'anneau de fiançailles, pour le cas, bien entendu, où elle répondrait favorablement à sa demande. Il avait appelé un notaire, engagé les pourparlers au téléphone. C'était sans doute cette perspective qui avait, dans son inconscient, forcé sa décision.

Il ne ralentit qu'à l'approche des faubourgs de Rouen.

Le pont Guillaume-le-Conquérant, la Seine, le quai de la Bourse, puis la nationale 28, direction Darnétal... Par instants Jameson collait ses doigts aux ailettes brûlantes du moteur, afin de les décongeler.

Plus qu'une dizaine de kilomètres. Il calcula qu'il allait battre son record, Paris-Danville-Crevon en à peine quarante-cinq minutes.

Devant la maison de Bidi, il s'arrêta en dérapage contrôlé, faisant gicler un arc de graviers, comme à l'époque où il volait des mobylettes.

*
* *

Bidi reconnut le grondement de la Norton avant que la moto ne s'engageât dans l'allée. Pour une fois l'animal arrivait à l'heure.

Elle ne réussissait pas à se faire à son pseudonyme. Il restait pour elle François Dumontel, même s'il n'en voulait plus, le cancre de l'école municipale qui à onze ans fumait des Gauloises et lançait des grenouilles dans les toilettes des filles. Max Ja-me-son ne passait pas. Où avait-il dégotté un nom pareil ? Alors elle l'appelait comme ça lui venait, l'animal, mon lapin, chouchou, bidochu, le gros, selon l'humeur du moment.

« Ho ! » lui cria-t-elle par la fenêtre. Ho faisait aussi bien l'affaire.

Comment pouvait-il rouler à moto par ce froid ?

Sa chambre se trouvait à l'étage. Bidi dévala l'escalier et courut lui ouvrir, les yeux brillants. Il se tenait sur le paillasson, claquant des dents et battant les ailes comme un pingouin. « Entre, ne fais pas l'idiot. » Elle lui donna une bourrade, lui effleura les lèvres d'un baiser. « On va attraper la crève... » Et le tira à l'intérieur.

La jeune femme habitait chez ses parents, un pavillon entouré d'un potager, à la périphérie du village. La table était déjà mise dans la cuisine, grande pièce au carrelage flammé, qu'éclairait une suspension en chêne.

Jameson se laissa embrasser par la mère de Bidi, quatre bises sonores, à la mode de province ; puis par Jo, l'aînée des deux sœurs, quatre fois également. Jean-Marc, le mari de cette dernière, inspecteur de police à Rouen, lui serra la main à la broyer ; puis le père de Bidi, qu'on n'entendait jamais venir sur ses pantoufles, le gratifia de son habituel « Ah, salut, toi » en lui servant un verre.

« Antoine, dis bonsoir ! »

Le neveu de huit ans tendit une joue hâtive, dressé sur la pointe des pieds, avant de filer reprendre le commandement de son armée de soldats en résine, hussards, paras et cow-boys mélangés. Par instants on entendait les brrr et les pchtou du combat.

Les adultes burent le vermouth debout, trinquant à leur santé respective, Jameson encore engoncé dans son blouson du Canada, tandis que la grosse casserole sur la gazinière dégageait un parfum de soupe aux poireaux.

« Cacahuète ? »

Cela se passait toujours ainsi. Bidi n'aimait pas sortir le soir, et où eussent-ils pu aller ? On se couche tôt à la campagne, tout était fermé à vingt kilomètres à la ronde. Ils dînaient avec les parents, faisaient une promenade hygiénique, main dans la main, si le temps le permettait, puis montaient s'enfermer dans la chambre de Bidi, où ils allumaient la télé – un petit poste couleur qu'il lui avait offert pour Noël, deux ans auparavant, et dont il fallait coiffer l'antenne d'un chapeau de papier d'aluminium pour améliorer la réception –, afin de se ménager un minimum d'intimité, parce que les murs intérieurs avaient l'épaisseur d'une feuille de contreplaqué.

Jameson comprenait que les parents de la jeune femme fussent gênés qu'il restât dormir chez eux (il l'était également), et pas seulement vis-à-vis des voisins : ils ne manquaient pas une messe ; mais Bidi répétait qu'elle n'en avait « rien à secouer », qu'elle était chez elle, que c'était comme ça.

Ils mangèrent. Après la soupe, il y eut le rôti.

Peu de paroles échangées jusqu'au dessert. On s'entreregardait par-dessus les fourchettes.

Le père, aide vétérinaire, facétieux, proche de la retraite. La mère, avec ses bas épais, en tablier à gros pois, se levant toutes les deux minutes pour chercher la moutarde ou le sel ou une serviette. La sœur, permanentée (sans ça, elle ressemblait beaucoup à Bidi), souvent maussade. Le beau-frère, maussade, sournois, vaniteux, facho : Jameson savait qu'il avait commandé une enquête sur lui, un « petit blanc » comme il disait, et qu'il avait été étonné de lui trouver un casier vierge « avec ses fréquentations ». Ces deux-là en visite, chaque week-end. Ils habitaient la ville et jouaient les invités, n'aidaient pas à débarrasser, s'affalaient sur le sofa au moment de la vaisselle. Le petit Antoine, mignon, inoffensif. Bidi, soupe au lait, montant sur ses grands chevaux pour un rien. Voilà la famille.

Une tante des environs, un cousin de passage s'ajoutaient parfois.

Pour Jameson, c'était un cocon idyllique comparé au no man's land miné où il avait grandi. Ici, personne ne vous rouait de coups, pas de claques, ni d'insultes, peu de cris. Un foyer confortable, bien tenu, une parentèle régulière ; même Jean-Marc, le beau-frère flic, n'était pas mauvais bougre quand on le connaissait. On pouvait se mettre à l'aise et voir venir. Cela contrariait d'autant plus Jameson de coucher avec Bidi dans son lit de jeune fille ; le plaisir vénéneux de la profanation n'était pas son truc.

Il lui avait souvent proposé de passer la nuit à l'hôtel, puisqu'il était inenvisageable d'aller chez ses parents à lui. Cela ne disait rien à Bidi. Elle aimait dormir dans ses meubles. Une seule fois elle avait consenti à le suivre dans un palace de Deauville, face à la mer, qu'elle avait trouvé hors de prix, une absurdité, et où elle avait été malade la moitié de la nuit, peut-être à cause des huîtres, de sorte qu'ils n'avaient pas renouvelé l'expérience.

On en arrivait au flan en pot, nappé caramel, de la marque que préférait le petit Antoine.

« Pour ceux que ça intéresse, il y a aussi des yogourts à la vanille. »

L'horloge marquait huit heures quarante-cinq.

Jameson passa l'éponge sur la toile cirée, sous l'œil absent de la sœur et de son mari, récupérant des miettes visqueuses dans le creux de sa paume, pendant que Bidi distribuait les cuillères. Il s'émouvait encore qu'on le laissât aider comme s'il était de la maison. Il vidait les poubelles, c'était acquis. Il eût récuré l'écuelle de l'épagneul s'il avait pu.

« Alors, quoi de neuf à Paris ? »

C'était le moment où l'on reculait sa chaise, où chacun sortait briquet et paquet de cigarettes – Jameson offrait ses gros cigares, il fumait le havane maintenant, à l'instar du directeur de son agence –, le moment où s'amorçaient les conversations.

« Hein, quelles nouvelles ? » le pressait le beau-frère tout en rangeant dans sa poche de poitrine le Roméo et Juliette dont il s'était emparé.

Jameson secoua la tête comme pour signifier qu'il ne

savait pas, qu'il n'était pas qualifié pour répondre, qu'il passait son tour. Il avait attendu durant tout le dîner une ouverture propice, et voilà que ce lourdaud l'asticotait (« un reporter comme toi... ») et sapait sa détermination, alors qu'il avait les mots adéquats sur le bout de la langue.

Il prit la main de Bidi et s'y cramponna, se demandant s'il trouverait ce soir l'occasion et le courage de faire sa demande.

Le souvenir du séjour raté à Deauville n'était pas pour l'encourager. Il n'était pas du tout évident que les dix-sept hectares de la ferme, une ruine à retaper, soit dit en passant, entrassent dans les projets de Bidi. Elle ne se plaisait qu'en famille, elle le lui avait assez répété. Peut-être devrait-il d'abord la prendre à part, et mieux la sonder, avant de se ridiculiser en public. Il ne voulait pas non plus qu'elle s'imaginât des choses... Elle était tout à fait capable de les envoyer bouler, lui et ses hectares, sans un sourire de consolation, elle avait le chic pour ça. Supporterait-il les ricanements du beau-frère, s'il essuyait un refus ? Ne pouvait-il se contenter du statu quo, un petit week-end par mois, la soupe et le rôti, on baise en faisant semblant de regarder *Jeux sans frontières*, et après moi le déluge ? Il ne se sentait plus très bien à nouveau et se surprit à tâter ses côtes et compter ses inspirations.

Voyant qu'il n'y avait rien à tirer de lui, Jean-Marc attaquait l'autre côté de la table. Il s'emportait à présent, pour le bénéfice du père, contre une bande de Gitans qui écumait la région, pickpockets à dix ans, voleurs de voitures après le permis, cambrioleurs à la maturité, pilleurs d'églises et de manoirs pour finir. « Ça fait deux générations que ça dure, s'indignait-il. Quand on en fiche un en tôle, il y en a trois pour prendre la relève. Ah, elle est réussie, l'intégration ! Je ne devrais pas en parler, because le secret de l'instruction, mais dans l'enquête qu'on mène... »

Alors, comme pour éviter de céder à la panique où le plongeaient les défaillances de son système respiratoire,

Jameson se leva et interrompit la tirade afin d'annoncer d'une voix de stentor (il s'en rendait compte, mais ne pouvait s'empêcher de crier) qu'il était sur le point d'acheter l'ancienne ferme des Villon. Il se rassit aussitôt, en évitant de croiser le regard de Bidi, essoufflé, transpirant, convaincu d'avoir accompli le plus dur.

Un silence ombrageux accueillit sa déclaration. Tout le monde semblait secoué par cette bombe, qui se révéla vite un pétard mouillé.

« Toi, tu veux acheter la ferme des Villon ?

— Tu sais quelle superficie... ?

— Oui, dix-sept hectares et des poussières, le notaire m'a envoyé le relevé du cadastre.

— Et où espères-tu trouver le crédit ?

— Je n'en...

— De nos jours, il faut avoir déjà un bon petit capital pour obtenir un prêt. Les banques sont devenues difficiles.

— Laisse-le parler.

— Je...

— Qu'est-ce qu'il veut nous faire croire ? Qu'il a gagné au tiercé ? »

Jameson n'avait pas prévu cette complication. Il s'efforça d'expliquer les Bahamas, la princesse, les tabloïds, sans convaincre personne. L'héritage d'un oncle d'Amérique eût paru plus vraisemblable. Les Caraïbes ? Elle est bonne, celle-là ! Il n'est même pas bronzé... Et ces photos de la princesse en bikini, Jean-Marc les avait vues comme tout le monde, le magazine était encore là, sur la table basse, tiens, vas-y, montre-nous où il y a marqué ton nom. Pour qui il nous prend ?

Ce qu'il bredouilla ensuite ne réussit qu'à l'enfoncer davantage. Plus il cherchait à se justifier, plus la défiance qu'il avait toujours plus ou moins inspirée se cristallisait en un bloc de suspicion. Un avocat londonien avait servi d'intermédiaire ? Quel avocat ? Tu parles quatre mots d'anglais ! Chacune de ses phrases se retournait contre lui.

La sœur et le beau-frère ne se privaient pas d'enfoncer le clou. Il se vit à travers leurs yeux, rôdant autour des deux-roues, une cisaille à la main.

En admettant, lança le père de Bidi, comme pour calmer le jeu, en admettant qu'il dît vrai et que le reportage sur la princesse fût de lui, ce n'étaient pas trois photographies, même en couleurs, qui pouvaient permettre d'acheter la ferme des Villon. Hein ? C'était le bon sens même.

Alors que les arguties s'épuisaient et que chacun se retranchait dans son mécontentement, Jameson tira de sa poche un coupe-cigare en argent et tailla l'extrémité de son havane d'un coup net. Il le roula entre ses doigts pour entendre le tabac craquer, ainsi que le faisait toujours Albert Seligman, le directeur de son agence, en chauffa la robe à la flamme d'une allumette, le huma, puis le posa sur son pot de flan caramel où il l'abandonna avec dégoût, comme s'il lui avait trouvé un défaut rédhibitoire.

« Je voulais simplement vous prévenir, dit-il avec un geste de reddition, que j'ai fait une offre et que, si elle est acceptée, je signerai la promesse de vente demain. Maintenant, on est en démocratie, libre à vous de penser ce que vous voulez.

— Du café ? Une tisane ? », tentait la mère.

Il tremblait au fond de lui. Ses côtes se désarticulaient, ses poumons s'affaissaient. Il mourait d'envie de ficher le camp sur sa moto, mais quatre paires d'yeux lui barraient la sortie, que se partageaient animosité et commisération. De deux choses l'une, semblait-on juger, soit il était mythomane, ce dont on s'était toujours un peu douté (l'ami des stars !), et il était alors très à plaindre ; soit il avait fait un mauvais coup, il trempait dans des combines, des trafics, ce qui n'était pas surprenant au fond, si l'on réfléchissait à ses antécédents, à la tête de mort tatouée sur ses biceps, aux cadeaux dispendieux qu'il faisait sans cesse à Bidi, le solitaire, la montre en or, les parfums de marque, le couvre-lit brodé, la chaîne stéréo japonaise, sans parler des bouquets de roses qu'une camionnette livrait par intervalles au pavillon.

Jean-Marc retenait son fils sur ses genoux, comme pour le protéger d'un péril imminent.

La principale intéressée n'était pas encore intervenue dans le débat. L'air buté, Bidi comptait et recomptait les carreaux de la nappe, et Jameson se demanda si elle lui accorderait au moins le bénéfice du doute. Il ne l'avait jamais trop informée de son boulot ; la photographie ne la passionnait pas plus que l'actualité ou tout ce qui sortait de son cercle immédiat ; et puis les vedettes et les voyages appelaient des questions (c'est vrai ce qu'on dit des Brésiliennes ? cette chanteuse, tu la trouves jolie ?) auxquelles il ne souhaitait pas franchement répondre. Il lui en avait toujours raconté le moins possible, afin que la vie qu'il menait à Paris et le train-train de Danville-Crevon ne pussent se télescoper, c'était préférable pour eux deux, du moins le supposait-il jusque-là.

« Bidi ? »

Elle ne réagissait pas. Il se résigna à battre en retraite. Cent kilomètres d'autoroute ne lui faisaient pas peur, il en profiterait pour améliorer sa moyenne.

Il la dévisagea alors comme si c'était la dernière fois : Bidi de profil, blonde et rose, les paupières fardées d'un bleu assorti à ses prunelles, malgré ce qu'il lui en avait dit, avec sa petite croix en or oscillant sur le pull angora. Sans doute eût-il dû lui passer la bague au doigt dès le premier jour et se reprocherait-il jusqu'au dernier d'avoir raté sa chance, mais les dés étaient jetés et les jolies filles ne manquaient pas.

Il crut un instant qu'elle allait lui lancer le flan caramel au visage, tant elle avait l'air furibond. Mais ce n'était pas après lui qu'elle en avait le plus. Quand elle prit la parole, ce fut pour poser la seule question qu'il avait espérée :

« Et pourquoi tu veux l'acheter, la ferme des Villon ? »

Au lieu de saisir la perche qu'elle lui tendait :

« Je peux te parler cinq minutes, répondit-il. Seule à seul ?

— On est entre nous.

— S'il te plaît, cinq minutes…

— Pauvre mec !

— Bidi ! Cinq minutes ?

— Il n'y a pas de cinq minutes qui tiennent ! Merde, si tu veux ma main, demande-la clairement. Tout de suite. À haute voix. Monsieur met des années à se décider, et il faudrait qu'on l'aide à faire sa déclaration ! Quant à toi (elle s'adressait maintenant à sa sœur), un seul mot et je t'arrache les yeux. Je ne veux plus vous entendre, ni toi, ni ton connard de mari ! »

Jameson ne devait jamais se rappeler par la suite en quels termes il avait formulé la chose, mais c'était tout de même sorti de ses lèvres : ils étaient officiellement fiancés.

Il se dirait aussi, et ça le travaillerait, que c'était toujours elle au fond qui lui dictait sa volonté, qu'elle parvenait toujours à ses fins, imposait toujours ses choix, depuis le premier jour, depuis la minute même où elle était venue l'aborder, les mains dans les poches, pour lui demander : « Tiens, François, qu'est-ce que tu deviens ? », près du cours d'eau aux écrevisses.

5.

Il y eut une réunion dans une pièce sans fenêtre du boulevard Mortier, à laquelle assistèrent six hommes dont l'identité devrait rester à jamais inconnue jusque des élus de la nation. Seuls quelques pontes du Service eussent pu dire qui ils étaient au juste, et ceux-là méritaient leur réputation d'être aussi communicatifs qu'une concession perpétuelle.

La réunion n'avait rien de spécial en soi, il s'en tient chaque année des dizaines analogues sous des néons identiques : on confronte ses notes, on fait le point, on crible les faits qui sortent de l'ordinaire. J'ai moi-même eu l'occasion de participer à plusieurs d'entre elles. Dans le meilleur des cas, la question que soulèvent les informations traitées est de savoir s'il faut en aviser la hiérarchie ; tout le reste prend le chemin de l'incinérateur, notre mission principale étant de protéger nos supérieurs des dangers croissants de la paperasse.

Une table grise, des blocs et des stylos bille, des cendriers disparates, du café dans des gobelets jetables, il n'y a là rien de bien mystérieux. Chacun prend la parole à son tour, sans forcer le ton. Les excités et autres bavards rentrent vite dans le rang. L'attitude la plus sage, croyez-moi, consiste d'une part à faire le moins de vagues possible, de l'autre, à toujours avancer couvert, sans engager sa propre responsabilité. J'imagine qu'il en va ainsi dans tous les corps de l'État.

Cette réunion-là ne différait guère des autres : quelque chose s'était produit sur nos terrains de chasse africains, que la Direction de la stratégie n'avait pas prévu. Les Forces armées de libération du général Fabrice Malibo, que nos dernières évaluations donnaient pour un chef tribal « incapable de constituer une menace sérieuse pour la stabilité politique de la région », s'étaient emparées en quelques semaines des deux principaux ports du pays, ce qui avait pour effet d'étrangler l'économie du gouvernement légitime et de porter atteinte, par voie de conséquence, aux intérêts primordiaux des six cent quatre-vingt-sept entreprises françaises implantées là-bas.

Un de nos correspondants mentionnait une « percée fulgurante ». Notre homme à l'ambassade évoquait une « soudaine modification de l'équilibre des forces en présence ». Cela signifiait que les FAL avaient bénéficié d'un sérieux coup de pouce logistique. Jusque-là, quand on ne s'affrontait pas au coupe-coupe, on se canonnait de loin, en économisant les obus. Les accrochages succédaient aux escarmouches ; et voilà que la mitraille se met à pleuvoir, que la vraie guerre se déchaîne : l'armée gouvernementale hurle que ce n'est pas du jeu et réclame l'aide de la France – officieusement pour l'instant, parce que le président autoproclamé ne veut pas entamer sa crédibilité de leader tout-puissant en reconnaissant que deux provinces clé sont tombées aux mains d'une ethnie rivale.

« Les premières estimations font état de mille à deux mille morts, dont plus de la moitié civils, tués par des civils, pour cause de pillage… »

Un colonel Jacques dirigeait la réunion. La quarantaine, le cheveu en brosse, bronzé en toute saison, le soleil semblait incrusté dans sa peau. « L'offensive rebelle a été déclenchée à partir de Jamela », expliqua-t-il en piochant une cigarette dans le paquet que son voisin avait imprudemment laissé sur la table. Voyant avec un malin plaisir que plusieurs de ses collègues ne savaient trop sous quelle latitude situer la ville, il sortit une vieille carte de l'Afrique de l'Ouest, tout usée aux pliures, qu'il punaisa aux panneaux de liège qui tapissaient un des murs.

« Jamela, répéta-t-il en montrant un point sur la côte. À l'embouchure du fleuve... (il mit un moment à déchiffrer les caractères décolorés) du fleuve Niombé. »

Notre homme à l'ambassade n'avait pas ménagé ses efforts. Il avait obtenu le nom du cargo qui avait ravitaillé les rebelles : le *M'Saglion*. Selon ses informateurs, la livraison comprenait des véhicules blindés, de l'artillerie, des fusils d'assaut, du matériel de transmission, un hôpital de campagne et une grande quantité d'uniformes quasi neufs. « Sans doute le bonus, si vous voyez ce que je veux dire. »

Notre homme avait réussi à se procurer des flacons d'antibiotique sur un marché de la capitale, la partie médicale de la cargaison ayant été cédée à des grossistes libanais avant de passer entre les mains des petits revendeurs. Il nous en avait fait parvenir deux par la valise diplomatique, en même temps que quelques douilles, des rangers et une gourde provenant de la zone des combats. Du matériel américain. L'antibiotique portait la mention *Made in USA*. Les douilles avaient été tirées par des M 16. Les rangers et la gourde étaient du modèle dont la CIA équipait les « Contras » basés à Miami.

Une source non confirmée indiquait enfin la présence à Jamela de mercenaires yougoslaves, sûrement des instructeurs. Ils s'étaient fait remarquer en ville ; une histoire de filles enlevées, ou violées, tout cela était à prendre au conditionnel.

« Rien d'autre, de mon côté. »

Chacun se tourna alors vers le spécialiste de ce que nos homologues anglo-saxons, beaucoup plus avancés que nous en la matière, nomment *Technical Intelligence*, en abrégé *Techint*, par opposition au renseignement humain,

Human Intelligence, ou *Humint*. Le nouveau gouvernement semblait n'avoir foi que dans les radars de nos bases d'écoute et les images transmises par nos satellites ; accordez-leur la priorité, stipulait la consigne. Il n'y avait pas que l'attrait du neuf. À long terme, devait-on se dire en haut lieu, les hommes du renseignement, faillibles et rétifs à toute autorité autre que celle de leurs supérieurs immédiats, pourraient être remplacés par des robots pilotés par une poignée d'énarques. Le ministère ne cessait d'investir dans le développement de centres de surveillance électronique, de Djibouti à Mayotte, tandis que la Centrale souffrait d'un manque croissant de personnel, de moyens, de locaux. On s'en doute, nous avons tous pas mal évolué depuis.

Le spécialiste de la *Techint* n'avait rien de sensationnel à signaler, comme toujours. Il avoua avec une moue gênée que plusieurs machines étaient encore en panne, provoquant autour de lui les ricanements habituels.

L'intérêt de ce type de réunion, c'est que des membres de différents départements y partagent leur production. L'intervenant suivant, qui était le doyen du groupe, répondait au nom de Robert. Je me souviens assez bien de lui, pour l'avoir souvent aperçu à la cafétéria, à mes débuts. Il avait un visage juvénile barré d'épaisses lunettes et un léger défaut de prononciation, comme s'il venait de se brûler la langue. Ayant un pied aux archives et un autre aux transmissions, c'était un personnage incontournable du Service, à cette époque.

« Bon, alors, le *M'Saglion*… » Il exhiba la copie d'un télex.

Le manifeste de bord du porte-conteneurs, affrété par une ONG fantôme, ne mentionnait que des fournitures à caractère humanitaire, cela va sans dire. Quant au navire, il appartenait à une société écran, qui appartenait à une holding de fantaisie, qui appartenait à un consortium bidon, derrière lequel se cachait un cabinet d'affaires yéménite, domicilié dans une rue introuvable de Sanaa, grâce à quoi n'importe qui pouvait tirer les ficelles en décrochant son téléphone.

« On devrait avoir le nom de l'armateur en procédant par recoupements...

— Il s'appelle Azzam, lança alors, bien que ce ne fût pas son tour de prendre la parole, le commandant Jean-Marc (ce n'était pas plus son vrai grade que son vrai prénom).

— Je vous demande pardon ?

— Azzam. Les frères Azzam, après avoir été Azzam & Fils. Ils sont dans le bisness depuis plusieurs générations.

— Les Azzam d'Anvers ?

— Exact. »

Je n'ai pas connu ce commandant Jean-Marc. Il a été tué à Beyrouth, en octobre 1983, alors que j'étais en poste à Ankara. D'après ce qu'on m'en a dit, c'était un officier à l'ancienne, bardé de diplômes, dont le père avait été quelqu'un dans la Résistance.

« La famille Azzam, poursuivit-il d'une voix pointue, fait le cargo taxi pour le monde arabe. Armes, pétrole, équipements de pointe, denrées alimentaires, ils fonctionnent au pourcentage. Leur flotte circule normalement sous pavillon libérien, mais dès qu'il s'agit de marchandises sensibles, ils font acheter un navire par une société créée spécialement pour l'occasion, dans un pays de type opaque, société qui est dissoute sitôt l'opération terminée. À l'heure qu'il est le *M'Saglion* a sûrement changé de mains. Vous me suivez ? Quant au fournisseur qui s'est payé les services des frères Azzam, il s'agit d'un certain Drouin, Richard, né en 1939, citoyen helvétique, Français par sa mère, PDG d'une boîte d'import-export domiciliée à Bruxelles, la Semintex. J'ai une photo de lui. C'est le chauve à lunettes, là, qui ressemble à un nain de jardin.

— Beau travail, siffla l'homme qu'on appelait Robert.

— Je n'ai aucun mérite. Les informations proviennent de ce Richard Drouin lui-même, je me suis contenté de creuser un peu. Il a tamponné notre attaché militaire à Vienne, il y a trois jours, pendant un bal, figurez-vous, et lui a lâché tout le bastringue.

— Un bal ?

— Le *Kaffeesieder Ball*, précisa le commandant Jean-Marc en consultant ses notes. Ça se tient dans le foyer du Hofburg, le palais impérial. Un truc en smoking et robe longue, où l'on danse la valse jusqu'à l'aube, une fois l'an. Ils sont très attachés à leurs traditions, en Autriche.

— Et le type s'est détronché comme ça, entre deux tours de piste ?

— Dans quel but ?

— D'abord, semble-t-il, pour nous assurer des bonnes dispositions du général Malibo à l'égard de nos ressortissants et de leurs intérêts. Il s'est présenté comme une sorte d'ambassadeur plénipotentiaire des FAL. Mais ce n'est pas tout… Le bonhomme ne manque pas d'air. Il a dit à notre type de Vienne qu'il avait l'intention de s'établir en France, et qu'il désirait rencontrer quelqu'un de la maison. Il aurait, je cite, une proposition avantageuse à nous faire. Inutile de vous dire que notre type l'a d'abord pris pour un zinzin.

— Qu'est-ce qu'on a sur lui ?

— Les Américains l'ont surnommé M. Joyeux.

— D'accord. Quoi d'autre ?

— Voyons voir… Juriste de formation. Ancien du Service de Sécurité Militaire suisse. Ex-VRP du groupe allemand Wälsungen pour l'hémisphère sud. Dispose d'un solide carnet d'adresses, des deux côtés de l'Atlantique. Plutôt bien vu des lobbies de l'armement. Un homme serviable, de l'avis général. Les dents longues, il faut croire. »

Tout le monde nota le nom sur son bloc : Richard Drouin. Celui qui se faisait appeler Robert inscrivit à la suite une série de points d'interrogation dont la taille allait croissant, puis il entreprit de les décorer de ronds et de croix, jusqu'à leur donner l'apparence de chevaux de frise.

« Par ailleurs…

— Oui ?

— Je me demande s'il est à son compte ou, au contraire, si le bonhomme ne travaille pas pour un plus gros poisson...

— Qu'est-ce qui vous fait dire ça ? »

Le commandant Jean-Marc allait répondre « mon intuition », et se reprit de justesse. Il fit à la place un geste vague que l'on pouvait interpréter comme : Au temps pour moi, laissez tomber.

Je vois très bien les six hommes, dans l'atmosphère saturée de nicotine, remâchant lentement ces données antinomiques, les douilles de M 16, la guérilla africaine, le cargo yéménite, les nœuds papillon tournoyant au son du *Beau Danube bleu*, et ce marchand d'armes jovial qui nous faisait passer un message.

« Va falloir en référer », a dû déclarer le colonel Jacques après un long silence, tandis que les autres opinaient avec conviction.

*
* *

Première réaction de la hiérarchie :

« Vous mentionnez dans votre note des instructeurs yougoslaves...

— Renseignement non confirmé, mon général.

— Quand il y a des Yougos dans le coup, les Russes ne sont jamais loin. Ou les Cubains, ce qui revient au même.

— Je me permets de vous faire remarquer que les pièces d'équipement recueillies sont d'origine nord-américaine...

— Oui, bon, et alors ? Qu'est-ce qu'on sait de ces Forces Armées de Libération, hein ? Et leur chef, ce Fabrice Malibo, d'où il sort ? Il faut que vous m'approfondissiez ça, mon vieux, elle est un peu légère votre évaluation. Personnellement, je ne crois pas au conflit ethnique, ça sent l'embrouille communiste à plein nez. »

On ne raisonnait à cette époque qu'en termes d'Est et

d'Ouest, de rouge et de bleu céleste, de méchants et de gentils. Qui pourrait se vanter d'avoir aperçu alors que le tableau perdait déjà de son contraste et que ses couleurs déteignaient l'une sur l'autre au point que le dessin en deviendrait bientôt illisible ?

« Le ministre se plaint de la médiocrité de notre production. Vous n'aimeriez pas lui donner raison, n'est-ce pas ?

— Non, mon général.

— Alors au boulot, colonel. Quant à votre Richard Drouin, je transmets, on s'en occupe.

— Bien, mon général. Mes respects, mon général. »

6.

M. Joyeux était allé à Vienne ; puis il s'était rendu à Londres ; puis à Genève où il avait un appartement et de la famille. Il passa ensuite trois jours à Bruxelles où il rencontra, en plus des frères Azzam, certains délégués de l'OTAN, lors d'un cocktail à Evere, et quelques autres, en privé. L'œil pétillant chaque fois qu'il serrait une main, il jouait des fossettes à s'en luxer la mâchoire.

Il ne prenait aucune précaution cette fois, montait et descendait les rues sans se retourner, se moquant d'être suivi. Tellement d'agents opéraient de toute façon dans la capitale de l'Europe, amis ou ennemis, si ces mots-là veulent dire quelque chose, tellement d'officiers du contre-espionnage, qu'on risquait surtout d'attirer l'attention sur soi, plaisantait-il, si l'on y prenait la moindre mesure anti-filature. D'ailleurs, n'était-il pas là aussi pour être vu ? Dans le métier, il faut sans cesse rappeler son existence aux gens qui comptent, leur faire la démonstration de son envergure, c'est primordial.

Richard Drouin aimait beaucoup Bruxelles, il s'en faisait la réflexion à chacune de ses visites. Sous des atours provinciaux, certains quartiers respiraient l'odeur de l'argent, du pouvoir. C'était encore plus flagrant maintenant que les Français s'y réfugiaient en nombre dans leur grande frayeur de la fiscalité socialiste. Combien étaient-ils à fuir les impôts avec armes et bagages ? Mille, cinq mille ? L'arrivée massive de ces barons de l'industrie et de la finance faisait flamber les prix de l'immobilier. Un coin comme les abords du Bois de la Cambre, par exemple, dont les ravissantes maisons bordées d'un jardinet jouissaient de la faveur des expats, ne s'appelait plus autrement que le quartier des Milliardaires.

Où aimerait-il habiter, s'il venait à immigrer ici ? Dans cet immeuble décoré de fresques de Paul Delvaux ? En face du grand marronnier du square du Bois ?

Un vent froid et humide balayait l'avenue Louise, mais cela ne dérangeait pas Richard Drouin. Tout l'enchantait. Les poings enfoncés dans les poches de son pardessus, il suivait des yeux les enfants qu'une nurse menait au parc. Des chiens gambadaient, auxquels il eût volontiers lancé la balle. Même le balayeur congolais qui soufflait sur un banc lui inspira des pensées fraternelles. Il avait déjeuné seul, d'une sole meunière arrosée d'une coupe de champagne, avant de s'accorder l'après-midi de libre. Il eût pu aller au cinéma pour tuer le temps, mais aucun film ne lui eût donné autant de satisfaction que le spectacle de ces artères cossues où le mot de bourgeois conservait son aura, qu'il arpentait d'un pas de conquistador… On ne se refait pas, les salles obscures ne convenaient guère à son tempérament, et puis il adorait la marche, il pouvait marcher des kilomètres. Ses meilleures idées, répétait-il, sortaient de ses promenades en tête à tête avec lui-même. Un jour, il se l'était juré, il ferait du trecking dans l'Himalaya, il traverserait le Sahara à pied. Ses gros mollets réclamaient de l'exercice.

Il acheta les quotidiens du soir en revenant vers le centre historique, afin de s'enquérir des cours du brut ; puis une tartelette au citron qui lui englua les doigts ; puis il entra dans un magasin de prêt-à-porter masculin, examina les pulls, les chemises, sans rien trouver à sa convenance. Il avait soudain très envie de se faire plaisir, il ne savait encore comment. Courir les antiquaires ? Cela ne l'intéressait pas, il n'y connaissait rien. Peut-être s'offrir une montre de plongée ou de pilote ? Il avait vu en vitrine d'extravagantes nouveautés à quartz, larges comme des bracelets de force et dotées de plus de fonctions inutiles qu'un couteau suisse. Ou alors se commander par téléphone un peu de compagnie ? Il disposait, pour la plupart des villes où le conduisaient ses affaires, de trois ou quatre numéros inscrits au crayon dans le répertoire de son calepin sous la mention « club de sport » ou « coach », pour ne pas marquer entraîneur. À Bruxelles, la prostitution est une industrie à la mesure des multiples institutions internationales qui y ont leur siège : on sait combien les hauts fonctionnaires en déplacement redoutent la solitude. Un coup de fil, quelques billets dans une enveloppe et l'on peut à toute heure du jour ou de la nuit user des services d'un partenaire de choix, de l'un ou l'autre sexe, jeune et docile autant qu'expérimenté, et capable de simuler avec talent d'être séduit. En avait-il vraiment le désir ? Non, se dit-il, en tapotant sa braguette, pas maintenant, pas aujourd'hui.

Alors qu'il longeait ce que les Bruxellois appellent le Pentagone, il se retrouva soudain assez désemparé. Il transportait pas mal de liquide sur lui et se disait qu'il n'est rien de plus salutaire que de brûler un peu d'argent quand on aborde un nouveau rivage, ou qu'il faut s'élancer dans la bataille, ou que se manifeste le doigt impérieux du destin. Dans ces moments-là, les anciens Romains égorgeaient un bélier, un bœuf en sacrifice propitiatoire, parce qu'ils n'avaient pas inventé le billet de banque. Mettre la main au portefeuille est la façon moderne d'immoler sa plus belle bête.

Il fit les boutiques de luxe, demanda à voir les boutons de manchette, faillit se décider pour une mallette en autruche, couleur de marron glacé, sans autre défaut qu'une somptuosité tape-à-l'œil. Sa tocade lui devenait un besoin, une nécessité vitale à mesure qu'il cherchait. N'importe quoi, plutôt que de rentrer à l'hôtel les mains vides. Il finit par opter, sur un coup de tête, alors que les commerçants baissaient rideau, pour un couteau de chasse à manche d'ébène, dont la lame au damas sombre avait été forgée, à en croire le certificat que lui remit le vendeur, dans le fer d'une météorite tombée dans le désert de Gibson, Australie. Cette babiole extraterrestre coûtait une fortune.

De retour à son hôtel, il déballa son cadeau et l'exposa sur la coiffeuse.

Était-il content de son achat ? Il n'en était pas certain. L'objet était beau, certes ; mais une partie de son esprit restait sur sa faim, tandis qu'une autre, qui le traitait de gogo, lui reprochait d'avoir succombé à la faiblesse des superstitions qu'il s'inventait. Pourquoi lui manquait-il la conviction des Romains ? Peut-être eût-il dû choisir quelque chose de plus pratique qu'un gros coupe-papier, ou de plus satisfaisant pour les sens, car, dans l'Antiquité, on mangeait au moins la chair du bœuf grillé sur l'autel des dieux ?

Il remit le coutelas dans son étui et l'enferma dans son sac de voyage en espérant qu'il ne lui poserait pas de problème à l'aéroport, le lendemain, lorsqu'il s'envolerait pour Genève. Les douaniers devenaient tatillons.

Il se sentait nerveux maintenant qu'approchait l'heure de son dernier rendez-vous, qui était le plus important de son séjour bruxellois. Devait-il dîner d'abord ? Ou prendre un bain ? Se changer ? Il préféra travailler, il aurait mieux les chiffres en tête quand viendrait le moment de négocier avec les Iraniens.

Il prit les dossiers de sa sacoche, en aligna les feuillets de papier pelure sur la coiffeuse, auprès de son calepin, et se mit à étudier des colonnes d'abréviations et de chiffres évoquant les résultats de la bourse que publient les journaux. Parfois il en soulignait une rangée à l'aide du mince crayon fourni par l'hôtel. Jusqu'où pourrait-il baisser ses marges ? Il n'avait pas de calculette et s'aidait de ses doigts pour les retenues. On parlait cette fois de matériel lourd et la commande, s'il l'emportait, se réglerait en barils de brut, pas en haricots verts.

Le rendez-vous était fixé à 22 h 45. À la différence de ceux qu'il avait eus dans les jours précédents, qui faisaient un peu office d'écran de fumée, celui-là exigeait une discrétion maximale. Sur son conseil, ses contacts iraniens avaient réservé des chambres dans son hôtel, au même étage que lui, par l'entremise d'une agence canadienne au-dessus de tout soupçon. Les gardes du corps de ses interlocuteurs l'avertiraient quand la voie serait libre. Il n'aurait qu'un couloir à traverser. On ne pouvait imaginer procédure plus efficace.

Ce qui le tracassait, c'était d'avoir dû renoncer à la protection de ses Yougoslaves.

Il n'avait jamais fait encore d'affaires avec les ayatollahs et, d'après ce qu'il en savait, il ne fallait compter ni sur leur probité, ni sur leur sens moral. Ces gens-là pratiquaient la mauvaise foi à la façon des Italiens de Machiavel. On devait leur enseigner au berceau comment biseauter les cartes, tant ils y voyaient le principe même du jeu. Ils étaient si imbus de leur supériorité, si gonflés des beautés de leur religion, qu'ils se jugeaient au-dessus des règles les plus élémentaires. Nos scrupules leur paraissaient une lâcheté, nos raisons, une défaillance d'incroyant ou de fillette. Plus ils distribueraient de coups de poignard dans le dos, semblaient-ils penser, plus ils mériteraient le vert paradis d'Allah.

Cela signifiait en même temps qu'il coulerait beaucoup de sang – qu'il se tirerait encore des milliers d'obus – avant qu'ils ne missent fin à la guerre à outrance qui les opposait depuis deux ans à l'Irak. En matière d'armement, les théocraties constituent de parfaits clients, parce que l'aveuglement leur interdit de baisser les bras. Pour le nouveau régime, le combat ne cesserait que le jour où tous les États de la région, à commencer par l'Irak voisin et laïc, prêteraient allégeance à l'*umma*, la communauté musulmane universelle. Première république islamique du monde, l'Iran croyait sérieusement de son devoir d'imposer à la terre entière la dure parole de Mahomet.

Richard Drouin alla reprendre dans sa valise le coutelas forgé dans une matière tombée de l'espace. La lame méritait d'être affûtée, mais quand il le posa par le milieu sur l'extrémité de son index, il le trouva équilibré à merveille. Un petit lion, qu'il n'avait pas remarqué auparavant, marquait la mitre, telle une signature. Peut-être y ferait-il ajouter ses initiales ? Ce n'était pas un si mauvais achat, dans le fond. Alors, gardant son cadeau à portée de main, en guise de talisman, il essuya les verres de ses lunettes et se remit à ses chiffres, c'est-à-dire à ses canons et à ses tanks.

De quoi les ayatollahs avaient-ils le plus urgemment besoin ? C'était ce qu'il lui faudrait déterminer en premier, sur place de préférence. Ses contacts de l'OTAN confirmaient que la contre-offensive du début de l'année, qui avait permis à l'Iran de repousser les forces irakiennes hors de ses frontières, avait largement entamé leur arsenal, mais personne ne possédait d'évaluation précise. Israël fournissait à Téhéran des pièces détachées de chars M-48 et M-60, tout comme la Syrie et la Libye ; la CIA équipait son aviation et l'alimentait en missiles, malgré l'embargo promulgué par les États-Unis eux-mêmes, il était bien placé pour le savoir ; mais pour le reste ?

L'offre n'existe qu'en fonction de la demande, disait M. Joyeux. On peut fourguer un peu n'importe quoi à des forces révolutionnaires perdues dans la jungle, pas à une armée régulière, qui a des besoins spécifiques, dans les délais les plus courts.

Serait-il en mesure de satisfaire les Barbus ?

La lampe de la coiffeuse l'éclairait de biais. Elle boursouflait ses traits et lui faisait un crâne en parchemin. Il n'apprécia pas cette image que lui renvoyait le miroir d'un petit comptable méticuleux, courbé sur de sordides inventaires.

Quel sort lui réserverait-on s'il ne se montrait pas à la hauteur ?

Il avait établi des listes d'à peu près tout ce qui était disponible en Amérique du Sud et dans les pays de l'Est, où se constituent ordinairement les stocks. Il s'était associé avec les frères Azzam, pour ce qui était du transport, condition *sine qua non* de la transaction. Restait l'inconnue française, mais on ne joue pas au poker sans bluffer un peu… La guerre Iran-Irak était le plus gros gâteau de la planète, il pouvait bien prendre quelques risques s'il voulait en avoir sa part.

Chambre 517

Pendant presque tout le temps que dura son entretien avec la délégation iranienne, Richard Drouin songea dans un coin de sa tête, malgré lui, à Malik Azzam qu'il n'avait pas revu en privé depuis leur escapade africaine. Cette pensée parasite ne le quittait pas, elle bourdonnait dans son crâne telle une mouche importune.

Il faut dire que les Iraniens ne discutaient que pour la forme, Richard Drouin le comprit d'entrée de jeu ; cela lui laissait une relative disponibilité d'esprit. Ils avaient déjà arrêté leur plan, qui était de l'inviter à Téhéran, de façon à retarder le moment de s'engager, procédé de bazar. Il y comptait, mais avait espéré que l'invitation s'accompagnerait, sinon d'une ébauche de contrat, du moins d'une proposition détaillée, concrète, et non de promesses en l'air.

« Vous pourrez vous entretenir directement avec des membre du Conseil suprême de la défense… » Il n'écoutait déjà que d'une oreille.

D'après ses fiches, Hamit Haghighat, son interlocuteur, était un ancien bourreau de la police secrète du Shah, qui faisait son chemin sous les Ayatollahs grâce à la protection d'un oncle maternel proche des Pasdarans, les Gardiens de la révolution, la branche la plus fanatique du pouvoir. Il s'agissait d'un petit homme maigre, aux sourcils tombants, à l'air farceur. Il portait la chemise sans cravate et le costume austère de qui fait le minimum de concession à l'Occident. Hostile, méprisant par principe, bien calé dans un coin de son fauteuil, afin de donner de l'espace et de l'appui à ses gestes, il parlait un anglais aisé, avec un accent texan qu'il devait tenir de ses premiers instructeurs, car les Américains avaient encadré la Savac jusqu'au bout ; il laissait clairement entendre cependant que s'il maîtrisait cette langue dans toutes ses nuances, il n'en éprouvait pas moins une sorte de répulsion à l'utiliser. Cela se remarquait d'abord à sa façon de cracher les mots lorsqu'il enchaînait les formules de courtoisie.

Les autres (ils étaient quatre, sans compter les gardes du corps debout contre la porte, en survêtements de sport vert et noir) ne paraissaient pas plus commodes. Par instants ils discutaient entre eux en farsi, comme s'ils avaient été seuls dans la pièce. L'un d'eux ne cessait de gratter un mollet marbré d'eczéma. Ils avaient tous des prunelles de braise, la barbe orthodoxe, c'est-à-dire négligée, et de grandes dents d'un blanc intimidant, qualités pour lesquelles on leur avait sans doute confié cette mission.

La suite junior qu'ils louaient était beaucoup trop petite pour leur nombre. Chaleur, promiscuité, vacuité des propos, Richard Drouin avait hâte d'en finir, mais il souriait, hochait la tête et buvait avec retenue le verre d'eau fraîche qu'on lui avait offert. « Oh, j'en serais très honoré », s'entendit-il répondre aux Iraniens, tandis que ses idées revenaient à Malik Azzam.

Au lieu des haut gradés qu'il s'était figuré rencontrer, les Iraniens lui avaient dépêché des factotums. Il eût mieux fait de dîner d'abord, son estomac gargouillait.

Il étouffa poliment un bâillement. La patience est une qualité souveraine jusqu'à un certain point. Le bâillement qui suivit fut moins discret et quand l'ancien bourreau de la Savac crut malin de le questionner, la bouche en cœur, sur les endroits où il entreposait ses armes et sur les ports et les aérodromes d'où il les faisait partir, il ignora la demande pour sauter aux modalités pratiques qui l'intéressaient : quand et comment se rendrait-il à Téhéran ?

« Nous aurions aimé connaître d'abord… », rétorqua Hamit Haghighat. Mais Richard Drouin le coupa à nouveau, en lui assurant qu'il répondrait volontiers à toutes les questions du Conseil suprême de la défense, une fois dans le pays.

Ce Conseil, se souvenait-il, sorte de Comité de salut public, se composait de sept hommes, à savoir le président en personne, trois militaires et trois mollahs dont l'un était le porte-parole du chef spirituel suprême, le Guide de la révolution. Ce corps composite, où les religieux avaient le pas sur l'armée, paraissait assez redoutable en soi pour qu'il ne se laissât pas mener en bateau par une poignée de subalternes. Chacun de ses mots serait répété, pesé, il lui fallait faire preuve de hauteur de caractère.

Les quatre émissaires s'entreregardèrent, peu habitués à une résistance frontale. Richard Drouin en profita pour consulter sa montre et se lever de son fauteuil, la moustache hardie, résolu à jouer le tout pour le tout. Soit les Iraniens souhaitaient signer avec lui, soit ils en étaient encore au stade de l'appel d'offre, soit ils le testaient ; dans tous les cas, estimait-il, il n'avait rien à gagner à poursuivre une discussion oiseuse.

Il remercia pour l'invitation, puis, sans serrer aucune main, fit un premier mouvement vers la porte dans un silence tendu.

Les deux gardes du corps étaient demeurés dans la pièce, signe manifeste qu'aucun propos sérieux ne serait échangé ce soir ; on les eût éloignés dans le cas contraire. Très bien ; seulement quand il fit un pas de plus, il les vit rectifier leur position et écarter les jambes et les bras, prêts à bondir.

« Rappelez-moi quand vous aurez une date à me proposer, grommela M. Joyeux en contournant le lit où un chocolat avait été déposé sur chaque oreiller par la femme de chambre. Vous savez où me joindre. » Moi non plus, songeait-il, ce n'est pas le premier tapis que je négocie.

Il n'était qu'à cinquante centimètres des molosses en survêtement, quand Hamit Haghighat le rappela :

« Mr Drouin, *please*... »

*
* *

Il détestait la dispute, les frictions, la chicane. Quelle perte de temps ! Pourquoi les choses coulaient-elles si rarement de source ?

Lorsqu'il regagna sa chambre, elle lui parut exiguë, biscornue, théâtrale : trop de rouge, trop de galons. Il laissa tomber le menu du room service (reliure écarlate, cordon doré) comme s'il avait été rédigé en chinois ; puis écouta le dernier bulletin d'information dans un état proche de la torpeur ; toutes les personnalités politiques dont il était question à l'écran, wallonnes ou flamandes, lui étaient absolument inconnues, de même que la localité où s'était déroulé le principal fait divers du jour, le suicide raté d'un chômeur qui avait d'abord assassiné sa femme et ses enfants au fusil de chasse ; puis il se tordit longuement la moustache, et descendit dans le hall dont le bar ne fermait pas avant minuit.

Une mayonnaise grasse coulait du club sandwich, mais le bordeaux se révéla potable. Il vida son second verre d'un trait, défiant en pensée tous les barbus et enturbannés du monde.

L'espèce de gaieté qui l'animait pendant le jour avait cédé le pas à une morosité amère.

Les célibataires ont souvent l'humeur instable ; le dialogue intérieur ne favorise pas la régulation que permettent les échanges. Ils tombent souvent d'un extrême à l'autre, s'exagèrent tout. Un grain de poussière les perturbe, comme si leur centre de gravité se trouvait placé beaucoup trop haut pour leur masse.

Dans le hall, une grande femme en toque d'astrakan demandait sa clef au concierge, pendant qu'un couple âgé se querellait à voix basse au sujet d'une excursion à Bruges. Richard Drouin mit son manteau en grognant et poussa la porte-tambour de l'hôtel.

Le sandwich passait mal. Il pesta contre la nourriture qu'on ingurgite en voyage. Sûrement il avait encore grossi. Sa vie lui pesait. Il lui semblait affronter chaque jour les mêmes obstacles, répéter les mêmes combats, se heurter aux mêmes ennemis, dépenser les mêmes efforts en vain, du moins sans progrès notable. Or, estimait-il, c'est dans la conscience de ces progrès, l'amélioration de sa condition, l'embellissement de son cadre, l'accroissement de ses biens matériels, le dernier modèle de télé, une voiture toujours plus puissante, que l'être humain puise le plaisir de s'éloigner de l'état animal. Car qu'est-ce qui nous différencie mieux des bêtes que notre pouvoir de capitalisation, cette faculté que nous avons de thésauriser jusqu'au gaspillage ?

Comme par un fait exprès, la première cabine téléphonique qu'il rencontra ne fonctionnait pas. L'appareil avala ses pièces (les cartes n'existaient pas encore) et refusa de les rendre. Au lieu de le secouer pour tenter de les récupérer, Richard Drouin préféra s'éloigner en silence.

Il y avait un téléphone public en état de marche, par chance, cinquante mètres plus loin. Personne ne l'observait, seul un trio de poivrots chantait dans une langue mystérieuse de l'autre côté du carrefour de la rue Grande, qu'il gratifia d'une grimace de dégoût. Alors il aligna ses francs belges en colonnes, sur la tablette métallique à laquelle s'accrochaient des annuaires, et composa le numéro de Washington D.-C. qu'il connaissait par cœur.

Une voix le pria de s'identifier, juste après la première sonnerie.

La conversation ne dura pas deux minutes, de sorte qu'il n'eut pas à rajouter de pièces. Puis il appela Paris. Cette fois on mit plus longtemps à répondre, mais les nouvelles étaient encourageantes.

0 h 42

Le sommeil ne viendrait pas, il le pressentait. Richard Drouin était un grand insomniaque. S'il allait se coucher maintenant, il passerait des heures à se retourner sur le drap, agité par une sorte de remuement intérieur. Au lieu du silence de la nuit, quelque chose ressemblant à ce que l'on entend lorsqu'on approche un coquillage vide de l'oreille le tiendrait en éveil ou plutôt dans un état de conscience intermédiaire, hypnotique et déplaisant. Il débordait d'énergie, le ressort devait se détendre à fond pour que son esprit lâchât prise. Dormir quatre heures, parfois moins, lui suffisait pour retrouver ensuite un dynamisme intact. Ce sont les autres, disait-il, qui ont l'horloge paresseuse. Éventuellement, il faisait une courte sieste après le déjeuner, mais alors là, en revanche, le sommeil lui venait à volonté, il pouvait même en programmer la durée à la façon de Napoléon.

Malgré sa longue déambulation de l'après-midi, il lui semblait n'avoir pas eu encore sa dose quotidienne d'exercice. Il eût apprécié cependant que quelqu'un l'accompagnât, avoir un chien à sortir, ne pas errer sans but comme il le faisait chaque soir.

Deux fois il faillit entrer dans un bar.

Les rails des tramways ressemblaient à des balafres d'argent sur la chair sombre de la chaussée. De ce côté-ci, Bruxelles rappelait un peu le vieux Genève où il avait grandi, la rue de la Filature, la rue des Moraines, au cœur de Carouge, de l'autre côté de l'Arne, mais l'impression n'eût sans doute pas résisté à la lumière du jour.

Il marchait dans une artère sombre du côté de la Bourse

lorsque lui revint le souvenir de Malik Azzam. Il avait été désappointé, lors de leur rendez-vous de l'avant-veille, que la discussion se fût limitée à des échanges professionnels, posés et froids.

Il les avait rencontrés de bon matin, lui et son frère, dans l'anonymat d'un cabinet d'avocats proche de l'Atomium, équivalent bruxellois de la tour Eiffel. On l'avait fait passer par le parking, où il avait été soumis à une fouille méticuleuse, puis on l'avait conduit dans le bureau d'un certain Me Chaume qui s'était éclipsé sitôt qu'ils s'étaient tous retrouvés dans son bureau. Les Azzam se comportaient comme si une organisation rivale avait mis leur tête à prix, ou qu'ils étaient en cavale, M. Joyeux ne comprenait pas cette paranoïa. C'étaient des hommes d'affaires, ayant pignon sur rue, leur pavillon flottait sur les docks d'Anvers, et leur chauffeur changeait chaque jour d'itinéraire, ils couchaient rarement deux fois de suite dans la même chambre et s'entouraient d'une armée d'hommes de main, selon la rumeur.

Malik Azzam lui avait fait pitié. Il jouait au play-boy, mais dans le fond n'en menait pas large, malgré ses ongles manucurés, sa gourmette en or et ses mocassins sur mesure. Chaque regard qu'il risquait en cachette de son aîné contenait une part de supplique : n'évoquez rien de ce qui s'est passé au QG du général Malibo… Cela devait rester leur secret, et Richard Drouin avait respecté son désir, bien entendu, pouvait-on imaginer qu'il en fût autrement ?

Il y avait d'ailleurs accordé peu d'attention, tant ça lui semblait naturel, mais dans la façon dont Malik Azzam lui avait serré la main, au moment de se quitter, à une certaine pression des doigts contre sa paume, il avait perçu comme une expression de gratitude et en avait été étrangement ému. Un courant de sympathie, découvrait-il, le poussait vers le jeune homme, aussi soutenu qu'un remords. Ce sentiment avait un aspect familial, un caractère, comment dire, de responsabilité, assez déroutant.

L'idée lui vint soudain de manifester au jeune homme sa

compréhension, son soutien, pourquoi pas son amitié, en lui envoyant un présent accompagné d'un petit mot. Il voulut lui offrir le coutelas météorite qu'il avait acheté dans l'après-midi, mais songea presque aussitôt que cet ersatz de machette serait interprété dans un mauvais sens. Richard Drouin se montrait délicat à ses heures. Même la mallette en autruche devant laquelle il avait longuement hésité ne convenait pas, se dit-il, parce qu'elle eût pu sembler une allusion à ce qui s'était passé à Jamela, comme d'ailleurs tout ce qui évoquait l'Afrique, les voyages, le zoo, la peau animale. Autant lui envoyer directement les photos que ses Yougoslaves avaient faites de l'interrogatoire du prisonnier, dans la porcherie de la Résidence, photographies qu'il leur avait demandé de prendre à tout hasard et qu'il n'utiliserait jamais qu'en dernier recours. Une simple lettre était plus indiquée, mais qu'y dirait-il ? *J'ai été très heureux des quelques jours que nous avons passés ensemble en mer...* Non, non, il aurait l'air de se moquer. Il s'en tirerait mieux au téléphone. Cependant, s'il tombait sur le frère, comment présenter la chose ? *Bonjour, pouvez-vous me passez Malik ?* les mettrait dans l'embarras tous les deux. Mon dieu, comme les rapports humains sont une affaire complexe...

C'est sur le bateau, pendant le voyage de retour (jusqu'à Dakar, où ils avaient pris l'avion pour des destinations différentes), qu'il avait commencé à apprécier la compagnie du jeune homme. Ils n'avaient pas eu besoin de tomber dans les confidences – ils étaient tous deux d'une autre trempe – pour se découvrir toutes sortes d'atomes crochus, c'était son expression, voire une certaine communauté d'esprit, aussi dissemblables que fussent leur background et leurs goûts. Richard Drouin avait l'impression de le *reconnaître*, ainsi qu'on reconnaît sur le tard un enfant né hors des liens du mariage. Même son physique lui était étrangement familier. Observant à la dérobée le visage mince et sombre du jeune homme, avec ses cils épais, ses pommettes saillantes, son front un peu bas, sa mâchoire triangulaire d'oisillon tombé du nid, et ses lèvres pulpeuses dont le tour régulier semblait souligné d'un trait de crayon gras, il ressentait un sentiment d'altérité que ne lui avaient jamais inspiré ses cousins, ni ses neveux, trapus et roses comme lui. Malik Azzam lui faisait l'effet d'un jeune prince des mille et une nuits, qu'il eût été fier de conduire jusqu'au trône.

Pourquoi, songea-t-il, ne l'emmènerait-il pas avec lui à Téhéran ? Le crédit de son nom achèverait de lui ouvrir certaines portes, sa simple qualité de musulman rassurerait, et ce serait, ma foi, intéressant pour eux deux.

Faire inviter Malik Azzam à Téhéran ? M. Joyeux retrouva le sourire. Oui, il pouvait arranger ça.

7.

Max Jameson, M. Joyeux, Celui-qu'on-appelait-Dominique, Jean-Luc Massard…

Leurs trajectoires n'étaient pas encore liées. Ils appartenaient à des systèmes indépendants et évoluaient à des vitesses différentes, dans des milieux parallèles.

Ce ne fut que lorsque leurs routes se croisèrent, et qu'il y eut collision et interaction forte, quoique sur le mode secret, qu'un mécanisme de type supérieur se constitua, qui les enferma dans une sphère commune, emportée sans retour possible par une seule et même entropie.

Paris, le mardi 22 juin 1982

Matin gris jaune. Le ciel de plomb s'entrouvrait dans le fond de la rue de Rivoli. On entendait piailler des oiseaux au-dessus du Louvre, malgré la circulation, et même, était-ce possible ? crier une mouette.

La princesse avait eu un fils la veille, la nouvelle faisait la une des quotidiens. Un bon gros garçon, comme l'avait prédit le général Malibo. La jeune maman se portait bien, Buckingham se disait enchanté. « Les bonheurs de la couronne britannique », titrait un éditorialiste.

Jean-Luc Massard appela aussitôt Julie Wassermann sur son poste, impatient de fêter l'événement à leur manière ; mais il en fut pour ses frais, sa collègue était prise toute la journée, et quand il évoqua l'après-midi du lendemain, elle lui répondit qu'elle n'était pas sûre de pouvoir non plus. Elle était débordée ; elle le rappellerait.

Il n'y avait pas un journal qui ne claironnât la naissance royale, on ne pouvait y échapper, seules les publications sportives et dans une certaine mesure financières gardaient encore les pieds sur terre.

Jean-Luc Massard ne se contentait pas de la revue de presse ministérielle. Chaque jour il parcourait les quotidiens étrangers, le *Time*, le *Wall Street Journal*, le *Frankfurter Allgemeine*. On y prenait le pouls de la France bien mieux que dans leurs équivalents nationaux, toujours partisans, qu'ils fussent de droite ou de gauche, communistes ou catholiques. Les journalistes de l'hexagone, déplorait-il, se bornent à étoffer les diktats de leur rédaction, même aux pages culturelles, on n'a pas davantage de préjugés dans un État totalitaire.

Cela formait une haute pile. La corbeille à papier de Mlle Andréol n'y suffisait pas.

Il resta un moment debout à scruter les innombrables photographies de la princesse accumulées sur son bureau, comme si celle-ci lui avait joué un mauvais tour. La jeune altesse semblait se moquer, avec son sourire candide, les yeux baissés sous la frange savamment naturelle.

C'était la deuxième fois que Julie Wassermann lui faisait faux bond. Deux fois d'affilée, comment devait-il le prendre ?

Les oiseaux – des étourneaux ? il n'était pas sûr de bien les identifier – se déplaçaient en une nuée compacte, soumise à une volonté collective. Ils viraient ensemble, s'élevaient à tire-d'aile en direction de la Seine, s'éclipsaient, puis repassaient en piqué devant les fenêtres du ministère. Leur vol groupé évoquait une transe guerrière, leur clameur, un chœur de voix païennes. Que n'eût-il donné pour évoluer un instant au sein de cette masse éthérée ?

La lecture des journaux est une activité salissante. Jean-Luc Massard fixa le bout de ses doigts grisés par l'encre d'imprimerie et alla se laver les mains avant de se mettre au travail. Cela faisait partie de ses habitudes matinales, au même titre que le double express sans sucre. Il lui eût semblé irrespectueux, n'est-ce pas, de laisser ses empreintes digitales sur un dossier de la République.

*
* *

Le plus étonnant, au fond, quand on songe aux années 1980, c'est qu'on prit vite conscience qu'il ne s'y passerait pas grand-chose, contrairement à ce que les gens espéraient d'abord, ou redoutaient. Il y eut un grand bouillonnement en guise d'ouverture, des sonneries de trompettes, des coups de balai, puis on s'aperçut que la vie continuait, bon an mal an, et qu'aucun changement n'empêcherait jamais qu'elle n'eût ses hauts et ses bas.

Notre génération se sentait seulement plus exposée que les précédentes, plus vulnérable. Une menace planait, qui faisait craindre pour la santé de son corps, pour son tonus, sa vigueur créative. La population vieillissait, et peut-être commencions-nous confusément à reconsidérer notre existence sous l'angle de la voie unique.

Lorsque je fouille ma mémoire, je vois en premier des cohortes de femmes et d'hommes de tous âges, dans des tenues aux couleurs pastel. Ils tendent les bras devant un mur de miroir, plient les genoux, lèvent la jambe et sautillent à un rythme accéléré, sur de la musique disco. J'entends les pulsations des basses, un piétinement sourd, et les véhéments un, deux, trois, quatre d'une paire de monitrices au sourire inexorable ; un bandeau d'éponge barre le front de l'une d'elles, tel le ruban d'un paquet cadeau…

« Et un, et deux ! Et on se plie, et on s'étire ! »

D'autres images me restent en tête, bien sûr. Autrement conséquentes. Des événements, des données. Le chômage progressait. La sécheresse affamait une fois encore l'Afrique orientale. L'Europe de l'Est s'agitait, des régimes s'écroulaient, le pouvoir changeait de mains un peu partout. La télévision montrait des guerres inédites : l'Afghanistan tenait tête à l'armée soviétique, les Argentins combattaient les Anglais aux Malouines, tandis qu'Irakiens et Iraniens s'entretuaient comme seuls savent le faire des frères ennemis. Des attentats ensanglantaient le monde : un Turc tirait sur le nouveau pape ; un néo-nazi blessait le président américain à la poitrine ; divers chefs d'État moins chanceux périssaient sous les balles ; et le terrorisme commençait ses ravages… Mais quelle époque ne charrie pas son lot de bouleversements et de calamités ? Ces événements, ces données participent du flot continu de l'Histoire, et ils me paraissent si bien imbriqués pour la plupart, du moins jusque dans les derniers jours de 1989 où la chute du Mur de Berlin a ouvert une nouvelle ère, qu'il m'est difficile d'en détacher l'un ou l'autre pour décréter qu'il est le plus représentatif du lot.

Non, s'il fallait donner un symbole à cette décennie, plus que le bulletin de vote, la kalachnikov ou le pain de dynamite, je crois que je chercherais dans un tout autre registre et que je choisirais la chaussure de sport. Le citadin se préoccupait de sa forme et l'affichait à ses pieds. C'était une obsession si diffuse qu'il n'était d'ailleurs plus besoin de fréquenter un gymnase pour posséder deux, voire trois paires de « basket » – traduction française de l'anglais *sneaker*. Tandis que la cravate perdait du terrain, la chaussure de sport s'émancipait, envahissait le trottoir, virevoltait dans les soirées, se diversifiant et se compliquant à mesure de bandes de couleur, de lacets élastiques, de nervures, de semelles montées sur coussins d'air.

Ces années de remise en question donnaient un rôle croissant aux apparences, tendance qui ne s'est pas démentie depuis. Pour oublier les promesses non tenues et conjurer le temps, constante universelle, on ne se contentait pas de développer ses muscles, son souffle, ni de s'entêter de régimes, ni de se faire tirer la peau, ni de bronzer sous une lampe en se bourrant de multi vitamines « rapportées des States par un ami » ; on arborait des insignes claniques, c'était la grande nouveauté, on s'accrochait à la mode du jour comme à une planche de salut, et la basket, comme source de jouvence, dont de nouveaux modèles fleurissaient sans cesse, toujours plus sophistiqués, toujours plus techniques, en devenait le parangon.

*
* *

Le photoreporter passe des heures debout. Max Jameson ne faisait pas de sport, mais il n'avait pu y résister. Il réservait désormais ses santiags aux jours de pluie et portait le reste du temps, même pour accompagner ses costumes anthracites, des sortes de tennis bleu nuit, virgulées d'argent.

Celui-qu'on-appelait-Dominique les avait longuement admirées, la première fois qu'il les avait vues à ses pieds, en soupirant que lui-même n'osait pas, à cause de ses obligations professionnelles.

« Très confortables, j'imagine ?

— Je flotte sur un nuage. »

Ils déjeunaient ensemble une fois par mois environ, s'invitant à tour de rôle. Déjeuners hâtifs. Celui-qu'on-appelait-Dominique grimaçait en consultant son bracelet-montre, un meeting, le boulot, vous savez ce que c'est, et se levait sitôt le café bu. Cela fait partie de nos méthodes : toujours donner à un agent l'impression qu'il est demandeur, qu'on lui fait déjà une fleur en lui sacrifiant un peu de son temps.

Conversation à teneur exclusivement amicale, bien sûr, même si le photographe se montrait beaucoup moins disert sur Bidi, qu'il n'appelait plus que « Mme Jameson », en singeant le ton d'un notable de province.

Ils discutaient de tout et de rien, comme deux vieux copains qui ont trop rarement l'occasion de se voir.

Politique, show-business, bruits de couloir, Jameson n'était jamais en reste d'anecdotes amusantes. À l'en croire, les gens parlent tout aussi librement en présence d'un photographe que chez le coiffeur. Il en entendait des vertes et des pas mûres lors des shootings, qu'il n'avait aucun scrupule à répéter : les peines de cœur de tel jeune premier, homosexuel débridé à la ville ; les mille et une ruses de telle comédienne pour gruger le fisc, « jamais vu de mégère si près de ses sous » ; la dernière bourde de telle idole de la chanson, célèbre pour sa façon personnelle de s'exprimer.

Ce vieux rocker se plaignait justement d'être brocardé par la presse et réclamait des excuses : « Il est temps de remettre les pendules en place, s'exclamait-il. – De remettre les pendules à l'heure, le corrigeait un journaliste. – C'est ce que je dis : de les remettre à leur place. »

Certaines histoires étaient presque trop belles pour être vraies et Celui-qu'on-appelait-Dominique avait, en riant, suggéré au photographe de les enregistrer. Comme l'autre hésitait, il lui avait offert en avril, à titre de cadeau de mariage, un dictaphone à piles de la taille d'un paquet de cigarette, un bijou de miniaturisation fabriqué à Taiwan, accompagné de ce mot : « Je ne pourrai malheureusement être des vôtres, mais si vous appuyez sur *record* quand commencera la cérémonie, je n'aurai pas tout raté. Mes meilleurs vœux de bonheur à Bidi et à vous », etc.

Le *gadget*, autre innovation pour contrer l'entropie.

Le magnétophone fonctionnait avec des microcassettes et Jameson avait découvert que le son restait audible s'il dissimulait l'appareil dans la poche de poitrine de sa veste, derrière un mouchoir. Il l'avait inauguré sur-le-champ, et l'homme du Service s'était dit très impressionné ensuite, tant par la qualité acoustique que par le discours flatteur – mieux : amical – dont le ministre des Finances avait honoré les mariés, dans sa mairie normande.

Depuis, le photographe enregistrait toutes ses séances par ce moyen et, quand il déposait les films au labo, il faisait profiter certains de ses collègues de l'agence des perles recueillies.

« Attends, écoute… » Il montait le son et la voix très reconnaissable d'une star de l'écran sortait du haut-parleur : « Là, plus haut, oui, sous les aisselles… Serre, mon chou, n'aie pas peur, serre plus fort ! » Et l'explication : « Cette conne portait un chemisier transparent sans soutif. Se croit toujours vingt ans. M'a demandé de lui scotcher les seins avec du sparadrap, pour qu'on ne voie pas qu'elle les a au nombril. »

Paris, le vendredi 2 juillet 1982

Leur dernier déjeuner avant les vacances – qui n'en seraient pas pour Jameson : il faisait la saison à Saint-Tropez – eut lieu dans un chinois de la rue Saint-Roch.

Jameson le casque en arrière, dépoitraillé, son barda sur le dos. Il gara sa moto devant les vitres fumées du restaurant, et s'essuya le front d'un revers de main. Il transpirait. Le temps était lourd, l'asphalte collait, on attendait de l'orage.

Il poussa la porte. Décor de pourpre sombre. Une fraîcheur de cave par contraste.

Le patron l'embrassa, un Asiatique fluet, au visage poupin, avalant ses mots, comme s'il poursuivait un monologue intérieur. « Ah, Max, ça fait longtemps ! Une table pour deux ? » Sous son masque de bouddha rêveur, il se souvenait du nom de chacun de ses clients, jusqu'aux plus irréguliers. Se rappelait que vous aviez commandé un canard au gingembre la dernière fois, vous tutoyait à la deuxième visite. « Installe-toi près de l'aquarium. Je t'apporte une bière ? (Avec un petit rire :) On dirait que tu en as besoin… » Le regard lointain : « Tsing-tao ! », aboya-t-il en direction du bar.

Jameson rajusta sa chemise. Il sortait de chez le médecin, c'était peut-être le dixième qu'il consultait. Aucun ne paraissait en mesure de l'aider, alors qu'il se sentait mourir trois ou quatre fois par semaine. Il exposait ses symptômes ; personne n'avait entendu parler de côtes qui se démanchent ni de poumons qui tombent en panne. On l'examinait. Les attaques de tachycardie cessaient à l'instant où on lui prenait le pouls, sa tension artérielle se stabilisait dès que le tensiomètre gonflait autour de son bras. Quant aux ratés de son système respiratoire, ils échappaient bizarrement au stéthoscope. Ses analyses n'accusaient qu'un soupçon de cholestérol. Le dosage thyroïdien ? Normal, tout comme les radios. Il s'était harnaché d'un holter cardiaque pendant vingt-quatre heures. La grimace sadique du médecin, pour lui expliquer qu'il se portait comme un charme. Il voyait pourtant des spécialistes, de grands patrons. Ce matin encore le chef de service de pneumologie à l'hôpital Laennec lui avait prescrit des cachets de magnésium et une heure de jogging hebdomadaire, pas davantage. Le précédent l'avait mis aux calmants, avant de lui demander s'il avait déjà songé à voir un psy. Et puis quoi encore ? Quand un toubib n'a rien de mieux à proposer que le divan ou une cure d'oligo-éléments, c'est qu'il sèche sur toute la ligne.

Pendant ce temps son état s'aggravait. « Je suis un mort en sursis », répétait-il. Par instant l'oppression devenait si forte qu'il en restait la bouche ouverte, les larmes aux yeux. Moments terribles, impossibles à dénombrer. Et il suffisait qu'il y pense pour que la crise se déclenche, qu'il se recroqueville comme une feuille tombée de son arbre, même s'il n'avait aucun souci, que la vie lui souriait, qu'il ne subissait aucun stress. C'était d'ailleurs dans les moments où il baissait la garde, disait-il, lorsqu'il lézardait au soleil ou regardait le foot avec des potes, que sa poitrine se crispait le plus souvent. Jamais derrière son appareil ; jamais dans la fièvre de la traque, quand il escaladait le platane dont les branches donnaient sur les fenêtres du domicile parisien de la princesse de Monaco, près de l'avenue Rapp, ou qu'il coursait sur les grands boulevards la limousine d'une star américaine ; pas même au tribunal où la veuve d'un député UDF, dont il avait photographié le fils éploré, l'assignait pour atteinte à la vie privée, harcèlement et voie de faits sur un mineur (il avait à peine pincé le gamin au cimetière, de façon à rendre la photo crédible). En revanche, il avait de plus en plus de mal à prendre l'avion, le métro. La peur paralysait ses membres, la rame s'engouffrait dans le tunnel et le Boeing s'envolait sans lui. Il avait ainsi raté un reportage à Dallas, dont le feuilleton éponyme faisait fureur, tétanisé devant le comptoir d'enregistrement.

La bière arriva, accompagnée d'une coupelle de beignets de crevettes, en même temps que Celui-qu'on-appelait-Dominique poussait la porte. Il se leva aussitôt, comme pris en faute.

L'homme du Service lui broya la main (il avait des doigts d'acier, Jameson en était à chaque fois ébahi), tout en contemplant les mille photos et dessins dédicacés qui ornaient les murs tendus de velours grenat :

« C'est amusant, ici. Des photos que vous avez prises ?

— Deux ou trois.

— Plutôt bien fréquenté, votre chinois. Je reconnais des visages. Le cinéma, la mode. Mais c'est… comment s'appelle-t-elle déjà… ? C'est marrant, ce restau. Je n'aurais pas dit, comme ça, du dehors…

— Les polaroïds sont l'œuvre du maître des lieux. » Et il le lui présenta.

Pendant une longue minute Celui-qu'on-appelait-Dominique étudia les portraits, les témoignages d'estime, les caricatures, graffitis et dithyrambes joliment encadrés, accrochés à touche-touche au-dessus des tables. Il passait d'Yves Saint Laurent à Mick Jagger avec une expression de ravissement. Que ferait-il si le photographe ou le patron du restaurant sortait un appareil afin de l'inclure dans ce panthéon ? Pouvait-il lui casser la gueule ? Comment s'y prendrait-il sinon pour détruire le cliché sans laisser de trace ? Au Service, nous n'apprécions guère que notre visage soit livré en pâture.

*
* *

Pour une fois Celui-qu'on-appelait-Dominique ne semblait pas courir après la montre. Ils en étaient aux litchis lorsque la conversation s'orienta, comme d'elle-même, sur la ferme qu'avait achetée Max Jameson à Danville-Crevon, et qu'il faisait retaper.

Le toit posé, la bâtisse prenait forme, il y avait déjà une pièce habitable où Bidi et lui campaient aux bougies quand il la rejoignait en fin de semaine. C'était elle qui dirigeait le chantier, il lui laissait carte blanche. Pour sa part il eût aimé employer des matériaux anciens, de ces poutres et cheminées que récupèrent les démolisseurs, mais Mme Jameson n'appréciait que le neuf, le fonctionnel. Elle avait des idées très arrêtées en matière de décoration et voulait en vérité, il s'était fait une raison, que leur maison ressemblât au pavillon de ses parents « en mieux ». Elle avait choisi les mêmes dalles flammées que chez eux pour la cuisine, et commandé le même genre d'éléments en chêne, de style rustique, les mêmes portes vitrées de séparation, celles avec les ferrures noires.

« Si ça lui fait plaisir. Moi, je signe les chèques. »

L'homme du Service hochait la tête, compréhensif. Il avait été médusé par les sommes qu'avait rapportées le tuyau qu'il avait refilé au photographe, le voyage du couple princier aux Bahamas, tuyau qu'il tenait d'un homologue britannique avec qui il partageait un transfuge bulgare. Tant d'argent, qui eût pu être mieux utilisé : de quoi convaincre un colonel du KGB de retourner sa veste. La crainte le tenait surtout que son agent décrochât, fortune faite. Il avait investi beaucoup de temps sur lui. Enfin, on allait en toucher bientôt des dividendes...

D'une certaine façon Max Jameson représentait tout ce qu'il méprisait : un parasite de la société, qui tuerait sa mère si le cadavre pouvait faire la couverture de *Paris-Match*. Il avait déjà traité des individus plus rébarbatifs, il reconnaissait que le reporter se montrait attachant par certains côtés, et ne se sentait guère en droit de lui jeter la pierre ; mais leurs valeurs étaient si diamétralement opposées qu'en d'autres circonstances, si on ne lui avait donné l'ordre de le recruter, il ne lui aurait pas serré la main.

Une mentalité de profiteur, se disait-il. Eût sûrement tiré son épingle du jeu sous l'Occupation. C'était cet esprit de marché noir, selon Celui-qu'on-appelait-Dominique, l'individualisme du lâche et du débrouillard, qui empoisonnait encore la France. Sous prétexte que la ligne Maginot n'a pas arrêté les Boches, ce genre de petit malin ne reconnaît aucune autorité, dénigre les institutions, crache sur l'administration, se fout du drapeau. Qu'on ait perdu ensuite l'Indochine et l'Algérie, dans les conditions que l'on sait, n'a pas fait progresser le sens civique. Résultat, ça n'en fait qu'à sa tête s'il n'y a pas de gendarme en vue, ça se gare n'importe où, ça truque sa feuille d'impôts, ça prône le chacun pour soi, et ça ose critiquer les autres...

Celui-qu'on-appelait-Dominique se fendit d'un beau sourire pour parler à Jameson d'un ami, « disons plutôt : une relation d'affaires », qu'il souhaitait lui présenter. « Il doit nous rejoindre pour le café. Je lui ai demandé de passer me prendre, vous ne m'en voulez pas, j'espère... »

Il cala ses coudes sur la table et joignit les paumes de ses mains, comme s'il entrait en oraison.

« Il s'agit justement de la Normandie… J'ai pensé, si ça ne vous dérange pas trop, bien entendu, que vous pourriez peut-être l'aider… Il voudrait acheter un haras, bon, il aime les chevaux, il a des chiens, c'est un amoureux des bêtes ; et je me suis dit que vous, qui êtes de la région, vous pourriez le guider, le conseiller, lui faire visiter éventuellement deux ou trois choses. Il y a pas mal de haras, dans votre coin, non ?

— Pas de problème.

— Pour tout vous dire, je lui dois un service. Une histoire de prospection pétrolière, en Afrique, je ne vais pas vous embêter avec les détails, mais il pourrait s'agir d'un très gros gisement. Très, très gros.

— Aucun problème, en ce moment je passe quasiment tous mes week-ends à Danville-Crevon.

— Vraiment ? Et Bidi ne sera pas trop…

— Vous plaisantez. Si nous sommes mariés, c'est en partie votre faute. Moi aussi, j'honore mes dettes.

— Mais vous ne me devez rien.

— Oh, que si ! Je vais le bichonner, votre bonhomme.

— Il s'appelle Richard Drouin. Il est suisse. Et d'ailleurs, quand on parle du loup… »

Ils se levèrent ensemble pour accueillir un M. Joyeux rayonnant, dont le costume beige soulignait un teint plus coloré qu'à l'ordinaire, car il rentrait tout juste de Téhéran. La moustache en accent circonflexe : « Ma parole, il y a le bottin mondain sur ces murs, s'ébahit-il à son tour, en pivotant sur lui-même. Vous ne m'avez pas prévenu que c'était le rendez-vous des célébrités, votre bistrot, j'aurais mis des lunettes noires. La façade ne paye pas de mine, mais alors ça ! » Il secouait machinalement la main de Jameson, sans cesser d'admirer la collection d'autographes qui ornait le restaurant, et Celui-qu'on-appelait-Dominique louchait à nouveau du côté du patron, inquiet de voir un Polaroïd surgir de dessous le comptoir pour immortaliser la rencontre.

*
* *

Jean-Luc Massard, lui, jouait au squash chaque samedi, dans un club de Montparnasse, tandis que Sonia, sa femme, se rendait un matin sur deux, après avoir accompagné les garçons à l'école, dans un club d'aérobic de la rue Monge. Elle avait, dans le coffre de sa petite Peugeot, un sac de sport empli d'effets bleu ciel et blanc, des sweat-shirts, une combinaison en lurex très moulante, le short qu'elle portait par-dessus, et des serviettes, des bracelets en éponge, sans compter les baskets assorties que fermaient trois rangs de scratches.

Une de ses nouvelles amies (les fonctions de Jean-Luc l'avait amenée à revoir le cercle de ses relations) l'avait entraînée pour une séance d'essai gratuite dans cette salle blanche, pleine de glaces et de plantes vertes, où l'atmosphère semblait parfumée à la chlorophylle, et elles s'étaient inscrites ensemble, pour se donner du courage.

Un mois n'était pas écoulé qu'elles déclaraient qu'elles ne pouvaient plus s'en passer. « On est accro », clamaient-elles avec un même enthousiasme.

Elles se plaçaient toujours au premier rang, pour bien suivre les indications du prof, un Guadeloupéen au visage grêlé mais aux muscles puissants de danseur, et en ressortaient en nage.

« Les bras en extension, on serre les fesses… ! »

Dès qu'elle pensait avoir assimilé un mouvement, Sonia Massard s'étudiait dans le miroir mural, pour en vérifier l'exécution. Son ventre et ses cuisses se raffermissaient, elle aurait moins honte d'exposer son corps de quasi-quadragénaire, cet été, sur la plage du Pila.

Elle avait la hanche un peu forte, le sein amolli par l'allaitement des garçons, mais au moins la jambe longue et la cheville déliée, à la différence de Camille, sa compagne de sport et nouvelle meilleure amie.

Sonia Massard s'était toujours trouvé une beauté plutôt ordinaire, à peine au-dessus de la moyenne, mais sans « en faire un fromage » non plus. À l'université, dans le groupe très militant qu'elle fréquentait, les atouts physiques passaient pour une espèce de handicap. Jusqu'à ces derniers temps, elle les jugeait incompatibles en tout cas avec les activités de l'esprit ; elle se maquillait à la va-vite, un trait de fard sur la paupière, et ne se plaisait qu'en pull pantalon, le pull bien ample, uniforme qu'elle échangeait aux grandes occasions contre une robe chasuble d'un noir passe-partout, achetée en solde deux ans plus tôt. « La supériorité de l'âme sur la matière, lui avait lancé Camille Candereans. Tu crois encore à ces âneries, toi ? Une idiote du Neandertal cueille une pomme, et la chair porte depuis la marque du péché. Ah, les vieux mythes chrétiens ont la vie dure ! »

Sonia Massard n'y avait jamais réfléchi en ces termes, elle pensait avoir jeté aux orties les principes de sa bonne éducation bourgeoise. Elle avait fait Normale, tenait tête à sa mère, militait dans une association de femmes et s'estimait émancipée.

« Aïe, aïe, aïe, ma pauvre ! » Les mimiques de sa nouvelle grande amie faisaient beaucoup rire Sonia.

« On lève le genou, hurlait le prof, le pas des majorettes, du nerf, plus haut la jambe ! »

Elle la faisait rire, et lui ouvrait les yeux. C'est encore un truc de curé, soutenait Camille, de postuler qu'on ne peut pas avoir le beurre et l'argent du beurre : « On peut. La voilà, la vraie émancipation. » Il ne s'agissait pas de renoncer à ses convictions, bien au contraire, mais d'avoir du monde une vision d'ordre supérieur.

Jean-Luc Massard avait d'abord tiqué devant cette soudaine flambée d'amitié. Rétif à toute nouveauté en matière de quotidien familial, il n'était pas certain d'apprécier l'ascendant que Camille Candereans prenait sur sa femme ; mais Camille vivait avec Philippe Welser – « mon camarade concubin », disait celle-ci –, lequel occupait un poste similaire au sien, avec cette différence tout de même que s'il secondait pour sa part le ministre des Finances, Philippe Welser, lui, avait l'oreille du chef de l'État : conseiller du président. C'était une de ces nouvelles « têtes » qui faisaient la pluie et le beau temps, se murmurait-il, dans les couloirs de la République. Les deux femmes avaient sympathisé dès la première rencontre, et les deux hommes s'étaient téléphoné de plus en plus souvent (les messages du Château à destination de la rue de Rivoli passaient désormais par leur canal, au grand dam des autres membres du cabinet), ils déjeunaient ensemble au mess de l'Élysée, s'étaient beaucoup vus lors de la préparation du sommet de Versailles, et il ne pouvait que se réjouir de la situation après tout.

De son côté, grâce à Camille, grâce à son amitié, grâce aux après-midi qu'elles passaient ensemble à prendre le thé et faire les boutiques, Sonia avait l'impression de retrouver un second souffle. Les vertus de la régression, se disait-elle. Il lui avait énormément coûté d'arrêter de travailler, contrairement à ce que pensait Jean-Luc. Elle supportait mal la vacuité de ses journées, s'occuper de leurs deux enfants ne faisait que souligner son manque de perspective personnelle, les garçons en venaient souvent à l'irriter, alors qu'elle leur consacrait moins d'attention en réalité, maintenant qu'ils allaient à l'école, qu'à l'époque où elle enseignait l'histoire-géo dans un collège de la petite couronne. Curieusement, peut-être parce qu'elle commençait à se sentir vieillir, elle n'avait pas non plus l'impression d'avoir davantage de temps à elle.

« On se concentre ! Sonia, ma belle, tu perds le rythme. On se donne à fond, allez, et un, et deux… ! »

Sonia Massard se ressaisit, et quand s'éloigna le prof, ou plutôt le « camarade moniteur », comme disait Camille (dans son souci égalitaire elle appelait aussi sa bonne portugaise « la camarade femme de ménage »), elle se tourna vers son amie, qui semblait tout aussi à la traîne. Camille

Candereans haletait, le visage congestionné, dégoulinante de sueur, et bâclait le mouvement, n'en faisant qu'une moitié, de façon à donner l'illusion qu'elle suivait la cadence, astuce de cancre. Les haut-parleurs déversaient les décibels d'un tube de la saison dernière, une chanson dont le refrain célébrait les yeux de Bette Davis, le reste des paroles était incompréhensible. Les deux femmes échangèrent une grimace en gonflant des joues de grenouille. Il restait encore dix minutes de cours.

*
* *

« Je suis sur les rotules », disait l'une. « Un rouleau compresseur m'est passé sur les omoplates », soupirait l'autre.

Elles prenaient leur douche ensemble, s'offrant côte à côte à la pluie bienfaisante qui giclait des pommeaux. Elles se promettaient à chaque fois de terminer à l'eau froide, le fameux coup de fouet, mais remontaient la manette du mitigeur dès que fraîchissait trop le jet, en poussant de petits cris. Des deux, Camille Candereans était de loin la plus douillette.

« Masse-moi la nuque, s'il te plaît. » Les petits cris changeaient alors de registre.

La femme du conseiller du président avait une demi-tête de moins que Sonia, le teint frais, des membres pleins, de jolies épaules rondes, des attaches lourdes qui étaient son drame, de petites mains de bébé, la peau d'une douceur affolante, les pieds mignons, les seins refaits, les fesses en cœur, un pli singulier par le milieu du ventre et une épaisse toison (à l'époque, les femmes ne se taillaient pas le sexe comme aujourd'hui) d'un noir brillant qui démentait la blondeur cendrée de sa chevelure. Les hommes disaient qu'elle était du genre « appétissant ». Et moi ? se demandait Sonia. Que disent-ils de moi, s'ils en disent seulement quelque chose ? Elle se savait mieux faite que son amie dans l'absolu, le ventre plus plat, plus harmonieuse de traits, mais elle se rendait bien compte en même temps que ce ne serait jamais sur elle que les regards se retourneraient en premier. Elle avait beau remiser ses lunettes, se maquiller les joues et les lèvres, porter des couleurs moins sobres qu'autrefois et des hauts plus décolletés, elle ferait toujours plus sérieuse que Camille Candereans, plus carrée, plus sage, moins accessible, moins généreuse d'elle-même, et par voie de conséquence moins désirable.

« Ah, si j'avais tes jambes ! » disait Camille. Mais le problème n'était pas là. Sonia eût volontiers échangé quelques centimètres de mollets contre un peu de piquant, d'exubérance. Elle en avait parlé à Jean-Luc. Les hommes ne comprennent pas ce genre de choses, pas du moins s'il s'agit de leur propre femme. « Ce que j'aime chez toi, lui avait-il répondu, c'est de découvrir des charmes secrets, que je suis le seul à connaître. » Il avait vraiment le don de la déprimer.

« Tu es prête ? »

Les deux amies sortirent de la salle d'aérobic en se donnant le bras. Les rues baignaient déjà dans une atmosphère de vacances. La Citroën gouvernementale qu'utilisait Camille les attendait en double file, carrosserie grise, vitres fumées, et le camarade chauffeur se précipita pour leur ouvrir la portière.

Paris, le jeudi 10 juillet 1982

Il n'avait pu échapper à la corvée, c'était sa semaine de garde, une par trimestre, les photographes associés s'y collaient tour à tour.

L'agence occupait un petit hôtel particulier biscornu, proche de l'Étoile. Construit par un disciple de Viollet-Le-

Duc, le bâtiment avait été remanié à diverses reprises. Il avait abrité un cercle de bridge, et avant cela, jusqu'à la fermeture des maisons closes par la loi de 1946, un bordel très couru : pendant la guerre, les officiers allemands en permission s'y faisaient conduire directement de la gare de l'Est, paraît-il, pour s'y abrutir de sexe et de champagne. Chaque chambre possédait alors un petit coffre-fort individuel, encastré dans le mur auprès du chevet, où ces demoiselles rangeaient leur pécule. Un seul avait survécu, dans le bureau du directeur commercial, qui ne fermait plus (la clef manquait), mais qu'on exhibait aux nouveaux venus comme une relique.

La grosse porte à clous, au judas grillagé, autre vestige des anciennes activités de la maison, ouvrait sur un hall en marbre éclairé par une batterie de spots, que coupaient le comptoir de la réception et le standard téléphonique. Un sas, dans le fond, donnait accès à l'escalier de la cave où se trouvaient les labos, couleur et noir et blanc. À droite, une volée de marches encadrée de colonnes néo-gothiques menait à la salle de consultation, antichambre des archives ; à gauche, une autre, qui lui était symétrique, à un palier par lequel on accédait aux étages, à l'editing, à la salle des photographes, à la direction, à la comptabilité, tout en haut sous les toits, où séchaient autrefois les draps.

Beaucoup d'agitation, au premier, dans les locaux de la rédaction. Tout le monde voulait prendre ses vacances en même temps, comme si les journaux chômaient l'été, comme si la planète ne réclamait pas sa ration quotidienne d'images. Un photographe invoquait ses gosses, un autre rappelait à qui voulait l'entendre qu'il n'avait pas eu un week-end à lui depuis Pâques. Bon, alors qui allait couvrir Beyrouth où l'on n'avait personne ?

Le télex crachait sa copie. Par instants le rédac chef, cigare aux lèvres, soulevait le capot et parcourait les dépêches de l'AFP pendant qu'elles s'imprimaient. Les négociations reprenaient à Genève sur la réduction des armements stratégiques, Bernard Hinault menait le Tour de France après avoir remporté le Giro, cent mille manifestants réclamaient la paix à Tel-Aviv.

« Les photos d'Israël sont arrivées ?

— Non mais j'ai celles de Miss Monde à Notre-Dame. »

Les téléphones sonnaient de façon continue. Calypso, la secrétaire vietnamienne, demandait qu'on gardât un billet d'avion pour Bagdad en stand-by, parce que son photographe n'avait pas encore de visa, et le grand patron, stimulé par Doursault, le directeur des ventes, hurlait de son côté qu'il était entouré d'un ramassis de feignants et d'incapables, dans l'espoir de motiver ses troupes. Il n'avait rien de nouveau sur la princesse, se plaignait-il, rien depuis son accouchement, alors que le public en redemandait, aucune photo des vingt-cinq pièces du palais de Kensington qui avaient été réaménagées pour elle de fond en comble, ni de la nurse chargée du bébé, ni surtout du couple princier nageant dans le bonheur. L'idéal, rêvait-il tout haut, parce que c'était ça que réclamait le public, ce serait de les surprendre tous deux, main dans la main, en train de roucouler par-dessus le landau.

« On ne risque pas », ricana Nicolas Kraus, un des membres fondateurs de l'agence.

Et Jameson qu'on consultait comme un spécialiste des questions royales depuis le scoop des Bahamas : « Faudrait songer à rectifier le tir. »

Il avait son réseau d'informateurs, lesquels semblaient unanimes : la princesse s'enfonçait dans la dépression. Otorhino (c'était l'un des nombreux surnoms du prince) avait renoué avec une de ses anciennes maîtresses, s'il avait jamais renoncé à cette liaison et, sans parler des effets secondaires de la maternité, la fureur de la jalousie ne déchirait pas moins la jeune épouse que ne l'accablaient la solitude et les contraintes que lui imposait la cour. La pauvre avait surpris une conversation téléphonique, racontait la rumeur, qui avait confirmé les doutes qui la torturaient en vérité depuis ses fiançailles : ces deux-là se voyaient toujours, les tourtereaux convenaient de rendez-vous secrets à la campagne, à la chasse (la princesse ne chassait pas, elle trouvait ce sport cruel) ; ils s'offraient de menus cadeaux (une boîte en nacre, des boutons de manchette avec leurs initiales entrelacées) ; se donnaient de petits noms tendres (Oto-rhino appelait sa maîtresse Gladys, allez savoir pourquoi : c'était une de ces Anglaises chevalines dont la moue altière ne pousse guère aux mignardises) ; elle les avait même entendus parler d'elle de la façon la plus humiliante, le prince étalait sans vergogne ses déboires conjugaux ; Gladys, la maîtresse, plus âgée que lui d'un an, prodiguait ses conseils avec une sagesse quasi maternelle ; et tout indiquait dans leur propos que ce n'était pas la première fois qu'ils discutaient de son sort… La princesse n'avait-elle pas attenté à ses jours peu avant d'accoucher ? L'accouchement lui-même s'était si mal passé ensuite, contrairement à ce qui s'était dit, avec des crises de vomissements et d'affolantes montées de fièvre, que l'obstétricien avait été sur le point de pratiquer une césarienne de manière à sauver au moins le futur héritier du trône. Car la princesse souffrait de boulimie nerveuse, c'était un secret de polichinelle, elle picorait dans les dîners officiels et, à peine revenue chez elle, s'empiffrait en cachette, se gavait de crèmes glacées, se bourrait de gâteaux au chocolat, de friandises pour l'apéritif qu'elle avalait à pleines poignées, et de toutes les cochonneries sur quoi elle pouvait mettre la main, avant d'éclater en sanglots, une plume d'oie au fond de la gorge, courbée sur la cuvette des toilettes. On imagine combien elle devait se haïr ! Les bibelots en Wedgwood avaient valsé contre les murs lors de leur dernier voyage en Écosse, le couple faisait désormais chambre à part, c'était de notoriété publique. Les époux n'étaient d'accord sur rien, même le prénom du bébé avait été l'objet d'orageuses tractations, Gladys et la reine ayant chacune leur opinion sur le sujet. La jeune femme passait de l'abattement à l'hystérie, voyait deux ou trois charlatans par semaine, dont une astrologue et un guérisseur mondain qui lui prescrivait des purges et lui faisait des lavements comme dans une comédie de Molière, de sorte qu'il serait plus facile dorénavant de « l'avoir aux chiottes » que dans les transports de la félicité. « Ce mariage est une tromperie depuis le début, s'emportait Jameson. Il serait peut-être temps de montrer les choses comme elles sont, et d'oublier les nuages et les petits oiseaux.

— Regardez-moi qui parle ! lança Hervé Pérennes, le photographe qui attendait son visa pour Bagdad. Comme si ça avait jamais gêné monsieur de bidouiller un reportage ! Tu fais la fine bouche maintenant ? »

À l'époque, les départements politique, social, charme et personnalités n'étaient pas séparés, comme ils le furent par la suite, et il y avait de fréquentes tensions entre les news et le people. Les reporters de guerre se considéraient comme l'aristocratie de la profession parce qu'ils traitaient de sujets sérieux et prenaient des risques, tandis que les autres, tel Jameson, paradaient avec leurs gros chèques : c'étaient leurs photos qui faisaient tourner l'agence, l'image d'une starlette au bras d'un nouveau fiancé vaudrait toujours cent fois plus cher que celle – archi-vue – d'un enfant à gros ventre pleurnichant sous les bombes.

Cela dégénérait rarement, mais cette fois-là, peut-être à cause de la chaleur de cette fin de journée, après que Jameson et Pérennes se furent lancé deux ou trois amabilités au visage, l'affrontement verbal se mua en empoignade. À court de répartie, comme les attaques se faisaient plus incisives et qu'il se voyait accusé en outre (sans l'ombre d'une preuve) d'avoir exposé à la lumière les rouleaux de pellicule que lui avait confiés un confrère, Jameson retrouva les réflexes de la rue, son genou et son coude partirent en même temps, et il ne fallut pas moins de quatre personnes pour le maîtriser, car il connaissait des coups vicieux et tenait à avoir le dernier mot. Quand ils furent séparés et bien éloignés l'un de l'autre, et qu'on eut remis en place les chaises et les papiers renversés dans la bagarre, un silence très inhabituel plana sur l'agence, pendant lequel tout le monde se dévisagea avec une sorte de curiosité hébétée, comme si chacun apercevait les autres pour la première fois. Cela dura une bonne minute, puis la salle de rédaction retrouva une activité normale, Calypso reprit son téléphone, tandis que le rédac chef demandait à nouveau, d'une voix à peine altérée, un volontaire pour Beyrouth :

« Alors, qui se décide ? »

*
* *

Jameson avait à l'agence son petit cercle d'aficionados qui lui pardonnait à peu près tout. Doursault, le directeur des ventes, était du nombre. Pas seulement parce que le photographe faisait plus de chiffre que les autres ; il l'appréciait sincèrement et il semble que c'était réciproque.

Ces deux-là traînaient ensemble en dehors du boulot. Ils allaient souvent jouer au flipper dans un café de l'avenue d'Iena, le Narval, où le vainqueur, c'était la règle, payait les consommations. Le gagnant doit toujours casquer, soutenait Jameson. Il avait entendu parler d'une tribu d'Amazonie, à moins que ce ne fût de Bornéo, qui entonnait ses chants de deuil après une victoire et offrait des plumes et du manioc aux ennemis dont elle avait triomphé ou plutôt à leurs survivants. Ça lui avait plu, il en avait tiré une sorte de morale.

De l'avis général, personne en tout cas, parmi ses relations professionnelles, n'était plus proche de lui que ce Doursault. Ils avaient intégré l'agence à peu près à la même époque, partageaient une même passion pour la moto, s'étaient prêté de l'argent dans leurs moments de dèche respectifs, se soutenaient invariablement si l'un ou l'autre avait des soucis avec la direction ou un collègue.

Quand je l'ai rencontré pour les besoins de mon enquête, des années plus tard, Paul Doursault avait quitté ses fonctions de directeur des ventes pour monter une affaire à lui, dans l'informatique, mais il se souvenait parfaitement de ce jour-là et de l'altercation qui avait opposé son ami (je crois bien que c'est la seule personne que j'ai entendue se vanter d'avoir de l'amitié pour Jameson) à Hugues Pérennes, le photographe de guerre.

J'ignore à quoi il ressemblait dans les années 80, mais le Paul Doursault que j'ai interrogé était un colosse gélatineux dont l'estomac passait par-dessus la ceinture, avec un visage aux traits flottants, auquel un bouc noir taillé au cordeau donnait tout son caractère, de sorte que je me suis demandé à un moment, pendant qu'il répondait à mes questions, qu'il devançait régulièrement tant il était content d'évoquer cette période de sa vie, ce qui resterait de lui s'il se rasait, s'il se transformerait en quelqu'un d'autre ou s'il se fondrait à jamais dans la grisaille de l'anonymat.

Ce jour-là, me disait-il, j'ai pris Max à part, après l'engueulade, et je lui ai fait la leçon. Il traversait une mauvaise passe, ses crises d'étouffement le minaient, il était évident que c'était à lui-même qu'il songeait quand il parlait de la boulimie et des nausées de la princesse. Il avait besoin que ça sorte. Il ne faut pas oublier, m'a expliqué Doursault, que même Bidi n'était pas au courant, à l'époque, de ce qu'il endurait ; nous n'étions que deux ou trois à savoir et il nous avait fait jurer de garder le silence... Le énième médecin qu'il venait de voir n'avait rien trouvé de mieux que de lui prescrire l'habituel cocktail de somnifères et de sédatifs, et Max avait refusé l'ordonnance et du coup de régler la consultation, arguant qu'il avait déjà pris les mêmes médicaments, avec le même dosage, ce qui avait eu pour résultat de le plonger dans un état cataleptique, propice aux montées d'angoisse, où ses crises l'assaillaient à une cadence et avec une intensité accrues. Il m'a fait écouter, m'a dit encore Doursault, la scène qu'il avait enregistrée sur le magnétophone qu'il gardait en permanence dans sa veste, sous sa pochette de soie. Le toubib montait sur ses grands chevaux, et lui : Non, monsieur, quand un garagiste n'est pas capable de réparer votre bagnole, il ne vous présente pas la facture, il n'y a pas de honte à donner sa langue au chat, c'est en tout cas moins grave que de masquer son incompétence en plaçant ses patients sous camisole chimique. Maintenant si vous préférez qu'on porte ça devant le conseil de l'Ordre… Le médecin avait fini par capituler, il devait avoir peur qu'on ne les entende de la salle d'attente, et Max jubilait : Tu aurais vu sa tronche ! disait-il. Ras le bol de la tyrannie du corps médical ! Il se sentait presque mieux, ce qui le faisait marrer, parce qu'au bout du compte ce médecin dont il avait refusé de payer les honoraires se révélait être le seul jusque-là à lui avoir fait un peu de bien. Tu ne crois pas que je devrais lui envoyer une boîte de cigares ? me disait-il. Mais pour en revenir à cet après-midi-là, j'ai longuement expliqué à Max, a poursuivi Paul Doursault, qu'il ne pouvait continuer à n'en faire qu'à sa tête, qu'on formait une équipe à l'agence et que, quand la rédaction le mettait sur un boulot, il ne pouvait se désister une fois sur deux sous prétexte que l'avion lui faisait peur et qu'il avait des états d'âme. Il devait se contrôler, il y arrivait bien auparavant, puisqu'il était allé aux Bahamas, sinon qu'il se fasse signer un arrêt de travail, afin que les choses soient claires. Ces prises de bec à répétition mettaient une sale ambiance à la boîte et lui faisaient du tort. Les autres allaient finir par lui voter un blâme, et trois blâmes, c'était l'exclusion, nous fonctionnions comme ça. On était au Narval, en face de l'agence et, tout en humant le contenu de son verre, Max hochait la tête, comme s'il prenait conscience de la situation et mesurait les conséquences de son comportement, mais au bout d'un moment, il m'a lancé, et j'ai compris alors qu'il n'avait absolument pas prêté l'oreille à mon petit laïus, il m'a lancé : Je viens de recevoir un coup de fil de Bidi, ce ne doit pas être mon jour, tu ne sais pas ce qu'elle m'a fait…

Et, levant son calva pour porter un toast, mi-rayonnant mi-paniqué : Mme Jameson est enceinte, je vais être papa !

*
* *

Du jour au lendemain, sans que personne ne sût pourquoi, ni qui en avait décidé ainsi, M. Joyeux devint un personnage de premier plan, dont il fallait s'occuper en priorité. Les ordres étaient tombés de très haut, du quai d'Orsay, peut-être de Matignon, et une cellule de recherche s'était constituée à la hâte dans notre succursale de la rue de Chazelles, à deux pas du parc Monceau, c'est dire toute l'importance qu'on lui accordait.

L'opération paraissait plutôt du ressort de la DST. Légalement nous ne sommes pas habilités à travailler sur le territoire national, mais si quelqu'un trouvait à y redire, notre direction pouvait toujours invoquer le « droit de suite », excuse commode dont usent tous les services lorsqu'ils outrepassent leurs prérogatives.

D'après ce qui se disait, la DST n'était au courant de rien, ni les RG, ni personne. C'était notre affaire et j'imagine que nos hommes n'étaient pas moins excités par son caractère de semi irrégularité – travailler en plein Paris – que par l'occasion qu'elle leur donnait de faire un pied de nez à nos grands rivaux. Des agents furent dépêchés par ailleurs à Genève, à Bruxelles et nos antennes américaines furent mises à contribution. Nom de l'opération : *Cheval de course*, par référence sans doute au haras que Richard Drouin désirait acquérir en Normandie.

Il s'agissait d'étoffer son dossier personnel, lequel se réduisait toujours à peu de choses ; et parallèlement de l'encadrer, de cribler ses contacts, de lui en fournir d'autres, de façon à préparer l'avenir. Le mot circula très vite que ce n'était pas une sinécure. Richard Drouin marchait énormément, jusque tard dans la nuit, avec une prédilection pour les rues silencieuses et désertes des beaux quartiers, où abondent les sens uniques.

Il était descendu à l'hôtel Concorde La Fayette, porte Maillot, au-dessus du Palais des congrès, une usine à touristes totalisant près de mille chambres et dotée d'entrées multiples. Nous en avions déjà une relative habitude, pour y avoir logé pas mal de clients. Pas moins de six équipes furent constituées cependant pour le suivre, écouter ses conversations, lire son courrier avant qu'il lui soit remis, et surtout vérifier en permanence qu'il n'était ni suivi ni écouté ni surveillé d'aucune manière.

Celui-qu'on-appelait-Dominique l'avait averti qu'il bénéficierait d'anges gardiens, sans lui indiquer toutefois l'entière étendue de leur mission, mais M. Joyeux devait bien se douter que nous ne nous contentions pas d'assurer ses arrières.

Leurs deux rencontres, l'une à son hôtel, l'autre dans le chinois de la rue Saint-Roch où lui avait été présenté Max Jameson, son futur agent de liaison, n'avaient été autorisées qu'après qu'on se fut assuré qu'il était « propre ». Tout le monde avait un peu paniqué quand on avait découvert que le restaurant choisi par le reporter pour se faire mousser était un piège à célébrités, mais il s'y trouvait peu de clients à déjeuner, par chance, et le contact s'était établi sans dommage.

Richard Drouin quittait le Concorde La Fayette aux alentours de huit heures du matin, vêtu de frais, le sourire avenant ; se promenait dans le bois de Boulogne jusque vers midi, toujours seul, en choisissant à chaque fois un itinéraire différent, poussant tantôt vers l'hippodrome de Longchamp, tantôt vers le parc de Bagatelle ; retournait se changer ; ne prenait ses rendez-vous qu'à partir du déjeuner et s'arrangeait le plus souvent pour se rendre à pied de l'un à l'autre ; faisait du lèche-vitrine dans les intervalles ; se douchait, se changeait à nouveau ; partageait ensuite ses soirées entre sorties mondaines et dîners officiels, à l'ambassade du Congo, à une réception de l'Unicef, aux noces d'argent d'un puissant investisseur panaméen, à un gala de charité en faveur des orphelins du tiers-monde (il semblait porter beaucoup d'intérêt à l'enfance défavorisée), où il était à peu près impossible de déterminer qui communiquait avec lui. Il errait ensuite dans les rues, un bleuet à la boutonnière de son smoking, sans but apparent, d'un pas qui trahissait l'ancien militaire, pour regagner son hôtel des heures plus tard. Ces déambulations nocturnes intriguaient beaucoup nos hommes, certains restaient persuadés qu'elles cachaient une embrouille. Seules dérogations à cette routine, il se rendit chez le Dr Abensur, son dentiste, avenue Hoche, le mardi ; et, le jeudi, il partit à l'aube pour Chantilly voir courir des chevaux ; puis, le soir du même jour, il dîna succinctement dans sa chambre (une omelette mixte, un verre de brouilly) où le rejoignit à 22 h 09 un jeune Philippin dont il avait négocié les services par téléphone : 800 francs. Prestation « normale », apprit-on par la suite, sans extra ni fioriture, plutôt expédiée (selon le rapport, l'*escort boy* quitta l'hôtel à 22 h 47, avec deux cents francs de pourboire pour faire le chiffre rond), et la cellule de la rue de Lauzelles en déduisit que M. Joyeux avait choisi ce moyen pour nous indiquer où allait sa préférence et nous faire connaître qu'il l'assumait sans problème.

Officiellement, pour tout le monde, jusque dans les étages proches de la direction générale, Richard Drouin était l'éminence grise des FAL, un envoyé spécial du général Patrice Malibo, censé aider la France à résoudre une crise dont la presse s'était faite l'écho, avant que la guerre civile ne dégénérât en catastrophe humanitaire : un Monsieur Bons Offices incontournable dans les négociations qui ne manqueraient pas d'avoir lieu. Il n'était absolument pas question encore de l'Iran ni des ayatollahs. On n'en trouve aucune mention à cette date. Il me paraît évident en tout cas que Celui-qu'on-appelait-Dominique n'était pas dans la confidence et que, s'il avait déjà des doutes sur la véritable nature de l'opération *Cheval de course* (j'en aurais eu à sa place), il avait la sagesse de les garder pour lui.

Danville-Crevon, le dimanche 11 juillet 1982

Au croisement du Rets, la Renault de location hésita entre deux chemins, s'arrêta un instant sur le bas-côté pendant que le passager relisait les indications notées au dos d'une enveloppe, puis prit à droite, avant de s'enfoncer dans une allée semée de gravats, dont l'herbe avait été dévastée par le passage répété de nombreux poids lourds.

« C'est sûrement là », dit M. Joyeux.

Ils avaient baissé les vitres et un bon air campagnard leur parvenait, plein d'effluves d'étable qui rappelaient à Richard Drouin les alpages de ses vacances enfantines, lui faisant souvenir d'étés en culotte courte, la gourde à la taille et le bâton de berger, qu'il avait taillé lui-même, retenu au poignet par un lacet de cuir. Même s'il prétendait le contraire, se déclarant en public « citoyen du monde », il restait très attaché à sa Suisse natale.

« Ça me plaît, dit-il à son compagnon. J'aime bien ce coin… Isolé, mais paisible. Il doit y avoir de belles balades. Oui, ça me plaît vraiment. »

Le chemin décrivait une demi-boucle autour d'une éminence plantée de hêtres. De grosses racines noueuses émergeaient du talus. L'une d'elles imitait la forme d'un corps masculin, gisant sur le flanc à l'abri d'un manteau de lierre. Sous un certain angle, l'illusion était saisissante, on voyait un tronc musculeux de guerrier antique, douloureusement tordu, la hanche reposant sur un rocher, et la bosse de l'épaule, d'où s'échappaient de jeunes pousses, comme percée de flèches.

Ils avançaient à dix à l'heure et les roues patinaient par

instants sur des plâtras, des fragments de briques. Enfin le rideau d'arbres s'entrouvrit et ils aperçurent la ferme des Villon, comme on continuait à l'appeler dans la région bien qu'elle eût changé de propriétaire.

C'était une longue bâtisse à un étage, toujours en chantier, que coiffait un haut toit pentu dont les ardoises neuves brillaient sous le soleil comme du métal poli. La construction n'avait rien de remarquable en soi, pour ce qu'on pouvait en voir, car un échafaudage bâché la cachait en partie, mais, érigée sur une hauteur dégagée, face à l'Est, elle jouissait indéniablement d'une vue superbe sur la vallée du Crevon.

Richard Drouin gara sa voiture de location à l'ombre d'un hangar de tôle ondulée, sous lequel étaient entreposés toutes sortes de matériaux de construction, des madriers, des portes houssées de plastique, des sacs de ciment, des cartons de carreaux de salle de bain. Le bruit irritant d'une scie électrique se faisait entendre par intermittence.

D'autres véhicules étaient parqués un peu plus loin, près d'un corps de ferme très délabré où jouaient des chatons, un semi-remorque boueux, chargé d'une bétonneuse, une moto dont les chromes étincelaient et, entre un monticule de sable et une baignoire à demi enterrée où poussaient des radis, une Fiat Uno blanche, toute neuve. L'autocollant fixé à l'arrière de la petite Fiat annonçait, en caractères de bande dessinée : ATTENTION DANGER ! CONDUCTRICE DÉBUTANTE, et il ne mentait pas, les feux de position étaient en miettes.

Le compagnon de voyage de M. Joyeux sortit un peigne de sa poche, se recoiffa devant le miroir du pare-soleil, mit des lunettes aux verres teintés et descendit le premier de la voiture, un gros panier de pique-nique en osier à la main. Les épaules larges, pas de cou, la démarche raide. Les manches retroussées de sa chemise montraient, dirait le rapport, des tatouages, un képi, une hache, indiquant qu'il avait appartenu à la Légion étrangère. Nombreux *points de mitard* sur les avant-bras ; chacune de ces marques correspond à une peine de cachot.

Des coups de marteau avaient succédé aux stridences de la scie. Ils provenaient de l'autre côté de la ferme, et les deux hommes entreprirent d'en faire le tour. L'ancien légionnaire marchait à la droite de M. Joyeux, un pas derrière lui, ralentissant quand celui-ci ralentissait, obliquant s'il obliquait, sans que ne variât jamais la position de l'un par rapport à l'autre, ni la distance qui les séparait.

Par endroits la terre à vif était striée d'empreintes de gros pneus crantés, comme un champ de manœuvres.

« Houhou ! Il y a quelqu'un ? »

Ils tombèrent bientôt sur une jeune femme en bikini turquoise qui bronzait sur une serviette, en bordure d'un champ en friche. Un casque de walkman sur les oreilles, elle balançait doucement la tête, les yeux clos, au rythme de la musique qu'elle seule pouvait entendre.

Le walkman, autre trouvaille de la décennie.

À l'ombre d'un auvent, deux hommes montaient un bâti de bois, torse nu. Ils posèrent leurs outils en voyant approcher des visiteurs, et l'un d'eux, en qui Richard Drouin reconnut le photographe, agita la main.

Bidi ouvrit les paupières et se redressa sur un coude. Un papillon voletait autour d'elle. Enfin elle daigna se lever et ôter ses écouteurs pour les présentations. Sa nonchalance passait souvent pour de l'antipathie. Le moindre geste, chez elle, semblait accompli à regret.

Richard Drouin, qui était coiffé d'un panama, se découvrit aussitôt. « Madame », dit-il, en lui effleurant le bout des doigts de la moustache, les talons joints. On ne lui avait encore jamais fait de baisemain jusque-là, du moins pas sérieusement, et Bidi dévisagea le petit homme comme s'il avait émis un bruit obscène.

*
* *

Bidi dirait ensuite qu'elle ne les avait pas « sentis », ni l'un ni l'autre et que ce n'était pas parce qu'ils avaient apporté un pique-nique royal, avec langouste mayonnaise et saumon en gelée, qu'elle eût dû leur sauter au cou ; d'ailleurs, elle n'aimait pas la « bouffe de traiteur », elle n'y avait pratiquement pas touché.

Le moustachu, dirait-elle encore, lui avait paru trop souriant, trop aimable, trop flatteur pour être honnête. Il s'esclaffait à tout bout de champ, content de lui, en représentation perpétuelle, forçant une bonne humeur qu'il espérait communicative : il lui rappelait un animateur du village de vacances d'Agadir où ils étaient allés en voyage de noces, lequel ne ratait pas une occasion de faire son numéro de boute-en-train, puis devenait désagréable, presque agressif, lorsque ses bouffonneries ne déclenchaient pas le rire qu'il escomptait. L'ancien légionnaire, Goran Truc-ovitch, elle n'avait pas retenu le nom, ne manquait pas de charme, comme souvent les brutes ; elle avait apprécié l'aplomb viril avec lequel il l'avait détaillée, de la pointe des cheveux jusqu'aux orteils, alors qu'il se montrait plutôt réservé au demeurant ; mais elle détestait son accent slave, ses ongles courts, sa façon de déglutir, de jouer avec la mie de pain sur la nappe, de fumer surtout en croquant les glaçons qu'il puisait au fond de son gobelet (le bruit de la glace que broyaient ses molaires, alors qu'il soufflait des volutes bleues par les narines), cent petites choses qu'elle n'avait plus en tête et qui ne faisaient sans doute sens que pour elle, mais tout son instinct, lequel la trompait rarement, lui conseillait de s'en méfier comme de la gale. Une partie de ce type semblait morte, se disait-elle, et pourrissait dans un recoin de son âme. Cela se remarquait au décalage entre l'expression de ses yeux malins et fureteurs, et celle de ses lèvres, des mandibules de cafard, animées de mouvements automatiques, comme s'il avait perdu le contrôle de cette partie de son visage. À un certain moment, tandis qu'il croquait ses glaçons en tirant sur une Gitane sans filtre, accroupi sur l'herbe, il l'avait mise presque mal à l'aise ; et en même temps, une fois encore, il la troublait, elle ne pouvait nier que les idées vicieuses que l'homme paraissait avoir en tête quand il la déshabillait du regard, et même le remuement mécanique de ses mâchoires, lui donnaient une excitation sourde, comme elle en avait rarement ressenti. C'est le genre d'individu, se disait-elle, qui peut pousser à commettre une folie, tout en sachant pertinemment qu'on la regrettera le restant de ses jours, et elle était furieuse que cet animal de Max l'eût invité à Danville-Crevon. Elle avait l'impression qu'il la mettait en danger, ainsi que l'enfant qu'elle portait. C'était la première fois, songeait-elle, qu'ils recevaient des invités chez eux, la première fois même que Max lui présentait des gens liés à son travail, à son existence parisienne, et ceux-là, qui allaient peut-être devenir leurs voisins et qui inauguraient en quelque sorte leur vie sociale, lui semblaient de mauvais augure, comme chargés de menaces. Très superstitieuse, Bidi se demandait si elle ne devrait pas brûler une cierge à sainte Roseline et arroser le seuil de la maison d'eau bénite en prononçant la prière contre le mauvais œil qu'elle tenait de sa grand-mère maternelle, je vous en prie, mon Dieu, vous le Médecin qui soignez et guérissez nos âmes, protégez votre servante de ses ennemis et faites retomber sur eux, sur leur descendance et sur leur bétail, le mal qu'ils lui promettent…

*
* *

Jeannot Gilloux, leur entrepreneur et ancien copain de classe, avec qui Max assemblait les montants d'une penderie à l'arrivée des deux hommes, ne partageait pas ce point de vue. « Tu exagères, arrête », répétait-il. Il les avait trouvés tous deux « assez sympas », avait passé pour sa part une excellente journée, et s'avouait plutôt embarrassé par les propos que tenait Bidi. Une femme, estimait-il, ne parle pas des hommes en ces termes, à plus forte raison si elle est enceinte, et surtout en présence de son mari, mais il n'insista pas dans cette voie, connaissant les risques qu'il encourait ; personne n'ignorait dans la région à quels excès Bidi pouvait se livrer quand on attisait sa mauvaise humeur.

« Moi, se reprit-il prudemment, le moustachu m'a bien amusé avec ses histoires.

— Tu dis ça parce que tu espères qu'il t'engagera pour ses travaux », rétorqua-t-elle en jouant avec la petite croix en or qu'elle avait autour du cou ; et ils en restèrent là.

Max ne disait rien. Assis sur une souche, il se tenait les côtes comme s'il avait froid et regardait dans le vide, c'est-à-dire dans la direction de Danville-Crevon, en contrebas, déjà plongé dans l'ombre et dont les premières lumières s'allumaient.

C'était une de ces interminables soirées d'été, poudrées de mauve et de vert-de-gris, où le jour semble ne pas vouloir mourir. On entendait les trilles d'un oiseau lointain. Pas d'autre bruit à la ronde, pas un souffle de vent dans les branches. Richard Drouin et son légionnaire venaient seulement de repartir pour Paris, dans l'espoir d'éviter les embouteillages du retour de week-end, et ils restaient tous trois au jardin, à s'interroger sur l'immuabilité du monde, Max sur sa souche, Bidi et Jeannot sur des chaises longues, incapables de se décider à rentrer à l'intérieur, ni à débarrasser la nappe à carreaux étendue sur l'herbe, que jonchaient les assiettes sales, les verres où flottaient des mégots, les barquettes huileuses livrées aux fourmis, les cadavres de bouteilles. Chacun s'enfonçait dans ses pensées. Peut-être étaient-ils un peu éméchés par tout ce qu'ils avaient bu au soleil, l'apéritif, le rosé du pique-nique, le magnum de champagne que Richard Drouin avait tiré triomphalement du coffre de la Renault au retour de la visite, et dont le gros corps noir flottait maintenant à l'envers dans la bassine en plastique où ils l'avaient mis à rafraîchir, faute de mieux.

Il faisait encore doux. Bidi avait sorti un pull, mais elle ne s'était pas résolue à l'enfiler et il traînait en boule à ses pieds, de sorte que Jeannot Gilloux pouvait croire, de là où il se trouvait, à un petit chien de compagnie attendant un signe de sa maîtresse pour lui bondir sur les genoux.

« Bon, je vais commencer à ranger », murmura-t-il, mais comme personne ne lui répondit, il ne bougea pas.

La visite s'était réduite à peu de chose, il n'y avait qu'une propriété à voir en vérité, le haras les Bluettes, à deux kilomètres de là, sans doute beaucoup moins à vol d'oiseau, et il avait été assez étonné d'ailleurs, ainsi que Jameson, en apprenant qu'il était en vente.

M. Joyeux avait arrangé le rendez-vous de Paris, grâce à l'aide d'une personne qu'il ne nommait pas autrement, s'adressant au photographe, que « notre ami commun » :

« Notre ami commun, disait-il à Max, a parlé à votre notaire, Me Nicolle. Je crains qu'il ne se soit permis de lui téléphoner de votre part, après notre petite conversation au restaurant chinois… »

Pour Me Nicolle, à ce qu'en savait Jeannot Gilloux, le dimanche était un jour sacré, et il avait été étonné à nouveau de découvrir que le notaire en personne, plutôt qu'un de ses clercs, les attendait devant la grille des Bluettes, sa serviette sous le bras, et par la soudaine déférence dont il faisait preuve.

Ils avaient pris deux voitures pour être à l'aise, la Fiat Uno blanche que Jameson avait offerte à Bidi, et la Renault que conduisait Richard Drouin (le légionnaire n'était donc pas son chauffeur, ainsi qu'on l'avait cru), et comme Me Nicolle avait sa propre Peugeot, et qu'ils remontaient au pas les allées du haras, leur procession avait eu l'allure d'un convoi funéraire.

Ni Bidi, ni Max, ni lui-même n'étaient jamais entrés aux Bluettes auparavant. Ils n'en connaissaient que ce que l'on en aperçoit de l'extérieur, la barrière blanche des enclos et le toit en poivrière de la tour qui dépasse d'une futaie de sapins. Louis de Bussy-Lignère, le propriétaire, que les vieux du canton appelaient encore Monsieur le prince, voire Votre Altesse, n'était pas du genre à frayer avec des gens comme eux.

Les sapins, qu'il ne pensait pas trouver sous cette latitude, enchantaient M. Joyeux.

Quand je l'ai interrogé pour les besoins de mon enquête, plus de vingt ans plus tard, Jeannot Gilloux ne conservait qu'un souvenir assez flou de la visite proprement dite : tant de choses s'étaient passées depuis. Tout ce qu'il se rappelait, c'est que les pièces de réception du rez-de-chaussée, avec leur parquet Versailles et leurs cheminées à trumeau, avaient fait la joie de Richard Drouin, mais que les chambres des étages en revanche, et surtout l'unique salle d'eau du manoir, car on ne pouvait vraiment pas parler d'une salle de bain, étaient dans un état de saleté et de délabrement à faire honte, même selon les normes de la campagne française de l'époque. La cuisine et ses dépendances ne valaient guère mieux. « C'est répugnant, s'indignait Richard Drouin, mais comment peut-on vivre comme ça ? »

Il fallait voir les toilettes : un trou malodorant, alors que les box des chevaux étaient relativement bien tenus. C'étaient de gros travaux, m'a dit Jeannot Gilloux, pour une petite entreprise comme l'était la mienne dans ces années-là, et j'avoue que j'ai un peu hésité lorsque M. Drouin m'a demandé si je pouvais m'en charger dans un délai assez court. On a toujours du mal à embaucher du personnel temporaire dans le bâtiment, et il y avait tout à refaire, l'électricité, la plomberie, sans parler du gros œuvre, car si la structure de la maison et des écuries paraissait plutôt saine, sans termite ni mérule, une infiltration avait pourri le plancher dans l'aile nord, où l'on s'était contenté de colmater les trous avec des bouts d'agglo. Ce n'était pas comme la ferme de Bidi, vous comprenez, où je pouvais me débrouiller avec un ou deux apprentis, en bricolant à mon rythme.

M. Drouin ne m'a pas proposé le boulot directement, s'est remémoré soudain Jeannot Gilloux. Il a d'abord demandé à Max s'il connaissait un entrepreneur de confiance, car il ne voulait pas le priver de mes services. Il était comme ça, toujours très correct. On ne pouvait pas se douter, à l'époque… Et pareil pour les sous. Quand je lui ai envoyé mon devis, j'ai reçu un chèque de provision par retour du courrier. Il ne discutait jamais une facture, avec lui c'était oui ou non, et il payait rubis sur l'ongle. À croire que ça le répugnait de parler d'argent. D'ailleurs j'ai été frappé, ce jour-là, ça me revient à présent, par le fait qu'il n'ait à aucun moment questionné Me Nicolle sur le prix du haras ; il se comportait comme si les Bluettes étaient déjà à lui, ou plutôt que la vente n'était qu'une formalité qui le concernait à peine ; nous nous sommes dit, Bidi et moi, que toute la transaction avait été arrangée à l'avance, depuis la capitale, par celui qu'il appelait devant Max « notre ami commun ».

*
* *

Nos hommes se servaient alors de caméras super 8.

Une fois le film développé, le Service ne fut pas long à identifier l'ancien légionnaire qu'on apercevait très nettement sur l'écran, toujours sur les talons de M. Joyeux, le panier de pique-nique à la main, à cinquante centimètres sur la droite.

J'ai retrouvé sa notice : Goran Slimovic, né le 27 février 1942, de père inconnu (probablement un soldat allemand), à Petrovaradin, dans la province serbe de Voïvodine, sur les bords du Danube. Émigre en France avec un oncle maternel quand il a douze ans. Arrêté à dix-neuf pour vol à main armée et association de malfaiteurs (non lieu), puis pour proxénétisme aggravé (six mois ferme). Entré dans la Légion en 1964, effectue ses cinq ans dans la 13e Demi-brigade stationnée à Djibouti, rempile pour trois, et se loue ensuite comme mercenaire au Congo, en Côte d'Ivoire, en Amérique centrale. M. Joyeux l'aurait tiré des griffes de la justice salvadorienne (il l'aurait même sauvé du peloton d'exécution, information dont la fiabilité était notée 70 sur une échelle de 100), d'où une relative confiance entre les deux hommes.

*
* *

Il avait plu enfin, les trottoirs fumaient encore, et pendant un instant la place de la Concorde, où se dressait la tribune présidentielle, parut lessivée à neuf. La poussière ne ternissait plus les voitures ni les frondaisons des arbres. L'air lui-même semblait exempt de pollution. Puis la chaleur revint.

C'étaient les derniers préparatifs sur les gradins d'où assisteraient au défilé, le lendemain, le chef de l'État et ses hôtes, membres du gouvernement et ambassadeurs étrangers. Sous le grand dais en aile de chauve-souris, un capitaine tatillon vérifiait l'alignement des chaises, indiquait d'un claquement de doigts une traînée de sciure, une empreinte de semelle, et les hommes de troupe s'empressaient de passer l'aspirateur sur la moquette.

*
* *

Jean-Luc Massard cherchait des yeux le numéro 6 de la place de la Concorde. Il était venu en métro pour gagner du temps et se dépêchait sous les arcades, craignant d'être en retard. Enfin il aperçut la double porte de verre, avec le nom du club inscrit en lettres d'or sur un linteau noir. Le hall ne correspondait guère à ce qu'il s'attendait à trouver à cette adresse prestigieuse : un couloir flanqué d'un long présentoir ultramoderne où trônaient des maquettes et des photos d'automobiles, un piston chromé, un tableau de bord de formule 1, qui eussent mieux convenu au stand d'un salon industriel. Après réflexion, il jugea cela du dernier chic.

On l'accompagna jusqu'à un petit ascenseur, il traversa un bar aux meubles de bois clair, puis on le conduisit, dans la grande salle à manger jaune, jusqu'à une table à l'écart des autres, près des fenêtres. Partout il ne voyait que des messieurs élégants et austères (aussi austères que le permettait la température estivale), rien que des hommes, l'accès du club étant interdit aux femmes ; leur présence n'était tolérée plus exactement qu'à l'étage du dessus et à certaines heures.

Philippe Welser se leva dès qu'il l'aperçut. « Chers amis, permettez-moi de vous présenter Massard, des Finances. » En plus du compagnon de Camille Candereans, il y avait là deux autres conseillers du chef de l'État, de ceux qu'on surnommait les Petits Marquis de l'Élysée, parce qu'ils faisaient la loi dans les ministères, un sénateur long et maigre et trois hommes d'un certain âge, la rosette de la Légion d'honneur à la boutonnière, dont la fortune devait totaliser pas mal de dizaines de milliards et qui étaient d'anciens compagnons de route du président pour employer une expression chère aux médias.

Jean-Luc Massard fut rassuré de constater qu'il n'était pas le dernier. L'ultime convive arriva dix minutes plus tard, alors que le maître d'hôtel distribuait les menus. C'était un Italien flamboyant, d'une quarantaine d'années, dont les cheveux ondulés rebiquaient sur le col d'une chemise à larges rayures roses et vertes, rayures dont sa cravate reprenait les tons. Il avait la peau lumineuse que donne la pratique régulière des soins de beauté. « Je suis Florio Mazetti », dit-il en serrant les mains, comme si cela voulait tout dire.

Par la fenêtre, Jean-Luc Massard apercevait l'Obélisque,

les grues du Génie qui soutenaient le chapiteau de la tribune présidentielle et dans le fond, de l'autre côté de la Seine, le fronton de l'Assemblée nationale, piqué de son drapeau tricolore. Pendant un moment, à l'abri derrière son menu, il se contenta de jouir de sa simple présence à cette table, parmi ces personnages qui comptaient parmi les plus puissants du pays. Il avait l'impression que la salle entière n'avait d'yeux que pour leur groupe et crut même entendre quelqu'un, dans son dos, s'enquérir de son identité.

Le sénateur et les anciens compagnons de route discutaient programme de vacances, voilier, maison d'Antibes et villa en Corse. L'endroit où il passerait son mois d'août en famille n'intéressant personne, Jean-Luc Massard laissa à nouveau ses yeux dériver au dehors. La fenêtre attirait son regard, il ne pouvait s'empêcher de penser que de là où on l'avait assis, en d'autres temps, il eût assisté commodément au spectacle de Louis XVI, de Marie-Antoinette, de Robespierre montant à la guillotine. Philippe Welser, que le maître d'hôtel appelait par son nom, le poussait depuis un moment à s'inscrire dans ce club aux traditions centenaires où, disait-il, en plus de l'exquise salle à manger, du théâtre, des salons de lecture et de billard, on pouvait profiter d'une des plus belles piscines de Paris, conçue par Gustave Eiffel, d'une salle d'escrime, d'un sauna bien entendu, et surtout d'un havre de paix incomparable, puisque les femmes n'y étaient pas admises. Si Sonia essaie de te joindre au téléphone, lui avait-il expliqué d'un air complice, on lui répondra toujours que tu te trouves dans les murs, que tu y sois ou pas, mais qu'on a du mal à te localiser. Peut-on rêver meilleur alibi ? Il ne lui avait rien dit de la qualité des gens qu'on y côtoyait, car elle allait de soi. Le montant de la cotisation annuelle était malheureusement en rapport ; les seuls frais d'admission équivalaient à deux mois de son salaire aux Finances, mais Philippe Welser avait balayé l'argument en rétorquant que « pour eux » il y avait toujours moyen de s'arranger et qu'il se faisait fort de lui trouver un sponsor en plus des deux parrains qualifiés qu'exigeait le règlement du club.

« Et pour M. le sénateur ?

— Des asperges. Et le suprême de volaille.

— La même chose.

— J'hésite », soupirait l'Italien, tandis que Jean-Luc Massard admirait la façon dont ces hommes ne disaient jamais au personnel ni s'il vous plaît ni merci, sans pour autant paraître impolis. Cela tenait à quelques nuances d'expression, un regard, l'ombre d'un sourire, qui les dispensaient des frais ordinaires ; mais quand il s'y essaya à son tour, il se trouva si peu convaincant qu'il se rattrapa par un merci bien qui lui fit sentir combien de chemin il lui restait à parcourir.

Il était là pour passer une sorte de test, il n'était pas dupe, qui allait bien au-delà de son inscription au club. Philippe Welser avait évoqué un groupe d'échanges et de réflexion, une association informelle de gens « de bon aloi », de décideurs qui « pensent comme nous », pouvant voir plus loin que les directives du parti, capables d'anticiper, un comité de citoyens responsables, où les qualités les plus appréciées, outre l'indispensable sens de la nation, étaient l'imagination et le réalisme : l'Italien et lui-même devaient faire la preuve qu'ils méritaient d'en être.

En attendant que fussent servies les entrées, les compagnons de route se donnaient des nouvelles de leurs affaires respectives sur le même ton de supériorité paisible que lorsqu'ils vantaient les mérites de leur villa ou de leur yacht, discutant offres publiques d'achat, citant le nom d'une société cible sans baisser la voix, comme si le délit d'initié n'existait pas dans leur monde, parlant prêts intragroupes et opérations d'investissements croisés avec autant d'acuité que de désinvolture.

De là on en vint à la politique, et à plusieurs reprises Jean-Luc Massard crut mal entendre. Plutôt que de dénoncer les résistances au changement et réclamer une radicalisation du pouvoir, ils usaient de la rhétorique de l'opposition, mettaient en garde le gouvernement contre les dangers d'une augmentation excessive des salaires, critiquaient les dépenses publiques au nom de la priorité de l'emploi, prédisaient une montée de l'inflation, un doublement du chômage, insistaient sur l'impossibilité où se trouvait l'État de donner aux entreprises nationalisées les ressources en fonds propres nécessaires à leur développement : ces hommes de gauche se plaignaient, en un mot, que le train des réformes allât trop vite. C'étaient là, dans l'ensemble, une idée qu'il défendait lui-même (il s'en était un peu ouvert devant Julie Wassermann et Philippe Welser), mais il n'aurait jamais osé l'exprimer avec autant de vigueur en public.

« Vous boirez du vin, monsieur ?

— Rouge, merci », répondit-il, avant de se mordre la lèvre.

Il craignait qu'on ne l'interrogeât en premier et, comme s'ils participaient tous deux à une espèce de compétition, redoutait en même temps que l'Italien lui coupât l'herbe sous le pied. Deux fois celui-ci avait déjà réussi à faire rire. Il faut dire qu'avec son accent chantant et les non ? exotiques dont il ponctuait ses phrases, la moindre banalité prenait sur ses lèvres une saveur délectable.

*
* *

« Savez-vous ce qu'ils disent de la France socialiste, aux États-Unis ? Que ce ne sont pas les chars russes qui sont arrivés chez nous en 1981, mais deux millions de chômeurs. »

Comme il lisait lui aussi la presse étrangère :

« Nous avons pris trop de retard sur les réformes structurelles par rapport à nos voisins », avança Jean-Luc Massard avec précaution.

Les treize mois qu'il avait passés au cabinet du ministre l'avaient aguerri aux débats, à la controverse, auxquels le professorat l'avait déjà bien préparé. Il savait désormais dicter plusieurs lettres à la fois qu'il n'était pas nécessaire de relire ; assimiler un dossier en une heure ; improviser un long discours sur n'importe quel sujet ; trouver le ton qui flatte, la petite phrase qui fait mouche. Mais là, ils allaient très vite, trop peut-être pour ses aptitudes.

« Vous avez publié une analyse de la théorie de Keynes.

— Je suis flatté que vous la mentionniez, c'était un tout petit essai, une plaquette…

— Vous ne sortez pas de l'École nationale d'administration, n'est-ce pas ?

— Non, j'ai suivi le… »

La théorie à laquelle il était fait allusion, théorie inspirée des néo-keynésiens, néo-monétaristes, plutôt que de John Maynard Keynes lui-même, était enseignée à l'ENA ; c'était même l'un des fondements de la théorie macro-économique officielle, à droite comme à gauche. Elle soutenait en gros qu'un accroissement des dépenses de l'État, et donc de son déficit, était automatiquement source de création de richesses, de croissance économique et de plein emploi : quand baisse la consommation des ménages et que les investissements privés se révèlent insuffisants, préconisait-elle, le gouvernement doit prendre le relais, de façon à freiner la récession. À l'époque où il enseignait encore à l'école des Mines, Jean-Luc Massard en avait stigmatisé les dangers en une centaine de pages où abondaient les notes, insistant sur les effets pernicieux de son application et le rôle majeur de l'incertitude en économie.

« Vous êtes pourtant d'accord qu'il ne peut y avoir de société socialiste sans propriété collective des grands moyens de production, d'échange et de recherche ?

— J'en suis convaincu.

— Comment conciliez-vous alors vos vues et la poursuite de vos idéaux ? »

Ce compagnon de route-là n'avait apparemment pas lu l'ouvrage qu'il avait écrit sur la théorie de Keynes.

« En modulant, et en pariant sur la rationalité des acteurs », répondit-il, ce qui lui valut une série de hochement de têtes qu'il estima très positifs.

« Au fait, dites-moi, Massard, comment jugez-vous votre ministre ? »

*
* *

Ils avaient fait du bon travail, qu'on ne lui fasse pas dire ce qu'il ne pensait pas ; le gouvernement, dans son ensemble, avait fait de l'excellent boulot.

Sous l'impulsion du chef de l'État autant que du garde des Sceaux, ils avaient fait voter l'abolition de la peine de mort ; la décentralisation était en cours ; ils avaient régularisé trois cent mille clandestins ; avaient conclu entre le patronat et les syndicats un protocole sur la durée du travail prévoyant une semaine de trente-neuf heures et la cinquième semaine de congés payés ; avaient promulgué dans la foulée une ordonnance sur la retraite à soixante ans (cinquante-sept pour les fonctionnaires) et instauré le chèque-vacances ; et fait adopter la loi autorisant la création de radios privées, à condition que la publicité y soit interdite ; et prévu le lancement d'une quatrième chaîne de télévision, payante celle-ci ; ils avaient surtout, conformément aux termes du programme commun, entrepris la grande œuvre de nationalisation des banques, compagnies financières et industries lourdes, poursuivant ce qu'avaient commencé le Front populaire en 1936 et le général de Gaulle lui-même à la Libération.

Bien sûr, tout n'allait pas sans accroc. La dette publique s'aggravait de façon vertigineuse. Malgré le succès de l'emprunt national et une rigoureuse augmentation des taxes, les coffres étaient à sec. L'indemnisation des nationalisés s'élevait à trente-neuf milliards de francs, et l'Impôt sur les grandes fortunes qu'ils avaient instauré se révélait d'autant moins productif qu'il déplaisait aux principaux contribuables. Ceux-là préféraient massivement mettre la clef sous le paillasson et partir pour l'étranger : on avait dû imposer un resserrement sévère du contrôle des changes, et porter à 22 % le taux directeur de la Banque de France pour juguler une hémorragie de devises qui atteignait par moments les six cents millions de dollars par jour.

« Oui, peut-être sommes-nous allés un peu vite en besogne, admit Jean-Luc Massard. À cause de la pression de la base et des communistes. Mais la situation est loin d'être désespérée. »

Il faut savoir « gérer la durée », dit-il encore, et la formule plut beaucoup.

« Dites-moi, Massard, que pensez-vous de l'Iran actuel ?

— Je vous demande pardon ?

— Les ayatollahs, la révolution islamique, le conflit avec l'Iraq, ce genre de choses... Vous avez bien une opinion ?

— Je dirais que malgré nos différends actuels des liens très anciens unissent nos deux pays... Ce n'est pas un hasard si, avant la chute du Shah, et bien que celui-ci fût notre allié, le Guide suprême a choisi la France comme terre d'exil. Maintenant...

— Continuez. »

Le sénateur et les compagnons de route déroulaient leurs questions sans ordre apparent, le bousculant parfois, mais il y avait sûrement de la logique dans leur façon de procéder. Les conseillers du Château intervenaient rarement, sinon à la manière d'arbitres ; ils devaient compter les points. Puis arriva le plat principal, et quand les garçons se furent éloignés, ce fut au tour de l'Italien de passer sur la sellette.

Son cas était différent, il avait des projets dans le cinéma, des projets internationaux qui devaient le conduire jusqu'à Hollywood où il rachèterait les plus grands studios, c'est-à-dire les outils de propagande les plus performants – et les plus lucratifs. « *Benissimo, allora*... Nos idées prendront vie en technicolor sur tous les écrans du monde, non ? » Sa carte de visite lui donnait pour adresse le siège romain de l'Internationale socialiste, il était franc-maçon (il ne s'en cachait pas) et tout le monde le tenait pour un financier de premier ordre, un visionnaire, un véritable magicien.

Jean-Luc Massard ne prêtait qu'une oreille distraite à ses élucubrations. Ai-je réussi l'examen de passage, se demandait-il ?

On ne revint vers lui qu'au dessert. « Quelle marque d'automobile conduisez-vous ? » voulait savoir le sénateur qui devait parrainer son éventuelle admission au club. Ce fut la dernière question qu'on lui posa en propre.

*
* *

Tout au long de la nuit de mardi à mercredi, qui était pour les musulmans la vingt-deuxième du mois de Ramadan, les stations d'écoute enregistrèrent un très fort accroissement des communications codées dans la région du golfe Persique. Les ondes bourdonnaient en Iran, en Iraq, et même si l'on ne comprenait pas tout, les services de renseignements eurent vite la certitude que les chances d'un cessez-le-feu, auxquelles voulaient encore croire une poignée d'optimistes, étaient désormais réduites à néant.

Les images satellites, d'assez bonne qualité grâce à des conditions météo favorables, montrèrent à l'aube que les troupes fanatisées de la République islamique avaient pénétré d'une bonne dizaine de kilomètres à l'intérieur du territoire irakien et que, malgré de fortes pertes, elles convergeaient en direction de Bassora, deuxième ville du pays, dont la presse ne manquerait pas de mentionner, dès que serait retransmise la nouvelle, qu'elle était tout aussi célèbre pour ses dattes et ses roses que pour son complexe pétrolifère ; c'était aussi le port légendaire d'où Sinbad le Marin s'était embarqué pour l'aventure.

Le front sud, qui s'étendait des rives du golfe Persique jusqu'aux contreforts de la chaîne du Louristan, avait été enfoncé en deux endroits, après un long pilonnage aérien. Sur ces grands paysages plats et désertiques, les colonnes de fumée noire des puits incendiés et, celles plus modestes des baraquements et des chars détruits, faisaient curieusement penser aux arabesques d'anciennes calligraphies. D'après les premières analyses des images, cent mille hommes environ participaient à l'offensive. On entrait dans une nouvelle phase de la guerre.

Nos interprètes, convoqués à la Centrale du boulevard Mortier au beau milieu de la nuit, interrogeaient les ondes sans relâche, le gobelet de café à la main. Téhéran affirmait avoir anéanti deux divisions, une brigade blindée, et que dix mille soldats ennemis étaient tués ou capturés. « Habitants de Bassora, claironnaient les mollahs, accueillez vos frères iraniens en coupant les mains de vos dirigeants. Soulevez-vous, nous sommes venus sauver votre pays au nom d'Allah et vous sauver vous-mêmes ! » Enfin l'allocution du Guide suprême : « En cette nuit de Ramadan consacrée à la prière, les combattants de l'Islam marchent sur le glorieux chemin qui, à travers l'Irak, conduit jusqu'à Jérusalem d'où nous chasserons les Sionistes ! » Puis les combats s'interrompirent, comme se levait le soleil, en raison du jeûne rituel et de l'élévation de la température. Même investi d'une mission divine, il est difficile de se battre sans boire ni manger quand le thermomètre indique quarante-cinq degrés à l'ombre.

Paris, le mercredi 14 juillet 1982

« Vive la République ! » crièrent sept fois de suite les sept mille marins de l'escadre de Méditerranée. Les drapeaux claquaient, des panaches de fumée blanche sortaient de la gueule des canons, et dans la lumière radieuse du matin, sur les flots d'un bleu tranquille, la flotte militaire française pouvait passer pour la plus belle sinon la meilleure du monde.

L'Alouette de la télévision survola les trente-trois bâtiments qui participaient à ce défilé d'un genre inédit. Elle effectua un large virage, pendant lequel on aperçut au loin, un moment, la rade de Toulon voilée de brume, puis elle s'éleva très haut dans les airs afin d'offrir au téléspectateur une vue d'ensemble : nos deux porte-avions, avec leurs ponts striés d'hélicoptères et de chasseurs-bombardiers, tels des joujoux dans une vitrine de Noël, et le pointillé blanc de l'équipage au garde-à-vous, et les sous-marins nucléaires entourés de leurs unités de soutien, les frégates de toutes sortes, les navires de débarquement, les chasseurs de mines, et un pétrolier-ravitailleur, une corvette de défense, un bâtiment porte-chars dont on apprit qu'ils feraient tous trois route vers le Liban dans les semaines à venir.

Décidément, le nouveau président de la République avait à cœur de se distinguer. Pour la première fois au cours de notre histoire le défilé qui commémore la prise de la Bastille aurait lieu dans la soirée (il débuterait à 21 h 45, très exactement), tandis que la matinée serait consacrée à la marine, qu'on voyait trop rarement à la parade, ainsi que le rappela le commentateur.

M. Joyeux trouvait l'initiative excellente.

Les cheveux encore humides de la douche, une serviette autour de la taille, il buvait son café debout, bien campé sur ses gros mollets au milieu de sa chambre du Concorde La Fayette, en fixant d'un œil gourmand l'écran de la télévision. Une frégate au blindage anguleux avait spécialement fière allure et il sut gré au cameraman de zoomer sur le système de missiles Exocet et les tourelles des canons de 100. Il disposait là, grâce à cette retransmission, d'un magnifique catalogue animé où les Iraniens n'auraient qu'à faire leur choix.

*
* *

Une Gauloise éteinte aux lèvres, Celui-qu'on-appelait-Dominique n'applaudissait pas moins le spectacle. Lui aussi regardait le défilé naval avec un sentiment de profonde satisfaction ; on ne ferait jamais trop vibrer la fibre patriotique des Français à son goût.

Il apercevait à l'écran le Grand Sphinx socialiste, qu'accompagnaient son Premier ministre, son ministre de la Défense, les chefs d'état-major des Armées et de la Marine, et son chef d'état-major particulier. Tous se tenaient auprès du commandant sur la passerelle supérieure du *Georges-Leygues*, « première corvette d'une série de sept bâtiments à vocation anti-sous-marine, dotée du nouveau système d'autodéfense de missiles Crotale », lisait le commentateur.

Pour Celui-qu'on-appelait-Dominique, cette journée fériée était la première depuis plusieurs semaines qu'il pouvait passer sous sa véritable identité, à son véritable domicile, rue Blomet, un 60 m^2 qu'il louait à une cousine de sa mère. Il déambulait en caleçon dans son living meublé façon caserne (on commençait à dire high-tech), comme n'importe quel citoyen lambda. Ce n'est pas parce qu'on appartient au Service qu'on n'a pas droit à une vie normale de temps à autre. Après la retransmission il se rendrait à sa salle de judo, où il s'entraînerait jusque vers le milieu de l'après-midi, puis il irait au cinéma avec Patricia, une blonde au sourire prometteur que sa sœur Jackie lui avait présentée un dimanche du mois passé, lors d'un anniversaire. Ils s'étaient surtout parlé au téléphone jusque-là et il espérait que le film qu'ils avaient ensemble décidé de voir, un thriller politique couronné par la Palme d'or à Cannes, ne découragerait pas la jeune femme d'aller faire la fête ensuite sur les Champs où se pressaient déjà des milliers de badauds.

Patricia Hourtoule ne le connaissait que sous son vrai nom, puisqu'il l'avait rencontrée par sa sœur, d'où la rareté de leurs rencontres. Il lui avait dit travailler dans un service juridique de l'Armée, ce qui n'était pas tout à fait faux. « Un militaire ? » s'était-elle étonnée. Elle-même venait d'être engagée par un cabinet d'architecte et, à vingt-neuf ans, affichait un passé irréprochable. Il avait demandé la petite enquête, sécurité oblige.

Patricia Hourtoule... Il ne se rappelait plus très bien ses traits, à vrai dire, quoiqu'il eût beaucoup pensé à elle. Pourvu, se disait-il, que je ne sois pas déçu.

Il allumait sa cigarette lorsque retentirent les accords de la Marseillaise. Il faillit se raidir au garde-à-vous dans un mouvement réflexe. À l'écran, la frégate amirale mettait cap à l'Est, naviguant entre le rivage et la ligne des escorteurs d'escadre, avisos et unités de débarquement. Bientôt commença le défilé aérien des Lynx et des Super Frelon, suivis par les Fouga, les Crusader, les Étendard.

Ce président qui leur avait fait craindre que la France fût livrée aux bolcheviques montrait au fond, même s'il n'avait guère de sympathie pour le Service, qu'il était apte à commander la nation. Levant un menton impérial vers l'azur du ciel, grisé par toute cette puissance de feu suspendue à ses ordres, il paraissait au moins en avoir le goût.

Tout le monde avait été catastrophé chez nous quand, l'an passé, fidèle à ses promesses, il avait refusé que fussent armés les aéronefs présentés au Bourget, rendez-vous majeur des professionnels de l'armement. Sachant d'expérience que les pacifistes sont toujours manipulés par Moscou, nous redoutions le pire : la manifestation ressemblait à un salon de l'Agriculture privé de ses animaux, à un cassoulet végétarien, à un baiser sans la langue. Mais il s'était rattrapé depuis et jouait proprement son rôle de chef suprême des armées : ce 14 juillet d'un nouveau type en apportait la démonstration.

Pour un officier comme Celui-qu'on-appelait-Dominique, c'était très motivant.

Il regarda l'émission jusqu'au bout, c'est-à-dire jusqu'au moment où le Grand Sphinx, engoncé dans un gilet de sauvetage orange, prit place dans l'hélicoptère WG-13 qui devait l'emmener à Hyères, d'où il regagnerait Paris pour la suite de la célébration.

À côté de lui, reconnaissable à son crâne dégarni et sa barbichette blanche, s'installa son chargé de mission et ami, qui n'avait pas été filmé jusque-là. Il n'apparut à l'image qu'une seconde, alors qu'il se débattait avec la ceinture de sécurité de son siège, et Celui-qu'on-appelait-Dominique se pencha vers le poste, comme s'il pouvait y trouver une réponse aux questions qui l'avaient agité toute la semaine. L'homme était un ancien médecin militaire, résistant médaillé dont le président avait fait son collaborateur le plus proche, en charge notamment des dossiers sensibles, le Moyen-Orient, l'Afrique. Il possédait officiellement le titre douteux, qu'il conserva jusqu'au jour de son suicide, quelques années plus tard, de président du Comité des chasses présidentielles. C'était aussi un interlocuteur privilégié du Service, un de nos rares défenseurs au sein du gouvernement. Sous le nom de code de M. Leduc, il avait dirigé le réseau dormant Arc-en-ciel mis en place par l'OTAN, dans le cadre de l'opération Gladio, vaste réservoir occulte de résistance contre les communistes… Ce pouvait être lui, se disait Celui-qu'on-appelait-Dominique (à force de retourner des hypothèses, il avait sa petite idée ; mais comment en aurait-il jamais confirmation, quand ces ordres-là ne sont pas donnés par écrit, qu'ils se bornent le plus souvent à une simple suggestion ?), oui, ce pouvait être lui l'initiateur de l'opération Cheval de course.

*
* *

Chez les Massard, on ne regardait pas la télévision, divertissement pernicieux, nocif aux enfants.

Jean-Luc Massard écoutait la radio dans son bain, une émission de variété française. Les défilés militaires ne l'intéressaient pas, il éprouvait une sorte d'hostilité teintée de mépris pour tout ce qui portait l'uniforme et il entendait profiter pleinement de cette matinée de repos. Il se boucha les narines, ferma les yeux et enfonça sa tête sous l'eau en lâchant des bulles.

Dans leur chambre, en slip et soutien-gorge, sa femme se faisait les ongles. Après les avoir arrondis à la lime, elle déballa le flacon de vernis acheté la veille, puis, commençant par l'auriculaire, étala une première couche de laque rouge.

Sa mère, qui devait garder les enfants, n'allait pas tarder, elle avait promis d'être là avant midi.

Sonia Massard jetait de fréquents coups d'œil à la robe de cocktail, enveloppée d'une housse immaculée, qu'elle avait pendue à la porte de l'armoire en tordant un peu le crochet du cintre. Les deux C entrecroisés qui étaient le sigle de la marque se détachaient en noir, idéogramme prestigieux autant qu'intimidant. Toujours prompt à s'énerver, Jean-Luc s'était écrié, quand elle la lui avait montrée : « Qu'est-ce que c'est que ça ? Mais tu es folle ! » Et elle l'avait fait marcher un moment, pour le plaisir de le voir monter sur ses grands chevaux, avant de lui raconter comment, d'un simple coup de fil, son amie Camille Candereans lui avait ouvert les portes du service de presse de la maison de couture où l'on s'était dit enchanté de lui prêter les vêtements de son choix. Tout ce qu'elle avait essayé ne lui allait pas, parce qu'elle n'avait pas la maigreur maladive des mannequins de défilé, mais elle avait tout de même trouvé deux ou trois choses à sa taille, avant de se décider pour cette merveille d'organdi, d'un bleu très pâle, dont il valait mieux ne pas chercher à savoir combien elle coûtait en boutique.

« Ils m'ont aussi prêté les bijoux qui vont avec.

— Ah oui ? Et ils t'ont fait signer un…
— Je leur ai laissé mon nom.
— Mais… tu vas tout rendre ?
— Camille m'a dit qu'elle rendait les choses une fois sur deux. Ou sur trois. En général, elle conserve les basiques, ce qu'elle est sûre de porter souvent.
— Les gens de la maison de couture ne lui envoient pas les huissiers ?
— Je suppose que ça entre dans leur budget publicitaire. Ne t'en fais pas, ils y trouvent sûrement leur compte. D'ailleurs tout le monde en profite… D'après Camille, une de tes camarades de la Culture ne se contente pas de garder ce qu'elle emprunte. Elle en revend les trois quarts pour arrondir ses fins de mois. Les attachées de presse sont au courant. Ça doit représenter un paquet de billets, mais que veux-tu qu'elles disent ? Personne n'a envie de se mettre à dos une huile du gouvernement.
— Toi, en tous cas, tu vas me faire le plaisir de rapporter ça demain.
— Arrête de me donner des ordres.
— Sonia, s'il te plaît !
— Tu entends comment tu me parles ? Je n'ai pas douze ans.
— Je veux juste que tu…
— Tu me fatigues avec tes principes. Ça ne te dérange pas d'appeler la Préfecture pour faire sauter tes PV, ça ne te dérange pas de trafiquer les feuilles d'impôt de tes petits camarades, mais dès qu'il s'agit de moi, alors là !
— Écoute, écoute-moi bien…
— Et ta copine Julie Wassermann, comment crois-tu qu'elle fasse pour ne jamais porter deux fois la même robe, hein ? Pour être toujours fringuée comme une poule de luxe ?
— Qui ? Julie Wassermann ? Je ne vois pas le rapport… D'abord, cette femme n'est pas ma *copine*, comme tu dis.
— Ah non ?

— Non !
— D'accord.
— C'est une collègue du ministère. Une collègue qui va nous quitter à la rentrée, soit dit en passant. Madame veut entrer dans le privé, figure-toi…
— Je t'ai dit d'accord.
— Qu'est-ce que tu insinues ? Parce que, franchement, si tu veux que…
— Je n'insinue rien. Rien du tout, laisse tomber… Tu n'es pas curieux de voir comment elle me va, cette robe ?
— Si, bien sûr… Tu vas mettre quelque chose en dessous ? Ça m'a l'air très transparent.
— On ne verra pas ma chatte, si c'est ça qui t'inquiète.
— Bon Dieu, mais qu'est-ce qui te prend aujourd'hui ? »

Pour une fois qu'ils avaient l'occasion de sortir ensemble… Elle secoua ses doigts pour faire sécher le vernis. L'index gauche méritait une retouche. C'était étrange, le pouvoir de ce rouge : elle ne reconnaissait plus ses propres mains.

*
* *

Les premiers invités arrivaient, guidés par les policiers en gants blancs. Quelques privilégiés se faisaient déposer devant la grille par leur chauffeur, les autres descendaient d'un pas nerveux le trottoir interdit de cette portion du faubourg Saint-Honoré.

Max Jameson caressa l'idée de franchir le barrage de sécurité sur sa Norton, puis alla sagement garer la moto entre les marronniers du terre-plein de l'avenue Marigny. Il avait renoncé à ses baskets et mis des souliers cirés du matin. « Pas pu refuser, avait-il dit à Bidi au téléphone. Il n'y a personne à l'agence. C'est ma bonne œuvre du mois. » Il attacha son casque à la chaîne, fit bouffer la pochette de soie qui était devenue sa marque distinctive, aussi indispensable à son personnage que le melon et la canne à la silhouette de Charlot, puis se dirigea à son tour, son sac à l'épaule, vers le bâtiment pavoisé.

En ce temps-là, seuls les officiels avaient le droit de passer par la cour d'honneur, bordée d'orangers en pots. Les autres étaient priés d'emprunter la petite rue d'aspect très britannique qui longe le flanc gauche du palais, par où on entre directement dans les jardins. Là-bas, c'était déjà la bousculade. Des confrères mitraillaient l'arrivée d'un couple de comédiens de boulevard qui prenait l'air désinvolte. Jameson se laissa fouiller tout en photographiant mentalement ses confrères au travail, et il ne lui en fallut pas davantage pour que son œil et ses doigts le picotent : si cet après-midi ne lui rapporterait pas grand-chose, financièrement parlant, il lui offrait l'occasion de se défouler pendant quelques heures, derrière le rempart de ses appareils – et là, se disait-il, je suis partant !

Il commençait toujours par s'échauffer, tel un coureur avant de gagner les starting-blocks, faisait quelques images pour rien, les gardes républicains, l'huissier à la chaîne dorée, une présentatrice de la météo qui agitait son invitation comme si elle disait adieu à un parent resté à quai, la femme d'un académicien en train de se décrotter une narine ; puis, une fois accoutumé à la luminosité du viseur, ayant son cadre en tête, Jameson accomplissait sa métamorphose, il devenait léger, aérien, quasi transparent, un papillon, une ombre : il pouvait alors vous coller impunément son objectif sous le nez (l'épouse de l'immortel ne le remarqua pas), ou monter sur une chaise, une table, escalader une balustrade pour vous prendre en plongée, sans que nul ne songeât à le rappeler à l'ordre : il se trouvait dans son élément, il avait tous les droits. Ses Leica, car il s'équipait en fonction du sujet, ne faisaient pas plus de bruit, il faut dire, qu'une allumette que l'on gratte.

Il remonta la queue bourdonnante, sa carte de presse

bien en vue, sans décoller l'œil du viseur. Une excitation palpable emplissait l'air : cela devait signifier beaucoup, pour tous ces gens, d'être conviés à la garden party de l'Élysée. On les sentait entrer dans un état second et Jameson se nourrissait des vibrations qu'ils émettaient, leur transe amplifiant la sienne.

Beaucoup de chapeaux coiffaient les têtes, les femmes portaient des cloches en paille, des bibis à voilette, des capelines fleuries comme un jour de Grand Prix, et l'on apercevait aussi des casquettes, des bicornes, des képis de toutes formes et couleurs, car il y avait énormément de militaires dans cette foule trop parfumée. Bientôt, le soleil aidant, la plupart de ces couvre-chefs serviraient d'éventail.

Il repéra d'abord les points stratégiques, l'entrée, les portes-fenêtres menant au jardin, la terrasse, où chacun est certain de voir et d'être vu, puis parcourut les salons qui se remplissaient, le salon Murat, où chaque mercredi se tient le Conseil des ministres, l'emphatique Salle des Fêtes avec ses lourdes colonnes aux cannelures dorées, le salon Napoléon III, le salon des Portraits, celui des Aides de camp, un peu décati. Les membres du gouvernement se tenaient pour la plupart dans un coin de ces grandes pièces d'un autre temps, entourés de leur cour, très sollicités, harcelés par des chasseurs d'autographes ; et il les photographia consciencieusement un à un, selon les vœux de son rédacteur en chef, en long et en large, souriants ou préoccupés (l'une ou l'autre expression pouvant servir, selon l'opinion que la presse allait défendre), du Premier ministre jusqu'au ministre délégué chargé du Commerce extérieur et du Tourisme que cernait une tribu d'Africains en boubou, de façon à n'y plus revenir. L'après-midi risquait de passer vite et il avait l'intention de s'amuser un peu.

Seul le chef de l'État manquait encore à son tableau de chasse. Jameson interrogea un agent de la sécurité : non, personne n'avait vu le président de la République, revenu pourtant à Paris depuis près de deux heures.

*
* *

Elle tenait son petit sac contre son ventre. La robe d'organdi était si courte que le mouvement qu'elle fit en embrassant son amie suffit à la relever jusqu'à mi-cuisse, découvrant une chair pâle sous laquelle jouèrent les muscles que commençaient à lui former les cours d'aérobic.

« Tu es en beauté, ma chérie. Viens que je te présente. » Camille Candereans ne lui lâcha pas la main ; elle lui serrait les doigts, et tout en parlant aux uns et aux autres, lui caressait du gras du pouce l'intérieur de la paume.

*
* *

« Monsieur Massard, s'il vous plaît ! »

On lui marchait sur les pieds, on le tirait par la manche, il représentait un accès au ministre des Finances dont la popularité avait augmenté d'un point dans les derniers sondages.

Le ministre pérorait, serrait des mains, donnait des tapes dans le dos, fidèle à son image d'homme du terroir, affable, bourru, solide, direct, et ses collaborateurs, qui lui servaient de bouclier, faisaient en comparaison figure d'empêcheurs de tourner en rond.

Tout en défendant le flanc droit contre les assauts d'un industriel importun, Jean-Luc Massard cherchait sa femme des yeux. Elle avait été happée par la foule, à moins qu'elle ne s'y fût délibérément perdue afin d'éviter de saluer Julie Wassermann qui protégeait le flanc gauche. Il était furieux. Quelque chose, ou plus vraisemblablement quelqu'un, car il s'était toujours montré très prudent, avait mis la puce à l'oreille de Sonia, et il se demandait comment procéder à présent pour dissiper les soupçons qu'elle pouvait concevoir, se disant a priori qu'il nierait tout ; même pris en flagrant délit, n'avoue jamais, lui avait conseillé un jour un ami avocat, nie en bloc, voilà la ligne de conduite à suivre...

Que Sonia ne lui eût pas manifesté plus d'animosité, qu'elle ne l'eût pas accablé de questions ni de reproches, lui paraissait plutôt bon signe cependant. « Ta copine », avait-elle lâché. Peut-être se faisait-il une montagne d'une remarque fortuite n'ayant d'autre cause que la jalousie naturelle des femmes, une sorte de coup de sonde lancé au hasard et qu'il n'eût pas relevé – avec raison – s'il ne l'avait pris au dépourvu ? En attendant, il était inimaginable qu'il se tracassât d'une histoire caduque, Julie Wassermann lui ayant gentiment fait comprendre qu'il n'y aurait plus d'encore, quelle que fût l'actualité de la princesse d'Angleterre ; c'était comme ça, les femmes ne sont pas constituées comme nous ; elle tenait à conserver leur amitié, mais ne lui ouvrirait plus ses jambes, lesquelles lui inspiraient un désir bien plus vif, il est vrai, maintenant qu'y entrait l'épice du regret, que celui qu'elles lui donnaient quand il en avait un accès facile, d'où la triste conclusion que nous sommes des machines aussi capricieuses que prévisibles. Oui, se répétait-il, se faire accuser d'une faute périmée serait très injuste.

« Massard ! » Il repoussait les assauts d'un conseiller régional, assurait un élu qu'il étudierait personnellement le dossier de sa circonscription ; mais voilà que le ministre lui désignait du menton un responsable de la deuxième chaîne qui traversait la cohue, et lui glissait à l'oreille d'aller tâter le terrain pour un vingt heures, son collègue de la Santé y avait bien eu droit quelques jours plus tôt. Lui prenant le bras : « Précisez bien que j'accorderais à l'A2 une interview exclusive. » Et le retenant encore : « Si vous pouviez me trouver un coup de rouge au passage... » Jean-Luc Massard regarda Julie Wassermann par-dessus les têtes. La jeune femme paraissait ravissante, avec ce décolleté qui donnait envie d'y enfouir le visage et il se demanda s'il ne serait pas plus heureux dans le secteur privé lui aussi.

*
* *

Un évêque, deux prix Nobel, un footballeur, cent députés, des préfets, un chanteur plongeant la tête dans la fontaine qui apportait un peu de fraîcheur au parc, les hordes d'anonymes qui prenaient d'assaut les buffets gargantuesques dressés sous les tentes blanches, à la lisière des grands arbres, chacune consacrée à une région, ici les spécialités du Sud-Ouest, cassoulet et foie gras, là celles des Antilles, patates douces et accras de morue, et les verres sans cesse renouvelés, l'alcool à gogo, six mille invités qui commençaient à se faner sous le soleil tandis que l'orchestre de la Garde républicaine interprétait *La Vie en rose*, les rombières et les vieux s'étiolant sur les trop rares chaises qu'ils accaparaient, et les lobbyistes enroués qui s'essuyaient le front tout en s'obstinant à pousser leurs affaires…

M. Joyeux avançait à petits pas. Il évita les buffets, évita la fontaine, évita les reporters. Il semblait porter un uniforme, sanglé dans son costume croisé bleu marine et, quand il rejoignit au fond du jardin le général quatre étoiles qui l'y attendait, on eût dit que tous deux servaient dans le même corps.

« Vous avez écouté les nouvelles ?

— Ils sont aux portes de Bassora.

— Marchons un peu sous ces arbres. »

Le rapport dirait qu'ils avaient retrouvé un peu plus loin, là où le mur d'enceinte de l'Élysée longe l'avenue Gabriel, deux messieurs qui fumaient en observant les nuages, et qu'un peu plus tard un autre homme, au crâne dégarni et à la barbichette blanche, s'était brièvement mêlé à leur groupe ; mais cette partie du rapport serait classée à part, dans une enveloppe estampillée CONFIDENTIEL, SECRET DÉFENSE, dont le rabat serait scellé trois fois à la cire brune.

Ils ne se séparèrent qu'au moment où le président faisait son entrée.

*
* *

Elle ne lui avait pas lâché la main, la guidant dans cette mystérieuse partie du Château où ne pénétraient que ceux qui y avaient leurs habitudes et qui, de plus en plus déserte à mesure qu'y progressaient les deux femmes, semblait appartenir à un paquebot en train de couler, que les passagers avaient abandonné à la hâte, oubliant ici un stylo décapuchonné sur une lettre interrompue au milieu d'un paragraphe, là une cigarette à demi écrasée et qui fumait encore.

On entendait le brouhaha de la réception, mais il semblait provenir d'une maison voisine ou de la rue, de sorte qu'on se sentait protégé par toute une série de murs et de portes closes. De ce côté-ci travaillaient les camarades conseillers, les camarades chargés de mission, un secrétariat, le service de la correspondance. Son amie se dirigeait avec une assurance de propriétaire dans le dédale des petites pièces, et Sonia la laissait faire en confiance, abandonnée à sa volonté, de sorte que, quand elles se blottirent un instant, comme essoufflées, dans la pénombre d'un corridor qui semblait ne mener nulle part, elle trouva tout naturel qu'une lèvre effleurât son cou, tandis que la main qui ne tenait pas la sienne soulevait jusqu'à la lisière de la culotte la courte robe d'organdi bleu pâle.

*
* *

Max Jameson perçut le remous que causait l'arrivée du Grand Sphinx et, se faufilant entre les invités, se porta en première ligne. Si une de ses photos avait une chance de demeurer dans l'Histoire, calculait-il, c'était sans doute un portrait de cet homme-là.

Entouré d'agents de sécurité, le président discutait de

Montaigne avec deux écrivains primés dont le photographe, s'il reconnaissait leur visage, ne retrouvait pas le nom. Il avait ce sourire lointain qui avait le don, paraît-il, de troubler ses admirateurs. On se bousculait alentour pour recueillir ses propos, grappiller la moindre phrase, mais il semblait ne pas le remarquer et poursuivait sa causerie, une main dans la poche, l'autre accompagnant sa pensée, comme si lui et ses commensaux évoluaient dans la solitude des cimes. Enfin il parut découvrir la multitude qui l'entourait et commença à saluer quelques personnalités que lui présenta le chef du protocole, honorant chacune d'une amabilité choisie.

Il fit un tour sur le perron, quelques pas sur la pelouse, salua encore, puis : « Excusez-moi, dit-il en élevant un peu la voix. Le devoir… Vous savez qu'il ne faut jamais faire attendre les journalistes. » Et tous ceux qui avaient la chance de se trouver à proximité se mirent à rire, comme s'il avait dit une chose très drôle.

Des postes de télévision étaient installés un peu partout, dans les salons, sous les tentes, pour que chacun pût suivre la traditionnelle interview. Quand ils s'allumèrent, et que le drapeau bleu blanc rouge apparut à l'écran, les groupes se défirent, on posa son assiette, les ministres en profitèrent pour fuir leur clientèle, et Jean-Luc Massard partit à la recherche de sa femme. Butant contre Julie Wassermann, il prit néanmoins le temps de complimenter celle-ci pour son élégance et, après qu'elle lui eut dit d'où venait sa tenue, lui demanda soudain – « pardon d'être indiscret » – si elle l'avait achetée ou bien si elle l'avait empruntée à la maison de couture.

L'expression tourmentée : « Ah, bon, toi aussi ? » s'écria-t-il.

La lumière du dehors l'éblouit. Comment allait-il retrouver Sonia au milieu de cette confusion ?

*
* *

C'était des embrassades à n'en plus finir, à croire qu'il comptait parmi les héros de la fête. L'idole des jeunes avait forcé sur le vin blanc et répétait à tue-tête : « Toi, tu es un sacré mec, mon pote ! » Il lui boxait les côtes pour que chacun comprît quels types formidables ils étaient. L'attrapant soudain par le cou : « Faut que tu viennes avec moi à Mulhouse, parce que demain je donne un concert à Mulhouse. » C'était embarrassant. Max Jameson eut toutes les peines à se dégager.

Il découvrait, non sans une pointe de vanité, qu'il était en termes de familiarité avec nombre de ces invités très sélects, pour les avoir tenus déjà sous son objectif. Le ministre des Finances l'avait gratifié de son habituel « Ah, bonjour mon vieux. » Une actrice lui faisait la bise ; avec cette styliste il avait eu une brève liaison ; une figure de proue de la vie parisienne lui tenait à présent la jambe, créature hommasse dont Andy Warhol disait qu'elle était surtout connue pour sa notoriété. Toutes ces manifestations chaleureuses avaient pour premier moteur le désir unanime d'avoir sa photo dans le journal ou que subsistât au moins une trace de son passage au Château. Jameson faisait la part des choses, mais il se sentait porté à l'indulgence et prenait sans trop se faire prier le cliché qu'on lui réclamait, avec thorax bombé et sourire de circonstance, comme s'il distribuait des bonbons à des écoliers du tiers-monde : il n'avait subi aucune crise d'angoisse ces deux derniers jours, n'en avait pas même éprouvé les prémices. L'étau s'était desserré, la délivrance semblait acquise, il ne pliait plus sous la cangue des condamnés et, même s'il doutait que l'état de grâce dure jamais longtemps, il en était à se demander si l'air du palais présidentiel n'avait pas des vertus thérapeutiques, de même que le contact de nos anciens rois guérissait les écrouelles.

De l'indulgence, de la commisération aussi. Jean-Luc Massard, le conseiller de son ami le ministre, lui faisait de la peine. Il le voyait errer entre les tentes comme s'il avait perdu le sens de l'orientation, se précipiter sur une blonde vêtue d'une robe bleu clair, puis repartir en zigzag une fois admise son erreur.

Il allait lui adresser un signe, quand deux messieurs à légion d'honneur entraînèrent le conseiller, avec la puissance d'une pompe aspirante, vers un salon tendu de vert bouteille. Il les photographia à tout hasard, alors qu'ils traversaient tous trois une porte-fenêtre ; puis s'engagea à leur suite dans la pénombre, parce qu'il devait recharger et qu'il leur trouvait une mine de conspirateurs. À l'abri d'un paravent à décor de palmes, il appuya sur la touche rouge de son petit magnétophone et enregistra leur conciliabule durant tout le temps qu'il lui fallut pour changer les pellicules de ses trois Leica. N'écoutant que d'une oreille, il se disait : on ne sait jamais, ce pourrait être aussi cocasse que les divagations éthyliques de l'idole des jeunes.

Il avait à peu près couvert tout ce qu'il y avait à couvrir et, son reportage bouclé, ne prenait plus guère de photos que pour son plaisir personnel, porté par le vague espoir de les exposer un jour, car les ambitions artistiques de ses débuts s'étaient ranimées depuis qu'il se sentait mourir. Il saisit ainsi un colonel chauve assoupi sur un fauteuil Louis XVI, une grosse dame qui engouffrait un éclair au chocolat à la façon d'un avaleur de sabre, un couple flirtant effrontément derrière une tenture, enivré par les effluves du pouvoir, les têtes abouchées comme pour se dévorer de l'intérieur. L'atmosphère se relâchait, et Jameson s'accordait une sorte de récréation, ignorant s'il retrouverait l'occasion de baguenauder à sa guise à l'intérieur du Château.

S'enhardissant, il poussait méthodiquement les petites portes dissimulées dans les murs. L'une d'elles le mena à un cagibi ou dormaient deux employés de la sécurité devant les reliefs d'un casse-croûte ; la suivante lui fit découvrir un placard empli de produits d'entretiens ; une autre, un réduit crasseux où s'entassaient des chaises, des pliants désarticulés, des bustes de Marianne que la poussière enveloppait d'un voile de deuil. Sur une étagère s'empilaient des cendriers en Sèvres aux armes de la République et il en fourra deux dans sa poche, afin de rapporter des souvenirs, un pour Bidi, un pour sa mère.

La voix condescendante du président résonnait maintenant à travers le palais, grossie par les haut-parleurs : « Puisque vous me posez cette question, et je vous en sais gré… »

De son côté, Richard Drouin se dirigeait vers la sortie aussi vite que le permettaient les grappes d'invités qui monopolisaient les points de passage. Il devait se dépêcher s'il voulait ne pas rater son vol : Malik Azzam l'attendait le soir même à Tunis, à bord du cargo chypriote *Cartagena*, c'était décidé de longue date, et il lui fallait encore repasser à l'hôtel récupérer ses bagages.

Pris dans un mouvement de reflux, il tendit la tête vers le Grand Sphinx qui parlait par saccades sur l'écran géant du salon Napoléon III. Les mots, remarqua-t-il, butaient contre ses dents avant d'en forcer le barrage. Avançant une lippe dédaigneuse, le chef de l'État clignait des paupières, comme s'il s'étonnait de devoir répondre à des demandes aussi puériles, et M. Joyeux se rappela alors ce que soutenait le comportementaliste diplômé de Palo Alto dont il avait suivi les cours autrefois, à savoir qu'un œil papillonnant est souvent indice de duperie. Quel dommage, se dit-il en jouant des coudes, qu'il n'eût pas saisi sur quel sujet s'exprimait le chef de l'État.

Traversant un couloir, Max Jameson surprit dans ses pensées son futur voisin du haras des Bluettes. La photo qu'il prit alors au 15ᵉ de seconde montre un Richard Drouin de profil, un peu flou, le nez levé vers l'écran où se poursuit l'interview présidentielle. Les moustaches s'arrondissent sur une moue qui peut s'interpréter de plusieurs manières : sarcastique, féroce, agacée, voire juste impatiente.

À quelques mètres de là, Philippe Welser empoignait le

bras de Jean-Luc Massard pour lui expliquer qu'on avait été très sensible en haut lieu au fait qu'il eût déjà publié. On l'encourageait vivement à poursuivre dans cette voie, à condition qu'il se tournât vers des matières moins rébarbatives que les théories macroéconomiques : une grosse biographie serait bienvenue, un roi Capétien, le duc de Guise, François Guizot, la France n'a pas manqué de grands hommes, qu'il se fasse aider par un nègre si nécessaire.

François Guizot ? Ministre de la monarchie de Juillet, diplomate, historien, Européen de la première heure, protestant de surcroît, ce n'était pas idiot, réfléchissait Massard qui en oublia du coup de demander à Welser s'il n'avait pas aperçu Sonia.

Jameson photographiait toutes les personnes qu'il connaissait ou lui plaisaient ou l'intriguaient, et il enregistrait toutes les bribes de conversation privée qui lui semblaient sortir de l'ordinaire, sans s'inquiéter du fastidieux travail de montage qu'il aurait à effectuer ensuite, car, à ses heures perdues, il repiquait les bandes sur un gros magnétophone Revox qu'il avait rapporté de Suisse où cette marque se vendait moins cher que chez nous, coupant les passages inaudibles ou dépourvus de piquant et classant le reste par thèmes, par protagonistes ; il en avait compilé déjà des dizaines d'heures.

Derrière l'une des petites portes, un escalier en colimaçon chichement éclairé lui donna l'idée d'explorer les étages.

Un palier, une antichambre vide : aucun garde.

Il traversa un bureau sur la pointe des pieds, puis un salon décoré dans le goût contemporain où régnaient le plastique criard et le métal, et se retrouva, plein d'incrédulité, penché à une haute fenêtre d'angle qui dominait le parc, ainsi que quelques-uns des bâtiments annexes qui empiètent sur les jardins. On ne pouvait rêver plus merveilleux perchoir, il avait à ses pieds le gouvernement au complet et toute la presse des courtisans.

Leur masse, découvrit-il, se comportait à la façon d'un lac

de montagne. Stagnante par endroits, elle était traversée de courants irréguliers qui généraient de brusques tourbillons ; elle s'agitait, bouillonnait, frémissait, puis s'en allait mourir en mornes vaguelettes à l'autre bord de la pelouse.

Jameson se servait du téléobjectif comme d'une lunette d'approche, mais il lui eût fallu une caméra pour tout saisir tant l'action était simultanée et complexe. Il voyait des groupes se former, des bandes se défaire. Quand son regard put passer du général au particulier, il vit des policiers en civil aux aguets, le doigt sur l'oreillette ; il vit un député de la majorité se donner beaucoup de mal pour en fuir un autre ; il vit Julie Wassermann s'ennuyer contre un arbre et, exalté par le spectacle de sa volumineuse poitrine, se dit qu'il ne lui déplairait pas de lui tenir compagnie un instant. Il vit un serveur s'envoyer un whisky en douce, derrière une tente. Il vit passer et repasser Jean-Luc Massard, tantôt seul, les traits anxieux, tantôt pas, et son regard s'égarait alors par-dessus l'épaule de son interlocuteur. Il vit deux femmes se pâmer devant un pamphlétaire échevelé, à l'œil fou, qui pérorait en se prenant pour Chateaubriand (oh, les littérateurs ne manquaient pas à cette garden party). Il vit le Grand Sphinx revenir à ses hôtes avec un air de lassitude acerbe qui ne fut pas sans lui évoquer certaines expressions de Bidi quand on la dérangeait : se pouvait-il que Mme Jameson et le président de la République eussent quelque trait de caractère en commun ? Il vit l'élite de la nation ; il vit l'un des hommes les plus riches de France repousser son épouse pour trottiner comme un toutou dans le sillage du chef de l'État. Il vit un petit garçon en culotte courte, oublié sur un banc, qui suçait son pouce. Il s'étonna de ne pas avoir vu Celui-qu'on-appelait-Dominique, tant il était persuadé de l'importance de son « ami des pétroles ». Il vit un instant, par le biais d'une croisée, un couple en train de faire l'amour dans un bureau du rez-de-chaussée et ressentit un début d'érection : les fesses blanches menaient un galop frénétique, mais le temps qu'il assurât son cadre, un rideau se balançait à la place. Il vit des polytechniciens chamarrés se photographier l'un l'autre avec un Instamatic, à tour de rôle, et eut envie de leur crier de changer d'axe parce qu'ils se prenaient en contre-jour. Il vit des visages amorphes et d'autres si animés qu'ils semblaient au bord de l'apoplexie ; il vit des bouches avides engloutir jusqu'au dernier petit four ; il vit et revit Julie Wassermann et, la suivant du regard, l'imagina qui se débattait sous lui, ses grosses loches à l'air, et se dit qu'il serait vraiment trop bête de ne pas tenter sa chance. Puis il vit un vieillard sec qui lui rappela son père, à qui il n'avait pas parlé depuis bientôt sept ans. Il vit la flagornerie à l'œuvre ; il vit comment la respectabilité drape les impudents et les médiocres ; il vit son ami le ministre des Finances se faire snober par celui de l'Intérieur et se rappela avec indignation que les caricaturistes le représentaient tantôt comme un paysan en sabots, tantôt comme un bœuf coiffé d'un béret, des mouches voletant alentour. Les cons ! Il vit une dame glisser des couverts dans son sac en croco, de la même façon qu'il avait empoché deux cendriers. Il eut l'impression que Julie Wassermann, qui lui paraissait à chaque minute plus disponible, plus proche, plus consentante, levait la tête et tournait le buste dans sa direction pour mieux offrir à sa vue ses gros nichons, ses gros lolos, ses belles mamelles, et il ne se priva pas de lui sourire en retour, la braguette gonflée à craquer. Puis il vit une femme seule valser dans les flonflons de la Garde nationale. Il vit ou crut voir un écureuil sautiller de branche en branche. Il vit tournoyer une grande ombre bleue et se sentit pris d'un brusque vertige. Il trembla et dut se retenir à la rambarde. Le froid lacérait ses membres, ses côtes se brisaient, sa bitte se ratatinait, son cœur explosait : il avait eu sa minute de rémission, s'était cru sauvé ; mais voilà qu'il sombrait dans le silence d'une solitude extrême et que rien, pas même ses appareils, ne le défendrait plus désormais contre les attaques du mal.

Deuxième partie

Le premier principe

1.

L'affaire m'est arrivée par paliers, comme si la hiérarchie désirait éprouver ma loyauté, mes compétences, ou s'assurer plus simplement que j'étais l'homme de la situation, *the right man for the job*, comme dirait Mathias, mon voisin de bureau et ami, qui ne s'est toujours pas remis du stage de six semaines qu'il a effectué dans le comté de Fairfax, lors d'un programme d'échange interservices.

On espérait aussi minimiser la gravité du dossier, j'imagine, le banaliser en quelque sorte, en me le confiant par bouts, de façon que j'en digère les éléments et m'y accoutume peu à peu, dans une logique de mithridatisation, ou plutôt, pour employer une image empruntée à un domaine qui m'est cher, afin qu'il ne me brûle pas les doigts ni ne m'enflamme l'esprit, conformément au premier principe de la Thermodynamique. Tout corps se refroidit au contact d'un corps froid, dit le premier principe ; et : ce qui se gagne d'un côté se perd de l'autre. Qu'on me pardonne d'énoncer en des termes aussi dilettantes la loi fondamentale de la conservation de l'énergie, mais c'est sous cet habit candide qu'elle s'émancipe le mieux de la physique, me semble-t-il, et devient véritablement universelle, c'est-à-dire applicable, à l'instar du second principe (ô, splendeur de la science !), à tous les champs d'activité, à la gamme complète des échanges humains. Qu'un corps froid nous refroidisse, que nous ayons besoin de chaleur pour nous échauffer, sont des vérités que n'importe qui peut constater chaque jour, en sport, au bureau, en politique aussi bien que dans sa vie de couple ; sur le plan pratique, l'axiome permet d'anticiper bien des situations conflictuelles, de prévenir bien des déconfitures.

D'un autre côté, considérant les choses *a posteriori*, il n'est pas impossible que je les complique inutilement, par déformation professionnelle, et que je voie des intentions là où il n'y en avait pas. Les règles administratives s'apparentent plus souvent qu'on ne le pense à celles du hasard, au destin, à la toute-puissance divine si l'on préfère, et sans doute ai-je tendance à m'exagérer la subtilité de mes chefs et ma propre importance à leurs yeux. Des impératifs de sécurité, voire les chicanes bureaucratiques, sont peut-être les seules causes au fond des atermoiements qui ont fait qu'on m'ait confié l'affaire par étapes ; il n'en demeure pas moins que c'est pour ce motif, à mon sens, que j'ai commencé par en sous-estimer la portée et les implications. Je ne lui ai accordé d'abord qu'une attention irritée, la piste qu'elle m'offrait me paraissant aussi froide que les sentiments que m'inspirait ce surcroît de travail.

Mais revenons à ce jour de mars où j'ai découvert le dossier sur ma table.

Paris, le mardi 13 mars

C'est un dossier de vingt-deux pages, enfermé dans une chemise pistache à en-tête de la maison. Deux lignes sur un post-it me prient d'y « jeter un coup d'œil ». Cette prière s'entend comme un ordre : l'étage du dessus (je reconnais l'écriture) souhaite connaître mes conclusions avant seize heures zéro zéro. On m'ordonne en fait de m'y coller toutes affaires cessantes.

Dans un cadre, en haut et au centre, figure la mention habituelle CONFIDENTIEL DÉFENSE. Puis viennent la date, à droite, et le numéro d'enregistrement. Jusque-là, rien d'extraordinaire.

Mon bureau dispose d'une fenêtre. J'ai le privilège d'apercevoir un mur de moellons crasseux qui ne sera probablement jamais ravalé, mais qu'éclaire en milieu de journée un triangle de lumière. Beaucoup de mes collègues ne peuvent en dire autant, nous sommes si à l'étroit dans notre vieille caserne que nous avons dû coloniser le sous-sol, en creusant sous le boulevard. De ce côté-là, je n'ai donc pas trop à me plaindre.

Quand j'ouvre le dossier, le triangle atteint son amplitude maximale pour la saison. Le soleil est au zénith, nous allons quitter l'heure d'hiver dans quelques jours ; j'ai donc environ deux heures devant moi. Si le temps le permet, je consulte le ciel plutôt qu'une montre. Dans l'univers synthétique où j'évolue, il me paraît salutaire de m'accrocher aux éléments naturels dont je dispose, cela me donne l'illusion de garder le contact avec le terrain.

Je range la synthèse coréenne sur quoi je travaillais depuis le matin, allume ma bouilloire pour le thé, taille deux crayons (à chacun ses manies) et commence ma lecture.

Sur les vingt-deux pages du dossier, cinq sont les photocopies de fiches et rapports assez anciens. Textes tapés à la machine : ils datent d'avant l'introduction de l'informatique, au milieu des années 1980. Les sept pages suivantes, avec leurs paragraphes non justifiés et leurs caractères à largeur fixe, sortent d'une imprimante à aiguilles, en usage jusque vers le milieu de la décennie suivante. Les dix derniers feuillets sont plus récents, plus exactement : de la semaine.

Je lis jusqu'au bout pour me faire une idée d'ensemble, ne m'interrompant que pour verser l'eau à 90° sur les feuilles de thé vert, puis j'y reviens. Le triangle de lumière s'est alors estompé. C'est une de ces journées instables de printemps où défilent les quatre saisons : glaciales le matin, estivales à midi, pluvieuses par intervalles.

Rapport de type aveugle. Aucune photo sur quoi se faire une opinion. La plupart des noms propres ont été noircis d'un trait de feutre.

Le dossier concerne un officier déserteur, désigné ici par l'un de ses anciens pseudos : à une époque l'homme s'appelait Dominique. Plutôt bien noté, jusqu'au 2 octobre 1998, jour où il s'est fait la malle, prenant tout le monde de court.

Ses états de service (du moins ce qu'on a bien voulu m'en transmettre, car ces feuilles-là sont abondamment caviardées) indiquent que ce Dominique est né en 1940 (jour, mois et lieu de naissance biffés), qu'il a commencé au bas de l'échelle, engagé volontaire pour quatre ans à la mairie de (biffé), « au titre de 1er Gr. d'Ouv. d'aér. 2e classe. Affecté au 4e G.A.A., à Alger le 22/4/1960 ». Promu caporal en 1961, puis sergent l'année suivante. Rengagé, puis admis sous-officier de carrière à (biffé), passe à la 4e demi-brigade aérienne, affecté à la base n° (biffé)… Mots rayés et abréviations rendent la lecture d'autant plus fastidieuse que le jargon de l'administration militaire a été spécialement conçu pour décourager les curieux. Rien n'indique à première vue que l'individu appartenait au monde du renseignement ; on le voit passer capitaine, chef de bataillon de 2e classe, grade correspondant homologué commandant, puis lieutenant-général, être embarqué par avion le (biffé), et débarqué à (biffé)… Il faut être très familier du système pour deviner ce que ces entrées signifient.

Je m'y retrouve. L'homme a occupé une demi-douzaine de postes à l'étranger, séparés par de longs séjours à la maison mère. En vérité, à partir du moment où il a intégré le 44e d'infanterie, c'est-à-dire à partir du moment où il a rejoint le Service, son cursus n'est pas très différent du mien.

Le crayon en l'air, j'essaie de comprendre. Il y a neuf ans ce Dominique s'est évaporé dans la nature, sans raison apparente. Il approchait de l'âge de la retraite et je serais tenté de prime abord, me fondant sur ma propre expérience, d'envisager l'hypothèse du ras-le-bol, de la dépression.

Il a abandonné sa famille (une sœur, une mère), deux maîtresses avouées, le boulot, les copains, son appartement (vérifier s'il en était propriétaire), une vie entière de bons et loyaux services, pour traverser la moitié du globe, les mains dans les poches, en direction du soleil qui se lève ; et tout porte à croire qu'il ne passait pas de l'autre côté, qu'il n'avait rien à vendre, qu'il n'a jamais trahi. Pourquoi s'y serait-il risqué ? L'empire soviétique s'était disloqué, le mur de Berlin n'existait plus qu'en morceaux sous cellophane dans les boutiques de souvenirs et le cours du transfuge était au plus bas.

Je n'ai jamais entendu parler d'une défection en 1998, alors que j'appartenais à la sécurité interne, et encore moins d'une défection réussie. Pas chez nous. Pas dans ces années-là. Il est rare qu'on donne beaucoup de publicité à ce genre d'événement, mais je ne me rappelle pas non plus qu'on ait pris de mesures spéciales à l'époque, comme cela se fait toujours après un cafouillage... Qui était sur le coup ? Binchard ? Armand ? Quelqu'un de l'ancienne équipe ? Un officier qui déserte, cela fait tout de même d'assez grosses vagues pour qu'on aperçoive les dégâts qu'elles causent.

Bon. Comment s'y est-il pris ? Je nettoie mes lunettes et finis mon thé, avant de me replonger dans le rapport.

D'après ce qui y est dit, le dénommé Dominique a vidé son compte courant un vendredi après-midi (une vingtaine de mille francs, nom de la banque biffé) de façon à bénéficier d'un week-end d'avance, est monté dans sa Jeep Toyota (achetée d'occasion, l'année précédente) et a fait un premier plein d'essence à vingt-quatre kilomètres de Paris, à l'entrée de l'autoroute A4, puis un second de l'autre côté du Rhin, sept heures plus tard, ce qui nous donne une vitesse moyenne que je qualifierais de pépère. Après quoi il a tiré la somme plafond d'un distributeur et a cessé de se servir de sa Carte bleue. Véhicule abandonné au deuxième sous-sol d'un parking de Passau, près de la frontière autrichienne. Cela sent l'improvisation. D'un côté l'homme n'avait pas le feu aux fesses, de l'autre il ne s'est pas donné beaucoup de mal pour organiser sa fuite. La coupe devait être pleine depuis un moment déjà, je suppose, et *quelque chose* (n'importe quoi, une crise de lumbago, une panne sexuelle, un dépit, un chagrin, une vexation) l'a fait soudain déborder. Il y a une sorte de négligence dans sa façon de procéder qui me fait penser qu'il avait pris ses distances bien avant de songer à disparaître, et je ne m'explique pas que sa dernière fiche d'évaluation médico-psychologique ne figure pas au dossier.

Je note au crayon : « Aurait bénéficié d'une marge de manœuvre plus confortable s'il était parti à la veille de vacances plutôt que d'un quelconque week-end d'octobre. Abandonne au lieu de vendre, comme si l'argent lui était un sujet de culpabilité. »

On m'objectera qu'il s'agissait peut-être de faux-semblants destinés à accréditer la thèse de la fugue pour motifs personnels, mais j'ai beau relire le rapport d'enquête, je n'entrevois rien d'aussi retors. Un pourcentage non négligeable de gens, de cinquantenaires de sexe masculin en particulier, décide un jour de tout plaquer, pour échapper à la pression, par crainte de vieillir dans la routine, sans avoir rien connu d'autre, par goût du large, par désespoir rentré, par idéalisme ou exaspération. Ils s'en vont sans un regard en arrière et l'on n'entend plus jamais parler d'eux, sinon dans une de ces émissions télévisées où, entre deux joyeusetés publicitaires, des parents éplorés lancent un avis de recherche national comme on jette une bouteille à la mer. Les fugueurs finissent clochard à cent mètres de leur ancien domicile ; d'autres, gérant de boîte de nuit sur une plage d'Amérique du Sud ; certains fondent une nouvelle famille comme si de rien n'était ; d'autres ont juste besoin d'un peu d'air pour se suicider à leur aise. C'est leur droit, et je ne serai pas le premier à leur jeter la pierre. Aux yeux de la loi ce sont des adultes responsables et, à supposer que quelqu'un les rattrape un jour, rien ne pourrait les contraindre à réintégrer leur ancienne vie, ni même à envoyer une carte postale en guise d'excuses. En fait, si mon type n'avait pas appartenu au 44e d'infanterie, s'il n'avait pas été des nôtres, il n'aurait de compte à rendre à personne et je ne serais pas à plancher aujourd'hui, alors que m'attendent des dossiers plus sérieux (la Corée est un problème autrement grave, à mon sens), sur une affaire vieille de neuf ans, que l'étage du dessus finira probablement par classer sans suite.

Le ciel s'est assombri. De grosses gouttes de pluie tombent soudain dans la cour et le mur de moellons anthracite qui me tient lieu de paysage n'est plus éclairé que par les néons de nos bureaux. J'ai chaque fois l'espoir qu'une averse lui rende un peu de lustre, mais la pierre absorbe l'eau avec l'avidité obscène d'un trou noir, renforçant encore sa noirceur.

Le soi-disant Dominique a donc traversé l'Allemagne, puis ses activités passées l'ont conduit logiquement à Prague, à Varsovie où il avait été en poste. Là, il a renoué avec d'anciens correspondants, un proxénète, de petits truands, non pas pour se couler dans la fange des bas-fonds, mais parce qu'il n'avait personne d'autre à qui faire appel. Cette partie-là de son odyssée est la plus détaillée. Il n'utilisait chacun de ses contacts qu'une fois (un Slovaque lui a procuré un jeu de faux papiers) et progressait à petites étapes, en zigzags, sans but défini, dirait-on, mais toujours dans la direction de l'Est.

Je note (mentalement) : « C'est à ce stade de son périple qu'il aurait fallu le piéger. »

Je suppose qu'il a changé d'apparence au plus vite. Il a renoncé à la brosse militaire et s'est laissé pousser une moustache ou, de façon plus efficace, une barbe d'une semaine, maintenue par des tontes régulières dans cet état indéterminé qui, pour un individu de son âge, rend l'identification ardue. C'est ce que j'aurais fait à sa place. J'ai dit qu'il avait déjà pris ses distances : il peut enfin en profiter. Il s'installe dans son nouveau personnage et jouit de l'espace croissant qui l'entoure. Il se réinvente, et se grise de liberté ; n'est-ce pas pour cela qu'il est parti ?

Pour vivre, il effectue de petits boulots. Le paragraphe 19 du compte rendu d'enquête dit qu'il se fait embaucher à la mi-novembre par un garage de la banlieue de Vilnius, sous le nom de Bernhardt. Comme il ne peut se permettre de travailler à la pompe, où il serait trop exposé, à cause du passage et de la langue, il doit posséder de bonnes notions de mécanique. En plus du poil qui lui mange les joues, le voilà dissimulé par un masque de cambouis, au fond d'une fosse à vidange. Il pourrait y attendre la fin de l'hiver en toute quiétude, si ce n'était ce bar qu'il fréquente le samedi après la paie, pour ne pas se singulariser. Un soir, trois ouvriers licenciés d'une cimenterie voisine le provoquent. L'alcool de sciure leur est monté à la tête, ils cherchent la bagarre, les prétextes ne manquent pas. Je vois assez bien la scène : nous appelons ça, dans notre jargon, le parasitage circonstanciel. Il a beau refuser l'affrontement, les autres l'insultent et le bousculent au point que ses réflexes le trahissent : deux adversaires à l'hôpital, l'un avec le poignet cassé, l'autre, l'épaule démise ; le troisième s'est effondré trop vite pour être sérieusement amoché. C'est bien notre homme. Profitant de la confusion il file récupérer son sac (il ne doit jamais le vider) et s'évanouit dans la nuit avant que la police n'arrive sur les lieux. Il traverse une forêt à pied, semble-t-il, sous la neige. Dorénavant il se montrera beaucoup plus prudent. On ne retrouvera sa trace que neuf ans plus tard, huit mille kilomètres plus loin, à Shanghai.

Mais quand on la retrouve… En relisant cette section du rapport, une formule qu'affectionnait un de mes professeurs de l'institut des Langues de Strasbourg me revient en mémoire. Quand il refait surface, il y a deux mois, l'homme est installé dans le district de Hongkou où il vit en « Chinois parmi les Chinois ». Mon professeur citait à tout propos ces mots d'un missionnaire du XVIe siècle, le jésuite Matteo Ricci, premier exemple d'intégration réussie dans l'empire du Milieu, Chinois parmi les Chinois s'il en fut, pour nous indiquer la voie à suivre.

Lorsqu'on établit un profil, il faut ne jamais perdre de vue le principe de cohérence. Ce long blanc débouchant sur une rupture consommée ne fait pas mon affaire.

Devenir Chinois parmi les Chinois implique une transformation radicale. Les modes habituels de fonctionnement n'y résistent pas, j'en sais quelque chose.

Cela demande pour le moins des dispositions. Entendons-nous, il ne s'agit pas là de l'agent infiltré qui trompe si bien son monde qu'il finit par y croire lui-même. Nous ne sommes pas dans ce cas de figure. Le Service n'a été pour rien dans la création de sa légende, comme nous disons. Il n'a pas reçu de formation spéciale, aucun instructeur ne lui a fait répéter le rôle. D'après la bio dont je dispose, même en tenant compte des hiatus qu'impose le secret défense (mais c'est mon boulot de lire entre les lignes), il devait avoir une connaissance limitée de l'Asie avant son départ. Si ça se trouve, il savait manger avec des baguettes et aimait les films de kung-fu, point final : c'était là tout son bagage. Or, quand on le localise, il s'est si bien fondu dans le décor qu'il y a fait souche. Le rapport mentionne une femme, un bébé, toute une belle-famille lancée par ses soins dans le commerce des pièces détachées. Il vend des amortisseurs de camion, entre autres, et traite ses affaires dans un mandarin acceptable. Selon une source, il sait jurer en shanghaien comme un chauffeur de taxi, voire proférer des insultes efficaces dans les trois dialectes locaux.

Je note au crayon : « Fournit le secteur des poids lourds comme s'il avait trouvé sa vocation au fond de la fosse à vidange de Vilnius, voilà pour la cohérence. Quant au reste… » Je n'aperçois dans son parcours aucun signe avant-coureur de sa métamorphose.

Il ne me semble même pas que la Chine ait été sa destination première. J'ai l'impression d'une décision de hasard, d'un coup de tête. Si l'heure ne tournait pas, je tenterais de reconstituer son itinéraire sur une carte, à la bibliothèque, en le serrant au plus près… Disons qu'il y a peu de chance qu'il ait pris la route du sud (Iran, Afghanistan) que l'évolution politique de ces dernières décennies a rendue difficile, et qui cadrerait mal avec la phase initiale de ses pérégrinations, mais qu'il est passé plutôt par la Russie, par la Sibérie, qu'il a traversée en train, ou plus raisonnablement en camion, se faisant engager comme chauffeur, ou comme mécanicien ; on disait « graisseur » au temps de mon enfance. Cette solution a au moins le mérite d'établir un lien de continuité. Sans doute, c'est mon intuition, avait-il au départ l'intention de pousser jusqu'à Vladivostok, afin de changer ensuite de continent. L'Alaska ne manque pas d'attraits pour un mécano qui veut couper les ponts. Une fois encore, j'essaie de comprendre… Il suivait la route la plus septentrionale et, à un certain moment, quelqu'un ou quelque chose a bouleversé ses plans, il a bifurqué vers Oulan-Bator. Avec ou sans passeport, les frontières arides de la Mongolie extérieure ne représentent pas un obstacle insurmontable. Il a gagné alors Pékin en suivant les grands axes où l'étranger a le plus de chance de passer inaperçu, puis il est descendu, à son rythme précautionneux, peut-être en jouant les vieux hippies, vers Shanghai.

Note au crayon : « Au lieu de quitter Paris par l'autoroute A7, il aurait pris l'avion pour n'importe quel coin d'Europe centrale ou du Moyen-Orient, de manière à mettre rapidement la plus grande distance possible entre lui et nous, s'il avait déjà eu Shanghai en tête. »

Qu'est-ce qui a dévié sa trajectoire et l'a poussé vers cette ville où il s'est fixé ? Une rencontre, assortie d'une proposition avantageuse… Une femme qu'il aurait fini par suivre ; peut-être cette Shanghaienne, dont il a aujourd'hui un enfant, et qui, à son insu, nous a révélé sa présence en Chine. Pourquoi pas ? D'autres scénarios sont envisageables. Peut-être s'y était-il rendu auparavant, en vacances, ou pour une mission qui pour une raison ou une autre n'a pas été consignée dans ses états de service, et en gardait-il la nostalgie, comme une promesse… ? Dans mon cas, c'est le nom qui m'a d'abord séduit. Shanghai (on ne prononce pas le g, on aspire le h) est un nom magnifique, inventé tout exprès pour inspirer des films d'aventure. Il m'est tombé dans l'oreille à une époque où je tournais en rond, faisant résonner en moi un chant de sirènes auquel je n'ai pas cherché à résister. Je me suis dit : « Tu devrais y faire un tour, qu'est-ce que tu as à perdre ? » et me suis donné beaucoup de mal ensuite, passant mes diplômes en un temps record compte tenu de mes obligations, pour obtenir d'être muté, non pas directement là-bas, cela aurait été trop beau, mais à Hong Kong (le Port parfumé, en chinois), puis à Taiwan (attaché d'ambassade, l'espace d'un an), avant que notre direction ne concrétise enfin mon rêve.

J'écris : « Quels liens a-t-il tissés avec la Chine ? » Les métiers qu'un étranger pouvait y exercer, dans ces années-là, n'étaient pas légion. Comment s'est-il débrouillé, avec de faux papiers, pour n'avoir pas eu maille à partir avec la police ? Comment a-t-il subsisté ? Qui lui a enseigné les rudiments de la langue ? Comment a-t-il creusé son trou ? J'aime bien comprendre l'origine d'une situation, ses antécédents, les bases sur lesquelles celle-ci s'est construite. Quelle que soit l'enquête que je mène, j'attache une grande importance (une importance abusive, selon certains) aux préliminaires, à la manière dont se nouent les choses, à leur tonalité de départ. On m'a souvent reproché d'y consacrer trop de temps, mais je suis un partisan convaincu de la théorie des petites causes aux grands effets. J'essaie d'imaginer sous quels auspices les faits se sont produits ; quel est le sens de l'entropie, quel déséquilibre définit la conjoncture (second principe), et où sont les zones froides et les centres d'énergie qui suscitent l'action (premier principe) ; ce sont là des points déterminants qu'il faut étudier à fond et ne jamais perdre de vue, car, d'après mon expérience, ils constituent la clef qui fixe la partition entière.

Le dénommé Dominique devait être un officier remarquable, me dis-je, pour avoir su non seulement semer les limiers du Service, mais surtout s'adapter, se couler dans le moule chinois au point de disparaître durant des années de la face du monde. Car, ne nous y trompons pas, si son épouse shanghaienne n'avait pas cru bien faire en allant déclarer en douce leur fils à notre consulat (sans doute dans l'idée de donner à son rejeton l'avantage de la double nationalité), si elle ne s'était pas munie pour ce faire, en cachette de lui, du faux passeport qu'il avait acheté à un mafieux de Bratislava, et si nos systèmes informatiques n'avaient pas alors tiré la sonnette d'alarme, l'homme aurait pu terminer ses jours en toute sérénité dans le quartier de Hongkou, entre sa nouvelle famille et son commerce d'amortisseurs.

Combien de temps me reste-t-il ? Un coup de vent a dégagé le ciel, les moellons ont séché. Il doit faire beau dehors à nouveau, mais le triangle de lumière n'est plus là pour me servir de cadran solaire. Je m'en remets à ma montre : encore quarante minutes pour rédiger mes conclusions.

Avant d'ouvrir un nouveau document sur l'ordinateur et de commencer à taper ma synthèse, je relis une fois encore les passages du rapport que j'ai soulignés, les notes que j'ai prises au crayon dans les marges.

L'absence de photographie me handicape. J'aurais aimé mettre un visage sur ce fantôme que le Service poursuit sans succès depuis neuf ans. Une simple photo d'identité, aussi ancienne soit-elle, m'aurait été utile, même si je ne me considère pas comme un expert en morphopsychologie. Il me faut du concret, les équations à inconnue n'ont jamais été mon fort. De même, j'aurais aimé disposer d'un nom ou d'un prénom réel.

Dans le troisième et dernier volet du dossier, la cible ne s'appelle même plus Dominique. Elle a été rebaptisée Chrysanthème par souci de couleur locale.

En opération comme pour la collecte de renseignements, et même à l'intérieur de nos propres murs, nous utilisons des noms de codes, des pseudos, des noms d'affaire. Nos chefs poussent si loin la manie du cloisonnement qu'ils rebaptisent tout le monde avec l'imagination qui les caractérise ; s'ils nous font la grâce de s'en tenir, en ce qui concerne le personnel de la maison, aux saints du calendrier, ils puisent le plus souvent dans la bande dessinée, le cinéma, la variété, le conte mythologique, la zoologie lorsqu'il s'agit de nommer un client. Combien de Rintintin, de Madonna, combien de Castor et Pollux me sont déjà passés sous les yeux ? Le Service ne fait confiance à personne. La restriction de l'information selon la règle dite du « besoin d'en connaître » régit l'entier déroulement de nos activités. – Qui décide du droit à la connaissance ? qui sélectionne les données ? qui choisit de modifier, sinon d'effacer, les patronymes d'un rapport avant de le transmettre ? – On ne nous parle qu'en fonction de notre besoin d'en connaître.

Paragraphe 57 du rapport : « Selon les renseignements recueillis auprès d'une source financière jugée fiable, Chrysanthème posséderait des intérêts dans les différentes activités commerciales de son beau-père. Il aurait fourni pour moitié les fonds investis par ce dernier dans deux usines de la banlieue ouest et serait également le véritable propriétaire de la maison qu'il occupe à Shanghai, dans le quartier de Hongkou, avec son épouse et leur fils de onze mois, au titre de sous-locataire. »

Avant de convoler, notre officier déserteur, alias Dominique, alias Chrysanthème, aurait donc réussi aussi à se constituer une jolie dot. Cela m'embarrasse terriblement. On ne s'enrichit pas en Chine sans l'aide jamais désintéressée d'un officiel, d'un membre du Parti, de quelqu'un ayant au moins des accointances dans l'administration. Si ce quelqu'un avait appartenu à la belle-famille, l'information figurerait, j'imagine – je l'espère –, dans le rapport. Or je n'ai rien lu de tel. Notre transfuge aurait-il alors emporté avec lui, malgré tout, quelques secrets à vendre… ? Cela ne colle pas non plus avec le reste. Son itinéraire, toute sa façon de procéder, depuis ce vendredi d'octobre 1998 où il a fui Paris, contredisent l'hypothèse de la trahison.

J'aurais besoin d'une nouvelle tasse de thé et d'un peu plus de temps pour y réfléchir. Pourquoi m'a-t-on accordé un délai si court ? À quoi jouent-ils, à l'étage du dessus ?

Le « Chrysanthème » ne me dérange pas moins, qui est la fleur des cimetières chez nous, et un symbole de retraite bucolique et de longévité en Chine. Je l'ai écarté jusque-là de mon esprit, parce qu'il interfère avec l'image que j'essaie de me former. Impressions antagonistes : plante en pot, fête des morts, sagesse… L'idée me vient d'en faire un nom de famille, de manière à lui donner consonance humaine : Dominique Chrysanthème. Le lieutenant-général Dominique Chrysanthème, ancien du 44ᵉ d'infanterie, en âge aujourd'hui de se faire rayer légalement des cadres et apte à être admis à l'honorariat de son grade s'il n'avait choisi de déserter : je me le figure un peu mieux sous cette forme. Les cheveux qui lui restent ont dû virer au gris. Le fuyard est devenu un expatrié respectable. Il doit avoir besoin de souffler, de goûter aux plaisirs de la normalité. Je calcule que sa femme a vingt et un ans de moins que lui. Un tel écart implique des concessions réciproques. Il lâche du lest. Il franchit *progressivement* le pas. La naissance de l'enfant s'inscrit dans ce processus, qu'elle parachève. Elle signifie : « J'ai ma conscience pour moi, advienne que pourra. » Et d'une certaine façon : « Je vous ai eus jusqu'à l'os. »

En conséquence de quoi, sa vigilance s'est relâchée. Il

n'a rien suspecté des manigances de sa tendre épouse. Il ne s'est pas douté qu'elle a repéré la cache où il planque ses papiers d'identité, ni qu'elle s'en est emparée (après bien des discussions houleuses, j'imagine) pour se rendre, un jour qu'il devait se trouver en déplacement, à notre consulat, au numéro 1468 de Nanjing Xilu, la grande rue commerçante de Shanghai, faire valoir les droits légitimes de son fils. Il aurait dû mieux se méfier. Ne sait-il pas que, pour une Chinoise, l'avenir de sa progéniture passe avant tout ?

Pouvait-il croire sérieusement que nous l'avions oublié ? Que le Service lui avait accordé l'absolution ?

Il n'a pas fallu deux semaines pour qu'une cellule de crise dépêche à Shanghai une première équipe en prospect. Un officier et quatre hommes, chargés de reconnaître les zones, de préparer le terrain pour une action.

Ils disposaient de l'adresse inscrite dans sa déclaration par Mme Chrysanthème à l'état civil du consulat. Celle des bureaux de l'entreprise de pièces détachées n'a pas dû être plus difficile à trouver. Une fois repéré l'itinéraire menant de l'un à l'autre, ils ont alors défini ce que nous appelons la zone d'objectif.

Qu'un officier déserteur ait pignon sur rue a de quoi faire tiquer. D'un autre côté, nous sommes en Chine où le tissu social, resserré par vingt-cinq siècles de confucianisme, reste très solide à la différence du nôtre. Notre renégat a dû miser sur le fait que sa nouvelle famille ferait corps autour de lui. En prenant le risque de la sédentarisation, avec toutes les chaînes qu'elle implique tant au niveau matériel qu'affectif, il s'est dit qu'il gagnerait en échange l'indéfectible soutien d'une vaste parentèle à laquelle la naissance d'un héritier achèverait de le souder. En Chine, ces chaînes-là présentent quelques avantages. En même temps qu'elles entravent, elles fonctionnent comme les fils très sensibles d'une immense toile d'araignée : aucun intrus ne s'en approche sans déclencher aussitôt dix signaux d'alerte. À mon avis, c'est ce qui s'est passé avec notre équipe.

Je connais le coin du district de Hongkou, dans l'ancienne concession japonaise, du côté de Zhapei, où le couple Chrysanthème a élu domicile. À mon dernier passage, il y a quatre ans, le quartier n'avait guère bougé, à la différence du reste de Shanghai, prise de mégalomanie futuriste. Le boom économique semblait avoir évité cette zone ouvrière en panne de vocation. On y trouvait toujours, par pâtés entiers, émaillés d'ateliers, d'entrepôts, de salons de massage pouilleux et de terrains vagues, ces logements de rapport que les spéculateurs étrangers édifiaient avant la guerre pour les indigènes et qu'on nomme *longtang*, ou *lilong* en dialecte shanghaien. Mélange d'architecture européenne et d'urbanisme chinois, un *longtang* est un lotissement quadrangulaire pouvant comprendre plusieurs dizaines de petites maisons identiques. Cela ressemble à une ville en miniature. On y pénètre, depuis la rue, par une grosse porte ouvrant sur une venelle, laquelle se ramifie en allées et en cours nécessairement orientées vers le sud, direction de l'empereur. Tout le monde se connaît dans ces labyrinthes où les uniques arrivées d'eau s'alignent sur le trottoir, où les vieux tirent une chaise sur le seuil pour jouer au mah-jong pendant les heures creuses, où toutes les familles sont plus ou moins inféodées les unes aux autres, où rien n'échappe aux camarades du Comité de voisinage postés aux endroits stratégiques, avec leur brassard rouge, telles les sentinelles d'un chemin de ronde. Disons-le à leur décharge : nos hommes ne pouvaient opérer dans un environnement plus défavorable.

Leur mission était de reconnaître les habitudes de la cible : de repérer ses routines, son talon d'Achille, de façon à déterminer la stratégie de l'équipe d'intervention qui viendrait ensuite.

Chacun de nos hommes était équipé d'un appareil photo ou d'une caméra vidéo sous support, c'est-à-dire dissimulés dans un sac, derrière un imperméable, derrière la vitre fumée d'un véhicule (un combi Volkswagen de location en l'occurrence). L'un d'eux était d'origine asiatique, mais dans un quartier où ne s'aventure jamais le moindre touriste, pas même un touriste chinois, comment espéraient-ils tenir la planque plus d'un quart d'heure sans se faire griller ? Quelqu'un (un enfant, un retraité, il me faudrait leur débriefing pour comprendre ce qui est arrivé au juste) les a reniflés alors qu'ils en étaient encore au stade de l'approche. Ils n'ont même pas pu établir d'identification formelle. Une question maladroite, un faux-pas, et un fil de la toile s'est mis à vibrer, plaçant tout le dispositif adverse en alerte rouge.

Notre équipe a eu besoin d'une aide locale. Qui l'a chapeautée, en dehors de notre homme au consulat ? qui lui a fourni les introductions nécessaires ? de quel honorable homme d'affaires s'est-elle servie ? – Quelqu'un que je connais ? Que j'aurais recruté peut-être... ?

Quoi qu'il en soit, avant même que nos agents aient réalisé qu'ils étaient grillés, Chrysanthème annulait ses rendez-vous et ne répondait plus au téléphone, ni chez lui ni à son bureau où une secrétaire navrée prétendait qu'il était parti « en voyage d'étude ». Agent vu, agent foutu, dit-on chez nous. Pour limiter la casse, il a fallu démonter l'opération en catastrophe.

La pendule de l'ordinateur m'enjoint de me dépêcher. On ne m'a donné, une fois de plus, ni assez de temps ni assez de matière pour fignoler mon analyse, et je m'en tiens aux grandes lignes, en essayant de ne pas trop débiner les collègues, cela ne se fait pas.

Ils se sont focalisés sur la cible, au lieu de privilégier l'entourage. Si j'avais dirigé la mission, j'aurais commencé par la périphérie, par le background, par tout ce qui pour le Chinois dessine l'individu, et aurais procédé par circonvolutions plutôt que de foncer tête baissée. La ligne droite figure là-bas, à juste titre, un chemin inepte autant que périlleux.

Le rapport n'offre rien de consistant sur la belle-famille. Quelles sont ses origines, ses connexions ? Quelles sont les connexions de ses connexions ? Cette piste-là a été bâclée, quand il aurait fallu l'exploiter prioritairement.

La belle-famille, à mon sens, est d'origine shanghaienne. Comment l'officier déserteur saurait-il jurer sinon dans les trois dialectes locaux, ainsi que le précise le paragraphe 55 du rapport ? Des gens du cru plutôt que des provinciaux montés à la ville. J'écris : « Leurs racines les rendent prévisibles. En cas de problème, c'est toujours à l'entourage local qu'ils feront appel. »

J'insiste sur la nécessité d'évaluer les réseaux socioprofessionnels dont dispose notre Dominique, alias Chrysanthème, d'inventorier son *guanxi* comme disent les Chinois, quand je suis pris d'une sorte de lassitude. J'étais lancé et progressais assez vite, quoique je tape à deux doigts, n'ayant jamais appris, et voilà que je patauge, m'essouffle et boucle mes conclusions à grand-peine.

Je termine par ces mots : « Il est vraisemblable que l'individu recherché bénéficie de protections, compte tenu de sa situation irrégulière sur le territoire chinois. » Ce n'est pas bien fameux, mais je ne vais pas plus loin.

Autant le dire tout net, à moins que la chance ne tourne, notre déserteur peut dormir sur ses deux oreilles. Cela ne m'afflige pas outre mesure ; je suis affligé plutôt de ne pas l'être davantage. Ce dossier ne me regarde pas. On ne me l'a confié qu'à cause de mon expérience du pays (nous ne sommes pas si nombreux de ma génération à nous être spécialisés dans l'Empire du Milieu) et de mes anciennes fonctions à la sécurité interne. Il n'aurait jamais dû, me dis-je, atterrir sur mon bureau.

Il est seize heures moins deux minutes quand une estafette à qui je n'ai encore jamais eu affaire (l'œil terne, un bouton de fièvre au coin de lèvres assez fines pour décourager les questions) vient ramasser ma copie pour la porter à qui de droit. Le coude à quarante-cinq degrés comme à la parade, ce blanc-bec exige que je lui restitue l'intégralité des documents qu'on m'a transmis, me fait signer un bon de décharge et croit nécessaire de me rappeler, avant de claquer les talons, de mettre au broyeur mes notes « et autres documents afférents ». Comment en vient-on à employer un langage pareil ?

Bien qu'un fort pourcentage de civils gonfle aujourd'hui les rangs du Service, la culture militaire continue d'y formater les esprits de la pire manière. C'est le style « qui va bien », autre expression de caserne, employée à tout bout de champ : le gradé qui va bien, le formulaire qui va bien, le véhicule qui va bien. Rien n'est plus nuisible à la discrétion qu'impliquent nos activités, mais personne ne paraît en mesure d'y résister, à tous les échelons. Même les civils parlent comme ça (après avoir commencé par s'en moquer), comme s'ils se sentaient coupables de n'avoir pas répondu dans leur jeunesse à l'appel du drapeau. Ceux qui y échappent sont pris pour des intellectuels et, chez nous, ça n'est pas un compliment.

J'éprouve un sentiment bizarre, très déstabilisant, d'usure, de frustration, de mauvaise humeur, de ressentiment… Alors que je pensais me replonger aussitôt dans le casse-tête coréen qui m'accapare depuis plusieurs jours, je n'ai pas d'autre désir que de tout planter là et d'aller me promener ou au cinéma ; ou d'éplucher mon carnet d'adresse à la recherche de quelqu'un avec qui dîner ce soir ; voire de rêvasser en contemplant les parois vides (à l'exception de trois cartes postales punaisées en triangle) du cube qui me sert de bureau ; ou encore, et c'est ma meilleure option, à présent que le temps a encore tourné et que des rafales de grêle frappent le mur de moellons avec une violence de mitraille, de lancer une réussite sur l'ordinateur et tenter de battre mon record (six parties gagnées d'affilée) au *Mah-jong Solitaire*, patience infernale, en hommage à tous ceux qui se sont faits Chinois parmi les Chinois pour le meilleur comme pour le pire, rien ne me lavera mieux l'esprit.

Le système m'a enseigné que les ordres sont donnés pour être obéis sans état d'âme ; il n'en reste pas moins qu'il en est de plus exaltants que d'autres. Recommencer sa vie ailleurs, il devrait y avoir prescription pour cette sorte de faiblesse.

Je manque sûrement d'éléments pour juger, me dis-je pour me raisonner.

Il y a forcément des choses que j'ignore. Calme-toi, me dis-je. Ne te laisse pas abuser par une quelconque analogie, il n'existe entre ce type et toi qu'une ressemblance illusoire… Je m'en laverais les mains si cette affaire n'avait réveillé en moi des souvenirs dont je ne saurais dire encore, bien qu'ils soient vieux de plusieurs années, s'ils sont heureux ou malheureux. Et je me répète sur divers tons : De toute façon ce serait bien le diable si j'entendais à nouveau parler de ce Dominique, ou Chrysanthème, ou quelque autre nom qu'on lui donne…

Alors je bascule ma chaise en arrière et reste là, le nez en l'air, dans la lumière grésillante du néon et le fracas de la grêle, à attendre que l'après-midi s'achève.

2.

Elle s'était refroidie jusqu'à la limite du tolérable, puis avait commencé à se réchauffer ailleurs. Pour elle, c'était une question de vie ou de mort.

La tiédeur de ses appartements de Kensington ne l'empêchait pas de claquer des dents. Buckingham était froid, très froid, et le château de Balmoral, en Écosse, où la famille royale se retire pour les congés d'été avec deux cents et quelques domestiques, une terrible glacière.

La chaleur de ses enfants ne lui suffisait plus. Les flashs des photoreporters la réchauffaient, par instants, lui faisant deviner l'étendue de son pouvoir ; mais seul le regard des hommes ranimait vraiment la braise, à condition qu'ils n'eussent pas vendu leur âme aux hippogriffes de la cour.

1991

Le manoir de Highgrove, au plus vert de la campagne anglaise. Le prince héritier avait fait l'acquisition de cette maison du Gloucestershire peu avant l'annonce de leurs fiançailles. Une haute bâtisse rectangulaire, d'un gris d'éléphant, avec des fenêtres blanches à petits carreaux. Style géorgien des plus classiques. Le fronton et les pilastres qui ornaient la façade étaient cependant de facture récente, de même que la balustrade qui courait autour du toit ; le prince les avait dessinés lui-même. À droite s'élevait l'aile de la nursery, édifiée elle aussi dans cette pierre de la région d'un gris inimitable, qui donne une impression de bruine même les jours où le soleil brille avec le plus d'ardeur.

Les riches pâturages qui s'étendaient alentour ne contredisaient pas cette impression : terre grasse, herbe drue, d'une nuance quasi phosphorescente. Rien, semblait-il, ne pourrait jamais épuiser l'humidité généreuse qui sourdait du sol.

Des chevaux gambadaient dans les prés, derrière les clôtures peintes couleur gazon. Il y avait aussi des poneys pour les garçons (âgés maintenant de six et huit ans), et de sombres vaches de race Angus, et des moutons par centaines, au pedigree non moins irréprochable. Le prince se sentait là chez lui, mieux que partout ailleurs. C'était son ermitage, son paradis. Les jardins en particulier, qu'il avait fait aménager à son goût – qu'il avait créés, pouvait-on dire –, étaient l'objet de tous ses soins. Vêtu d'un pantalon en velours et d'un vieux cachemire vert bouteille tout ramolli aux coudes, il passait beaucoup de temps, parmi les fleurs et les massifs de simples, à abreuver de recommandations son jardinier en chef. Le potager victorien, qu'entourait un mur haut de plus de deux mètres et où les enfants n'avaient pas le droit de jouer, jouissait plus spécialement de sa faveur. Féru d'agriculture biologique, le prince avait imposé qu'on n'utilisât plus d'engrais industriels et qu'on recyclât à la place les eaux usées. C'était une belle réussite ; sur ce point, même son épouse l'approuvait sans restriction.

Oui, quand il arpentait les allées bordées d'ifs taillés en boule et en cône, ou qu'il flânait, le nez en l'air, au milieu des champs de boutons d'or, et qu'il apercevait le drapeau royal – son drapeau – flottant sur le toit, par-dessus la cime des arbres, il se disait que nulle part au monde il ne pourrait davantage se sentir lui-même, nulle part se sentir, comment dire ? plus heureux.

Son petit manoir ne manquait pas d'atouts, se félicitait-il. Il ne l'avait d'ailleurs pas acheté sans une arrière-pensée. Situé quelque part entre Oxford et Gloucester, à l'ouest de Londres, Highgrove ne se trouvait qu'à dix *miles* de la maison de campagne de sa sœur cadette, heureusement divorcée, et à moins de seize de la demeure de celle qu'il avait tendrement baptisée Gladys. C'était Gladys qui lui avait fait découvrir la propriété et l'avait ensuite encouragé, avec beaucoup de sagesse, comme toujours, à s'en porter acquéreur.

Il y passait désormais plus de la moitié de la semaine, tandis que la princesse demeurait à Londres, et restait à Londres, ou se contentait d'y faire un saut, quand elle y venait avec les garçons, durant les longs week-ends et au moment des vacances.

Le plus souvent, il n'amenait avec lui que son cuisinier, un valet de pied et son garde du corps, car on y laissait du personnel à demeure. L'hélicoptère de l'escadrille royale, un gros Wessex rouge au nez proéminent, le déposait dans un terrible vrombissement au milieu de l'enclos dit aux chevaux, tandis que le majordome hissait la bannière royale, signe que le maître était de retour ; et il montait aussitôt se changer, avant d'aller inspecter ses légumes et ses fleurs.

L'après-midi, on servait le thé sur la terrasse, accompagné de sandwiches au concombre (les concombres bio du jardin), à l'abri des branches du grand cèdre.

Ensuite il lisait, passait des coups de téléphone, faisait un peu d'aquarelle en écoutant de la musique, du Purcell, du Verdi, le volume poussé toujours très haut : l'avantage d'être seul. Les heures s'enfuyaient. Le soir tombait déjà entre les rideaux d'un délicat vert tilleul, les domestiques allumaient du feu dans la cheminée et dressaient son couvert dans la salle à manger, à un bout de la grande table d'acajou drapée d'une nappe en lin blanc (il ne comprenait pas que sa femme préférât la toile cirée de la cuisine ; enfin, à chacun ses problèmes).

Un soir sur deux, sitôt le dîner expédié, il regardait la télévision pendant dix minutes, afin de donner le change, puis filait par la petite porte jusqu'à l'étable transformée en garage et sautait dans sa fidèle Aston Martin, d'un beau vert anglais, toujours flanqué de son garde du corps, homme dévoué et dans le fond très peu dérangeant.

Seize *miles*, se disait-il, représentaient une distance idéale. Il savourait à chaque fois le trajet à travers la campagne assoupie, presque autant que les heures qu'il passait ensuite auprès de Gladys, dont l'époux, un ancien dragon de la garde, major dans l'armée, avait le tact d'accepter toutes les missions exotiques qu'on voulait bien lui confier. Le prince quittait la propriété à petite vitesse, saluait les officiers de la gendarmerie du comté qui montaient la garde devant la grille, bouclait sa ceinture et accélérait un peu, histoire de donner de l'exercice à la voiture, ralentissait au croisement comme le veut le code de la route, accélérait à nouveau (oh, il ne passait presque jamais la quatrième, le moteur était si puissant), et se laissait emporter par la nuit.

Il n'avait jamais tellement apprécié la nuit jusque-là, elle lui paraissait emplie d'imprévus et donc peu indiquée aux personnes de sa condition, mais depuis qu'elle couvrait ses rencontres avec celle qu'il appelait Gladys, il comprenait mieux l'attrait qu'elle revêtait aux yeux des autres, ses qualités romanesques, sa capacité à donner vie à la plupart des phantasmes.

Les seize *miles* filaient presque trop vite. Ils étaient beaucoup moins drôles à parcourir dans la lumière bleuâtre de l'aube, en revanche, quand il lui fallait retourner à Highgrove, pour remiser la voiture au garage et rentrer chez lui comme il en était sorti, sur la pointe des pieds, par la petite porte. Ils devenaient alors fatigants, ses paupières le brûlaient et il laissait souvent le garde du corps conduire à sa place, tandis qu'il somnolait, les membres las, recroquevillé sur le siège de cuir fauve. Enfin, se disait-il, demain ce sera au tour de Gladys de venir passer la soirée chez moi.

*
* *

On avait concédé à la princesse le soin de la décoration intérieure de Highgrove. Aidée d'un professionnel, elle avait choisi les tissus à fleurs et le mobilier des neuf chambres, le carrelage et la robinetterie à l'ancienne des huit salles de bain, les tapis gris et vert du hall, et tout l'aménagement de la nursery. Cela l'avait beaucoup occupée les premiers temps de son mariage, puis elle s'était aperçue – obscurément – au début elle ne savait dire d'où lui venait ce sentiment qu'elle mettait au mieux sur le compte de ses propres déficiences – qu'elle avait beau faire, le manoir lui demeurait étranger, qu'il subsisterait toujours du moins une sorte de décalage incurable entre le foyer qu'elle rêvait d'y construire et la réalité « organique de la maison ». Le prince ne cessait de lui faire des suggestions qu'elle s'empressait de suivre, mais ses interventions, infondées ou pas, n'étaient pas seules en cause. C'était comme si l'esprit de Highgrove se refusait à elle. Elle disposait fauteuils et guéridons à son idée, et quand ils étaient en place, ils paraissaient l'idée d'une autre personne. Cela ne signifiait pas que l'ensemble manquât d'harmonie ou de confort, elle n'avait rien à reprocher, quand elle y réfléchissait, aux neuf chambres, ni aux huit salles de bain, ni aux six pièces de réception du rez-de-chaussée qu'elle avait fait recouvrir de jaune clair, mais elle n'en était pas ni n'en serait jamais satisfaite. Et plus elle tendait les mains, plus Highgrove se dérobait. Un fantôme hantait peut-être ces vieilles pierres. « Tu es folle », soupirait le prince.

Quand elle s'en ouvrait à lui, il la tournait gentiment en

ridicule. Si elle se plaignait trop, il secouait la tête et sortait faire un tour.

« Je dois voir un ami », lui disait-il, ou bien : « Le pépiniériste veut me montrer une variété de tulipe qu'il vient de recevoir d'Amsterdam. » Il s'en allait et, à son retour, le compteur de l'Aston Martin, elle l'avait constaté à maintes occasions, indiquait qu'il parcourait toujours la même distance, seize *miles* dans un sens, seize *miles* dans l'autre.

Il n'y avait pas que ces seize *miles*. On notait sur un agenda, à l'office, entre le rendez-vous du plombier et une suite de commissions, la liste des invités du manoir et le menu qui leur était servi, afin que nul n'eût deux fois de suite à dîner de la tourte à la viande et aux rognons. Une nuit que sa boulimie la poussait vers le placard aux friandises, elle avait épluché les pages de ce carnet et avait découvert, tout en engloutissant des sablés tartinés de crème au citron et, alternativement, des poignées de céréales au chocolat ou des chips trempées dans du marshmallow, que, lorsqu'elle boudait la campagne et restait à Londres, le même nom de femme revenait dans la liste des hôtes de Highgrove, alors que ce nom n'apparaissait jamais lorsqu'elle y séjournait.

Cette découverte ne s'était pas soldée par une simple crise de larmes. Elle n'avait pas dormi de la nuit et il y avait eu beaucoup de vaisselle brisée au petit déjeuner, du thé répandu sur la nappe, de la marmelade sur la moquette. « Je ne comprends pas tes reproches, ripostait le prince. Il s'agit d'une vieille amie que je ne veux pas t'imposer. Je ne pense pas que vous ayez beaucoup à vous dire, tu devrais m'en être reconnaissant. » Et à nouveau les mêmes imputations : sa jalousie était grotesque, c'était de la démence. Lorsque les domestiques avaient débarrassé la table, sans une remarque à propos des dégâts, retranchés derrière leur masque usuel, elle s'était enfuie à toutes jambes, plus honteuse que jamais.

C'était cette honte, aujourd'hui, quand elle y repensait,

qui excitait sa colère. C'était pour cette honte et pour l'humeur limpide qu'elle devait afficher ensuite qu'elle lui en voulait le plus. Comme elle était bête, quelle bécasse stupide elle était alors !

Elle venait d'arriver avec les enfants. « Au fait, informa-t-elle le majordome, je resterai à Highgrove jusqu'à mardi. » Le prince fit celui qui n'entendait pas, puis il se rappela un match de polo qu'il devait disputer le lendemain à Bristol. Alors, quand il se fut éloigné, et qu'elle fut certaine d'être seule, elle décrocha son téléphone.

*
* *

Sur les conseils de son psychiatre actuel, elle avait beaucoup lu de livres traitant de la boulimie comme de l'anorexie qui en est l'autre face, des publications médicales dont elle ne comprenait pas la moitié mais qu'elle s'astreignait à parcourir de bout en bout, glanant une information ci et là, et des ouvrages de vulgarisation, pleins de témoignages émouvants, où elle avait pris enfin conscience que son cas n'était pas unique, que beaucoup de femmes souffraient des mêmes troubles qu'elles avaient aggravés de même façon en les niant. Elle lisait ces livres en cachette, tout comme elle se gavait et se faisait vomir, les dissimulant sous les jaquettes de romans à la mode, puis les jetait la nuit à la poubelle, entre deux magazines, une fois la dernière page tournée. C'était sa nouvelle drogue : lire, pour comprendre, comprendre, pour aller mieux. À chaque fois qu'elle retrouvait chez une patiente les symptômes qu'elle connaissait, une observation qu'elle aurait pu formuler avec des mots identiques, un même mensonge destiné à s'illusionner autant qu'à tromper les autres, elle éprouvait une sensation de chaleur au niveau du front et une lumière s'allumait en elle, de sorte qu'il lui fallait poser un instant l'ouvrage et reprendre son souffle, submergée par l'émotion.

Elle s'échauffait encore lorsqu'elle en discutait ensuite avec son psy, quinquagénaire sportif, souvent en bras de chemise, sombre et hirsute, pas du tout la tête de l'emploi. Elle s'émerveillait avec lui, dans son cabinet de Belgravia, des pouvoirs magiques de la parole et en devenait si volubile, elle dont la timidité était par ailleurs proverbiale, que le médecin avait le plus grand mal à l'interrompre et à la reconduire à la porte quand l'heure était écoulée. « Oui, lui disait-il, très bien, gardez-en un peu pour la prochaine séance. » Elle s'accrochait alors à son épaule, ou agrippait ses avant-bras couverts d'une forêt de poils noirs, prenant beaucoup de plaisir à en éprouver la robuste musculature, et se trémoussait contre lui, perdant toute retenue, sans cesser de parler, parlant seulement de plus en plus vite, désireuse soudain de l'étreindre, de l'embrasser, de le griffer, de mordre sa chair d'homme, et qu'il la déchire en retour. « À mercredi », lui disait-il avec le sourire, tandis qu'il la poussait dehors d'une main ferme.

Bon, cela doit faire partie du *processus*, admettait-elle. C'était le printemps, et comme la nature entière, après une longue hibernation – dans son cas, après avoir touché du pied la vase glacée de l'abîme –, elle se sentait renaître peu à peu à la vie.

La révolution ne s'accomplissait pas cependant sans de grands efforts de sa part. « La guérison dépend de vous autant que des pilules que je vous ai prescrites », lui répétait le psy.

Elle lisait et s'occupait d'elle comme si elle se préparait en vue d'une compétition olympique, piscine le matin, dans le bassin chauffé de Buckingham où ne nageait jamais personne, puis rendez-vous avec un nutritionniste, et yoga, ou danse avec le *London Royal Ballet*, ou tai-chi, et soins de beauté ou cours de diction, car elle avait été mortifiée le jour où un éditorialiste du *Sun* avait écrit qu'elle avait la voix geignarde. Ses journées étaient maintenant si bien remplies, elle se sentait portée surtout par une telle force ascendante, un tel jaillissement d'énergie positive (confirmé par la conjonction de Vénus et de Jupiter, selon sa voyante), qu'elle ne pensait presque plus au suicide, qu'elle ne se mutilait en tout cas plus jamais (cela faisait des mois qu'elle ne s'était pas entaillée au cutter), qu'elle recourait même de moins en moins, peut-être une fois toutes les trois semaines, aux excès de sucreries et à la plume d'oie. On ne guérissait jamais complètement de sa maladie, avait-elle appris, mais un jour les attaques s'espaceraient au point de ne pas l'incommoder davantage qu'un accès de grippe.

C'était par là surtout qu'elle commençait à se sentir libre. Sa manie ne la tenait plus comme autrefois. Blottie entre les bras d'un homme, elle pouvait faire autre chose à présent que se lamenter sur son sort.

*
* *

Comment se prend une décision ? Un désir, une idée lui donnent forme, mais d'où proviennent-ils eux-mêmes ?

Elle songeait au rendez-vous de ce soir depuis un moment, avec *amusement* ; elle aurait pu aussi bien se rétracter, décommander toute l'affaire au téléphone sous un prétexte quelconque. Il n'était d'ailleurs toujours pas trop tard pour faire machine arrière.

« Je t'attends. Ne tarde pas… »

Elle n'avait pas plus tôt raccroché qu'un doute lui plissait le front.

Légère, joueuse, spontanée ; le clan adverse disait plutôt : dangereusement impulsive. L'entourage de son époux s'arrangeait régulièrement pour faire passer le message dans la presse. Embrassait-elle un enfant dans un orphelinat dont elle était la marraine, s'asseyait-elle sur le lit d'un cancéreux dans l'hôpital qu'elle inaugurait, serrait-elle un malade du sida dans ses bras, ces gestes étaient mis sur le compte d'une générosité aussi sincère qu'irréfléchie. On ne les lui reprochait pas, bien entendu. C'était plus subtil, on en faisait le produit d'une nature « merveilleusement incontrôlable » ; sous-entendu : cette femme n'est bonne qu'à lever des fonds pour les œuvres de bienfaisance, Dieu sait quelle bourde elle ne commettrait pas, avec sa fameuse spontanéité, si la couronne se risquait à lui octroyer des responsabilités plus grandes ! Chaque fois que la princesse désirait se charger d'une mission importante, on la remettait ainsi poliment à sa place : jamais elle ne s'en sortirait sans dommage si elle n'était accompagnée par le prince son époux et secondée par le staff du prince.

Une nature dangereusement impulsive, ce devait être l'explication. Une fois de plus elle cédait à un caprice, c'était du pur enfantillage, comme ce jour où, avec la complicité de sa belle-sœur, la duchesse, cette folle de Rouquine, elle avait piqué le derrière de plusieurs gentlemen de la pointe de son parapluie, sur la pelouse du Royal Ascott. Ces messieurs étaient des amis, ils riaient de bon cœur, mais un téléobjectif avait surpris son manège et une photo soigneusement recadrée, de manière à escamoter l'hilarité ambiante, avait paru un peu partout le lendemain, où on la voyait très bien, en capeline blanche et tailleur à larges rayures, en train de taquiner un fondement masculin. Comme par hasard, dans les journaux où le clan du prince gardait de l'influence, l'espièglerie donnait lieu aux commentaires les plus désobligeants.

Impulsive, soit. Cette fois elle avait eu tout le temps d'y réfléchir cependant, avait eu dix occasions de changer d'avis. Alors, se demandait-elle, d'où venait qu'elle eût *maintenu* sa décision ?

Au début ce n'avait été sans doute qu'une boutade, elle avait lancé l'invitation sur le ton du soupir, simple épanchement sentimental : J'aimerais tant passer une nuit avec toi à Highgrove, une nuit entière... Ils avaient gloussé devant l'énormité de la chose. À Londres, c'était différent, elle avait déjà pu recevoir chez elle son beau cavalier, discrètement, le faisant passer par une des petites portes de Kensington, couché à l'arrière d'une voiture anodine, alors que policiers et reporters s'observaient en chien de faïence de part et d'autre des grilles de l'entrée principale. C'était déjà une folie, vu la façon dont on la surveillait, mais au moins elle se trouvait là-bas sur son territoire. Puis, l'idée lui était revenue sous l'aspect du défi, de la vengeance, elle y avait songé comme à une réparation possible, des représailles contre le prince, contre cette maison hostile, une chance de laver les innombrables affronts qu'elle avait essuyés ; mélangé au désir, cela donnait un cocktail très excitant… Un après-midi de l'été dernier lui restait surtout en travers de la gorge. Le prince venait de se casser le bras droit en tombant de son poney Echo, lors d'un match à Circencester, dans les environs de Highgrove. Fracture ouverte. Il souffrait atrocement et elle s'était précipitée à son chevet alors qu'elle s'apprêtait à fêter en ville son vingt-neuvième anniversaire, folle d'inquiétude, bien résolue à le soigner jusqu'à son rétablissement, à le dorloter, à le materner comme le petit garçon qu'il était dans le fond. Il l'avait brutalement éconduite, affirmant que les sédatifs l'abrutissaient et qu'il préférait demeurer seul, quand il attendait en vérité la visite de cette femme qu'il nommait Gladys et qu'elle n'appelait jamais autrement pour sa part que la Chose ou le Rottweiller. Cela lui était revenu aux oreilles par différents canaux : elle n'était pas plus tôt partie, en larmes, cela va sans dire, sous les flashs des photographes, que le Rottweiller avait fait son apparition dans la chambre de l'accidenté qui l'avait accueilli avec toutes les marques de la gratitude et du soulagement.

Le Rottweiller savait se faire désirer, paraît-il, en écourtant ses visites. Cette Chose n'arrivait jamais sans qu'on la siffle, et filait sitôt qu'elle avait effleuré la jambe de son maître.

Était-ce sa faute à elle si elle était *impulsive*, si elle avait de plus gros besoins, si elle n'avait pas un petit caillou glacé à la place du cœur ?

*
* *

Ses doigts reposaient sur le téléphone, hésitant à saisir le combiné. Assise sur le canapé du bureau, en ballerines et pantalon de lurex noir, ses longues jambes repliées sous les fesses, elle se demandait en qui elle pouvait avoir le plus confiance. Le prince était reparti en compagnie de son valet, de son chef et surtout, Dieu merci, de son garde du corps, affreux pète-sec issu des services spéciaux. Ne restaient que son propre personnel et celui attaché au manoir.

Elle se leva comme pour échapper à un scrupule et alla choisir un CD sur « ses étagères » de la discothèque (c'en était fini des minicassettes au ruban incertain, où il était si difficile de trouver la chanson qu'on voulait). Supertramp, Elton John, Boy George, les Stones… Whitney Houston eut sa préférence. *I used to cry myself to sleep at night…* Elle poussa le son de la grosse chaîne hi-fi au maximum, profitant d'avoir la maison à elle, esquissa une pirouette et se mit à claquer des doigts, chantant par-dessus la voix des choristes : *He fills me up, He gives me love, More love that I've ever seen…*, puis se dirigea vers l'office en appelant à tue-tête :

« Paul ! Paul, où êtes-vous ?

— Je suis là, Votre Altesse royale.

— Pouvez-vous venir un instant ? »

Paul travaillait auparavant auprès de la reine, c'était le majordome de Highgrove et couvrait à ce titre les cachotteries du prince, n'ignorait rien des allées et venues du Rottweiller, mais cela ne signifiait pas qu'il eût choisi leur camp. Il s'était toujours montré spécialement prévenant envers elle, bienveillant, amical, presque protecteur, quoiqu'ils eussent à peu près le même âge (au physique, ils se ressemblaient d'ailleurs un peu : une sorte de grand frère), il paraissait beaucoup la plaindre, et s'il était vrai qu'elle se leurrait parfois sur les motivations véritables des gens, la princesse ne voyait pour l'instant personne de plus sûr autour d'elle.

« Paul, savez-vous où sont les enfants ?

— Ils jouent dans la nursery, Votre Altesse royale. »

Elle le dévisagea avec son grand sourire malheureux, l'enveloppant d'une attention caressante comme s'il n'y avait qu'eux au monde. Tous ceux qui la connaissaient s'accordent à dire qu'elle savait se rendre irrésistible quand elle le souhaitait. Avec la musique de Gloria Gaynor en fond sonore (*He takes me down and rock me slow*...), on eût cru de loin à un couple en plein flirt.

« Paul, je voudrais vous demander un service...

— Je suis aux ordres de Votre Altesse royale.

— Je veux que vous me rendiez un service, sans en parler à quiconque. Cela doit rester entre nous. Vous n'y voyez pas d'inconvénient, j'espère ?

— Aucun...

— Voilà, j'aimerais que vous alliez chercher un de mes amis, que j'ai invité pour la soirée à Highgrove. »

Elle avait fait le tour des possibilités. Sa femme de chambre n'avait pas le permis de conduire. La nanny, il ne fallait pas y songer. Quant à son propre garde du corps, il n'avait pas le droit de la quitter d'une semelle, il rendait des comptes, et même si ses rapports pouvaient pécher par omission, sa conscience d'officier l'empêcherait de mentir à ses supérieurs si l'un d'eux s'avisait de l'interroger. Il y a quelques années, songea-t-elle, et à cette évocation le chagrin lui noua la gorge, elle n'aurait pas hésité une seconde à faire appel à son bon gros Teddy Bear, comme elle surnommait le premier inspecteur de la Brigade de protection qu'on lui avait attribué, son confident, son unique soutien alors ; ils étaient si proches que les gargouilles du palais n'avaient pas tarder à jaser : l'inspecteur avait été muté et s'était tué peu après à moto. Un accident, avait prétendu la police. Combien de membres de son entourage avaient été ainsi victimes des Grands Inquisiteurs de Buckingham ? Un jour, prophétisait-elle, ils auraient sa peau à elle aussi.

« Vous utiliserez votre propre voiture, la mienne est trop reconnaissable.

— J'ai une Vauxhall Astra, un modèle assez courant.

— Je sais. »

I thought love had to hurt to turn out right...

Elle le considéra longuement dans les yeux. Son instinct lui disait qu'elle pouvait s'en remettre au majordome, autant qu'à Maria d'ailleurs, son épouse, qui servait aussi au manoir. Certains signes ne mentent pas, une attention gratuite, une lueur de sympathie, le mot qu'il faut au bon moment. Quand elle était arrivée avec les enfants, la veille, Paul avait été le premier, par exemple, à noter qu'elle s'était coupé les cheveux. Elle se les était fait couper assez courts, une coupe à la garçonne qui dégageait la nuque et avait un air d'émancipation, et il lui en avait respectueusement fait compliment, alors que le prince, lui, devant qui elle était passée à plusieurs reprises, n'avait rien dit, s'il avait rien remarqué. Il ne la voyait plus. Lorsqu'elle lui avait demandé ensuite, en faisant bouffer ses mèches : « Alors, qu'est-ce que tu en penses ? », il avait hoché la tête et s'était abstenu de tout commentaire, plus intéressé par les annonces publicitaires de *House & Garden*. Elle l'avait asticoté : « Tu pourrais me donner au moins ton avis. – Quoi ? Qu'est-ce que je dois encore dire ? – Je ne sais pas, quelque chose qui me fasse plaisir pour une fois. – Que je m'en aille ? Je m'en vais. – Ah, ce que tu peux être puéril ! – Oh, *for Christ sake...* ! »

L'absence de réaction de son mari montrait combien s'étaient dégradés leurs rapports. L'an passé encore, il ne se serait pas privé de lui lancer d'emblée qu'elle ressemblait à une balayette ou à une gouine militante. L'écraser de ses sarcasmes avait toujours été sa meilleure distraction, même avant la naissance de leur second fils, au temps où leur couple faisait illusion. Portait-elle son tailleur bordeaux à parements noirs, il lui trouvait l'allure d'une hôtesse de l'air de la *British Caledonian*, sa robe de bal à paillettes convenait à une meneuse de revue, son maquillage, à une chômeuse qu'aurait traversée l'idée saugrenue de vendre ses charmes. Ses jugements la faisaient trembler, elle passait des pleurs à la rage ; et puis ils étaient entrés dans l'ère de l'indifférence.

N'était-ce pas là qu'il avait toujours souhaité en arriver ? Pas de rapport, plus de conflit. Une de ces bonnes vieilles unions anglo-saxonnes où mari et femme se satisfont d'une poignée de main à chaque Noël. Le sexe au-dehors, le pudding à la maison, et le couvercle des convenances par-dessus. Rien de plus naturel. Au nom de quoi, s'était-il écrié, un jour que par exception ils s'avouaient leurs quatre vérités, au nom de quoi serais-je le seul prince héritier de toute l'histoire de la couronne à n'avoir pas de maîtresse ? Oh, tant que rien ne transpirait et qu'elle accomplissait sa part des sacro-saintes corvées officielles sans trop lui faire d'ombre, il se fichait bien de savoir comment elle occupait ses après-midi et ses nuits ! Il était disposé à tous les compromis – à toutes les bassesses, toutes les ignominies – pour qu'on le laisse mener à sa guise sa petite existence d'enfant gâté. N'avait-il pas envisagé de la faire interner chez les fous, par un médecin du palais, quand elle l'excédait avec ses crises ?

« Paul ?

— Oui, Votre Altesse royale ?

— Prévenez ma femme de chambre que je n'aurai plus besoin d'elle aujourd'hui. Je monte voir les garçons. Je vous dirai ensuite où et à quelle heure vous irez chercher notre hôte. »

Paul serait loyal, elle en était certaine. Mieux : la mission clandestine qu'elle lui confiait achèverait de l'impliquer à son service, de lui attacher son dévouement. Bon Dieu, elle sortait des ténèbres…

*
* *

Elle avait hâte maintenant qu'il soit là. L'après-midi traînait. Elle prit un bain, se trouva la peau sèche, s'enduisit de crème, se parfuma, puis se savonna à nouveau, craignant de s'être trop parfumée, sans cesser de s'examiner dans la glace. Les miroirs ne la laissaient jamais en paix, ils l'attiraient comme le vide peut attirer les personnes sujettes au vertige. Elle n'aimait pas ce qu'ils montraient, ils amplifiaient les défauts, exagéraient la largeur de ses épaules, les rougeurs de son visage, la banalité de sa poitrine, même si elle s'était un peu remplumée, la fadeur de son ventre, les marbrures de ses cuisses, son manque général de caractère, son côté saucisse, son côté gâteau au beurre, son côté calamar, comme l'appelait un de ses amoureux, mon petit calamar par-ci, mon petit calamar par-là, mais ils la subjuguaient et elle ne pouvait s'empêcher d'interroger ces faux amis jusqu'à l'écœurement.

Le Rottweiller n'avait pas l'avantage de la jeunesse, si c'en était un, sa peau flétrie lui entourait le visage de plis onduleux, mais il avait en contrepartie le chic des bêtes de race et assez de maîtrise et d'expérience pour ne commettre aucun impair.

Quand elle regagna sa chambre, en peignoir de bain, enturbannée d'une serviette, elle se précipita sur le téléphone pour s'assurer que son beau cavalier venait bien, qu'il serait prudent au volant, qu'il avait envie d'elle, qu'il resterait jusqu'au lendemain comme il l'avait promis, qu'il n'en aimait pas une autre, qu'il ne voulait qu'elle… Et elle le rappela encore, une invention magnifique, ces appareils portables ! avant de passer, rassérénée, dans le dressing où la femme de chambre avait pendu sur des cintres à part, après les avoir sorties de leur boîte d'origine et défroissées à la vapeur, les cinq ou six tenues qu'elle avait apportées de Londres. Elle avait fait les boutiques l'avant-veille, s'obligeant à privilégier les stylistes anglais, son secrétaire particulier (il négociait avec le trésorier du prince et jouait les chargés de la communication) lui soutenant qu'elle pouvait dépenser sans compter tant que, pour les lecteurs de tabloïds, elle achetait « national ».

Elle souhaitait quelque chose de simple, de doux, de sexy, quelque chose qui invite, qui eût l'air de se déboutonner à deux doigts. Ce à quoi elle avait pensé au départ était beaucoup trop sophistiqué pour la campagne. Elle s'empara d'un pantalon et d'une blouse de jersey fin qu'elle alla étendre sur son lit, entre les coussins, pour juger de l'effet d'ensemble. Puis sortit de son sac à main une pochette qu'elle ouvrit avec les dents et dont elle tira un string et un mini soutien-gorge de dentelle rouge sang, qui, eux, venaient de Paris, et qu'elle étala par-dessus.

Il y eut encore le coup de fil d'une vieille amie ; puis elle le rappela une troisième fois ; puis celui d'un de ses alliés au palais. Aussi invraisemblable que cela parût, elle comptait désormais des partisans dans les rangs du gouvernement et à la cour même où les sondages de popularité avaient fini par en ébranler plus d'un. On misait sur elle. Elle avait sa coterie comme le prince avait la sienne, beaucoup moins puissante sans doute, mais qui ne faisait que croître, car plus elle marquait de points, plus on l'estimait, et plus on la valorisait, plus elle donnait le meilleur d'elle-même. À ce train le Foreign Office envisagerait bientôt, enfin, de la laisser représenter le royaume à l'étranger sans lui infliger l'hypocrite numéro de duettiste : elle y tenait énormément, son avenir, sa sauvegarde, pressentait-elle, en dépendaient. Attrapant le téléphone d'une main (elle pouvait passer des journées entières à papoter dans l'appareil), elle puisait de l'autre dans l'une des boîtes en porcelaines de Herend qu'elle collectionnait, et où elle cachait des bonbons multicolores réglisse, ou se saisissait d'un carré de chocolat blanc (elle en dissimulait toujours un paquet dans le deuxième tiroir la commode) qu'elle croquait de façon si machinale qu'elle n'aurait pas su dire s'il était nature ou fourré aux amandes. Ce ne fut que lorsqu'elle découvrit la tablette très entamée et la boîte à moitié vide qu'elle se rendit compte combien elle était anxieuse… Son beau cavalier ne devait plus être loin de Highgrove. Elle jeta le reste de chocolat dans la petite poubelle chromée de la salle de bain, ce n'était pas le moment de se rendre malade, puis composa son numéro une quatrième fois. « Viens vite, implora-t-elle. Je n'en peux plus d'être seule. » La voix à l'autre bout du fil lui parut légèrement irritée. « Il y a des embouteillages, lui répondit-on. – Tu aurais dû partir plus tôt… – Ce n'est pas toi qui te tapes les départs de vacances. Aussi bizarre que cela puisse te sembler, tout le monde ne voyage pas en hélicoptère. » Elle avait envie de lui, susurra-t-elle, tout de suite, elle voulait qu'ils… mais la communication fut coupée.

Pieds nus, toujours en peignoir de bain, elle descendit prévenir le majordome :

« Paul, vous trouverez mon invité sur le parking de la gare de Kemble. Il laissera là-bas sa voiture, nous avons pensé que c'était la meilleure façon de ne pas attirer l'attention. Une fois revenu ici, vous vous garerez dans la cour, en passant par le porche, derrière la piscine, et vous le ferez entrer par la baie vitrée de la terrasse. Je peux compter sur vous, n'est-ce pas ? »

Elle se tordait les mains en regagnant sa chambre. Un petit coup de lime : elle s'était rongé un ongle. Elle jeta un regard circulaire à la pièce. Elle avait décidé que c'était là qu'ils s'enfermeraient après dîner. Depuis qu'ils faisaient chambre à part, le prince lui avait abandonné la suite conjugale et le lit à baldaquin où il n'avait jamais su lui faire atteindre les chutes du Niagara, pour prendre ses quartiers à l'autre bout de l'étage ; il dormait pour sa part dans un lit de cuivre autrefois destiné à l'aîné des garçons, face à son tableau favori qui représentait ses terriers Tigger et Roo.

Les fleurs qu'elle avait demandées, les cendriers, la carafe, tout semblait en place.

Sur la table de nuit de gauche elle déposa un petit paquet, fermé à la cire. Une épingle à cravate couronnée d'un diamant : la dernière fois, c'était un portefeuille aux coins en or de chez Asprey. Ses rares amies dans la confidence ne cessaient pourtant de la mettre en garde, elle lui faisait trop de cadeaux, elle le pourrissait. La montre, la cravache, les bottes sur mesure, tous ces vêtements de marque, n'était-ce pas exagéré ? Que lui offrait-il en retour ? En valait-il vraiment la peine ? L'une d'elles avait même avancé que c'était un homme *dangereux*. Le beau cavalier parlait trop dès qu'il avait un coup dans le nez, et il forçait souvent sur la bouteille. Indélicat, toujours à se vanter de ses exploits : l'épouse de l'héritier du trône était devenue son « esclave sexuelle », racontait-il à son club. Elle avait pouffé sans répondre, mais s'était mise terriblement en colère quand la prétendue grande amie (aussitôt rayée de son carnet d'adresses) avait osé laisser entendre qu'il recyclait ailleurs le produit de ses largesses, en un mot : qu'il lui était infidèle. Infidèle, elle ne cessait d'y repenser. Les gens inventent n'importe quoi pour se rendre intéressant. Y avait-il seulement un atome de vérité dans ce mauvais ragot ? Devait-elle demander à cette agence de détectives à qui elle avait déjà fait appel (elle l'avait chargée deux fois de vérifier qu'elle n'était pas sur écoute) de mener une enquête ?

Elle ne s'était toujours pas habillée. Elle voulut appeler Paul pour lui préciser certains points du dîner, mais se rappela qu'il était déjà en route pour Kemble, et se retrouva soudain sur le carrelage de la salle de bain, devant la petite poubelle chromée, à dévorer le restant de la plaque de chocolat blanc qui gisait sous les carrés de cotons graisseux où elle l'avait ensevelie.

Pakistan, septembre 1991

Elle venait de se changer, le jet amorçait sa descente, on apercevait par le hublot des collines brunes et d'autres verdoyantes et, bien que personne dans cette partie de l'avion n'en eût tenu compte, la voix du commandant de bord avait déjà prié les passagers de rejoindre leur siège, de relever leur tablette, de boucler leur ceinture.

Il y eut un trou d'air. Debout au milieu du petit salon, la princesse agrippa l'épaule de l'homme de la sécurité pour conserver l'équilibre. Elle sortait de la cabine réservée à la couronne.

« Comment me trouvez-vous, Paul ?

— Éblouissante, Votre Altesse royale.

— Vous dites ça par gentillesse.

— Sublime, surenchérit le secrétaire particulier, étonné que la princesse s'enquît en premier de l'opinion du majordome. Absolument sublime ! »

Il lui prit galamment la main et l'aida à s'asseoir sur son fauteuil de cuir rouge, ce qu'elle fit en tirant sur l'arrière de sa jupe afin d'éviter tout faux pli, et les six membres de son équipe – secrétaire particulier, attaché de presse, garde du corps, majordome, coiffeur, habilleuse – en profitèrent pour regagner leur place et s'asseoir à leur tour.

« Les cheveux ?

– Impeccables.

— Je me sens… je ne sais pas…

— Émue ? Ce sera un triomphe !

— Croisons les doigts… Comment dit-on merci déjà en arabe ?

— En ourdou, Votre Altesse royale. En ourdou cela se dit : *choukouria.*

— *Choukouria*, répéta-t-elle

— Prononciation parfaite.

— *Choukouria !*

— Épatant. »

Elle ferma les yeux, mais s'abstint de se laisser aller en arrière, par crainte d'écraser son brushing, tandis que le jet 146 se positionnait dans l'axe de la piste d'atterrissage du nouvel aéroport international d'Islamabad.

Le *spare*, appareil de rechange prévu pour remplacer leur avion en cas d'incident, s'était posé un peu avant eux et commençait déjà son réapprovisionnement, sous la surveillance d'une douzaine d'officiers de la sécurité pakistanaise.

Les roues touchèrent le sol. Quelques minutes plus tard l'appareil s'immobilisa en bout de piste et un courant d'hystérie s'empara aussitôt du petit salon. Le coiffeur se rua sur la princesse avec sa brosse et son flacon de laque, suivi par l'habilleuse armée d'une sorte de manchon collant destiné à ôter des vêtements les substances indésirables qui s'y égaraient, tandis que le majordome ouvrait fébrilement les compartiments à bagages, saisissait un cabas, un thermos, que l'homme de la sécurité tentait de scruter le tarmac par tous les hublots à la fois, inquiet de la foule massée sur les toits des bâtiments de l'aéroport, et que l'attaché de presse se précipitait de son côté dans la partie arrière de l'avion où voyageaient les vingt et un photographes et journalistes du voyage, afin d'inviter deux d'entre eux, sélectionnés avec soin, à vivre le spectacle en leur compagnie, dans les coulisses pour ainsi dire. Il déverrouillait la porte de séparation quand le secrétaire particulier le retint par le coude. « Oh, une seconde mon vieux ! Écoutez-moi tous ! » Il préférait, expliqua-t-il de sa voix haut perchée, qu'on laissât pour l'instant Son Altesse royale souffler un peu, le vol avait été long, c'était la première fois qu'elle effectuait un vrai voyage officiel sans son époux ni le grand tralala, et leur mission à tous était d'abord de la protéger, pas de l'exposer à n'importe quel prix. De toute façon, « croyez-en mon expérience », ajouta-t-il en essayant de tempérer l'ardeur du coiffeur, de l'habilleuse, du majordome, il n'y avait pas lieu de s'affoler : « Le temps que les Pakistanais remorquent l'avion jusqu'au tapis rouge et installent la passerelle, que la presse débarque, se mette en place, que les officiels tirent sur leurs nœuds de cravate et qu'on nous donne le feu vert pour descendre, nous avons un bon petit quart d'heure devant nous. Alors, s'il vous plaît… »

L'attaché de presse, un ancien de la radio, tempes grises et menton carré, n'était pas homme à se laisser marcher sur les pieds. Il avait promis formellement au cameraman de la BBC et à la journaliste de *Vogue* que la princesse leur accorderait cinq minutes d'interview avant sa descente d'avion ; c'étaient des exclusivités longuement négociées et il ne comptait pas inaugurer le voyage par une prise de bec, d'autant que le planning des quatre prochains jours était si serré qu'il ne voyait pas à quel moment il pourrait reporter la chose. Le secrétaire particulier s'apprêtait à lui répondre vertement quand la princesse, sans quitter son siège, prit la parole avec un aplomb qui provoqua la surprise générale, et auquel personne ne crut d'abord, car elle avait paru plutôt déboussolée jusque-là. Droite, détendue, souriante, modeste, extraordinairement *présente*, elle commença par remercier tous les membres de son équipe pour le soutien formidable qu'ils lui apportaient, les nommant l'un après l'autre dans l'ordre hiérarchique, avec une mention spéciale pour le secrétaire particulier, son plus vieux collaborateur. Ils formaient désormais comme une famille et elle ferait tout son possible, dit-elle, pour ne pas les décevoir. En vérité, elle désirait ne décevoir personne, et s'il était prévu qu'il y eût des interviews avant la cérémonie d'accueil, eh bien elle les ferait, ils avaient répété tout ça dix fois, elle avait retenu les recommandations, connaissait sa check-list par cœur, et puis, ajouta-t-elle, de grâce, j'ai les épaules solides, ne me traitez plus comme si j'étais en verre.

Ce fut probablement à partir de ce moment-là, alors qu'elle réclamait son chapeau, ses gants blancs et qu'on posa auprès d'elle deux grands livres sur l'artisanat et les antiquités du pays (c'était son idée, ils feraient bien à l'image, démontrant combien elle prenait sa fonction au sérieux), et quand elle serra ses jambes inclinées à l'oblique, assise au bord du fauteuil, sa jupe bien rabattue sur les genoux, à l'exemple de la reine, le geste aimable, le regard engageant, ce fut probablement à ce moment-là, tandis qu'on introduisait les deux journalistes, terriblement impressionnés, et que leurs hôtes s'agitaient au dehors sur le tarmac, devant l'estrade et la fanfare de la Garde présidentielle vers où allait rouler bientôt l'avion, que s'imposa l'image de la Patronne, ainsi que son staff appellerait la princesse désormais.

*
* *

Islamabad, la nouvelle capitale administrative, cubes de béton, pelouses, cubes de béton, « ville jeune, pour un État jeune ». Rawalpindi, à vingt kilomètres de là, ancienne garnison anglaise, avec ses artères interminables, ses haies de bougainvilliers, ses parterres de fleurs et les clochers de ses églises victoriennes, à peine moins nombreux que les minarets. Derrière : les gradins d'immeubles délabrés, surpeuplés, une misère poussiéreuse condamnée à l'aggravation. Dans le fond, horizon haché autant qu'imperturbable, les premiers contreforts de l'Himalaya.

Accueil *délirant*, comme si l'Angleterre représentait plus que jamais la Mère des Nations, et que la Patronne était l'Angleterre soi-même.

« *Zindabad! Zindabad!* » hurlait la foule que des policiers en béret kaki comprimaient avec leurs longs *sticks*, très loin de la chaussée (asphaltée de la semaine) où filaient les quinze ou vingt voitures du cortège qu'encadraient des motards. Les discours s'étaient déroulés sans anicroche et les têtes pensantes du Foreign Office, tenues au courant heure par heure des péripéties du voyage, regrettaient déjà de n'avoir pas concocté à la princesse un parcours plus ambitieux.

« Que lui a-t-on organisé pour cet après-midi ?

— Hum... Hommage à nos soldats tombés au champ d'honneur, dans le cimetière de guerre du Commonwealth.

— Difficile d'y couper. Et ensuite ?

— Visite du Centre familial Norpoor.

— C'est bien ce que je disais. Quelqu'un a une idée de ce que signifient ces *zindabad* que braillent les *Pakies* ?

— Une sorte d'alléluia, il me semble. »

Photo du Pakistan

Elle s'avance seule parmi les tombes de l'immense cimetière, avec toute la gravité qui sied à ce type de cérémonie, et l'on croirait entendre un roulement de tambour ou la trompette lugubre de l'appel des morts. Le photographe l'a habilement cadrée jusqu'à la ceinture, laissant beaucoup de champ aux croix blanches. Elle s'apprête à déposer une couronne au nom de la reine, image du flambeau de la jeunesse brillant par-dessus les tragédies de l'Histoire.

Photo du Pakistan
abondamment reproduite par les hebdomadaires féminins

C'est une photo très colorée où on la voit agiter la main sous les acclamations. Elle porte un gros collier de fleurs sur sa robe rose vif gansée d'outremer et des fillettes en vêtement traditionnel, tunique bleu ciel et large pantalon blanc, lancent des poignées de pétales sur son passage. Dans le discours de réception, la princesse a été saluée comme une personne d'un grand courage et surtout une mère exemplaire qui a su limiter sa descendance à deux enfants : « Je crois que toutes les femmes de notre pays vont suivre votre exemple », s'est exclamée la présidente du planning familial.

*
* *

L'avion de la couronne et son *spare* s'envolèrent ensuite pour Peshawar, fière cité de marchands et de guerriers chantée par Kipling, dernière oasis de verdure avant les rocailleuses montagnes d'Afghanistan.

C'est fou comme se perd vite le fil du temps, et comme la notion de l'espace se délite dans cette perte. Ils avaient chacun à leur façon la sensation de traverser en somnambule les séquences d'un film documentaire. Personne n'avait le droit d'accaparer la Patronne plus de cinq minutes, les intervenants changeaient sans cesse du côté de leurs hôtes et les décors, les paysages se renouvelaient à une cadence presque aussi rapide, étrangement similaires dans leur variété. Quel souvenir garderaient-ils de ce kaléidoscope ? Quelques impressions, quelques arrière-goûts, des bribes de phrases pleines de roulement de *r*, une vague odeur d'oignon cru, les clichés obligés ; c'est la loi du genre.

*
* *

L'habilleuse déballa la tenue du jour, étiquetée n° 6. Veste coquelicot, jupe en imprimé assorti. Une excursion était prévue dans la vallée de Chitral et elle vérifia que les ourlets de la jupe étaient lestés d'assez de barrettes de plomb pour résister à un coup de vent. Plus l'étoffe est légère, plus il faut l'alourdir, si l'on ne veut pas régaler la terre entière de la vue d'une petite culotte. Par acquit de conscience, l'habilleuse faufila deux autres barrettes plombées sur les côtés (des plombs à rideau, mais ceux pour la pêche font aussi bien l'affaire), le long de la couture, où ils ne risquaient pas de déformer le vêtement. Les accessoires étaient rangés dans un pochon à part, étiqueté 5-a. Pas de bijou, la Patronne n'en mettait qu'avec les robes du soir ; le chapeau dans sa boîte, une petite chose de paille ; le sac avec lunettes de soleil, gras pour les lèvres et paquet de kleenex décacheté à l'avance. Les souliers enfin, dont elle griffa les semelles neuves avec des ciseaux, de façon que la princesse ne glissât pas malencontreusement sur un parquet ou un marbre trop poli. Elle relut la feuille de route qu'on lui avait communiquée à Londres : tout y était, et elle accepta de grand cœur la tasse de thé que lui proposait le majordome.

Les premiers échos du voyage semblaient si bons qu'ils commençaient tous à se détendre. L'attaché de presse était content. L'ambassadeur était content. Les Pakistanais se disaient enchantés. Quand elle n'était pas au téléphone avec l'Angleterre (l'homme de la sécurité lui avait installé un brouilleur grâce auquel elle restait pendue une partie de la nuit au bout du fil), la Patronne semblait aux anges. Pour chacun elle essayait d'avoir un mot gentil.

Levée avant l'aube, transbahutée d'un endroit à l'autre jusqu'à l'heure de se mettre au lit, centre de mire permanent, prononçant une moyenne de cinq allocutions par jour (dont une, la veille, sur les ravages de la toxicomanie qu'elle avait corrigée elle-même : « Ce terrible fléau qu'il nous faut tous affronter »), elle tenait bon, ne se dérobait à aucune interview, aucune séance de pose ; elle en accordait même quelques-unes de plus que prévu, sans commettre de faute. Elle se laissait photographier en compagnie des soldats du Khyber Rifles Regiment, malgré une chaleur bestiale, rose et fraîche au milieu d'un essaim de farouches moustaches noires ; et auprès d'un charmeur de cobra, à la moustache démesurée, une vraie moustache de cirque ; et d'une compagnie de scouts à la moustache naissante (« Je vais faire une indigestion de moustaches », disait-elle), coiffée elle-même d'un turban folklorique, apparemment très émue par ce cadeau.

Les journalistes étaient ses hérauts, ils façonnaient l'image qui la rendrait intouchable. Relations au beau fixe. Elle s'était fait remettre leur liste et, à force de les côtoyer, apprenait un peu à les connaître : équipé comme pour la chasse au gros, le tandem du supplément du *Times*, à bichonner : trois millions de lecteurs chaque dimanche ; la vipère de Channel Four, avec son vaste front moite, à qui elle avait accordé un quart d'heure de tête-à-tête, car personne ne vous défendra mieux qu'un détracteur qu'on a réussi à retourner ; le pool des photographes d'agence, dont les clichés alimenteraient bientôt les rotatives de la planète : le blondinet cadavérique de Gamma, qui ne cessait de l'interpeller, mendiant opiniâtre : « Princesse, princesse ! » afin qu'elle tournât le visage vers *son* objectif, et ce Français au regard pénétrant, compréhensif, presque compatissant, affligé d'un nom si britannique, ce Max Jameson qui jouait les desperados. L'attaché de presse racontait que celui-ci avait tellement peur de l'avion qu'il se bourrait de tranquillisants avant chaque départ, de sorte que sur les vols courts qu'ils effectuaient à présent, Pindi-Peshawar, Peshawar-Lahore, il lui fallait à l'arrivée un litre de café pour être opérationnel. Ce matin encore il avait fallu le porter littéralement jusqu'au car de la presse.

La Patronne aimait bien qu'on la tînt au courant de tout ce qui se passait autour d'elle. Ces anecdotes la distrayaient. Elle avait aussi le souci des autres, incontestablement, s'intéressait aux malheurs de chacun, comme si elle cherchait à expier de graves fautes personnelles, disaient les esprits perfides, ou qu'elle avait des penchants morbides. Elle s'apitoyait pour un rien (elle avait envoyé une boîte de pilules accompagnée d'un mot de sa main au reporter du *Telegraph* dont les intestins n'avaient pas résisté au banquet du gouverneur, sans doute une feuille de laitue mal lavée) et se sentait toujours dans l'obligation de *faire quelque chose.*

« Le pauvre, dit-elle de Jameson, c'est affreux ! Son agence ne devrait pas l'envoyer à l'étranger. » Et l'attaché de presse, après s'être renseigné à sa demande : « Oh, il se soigne. Prendre l'avion, si j'ai bien compris, fait partie de la thérapie. Souffre de spasmophilie, de crise d'angoisse, d'attaques de paniques, quelque chose comme ça, une de ces maladies modernes… Il lui a fallu des années, m'a-t-il raconté, pour trouver un médecin qui sache ce qu'il avait. Paraît qu'on s'en sort. » La princesse concernée au plus haut point, désireuse d'en apprendre davantage, de la bouche même de l'intéressé, sur cette *infirmité* qu'elle imaginait cousine de la sienne – jusqu'à ce que l'incident de Lahore lui mît d'autres tourments en tête.

On ne sut jamais comment c'était arrivé. Tout marchait donc comme sur des roulettes, même l'homme de la sécurité commençait à faire confiance au service local de protection des personnalités, quand, lors de l'ultime étape du périple, la visite de la mosquée Badshahi de Lahore, vaste géométrie de grès rose incrusté de marbre pâle, l'impensable se produisit : un murmure de mécontentement s'éleva du côté de leurs hôtes. Ils se retrouvèrent immobilisés sur l'aveuglant parvis. Une photo de Jameson montre la princesse coiffée d'un long foulard blanc, en train de cuire au soleil devant l'étagement des coupoles. Les murmures s'apaisèrent en vérité assez vite, après un aparté en ourdou auquel personne ne comprit rien, sous la pression des membres du gouvernement qui ouvraient la marche. Le ministre des Affaires étrangères pakistanais assura l'ambassadeur et le secrétaire particulier que l'incident était clos, avec ce curieux dodelinement négatif qu'ils ont pour dire que tout est pour le mieux dans le meilleur des mondes ; des barbus se mêlèrent aux moustachus ; la princesse se déchaussa comme il se doit et se vit offrir un châle du Cachemire qu'elle noua par-dessus son voile, puis, nu-pieds, s'extasia sur tout ce qu'on voulut lui faire admirer sans montrer un instant qu'ainsi empaquetée, elle mourait de chaleur.

Une heure plus tard, alors que tout le monde ne pensait plus qu'à prendre une douche et se délasser les orteils, un début d'explication arriva de Londres : les autorités religieuses se prétendaient offensées par l'indécence vestimentaire de Son Altesse royale. *Très* offensées, malgré le foulard, malgré le châle. La nouvelle secoua l'équipe. L'habilleuse blêmit, puis se mit à bafouiller, incapable de prononcer un seul mot audible quand elle aperçut l'expression atterrée de sa maîtresse. On vérifia la feuille de route : « 4e jour, lut le secrétaire particulier. Lahore. Visite du musée et des monuments historiques : tenue n° 9, tailleur vert, escarpins verts, voile blanc. » L'ensemble avait été approuvé par Buckingham et ratifié par le Foreign Office. La jupe était-elle trop courte ? Les barrettes de plomb n'avaient-elles pas rempli leur office ?

Londres répondit qu'un tailleur *pantalon* eût été plus convenable.

D'épais bas sombres eussent également fait l'affaire : le mollet féminin, selon leurs experts, pose toujours problème dans une mosquée.

Personne n'avait parlé de pantalon, et s'il y avait eu une paire de bas parmi les accessoires du n° 9, une main mal intentionnée les avait fait disparaître. Quand ils apprirent une demi-heure plus tard qu'une *certaine* presse londonienne avait déjà répercuté l'information, la princesse comprit qu'elle ne serait jamais trop vigilante, qu'elle devait se méfier de tout le monde, jusque dans sa propre équipe. Elle demeurait dans la ligne de mire du clan adverse. Son prestige croissant causait du tort à *quelqu'un*. Cette fois les hostilités publiques étaient ouvertes.

3.

Une quinquagénaire aux cheveux orange, la jupe remontée à mi-cuisse, offre sa chair tatouée de serpents au soleil matinal. Petit déjeuner à la terrasse d'un café, comme si j'étais déjà en vacances. Les clients discutent météo autant que politique, bien que nous soyons à moins d'un mois du premier tour de l'élection présidentielle. Ça parle moyennes saisonnières et record du siècle. Il n'y aura pratiquement pas eu d'hiver cette année, rappelle une voix, et quelqu'un s'esclaffe – humour de bistrot – que le réchauffement de la planète ne présente pas que des aspects négatifs : « Comprennent rien à la bronzette, ces cons d'écolos. »

Je laisse vingt centimes de pourboire et descends la rue du Faubourg-Saint-Denis, mes journaux sous le bras, en direction du métro.

Une station jusqu'à République, changement, puis ligne onze.

Dans leur petite robe légère, les filles paraissent plus jolies. Autour de moi, je reconnais des visages. Nous échangeons des signes de tête par-dessus nos quotidiens. À cette heure-ci il doit bien y avoir quatre ou cinq employés du Service dans chaque wagon. Les lumières défilent, Jourdain, Place-des-Fêtes, Télégraphe. Près de la moitié des usagers qui s'approchent maintenant des portières, la veste sous le bras, chemise entrouverte, appartient au Service. C'est une chose qui m'a toujours amusé : nos espions à découvert : la façon dont les transports en commun battent en brèche, deux fois par jour, notre culture névrotique du secret.

Porte-des-Lilas, dédaignant l'escalier mécanique, ignorant l'ascenseur, je remonte au pas de gymnastique les soixante-dix-huit marches qui relient le quai à la rue, c'est mon exercice journalier. Dehors, les arbres semblent avoir verdi au cours de la nuit, et je reste un moment à contempler les jeunes frondaisons du square du Docteur-Vario. À chaque retour du printemps, la poussée des feuilles me procure une sorte d'enthousiasme naïf, comme si elle remuait dans les arcanes de mon métabolisme quelque substrat animal.

Les murs de la caserne des Tourelles s'élèvent cent mètres plus loin, derrière la piscine où, en 1924, bien avant d'incarner Tarzan au cinéma, Johnny Weismuller a battu le record du monde du 100 mètres libre.

Enceinte en moellons, sur lesquels se sont greffés deux petits étages aux vitres opaques et que ponctuent des plaques où l'on peut lire : ZONE MILITAIRE. DÉFENSE DE FILMER OU PHOTOGRAPHIER.

161, boulevard Mortier, Paris 20e, cette adresse n'existe dans aucun annuaire téléphonique.

Toujours ébloui par son stage en Amérique, mon copain Mathias prétend que nous avons une conception rétrograde du métier, héritée de la guerre, de la Résistance. Ce n'est pas complètement faux. À Langley, en Virginie, la CIA affiche orgueilleusement son sigle. Le nom complet resplendit à son fronton, ainsi qu'à l'entrée d'un parc d'attraction, et ces trois lettres figurent sur ses blousons, dans une logique de merchandising, comme sur ses casquettes, ses fanions, ses t.shirts. Hollywood a filmé la Compagnie sous toutes les coutures. Elle a son musée, son site internet, avec des pages pour les enfants, une adresse email, et il suffit d'appeler les renseignements pour obtenir le numéro de lignes ouvertes grâce auxquelles n'importe qui peut passer l'information que le vendeur de kebab du coin est un dangereux terroriste. Pareil pour le FBI. Nous vivons repliés sur nous-mêmes, à l'opposé, DGSE, DRM, DST, DCRG, nous sommes coupés de la nation, sans existence manifeste, dit encore Mathias, comme si l'ennemi occupait toujours notre sol ou que l'État français avait honte de ses services de renseignements.

Essayez donc de nous joindre.

Façade muette. Pas de drapeau chez nous, ni de garde chamarré dans une guérite. Pas de raison sociale, ni d'aura mythologique. Des vitres fumées, une porte blindée à abattant, protégée par des plots, destinée aux véhicules, et deux *guichets* latéraux pour les piétons comme moi, par où les rares passants ne peuvent qu'entrapercevoir, derrière le sas de sécurité, la pelouse carrée qui orne la place d'armes de l'ancienne caserne.

D'un autre côté, n'est-ce pas aussi bien ainsi ?

Mathias répète qu'il va publier dans *L'Échauguette*, notre bulletin interne, un papier incendiaire sur la nécessité de communiquer, mais je doute qu'il mette jamais son projet à exécution.

Communiquer avec qui ? Qu'aurions-nous à y gagner ?

Mortier, le lundi 19 mars

Mon thé vert aux feuilles plates « comme la langue d'un moineau » a aujourd'hui un goût de sous-bois spécialement délicieux, quoiqu'il s'agisse d'un deuxième grade, c'est-à-dire de la récolte de l'année dernière. Le beau temps influe-t-il sur sa composition ou bien sur mes papilles gustatives ? Cette délicate question pourrait m'occuper un moment si l'on ne réclamait ma présence dans les sphères supérieures.

Mes notes, un stylo, l'ordinateur verrouillé en position

de veille. Voilà décidément une journée qui s'amorce bien. Persuadé que ma synthèse coréenne a enfin suscité l'attention qu'elle mérite, j'adresse un baiser mental aux trois cartes postales punaisées sur mon mur et m'élance dans l'escalier comme si j'avais encore vingt ans. Seulement, au lieu d'appeler sur son poste Jocelyne, la secrétaire de mon supérieur, une petite brune toujours sur la défensive, le cerbère de l'étage m'adresse à un parfait inconnu.

« S'il vous plaît… » Nous redescendons, traversons la cour au pas de charge. Changement de bâtiment. Nous voici dans l'ascenseur des Opérations, propulsés vers les cimes. Je n'escomptais pas que la Corée me vaille tant d'honneurs : nous atteignons une zone *highly restricted*, comme ne manquerait pas de dire l'ami Mathias.

« Asseyez-vous. Je vais prévenir que vous êtes là. »

La dernière fois que je me suis promené dans ce secteur, c'était à l'époque des grands travaux, quand la Sécurité m'a détaché à l'Administration pour vérifier que l'aménagement de nos bureaux était confié à de vrais patriotes. En 1996, je crois, ou 97. Le projet de transporter la Centrale en banlieue parisienne, au Fort de Noisy, sur un site plus vaste et mieux adapté à notre mission, venait d'être abandonné pour des raisons tout à la fois de budget et d'ordre pratique, car on ne déménage pas sans risque un demi-siècle de matériel sensible. On avait décidé à la place de rénover la maison mère de fond en comble, et de l'agrandir, en annexant notamment la caserne du 1er Régiment du Train, située de l'autre côté du boulevard Mortier, opérations qui ont mis pendant plusieurs années le contre-espionnage sur les dents, la moindre cloison, le moindre robinet, le moindre bouton de porte devant être certifié stérile avant de pouvoir servir. Pour moi, habitué pourtant aux transferts vexatoires, ça a été une expérience pénible.

On me fait patienter cinq minutes, dix minutes, un quart d'heure. La banquette de skaï ne me rappelle aucun souvenir : quelqu'un d'autre a dû passer ce siège au détecteur.

Enfin on m'introduit dans une salle de réunion assez vaste pour accueillir une vingtaine de participants, où deux huiles (leur qualité se voit à celle de leurs costume) me font signe de les rejoindre. C'est à cet instant-là que je prends conscience (je me donnerais des coups de poing) que la convocation n'a rien à voir avec Séoul ni ma synthèse coréenne.

Celui qui porte une cravate à motifs de clubs de golf est un général de réserve que je connais de vue, sans plus ; l'autre, un civil, certains détails ne trompent pas, dont les traits fatigués ne me disent rien. D'ailleurs il semble là à titre d'observateur : il se contente de me dévisager pendant que le premier m'interroge sans préambule sur les réflexions que m'a inspirées le dossier Chrysanthème, sur le cas de cet officier déserteur que nos hommes ont raté à Shanghai.

« Où avez-vous été pêcher votre histoire de protection gouvernementale ?

— Elle coule de source. Dans une société fortement structurée comme l'est la…

— Oh, je vous en prie, épargnez-moi le cours de civilisation chinoise ! »

Ma note repose sur la table, agrémentée d'une ligne de commentaire manuscrite. Elle couvre une épaisse chemise qui doit contenir, si je ne m'abuse, mes états de services.

« Alors ? »

Tout cela pour me forcer dans mes retranchements (pour presser le citron jusqu'à la dernière goutte), comme si je n'avais pas cent fois joué moi-même à ce jeu. Les hommes qui me font face ne sont pas beaucoup plus âgés que moi et, si ça se trouve, compte tenu des remaniements qui affectent nos Directions à chaque échéance électorale, je totalise davantage d'années de boutique qu'eux deux réunis.

« Laissons tomber les spéculations. Qu'est-ce que vous nous proposez d'exploitable ? »

Nous continuons comme ça un petit moment. Club de

golf aboie ses questions, me demande de préciser un point, interrompt mes réponses, et j'adopte en retour un ton de plus en plus uni, posé, rébarbatif, sans jamais baisser le regard. Je ne suis pas responsable de la défection de votre officier, ai-je à cœur de leur rappeler de toute la force de mes émetteurs télépathiques, ni du fiasco de votre équipe.

Le général de réserve finit par hocher la tête, à court de munition.

« Bon, dit-il, ça va bien », en appuyant sur un bouton pour que le planton me raccompagne. Le civil me tend la main (une main molle, pas de chez nous), et tout le reste de la matinée je me creuse la cervelle pour comprendre ce que ces deux-là mijotent.

*
* *

Pendant les trois jours suivants, le ciel se maintient au bleu fixe et la température augmente, provoquant des pics d'oxyde de carbone. Sans nouvelles de l'opération Chrysanthème, je continue à faire mon boulot comme à l'accoutumée. Le Darfour a réussi à intéresser la presse, l'opinion s'émeut, l'Europe descend dans la rue, poussant la classe politique à multiplier les déclarations vertueuses. Je doute que le sujet pèse sur l'élection présidentielle, mais la guerre civile qui déchire cette province du Soudan occidental (plus de trois cent mille morts, selon nos chiffres, et un million huit cent cinquante mille personnes déplacées, c'est-à-dire livrées à la famine et aux épidémies) me vaut de réactualiser nos fiches sur la pénétration chinoise en Afrique, et en particulier sur la politique pétrolière chinoise : un bon candidat doit s'appuyer sur des dossiers solides.

La Chine importe les deux tiers de la production soudanaise de brut (trente-neuf millions de tonnes, au cours des douze derniers mois), fournit en échange des armes et du matériel tactique, et s'oppose à toute sanction de la communauté internationale contre les fondamentalistes de Khartoum. Cela fait des années que nous tirons la sonnette d'alarme. La première synthèse à laquelle j'ai collaboré, initiée par mes collègues africanistes, date de 1993 ; j'y dénonçais déjà la « logique hégémonique » de Pékin, sans m'embarrasser de points d'interrogation. Depuis, comme la situation empirait (par quel miracle en irait-il autrement ?), mon département n'a cessé de diffuser des notices dans ce sens à l'attention du Quai d'Orsay, du ministère de la Défense, du Château, en privilégiant trois axes :

Comment les Chinois entendent sécuriser durablement l'accès aux matières premières nécessaires à leur croissance, dans les régions où les grandes puissantes sont peu présentes ;

Comment, à coups d'investissements (un stade, des routes, un barrage électrique) et de prêts sans intérêt, ils utilisent l'Afrique comme cobaye pour l'exportation de produits manufacturés à plus forte valeur ajoutée ;

Comment leur action, amorcée dans des zones conflictuelles délaissées par l'Occident, en confortant les pouvoirs dictatoriaux en place sous prétexte de non-ingérence, risque de s'étendre à tout le continent, nos anciennes colonies comprises, et provoquer un déclin rapide de notre influence politique aussi bien qu'économique.

Nous renseignons, nous pronostiquons, nous suggérons. Le Service élabore des aides à la décision, mais ne peut intervenir de son propre chef, pas du moins lorsqu'il s'agit de problèmes d'une telle envergure. Tout ce que je puis dire, en ce qui concerne le Darfour, c'est que nos mises en garde n'ont pas déclenché jusque-là de réaction majeure. Cela ne signifie pas que nous nous croisions les bras. Bien implantés au Tchad et en Centrafrique, nous aidons de notre mieux, par exemple, les mouvements de libération, SLA, JEM, SPLM, dans leur lutte contre les « Cavaliers diaboliques », la milice arabe des tribus Abbala, équipée cent pour cent chinois, camions, fusils, lance-grenades automatiques QLZ 87 que les ingénieurs de la firme Norinko fabriquent maintenant sur place, dans des usines livrées clés en main.

Chaque fois que je bloque, toutes les deux heures environ, je fais une pause : une ou deux réussites ; parfois trois. Cela me détend, m'ouvre les méninges, me permet de prendre de la distance. Autrefois je me servais de cartes, puis il y a eu l'ordinateur et j'ai découvert le *Mah-Jong Solitaire*. La règle en est simple, il faut ôter par paires les cent quarante-quatre pièces du jeu, empilées en pyramide de façon aléatoire. On clique sur deux tuiles qui portent des symboles identiques, et elles disparaissent dans un claquement de baguettes. Par instant j'ai l'impression de ne plus pouvoir m'en passer. J'appareille les bambous, les fleurs qui représentent la vie, les points cardinaux, les saisons du ciel, le huit avec le huit, le dragon vert avec le dragon vert, un six de roue avec un six de roue, et il m'arrive de croire – sans y croire – que ces combinaisons détiennent les clés de l'avenir. Si je gagne cette partie, me dis-je, la journée me sera favorable... Je perds, avec un reliquat de pièces catastrophique, quand le téléphone se met à sonner.

« Vous êtes seul ? »

Le général de réserve ne prend pas la peine de se présenter, mais sa voix paraît plus cordiale que lors de notre premier entretien, son ton, presque enjoué. Il souhaite que je mette mon expérience, me dit-il, au service d'une opération Chrysanthème II.

« Vous participerez à la préparation.

— Pourquoi moi ?

— Vous me paraissez qualifié, quelle question ! Vous travaillez sur quoi en ce moment ?

— Confidentiel.

— À la bonne heure. C'est la réponse que vous ferez à

partir de demain si l'on vous demande à quoi vous avez été affecté.

— J'aurais besoin d'un libre accès au dossier de la cible.

— Je vous demande pardon ? »

Il ne voulait pas d'un cours sur la civilisation chinoise, je ne vais pas lui en imposer un sur les principes de la Thermodynamique et ma théorie personnelle des causes et des effets.

« Je ne vous serai pas d'une grande utilité, lui dis-je, si je ne sais pas au juste quel type d'individu on recherche.

— Un renégat... une belle salope ! Qu'est-ce qu'il vous faut de plus ? »

Comme je ne réponds pas, le général finit par grogner :

« Je vous rappelle. »

Les questions que je me pose maintenant, les yeux fixés sur les trois cartes postales qui décorent mon bureau : pourquoi n'est-il pas passé par ma hiérarchie ? Pourquoi prend-il des gants ? Qui va-t-il consulter avant de me rappeler ?

*
* *

L'étage du dessus fait comme s'il n'était au courant de rien : l'ordre de mise à disponibilité est passé sans friction apparente. Mathias, lui, ne me regarde plus de la même façon depuis que je lui ai refilé, en accord avec notre sous-directeur, la requête sur le Darfour du candidat à la présidence. Les questions lui brûlent la langue, il me tourne autour, se contient, finit par me demander quand même :

« Tu... On t'envoie à l'étranger ?

— Je n'ai pas cette chance.

— Le gros coup ?

— Préop.

— À la base de Cercottes ? Tu montes une opération ? »

Il rêve de me tirer les vers du nez, mais devine que je lui en ai déjà assez dit.

Mathias est nettement plus jeune que moi, comme la plupart des membres de la cellule Asie, comme d'ailleurs la plupart de mes collègues. C'est un sentiment étrange, auquel je ne m'habitue pas, de ne plus compter parmi les benjamins de la troupe. L'âge que me renvoient les autres, et que ma carcasse s'ingénie trop souvent à me rappeler, me semble le fruit d'une effrayante erreur.

Il se tient appuyé au chambranle de ma porte, en bras de chemise, sa grosse tête rousse tournée vers les trois cartes postales punaisées au mur.

« Qu'est-ce que tu fais ce soir ? lui dis-je pour me rattraper. Tu veux dîner à la maison ?

— Il y aura qui ?

— Crevettes basilic. Poulet vapeur. Qui d'autre ? Peut-être tofu piquant.

— Vingt heures trente ? »

J'aime cuisiner pour les personnes que j'apprécie, j'éprouve même beaucoup de satisfaction à nourrir les gens en général. C'est un trait de mon caractère, que je m'explique mal. Je ne pense pas l'avoir hérité de mes parents, ni d'ailleurs le tenir de quiconque ; mais dès que je passe aux fourneaux les soucis s'envolent, c'est comme ça, ma conscience s'allège, et si mes petits plats ont ensuite le bonheur de plaire, j'ai l'impression de servir à quelque chose, que ma vie prend un sens, l'impression qu'une voix reconnaissante plaidera au final en ma faveur. Mes parties de *Mah-Jong Solitaire* n'occasionnent qu'un plaisir onaniste, plutôt obsédant ; tandis que touiller des casseroles pour le contentement d'autrui me procure, j'imagine, une satisfaction qui relève du commerce affectif. Une de mes anciennes petites amies prétendait que c'était pour moi une façon de m'exprimer, c'est-à-dire de compenser mon incapacité foncière à communiquer par la parole. Pourquoi pas ? Je suppose qu'on n'exerce pas un métier comme le mien sans quelque prédisposition. Cela me renvoie cependant au problème de l'âge, et à mes contradictions :

donner la becquetée, n'est-ce pas le propre des parents ? En invitant chez moi Mathias ou un autre, je m'enferme dans un rôle de père nourricier, me place dans une position d'aîné, qui me dérange, me déprime, m'afflige, me détruit par ailleurs.

« Sois prudent sur ton scooter.

— *See you, boss.* »

Et dès que je me retrouve seul, dans le métro du retour, les interrogations me reviennent, irritantes. Le général m'a rappelé en moins de quarante minutes pour m'annoncer que le dossier de la cible me serait communiqué vendredi : pourquoi a-t-on accédé à ma demande aussi facilement ? Me laissera-t-on carte blanche, dans la foulée, pour monter l'opération Chrysanthème II ? – Pourquoi le Service s'acharne-t-il, près de dix ans après sa défection, sur ce malheureux officier qui se faisait appeler Dominique ? Comment un soldat en vient-il à prendre la poudre d'escampette – à déserter ? Ai-je eu raison de considérer son cas sous l'angle de la fugue ? Cette option ne me paraît plus aussi banale que je me le figurais au départ. S'il n'y a rien d'extraordinaire, en théorie, à vouloir changer de vie, cela revient à peu près, en pratique, à se faire sauter le caisson. Personne ne se résout aisément à disparaître, *a fortiori* un militaire dressé à répondre présent. Tirer un trait sur son passé me paraît, à la réflexion, une solution de désespoir, impliquant tout un processus préalable de déliquescence…

Rue du Faubourg-Saint-Denis où je fais mes courses, les questions s'évanouissent heureusement devant le spectacle des étals d'oranges, de litchis, de bananes plantain, de piments, de mangues du Bengale, de patates douces de Madagascar, de gombos, de maniocs de Guyane. J'aime mon quartier, malgré le bruit et la saleté de ses rues, parce qu'il concentre les couleurs de plusieurs continents sur quelques centaines de mètres carrés. C'est l'une des raisons pour lesquelles je m'y suis installé, une autre étant que, par voie de conséquence, les loyers y restent abordables. Les Hindous dominent autour du passage Brady ; les Noirs, du côté de la rue du Château-d'Eau où les rabatteurs camerounais harcèlent les passantes pour le compte des coiffeurs et noueuses de tresses ; les Turcs s'imposent au croisement de la rue des Petites-Écuries : la clientèle jalousement masculine des *salonu* y tape le carton dans une ambiance de veillée funèbre ; et l'on croise encore parmi cette foule de Babel des Comoriens, de doux Mauriciens, d'austères familles de Juifs à papillotes indifférents au monde qu'ils traversent, comme s'ils évoluaient dans une dimension parallèle, des clochards d'origines diverses que la crasse a enduits d'un gris uniforme, des clandestins de tous bords, Kurdes, Albanais, et des Maghrébins comme partout, en très grand nombre. Une boutique sur cinq propose de téléphoner aux antipodes à des prix imbattables. Les Musulmans ont leurs pâtisseries, leurs boucheries hallal ; les Hindous, leurs restaurants, leurs loueurs de comédies musicales ; les Chinois, leurs importateurs de machines à coudre, leurs poseuses d'ongle, leurs supérettes débordantes d'où s'échappe une odeur de crevettes oubliées au soleil, lointain avatar des marchés d'Extrême-Orient dont je garde la nostalgie. C'est par là que je débute mes courses, une botte de ciboule, du poivre de Sichuan, un cube fade de tofu, de petits choux blanchâtres, une racine biscornue de gingembre et deux bouteilles de *lao jiu*, un vin de riz jaune que je servirai chaud, car Mathias voudra sûrement discuter des élections.

Faisant la queue à la caisse, j'entends deux employées railler mes goûts en matière d'alcool, convaincues que je ne parle pas leur langue, et j'adopte en retour un masque d'imbécile placide, propre à ne pas les détromper.

Fort de Noisy, le vendredi 23 mars

Un saut à la Centrale, par habitude, puis je prends le bus porte des Lilas. Le 129 me dépose avenue Pierre-Kérautret (87, avenue Pierre-Kérautret, encore une adresse qu'ignorent les annuaires publics), à Romainville, devant les murs badigeonnés à neuf d'une ancienne caserne de la Garde républicaine.

Une série de forts ceinture Paris, dont on n'a jamais bien su s'ils avaient pour mission de défendre la capitale contre l'ennemi ou de maintenir d'importants contingents dans sa banlieue afin de mâter les émeutes insurrectionnelles dont la première moitié du XIXe siècle était coutumière. Bâties sur les collines, la plupart de ces places à la Vauban ne portent pas le nom de la commune où elles ont été édifiées, mais celui de la localité stratégique qu'elles surplombent. Le fort de Romainville, devant lequel est passé mon bus, se trouve ainsi aux Lilas, avec sa haute tour de télécommunications, et celui de Noisy où l'on m'attend ce matin, non pas à Noisy-le-Sec, mais à Romainville. Cette confusion ne doit pas être pour déplaire à nos têtes pensantes, qui ont installé dans ce dernier, faute de pouvoir y regrouper l'ensemble du Service, la Division Action, notre bras armé, et le précieux labyrinthe de nos archives.

De l'extérieur, on ne voit pas grand-chose, bien entendu : de vieux bâtiments en briques qui abriteraient aussi bien les dortoirs d'un internat ou des ateliers d'usine, quelques gendarmes bavardant au soleil devant une barrière mobile, et le long de l'autoroute A3, composant un périmètre de sécurité autour de nos installations, des terres en friches que dominent des bois clôturés et où paissent des chèvres et des poneys nains, car diverses associations naturalistes ont un droit de regard sur cette zone bucolique qu'a colonisée une espèce en voie d'extinction, le crapaud calamite (*bufo calamita*), protégé à l'échelon européen. Que peut-on y faire ?

Je présente ma carte. Ce n'est que le premier des trois ou quatre contrôles que je vais devoir subir.

Le fort proprement dit s'élève de l'autre côté des cours et baraquements, un vaste quadrilatère à flanc de coteau, bardé de toutes les lunettes, casemates, contrescarpes et demi-lunes nécessaires à ce type d'ouvrage. On y pénètre par une poterne aux murs cyclopéens devant quoi s'étend un parking (rares sont les voitures qui ont le privilège de pénétrer à l'intérieur), et là encore il faut montrer patte blanche.

Un groupe de gros durs, bras croisés sur la poitrine, les yeux masqués par des lunettes aux verres teintés, me regarde passer avec un air de supériorité narquoise. La marche m'a donné chaud, mais on ne s'avoue pas incommodé par la température devant les paras du 11e Choc.

Quatre bâtiments parallèles, d'âges divers, étirent devant moi leur perspective disparate autant que rébarbative. Je me dirige vers le plus moderne, qu'on a surnommé l'Iceberg, moins pour son aspect dépouillé que parce que ses quatre étages ne laissent rien deviner du volume énorme qu'il occupe sous terre. Sans s'en douter, le crapaud calamite prospère par-dessus une gigantesque taupinière à l'épreuve des bombes.

Le général a laissé des instructions. Je signe deux documents, en échange de quoi un soldat invalide, sans doute blessé au feu (en Afghanistan ? au Kosovo ? il a l'âge de Mathias), me conduit dans une salle de lecture climatisée (quatre tables, une dizaine de chaises) où il me remet une pile d'enveloppes brunes, attachées par de gros élastiques : le dossier complet dont j'ai demandé à prendre connaissance. Mon cicérone se déplace en s'aidant d'une canne à embout de caoutchouc. Sa jambe gauche traîne bizarrement, de sorte que je me demande si le pli impeccable de son pantalon ne cache pas une prothèse.

« Vous connaissez la consigne, me dit-il. Classifié niveau

TRÈS SECRET. Pas de note, pas d'enregistrement. Vous lisez, je remballe.

— Ne vous en faites pas.

— Oh, je ne m'en fais pas. » Et il s'assied à deux mètres de moi, la canne entre les genoux, avec un sourire indiquant qu'il a ordre de ne pas me quitter des yeux. L'envie me vient de discuter un moment avec lui, de lui manifester ma sympathie, mais je me dis qu'il pourrait mal le prendre, et puis l'heure tourne.

J'ouvre la première pochette en me faisant la réflexion que celle-ci ne présente pas l'habituelle couche de poussière propre aux rayonnages des archives, et libère des liasses de documents jaunis où je découvre aussitôt, avec une excitation d'archéologue, un visage sur une photo d'identité en noir et blanc dont les bords dentelés me rappellent les albums de famille de mon enfance, ainsi que le patronyme de l'officier qui avait pour pseudo Dominique : Boisdeffres. Mon déserteur s'appelait – s'appelle Boisdeffres.

Boisdeffres, Maurice, né le 31 janvier 1941, à Angoulême. Verseau comme moi. Un visage osseux, tout en angles, la mâchoire carrée, les joues plates, le sourcil rectiligne, deux plis au coin des lèvres, qui doivent aujourd'hui s'être creusés et former de profonds sillons verticaux et autoritaires, car le garçon propret que me montre la photo n'a pas encore vingt ans. Ce visage à l'innocence cubiste m'arrête une minute, puis je me mets à lire.

Dans ces moments-là je me sens tout à la fois lecteur et romancier. La matière des rapports m'absorbe tel un polar, mais comme tout y est concentré en style bureaucratique et réduit à son expression la plus sèche, il me faut la réhydrater mentalement, lui rendre sa texture d'origine, son épaisseur, sa souplesse, sa saveur, y ajouter mon grain de sel, voire un peu de moi-même pour lier les ingrédients, et donc faire œuvre d'imagination. Car je ne consulte pas un simple résumé. Une affaire ou une vie exposée sous la forme d'un dossier ne se présente pas à la façon ramassée et continue d'un article de presse ou d'encyclopédie ; l'information n'y est pas passée au crible, clarifiée, puis restituée en une synthèse globale par un auteur écrivant en connaissance de cause ; elle s'apparente plutôt aux pièces d'un puzzle incomplet, façonnées au jour le jour, à diverses époques, par des gens différents, pour des usages variés, sans le souci d'un ajustement global. C'est un capharnaüm rudimentaire. Certaines pages s'égarent dans un grand déploiement de détails circonstanciels, d'autres se bornent à de brèves indications, quelques mots sibyllins, comme si elles s'adressaient à un public déjà familier des ramifications de l'intrigue ; certaines tournent en entier à la périphérie de l'histoire (une opération en Tchécoslovaquie, le partage d'un transfuge avec nos cousins Anglais), d'autres répètent les mêmes données selon un autre point de vue, à seule fin de recoupement, de sorte que les doublons n'abondent pas moins au bout du compte que les blancs.

Ma première impression : ce Boisdeffres, alias Dominique, était un officier de renseignement pointilleux, service-service, aussi rigide qu'intègre. Ses fiches d'évaluation médico-psychologique, dont je dispose enfin, confirment l'image que je m'étais formée d'un individu solide, fidèle au drapeau, au quotient intellectuel largement supérieur à la moyenne, ayant magnifiquement assimilés nos procédures, mais un peu trop attaché à ses principes personnels pour briguer un poste à responsabilités dans les étages supérieurs. Analyste, chef de station, tout comme moi, quoique pour des raisons différentes, il ne pouvait espérer monter plus haut.

Boisdeffres…

Je lis pendant une heure d'affilée, tandis que mon cicérone somnole sur la poignée de sa canne, les paupières mi-closes, à la façon d'une chouette ; puis m'accorde une pause et me dégourdis les articulations, regrettant de ne pouvoir m'offrir comme au bureau la récréation de quelques parties de *Mah-Jong Solitaire*.

Je m'étire. Le verre blindé de la fenêtre étouffe la lumière du dehors. La pièce sent la colle à moquette.

« Vous pouvez fumer dans la cour, si vous voulez.

— J'ai arrêté, dis-je.

— Hé, oui, ricane mon cicérone, il arrive toujours un moment où l'on commence à craindre pour sa vie. »

Le type me dévisage à présent comme s'il venait de marquer un point et entendait le confirmer. Je suppose qu'il espère que je fronce les sourcils, le remette à sa place, lui lance l'avertissement cassant qui lui octroiera de se draper dans son linceul de victime de façon à m'infliger légitimement le remords des souffrances qu'il endure. On l'a relégué dans un caveau climatisé, me dis-je, tandis que je ne me réjouis pas assez de ma chance : aucune balle ne m'a pulvérisé le genou, je n'ai pas sauté sur une mine, j'ignore ce que c'est que de sentir l'iniquité du destin vous arracher un membre. Cet infirme m'est déjà moins sympathique, mais je ne dois pas me le reprocher pour autant. Alors j'essaie de noyer le poisson, lui raconte que je n'avais jamais touché au tabac avant mon service militaire, et que la première chose que m'ait remise mon sergent était un paquet de Troupe : le conscrit recevait d'office ses vingt Gauloises quotidiennes, au même titre que le litron de rouge, parce que c'était comme ça qu'on formait les hommes. Les copains, lui dis-je, n'appréciaient pas qu'on refuse cette manne, le cancer n'était pas encore à l'ordre du jour, alors de fil en aiguille… Comme quoi ce sont aussi les temps qui changent, tout ne résulte pas de décisions personnelles, on évolue avec son époque. Ce n'est pas l'entière vérité, mais j'espère ramener la conversation dans des ornières plus saines. Seulement j'ai le tort de parler trop longtemps, d'accorder trop d'importance à la remarque qu'il m'a faite, et devine, à l'expression qu'il arbore, qu'il jouit de l'embarras dans lequel il a réussi à me plonger. Qu'il aille se faire foutre, me dis-je. J'aurais dû le recadrer sur-le-champ, pour son bien. Avec ma compassion, mon besoin égoïste de comprendre, j'aurais fait décidément un piètre officier de commandement.

Pour m'en sortir, je lance : « Vous avez l'heure ? » et m'abstiens de remercier quand il me la donne.

*
* *

La seconde pause me conduit au mess de la caserne, après un détour par les toilettes. Je n'ai pas spécialement faim, il m'arrive souvent de sauter le déjeuner, mais l'atmosphère confinée de la salle de lecture commençait à me peser autant que l'acrimonie de mon cicérone dont l'estomac gargouille avec insistance.

Les tables du fond sont occupées en majorité par du personnel en civil, nos troupes de choc se mêlant peu au commun des mortels. Ainsi que je l'espérais, j'aperçois quelques visages familiers dans la queue du self. Un grand costaud avec qui j'ai souvent travaillé me gratifie d'une double accolade. Jean-Philippe Lemagny, un ancien gratte-papiers de Mortier, paraît même assez content de me voir pour m'inviter à partager une table : « Putain, Serge, ça fait un bail ! » Serge n'est pas mon vrai prénom, mais c'est le seul qu'il connaisse.

Nous nous sommes bien amusés ensemble, autrefois. J'accepte sans me faire prier, et mon cicérone, qui ne m'a pas lâché d'une semelle jusque-là, ne se fait pas prier non plus pour rejoindre, avec un boitillement moins soutenu, me semble-t-il, un groupe de types de son âge.

Je pose des carottes râpées sur mon plateau, choisis le plat du jour, l'inévitable couscous poulet, star de nos casernes. Pas de vin, non, j'ai trop de lecture devant moi pour ne pas m'en tenir à l'eau minérale.

Serré dans un blazer bleu marine, Jean-Philippe me donne l'impression d'avoir un peu grossi, mais il semble en forme, toujours vif, malicieux, avec sa bonne figure de magistrat en goguette.

« Alors, qu'est-ce que tu deviens ? me demande-t-il.

— Et toi, toujours dans tes sous-sols ? »

Le fort brouhaha de la salle permet de garder la conversation au niveau des banalités, évocation de souvenirs et potins ordinaires.

Quand il ne supporte pas le célibat, son état naturel, le Service se marie de préférence à l'intérieur du Service, cela évite les frictions qu'entraîneraient fatalement au sein du couple les faux-semblants, les silences, les mensonges auxquels oblige le métier. Jean-Philippe a épousé une saint-cyrienne de la Direction technique, ayant un rang supérieur au sien, ce qui a fait dire aux mauvaises langues que c'était elle qui lui avait passé la bague au doigt. À notre dernière rencontre, ils avaient déjà deux enfants, et il m'annonce maintenant une troisième naissance, encore une fille, comme si, feint-il de se plaindre, il ne savait pas fabriquer autre chose. Je crains un moment qu'il n'exhibe des photos, mais il enchaîne sur les déboires d'un ami commun, moins heureux en ménage pour ce qu'il en sait.

Le sujet des élections accompagne le café, un mauvais expresso qui me fait regretter mon *Puits du dragon*, le thé vert hors de prix (un de mes luxes) que je garde sous clef dans un tiroir de la Centrale. J'ai déjà eu dix fois cette conversation cette semaine et suis plutôt rodé. Je ne vote pas, dis-je. Je suis contre un système qui s'appuie sur la télévision et limite le choix final à deux candidats désignés par leur parti, contre un système qui refuse de comptabiliser les bulletins blancs, de sorte que la contestation ne peut s'exprimer que par le biais des extrêmes, contre un système qui ne profite qu'aux ténors du système et aux instituts de sondage. À la rigueur le porte-drapeau du centre m'inciterait cette fois à prendre le chemin des urnes, parce qu'il promet d'abolir les vieux clivages et de modifier la constitution, mais je préférerais qu'on la modifie d'abord. Libéral convaincu, Jean-Philippe rétorque que je ne dirais pas de telles âneries si une trop longue fréquentation de l'Empire du milieu ne m'avait faussé le jugement :

« Tu es devenu tellement chinois ! Le centre, ça n'existe pas…

— La France n'en peut plus d'être coupée en deux.

— Et toi, tel que je te connais, tu ne serais pas contre la dictature d'un parti unique.

— Reconnais-lui l'avantage de l'efficacité : pas de promesse électorale, une planification à long terme…

— Et la démocratie ?

— C'est devenu notre boulet. Elle freine les réformes, elle ralentit le développement. Tandis qu'un gouvernement non élu… »

Jean-Philippe me dit que les agents doubles de mon espèce mériteraient le peloton d'exécution. Le contre-espionnage finira bien par me démasquer, ajoute-t-il en me menaçant du doigt, et nous nous mettons à rire. Ce n'est qu'au moment de nous serrer la main qu'il me demande plus sérieusement ce que je fabrique au fort de Noisy, et s'il peut m'être utile.

« On m'a mis sur une vieille enquête. »

Il ne fait pas de commentaire, mais l'espace d'une seconde le mouvement de ses yeux le trahit, il cherche du regard mon cicérone, avec qui il m'a vu entrer à la cantine, et revenant à moi, l'additionne à cette « vieille enquête » qui m'a conduit dans ces murs. Cela fait plusieurs années que Jean-Philippe veille sur le monde souterrain de nos secrets, et je mettrais ma main à couper que mon affaire ne lui est pas inconnue.

« Au fait, je n'ai plus ton téléphone », lui dis-je. Il le note sur un bout de serviette, sans me lâcher des yeux : « 06 25… », me conseillant de l'appeler le soir, parce qu'ici, m'explique-t-il avec un clin d'œil, « tu sais ce que c'est, on n'a pas de réseau, ça passe mal ».

*
* *

Je lis encore une partie de l'après-midi. Lentement. Afin de mémoriser le plus de choses possible, cherchant des noms, des pistes que je puisse suivre, des fils à dérouler.

Peut-être l'attitude de Jean-Philippe m'a-t-elle rendu plus suspicieux, mais il me semble que les collègues du contre-espionnage ne se sont pas montrés très réactifs à la disparition de l'officier qui disait s'appeler Dominique et que j'ai encore du mal à nommer Boisdeffres. L'homme s'est enfui le vendredi 2 octobre 1998 ; son absence a été signalée dès le lundi suivant, selon la procédure en vigueur ; mais je remarque qu'on a attendu le mercredi 7 pour perquisitionner son domicile ; et encore un jour pour mettre ses proches sur écoute, pour éplucher ses relevés téléphoniques, ses relevés bancaires. Pourquoi la machine ne s'est-elle pas mise en branle sur-le-champ ? Qu'est-ce qui a tenu nos limiers en laisse ? Sûrement pas la mauvaise volonté, ni le manque d'ardeur, je les connais, ils sont d'un naturel bouillant, plus prompts à foncer bille en tête qu'à se perdre en réflexions. Selon le premier principe de la Thermodynamique, il faut donc qu'un corps très froid ait tempéré leur fougue, les ait freinés, bridés, décuplant de ce fait la ridicule avance dont s'était doté le renégat. En relisant dans cette optique les péripéties de sa traque à travers l'Europe de l'Est, je suis frappé de même qu'on ait lancé si peu d'hommes à ses trousses, et il me paraît moins étonnant du coup que nos chasseurs aient fait chou blanc et l'aient laissé s'évanouir dans la banlieue de Vilnius.

Les interrogatoires de la mère et de la sœur ne me dérangent pas. Ils ont été menés de bout en bout avec efficacité, professionnalisme, les enquêteurs ont posé les bonnes questions, ont sous-entendu les bonnes menaces, compensées par la carotte des espoirs adéquats. Rien à reprocher non plus à l'interview de la petite amie.

Improductive, mais consciencieuse, ainsi que celles des collègues, des amis répertoriés. Alors quoi ? Qu'est-ce qui ne va pas ? Et puis… Quelque chose me revient à l'esprit ; il était question de *deux* maîtresses dans ce dédale de papier : Edith Nascimento, donc, quarante-trois ans à l'époque, divorcée, un enfant, dont je viens de parcourir la déclaration, et l'autre (je remonte loin en arrière), l'autre, une amie de sa sœur Jackie, la femme architecte que notre homme a rencontrée en 1982 et dont il a lui-même demandé qu'on la crible. Où était-ce ? je la retrouve une centaine de pages plus haut. Voilà : Patricia Hourtoule, avec qui il n'a jamais rompu, puisque son nom réapparaît dans une réactualisation de sa fiche, mais qu'on a omis de questionner quand il a disparu. À moins que…

Je tiens les derniers feuillets que j'ai consultés à l'oblique, faisant mine de réfléchir à la suite, de façon à ne pas donner d'idée superflue à mon cicérone, et examine les marques du papier à la lumière rasante du plafonnier. Ces dossiers ont longtemps dormi sur les étagères surchargées des sous-sols ou dans les coffres du contre-espionnage qui dispose de ses propres archives, comprimés par des élastiques, coincés entre leurs voisins, écrasés par la masse et, comme les pages qui les composent n'ont pas toutes la même taille (certaines viennent de carnets, d'autres ont le format A4 standard, d'autres sont des cartons de bristol), et qu'elles n'ont pas été empilées avec une rigueur mathématique, beaucoup portent en creux, sur les bords, l'empreinte de la précédente, comme une sorte d'estampage, et parfois c'est l'encre de l'une qui, avec les années, a déteint sur l'autre. Je reviens à nouveau en arrière, survole l'ensemble rapidement, en quête de l'indice d'un manque. On m'a imposé ce cicérone boiteux, me dis-je, parce qu'aucune de ces feuilles volantes n'est numérotée et que si j'en dérobais quelques-unes, mon larcin ne se remarquerait pas ; mais cela vaut dans les deux sens. Entre l'instant où elles ont quitté l'obscurité touffue qui les abritait et celui où elles ont atterri entre mes mains, ces pochettes exemptes de poussière ont pu se voir délestées de certains documents plus classifiés que les autres sans que cela ne saute aux yeux.

Je me reprends aussitôt, craignant que la paranoïa ne m'entraîne dans les sables mouvants du secret défense. Je suis censé faire une évaluation, me dis-je, trouver où nos hommes ont foiré et proposer un nouveau plan d'attaque, non instruire à charge contre nos responsables. Le besoin d'en connaître s'applique ici comme ailleurs – plus qu'ailleurs. Si l'on a décidé de me cacher certains éléments de l'enquête, bien qu'on m'ait promis le contraire, il y a sûrement une bonne raison à cela, que je ne suis pas accrédité à discuter.

Contente-toi de faire ton travail, me dis-je, ne te mets pas martel en tête. J'ai beau me le répéter, je ne puis m'empêcher cependant de reprendre certains éléments du dossier à zéro, de revenir sur certains épisodes de la carrière du déserteur, en quête de *lacunes*, pour essayer de comprendre.

« Vous n'avez pas l'air à la fête », me dit mon cicérone par-dessus sa canne, mais je n'ai pas le temps de lui prêter attention. Quatre années à Vienne (durée normale), puis autant à Mortier, puis attaché militaire en Pologne, avant de revenir se refaire une virginité à Paris... Les postes que Dominique a occupés à l'étranger m'intéressent moins *a priori* que ses activités sur le territoire national, plus propices à des relations suivies, plus susceptibles de mener à quelque chose d'obscur, qui ne doit pas filtrer, mais je ne les écarte pas pour autant... Il n'est plus question de pause, je lis à m'en brûler les yeux. J'engrange des dates. Je découvre *en creux* qu'il manque des pages (j'ignore combien) dans des périodes tournant autour de 1981, 1982, 1993 (ici j'aperçois nettement l'empreinte rouillée d'une agrafe, alors qu'il n'y a pas d'agrafe à cet endroit), 1997... Et parallèlement je m'efforce de graver dans ma mémoire tous les noms que je rencontre, même si pour l'instant je n'ai qu'une très vague idée de ce qu'ils représentent, l'objet des missions ne figurant pas dans les documents qu'on m'a remis, bien entendu, non plus que l'identité véritable des contacts qu'a noués mon déserteur, des agents qu'il a recrutés, des informateurs qu'il a traités, lesquels me plongent dans la litanie des pseudos : Ajax, Belphégor, Reflex, le Hollandais Volant, les Marsouins, Joly Jumper…

Mon cicérone doit trouver le temps long, il a tiré un livre de poche de sa veste, un roman à l'eau de rose, me semble-t-il, à moins qu'il ne s'agisse d'une cochonnerie érotique, *La Beauté de*…, son index me dissimule le dernier mot du titre. Il en est presque à la fin quand, la tête lourde, sentant poindre la migraine, je referme le dossier.

Des nuages ont fait leur apparition au-dehors. L'après-midi touche à son terme.

« C'est fini ? On peux y aller ?

— Merci de votre patience. »

Nous nous quittons dans le hall de l'Iceberg et, tandis qu'un ascenseur emporte le soldat boiteux et son fardeau dans les galeries du sous-sol, je file comme un voleur, traverse aussi vite que le permettent les convenances le parking, les cours, la place d'armes de Noisy, pour pousser la porte d'un bistrot de l'avenue Pierre-Kérautret, décoré d'images du pays basque, avec des poutres noires et des nappes à carreaux rouges et blancs, où, devant un crème mousseux auquel je ne touche pas, j'entreprends de noter sur un bout de papier les éléments que je suis parvenu à emmagasiner – les noms, les dates –, avant qu'ils ne se brouillent et ne s'effacent de ma mémoire.

4.

Pour le gouvernement français, 1992 fut une année calamiteuse, qui augurait bien mal de l'avenir. De grandes masses d'air froid stagnaient, annonciatrices de dépressions prochaines. Crise monétaire, chômage, mécontentement, usure, la gauche enregistra un net recul aux cantonales, en février, puis aux régionales, en mars. Si la droite avait habitué aux prévarications de toutes sortes, le pays découvrait qu'elle n'avait pas le monopole des affaires. La justice accusait le parti socialiste de financement occulte, les juges perquisitionnaient son siège de la rue de Solferino, lançaient des mandats d'amener, inculpaient son trésorier général, obtenaient dix-huit mois avec sursis et deux ans de privation des droits civiques. Et il ne fut plus question seulement de recel d'abus de biens sociaux, de pots-de-vin, de trafic d'influence, de délit d'initié comme cela avait déjà été le cas par le passé. Manque d'information, négligence, disfonctionnement des services médicaux, souvent pour de piètres raisons budgétaires, des centaines de personnes avaient été contaminées par le virus du sida, dans les débuts de l'épidémie, au cours de banales transfusions sanguines : scandale, nouveau procès : plusieurs ministres et responsables de la santé comparaissaient maintenant devant les tribunaux, achevant de dégrader l'image déjà ternie du pouvoir. Au

Château, où planait l'ombre de la mort, le président se murait dans ses mensonges. Rongé par la maladie, sentant venir le terme, il détournait les yeux du présent pour mieux se mirer dans sa gloire posthume. Son visage était devenu un masque cireux, ses prunelles évoquaient la dureté hypnotique d'une mante religieuse. L'angoisse le rendait impatient ; l'impatience le faisait lucide ; la lucidité, brillant, intransigeant, odieux. Même la conduite de la nation ne semblait plus à sa hauteur. Il laissait tomber ses ordres comme on accorde une faveur. La déroute électorale imposait des démissions, un remaniement ministériel. Ces problèmes temporels l'exaspéraient, mais le navire prenait eau de toutes parts, et, tel Saturne dévorant ses fils, il avait brisé un à un ses capitaines. Le chef de l'État chercha alors autour de lui l'homme dont la cote de popularité semblait la moins entamée, le serviteur fidèle, malléable et intègre qui lui permettrait de se maintenir à flot – de *tenir* –, et son choix s'arrêta sur son ancien ministre des Finances, cet enfant du terroir normand qui n'avait pas son bac, ce paysan mal dégrossi que certains de ses subordonnés surnommaient le Bœuf et qui ne lui inspirait pas davantage d'estime. « Puisqu'il s'agit d'administrer des veaux », aurait-il murmuré.

*
* *

« Sonia ? »

Quand il était en voyage, Jean-Luc Massard appelait sa femme chaque jour, à son réveil ou au moment de se coucher, en fonction du décalage horaire. Il demandait des nouvelles des enfants, puis l'interrogeait sur sa journée.

« Je t'entends mal. Parle plus fort. »

Elle avait déjeuné à la maison, lui dit-elle, avait fait un saut à la banque, puis avait acheté le cadeau d'anniversaire de sa mère (sa mère à elle, Jean-Luc avait perdu la sienne deux ans plus tôt), un twin-set jacquard vert et bleu.

« Et toi ? Comment ça se passe ?

— Couci-couça, répondit-il en fouillant les pochettes latérales de sa valise où il était certain d'avoir rangé un coupe-ongle.

— Tu as rencontré ton bonhomme ? La négociation a commencé ?

— On en est toujours aux préliminaires.

— Mais tu rentres bien vendredi ?

— Normalement.

— S'il te plaît, ne me refais pas le coup. Pas deux week-ends de suite.

— Comment dis-tu ? Il y a de la friture, je ne t'entends plus.

— Tu ne peux pas te défiler à chaque...

— Je ferai mon possible, tu sais bien que ça ne dépend pas de... Allô ? »

La communication n'était pas mauvaise, mais il préférait ne pas s'éterniser. Il était content de parler à sa femme, là n'était pas la question, seulement une anxiété instinctive l'habitait, il craignait que de fil en aiguille la conversation ne prît une direction regrettable et que les ressentiments qu'ils réussissaient tous deux à étouffer ne resurgissent inopinément. Sonia avait tendance à se plaindre et ses récriminations les entraînaient parfois très loin, à leur corps défendant, comme si la machine s'emballait d'elle-même.

« Demain, à la même heure... C'est ça. Je t'embrasse moi aussi. » Le coupe-ongle s'était glissé dans la gouttière d'une fermeture-éclair, d'où il eut du mal à le déloger.

Pour sa part, il n'avait jamais grand-chose à raconter, les réunions, la routine. Il ne mentait pas, ou si peu, mais, de fait, ses coups de fil duraient rarement plus de quelques minutes. Il s'obligeait à appeler néanmoins, quotidiennement. Cela faisait près de vingt ans qu'ils vivaient ensemble, car ils ne s'étaient pas mariés sur-le-champ, soucieux de ne pas céder aux conventions (ils avaient attendu la naissance de Thomas, qu'on appelait Tom,

Tom Massard, l'aîné des garçons, passé de justesse en terminale), et puisque leur union avait résisté aussi longtemps, qu'elle avait survécu aux tempêtes de l'adultère (deux, trois fois ils avaient frôlé le naufrage) et aux périls non moins funestes du calme plat, il eût trouvé idiot, compte tenu des efforts qu'ils avaient accomplis l'un et l'autre, de tout saborder par négligence maintenant que le plus dur était derrière eux, qu'ils avaient trouvé une sorte d'équilibre (Sonia suivait une analyse), un modus vivendi acceptable. Oh, la recette est simple, estimait-il, il suffit que chacun y mette du sien. Aux yeux de leurs amis, tous séparés, Sonia et lui faisaient figure de couple modèle, et ça le flattait bizarrement. Toujours privilégier la stabilité, songeait l'économiste qu'il restait : la stabilité est un facteur de croissance.

Bien sûr la tentation de la liberté le traversait par intervalles, il n'était pas un robot, mais elle ne dépassait pas le stade du fantasme, ne fût-ce que parce que ce n'était jamais le moment. Trop de choses urgentes l'accaparaient, le travail mobilisait son énergie. Ils rêvaient d'acheter une maison de vacances dans le Gers ou le Tarn, une ferme, une bergerie à retaper, maintenant qu'il était propriétaire de leur appartement grâce à l'obligeance d'un des compagnons de route du président que lui avait présentés Philippe Welser. Comment pourrait-il s'offrir un divorce de surcroît ? C'était un luxe au-dessus de ses moyens. Il devait assurer l'avenir en priorité (leur avenir, se disait-il, car en matière de projet il ne pensait guère au singulier, et c'était assez révélateur au fond de sa disposition d'esprit), s'il ne voulait pas pointer au chômage ou retourner dans l'enseignement, ce qui revenait quasiment au même ; ce n'était pas en écrivant des biographies comme son *Guizot, un ministre européen*, dix-sept mille exemplaires vendus, qu'il pourrait assurer leur train de vie quand la gauche aurait perdu les législatives, l'an prochain ; car elle allait les perdre, le gouvernement ne tirait sa légitimité que de l'aura faiblissante du chef de l'État, il ne se faisait pas d'illusion.

Reprendre le chemin de l'université, rabâcher des thèses auxquelles il ne croyait plus, « pour des clopinettes », quand il avait connu les ors de la République, les voitures avec chauffeur, les voyages officiels, le frisson du pouvoir, lui paraissait inenvisageable, personne ne revient en arrière. – Pourquoi n'était-il pas entré dans le privé quand il en était encore temps ? On lui avait fait des propositions, et il avait laissé passer sa chance. – Les regrets le rongeaient dès qu'il avait le loisir de la réflexion et que se dégradait son humeur. Julie Wassermann dirigeait un florissant cabinet de conseil en investissement, ruminait-il ; Lavauzelle, un ancien subordonné, se la coulait douce à Air Inter, la « planque en or », selon ses propres termes ; Erik Sadoun, le copain de fac, avec qui il avait dîné l'autre soir, trotskiste enragé dans sa jeunesse, faisait fortune dans l'achat d'espaces publicitaires, il roulait en Porsche et sortait avec une Brésilienne qui n'avait pas la moitié de son âge. Cette Sud-Américaine blonde et siliconée, réfutation vivante de leurs idéaux d'autrefois, lui restait spécialement en travers de la gorge.

Avec les services que tu as rendus, sans parler de « toutes les choses » que tu sais, le rassurait Sonia, ils ne peuvent pas te laisser tomber comme ça. Elle avait du bon sens et une sorte d'instinct qui l'épatait régulièrement, mais il n'était pas si candide et se doutait bien que, dans la déroute qui allait survenir, les petits soldats comme lui seraient oubliés sur le bas-côté. Il fallait que sa mission réussît. On lui avait laissé entendre qu'un poste de conseiller d'État récompenserait son succès. Cela impliquait, inversement, qu'on le mettrait au rancard s'il rentrait bredouille.

*
* *

Il avait pris une douche, puis s'était coupé les ongles en notant que ceux-ci poussent plus vite lorsqu'on atteint le mauvais versant de l'âge. Ne s'était-il pas fait faire une manucure la semaine précédente ? Comment pouvaient-ils être déjà si longs ?

Il se sentait ballonné. Quelque chose qu'il avait mangé dans l'avion gonflait ses intestins, à moins que ce ne fût le dîner trop riche qu'on lui avait servi à l'ambassade. Il vida sur la tablette de la salle de bain la trousse de médicaments dont Sonia chargeait maternellement sa valise. Somnifères, collyre, sparadrap, aspirine, deux boîtes d'antibiotique à spectre large, toute une pharmacie où ne manquait qu'un paquet de capotes, ricana-t-il devant le miroir. Il mit un comprimé effervescent dans le verre à dents, puis, se méfiant du robinet, on peut attraper la mort dans ces pays, se dirigea vers le minibar empli d'eau minérale à quatre mille rials la bouteille ; il ne contenait rien d'autre : pas une goutte d'alcool ; pas même un jus de fruit, comme si la direction de l'hôtel craignait que les clients ne confectionnassent des cocktails en y ajoutant une dose d'after-shave.

Il se penchait devant le petit réfrigérateur lorsqu'il entendit un toussotement sur sa droite, qui le fit sursauter. Un homme se tenait debout derrière le canapé, telle une statue funéraire, l'index sur les lèvres, lui intimant le silence. La quarantaine, engoncé dans une parka sombre. Une frange châtain coupait le haut de son front d'une ligne nette, évoquant la cupule d'un gland. Toute son expression disait : Ne prenez pas peur, je suis votre ami. Jean-Luc Massard en tomba sur les fesses, terrorisé par l'apparition.

Il se comporta alors avec beaucoup de sang-froid, devait-il confier par la suite. Son cœur cognait dans sa poitrine, mais il ne cria pas, ne s'affola pas, et se redressa avec d'infinies précautions, les jambes flageolantes, sans quitter l'intrus des yeux.

L'homme pliait maintenant les bras et lui montrait ses

paumes ouvertes pour signifier qu'il avait des intentions pacifiques. Les mains étaient énormes comme celles d'un catcheur ou d'un bûcheron, mais il avait la peau claire, un peu de couperose, les traits européens et une allure civilisée qui autorisaient une lueur d'espoir. Comment était-il entré, alors que le loquet était mis ?

Il désignait à présent du doigt le téléphone, le lampadaire de cuivre ; puis la lithographie abstraite pendue au-dessus de la coiffeuse ; puis son oreille. Qu'essayait-il de dire ? Ses lèvres remuaient, mimaient la parole, il pointait en même temps les murs et à nouveau le téléphone et son oreille. La pièce était truffée de micros – ah bon ? Jean-Luc Massard hocha la tête d'un air d'intelligence.

S'exprimant toujours par geste, l'homme disait maintenant qu'ils devaient sortir : l'index et le majeur faisaient le mouvement de jambes en action. Il tapotait le cadran de sa montre : un rendez-vous. Jean-Luc Massard acquiesça, résigné à son sort, et se dirigea vers le portemanteau. Il se heurta à une grimace. Les doigts s'agitaient, touchaient un bord de la parka. Tripotaient une manche, froissaient l'étoffe du pantalon... Un vêtement ? Il s'aperçut qu'il était en pyjama (le gris rayé, qu'il avait eu pour la fête des pères) et portait des chaussons aux pieds. Confus, il faillit lâcher des excuses, se rattrapa à temps, et courut s'habiller de l'autre côté du lit (il lui paraissait peu viril de s'enfermer à la salle de bain), face au mur, en se tortillant au bord de l'édredon pour enfiler son slip. Retrouvant enfin ses moyens, il eut tout de même la présence d'esprit de mettre un pull à col roulé, parce qu'il n'avait emporté de Paris qu'un léger trench et qu'il avait été surpris, en rentrant à l'hôtel, une heure plus tôt, par le froid des nuits de novembre à Téhéran.

*
* *

« Un break Volvo gris », lui glissa l'homme à l'oreille, lorsqu'ils furent sortis de la chambre. En français, sans un soupçon d'accent. « Moteur allumé, sur le parking. » L'index indiqua la droite, puis la gauche. Soulagé d'avoir affaire à un compatriote, Jean-Luc Massard comprit qu'ils devaient quitter l'hôtel séparément et il paniqua soudain, alors qu'il s'habituait tout juste à l'incongruité de la situation, à l'idée de se retrouver seul dans la lumière sale qui baignait les longs couloirs endormis. Avant d'entrer, quasiment poussé, dans l'ascenseur, il inspecta la cabine comme si elle dissimulait quelque traquenard. Une bombe n'allait-elle pas exploser quand il appuierait sur le bouton du lobby ?

Il ne se passa rien. L'ascenseur fila sur ses câbles et la porte coulissa en émettant les deux notes d'une sonnerie musicale comme en produisent certains interphones.

Malgré l'heure tardive, il y avait encore beaucoup de monde dans l'immense hall de marbre dont le centre était aménagé en salon de thé, avec tapis rouge et fauteuils club. Des Iraniens, des étrangers. Un Sikh enturbanné, penché sur un magazine de cricket. Des Arabes du Golfe affalés côte à côte, sous les pompeux lustres de cristal, l'air de s'ennuyer à périr. Quelques femmes même, au chignon massif, la tête enveloppée d'une mousseline. Aucune menace apparente. Il préparait une réponse cohérente pour le cas où le portier lui proposerait les services d'un taxi, mais on ne lui demanda rien et il se hâta vers l'extérieur qu'éclairait l'enseigne verte où l'on pouvait lire : AZÂDI GRAND HOTEL.

Il repéra facilement la Volvo. Et maintenant ? Que devait-il faire ? Un jeune type aux oreilles en chou-fleur occupait la place du conducteur. Devait-il monter ? Fallait-il attendre l'homme (était-il vraiment Français ?) qui avait fait irruption dans sa chambre ? Un vent glacial tombait du massif d'Elbouz dont les pics enneigés se détachaient sur un halo de lune. J'aurais dû vérifier son identité et prévenir l'ambassade, se disait-il, je suis fou de me jeter ainsi dans la gueule du loup, il voyait déjà les gros titres des journaux : un conseiller de Matignon kidnappé en Iran… La portière arrière s'ouvrit cependant (sans que le plafonnier s'allumât, nota-t-il), et il prit place dans le break surchauffé, tandis que le rejoignait l'homme à la parka.

« Désolé de m'être introduit chez vous comme ça, lui dit-il. Je me présente, capitaine André. Le chauffeur est un gars à nous qui va bien. *Go*, on fait mouvement.

— Est-ce que je peux savoir… ?

— Ne vous tracassez pas. On va vous briefer dans un endroit *safe*. »

L'arrondi régulier de sa coupe au bol ainsi que les reflets auburn que prenaient ses cheveux lorsque la voiture passait devant un réverbère faisaient penser à une moumoute, et Jean-Luc Massard eut la tentation enfantine de tirer dessus pour voir ce qu'il adviendrait alors. Il songeait déjà au récit qu'il ferait de son aventure, au ministère, à son club, l'enjolivant par avance de détails pittoresques ou dramatiques, de cagoules et de gros revolvers. On l'avait bien prévenu que les services de renseignements lui préparaient le terrain, un général trois étoiles l'avait averti à Paris que « quelqu'un » prendrait contact avec lui de façon discrète, pour le mener à l'intermédiaire de confiance censé ouvrir la négociation, c'était même pour cela qu'il était descendu à l'hôtel, repoussant l'invitation avantageuse de l'ambassadeur ; mais il n'avait pas imaginé que cela pût se passer de la sorte, surtout après la réunion de ce soir, à l'ambassade, rue Neaufle-le-Château (la rue avait été rebaptisée en l'honneur de la France du nom de la commune qui avait abrité le long exil du Guide suprême), où l'on s'était raisonnablement contenté, dans la quiétude d'un bureau lambrissé que dominait le portrait officiel du Grand Sphinx, la poitrine barrée de l'écharpe tricolore, d'inventorier les ressources de la voie diplomatique, entre gens de bonne compagnie, en dégustant un armagnac qui avait à peu près son âge. Personne ne l'avait préparé aux micros planqués dans sa suite, ni à la visite d'une barbouze en pleine nuit.

« Nous revenons sur nos pas ? » demanda-t-il avec espoir.

Ils tournaient en rond, longeaient le parc Mellat, rejoignaient la Foire internationale, repassaient devant le parc d'attractions et ses rues circulaires. « Précaution d'usage », expliqua le capitaine André. Ils vérifiaient qu'ils n'étaient pas suivis et Jean-Luc Massard se promit d'éviter à l'avenir les questions inutiles.

Enfin ils s'engagèrent dans Chamran Highway, une des nombreuses voies expresses qui descendent des collines du nord vers le centre pollué de la ville.

*
* *

Pendant le début du trajet, Jean-Luc Massard ne pensa que course-poursuite et échanges de coup de feu. Il s'attendait à tomber sur un barrage, il imaginait la voiture fonçant dans le tas ou dérapant dans un hurlement de pneus pour repartir à contresens sur la voie rapide, poursuivie par un concert de sirènes et de tirs automatiques. C'était effrayant et irrésistible à la fois, de sorte que le flegme de leur chauffeur (il conduisait à une vitesse moyenne, se maintenant de préférence dans la file du milieu) lui portait sur les nerfs et qu'il avait envie de lui crier d'accélérer, pour en finir. C'était Téhéran. Ils traversaient en grand mystère la capitale de l'Islam fondamentaliste, le nid de serpents du terrorisme international, ils roulaient sur l'axe même du Mal, ils étaient à Téhéran, bordel de Dieu… ! Puis il se demanda comment il devait s'adresser à son ravisseur. Fallait-il l'appeler mon capitaine, ou capitaine André, ou André tout court, plus familièrement ? Réformé grâce à la complaisance d'un médecin de la fac, il avait toujours été pour sa part un antimilitariste convaincu. Puis, alors que la

Volvo quittait la voie expresse pour s'engager dans une longue avenue bordée de gigantesques platanes auxquels s'accrochaient encore quelques feuilles (il n'avait jamais vu d'arbres pareils en pleine ville), il s'efforça de chasser de son cerveau ces pensées pour se redonner une apparence affairée, sérieuse et digne de haut fonctionnaire. Tout de même, ronronnait la voix dans son cerveau, quand Welser saura ça…

Le break tourna dans une de ces petites rues flanquées d'immeubles décatis où la métropole despotique retrouvait un aspect débonnaire de vieille dame orientale. Il s'était déjà étonné au cours de l'après-midi du contraste entre les grandes artères déferlantes que dominaient des ensembles d'acier et de béton dont l'architecture avait, lui semblait-il, quelque chose d'affreusement germanique, et les quartiers populaires, ou commerçants, ou simplement plus anciens, qui reflétaient encore la chaleur anachronique d'un certain art de vivre. C'était d'autant plus saisissant lorsqu'on arrivait de la zone bâtarde, au pied des montagnes, où s'élevait son hôtel. Il y avait d'un côté les esplanades démesurées, les murs de propagande, l'univers planifié à la règle de fer de l'orgueil autocratique, et de l'autre les méandres d'une résistance très humaine à laquelle Jean-Luc Massard était loin de s'attendre. De même, l'emprise de la religion sur l'existence quotidienne de Téhéran paraissait beaucoup moins draconienne, pour ce qu'il avait pu en voir au cours de l'après-midi, que dans l'image que lui avaient formée ses préjugés. On apercevait des jeunes femmes en pantalon et anorak, la tête à peine couverte d'un châle que le froid coupant justifiait autant que la loi des mollahs. Elles souriaient, maquillées, pleines d'appétit. Les hommes portaient des doudounes sur des jeans, il y avait des cinémas, des pâtisseries à la mode, des concessionnaires Mercedes et Alfa-Romeo comme partout ailleurs, et par-dessus le marché une certaine fantaisie dans les comportements, une atmosphère presque musicale, qui signifiaient clairement que, pour ces gens-là, la partie n'était pas perdue.

La maison devant laquelle s'arrêta leur voiture n'appartenait malheureusement pas à cette catégorie. Un parallélépipède couleur de cendre, avec des grilles défendant des fenêtres noires et des climatiseurs tout à fait hors de saison. La plaque disait : EUROPLAST INCORPORATED. Le capitaine André appuya sur le bouton de la sonnette et la porte s'ouvrit aussitôt. « Entrez vite », souffla-t-il à Massard, tandis que la Volvo descendait la rampe du parking.

*
* *

Ils étaient quatre, en comptant le chauffeur du break. Le capitaine André sous sa cupule auburn, un certain Jean-Pierre qui avait surtout l'air d'un porte-flingue, et celui qui dirigeait visiblement l'opération, M. Antoine, très vieille France, costume bleu marine, chevalière armoriée, le nez épais, busqué, sanguin, saillant au milieu d'un gros visage que bordait une vague de cheveux plus blancs que blonds.

L'endroit correspondait à ce qu'annonçait sa raison sociale : des bureaux, des armoires à dossiers, des machines à écrire, un télex. Au mur, auprès d'un éphéméride à la date du jour, une affiche encadrée vantait les mérites du PVC, injection, extrusion et chaudronnerie plastique (« Pour bâtir un monde meilleur »). Tout cela aménagé de fraîche date, faisant encore un peu vide et soigneusement coupé de l'extérieur par des rideaux occultants : une coquille illusoire, activée pour l'occasion.

« Bon, nous disposons de peu de temps, commença M. Antoine. Qu'est-ce qu'on vous a dit à Paris ? » Sa voix ne correspondait pas à son apparence, une voix de fausset, aux intonations voyou.

Jean-Luc Massard ne se dépêcha pas de répondre. Savaient-ils bien à qui ils avaient affaire ? Les militaires –

les *milis*, pour parler comme eux – font toujours comme s'ils détenaient la clef de vérités supérieures que les *pékins* n'ont nul besoin de connaître. Un peu à la façon des chirurgiens des hôpitaux, rodés eux aussi aux questions de vie ou de mort (il avait eu l'occasion d'en fréquenter de près, malheureusement, durant la longue maladie de sa mère). Imbus de leurs responsabilités, ils s'en tiennent à un quant-à-soi paralysant. Pour qui se prennent-ils ? Jusque devant un ministre, le *mili* invoque d'abord la toute-puissante raison militaire, comme si les intérêts de l'armée primaient sur ceux de la République.

« Ce qu'on nous a dit à Matignon ? finit-il par répondre. Qu'un de vos honorables correspondants s'est proposé comme médiateur. Je suis là pour étudier cette option. Nous en avons d'autres, bien entendu, qu'il serait prématuré d'écarter. Le Quai d'Orsay notamment…

— Vous n'avez que dalle.

— Je vous demande pardon ?

— Avez-vous déjà été impliqué dans une libération d'otage, monsieur Massard ?

— Je ne vois pas ce que…

— Deux de nos ressortissants sont prisonniers d'un groupe terroriste depuis cent quatre-vingt-dix-sept jours. Enchaînés dans un trou, une cagoule sur les yeux, avec une écuelle pour la bouffe et un seau pour chier. Cent quatre-vingt-dix-sept jours, monsieur Massard… Cela fait donc plus de six mois que nous examinons toutes les options, comme vous dites. On a rencontré des tas de gens, au cours de cette période. Des diplomates, des responsables politiques, des escrocs, des mythomanes de tout poil. On a entendu beaucoup de promesses, on a démêlé beaucoup de bobards. Cela ne nous a pas empêchés de continuer à frapper à toutes les portes. Alors croyez-moi, monsieur Massard, si je vous dis que nous avons cette fois une petite chance d'aboutir, c'est que *vous*, pour l'instant, vous n'avez rien.

— J'aimerais que vous employiez un autre ton.

— Savez-vous au moins pourquoi nos deux journalistes ont été enlevés ?

— C'est un examen de passage ?

— Vous croyez que je n'ai que ça à faire… Bon, récapitulons. Depuis le début, s'il le faut. Deux journalistes. Un interviewer, un cameraman. Ils connaissent le Moyen-Orient comme moi la planète Mars, mais quelqu'un, à Beyrouth, leur a fait miroiter le reportage du siècle… Ils n'ont pas branché leur micro qu'on leur braque une Kalache sur la tempe. L'enlèvement est revendiqué au bout d'une semaine par les Frères des Martyrs du 2 février, une organisation combattante dont personne n'a jamais entendu parler auparavant. Nos experts passent au crible la vidéo qu'on nous a fait parvenir et le texte dactylographié qui l'accompagne. D'après le style du communiqué, les ravisseurs appartiennent à la mouvance shiite, leur fratrie est une émanation du Hezbollah. Nous ne découvrons pas grand-chose de plus. Leurs demandes sont aussi floues qu'extravagantes, et on le comprend. Ce qu'ils veulent d'abord, c'est obtenir leur quart d'heure de gloire, que des comités de soutien en faveur des otages se créent en France, que la télévision cite leur nom quotidiennement, que les média se fassent l'écho à travers tout l'Occident de leur lutte courageuse. Alors ils se terrent et font durer les choses. Nous interrogeons Amman, Jérusalem, Damas, Bagdad, Riyad, Moscou, Washington : macache. Ils ne bougent pas, c'est comme s'ils n'avaient jamais existé. On a beau scruter les ondes, remuer la terre et le ciel : pas la plus petite information à se mettre sous la dent… J'ai toujours votre attention, monsieur Massard ?

— Vous ne m'apprenez rien de nouveau.

— OK. Maintenant six mois ont passé. Les présentateurs des journaux télévisés continuent à compter les jours de détention de leurs deux confrères, mais omettent de prononcer le nom du groupuscule terroriste qui les séquestre, nous y avons veillé. D'autres événements se sont produits entre-temps dans le monde, le traité de Maastricht, le bombardement de Sarajevo. Les feux de l'actualité se sont déplacés. Nous entrons alors dans la phase 2. Dans cette phase-là, monsieur Massard, les ambitions politiques cèdent le pas aux intentions maffieuses. Les Frères des Martyrs entendent récolter à présent les bénéfices matériels de leur coup d'éclat. Leur petite entreprise a des frais de fonctionnement, n'est-ce pas ? Il y a ceux qui ont procédé à l'enlèvement, ceux qui gèrent la détention, ceux qui les ravitaillent, qui servent d'agent de liaison, sans parler des bâilleurs de fonds qu'il faut rembourser. Alors ils montrent le bout de leurs nez, des émissaires approchent divers intermédiaires. C'est comme une offre de marché public, vous voyez. Qui paraît le plus qualifié, qui présente les garanties les plus solides, qui est le mieux équipé en termes de réseau financier, car en plus d'acheminer l'argent de la rançon, il va falloir en rétrocéder une partie à toute une kyrielle d'intervenants sans laisser de trace… Notre honorable correspondant, comme vous l'avez aimablement nommé, s'est donc mis sur les rangs. Il a le profil idoine. Nous lui avons donné notre aval, il a celui de l'Élysée et, plus important, les Iraniens, qui sponsorisent le Hezbollah et ses satellites – vous n'êtes sûrement pas sans savoir qu'ils les forment dans leurs camps de Beit el-Makdes, de Badigan-Ghiorash, de Beches-bi Zahra, et que Département 15 de leurs services secrets maintient un contact permanent avec eux –, plus important, donc, les Iraniens paraissent avoir confiance en lui.

— Et qui est ce personnage providentiel ?

— Oh, vous le connaissez… Indirectement. Vous avez déjà eu affaire à l'une de ses sociétés. La Semintex, une boîte d'import-export basée à Bruxelles. Quand vous étiez rue de Rivoli, vous avez fait viser des autorisations d'exportation que vous a transmises la Défense.

— Moi ? Pas du tout. Mais non, je n'ai jamais…

— Monsieur Massard, s'il vous plaît.

— Mais non !

— Vous avez bouclé vous-même le dossier financier des ventes, à travers ELF, avec l'accord du Château. Vous voulez que je vous cite des chiffres, des noms ? Allons, ne perdons pas de temps.

— Comment…

— Le patron de la Semintex vend des armes, d'accord. Il nous a déjà rendu pas mal de services dans le passé. Il peut nous en rendre un gros aujourd'hui. Alors, je vous en prie, cessez de jouer les enfants de chœur.

— Pourquoi devrait-on passer par ce type ? Et d'abord, comment avez-vous eu vent des… ?

— Monsieur Massard, reprenez-vous. Réfléchissez. Qui d'autre peut avoir accès à une organisation comme les Frères des Martyrs ? Il faut un loup pour frayer avec les loups. Les gens respectables n'ont pas cette sorte de carnet d'adresses.

— Un marchand d'armes ! Qui vous dit que les ravisseurs vont lui… ?

— Il nous a transmis une preuve de vie : une photo récente des otages, que nous avons authentifiée.

— Le Premier ministre n'en a pas été informé.

— Vous voulez toujours qu'on fasse court. On ne peut pas tout dire dans une synthèse.

— Mais l'Élysée est au courant ?

— Ça, vous êtes mieux placé que moi pour le savoir. »

Le radiateur électrique émettait un bruit irritant d'insecte qui bourdonne contre une vitre. L'affaire de la Semintex ne devait pas ressortir, on le lui avait promis. Si Philippe Walser et les compagnons de route ne lui avaient pas forcé la main, à l'époque, Jean-Luc Massard n'aurait d'ailleurs jamais accepté de toucher à ce sac de nœuds. Il lui fallait maintenant trouver un moyen de se couvrir…

« Une délégation de parlementaires doit me rejoindre demain. Ils sont dans le coup, j'espère ?

— Oh, pas du tout ! Sûrement pas. On va les court-circuiter. Tout ce qu'ils réussiraient à faire, c'est nous ficher dedans.

— Parce que, d'après vous, il n'y a pas moyen de… ?

— À quoi pensez-vous, monsieur Massard ?

— La rançon… Je veux dire… On ne peut pas y couper ?

— Je ne connais pas de cas de libération d'otage où un gouvernement n'ait pas payé, d'une manière ou d'une autre. Naturellement, libre à vous de nier ensuite avoir versé le moindre centime. Si la transaction a été bien ficelée, et c'est votre spécialité, n'est-ce pas ? qui pourra prétendre le contraire ?

— J'aimerais en référer à Matignon. La décision ne me…

— Demain. Là, nous sommes serrés question horaire.

— Vous avez pris un rendez-vous pour ce soir ? Avec ce type ? Sans me prévenir ?

— Pas eu le choix. Il vous attend dans… »

M. Antoine repoussa le poignet de sa chemise pour consulter sa montre, un épais chronomètre de plongée au double cadran noir et rouge, cabossé et rayé qui, pas plus que sa voix, ne collait à son allure de nobliau. La chevalière et le costume croisé devaient faire partie de la couverture.

« Dans cinquante-quatre minutes, précisa-t-il. À une heure zéro zéro. Notre ami est du genre insomniaque.

— Attendez, attendez… Une question…

— Je vous en prie.

— Parlons franchement… Qu'est-ce que je risque ? Je veux dire… Les planques, les filatures, ce n'est pas mon…

— Mais rien, monsieur Massard. Que voulez-vous qu'il arrive à un envoyé officiel du gouvernement français ? Au pire, d'être reconduit à la frontière. Les précautions avec lesquelles nous vous avons approché, si c'est là votre souci, ne concernaient que la sécurité de mon unité. Je tiens beaucoup à mes hommes. »

*
* *

Richard Drouin avait fait du ski tout l'après-midi, ce qui l'avait mis d'excellente humeur. Cette fois, Malik Azzam et lui s'étaient fait déposer par hélicoptère au sommet du Tochal, à près de quatre mille mètres d'altitude, d'où l'on a une vue spectaculaire sur le massif d'Alborz. Devant eux, se heurtant au bleu d'encre du ciel, le cône immaculé du mont Damavand, haut volcan éteint aux larges flancs symétriques, déployait une splendeur vertigineuse avec laquelle le Mont-blanc lui-même ne pouvait rivaliser. L'espace d'un instant, M. Joyeux en avait éprouvé une émotion quasi mystique.

Diverses stations entourent Téhéran, Dizin, Shemshak, certaines à moins de deux heures du centre-ville, mais il avait épuisé déjà, au cours de précédents voyages, les plaisirs de leurs pistes sans surprise, conçues peu avant la Seconde Guerre mondiale par un ingénieur des chemins de fers du Reich. Sans doute désirait-il aussi impressionner Malik Azzam, qu'il n'avait jamais emmené skier encore sur les luxueux glaciers et les neiges vierges. « Regarde ! » lui avait-il dit en étreignant le panorama de ses bras ouverts, comme s'il voulait lui en faire don.

L'air était rare, la poitrine brûlait au moindre effort et ils avaient descendu la pente abrupte à vitesse prudente. Il ouvrait le chemin, repérait les crevasses, traçait de larges boucles gracieuses, puis s'arrêtait pour attendre Malik Azzam, moins expérimenté que lui. Ces temps de pause lui donnaient l'occasion de contempler à sa guise le jeune homme dans ses évolutions. On leur avait prêté les combinaisons requises, qui faisaient une silhouette de bibendum, mais malgré cela, malgré le bonnet et les lunettes, il trouvait à son compagnon une beauté inaltérable de héros antique.

Ils avaient sué au sauna à leur retour, côte à côte, avant

de plonger dans la piscine carrelée de bleu – le fameux bleu d'Ispahan – qui occupait le sous-sol de la maison bordée de tamaris ; puis Malik était monté faire une sieste dont il n'avait émergé qu'à l'heure du dîner, laissant à Richard Drouin le soin de tenir le crachoir à leur hôte, le Dr Parviz Saffar Aliabadi, grand bavard devant l'Éternel, de son propre aveu.

Affligé d'un physique ingrat, maigrichon, le nez de travers, l'œil tombant, la moustache avare, peu de menton, Parviz Saffar Aliabadi se consolait en s'écoutant parler. Il y trouvait surtout plaisir s'il pouvait tenir ses discours érudits en français, langue qu'il avait découverte au collège, à une époque où le prestige de la patrie de Bonaparte, de Hugo, de Bergson rayonnait encore à travers le monde. Il en avait approfondi la connaissance à la terrasse des cafés de Montpellier où il avait fait sa médecine et dont il conservait les inflexions : ce chantonnement se combinait curieusement sur ses lèvres à l'accent farsi. Il avait passé huit années là-bas, mais n'avait pas jugé bon d'exercer à son retour en Iran (« Je déteste les malades », disait-il), préférant démêler la succession de son père, premier importateur de machines agricoles du pays. Néanmoins il tenait farouchement à son titre de docteur, qui figurait sur les cartes de visite qu'il faisait toujours graver chez un papetier très chic de la rue Saint-Honoré, à Paris.

Ils regardaient ensemble les nouvelles à la télévision, quand un reportage sur l'exposition universelle de Séville lui fournit son sujet du soir. Il se mit à maugréer :

« Vous avez vu ça... ? »

Puis, sur un gros soupir :

« Le monde entier, commença-t-il, a célébré cette année le cinq centième anniversaire de l'arrivée de Christophe Colomb en Amérique... » Un mauvais film, des dizaines de livres, des timbres-poste, avaient glorifié l'événement un peu partout sur la planète. On avait même bâti un phare à Saint-Domingue. Mais pour le Dr Parviz Saffar Aliabadi, il n'y avait pas là matière à réjouissance. Le 12 octobre 1492 était à ses yeux un jour de deuil.

M. Joyeux ne voyait pas en quoi en cela concernait l'Iranien. Il comprenait que la commémoration eût révolté les Sioux du Canada et les Noirs du Bronx, mais les ancêtres de son hôte n'avaient souffert ni des génocides auxquels avait conduit le périple de l'explorateur génois, ni de la traite qui s'était ensuivie. Il fait son intéressant, songeait-il. À présent il attend que je lui pose la question qui lui donnera l'occasion d'étaler la richesse de son esprit paradoxal. Bon, se dit-il, chacun est roi dans sa maison, et, prenant l'air intrigué qu'on réclamait de lui, il se pencha en avant et murmura dans un grand creusement de fossettes :

« Expliquez-moi, mon cher Parviz, pourquoi ce serait une occasion de chagrin. Je n'ose croire que la seule haine des Yankees inspire vos paroles.

— Vous avez raison, ô mon ami. Voyez-vous, en découvrant l'Amérique, Christophe Colomb a bouleversé la géographie, et l'Islam, *dar ul-Islam*, la Maison de la soumission, a cessé d'être le milieu du monde. »

Richard Drouin roula des yeux perplexes, de façon à inviter l'Iranien à développer son idée. « Auparavant, poursuivit celui-ci goulûment, nous occupions le centre des terres connues. Nous avions la maîtrise des mers et du commerce, nos caravanes traversaient les déserts, allaient jusqu'à la Chine et il ne se vendait pas une épice chez vous, pas un coupon de soie, pas un grain d'encens qui ne fût passé par nos mains. Nous tenions le carrefour des continents. Nous étions les gardiens de l'espace, comme nous l'étions aussi du temps, car nos bibliothèques conservaient la science et la sagesse de l'Antiquité que vos moines effaçaient au grattoir dans leurs tristes abbayes, afin de multiplier sur le précieux vélin leurs grossiers antiphonaires… » Il se délectait de mots savants, dont il détachait les syllabes avec un claquement de langue : anti-pho-naires. C'était le signe qu'il était lancé.

« Tout à leur soif de nous contourner, les Espagnols ont rencontré de nouvelles terres qu'ils ont vouées à l'évangélisation. Ce faisant, ils ont agrandi la Maison des infidèles, *dar ul-Kurf*, que nous appelons aussi *dar ul-Harb*, la Maison de la guerre, et ils ont modifié l'équilibre de la planète et provoqué notre déclin. Je ne sais pas si vous êtes familier de ces notions... Savez-vous pourquoi nos ulémas désignent les territoires non musulmans sous ce nom de Maison de la guerre ? Alors permettez-moi une parenthèse... » Il parlait cependant sans acrimonie, d'un ton égal de conférencier, avec une bienveillance de routine, soucieux d'abord de ciseler de jolies phrases. Bercé par ce ronron, M. Joyeux écoutait le feu crépiter dans la cheminée que surmontait le buste en albâtre d'une déesse sassanide privée de nez, et de temps à autre son regard se coulait dans la direction de Malik Azzam qui, après avoir approuvé vigoureusement, comme s'il était déjà parvenu lui-même à des conclusions similaires, s'assoupissait sur son fauteuil.

Cela avait été un soulagement pour Richard Drouin de traiter avec Parviz Saffar Aliabadi ; il avait dû s'accommoder trop longtemps des barbus hargneux du Conseil suprême de la défense. Avec ce cher docteur, le négoce des armes cessait d'être un perpétuel bras de fer, l'épreuve de force devenait un commerce courtois, qu'il savait rendre agréable, on dialoguait (si l'on peut dire) entre professionnels du même monde, pour qui une bonne transaction satisfait les deux parties. Durant la longue guerre qui l'avait opposé à l'Irak, l'Iran avait accumulé des stocks d'armes gigantesques. Maintenant que la paix était revenue, l'état-major souhaitait en revendre une partie, ne fût-ce que pour moderniser son arsenal. M. Joyeux avait contribué à cette accumulation, mais l'avantage était mince, la concurrence se faisait rude, pour ne pas dire violente, depuis la chute de l'Union soviétique ; les Russes ne respectaient aucune règle ; et sans l'aide de Parviz Saffar Aliabadi il n'aurait sans doute pas obtenu certains marchés, notamment celui des « petits armements » ainsi qu'on nomme les armes légères (cela va du poignard de commando au missile portable), qui sont les plus en demande. Entrepreneur avisé, le docteur, dont il avait fait la connaissance dans l'antichambre d'un mollah, quelques années auparavant, avait l'oreille des conseillers du pouvoir. Des machines agricoles qui avaient fait la fortune de son père, il était passé aux machines outils, puis, après la chute du Shah, à l'informatique et au matériel dit « sensible ». Il lui avait tout de suite plu. Il savait donner les coups de fil qu'il faut, sans trop se faire mousser, et demandait pour ses services une invariable commission de sept pour cent ; sept était son chiffre fétiche. Cela représentait d'assez grosses sommes au final, mais c'était l'huile nécessaire à la bonne marche des affaires.

« Le voyage de Christophe Colomb, poursuivait l'intarissable docteur, symbolise le recul de l'Islam mieux que les victoires des rois catholiques. Vos explorateurs nous ont volé la boussole, grâce à quoi leurs caravelles nous ont proprement coulés, si vous m'autorisez ce mauvais jeu de mots. Notre économie a périclité, des dissensions ont éclaté, l'unité de la Maison de la soumission, sa cohésion qui faisait notre force, s'est bientôt rompue. Du détroit de Gibraltar jusqu'à l'archipel des Philippines, nous nous sommes inclinés peu à peu devant un impérialisme revanchard. Ne le prenez pas mal, d'ailleurs cela ne vous inclut pas : vous êtes Suisse. Nous touchions donc le fond du gouffre quand, ému par nos prières, Allah le Miséricordieux, loué soit Son nom ! et loué soit celui de Son prophète ! quand Allah a envoyé Hitler en Europe pour que la discorde ébranle cette fois la Maison des infidèles. Et dans le même temps – songez à cette coïncidence – la manne du pétrole a commencé à pleuvoir sur nos têtes en remplacement de l'encens et des épices d'autrefois… Resservez-vous, cher ami, votre verre est vide. »

Ils buvaient de l'arak, en grignotant des pistaches et des noix de cajou, dans la quiétude du petit salon tarabiscoté du premier étage dont les vitrines exposaient des faïences lustrées et des vases turquoises que zébraient des écritures.

« Grâce à Hitler, le colonialisme s'est écroulé comme un château de sable, et sur ce sable se sont élevés les derricks qui ont rendu aux musulmans leur fierté ! »

Parviz Saffar Aliabadi buvait modérément, mais il buvait. Quand Richard Drouin s'était étonné qu'un croyant sincère comme lui (il faisait ses cinq prières quotidiennes) bravât les commandements de sa religion, il lui avait répondu par une grande dissertation sur l'hédonisme traditionnel de la Perse et plus spécialement sur la valeur de l'ivresse dans la culture soufie, émaillant ses arguments de citations empruntées aux poèmes de ses compatriotes Saadi et Omar Khayyâm qu'il tenait à appeler de leurs noms complets, Ghiyath ed-din Abdoul Fath et Omar Ibn Ibrahim al-Khayyâm Nishabouri, si bien que M. Joyeux avait vite regretté d'avoir posé la question.

Le docteur appréciait l'arak, il pouvait faire honneur au bordeaux et au champagne (il l'avait prouvé à Paris, l'an passé, lorsqu'ils avaient fait ensemble la tournée des grands ducs), mais ce qu'il aimait le plus, avait-il fini par avouer un soir qu'il était en veine de confidence, son péché mignon, c'était l'opium. Il ne le fumait pas, mais le mangeait en confiture, ou bien en plaçait une boulette au creux de son aisselle, ou alors entre ses orteils, sous la chaussette, de façon que la drogue entrât dans son organisme, lentement et durablement, disait-il, par le canal des pores. « Vous devriez essayer. » C'était là, assurait-il, le secret d'une existence palpitante autant que sereine. Le thème lui avait inspiré de longues considérations chimiques, puis physiologiques, et enfin philosophiques.

Avait-il d'autres vices ? Il était marié, mais sa femme vivait entre Londres et Marbella avec leur nombreuse progéniture. Lorsqu'il l'avait reçu un week-end dans son haras des Bluettes, en Normandie, M. Joyeux avait fait venir à tout hasard quatre call-girls de types diverses, ignorant ses goûts, une pâle blonde de l'Est, une Italienne fine et brune qui s'était révélée Roumaine en fin de compte, une Camerounaise surdimensionnée et une Toulousaine squelettique qui se prétendait top model. Plusieurs invités assistaient au dîner, notamment le prince de Bussy-Lignère, l'ancien propriétaire des lieux, et un sous-directeur de la DGA qui souhaitait rencontrer l'Iranien, la Délégation générale de l'armement étant en France l'organisme du ministère de la Défense chargé de l'industrie militaire et de sa promotion. Et quand ceux-là étaient partis, vers minuit, il avait fait entrer les filles en guise de pousse-café.

Dès les présentations, il était apparu clairement que Malik Azzam entendait se réserver la Camerounaise.

Depuis leur lointain voyage à Jamela, dans le golfe de Guinée, les penchants du jeune homme avaient changé du tout au tout. Une révolution douloureuse s'était faite en lui. Il avait rompu avec sa fiancée irlandaise par une simple lettre, un petit mot bancal accompagné d'un chèque, et s'était mis à hanter, lorsqu'il quittait la Belgique où les mesures de sécurité imposées par son frère rendaient impossible cette sorte de distraction, les bars antillais, les clubs jamaïcains, tous les endroits où l'on peut rencontrer des jeunes femmes de couleur. C'étaient invariablement des relations d'une nuit, qui le laissaient sur sa faim, comme s'il ne parvenait pas à retrouver la vigueur des sensations qu'il avait éprouvées au QG du général Malibo, et quand d'aventure il en percevait un écho, la fille n'était pas du genre auquel on s'attache, et moins encore qu'on exhibe en public, de sorte qu'il lui fallait sans cesse recommencer sa quête. En même temps que se renforçait ainsi son goût des Noires (*Who goes Black, never comes back*, se gaussait M. Joyeux), des Peules longilignes, des Bantoues rebondies, le pli lui était venu des aventures éphémères, des amours tarifées, pratiques et sans conséquence, plus conformes à ses besoins. Ces filles-là étaient assez rapaces pour se laisser malmener par un client généreux. Il ne faisait cependant jamais appel au carnet d'adresses de son associé, par pudeur, par orgueil : il aimait, répétait-il, ne rien devoir à personne. D'un naturel épineux, se livrant difficilement, il faisait d'ailleurs peu d'allusions à ses pratiques sexuelles que M. Joyeux avait reconstituées en imagination, se plaisant, par exemple, chaque fois qu'il se trouvait lui-même en compagnie d'un adolescent de couleur, à se mettre dans la peau de son ami, à entrer dans son esprit, cherchant à caresser avec ses doigts, à embrasser avec sa bouche, à étreindre la chair sombre et dense comme il l'eût fait à sa place, et il ne jouissait jamais aussi fort d'ailleurs que s'il réussissait à tenir l'illusion assez longtemps pour avoir l'impression que son plaisir giclait de la belle queue circoncise de Malik Azzam.

Aux Bluettes, cette nuit-là, se souvenait-il, il l'avait vu, avec une tendresse amusée, asseoir d'autorité la grande Camerounaise contre lui et lui murmurer des cochonneries à l'oreille sans se préoccuper davantage des desiderata de leur invité d'honneur. Quelques minutes plus tard, il entraînait sa proie à l'étage. Richard Drouin s'était alors excusé quelques instants – un coup de fil urgent à passer au Paraguay – pour que l'Iranien pût lier connaissance à son aise avec les autres jeunes femmes.

À sa grande surprise, Parviz Saffar Aliabadi, trop heureux de l'aubaine, les avait voulues toutes trois.

Quand le lendemain il avait visionné la cassette (l'ère du polaroïd était révolue), Richard Drouin avait pu assister aux ébats comme s'il se trouvait dans la pièce. Même le son était excellent. Ce bon docteur avait demandé à ces demoiselles de se mettre en sous-vêtements avant de le déshabiller. Il avait le corps rachitique, des épaules de garçonnet, des mollets de poule, une complexion malsaine, couleur de banane, et le spectacle était assez troublant : les trois vestales en bas et guêpières lui prodiguaient des gâteries, tandis qu'étendu sur un nid d'oreillers, les membres en croix, l'homoncule se laissait faire douillettement, ainsi que chez le coiffeur, en leur tenant ses discours. Elles se relayaient sur lui, le prenaient en bouche, le chevauchaient tour à tour, sans qu'il bougeât un muscle – « Continuez, mes colombes », les encourageait-il seulement –, sans parvenir non plus à la conclusion –, et il leur causait politique, littérature, religion, de sa voix colorée et fiévreuse, les pupilles dilatées, allant d'un sujet à l'autre suivant les caprices de son esprit instable, parlait nostalgie, âge d'or, paradis perdu, parlait amour et subversion, parlait dialectique, solitude, péché originel, spiritualité. À un moment il avait bifurqué sur Anatole France, un de ses auteurs favoris, semblait-il, dont il avait lu certains romans plusieurs fois. Richard Drouin ne connaissait aucun des livres qu'il mentionnait, mais il avait été saisi par une citation dont Parviz Saffar Aliabadi avait régalé la fausse Italienne, la plus opiniâtre des trois, pendant qu'elle lui léchait les mamelons en le masturbant avec une énergie rageuse. – « Voulez-vous une définition scientifique de la vie ? La vie, a écrit Anatole France, et je ne connais rien de plus affolant ni de plus superbe, la vie, ma jolie demoiselle, *c'est de l'inconnu qui fout le camp.* »

Se doutait-il qu'il était filmé ? Un homme dans sa position réfléchit à deux fois avant de se compromettre avec des putes dans la maison de campagne d'un marchand d'armes. Voulait-il lui signifier qu'il était imperméable au chantage ? Ou bien était-il si bien intoxiqué par l'opium qu'il avait perdu ses défenses ? L'opium expliquait alors la logorrhée autant que sa capacité à bander durant des heures sans éjaculer, jusqu'à ce que le sommeil le prît. Ou encore, était-ce sa façon à lui de sceller leur alliance, en lui témoignant une confiance entière ? Quoi qu'il en fût, comme s'il ne soupçonnait rien, il l'avait chaleureusement remercié de son hospitalité, au terme de ce week-end, en promettant de lui rendre la pareille dans son pays. Et en effet, il avait tenu parole. Il le recevait maintenant dans sa somptueuse maison des hauteurs de Téhéran, le traitait en frère, ainsi que Malik

Azzam, lui offrait d'aller skier en hélicoptère, le régalait des délices de la cuisine locale, parfumée au safran, au citron vert séché, au jus de grenade, mettait un bureau, un secrétaire trilingue, une voiture – et l'étendue de ses lumières – à sa disposition.

*
* *

« … Alors aujourd'hui, disait à présent Parviz Saffar Aliabadi, cinq siècles après le funeste voyage de Christophe Colomb, le monde retrouve heureusement un peu de son ancien équilibre. Il ne se divise plus en Est et Ouest, la faillite de l'URSS a mis fin à l'absurde guerre froide. Le vieil antagonisme peut donc renaître de ses cendres : la Maison de la soumission, *dar ul-Islam*, forte de ses barils de brut et de sa foi, contre la Maison des infidèles, c'est-à-dire la Maison de la guerre, comme par le passé… Mais j'ai l'impression que vous ne m'écoutez plus, mon ami.

— Pardonnez-moi. Il me semble entendre le bruit de…

— Quelle heure est-il ? Oh, ce sont sûrement vos Français. Et moi qui vous assomme avec mes radotages.

— Vous plaisantez, susurra Richard Drouin. On ne se lasse pas d'écouter une personne de votre culture et de votre intelligence.

— Voulez-vous les recevoir dans le jardin d'hiver ? Ce sera plus intime. Je vais demander qu'on y serve des rafraîchissements.

— Vous êtes le plus attentionné des hôtes. »

De l'inconnu qui fout le camp, songeait M. Joyeux, encore dans ses souvenirs, oui, c'est exactement ça.

Téhéran, le mardi 3 novembre 1992

L'attaché militaire avait installé Jean-Luc Massard dans la salle du chiffre de l'ambassade, devant un brouilleur dont il lui avait expliqué le fonctionnement, et celui-ci faisait son rapport au Premier ministre.

Il n'avait pas dormi ces dernières trente-six heures et la fatigue éraillait sa voix. Beaucoup de choses lui échappaient, mais il s'efforçait de prendre un ton positif. Comme l'avait souligné la barbouze, il n'avait pas le choix.

« Quand ? grognait le ministre. Regroupez-vous, mon vieux. Je veux une date, ça s'énerve au Château !

— On doit tomber d'accord sur la somme. Et le montage financier. La DGSE négociera ensuite directement avec…

— Le président exige que les otages soient libérés avant Noël. On vous a donné carte blanche. Démerdez-vous !

— Il va falloir que j'aille au Luxembourg. La banque de…

— Ne parlez pas de ça au téléphone !

— C'est une ligne sûre.

— Qui vous l'a dit ?

— Mais…

— Je veux une date ! Rappelez-moi dès que vous avez du nouveau. »

On buvait à l'ambassade un excellent café et Jean-Luc Massard commençait à avoir des palpitations.

Les ravisseurs réclamaient cinq millions de dollars par otage, plus divers avantages en nature. Hors de question, avait rétorqué le pseudo M. Antoine. Il tapait sur la table : « Un million par tête de pipe, le tarif habituel, pas un sou de plus ! » Dans la voiture du retour, il lui avait soufflé toutefois d'aller jusqu'à deux, deux et demi. « Ils ne sont pas idiots. Ils savent bien que nous approchons d'une échéance électorale. Le seul espoir du gouvernement de ne pas faire un trop mauvais score aux législatives, c'est de bien orchestrer la libération de nos journalistes. »

Quatre, cinq millions de dollars pour les deux, sans compter les frais annexes ni parler des accords que la barbouze avait dû passer avec le marchand d'armes et ses associés pour prix de leurs services, accords dont on ne lui avait rien dit et dont il désirait ne rien savoir… Ce n'était cependant pas tellement la somme qui le préoccupait, ni les clauses annexes de la négociation, mais l'écheveau des systèmes de compensations interbancaires dans lequel il allait devoir se débattre.

En fait, comprenait-il, on lui avait confié cette mission pour deux raisons, « on » étant les petits malins du Château, non le Premier ministre. Primo, parce qu'il avait déjà monté pour eux, à plusieurs reprises, au nom de la raison d'État, des opérations d'argent sortant du cadre de la stricte légalité. Secundo, parce que certaines des dites opérations impliquaient déjà l'Iran et ce même Richard Drouin qu'il ne connaissait jusque-là que de nom et qu'on l'avait obligé à rencontrer la veille. Notre gouvernement avait alors désespérément besoin de liquidités : fausses factures, malversations boursières, détournements de fonds, il faisait feu de tout bois ; et les ayatollahs, dont les Nations Unies avaient placé le pays sous embargo, manquaient tout aussi cruellement de missiles que de pièces détachées pour leurs hélicoptères et leurs bombardiers. Il y avait le problème des avoirs du Shah, de vieilles dettes à régler. Ils convoitaient aussi un véhicule militaire capable d'enfouir des mines en un temps record, une petite merveille, disait-on, une espèce de semoir perfectionné que la SSMA, société domiciliée dans le huitième arrondissement de Paris, fabriquait dans ses usines normandes. Puisqu'il était déjà mouillé, avaient dû se dire les Petits Marquis de l'Élysée, autant plonger Massard dans le bain jusqu'au cou.

Base de Kuh-e Namak, le jeudi 5 novembre 1992

Ils étaient descendus vers la ville sainte de Qom par une autoroute à six voies encombrée de camions et de charrettes, avaient traversé les eaux vertes du fleuve Quareh Chay, puis bifurqué sur la droite en direction des collines qui grimpent vers le Kuh-e Namak, avant d'entrer dans une vaste zone close de barbelés électrifiés que balisaient de loin en loin des panneaux frappés d'une tête de mort.

M. Joyeux, très gentleman-farmer : daim, tweed, poil de chameau. Son escorte : pour moitié en uniforme vert-de-gris bardé de décorations, pour moitié en noir et blanc lustré, qui est le style de l'administration iranienne. Le gros de ces civils appartenaient à la DIO, l'agence nationale de l'armement.

Les entrepôts, que défendaient des batteries anti-aériennes, étaient en majeure partie creusés dans la roche. Dans ces cavernes d'Ali Baba, les caisses de bois s'entassaient jusqu'à trois mètres au-dessus du sol en béton, répertoriées en deux langues et classées par catégories.

Richard Drouin indiquait une caisse, la faisait ouvrir, enfilait des gants de coton pour ne pas se noircir les doigts de graisse, et vérifiait l'état d'une mitrailleuse tchèque ZB-30, l'éjection d'un Gabil 7.2. israélien, le dispositif de mise à feu d'un lance-roquette soviétique RPG. Il s'était muni d'une de ces écritoires à clip, comme en ont les chefs de chantiers, où il avait fixé ses listes. Il exprimait ses demandes, le traducteur traduisait, un officier iranien aboyait un ordre, les soldats l'exécutaient, tout fonctionnait comme sur des roulettes.

Par instants il portait une arme à son nez, ses narines palpitaient, il humait l'odeur d'huile et d'acier comme on flaire un melon.

Venaient ensuite les munitions. Le fax de ses clients parlait de neuf machines à laver ; en clair : quatre-vingt-dix tonnes de 7,62 mm de fabrication locale, la cartouche de l'AK-47, dont les guerres des pays émergents sont spécialement friandes.

On se serait cru dans le centre d'approvisionnement d'une chaîne de supermarchés. Des diables circulaient dans les allées, des chariots élévateurs aidaient à la manutention, tandis que des semi-remorques patientaient à l'extérieur, devant les plateformes de chargement où s'empilaient des palettes.

M. Joyeux cochait ses listes avec un stylo-bille en or, inscrivait A ou B ou C à l'endroit du mode de transport, et passait à l'entrepôt suivant.

A voyagerait par avion. B partirait par cargo du port de Bandar Abbas. C emprunterait également la voie maritime, mais comme il s'agissait de matériels destinés à l'Afrique, à l'Angola, au Rwanda en particulier, il n'y avait pas d'urgence, on se soucierait de C dans un deuxième temps.

Mines sous-marines, mines antipersonnel, mines antivéhicules, mines éclairantes. Et pour le bonus : des jumelles de vision nocturne, des lunettes de tir à intensification de lumière, cataloguées OB4. C'était toujours ça, se rengorgeait-il, que n'aurait pas la concurrence. Il allait couper l'herbe sous le pied aux gangsters d'Europe de l'Est.

*
* *

Les nuages pesaient sur la ville. On souffrait alors de la restriction des couleurs. La plupart semblaient bannies, confisquées. Elles ne subsistaient à Téhéran qu'à la façon de denrées clandestines, telles les sucreries pendant l'Occupation. Le rose, l'orange, le mauve manquaient partout, sinon aux étals de fruits et de fleurs. Une femme portait-elle quelque chose d'un peu gai, elle le dissimulait au-dehors sous une bure ténébreuse. Personne ne se risquait à induire en tentation, même les jeunes s'en tenaient au gris, à un marron boueux, un bleu très sourd, aux nuances les plus brouillées, les plus éteintes de la palette. Que cette foule était terne ! Jean-Luc Massard n'en avait pas eu conscience à son arrivée, sous le soleil. C'était le mauvais temps qui le faisait revenir sur son impression première. D'abord il s'était étonné de trouver une certaine légèreté à l'atmosphère des quartiers du centre ; maintenant, emporté par un de ces reflux excessifs dont l'esprit est coutumier, il n'apercevait plus que la tristesse monochrome à laquelle les rues étaient contraintes.

Les religieux donnaient le ton. Avec leurs turbans noirs ou blancs, ils avaient inspiré une blague qui faisait beaucoup rire sous le manteau, paraît-il, et que lui avait répétée l'homme du Service : Savez-vous ce que se demandent les touristes qui passent en avion au-dessus de la Perse actuelle ? Ils se demandent s'ils survolent une usine de pneus ou de pop-corn.

Elle n'avait pas amusé Jean-Luc Massard. Il jugeait la plaisanterie pitoyable. Il en avait assez de l'Iran et de ses mollahs, des rendez-vous secrets et des réceptions officielles où il traînait sa délégation de parlementaires, d'une part afin de les « neutraliser », comme on le lui avait prescrit, et de donner le change, de l'autre parce que la vie ne s'arrêtait pas aux otages : puisqu'on était là, autant en profiter pour essayer de troquer notre nucléaire, nos avions, notre métro, contre du gaz et du pétrole.

Lunch au secrétariat à l'Énergie, cocktail au ministère des Voies et des Transports. Il détestait ces abouchements virils où l'on se grisait de jus d'ananas.

En même temps, comme il était là depuis déjà quatre jours, et qu'il commençait à se repérer un peu, Téhéran ne lui faisait plus peur. Il suffit au fond d'une infime familiarité pour que tombent les appréhensions. Bien calé à l'arrière de la grosse Citroën de l'ambassade, il reconnaissait une avenue de platanes, le kiosque à journaux face à un mausolée qui attirait des cohortes d'estropiés, il avait appris le nom de la place ValiAsr, identifiable à ses bassins bizarrement imbriqués, il n'enrageait plus lorsque les camions borgnes croulant sous les ballots bloquaient l'accès d'une voie expresse et se sentait presque en terrain conquis dès qu'il distinguait le faux Empire State Building d'acier et de miroirs qui faisait la gloire du square Argentine ou le terrain vague proche du Théâtre national au centre duquel une bombe iraquienne avait creusé un grand cratère.

Il n'y avait que sa chambre de l'hôtel Azâdi pour le mettre encore mal à l'aise. Il y dormait difficilement. L'idée d'être sur écoute, même si le fait n'était pas prouvé, le révoltait. Il y restait le moins de temps possible, s'abstenait de passer des appels de là-bas, même les plus anodins, n'allumait plus la lumière et se débrouillait dans le noir, comme s'il pouvait aussi être vu. Sonia devait être furieuse. Il ne lui avait pas téléphoné depuis deux jours. Il calait devant le combiné hostile.

La veille, malgré tout, il lui avait donné un coup de fil de l'ambassade, enfermé dans la salle du chiffre, sachant pertinemment qu'il tomberait sur le répondeur, car c'était le milieu de l'après-midi à Paris. « Excuse-moi, disait-il dans son message, je n'ai pas pu te joindre plus tôt. C'est assez tendu ici, en ce moment… Je t'expliquerai. Mais tout va bien, embrasse les gosses. » Il ne s'était pas justifié davantage : inutile de l'inquiéter avec cette histoire de micros, qu'il ressentait cependant comme un véritable viol – le cambriolage de son appartement, quelques années plus tôt, l'avait plongé dans un désarroi analogue, lui laissant une impression de gâchis, de spoliation, de vulnérabilité, de souillure irréparables.

Comment M. Antoine et ses sbires réussissaient-ils à supporter la précarité de leur existence factice ? Comment s'arrangeaient-ils de leur quotidien de contrebande ? Il n'était pas sûr pour sa part que ses nerfs tiendraient.

Il redoutait à vrai dire d'avouer à Sonia, et c'était un cercle vicieux, qu'il ne serait sûrement pas rentré avant le début de la semaine suivante, dans le meilleur des cas. La négociation avançait lentement. Les Frères des Martyrs étaient descendus à quatre, puis trois millions et demi de dollars par otage, mais M. Antoine lui avait recommandé de refuser cette offre qu'avait transmise le petit marchand d'armes moustachu (on était encore loin d'un contact direct), jugeant la somme abusive – il avait même dit : irrespectueuse – comme s'il craignait de casser le marché, comme si l'argent sortirait de sa poche.

« Non, non. On ne va pas céder si vite », lui avait-il soufflé.

Là-dessus une fuite avait eu lieu à Paris, un quotidien avait annoncé que, « selon une source autorisée » (en qui il fallait sans doute reconnaître les Machiavel du Château), la libération des otages n'était plus qu'une « question d'heures, grâce à la détermination sans faille du gouvernement ». L'ensemble de la presse avait repris l'information ce matin, et la barbouze était entrée dans une colère noire.

« Ces cons vont tout bousiller ! »

Sonia allait lui en vouloir, elle lui ferait payer sa trop longue absence, c'était certain. Ces derniers temps elle s'accrochait à lui comme une enfant dont la pénombre bruisse de monstres. L'époque libertaire des expériences entre femmes ou à trois (Camille Candereans s'était retrouvée un soir dans leur lit) avait fait long feu. Elle ne prenait plus une décision sans l'interroger, ne faisait pas un mètre sans se pendre à son bras. Elle n'avait pas changé qu'au physique. La semaine dernière encore elle avait refusé d'aller au brunch des Coulon où elle ne comptait pourtant que des amis, sous prétexte qu'il travaillait et que ça ne l'amusait pas de s'y rendre seule. On entrait dans une période d'isolement, de frilosité. « Je préfère rester au lit avec un livre », disait-elle. Elle avait maigri. Ce n'est jamais bon signe quand le dernier roman à la mode vous détourne ainsi de la vie.

Que pourrait-il ramener d'Iran, pour se faire pardonner ?

La traditionnelle boîte de caviar (on lui avait dit que le meilleur se vendait à l'aéroport) ne suffirait pas. Mieux valait dénicher quelque chose de plus personnel. Un châle brodé, un bijou, voilà ce qui amadouerait Sonia. Peut-être un bracelet ancien en argent, un gros machin tribal incrusté de lapis-lazuli, si ce n'était pas trop cher, comme celui qu'arborait hier à dîner l'épouse du conseiller technique. La femme de l'ambassadeur avait promis de l'amener dans une boutique où l'on parlait français, et elle avait l'air de s'y connaître. Elle lui avait dit qu'on y trouvait aussi les plus beaux tapis. Au fond, pensa-t-il, à quoi bon un bracelet ? Sonia en a douze qu'elle ne porte jamais. Un Boukhara ou un petit Tabriz en soie pour le salon ferait beaucoup mieux l'affaire, ce serait un placement et il en profiterait aussi.

Un tapis, oui. Comme cela, il pourrait au moins visiter le bazar, dans le sud de la ville, dont il n'avait fait jusque-là qu'entrevoir la porte en forme de chapeau chinois.

Mais quand ? Pas demain, il ne fallait pas y compter. Le vendredi est une journée morte à Téhéran : encore vingt-quatre heures de perdues.

La nuit tombait. Et avec elle, une pluie froide, dont l'unique mérite serait de résorber la pollution qui asphyxiait la ville. Les lumières des tours qu'il apercevait de sa fenêtre se fondaient dans l'obscurité d'une brume malsaine. Pour combien de jours en aurait-il encore ? Les ressources de la valise que lui avait préparée Sonia s'épuisaient, il manquait déjà de linge de rechange, de slips, de chaussettes, et les réceptions se succédaient, où il devait faire bonne figure. Combien de chemises propres lui restait-il ? Il aurait dû faire appel plus tôt à la blanchisserie de l'hôtel. Ce soir encore l'ambassadeur voulait qu'il rencontrât la crème de l'intelligentsia locale, des cinéastes, des chercheurs, des poètes. « Téhéran est une ville de lettrés, lui avait certifié l'attaché culturel. Vous verrez, vous serez surpris. » Comme s'il en avait quelque chose à battre…

*
* *

Il ne remarqua pas tout de suite le message glissé sous sa porte. Une Honda Civic l'attendait à l'endroit habituel.

La solitude à l'étranger vous entoure parfois d'un mur invisible derrière lequel le monde a l'épaisseur d'un spectacle de marionnettes. Les visages, les voix, les costumes, le décor, tout est artificiel et rien ne semble anormal pour autant. Comme au théâtre, on accepte les conventions ; du moins, ce n'est pas par là qu'on s'étonne.

Se retrouver devant un téléphone satellite, en pleine nuit, au dix-septième étage d'un immeuble de bureaux de Téhéran encombré de gros meubles d'acajou ; se retrouver là en compagnie d'une barbouze, d'un marchand d'armes épanoui, boudiné dans un costume caramel qui faisait presque convenable quand on le comparait à la veste moirée du play-boy agressif qui le suivait comme une ombre, un type brun, veule, vulgaire, d'une de ces vulgarités arrogantes comme on en croise seulement sur la Côte d'Azur (aïe, les diamants de sa gourmette !), et d'un petit Iranien maladif et phraseur, soliloquant avec l'accent du Sud-Ouest, le teint vert, l'œil halluciné, rien de tout cela ne surprenait vraiment Jean-Luc Massard. Il se sentait lointain et suivait l'action selon le point de vue du figurant, persuadé que la représentation se poursuivrait aussi bien s'il quittait la scène.

Il fallait aller vite, disait le petit marchand d'armes. Les ravisseurs étaient subitement devenus très nerveux.

Ils ont attaché une ceinture de dynamite à la taille de leurs prisonniers, expliquait l'Iranien que les autres appelaient Docteur. Je suppose qu'ils dorment avec le déclencheur à la main. Il y a dans leurs rangs beaucoup de jeunes gens désespérés, prêts à tout, ou plutôt, selon les critères de notre religion, enivrés de la proximité du paradis. Alors imaginez ce qui se passerait si…

Craignent un coup de force, le coupait l'homme des services. Doivent croire que les collègues du Mossad ont intercepté une de leurs communications. Pourvu qu'ils n'aient pas la mauvaise idée de déplacer les otages : c'est comme ça que les accidents se produisent.

Ils se figèrent lorsque le téléphone se mit à sonner.

« Décrochez ! » lança la barbouze.

Jean-Luc Massard saisit le combiné et s'entendit alors demander au chef des Frères des Martyrs :

« Allô ? Ici, Massard. À qui ai-je l'honneur ? »

44e parallèle Nord

« Altitude ?

— 26 500 pieds.

— Vitesse ? »

Les deux Iliouchine II-76 tanguaient dans la lumière des étoiles, au-dessus d'un épais matelas de nuages.

Mis en service au début des années 1970, c'étaient des appareils robustes, capables de se poser sur des pistes courtes non préparées, mais dont le vrombissement battait tous les records de nuisance aérienne. Les oreillettes des casques ne suffisaient pas à la protection des tympans. Longtemps après avoir atterri, à moitié sourd, on continuait à entendre vibrer les os de son crâne.

Les frères Azzam en possédaient quatre en état de prendre l'air, un cinquième, rescapé d'Afghanistan, qui servait de magasin de pièces détachées, plus un Antonov de la Seconde Guerre mondiale, dont la tourelle arrière conservait ses canons de 23 mm, et deux Lockheed C-141, tous immatriculés dans l'émirat de Sharjah, mais cédés en leasing à leur société Sunair Transport, elle-même domiciliée au Paraguay. Pour mieux brouiller les cartes, la Sunair les louait officiellement, selon les circonstances, à telle ou telle éphémère filiale de leur holding belge, à la Dolphin Cargo, à la Lion Mover, dûment enregistrées au registre du commerce du Liberia.

Les documents de vol étaient établis cette fois au nom de la Dove Star Limited, Boîte postale 7837, Monrovia. Il eût fallu être spécialement soupçonneux pour remarquer que ces diverses compagnies, celles qui étaient déjà dissoutes comme la Dolphin Cargo, et les dernières-nées comme la Dove Star, si elles n'avaient pas la même adresse, répondaient toutes au même numéro de téléphone et de photocopie. Mais à supposer que quelqu'un se fût avisé de confronter les papiers d'enregistrement, qu'y avait-il d'illégal à partager un secrétariat ?

Nature du chargement ? Matériel agricole.

L'unique rangée de sièges – des strapontins – s'adossait à la cabine de pilotage. Emballées de plastique, soigneusement sanglées et arrimées par des câbles que doublaient d'épais filets, les caisses de bois de la cargaison occupaient tout le reste de la carlingue dont les veilleuses bleuissaient la pénombre.

« 320 nœuds.

— Cap ? »

Les deux avions se suivaient en contact visuel. Ils survolaient l'Adriatique à bonne distance des côtes. On approchait de l'instant de vérité et Richard Drouin jetait d'incessants coups d'œil à sa montre.

Ses mercenaires yougoslaves se cramponnaient à leur arme, comme si un fusil d'assaut eût pu être d'une quelconque utilité au milieu des airs. Personne n'était très sûr que les Français tiendraient parole. Les otages venaient de débarquer à l'aéroport de Villacoublay sous la protection des hommes du Service qui les avaient récupérés le matin même à Beyrouth. Interruption des programmes, flash spécial, reportage exceptionnel, la télévision française diffusait à satiété les images de leur liberté retrouvée. Le président de la République rayonnait au milieu de l'aire de trafic, escorté seulement de son Premier ministre, quelques mètres en arrière, les autres acteurs de l'opération ayant été priés de demeurer en coulisse. Les caméras n'avaient rien raté des poignées de main, des embrassades, des félicitations chaleureuses, des retrouvailles émouvantes avec les familles en larmes, parmi lesquelles le chef de l'État jouait à merveille sa partition de Père Noël, tandis que les malheureux dont on saluait le courage sur tous les tons, barbus, hirsutes, terriblement amaigris, le regard flou, la jambe flageolante, semblaient ne pas savoir où se mettre. M. Joyeux et ses associés avaient rempli leur part du contrat. Les autres avaient tout intérêt à honorer la leur s'ils ne voulaient pas perdre le bénéfice de la libération. Mais savait-on jamais… ?

Un fil rose marquait l'horizon.

Quand les aiguilles indiquèrent cinq heures GMT, Richard Drouin donna une tape sur l'épaule du co-pilote, un gros Ukrainien mal rasé, pour lui signifier que le moment était venu de changer de route et d'amorcer leur descente.

Le navigateur calibra les points sur sa carte et leva le pouce.

« Virage à cent soixante. »

Feux de navigation éteints, l'appareil s'inclina sur l'aile droite. Dans quelques minutes ils auraient quitté le couloir aérien international.

Le bruit des réacteurs parut s'amplifier. Les Yougoslaves, hurlant et postillonnant, échangeaient des propos dans leur langue, dont Richard Drouin ne comprit que l'injonction finale, *pushe moya kouratz*, littéralement : « suce ma bitte », qui équivaut au *fuck* américain ou au *putain* français. Ils en émaillaient la plupart de leurs phrases.

Il les interrogea du regard et Goran Slimovic lui cria que les navires de surveillance de l'UEO n'avaient pas besoin de radar pour les suivre à la trace : les Iliouchine étaient si bruyants qu'ils auraient bientôt réveillé tout le pays.

Ils s'enfoncèrent pourtant dans les nuages sans qu'aucune

voix ne jaillît de la radio pour leur ordonner de s'identifier, sans qu'aucun des chasseurs censés faire respecter l'embargo ne surgît pour les intercepter, sans qu'aucune forme de semonce ne les forçât à rebrousser chemin, comme si personne n'avait remarqué leur entrée au-dessus du territoire bosniaque.

« Vent à un-zéro-neuf, vitesse sept nœuds. »

L'horizon était vide, et la météo clémente, quand, un moment plus tard, sortant de la couche de poix, ils aperçurent droit devant eux un pointillé de lumières qui devait être la ville de Mostar et les colonnes de fumées de bâtiments en flammes.

5.

Le serpentin des quatre Vents. Le serpentin des quatre Dragons. Pour les Chinois, le carré des cent quarante-quatre tuiles de mah-jong représente les dix mille éléments du palais de l'Empereur, de ses plus humbles possessions à ses plus nobles sujets, c'est-à-dire l'univers dans son unité et ses métamorphoses.

Je clique sur les neuf de bambou, élimine deux fleurs, me débarrasse des phœnix, ouvre une belle percée centrale… Il me faudrait un sept à présent, ou le trois de roue, pour débloquer la rangée du bas.

Dans sa version de patience où la distribution des pièces détermine les chances de réussite comme le hasard enfante le destin, le mah-jong offre une image concentrée de la vie. Il arrive qu'on perde une partie par sa faute, par inattention, à cause d'une erreur tactique, mais dans beaucoup de cas, dans la plupart en vérité, quoi que l'on fasse, aussi vigilent et habile que l'on se montre, la partie est juste perdue d'avance. Certaines pièces décisives, enfouies sous la masse pyramidale, resteront inabordables, d'autres qu'un mauvais sort a superposées se coincent l'une l'autre. Ce sont comme des gènes déficients. Hérédité, malédiction, l'échec est inévitable… Courbé devant mon ordinateur, il me semble parfois toucher à l'essence de la tragédie.

Cette fatalité ne s'aperçoit pas toujours d'entrée de jeu, le gros des tuiles étant inaccessible à l'œil de la même façon que le futur nous est caché, de sorte que l'on s'y risque quand même au lieu de lancer une nouvelle partie. Quelques fois avec raison d'ailleurs. Ainsi, là, alors que je me crois dans une impasse, qu'aucun appareillage ne me semble possible, que je suis près de déclarer forfait, une solution surgit soudain de dessous un empilement, le trois de roue trouve son jumeau, un miracle se produit, les derniers obstacles cèdent sans rechigner, jusqu'au moment où mon écran se morcelle en une sorte de feu d'artifice et que la machine annonce : CONGRATULATIONS ! YOU WON THIS GAME IN 4 MINUTES 36 SECONDS. DO YOU WANT TO PLAY AGAIN ?

J'entre alors dans un sentiment ambigu. C'est une victoire à la Pyrrhus. Tant que je perdais, et j'ai dû perdre trois ou quatre fois d'affilée, l'envie me restait de continuer, de prendre ma revanche. Tandis que ce triomphe qui ne signifie rien, qui ne me procure qu'un contentement médiocre, clôt le jeu sur une note d'amertume, de déception, d'irritation, d'insatisfaction déconcertante. Quoi, tant d'efforts pour si peu de choses ? Le plaisir ne vient que des méandres de la partie, il faudrait se résoudre à l'admettre, de sa poursuite, de ses difficultés, de sa durée. Tuer le temps compte à cet égard parmi les expressions les plus ineptes de notre langue, en désaccord absolu en tout cas avec les lois de la thermodynamique, avec l'entropie. On ne tue pas plus le temps qu'on ne le passe, qu'on ne le trompe ou qu'il ne manque. Le temps *est*… À quoi l'accorder d'autre qu'au présent du verbe être ?

Paris, boulevard Mortier, le mardi 27 mars

L'été que l'on croyait installé se mue du jour au lendemain en une fin de saison calamiteuse. L'orage gronde, les nez coulent, les pulls ressortent des placards.

Toute la matinée les dépêches tombent, les réunions s'enchaînent. La Chine passionne soudain beaucoup de monde, alors qu'elle n'intéressait personne jusqu'à ces dernières années. J'essaie de déléguer comme je peux, mais quand arrive l'heure de mon rendez-vous dans les hauteurs de notre caserne, je n'ai toujours pas déjeuné, ni même trouvé le temps de boire mon habituel bol de thé vert.

Nous nous retrouvons dans la pièce aux stores baissés où l'on m'a convoqué la dernière fois. Je m'attendais à une assemblée d'état-major : nous ne sommes toujours que trois autour de la grande table en mélaminé, entourés de chaises inutiles, devant un écran de projection muet.

Mes recommandations tiennent sur une page que le général range bientôt, après en avoir écrasé les plis de l'ongle, dans la poche intérieure de sa veste.

« Bien, me dit-il. J'aimerais que vous nous exposiez ça de vive voix. »

Le général Laurent – Larue Jean-Bernard de son vrai nom, grand manitou des Opérations officiellement à la retraite, je me suis renseigné – arbore à nouveau sa cravate vert et jaune, à motifs de clubs de golf. Cette cravate emplit mon champ visuel. Elle ne semble pas usurpée : le hâle qui l'accompagne respire l'exercice de plein air. La pratique combinée du golf et du bridge, ai-je lu quelque part, combat efficacement les méfaits de la vieillesse. Peut-être devrais-je m'y coller à mon tour ? Ce général de réserve affiche une forme très enviable.

Je n'arrive pas encore à situer son acolyte. Cinquante, soixante ans. L'alliance au doigt. Commandeur de la légion d'honneur. Tiré à quatre épingles, le crâne strié de cheveux noirs, luisants de gel, le menton levé plus haut que nécessaire, il se retranche derrière la fixité muette de ses yeux de matou bien nourri. Le regard des chats ne m'a jamais fasciné. Personnellement, je comprends mal le mystère qu'on lui prête, sa prétendue profondeur sibylline me semble le produit d'une effarante vacuité. S'il avait la prunelle en amande, le mouton aussi paraîtrait dépositaire de la sagesse des pyramides.

Des deux hommes, c'est lui qui semble pourtant le plus ouvert à mes suggestions. Il ne m'interrompt pas et opine avec importance, tandis que le général émet déjà des doutes : il envisageait jusque-là la classique opération maison, préparation/surveillance/action. Nos équipes n'ont besoin de personne, se récrie-t-il.

Si l'on veut qu'une idée fasse son chemin, il ne faut pas hésiter à la rabâcher trois, quatre fois, avec quelques ajustements. Plus qu'une argumentation subtile, c'est la ténacité qui paye.

« Vous avez tout à fait raison, dis-je. Seulement, tant qu'il restera à Shanghai, l'homme que nous recherchons aura sur nous l'avantage du terrain. Mon plan consiste à l'attirer dans une autre ville du pays. Loin de ses bases. Dans un endroit où il baissera la garde… Quand je lis un dossier, je recherche d'abord les modèles, les schémas directeurs. Les individus changent, pas leur façon de réagir… J'ai bien étudié les rapports, au fort de Noisy. À supposer qu'il ne se soit pas déjà envolé, notre déserteur disparaîtra dans l'heure si l'ombre d'une menace se précise. Rappelez-vous la façon dont il a quitté Paris, rappelez-vous Vilnius. Il me paraît donc essentiel, comme je vous le disais, de procéder par la bande…

— En faisant intervenir des Chinois ?

— On doit désamorcer sa méfiance. Il ne se laissera pas approcher par un Français, ni par aucun Européen. Supposons en revanche qu'un garage de province passe une commande d'amortisseurs à l'entreprise qu'il a fondée avec la famille de sa femme, ou qu'on lui fasse miroiter la maintenance d'une flottille de semi-remorques, quelque chose de cet ordre. Une proposition commerciale bien juteuse, adressée à sa belle-famille chinoise par des Chinois, donc sans danger apparent. La belle-famille se laissera appâter, et il n'empêchera alors ni le cousin ni le beau-père d'aller voir de quoi il en retourne. En Chine, les gens sont régis par un système d'obligations dont nous n'avons pas idée. Alors si le montage tient la route, et que nous inventons à la dernière minute quelque obstacle technique, une clause légale un peu raide, n'importe quel motif d'achoppement, je vous fiche mon billet que notre déserteur se déplacera en personne, sous la pression générale, pour peser dans la négociation et emporter le contrat. Même son épouse le poussera à intervenir. Sinon, il perdrait la face. »

Je parle de face à dessein, c'est un point de folklore que les étrangers croient comprendre, mais le général reste de marbre. Je reprends donc :

« Tout le problème, si vous préférez, consiste à forcer la cible à se découvrir… L'attaquer de front conduirait à un nouvel échec.

— Ce que je ne vois pas, c'est comment vous comptez qu'on s'y prenne. Sur qui peut-on s'appuyer ? La Chine communiste, ça n'est pas l'Afrique, on n'y fait pas ce qu'on veut.

— La cible n'a pas choisi de se réfugier à Shanghai par hasard, j'en ai bien conscience. »

Voilà pourquoi j'avais évoqué au départ l'éventualité d'une sous-traitance, c'est-à-dire de faire appel, oh, très indirectement, à la mafia de Hong Kong ou à une triade taiwanaise, mais cette option, qui me paraissait la plus prometteuse, a été écartée d'emblée, sans explication. On nettoie ses cochonneries soi-même, je suppose. Chrysanthème doit traîner derrière lui des casseroles assez dégoûtantes pour qu'il soit inenvisageable de laisser des mains étrangères s'en charger… C'est le recours à des tiers, me dis-je, qui fai tiquer le général. Il n'écarte pas mon plan. Il aimerait juste que je le verrouille, que je limite au minimum les risques d'interférence.

« Continuons, voulez-vous ? »

Chacun de nous dispose devant lui d'un bloc de papier. Pourtant, contrairement à ce qui se passe d'ordinaire, personne n'a encore griffonné la moindre note. Le commandeur de la légion d'honneur joue avec un stylo, en fait sortir la pointe-bille et la rétracte, sans s'en servir. Il s'abstient même de tracer ces ronds et ces bâtons que les hommes dessinent quand leur main vagabonde. Je n'ai pas l'impression non plus que notre petite réunion soit enregistrée.

« Ce garage, ce transporteur censé nous servir d'hameçon..., m'interroge le général. Avançons un peu. À quoi est-ce que vous pensez ? »

Je n'aime pas trop ce qu'on me demande, j'en devine trop bien les conséquences, mais c'est mon devoir d'obéir.

« La belle-famille de la cible, dis-je, produit des pièces détachées destinées aux poids lourds. Elle possède deux usines en grande banlieue, sur la route de Changshu, des entrepôts à Pudong et un atelier dans le quartier de Jiading. L'essentiel de sa clientèle appartient à la région. Le commanditaire idéal devrait donc être une société de transport, de travaux publics, installée loin de Shanghai, afin de prévenir tout parasitage. De préférence dans une zone que le gouvernement chinois a décrétée de développement prioritaire. À Shenzhen, par exemple. Ou dans l'île de Hainan. Ou bien dans une ville champignon comme Chongqing. De nouvelles entreprises y naissent chaque jour par douzaines. C'est une jungle exponentielle offrant un parfait camouflage. De plus les investisseurs occidentaux y sont assez nombreux pour qu'un groupe d'étrangers se fonde dans la masse. Je pense à nos hommes.

— Comment dites-vous ? Chong... ?

— Chongqing. Le plus grand centre industriel de la planète. Situé dans le sud-est du bassin de Sichuan, à la jonction du Yang Tsé et du Jialing. Trente-trois virgule huit millions d'habitants, selon nos chiffres. »

Le général écarquille les yeux : « Vous avez déjà entendu le nom de ce bled, vous ? » Le commandeur de la légion d'honneur répond par un pincement de lèvres que chacun est libre d'interpréter à sa guise. Mon opinion sur lui s'est sensiblement modifiée. Il semble passé maître dans l'art de l'esquive. Tel un avocat d'affaires, il laisse les autres s'exprimer à sa place, de façon à engager sa responsabilité le moins possible. Ses interventions se bornent à de vagues acquiescements : un psy qui invite le patient à poursuivre le récit de son rêve. Sa façon de reculer son siège, de se poser en arbitre, en juge suprême qui tient à manifester qu'il n'abusera pas de son pouvoir, son air de supériorité narquoise évoquent distinctement l'administration par ailleurs. De longs poils rebiquent hors de ses narines, cette coquetterie à l'envers ne manque pas d'arrogance. Ce doit être un énarque, me dis-je, sans doute un haut fonctionnaire de la rue Saint-Dominique. Mais en quoi l'opération Chrysanthème, une opération initiée par notre sécurité interne, peut-elle bien concerner un raminagrobis du ministère de la Défense ?

« Chongqing est une ville de montagnes et de brouillard, dis-je. Placée sous la juridiction directe du gouvernement central. D'où une relative autonomie.

— Oui, je ne le sens pas trop… Et cette île que vous avez mentionnée ?

— Hainan. De la taille de la Sicile. Même latitude que le Vietnam. Climat tropical, de jolies plages. Toutes les grandes chaînes hôtelières cherchent à s'y implanter. La Chine veut en faire, grâce à une législation assouplie, un des pôles de son tourisme.

— Ça ne manque pas d'avantages, une île… Hainan, hein ? Continuez.

— Un de nos correspondants chinois lance un appel

d'offres, pour équiper ses camions, et retient deux ou trois candidatures, parmi lesquelles celle de la belle-famille.

— Ça va prendre des mois.

— Vous pouvez calculer en jours. Là-bas, personne n'a de temps à perdre. Les choses vont vite. Et surtout : le client y est roi. L'homme n'aura même pas à se déplacer. Quelques coups de téléphone, un échange de fax, et la belle-famille sautera dans le premier avion dans l'espoir de rafler la commande. »

Le général de réserve se tourne vers le médaillé de l'administration, quête son avis, se gratte la mâchoire, fait à nouveau la moue.

« L'externalisation d'une opération augmente la part d'impondérables, soupire-t-il, vous le savez aussi bien que moi... J'ai examiné la liste de nos agents chinois. Aucun n'a vraiment le profil. Toute votre manipe repose sur celui qui jouera le rôle du commanditaire. Il faut quelqu'un qui ait sacrément envie ou besoin de nous rendre service... Comment met-on la main dessus ? Comment est-ce qu'on le convainc ? Comment s'assure-t-on qu'il se montrera à la hauteur ? Qu'il ne va pas empocher notre pognon d'une main et nous balancer de l'autre à la police des Affaires spéciales, à la Guoanbu ? Vous imaginez le bordel diplomatique que ça créerait ? Il ne s'agit pas de monter une opération clandestine dans un pays démocratique, où chacun est libre de ses faits et gestes, mais dans un putain d'État totalitaire, bon Dieu !

— Nos chefs de stations devraient être en mesure de vous proposer plusieurs...

— Autant mettre une annonce dans le journal. Non, sérieusement... Vous avez passé quatre ans là-bas. Et deux à Hong Kong, si je ne m'abuse. Vous n'auriez pas conçu ce plan si vous n'aviez déjà une petite idée en tête... ? »

Les fenêtres du bâtiment ont un châssis fixe. Pendant un instant on n'entend que le léger bourdonnement du système de climatisation qui renouvelle l'air de la pièce.

Même si j'espérais m'en tenir à un rôle de consultant et laisser à d'autres le soin de régler les détails de la planification, je n'ignorais pas au fond de moi-même qu'on en arriverait là tôt ou tard. Des noms, j'en ai au moins un à l'esprit, qui n'a jamais étayé aucun de mes rapports.

« Il y a en Chine, dis-je, une vieille coutume qui veut que les étrangers, les Longs-Nez, comme on nous surnommait autrefois, ne puissent commercer autrement que par l'entremise d'une confrérie de courtiers qu'on désignait d'un mot portugais : les *compradores.* Ces intermédiaires, dont le savoir-faire se mesure à l'étendue de leurs relations, sont des chargés de communication qui servent aussi bien d'interprètes, de mandataires, de médiateurs, de caution. Interface d'un côté, pare-feu de l'autre... La profession ne s'est pas perdue. À vrai dire, elle n'a jamais été aussi florissante. Même entre eux, aujourd'hui que le pays s'est ouvert à l'économie de marché, les patrons chinois préfèrent s'offrir la sécurité d'un de ces *go-between.*

— Vous voulez impliquer *encore* un Chinois de plus ? Je croyais être clair.

— Non, non, on peut se limiter à un seul intervenant local, dis-je en changeant de position sur ma chaise. Un seul, si l'on passe par l'un de ces types. »

Comment leur expliquer, sans leur infliger un pensum sur la mentalité asiatique, et surtout sans nommer personne, la variété de services que peuvent rendre des gens comme mon ami Marvin Liu ? Ils fonctionnent comme des hommes de loi, dont ils ont l'esprit de chicane autant que le sens du secret professionnel, un peu aussi comme les Clefs d'or de nos palaces, ces concierges capables de satisfaire les exigences de la clientèle la plus capricieuse : des places sur un vol archi complet, une loge d'opéra un soir de première, un duo de geishas parlant arabe, rien ne leur est impossible, si l'on y met le prix. Il faut voir, dis-je, que les ténors de la profession savent tirer des ficelles dans toutes les couches de la société, des mandarins de l'administration jusqu'à la petite délinquance nocturne, en passant par la banque, l'industrie, l'immobilier, la production cinématographique, que sais-je ? les milieux universitaires...

Le général me laisse m'enferrer, avant de m'arrêter d'un geste :

« Une seconde. Tout à l'heure vous nous avez dit, je vous cite, qu'un de nos correspondants locaux lancerait l'appel d'offres. Maintenant vous nous parlez d'une sorte de super attaché de presse qui, si je vous suis bien, recruterait un transporteur de province, qui lui-même contacterait à son tour la belle-famille... »

Le général me dévisage comme si je l'avais beaucoup déçu.

Faisant rentrer la griffe de son stylobille, le médaillé de la Défense réussit de son côté le tour de force d'arborer une expression qui l'associe au sentiment de l'ancien manitou des Opérations, sans me désapprouver néanmoins. Il a ce tic (ce truc ? je le découvre) de reprendre le dernier mot prononcé chaque fois qu'il se croit en demeure de glisser son grain de sel dans le débat :

« La belle-famille », ronronne-t-il en écho.

« Nous n'en sommes qu'au stade de l'élaboration, dis-je, et les idées me viennent à mesure...

— À mesure ? » répète-t-il.

J'essaie de me défendre : je leur ai soumis un plan viable, personne ne m'a demandé d'en fignoler les rouages.

« En creusant un peu, nos chefs de station seraient parvenus à la même solution. La meilleure méthode pour circonvenir un Chinois est d'employer un *go-between* dont la notoriété garantit le sérieux de celui qui l'a mandaté. Encore une fois, notre antenne de Pékin saura sûrement vous dénicher le...

— Oubliez les chefs de station, me coupe le général. On monte le coup depuis ce bureau... Vous avez la réputation d'être le meilleur sinologue de la boutique. Puisque nous avons la chance de vous avoir sous la main, pourquoi irions-nous frapper ailleurs, hein ? Alors je réitère ma question, inutile de tourner autour du pot. Quand vous étiez en poste là-bas, comment auriez-vous procédé ? À qui auriez-vous fait appel ? Je ne vous demande pas la lune !

— Je n'ai pas mis les pieds sur le terrain depuis…

— Vous êtes retourné en Chine il y a quatre ans, me coupe-t-il. En mai 2003, vous avez effectué un séjour de deux semaines à Shanghai. Ne me dites pas que vous n'avez pas cherché à revoir vos anciens contacts ! »

Quand un officier traitant change de poste, il est censé léguer à son successeur, avec armes et bagages, tous les agents qu'il a recrutés, ainsi que la liste complète de ses sources, classées par degré de fiabilité… Je n'ai jamais mentionné Marvin Liu dans aucun dossier (ni Zhao Dahua, ni le professeur Bao, ni plusieurs autres), d'une part parce qu'il est prudent de garder quelques bonnes cartes dans sa manche, de l'autre parce que je le considère d'abord comme un ami. Les nombreux services qu'il m'a rendus dans mon travail l'ont toujours été à titre amical et j'aurais eu l'impression de trahir sa confiance si je l'avais cité nommément. Il ne m'a d'ailleurs jamais communiqué de véritable information. L'aide qu'il m'a fournie consistait surtout à me mettre en rapport avec les gens dont j'avais besoin. C'est son boulot. S'il me fallait rencontrer un responsable de l'aviation civile, par exemple, je lui en touchais deux mots lors d'une de nos parties de tennis hebdomadaires sur les cours de l'East Asia ou d'une virée en boîte, et il organisait un dîner informel, sans me poser plus de question, à charge de revanche. J'avais clairement expliqué le système à mon remplaçant, en espérant qu'il saurait se constituer son propre réseau, son propre *guanxi,* sur le mode privé, le plus efficace là-bas.

« Désolé… Non, pour l'instant je n'aperçois personne qui remplisse les conditions requises.

— Mais vous allez vous renseigner ?

— Je peux essayer.

— Quelqu'un de sûr ? »

Je m'abstiens de répondre.

« Bon, grommelle-t-il. Je veux une réponse, disons pour après-demain ? Maintenant, reprenons... Votre as de la communication, qu'est-ce qu'on va lui dire ? Quelle est la suite du scénario ? »

Le général n'est pas idiot. Des sentiments désagréables me traversent, que je m'efforce d'écarter en me concentrant sur la mécanique de l'opération comme si j'avais à résoudre un problème théorique.

« On pourrait lui expliquer qu'on a une dette envers la belle-famille, dis-je, une dette qu'on souhaiterait honorer discrètement. En aidant la belle-famille, par exemple, à étendre son activité en province.

— Dans l'île de Hainan.

— Ou à Chongqing, peu importe. Il y a certainement dans une de ces zones de développement prioritaire un contrat de maintenance de poids lourds sur lequel on peut mettre la belle-famille en concurrence sans qu'elle apprenne jamais d'où lui est venu ce coup de pouce... Il ne nous en faudra pas davantage.

— Pas davantage, susurre le médaillé de la Défense.

— Un contrat effectif ? reprend le général d'un ton nettement plus conciliant, comme s'il avait soudain décidé d'employer la méthode douce. Pas d'appel d'offre bidon, une logistique réduite... Pourquoi pas ? Ça devrait diminuer au moins le coût de l'opération... Vous voyez, quand vous voulez !

— Une fois contactée, la belle-famille dépêche un de ses membres sur place. Le père, le cousin. Il nous faudrait, à ce propos, un complément d'enquête sur l'activité de leur entreprise. Un bilan, un organigramme. Qui gère le marketing ? Lesquels de leurs produits se vendent le mieux ? Ce que j'ai trouvé dans le dossier, vendredi, est assez sommaire...

— Disons pour l'instant qu'ils envoient un cousin.

— Le cousin inspecte le parc de camions, s'enquiert des besoins, dresse un devis…

— Négocie, promet un rabais, comme tout bon chef des ventes… Pourquoi aurait-il besoin d'appeler notre déserteur à la rescousse ? Pourquoi la cible sortirait-elle de son trou ? Rien ne l'y oblige.

— Le *go-between* suivra l'affaire en coulisse. Il la suivra jusqu'au bout. Et tant que le contrat n'est pas signé, une difficulté peut surgir…

— Un coup de téléphone peut tout remettre en question.

— Exactement, mon général. À ce moment-là, la belle-famille voudra peser de tout son poids dans la balance. Or un partenaire occidental reste là-bas un atout non négligeable. Mon plan repose là-dessus : la cible se manifestera par égard pour sa belle-famille.

— À défaut d'autre chose, ça a le mérite d'être Chinois… Voyons où ça nous mène. Votre *go-between,* appelons-le le Concierge, pour reprendre la comparaison que vous avez utilisée, commence donc par activer un éventuel commanditaire, lequel tiendra le rôle de la chèvre : appelons celui-ci M. Seguin… Comment s'y prend-il ?

— Il approche ses homologues de province, leur annonce qu'il représente une entreprise de pièces détachées de camions, et leur demande s'ils ne pourraient pas trouver à son client des débouchés dans le coin, en offrant de partager sa commission.

— Vous aimez les poupées gigognes. Soit, mais si le Concierge a le malheur de tomber sur quelqu'un qui connaît la belle-famille, appelons-la : la Pagode, et que la dite Pagode apprend que le Concierge fait du porte-à-porte en son nom, sans que personne ne l'en ait chargé, on n'est pas dans la merde.

— La Chine compte près d'un milliard quatre cents millions d'habitants. Il me paraît quasi impossible, statistiquement…

— Elles en ont foutu plus d'un au trou, vos statistiques ! » s'exclame-t-il sans plus d'aménité dans la voix.

Le médaillé de la Défense daigne desserrer les lèvres. Alors que je m'attends à ce qu'il reprenne au vol le mot de statistique, en nous faisant profiter de l'opacité de son regard de chat de race, il décrète avec une autorité inédite que compte tenu de la taille du pays et de l'ampleur de sa population la part de risque encourue est effectivement « très tolérable ». S'il n'appartient pas à la Délégation générale pour l'armement, me dis-je, il doit être aux Affaires stratégiques.

« Admettons. Étudions maintenant le problème de la concurrence. Vous partez du principe que la Pagode établira le devis le plus compétitif… »

Et l'on continue à donner la parole au diable.

Nous coupons les cheveux en quatre, localisons les points faibles, envisageons le pire à coups de si et de mais, échafaudons des parades, décortiquons toutes les réactions possibles, disséquons chaque rôle, celui du Concierge, de M. Seguin, de la Pagode, toujours sans l'appui d'aucune note.

Ce contre examen est assez éprouvant. Il dure si longtemps en tout cas que j'ai l'impression, lorsqu'on me laisse enfin quitter la salle de réunion sur ces démonstrations de reconnaissance censées vous encourager à toujours mieux servir la patrie, que mon cerveau a été passé au broyeur, qu'on l'a expurgé de ses dernières capacités de réflexion. Encore n'avons-nous pas abordé la phase tactique de l'opération, ni rien de ce qui concerne les unités du service Action auxquelles on devra procurer des couvertures, des planques, des itinéraires de repli sans faille ; cette première séance de travail ne regardait que la façon de débusquer la cible.

*
* *

Le deux de bambou avec le deux de bambou, une paire de vent d'Est, toutes les fleurs d'un coup ; mais où se cache l'autre dragon blanc ?

Je perds quatre, cinq réussites, sans même entrevoir la lueur d'une victoire. Et en tente une sixième, persuadé que si la chance tourne, ma migraine se dissipera, et qu'avec elle disparaîtront les remontées acides qui me rongent comme un remords. Cent seize tuiles restent à l'écran lorsque la machine déclare une fois de plus : NO MORE MOVE. GAME OVER. Cent seize sur cent quarante-quatre, un score pathétique.

Je déteste autant qu'on me mène en bateau qu'être forcé dans mes retranchements. Depuis l'instant où le dossier Chrysanthème a atterri sur mon bureau, je n'ai fait qu'avaler des couleuvres. Par nature, si je puis dire, le Service ne joue jamais franc jeu, mais on nous impose des règles en retour, qui nous servent de boussole lorsqu'on nous balade dans le brouillard. Or, jusqu'à présent, je n'ai été confronté qu'à une suite d'irrégularités, d'autant plus confondantes qu'elles semblent avoir l'aval de la direction. À la retraite ou pas, le général amateur de golf m'a embarqué dans une galère qu'il dirige en flibustier, secondé ou chapeauté (la question reste entière) par son acolyte médaillé de la légion d'honneur, comme si des instances supérieures lui avaient accordé un blanc-seing pour le paradis. Lorsque j'ai demandé à l'étage du dessus d'où était tombé l'ordre de me mettre à sa disposition, on m'a répondu de plus haut, d'un ton qui m'a fait comprendre qu'on n'en savait rien mais qu'il n'y avait pas là matière à controverse. Le sous-directeur a paru plutôt irrité que je l'interroge, comme s'il espérait recueillir lui-même quelques lauriers au cas où je m'acquitterais convenablement de ma tâche, m'indiquant par là qu'il ne tolérerait pas que je fasse à nouveau ma mauvaise tête.

Les francs-tireurs sont plutôt à mon goût, je les préfère

mille fois aux planqués du système, à nos braves bureaucrates incapables d'initiative, qui ne tentent jamais rien sans en référer. Cela figure sûrement sur ma fiche d'évaluation psychologique, cérébral, solitaire, rétif à l'esprit de hiérarchie, formulé en jargon médical. De quelques sornettes qu'on les abreuve, nos cliniciens sont très habiles à détecter les faiblesses de l'âme grâce à des tests de ronds et de triangles ou en vous prenant sous le tir croisé de questions décousues. Leurs évaluations pèsent spécialement lourd sur nos affectations et la courbe de nos carrières. Est-ce alors à cause de ma réputation de mauvais sujet, qui m'a déjà valu entre autres choses de stagner loin des cimes, autant que pour ma prétendue qualité de « meilleur sinologue de la boutique », qu'on m'a affecté à la préparation de l'opération Chrysanthème ? Le général, me dis-je, a peut-être calculé qu'un officier de mon acabit (et de mon âge) ne se plaindrait pas si la mission n'était pas formatée selon le manuel.

Il est vrai que j'ai à mon actif d'avoir déjà organisé de bout en bout, lorsque j'étais en poste à Shanghai, un simulacre d'infiltration, afin de tester les capacités du Service à mener une action clandestine en Chine, et que, de la prospection des zones jusqu'à l'exfiltration de l'équipe de faux touristes qu'on m'avait envoyée, notre superviseur ne s'est pas montré mécontent de ma prestation ; son rapport a même servi de référence à des exercices ultérieurs. Les quelques succès que j'ai pu connaître là-bas sont loin de contrebalancer néanmoins la « note de gueule » de mon dossier, comme nous disons, et une petite voix ne cesse de chuchoter au fond de mon crâne que le général m'a recruté pour des raisons moins glorieuses.

C'est une mission pourrie, me dis-je, où les dommages collatéraux passeront en pertes et profits sans que personne ne s'en émeuve.

Que feront-ils du déserteur Boisdeffres, alias Dominique, s'ils le retrouvent ? Le kidnapper pour le faire sortir du pays serait utopique. Ils chercheront, au mieux, à l'interroger sur place, avant de le dézinguer… S'ils réussissent à maquiller sa mort en suicide ou en accident, les conséquences seront négligeables. S'ils se contentent de le canarder à vue, en revanche, et ce n'est pas à exclure compte tenu de la marge de manœuvre exiguë dont disposeront nos opérationnels, la police locale poussera l'enquête assez loin pour découvrir que la victime habitait illégalement en Chine depuis neuf ans, sous une identité d'emprunt. Elle voudra alors interroger toutes les personnes liées à sa mort et remontera jusqu'à l'homme qui, en se faisant passer pour un démarcheur de l'entreprise familiale, aura attiré l'étranger dans un traquenard. Le Service s'en lavera les mains, mais pour ma part, je n'ai nullement l'intention de ruiner l'existence d'un ami tel que Marvin Liu, ni celle de personne d'autre, pour les beaux yeux d'un chat médaillé et d'un général amateur de golf.

Ils veulent que je leur monte le coup ? Ils devront accepter alors que je le fasse à ma manière, sans sacrifier quiconque. Bien sûr, j'ai toujours eu dans l'idée de passer par Marvin Liu, mon joker le plus précieux, pour atteindre Chrysanthème ; mais sans l'exposer pour autant, au moyen de voies détournées, de filtres gigognes, en emboîtant les poupées l'une dans l'autre, selon l'image du général, de façon à tenir mon copain à l'abri des balles perdues… S'il ne figure pas même dans mon carnet d'adresses (il n'y a jamais figuré), ce n'est pas pour que j'aille le donner demain en pâture aux piranhas du Service.

La pratique du renseignement induit des comportements de défiance extrême. J'ignore ce qu'en penseraient nos psychologues s'ils l'apprenaient, mais il y a pas mal de choses que j'évite moi aussi de conserver par écrit. On chercherait en vain dans mes papiers le nom de Marvin Liu, ou celui de Zhao Yimin et du professeur Bao. Je ne garde rien qui me rattache à eux. Ni au bureau, ni chez moi. Leurs coordonnées à chacun figurent dans mon vieux répertoire (ma mémoire étant ce qu'elle est, il n'y a que le numéro de

Pearl que je connaisse encore par cœur) sous des identités de fantaisie, cinéma Escurial pour l'un, Mme Régnard du Crédit Lyonnais pour l'autre, avec un numéro dont l'indicatif a été francisé et dont j'ai additionné les quatre derniers chiffres de 1, 2, 3 et 4, respectivement.

Marvin Liu est ainsi la brasserie Magenta, à Nice. Pour l'appeler je remplace le 04 du début par 00 86 et transforme le 02 25 final en 14 59.

Cela dit, Marvin Liu et moi ne communiquons plus guère que par mail, les cafés internet sont pour cela bien pratiques. Il m'arrivait autrefois de lui téléphoner d'une cabine, les soirs de vague à l'âme, mais nous avons de moins en moins de choses à nous raconter, le temps passant, et comme il ne peut s'empêcher de me donner à chaque fois des nouvelles de Pearl, croyant me faire plaisir, ou du moins que cela ne me touche plus (il n'a jamais pris notre histoire très au sérieux et, vu la façon dont je me suis comporté avec elle, vers la fin, je ne peux lui en vouloir), j'ai fini par me limiter au courrier électronique où quelques lignes accompagnées de la blague du jour suffisent à exprimer toute l'estime et la sympathie du monde. Nous nous contentons en vérité de garder le contact, pour entretenir le souvenir, ne désespérant pas que nos routes se croisent à nouveau. J'ignore ce qu'il en retire, mais dans mon cas ces échanges anodins représentent beaucoup ; la trame de ma vie est devenue si mince, si rêche, que j'essaie de préserver de toutes les façons possibles les rares échos qu'il me reste des moments heureux.

Il fait à présent presque nuit. Des gouttes de pluie constellent ma vitre où flotte le reflet des trois cartes postales que j'ai punaisées en triangle sur mon mur. Mathias a filé à un rendez-vous depuis un moment et, quand je vais chercher au distributeur, pendant que chauffe ma bouilloire, une barre de chocolat et un paquet de chips pour tromper la faim, je découvre que mon étage, empli ce matin d'éternuements par la faute de la mauvaise grippe qui sévit, est désormais silencieux, portes closes et lumières éteintes.

Je fais ma ronde. Personne ne viendra plus me déranger, les téléphones se taisent, la boutique m'appartient.

Par où commencer ? Tandis que le thé infuse, je tape mon mot de passe et réactive l'ordinateur qui s'est mis automatiquement en veille. – Registre des agents. – Chine. – Shanghai. – Je pioche au petit bonheur. Fouille les résultats, cherche des liens, saute de l'un à l'autre, d'abord par curiosité, comme pour me roder, en quête d'une idée cohérente, essuyant mes doigts par intervalles afin de ne pas encrasser mon clavier de la matière grasse dont sont imbibées les chips au goût de bacon.

Nos ordinateurs n'ont pas de connexion avec l'extérieur. Ils tournent en réseau fermé pour ne pas exposer les données qu'ils renferment aux dangers du piratage. D'après le peu que j'ai compris, nous roulons sous Linux grâce à un noyau programmé maison, aussi sûr que stérile. Selon Fernand Marbot, le copain informaticien qui a installé le logiciel de *Mah-Jong Solitaire* grâce auquel je fais des réussites, le système permet en outre un contrôle total des informations saisies, de leur cryptage jusqu'à leur diffusion. En gros, cela signifie que le moindre mot qui apparaît sur mon écran, le texte que j'écris comme celui que je consulte, laisse quelque part une marque *traçable* de son passage. Un officier de mon niveau peut interroger sans restriction la mémoire centrale du Service (tout n'y figure pas), mais chacune de ses demandes est alors enregistrée aussi clairement que s'il remplissait une fiche de prêt dans une bibliothèque.

Cela m'embête ; mais qui pourrait me reprocher de procéder à de menues vérifications ?

Je reviens à la fenêtre d'ouverture du fichier général des agents. J'ai toute la nuit devant moi. Les meilleures conditions ne sont-elles pas réunies pour que j'exploite enfin les éléments que j'ai récoltés vendredi, dans le dossier de la cible, au fort de Noisy ? J'ai rongé mon frein durant tout le week-end et n'ai pas eu une seconde ce matin pour m'y mettre. La campagne électorale submerge mon département de demandes « urgentes » et il m'était difficile de refuser de donner un coup de main à Mathias et aux autres… Il n' y a rien de répréhensible à vouloir approfondir la connaissance d'un dossier. Pourquoi est-ce que je me sens alors comme un gosse en train de grimper sur l'escabeau pour atteindre l'étagère interdite ? Personne ne s'en apercevra, me dis-je. Personne ne me tapera sur les doigts…

Dans le café basque de l'avenue Pierre-Kérautret, j'ai pu noter une quinzaine de pseudos, dans l'ordre chronologique, ainsi que les périodes correspondant (si j'ai vu juste) aux lacunes du dossier Chrysanthème.

Je pose le bout de papier, que je déchirerai tout à l'heure en confetti et jetterai dans la cuvette des toilettes, auprès du clavier.

Ajax, Belphégor, Vladimir, Reflex, le Hollandais Volant, Joly Jumper, tous ces agents ont été traités, voire recrutés, par notre déserteur.

1981, 1982, 1993 (c'est là qu'apparaissait l'empreinte orpheline d'une agrafe), 1997, des documents avaient été soustraits à ces années-là.

Selon toute probabilité aucune de ces pistes ne donnera grand-chose, c'est à parier, et pendant un instant une sorte de parallèle s'établit dans mon esprit entre ce que j'essaie d'entreprendre et mes parties de *Mah-Jong Solitaire*. Fais confiance au hasard, me dis-je. Identifie-toi à lui. Le hasard gouverne la vie, dans son organisation, dans ses mutations. Cherche comment il a distribué les zones froides et les points chauds qui constituent la dynamique des événements, relève les enchaînements, les répercussions, et peut-être pourras-tu ensuite en appareiller certains à l'actualité et comprendre ce qui a motivé la défection de l'officier Boisdeffres, alias Dominique…

Je tape le premier nom, Ajax, d'un doigt hésitant, et

l'ordinateur me répond qu'il ne connaît pas d'Ajax. Il n'y a là rien d'étonnant, me dis-je, le Service n'était pas encore informatisé à l'époque et cet Ajax n'a pas dû travailler pour nous par la suite. Il serait inutile de consulter les archives papier de Noisy : je le raye de ma liste.

Belphégor donne plusieurs occurrences. Il s'agit d'un grand patron de la presse de gauche, mis à la porte du journal qu'il avait fondé, après son rachat par une banque, pour cause de mauvaise gestion.

Vladimir, lui, existe à deux exemplaires. Vladimir Ier est un anthropologue, maître de conférence à l'université de Paris V, tandis que son homonyme, Vladimir le Chauve, est un chroniqueur politique de RTL, joueur de poker impénitent, toujours en activité.

Reflex aussi appartient au monde des médias : ce photographe d'agence, star des paparazzi, se retrouve dans un nombre surprenant d'affaires et comme parmi les pseudos que j'interroge ensuite plusieurs couvrent aussi des journalistes, j'en déduis que l'officier Dominique s'était plus ou moins spécialisé dans ce secteur : les polyvalents de l'information, ces agents bons à tout faire, de l'intox jusqu'au port de valise, par opposition aux linguistes, aux scientifiques, aux experts en quelque chose, cantonnés dans leur discipline.

Le Hollandais Volant, Joly Jumper… Voyons à présent où cela nous mène, comme dirait le général.

Chaque fichier comporte des renvois : les actions auxquelles l'agent a été mêlé. Chaque renvoi ouvre lui-même dix portes, nom, date, affaire, qui en ouvrent autant à leur tour. Notre système est ainsi conçu que si quelqu'un est mentionné plus de trois fois, serait-ce incidemment, dans des dossiers distincts, même de façon périphérique, il a droit également à un dossier personnel, un DP. Si A, B et C ont intéressé un jour le Service, il vous suffit d'avoir été vu en compagnie de l'un, d'avoir couché avec la femme de l'autre et d'habiter sur le même palier que le troisième, pour que vous ayez aussitôt votre propre DP. Dans quatre-vingt-dix pour cent des cas ces dossiers-là, longs de quelques lignes, restent lettre morte, mais c'est ainsi que croît et fleurit, jour après jour, notre banque de données.

Gnafron, la Castafiore, Bugs Bunny, Parsifal...

De DP en DP, je dresse des colonnes de noms, au crayon, en petits caractères. La quinzaine de pseudos opaques dont je disposais au départ se transforme en plus d'une centaine d'individus clairement identifiés. Ils emplissent bientôt trois, quatre feuillets. Patronyme, prénom, alias, qualification, nombre d'occurrences. C'est un inventaire disparate où une championne de natation côtoie un notaire qui débouche sur un croque-mort, et où un souteneur sous les verrous s'intercale entre deux hommes politiques unis par une fiscaliste, un cardiologue et un éleveur de chevaux à particule, étiqueté d'extrême droite. Je rencontre aussi beaucoup de célébrités, compte tenu de l'activité d'agents tels que Belphégor, le patron de presse, et Reflex, le paparazzi dont c'est le fonds de commerce. Le Tout-Paris, les mondains et les influents, des vedettes de la chanson, de la mode, mêlées à milliardaires véreux, des trafiquants, une héritière de Monaco, plusieurs de ces têtes couronnées qui font la couverture des magazines, jusqu'à la plus illustre d'entre elles, qu'une mort tragique a transfigurée en icône majeure du XXe siècle, celle que le Premier ministre britannique, faisant son éloge funèbre, appelait éloquemment *the people's Princess*, la princesse du peuple. Mon activité normale me pousse à fréquenter davantage les colonnes du *Quotidien du Peuple* (le mot s'accommode à toutes les sauces) que les potins de la presse populaire : je ne soupçonnais même pas que ces gens-là aient chez nous un dossier personnel. La possibilité qu'il y ait un rapport entre l'une de ces gloires du gotha et la défection d'un officier de renseignement me paraît si ténue cependant que je l'écarte d'emblée, comme j'écarte tous les noms qui n'apparaissent pas un minimum de dix fois dans notre mémoire centrale, estimant qu'ils n'y sont entrés que par ricochet, de façon à éviter que je ne m'égare ensuite dans un embrouillamini de pistes.

Quatre, cinq, puis six feuillets et pas une fois le besoin ne me prend de lancer une partie de mah-jong tant j'ai l'impression, remontant les références, surfant de DP en DP, éliminant les uns et consignant les autres, de jouer à un jeu du même acabit.

*
* *

Je me réveille le lendemain perclus de courbatures. Mes vertèbres lombaires ont rouillé durant la nuit. Cela ne me vaut rien de rester assis des journées entières devant un ordinateur. Si j'étais à Shanghai, je filerais sur-le-champ me faire masser. Le ciel se maintient au gris et la météo annonce à nouveau des températures inférieures à la normale.

C'est devenu chez moi une sorte de réflexe d'allumer la radio au sortir du lit, avant de me passer la tête sous le robinet. Il est huit heures. Les élections occupent l'essentiel du bulletin. Rien d'important ne s'est produit depuis hier, mais un léger frémissement dans les sondages (le candidat du centre, qui a ma préférence, a reculé d'un demi-point) inspire au présentateur des trémolos dramatiques où s'exprime son talent, comme s'il voulait à tout prix donner raison à *la Société du spectacle* de Guy Debord. Nucléaire iranien, attentat meurtrier en Irak, crise palestinienne sont expédiés ensuite en trois coups de cuillère à pot, de façon à sauter aux palmarès sportifs. Je me demande souvent pourquoi je m'impose de commencer ma journée par l'écoute des nouvelles. Un fond de masochisme, je suppose.

Le confort de la routine, me dis-je aussi en m'habillant. L'âge rend craintif, et l'on se laisse facilement embobiner par le ronron de routines que l'on croit synonymes de solidité, de permanence. Dès demain, je m'en fais solennellement la promesse en nouant mes lacets, je supprimerai la radio de mes habitudes.

Je ne me douche pas, ne me rase pas. J'ai laissé la veille un message au standard, disant que je ne passerais pas au bureau avant la fin de l'après-midi. J'ai l'intention de faire aujourd'hui l'école buissonnière.

Un bol de thé, une pomme, mon blouson à capuche, me voilà dans la rue.

Les cybercafés ne manquent pas dans mon quartier coloré, pas plus que les centres téléphoniques, mais la plupart n'ont pas encore levé leur rideau de fer et j'aime autant m'éloigner de mon domicile.

J'ai repéré au cours de mes promenades un endroit assez calme, fréquenté par les touristes aussi bien que les étudiants, du côté du carrefour de Buci. Le métro est direct jusqu'à Odéon. En sortant, j'achète au kiosque de la station le *Herald Tribune*, non pas dans l'idée de le lire, j'ai eu ma dose de nouvelles, mais pour abriter dans ses pages mes six feuillets de notes et me donner en même temps un statut d'étranger.

Curieusement, et cela m'inquiète, aucune de ces précautions ne me paraît ridicule.

Le Danton Cyberclub – *L'informatique en accès libre*, est-il écrit sur la devanture en larges caractères mauves – occupe le rez-de-chaussée d'un petit immeuble Louis XV dont la façade en pierres de taille, ornée d'un beau balcon d'époque, vient d'être ravalée à neuf. L'étroite rue sent la pisse humaine autant que la merde canine. Dans le coin gauche de la vitrine, un poivrot a abandonné un litron de rouge, ainsi qu'un tas de chiffons et une chaussure dont manque le lacet. Peut-être viendra-t-il les récupérer plus tard ?

À l'intérieur, au-dessus de la caisse, une pancarte indique le prix de location des appareils, scanners, graveurs, imprimantes. Mon *Herald Tribune* bien en évidence, je choisis du doigt le forfait 5 heures = 30 euros, que je règle en espèces, et vais m'installer dans un coin isolé, du côté du mur. Malgré l'heure matinale, quatre clients sont immergés déjà dans l'eau blême des écrans.

Je commence par interroger ma messagerie dont l'adresse hotmail est une suite de chiffres anonymes. Puis envoie un courrier à Marvin Liu disant que j'ai un service à lui demander et que je lui téléphonerai demain, à huit heures du matin, heure de Shanghai. Et je me branche sur la toile.

La pêche ne compte pas parmi mes hobbies. Je me souviens seulement de deux ou trois expéditions infructueuses en Corse, avec mon ami Walter, où les lignes de nos palangrottes ne cessaient de s'embrouiller tandis que nous dérivions sous un soleil de plomb. Mais je dirais que l'activité dans laquelle je m'absorbe maintenant, à cause des efforts de patience qu'elle requiert et de l'incertitude de leur aboutissement, s'y apparente assez bien.

Je tape dans la fenêtre de recherche un des noms que j'ai relevés la veille, puis vois ce que ça donne. Beaucoup n'ont pas de résultat ; inconnu au bataillon. D'autres n'accrochent que du rebus : rien de captivant, rien que je puisse relier à Dominique ni au Service ni à un quelconque événement. Un grand nombre livre heureusement des biographies détaillées (nettement plus étoffées que les bios du Service), des articles de presse, voire des études présentant une apparence de sérieux, que je sauvegarde dans un fichier, pour les examiner plus tard. Parfois aussi une telle quantité d'informations alourdit mon filet qu'il me faut trier hâtivement cette manne avant d'en rien garder, me concentrant d'abord sur les dates dont je dispose, 1981, 1982, 1993, 1997 qui est l'année précédant celle où a déserté Dominique. C'est un travail lent, méticuleux, obscur, infiniment monotone, très proche en vérité de celui que j'accomplis tous les jours. Lire, cribler, comparer et sélectionner, classer, additionner, recouper et épurer à nouveau ; l'exploitation des informations s'obtient à ce prix.

Mes six pages de notes au crayon se transforment peu à peu en un vaste magma qui totaliserait cent feuillets au bas mot si je l'imprimais.

Je lance la recherche. Survole, parcours, mets à la corbeille, écourte, enregistre. Paye une heure de location supplémentaire, parce que les cinq heures du forfait ne m'ont pas suffi. Puis expédie tout ce que j'ai sauvegardé à mon adresse hotmail. Et détruis le dossier source (en mode sécurisé), effaçant soigneusement l'historique de mes consultations comme on m'a appris à le faire, parce que nul ne sait qui sera l'utilisateur suivant. Et m'en vais déjeuner d'un croque-monsieur sur le boulevard, l'*Herald Tribune* en poche, balançant au passage dans une poubelle la partie supérieure des six feuillets de notes au crayon que j'ai déchirés, et la moitié inférieure, dans une autre.

Et quand il ne reste dans mon assiette que des miettes sur un lit de salade molle, je me rends dans un second cyberclub, à deux stations de métro de là, où je prends un forfait de trois heures, car l'après-midi est déjà bien entamée, afin de dépouiller la moisson de résultats obtenue dans le précédent et que je récupère *via* ma messagerie.

Maintenant je donnerais beaucoup pour un bol de thé vert.

D'abord, ainsi que je le prévoyais, rien de bien excitant n'apparaît, rien ne se dessine, je traverse des existences lisses, illustrées de succès et de chagrins très publics, c'est-à-dire sans intérêt pour moi : la vie comme dans les magazines. Je ne m'y arrête pas, quoiqu'il soit toujours émouvant de feuilleter l'album du passé. Les grands événements d'hier, si bien amalgamés à nos souvenirs intimes qu'on les imagine très proches, se révèlent étonnamment distants, anciens et fragiles dès l'instant qu'on les exhume : des cartes postales jaunies, qui s'effritent sous les doigts du regard et dont la poussière donne d'abord la mesure des années écoulées. J'essaie de ne pas trop m'y attarder, et décompose chaque entrée en faits et dates, de façon à les regrouper selon la chronologie, afin de les confronter dans une sorte de grand tableau synoptique. Changements de pouvoir, traités et mariages, décès et revers, conflits et scandales, guerres civiles, guerres à répétition, faillites, divorces, suicides (ils sont nombreux), dissolutions, rivalités de toutes sortes, j'ordonne les multiples éléments que j'ai engrangés, sans tenir compte de leur teneur, attendant qu'un schéma surgisse de la masse, que se forme une figure, une symétrie, qu'une concentration se révèle qui m'indique où creuser.

Mon téléphone vibre dans ma poche, mais je m'abstiens de répondre tant j'ai l'intuition à présent de toucher au but. Les occurrences, me dis-je. Où se condensent les occurrences ? Quelque chose palpite devant moi, une structure caméléon tapie dans le chaos. Je sens comme une présence, sans pouvoir encore la localiser… Pierre Dario-Sebald, mon mentor, un analyste de la vieille école auprès de qui j'ai eu la chance de travailler à mes débuts, me racontait que lorsqu'il croulait sous le poids de dépêches hétéroclites, il les jetait en l'air, de même qu'un devin lance les osselets, puis étudiait comment elles s'assemblaient en tombant sur le sol. Méthode infaillible, disait-il, quand toutes les autres ont échoué… Par où souffle le vent du dragon ? Reprends tout à l'envers, me dis-je. Au lieu de remonter le temps, débute par la fin, par 1998, l'année de la défection de Chrysanthème, et rembobine au lieu de dérouler.

Le téléphone vibre encore, me faisant perdre le fil qui s'ébauchait. Les occurrences… On a déjà dû m'appeler trois ou quatre fois sans que je décroche. Excédé, je sors l'appareil de la poche de mon blouson : deux messages de Mathias et un de notre sous-directeur m'enjoignent de passer au plus vite à Mortier.

Je suis en train d'appuyer sur la touche de rappel, lorsque j'aperçois quelque chose – une conjoncture, un aspect qui m'avait échappé jusque-là, et c'est comme si une lumière illuminait les synapses de mon cerveau. En octobre 1998, quand Dominique a tourné le dos à son existence pour se diriger vers l'Orient sans désir de retour, un certain nombre de personnes dont les occurrences se recoupent étaient déjà mortes, je veux dire de mort violente : accident, suicide, suicide douteux, suicide contesté.

Ce sont les morts, me dis-je, qui détiennent la clef de la défection. Écarte les autres et interroge les morts… Je pianote sur le clavier lorsque le téléphone sonne à nouveau, et cette fois c'est le général en personne qui exige de me voir d'urgence.

6.

« Seul est possible ce qui arrive... » Où ai-je lu cette phrase ? Trop de choses me passent chaque jour sous les yeux.

*
* *

À l'époque, Max Jameson avait un pied-à-terre rue Valadon, derrière l'avenue Bosquet. Un luxueux duplex sous les combles, avec une terrasse bordée d'arbustes desséchés, dans des bacs en ciment, et un parking en sous-sol où stocker des vieilleries et garer sa moto.

À la Norton des premiers succès s'étaient substituées une Triumph Bonneville, puis une Ducatti Pantha, puis la Harley-Davidson Super-Glide d'un bleu royal sur laquelle un jour de pluie, à cent mètres de l'agence, il dérapa bêtement, faisant une mauvaise chute. Plâtré des orteils jusqu'à l'aine, il rata la saison de Gstaad. Tandis que ses confrères mitraillaient les stars de l'Holden, il passa l'hiver à Danville-Crevon, allongé sur un sofa à motif de bambous, entre Bidi et leur fils à qui il apprit à jouer au gin-rummy, au poker, à la canasta. Il l'avait baptisé Max Antoine, comme s'il aspirait à fonder une dynastie. Le garçon avait alors huit, neuf ans, et c'était la première fois que son père restait aussi longtemps auprès de lui.

Un kinésithérapeute de Rouen se chargea de la rééducation. Jameson jurait de ne plus remonter sur un deux-roues. Puis ce renoncement lui parut une diminution insupportable, une amputation, une restriction de sa liberté et, après une semaine derrière un volant, en février 1993, il n'y put résister et acheta une nouvelle moto, une BMW R75 confortable et grise, dont il disait qu'à défaut de le rajeunir, elle le maintiendrait en mouvement. Cette machine-là avait l'avantage de la discrétion, elle disposait de l'ABS et, si elle n'offrait pas les sensations que procuraient les précédentes, elle possédait au moins des sacoches et un coffre fonctionnels où il pouvait ranger ses appareils lorsqu'il partait en reportage. Les folies sportives, de toute façon, n'étaient plus à l'ordre du jour.

L'accident l'avait marqué, quoi qu'il en dît. Parfois, lorsque la pluie huilait les rues, il montrait une prudence de notaire, il n'osait se pencher dans les virages, ses muscles se raidissaient, ses doigts se crispaient piteusement sur la poignée du frein. Il lui semblait que l'accident dont il avait été victime devait se reproduire, il se voyait tomber au ralenti. Il n'y avait que sur la route (il rejoignait chaque fin de semaine Bidi et Max junior en Normandie) ou quand il avait un passager, qu'il retrouvait un certain allant.

L'année 1993 – celle que marquait une agrafe dans le dossier Chrysanthème – commença donc par une phase de réajustement. Un ressort avait lâché, il fallait s'adapter à une configuration amoindrie.

Selon Albert Seligman, le directeur de l'agence, c'était toute la profession qui était en train de changer, une page de l'histoire du photojournalisme s'achevait, et Jameson, avec son flair animal (« il possédait une sorte de sixième sens, tout le monde vous le dira »), avait pressenti le premier ce tournant, cette cassure, l'éprouvant « jusque dans sa chair » tant il s'identifiait à son métier.

L'accident de moto et ses conséquences, à en croire Albert Seligman, n'était qu'une métaphore de transformations en cours, d'ordre plus général.

« Il faut que vous compreniez, m'a-t-il dit avec une soudaine ferveur, que 1993 – plus exactement le printemps de 1993 –, c'est l'acte IV, le chant du cygne. »

1993

Jameson montait lui-même la plupart de ses sujets. Il travaillait le plus souvent en « spéculation », c'est-à-dire sans garantie financière. L'agence partageait les frais fifty-fifty et se remboursait ensuite sur la diffusion des images.

Un photographe plutôt atypique, m'a dit Seligman. Il n'avait pas que des qualités (vous devez savoir qu'il ne s'est jamais entendu avec aucun rédacteur en chef, et je ne vous parle pas des coups pendables qu'il a faits à des confrères), mais il faut lui reconnaître ce mérite, quand il tenait une proie, il ne lâchait pas prise, un vrai pitbull ; et les résultats dépassaient parfois nos espérances.

Non, à l'époque qui vous intéresse, m'a corrigé le directeur de l'agence, ses attaques de panique ne le handicapaient plus. Enfin, presque plus. Son ami le ministre l'avait recommandé à une sommité de l'hôpital du Val-de-Grâce, qui lui avait prescrit un traitement miracle composé de gélules bleues et de petites pilules blanches. Jameson en transportait toujours une provision sur lui, dans une boîte de Kodachrome ; mais, avec le temps, il avait appris à diminuer les doses, sinon à s'en passer. Il réussissait à monter en avion sur ses deux jambes. La présence des médicaments à portée de main suffisait, j'imagine, à empêcher que ne se déclenchât une crise.

On peut dire sans trop s'avancer, m'a encore expliqué Seligman, qu'il y avait chez Jameson une sérieuse faille à la base. Il a eu une enfance à la Dickens : souffre-douleur privilégié d'un père toujours entre deux vins. Ce bloc de haine (une moissonneuse lui avait fauché une jambe) buvait jusqu'au dernier sou la pension d'invalide qui constituait son unique revenu. Une mère démissionnaire. La misère, les coups. Le cachot : Dieu seul sait combien de temps Max est resté enchaîné au fond de leur grange, quand il n'était pas plus haut que ça, avant que l'instituteur du village n'alerte les services sociaux… S'il avait été un criminel, on lui aurait accordé d'emblée les circonstances atténuantes, mais ce n'était qu'un photographe de presse et il se contentait de visser le couvercle du passé le plus hermétiquement possible… Alors, d'une part Jameson avait soif d'honorabilité, et de l'autre il se comportait en margoulin, en chien enragé. Il construisait d'un côté, une notoriété, la famille, un compte en banque bien garni, et sabordait par ailleurs ce qu'il avait chèrement acquis, comme s'il s'en jugeait indigne. Je dirais, a ajouté Max Seligman, que deux personnalités antagonistes cohabitaient en lui, et que ses attaques de panique – songez à la tectonique des plaques – provenaient de leur friction permanente.

Je fume le cigare, comme vous pouvez le voir. Jameson s'est mis au havane, pour m'imiter. Toujours en quête d'un père de substitution. Toujours à copier qui détenait l'autorité. Il avait été très impressionné au cours d'un reportage par un confrère britannique, un vieux *royal* tiré à quatre épingles, la fleur à la boutonnière, le parfait dandy. Jameson s'est aussitôt commandé un blazer à Londres, chez un tailleur de Savile Row, et comme l'œillet serait mal passé chez nous, il a adopté la pochette éclatante à la place, en signe distinctif. Seulement, au lieu de l'habituel carré de soie, c'est une petite culotte de femme qu'il faisait bouffer à sa poitrine, un slip dérobé à sa dernière conquête et qu'il arborait comme un trophée… On vous a peut-être déjà raconté l'anecdote : il voulait faire écouter à un groupe de députés une conversation qu'il avait enregistrée et dont les protagonistes étaient un ministre de la cohabitation et son épouse ; celle-ci s'alarmait de l'augmentation du nombre des immigrés à Chamonix : « Oh, Édouard, c'est affreux, il y avait encore deux maghrébins dans la cabine du téléphérique ! » ; eh bien, quand il a sorti son magnétophone, la pochette qui dissimulait le micro a glissé et un string brodé de fleurs roses a atterri sur le soulier d'un parlementaire, au beau milieu de l'Assemblée nationale. Vous croyez que Jameson se serait démonté ? Il s'est écrié : « Je vous permets de renifler, messieurs. Allez-y, Mme Jameson n'est pas femme à porter pareille fanfreluche ! »

Alors l'année 1993, oui, j'y arrive. On approchait des législatives. À peine rétabli de son accident (je crois me souvenir qu'il boitait encore), Max s'est vu confier la réalisation de plusieurs affiches électorales. Ce devait être en février. Puis il a effectué un reportage en Asie, où il a suivi le dernier voyage officiel de son ami le Premier ministre (tenez, encore un père de substitution.) Tokyo, Pékin, ça ne s'est pas trop mal vendu. Puis il y a eu les élections, divers petits trucs sans importance, et le scoop de Ramatuelle, la grande affaire, une histoire abracadabrante, avec son rebondissement imprévu, épouvantable, du Jameson tout craché ! Je peux demander qu'on vous sorte les tirages si ça vous intéresse…

Le ministre

La séance eut lieu en Normandie, un dimanche. Certains se rappellent sans doute cette photo. Cadré à la poitrine, le Premier ministre porte une cravate claire et arbore un sourire que la retouche a réussi à rendre communicatif. On aperçoit derrière lui les eaux tranquilles d'un étang. Des journalistes ont affirmé ensuite, après le drame, que le ministre venait souvent se ressourcer à cet endroit. Jameson avait choisi le coin, en réalité, après une matinée de repérages, parce que la végétation n'y paraissait pas trop rabougrie par le froid. Des arbres à feuilles persistantes entouraient la rive, des pins, des épicéas, que les progrès de la palette graphique permirent de vivifier, et d'ensoleiller, de manière que le paysage donnât l'impression d'une belle saison inaltérable.

Le conseiller

Le portrait de Jean-Luc Massard fut réalisé le mercredi suivant.

Le conseiller spécial tentait sa chance dans une circonscription du Nord, traditionnellement orientée à gauche, où avait consenti à le parachuter son parti. Le siège qu'on lui promettait au Conseil d'État se faisait attendre et les Petits Marquis lui devaient bien une récompense après ce qu'il avait accompli en faveur des otages du Liban.

Massard souhaitait lui aussi être montré sur le terrain, dans une pose décontractée, de façon que ses électeurs perçussent à quel point il était proche d'eux. « Je me verrais bien en polo de couleur vive, entouré de jeunes. J'aimerais faire passer un message d'avenir, porteur d'espoir. »

Son projet d'affiche se heurta toutefois à un calendrier surchargé, un budget restreint, une météo rebelle, et la photo fut prise au studio C-Light, rue Fallempin, sur un fond d'azur dont le dégradé créait une illusion d'espace céleste.

Massard y apparaît de trois quarts, un pull sur les épaules, la mèche relevée (il sortait de chez le coiffeur), l'air plutôt sérieux. Malgré les conseils de sa femme et les efforts qu'elle déploya pour le dérider, il ne parvenait pas à être tout à la fois alerte, franc, sympathique et responsable comme il se l'était prescrit. Ses lèvres le trahissaient. Certains clichés révèlent une mollesse équivoque, d'autres le rendent chafouin ; sur la moitié d'une planche contact il semble se remettre de l'extraction d'une molaire.

Sonia s'était improvisée directrice de campagne. Elle tenait la permanence et organisait les meetings, fixait les slogans et corrigeait les tracts, secouait les militants, harcelait la presse. L'éditorialiste de Radio Bleue Roubaix n'est pas près d'oublier comment elle le réveilla en pleine nuit pour lui expliquer personnellement le programme de son époux en matière de logement social. Même leur plus jeune fils, à son initiative, fut mis à contribution. On ne l'avait jamais connue aussi motivée, aussi épanouie.

Jameson sélectionna trois clichés. Il avait pris onze films, en variant les attitudes, alors que quatre bobines avaient suffi amplement pour le ministre. Sonia vint dans les locaux de l'agence examiner chaque vue au compte-fil, et la photo qui s'étala sur les panneaux des mairies et des écoles, sur les palissades et les façades condamnées, fut son choix.

Le rêve se brisa le 21 mars. Comme l'avait prédit Jean-Luc Massard avant de se présenter lui-même et que l'ambition lui bouchât les yeux, ces élections furent catastrophiques pour les socialistes.

Onze pour cent de voix n'offraient pas même la dignité du ballottage.

« Il n'imprime pas la pellicule, s'esclaffa Jameson devant un rescapé du naufrage. Pas de photogénie, pas de charisme, aucune aura. Si vous m'aviez demandé mon avis, je vous l'aurais dit : ce type n'est à exhiber en public sous aucun prétexte ! » Massard en voulait désormais à la terre entière, il s'estimait grugé, trahi. Le ministre ne l'avait pas soutenu. La stratégie de Sonia lui avait causé du tort, ça lui apprendrait à se fier à des amateurs. Son affichette surtout l'avait desservi, répétait-il ; la prise de vue n'eût jamais dû être réalisée en studio. Il grogna que ce salaud allait le payer, quand les propos du photographe lui revinrent à l'oreille.

Le ministre, quant à lui, fut réélu haut la main, mais il n'en tirait qu'une maigre consolation, pronostiquant que sa famille politique entrait en hibernation pour une très longue période.

L'Asie

Une image ressortait du voyage officiel en Extrême-Orient effectué au milieu du mois de février. Jameson avait emporté de Paris, à la perplexité générale, un pack de Coca-Cola et une planche à roulettes. Le jour de la visite de la Grande Muraille, il se laissa distancer, trouva son angle et attendit qu'un petit Chinois à bonne bouille passât à sa portée. Il lui offrit la planche, une canette, et demanda par signes à le photographier appuyé sur le skate, en train de boire à la paille. Il lui montra comment se mettre. Le gosse plissait des yeux amusés en sirotant la boisson impérialiste, tandis que les monumentales écailles de pierre se tordaient dans son dos jusqu'à l'horizon. Le rouge métallique se détachait superbement sur le bleu de la petite vareuse matelassée. Comment mieux symboliser la politique d'ouverture qui éveillait le pays ? L'image, Albert Seligman s'en frottait encore les mains, fit le tour du monde.

Le reportage n'apprenait pas grand-chose par ailleurs, sinon que Dominique avait peut-être entendu vanter les charmes de l'Empire du milieu par l'agent qu'il traitait sous le pseudo de Reflex. Aucune autre connexion entre la cible et la Chine ne justifiait pour l'instant la décision de s'exiler là-bas.

Ramatuelle

Les volontaires faisaient défaut une fois encore.

Les rendez-vous du 1er mai n'excitent personne, on s'use les pieds à courir devant les cortèges. À l'agence, en ce vendredi 30 avril 1993, les photographes commis d'office râlaient en fixant le tableau d'affichage où s'inscrivait leur nom, suivi du sujet qui leur était assigné.

La fête du Travail suscite chaque année les mêmes élans d'enthousiasme.

« C'est un boulot de stagiaire », gémissait Hugues Pérennes qui se voyait chargé du défilé Bastille-République pour la troisième fois de sa carrière. Pourquoi ne le mettait-on pas sur la manifestation du Front national, plaidait-il, plutôt que le petit Dolmetsch ? Les débordements du Front, après la dépose de gerbes au pied de la statue dorée de Jeanne d'Arc, réservaient parfois des surprises et, s'il n'y avait pas grand-chose à attendre de syndicalistes dressés à la baguette, une échauffourée, un pillage, le caillassage d'une compagnie de CRS, une ratonnade, qui sait ? n'étaient pas à exclure avec les fachos, incidents qui réclament une certaine expérience professionnelle...

« Faites chier ! » disait le rédac chef en se bouchant les oreilles, et Jameson se marrait, le blouson sur l'épaule, souhaitait du bon temps à l'un, promettait le Pulitzer à l'autre, trop heureux d'asticoter ses collègues, lui qui avait son week-end de libre. Il partait dans l'heure pour son « manoir normand », plastronnait-il, où il n'aurait pas trop de deux jours pour honorer la ravissante, la délicieuse, l'exquise, l'incomparable Mme Jameson. Son fier coursier de métal l'attendait à la porte de l'agence (« mon bourrin allemand », eût-il soupiré si cela avait été son tour de se coltiner les gros bras de Force Ouvrière) quand retentit la sonnerie de son téléphone.

« Monsieur Jameson ?

— En personne.

— Je pense, monsieur Jameson, qu'il vous serait très... comment dit-on en français ? très profitable, n'est-ce pas ? de vous trouver demain matin, à peu près à onze heures...

— Une minute, répondit-il en tirant sur l'antenne de

son portable, la réception n'est pas bonne, je me rapproche d'une fenêtre.

— Sur la piste d'atterrissage de l'aéroport de La Môle. Oui ? Là où vont les avions privés.

— Quoi ? Quels avions ?

— Demain. À onze heures à peu près. Alors je vous souhaite bonne chance. »

La voix ne lui disait rien. Un accent indiscutablement britannique, souligné de ces hésitations, de ces légers raclements de gorge, de cette espèce de bégaiement qui sont en Angleterre l'indice d'une position sociale supérieure.

« Allô ? Qui est à l'appareil ? » L'homme avait déjà raccroché. Cela ressemblait à un canular, mais Jameson ne voyait personne de son entourage qui fût assez bon acteur pour reproduire les balbutiements distingués d'un ancien de Cambridge.

Indécis, il alla demander conseil à Paul Doursault, le responsable des ventes, et lui répéta mot pour mot le tuyau, si l'on pouvait appeler cela ainsi, qu'on venait de lui filer.

« La Môle ?

— C'est ce qu'il a dit. La Môle, l'aéroport de Saint-Tropez. »

Saint-Tropez ouvrait des perspectives.

« Et qu'est-ce qu'il a dit d'autre ? Qu'est-ce qu'il voulait en échange ?

— Rien. Ça s'est arrêté là. »

Les nombreux indicateurs de l'agence n'étaient jamais anonymes, étant rarement désintéressés.

« Il y a d'autres motifs d'intérêt que l'argent, rétorqua Albert Seligman quand ils le consultèrent. La vengeance, la méchanceté, la jalousie. La bêtise. Le sens du devoir. La haine du voisin. Le bon Français qui a dénoncé mes parents pendant la guerre ne s'est pas précipité à la gestapo pour toucher une récompense, que je sache… »

Jameson semblait contrarié. Il savait qu'il allait devoir

sacrifier son week-end. Quelque chose dans le ton de son interlocuteur lui rappelait la façon dont Dominique distillait ses infos – il avait admis depuis longtemps que son ami ne travaillait pas dans les pétroles. Un ton détaché, pétri de bonnes intentions, mais qui ne souffrait pas le refus. Le mot de profitable lui restait surtout à l'oreille. Sur ce point il partageait l'opinion de Doursault, l'homme qui lui avait téléphoné n'agissait pas pour son compte, un simple particulier eût insisté, se fût en tout cas expliqué différemment.

« La question se pose en termes de feeling, trancha le patron de l'agence. Si tu as l'impression que c'est du solide, on fonce, je te réserve un billet pour ce soir. »

*
* *

Dans le souvenir de Doursault, c'était lui-même et non Albert Seligman qui avait encouragé le photographe à suivre son instinct, c'est-à-dire à partir pour la Côte d'Azur, alors que le patron de l'agence renâclait, estimant qu'ils allaient engager des frais pour rien. Pour le reste, les deux versions concordaient. Max prévint Bidi, lui jurant prompt retour et amour éternel, puis il appela son ami le ministre avec qui il devait déjeuner en famille le lendemain dans une auberge de la côte normande, afin de se décommander. Il était désolé, dit-il à la secrétaire de la mairie de Dieppe qui prit le message, ajoutant qu'il ne serait pas revenu avant dimanche et qu'il rappellerait. Enfin il fit provision de pellicules, casa dans son sac ses plus gros téléobjectifs, consulta les prévisions météorologiques, puis passa chez lui se changer et prendre quelques affaires, avant d'attraper un train de nuit, gare de Lyon.

Arrivé à Toulon au petit matin, il loua une Renault Clio moutarde et sortit de la ville par l'avenue Alphonse-Juin. Il roulait vitres baissées. Il faisait déjà chaud. La sécheresse de l'air, ses craquements, sa luminosité, l'architecture des maisons coiffées de tuiles et les pins, les lauriers roses, le fond d'odeur de garrigue qui descendait des collines, la couleur ocre et cendre de la terre l'emplissaient d'une fébrilité béate de vacancier. Il avait beau faire chaque année la saison d'été entre Cannes et Monte-Carlo, et connaître ces routes par cœur, le premier contact avec le Midi lui donnait toujours l'impression d'un dépaysement radical, comme si le wagon-lit où il avait dormi avait parcouru plusieurs milliers de kilomètres durant son sommeil.

La bonne humeur lui ouvrait l'appétit et, comme il ignorait ce que lui réservait la journée, il s'arrêta à l'entrée de Bormes-les-Mimosas, où, attablé sous un parasol publicitaire, entre une bétaillère et un mur de canisses dentelé de vigne, il avala un énorme petit déjeuner. Il avait le temps. Le jus d'oranges pressées, les croissants qu'il trempait dans un café crème que trois sucres rendaient sirupeux paraissaient avoir meilleur goût qu'ailleurs. Des moutons blancs folâtraient dans le ciel, lui inspirant aussi des envies d'olives, de tomates, de charcuterie, d'oignon et d'anchois, de thon aux câpres ; il commanda deux gros sandwichs à emporter, et on les lui emballa dans des morceaux de papier brun que l'huile traversa bientôt comme le suintement d'une blessure. La patronne, une jeune femme maigrichonne et sombre qui ne cessait de s'essuyer les paumes à son tablier, lui demanda alors d'où il était, lui avouant qu'elle l'avait d'abord pris pour un Sud-Américain. Pourquoi un Sud-Américain, elle ne sut pas le dire.

Il arriva en vue du petit aéroport avec près d'une heure d'avance sur le « rendez-vous ». Protégée par une rangée d'arbres et une double barrière de barbelés, l'unique piste de décollage longeait la D 98. Un parking précédait les hangars. À droite s'élevaient le cube de l'accueil et le bâtiment administratif, d'un gris laiteux, bordés de plantes grasses ; derrière s'étendait la forêt domaniale des Maures. Deux Beechkraft à hélices se trouvaient à l'arrêt sur l'aire de stationnement, ainsi qu'un Learjet et un élégant Falcon de dix ou douze places dont la bouche des réacteurs était protégée par un capuchon vermeil. En dehors des coucous de l'aéroclub, seule cette sorte d'avion atterrissait à La Môle.

Jameson se gara à l'entrée de la communale qui montait vers les collines, sortit son sac du coffre et se coiffa d'un chapeau de paille. La première fois qu'il avait planqué ici, il avait manqué succomber à une insolation en attendant toute une journée une chanteuse canadienne et son bébé qui n'étaient jamais venus. Aujourd'hui, s'il ignorait qui était sa proie – la veille, ils avaient retourné la question en tous sens, Seligman, Doursault et lui, sans réduire beaucoup le champ du possible –, il s'était équipé au moins en conséquence.

Dès qu'il n'y eut personne en vue, il traversa la chaussée et escalada le talus que défendait une haie d'épineux. Il se faufila dans la végétation, moins dense qu'il n'y paraissait, puis, courbé en deux, gagna un coin de la barrière d'où il pouvait tenir dans sa ligne de mire le carré des arrivées et des départs. Personne n'atterrirait à La Môle ou n'en décollerait sans entrer dans le cadre de son viseur.

Quand il fut certain d'avoir le meilleur axe, il déroula une nappe à carreaux qu'il étendit sur le sol tapissé de feuilles mortes, de façon à ne pas être importuné par les fourmis, et y déballa son barda : une bouteille d'eau minérale, des mouchoirs de papier et une peau de chamois pour nettoyer filtres et lentilles, un pochon de films, un monopode télescopique et deux boîtiers motorisés sur lesquels il vissa ses téléobjectifs. L'un d'eux était muni d'un doubleur de focale grâce auquel il pourrait obtenir des gros plans.

Il régla vitesse et lumière, épongea la transpiration de son front, puis se mit à l'affût. Très profitable, avait dit l'Anglais au téléphone. Il avait bien, pour sa part, sa petite idée sur l'éventuelle identité de sa cible – à supposer qu'on ne se fût pas moqué de lui, et qu'une célébrité débarquât vraiment ce matin à La Môle incognito –, mais il préférait ne pas y songer, ne pas même nommer cette personne dans sa tête, par superstition.

*
* *

À Dieppe, ce 1er mai, au même moment, le ministre – l'ex-Premier ministre – sortit de chez lui pour acheter du muguet. Les mains enfoncées dans les poches de son costume de serge bleue, il descendit la rue de la Rade en direction de la Tour aux crabes. Les passants le saluaient, se le montraient du menton, et il se forçait à sourire à la ronde, confiant, attentif, solide, débonnaire ; s'il ne dirigeait plus la France, ces gens-là restaient ses administrés.

Juste avant le quai Henri-IV, des adolescents en uniforme de scout installaient un stand sur le trottoir. Il leur acheta deux plants de muguet en pot, l'un pour son épouse, l'autre pour sa sœur Clotilde. Les fleurs en terre, disait-il, durent plus longtemps ; et elles participent moins du gaspillage consumériste, lui semblait-il, que celles qu'on a coupées.

En lui rendant la monnaie, l'aîné des petits vendeurs le reconnut et poussa les autres du coude. Ils voulurent tous alors un autographe et ils lui offrirent en échange un brin que courbaient trois clochettes blanches, à piquer à sa boutonnière.

Ses pots emballés de cellophane sous le bras, il fit quelques pas sur le quai. On voyait de jolis voiliers dans le port de plaisance, des trois-mâts, de vieux gréements, dont les filins tintaient comme des clochettes sous la brise.

Il prit la rue Ango après l'école Thomas, de façon à rentrer chez lui par la rue Desceliers, mais au bout de cent mètres, apercevant un bistro ouvert, il ne résista pas à l'appel d'un double express. Le café qu'il faisait à la maison (peut-être ne savait-il pas bien utiliser la nouvelle machine électrique ?) n'était jamais assez fort à son goût.

Là aussi les gens le reconnaissaient. Le patron lui serra la main par-dessus le zinc, les clients se chuchotaient des choses à l'oreille, et si certains plongeaient le nez dans leur verre, d'autres au contraire le fixaient avec sans-gêne. Combien d'entre eux, se demanda-t-il, avaient voté pour lui ?

« Une viennoiserie, monsieur le maire ? » Député-maire, c'était son seul titre à présent, même si l'usage voulait qu'on continuât à lui donner du monsieur le ministre.

Autour de lui, on buvait du vin blanc, des demis pression. Il repoussa la corbeille où ramollissait un croissant, ayant déjà pris le petit déjeuner chez lui. Presque chaque jour, et en tout cas tous les jours fériés, il se levait le premier et descendait à la cuisine préparer un grand plateau, avec pain grillé et confitures maison, qu'il portait à son épouse. Elle se redressait sur les oreillers, tirait l'édredon et il posait le plateau au milieu du lit. Il s'asseyait alors de l'autre côté et servait sa femme avant de se servir lui-même, tournait le sucre dans la tasse, beurrait les tartines, étalait la gelée de groseille. Cette tradition-là durait depuis quarante-cinq ans.

« Je vous dois combien ?

— Laissez, voyons, monsieur le maire...

— Non, non, il n'en est pas question. »

Il avait déjà les pièces à la main.

Quand il se dirigea vers la porte, l'attention se porta à nouveau sur lui, et il se sentit un peu bête dans son costume sombre, son brin de muguet à la boutonnière, avec ses deux pots sous le bras.

*
* *

Onze heures. Onze heures dix... Jameson prit un cliché avec chacun des appareils, afin de vérifier leur bon fonctionnement et d'exposer l'amorce du film ; les premières vues sont souvent tronquées au développement.

L'air devenait blanc de soleil et les buissons vibraient

d'une vie invisible. Un type en combinaison orange traversa la piste, puis ce fut le tour d'un camion-citerne. Le petit aéroport semblait à peu près désert. Par instants des poids lourds remontaient la D 98 en direction de la cimenterie qui s'élevait à quelques kilomètres en amont, suivis d'un panache de poussière grise.

À onze heures et quart, Jameson s'accorda une longue gorgée d'eau et fit quelques pas pour se dégourdir les jambes. La tour de contrôle tremblait comme un mirage dans l'immobilité aveuglante de la vallée.

Il fallait non seulement, se disait-il, qu'on ne lui eût pas fait une farce, et qu'une star se pointât bien à La Môle, mais encore que celle-ci offrît la matière d'un sujet, quelque relent de scandale : une vedette arrivant avec son caniche sur la Côte d'Azur ne valait pas un quart de page… Il alla accrocher les sandwichs sous une branche, à quelques pas de là, car le gras attire les guêpes et, pour s'occuper, se mit à suçoter un cigare, retardant le moment de l'allumer.

Le bourdonnement de l'avion ne se fit pas entendre avant onze heures trente-cinq. L'appareil effectua une demi-boucle et amorça sa descente, trains d'atterrissage sortis. Il parut effleurer la cime des pins, rebondit doucement et roula sur la piste, volets relevés, pour venir au pas s'immobiliser devant le bâtiment d'accueil, en plein dans le cadre de Jameson. C'était un King Air de location, immatriculé en Angleterre.

La porte bascula, cédant la place à la passerelle, et un homme en costume noir, masqué par des lunettes noires, se découpa dans le rectangle de l'ouverture. La coupe en brosse et les épaules massives indiquaient sa profession. Jameson appuyait déjà sur le déclencheur quand une masse mouvante obscurcit la moitié inférieure de son cadre. L'œil rivé au viseur, il n'avait pas aperçu la limousine qui patientait sur le parking dans l'ombre d'un faux poivrier : elle venait chercher les passagers directement au pied de l'avion. Un couple descendit à son tour la passerelle, mais le garde du corps dissimulait la femme de toute sa largeur. Pourquoi ce balourd ne se poussait-il pas ? Jameson ne vit qu'un fichu rouge, qu'un tronçon de bras au bout duquel scintillaient des bracelets vert et or, et la portière de la grosse automobile aux vitres fumées se referma aussitôt sur elle. Son compagnon, un inconnu en pantalon de toile et polo clair, la rejoignit par l'autre côté, tandis que le garde du corps et un steward entassaient les bagages dans le coffre. Une minute plus tard, la limousine passait les barrières de l'aéroport et tournait à droite sur la départementale.

« Merde, merde, merde ! »

Les dix ou quinze clichés qu'avait pris Jameson en rafale ne méritaient même pas d'être développés. Sans réfléchir davantage il réunit son matériel au centre de la nappe qu'il noua en baluchon, chargea le tout sur son dos et, abandonnant son pique-nique, se précipita vers la Clio moutarde.

Il dévala le talus, perdit du temps à chercher les clefs, puis à installer ses affaires sur la banquette arrière, car à quoi lui servirait un appareil hors d'usage ? s'énerva de plus belle, et quand il s'engagea à son tour sur la D 98, la limousine avait pas mal d'avance sur lui.

Elle avait pris la direction de Sainte-Maxime. Malheureusement la circulation devint assez dense avant Cogolin, impossible de doubler, même en jouant du klaxon, même en prenant des risques, et Jameson comprit qu'il ne la rattraperait pas. Il enrageait. Il s'obstina, poussa jusqu'à Saint-Tropez, fit le tour des hôtels, harcela des concierges, graissa la patte d'un garçon de Sennequier (il avait toujours un rouleau de billets de cent sur lui), essaya la route des plages… La proie – de qui pouvait-il bien s'agir ? une Anglaise accompagnée d'un homme qui devait être son amant, il n'en savait pas davantage, ça le rendait fou – lui avait glissé entre les doigts. Pourquoi n'avait-il pas loué une moto ? Il poussa une nouvelle salve de jurons en donnant de grands coups sur le volant.

*
* *

Assis à son bureau de la mairie devant un portrait de Pierre Mendès France, le ministre téléphonait à Paris quand sa femme lui fit comprendre par signe qu'il fallait y aller. Il écourta la conversation, conclut par un « bon, alors à bientôt, mon vieux », referma les dossiers qui s'étageaient autour de lui (le plan de rénovation du centre hospitalier, le projet d'une maison de retraite pour les veuves de marin pêcheur), signa encore deux lettres en attente, empocha son calepin, et… Il avait l'impression d'oublier quelque chose. Ses clefs, son mouchoir. Sans doute un effet du relâchement après tous ces mois de stress, se dit-il en rejoignant sa femme dans le couloir.

La cérémonie de la fête du Travail ne s'était pas trop mal passée malgré l'absence remarquée de l'un des principaux syndicats de la région. L'huissier le salua d'une inclinaison de tête, tandis qu'il donnait le bras à son épouse pour l'aider à descendre l'escalier d'honneur. Dehors, sur le parvis, les attendait sa R 25 Baccarat de fonction, portes ouvertes. Sa femme s'installa la première sur le siège arrière, non sans difficulté ; lorsque le temps virait à l'humide, des problèmes articulaires la faisaient souffrir. Elle avait mis son tailleur gansé de mauve, ses trois rangs de perles (un par enfant), s'était maquillée comme pour un mariage et il la trouvait un peu trop, comment dire ? endimanchée. « Quoi ? Qu'est-ce qu'il y a ? » lui demanda-t-elle. Il ne lui fit aucune réflexion et lui tapota la main avec bonhomie. On pouvait se mettre en route. Il avait réservé une table à l'Auberge des Trois Chats, à un bon quart d'heure du centre-ville, où sa sœur Clotilde et son beau-frère devaient les rejoindre, ainsi que le président du conseil général, son directeur de cabinet et suppléant, et Tinchant-Vérat, un ami industriel ; les autres invités s'étaient décommandés, même Jameson ne viendrait pas, ni cet ingrat de Massard dont il avait fait la carrière.

Pendant le trajet, le téléphone de la voiture sonna à deux reprises, des coups de fil sans importance.

Comme la réservation était pour douze, il pria le chauffeur et l'agent de sécurité de déjeuner avec eux : ce n'était pas la première fois. À table, il mangea de bon appétit (des filets de sole pannés aux noisettes, accompagnés de pommes anglaises, puis des fruits rouges autour d'une glace à la vanille) et se comporta de façon relativement normale. Qu'il fût un peu déprimé pouvait se comprendre.

Il parla à chacun de son ton habituel, bienveillant et bougon à la fois, et surtout à sa sœur qu'il avait placée à sa droite, quoique le scandale qu'avait déclenché le *Canard enchaîné* au début de l'année eût creusé entre eux un fossé douloureux. L'hebdomadaire satirique avait révélé que le ministre avait acheté son petit appartement parisien grâce au prêt sans intérêt que lui avait généreusement consenti, comme à beaucoup d'autres, un des compagnons de route du président. Une simple libéralité, avaient reconnu les juges, à laquelle personne n'eût trouvé à redire si l'instruction ne concernait par ailleurs un dossier explosif, mettant en cause plusieurs de ses collaborateurs, car le délit d'initié à l'origine de l'enquête avait débouché sur une cascade de commissions et de dessous-de-table liés à de gros contrats à l'exportation. Y avait-il eu une contrepartie à cette libéralité, hurlait la meute des Grands Inquisiteurs, et, si oui, laquelle… ? La justice l'avait blanchi, il n'avait commis aucune malhonnêteté, aucune irrégularité, tout au plus pouvait-on parler d'erreur stratégique, d'inconséquence ; mais un homme politique se remet-il jamais d'une pareille attaque lorsque sa popularité repose sur une réputation de bon sens, de droiture, de probité ? Sa sœur en tout cas avait eu pour lui des mots très durs. Elle n'admettait pas, lui avait-elle dit alors, qu'il eût laissé salir leur nom : « Un élu socialiste n'a pas à accepter les largesses d'un milliardaire. Si tu avais besoin d'argent, il fallait l'emprunter à la banque. » Il l'avait déçue, elle ne pouvait s'empêcher d'exprimer sa désapprobation et, même s'ils évitaient désormais le sujet, toute son attitude disait clairement qu'elle lui tenait encore rigueur de ce faux pas, ou plutôt de tout ce bruit injurieux qu'il n'avait su prévenir ni étouffer. Très ébranlé par l'épreuve, il lui en voulait de son côté de ne pas l'avoir soutenu quand s'était déchaînée la presse et qu'au sein même de son parti, où avait commencé la bataille de la succession, des voix s'étaient élevées pour le désavouer. En admettant qu'il eût commis un impair, n'était-ce pas le rôle de sa famille, de ses proches, de son clan, de l'entourer, de le réconforter, de lui exprimer un attachement indéfectible, de lui manifester une solidarité inébranlable, à défaut de le défendre ? N'est-ce pas quand on est au plus bas qu'on a le plus besoin des siens ? Les lâchages s'étaient multipliés à l'approche des législatives, et ceux-là mêmes qui l'encensaient quelques mois plus tôt, louant la profondeur de ses vues et l'énergie de son action, lui avaient tourné le dos du jour au lendemain. Voilà au fond ce dont il avait le plus souffert : la défection de son premier cercle. Le fidèle Massard, songea-t-il, avait grossi le premier les rangs des traîtres. Que lui avait-on promis à ce rat magouilleur, ce combinard hypocrite ? *Tu quoque mi fili !* Pas besoin de savoir le latin pour comprendre César.

Il était bien décidé cependant à passer l'éponge, quoiqu'il en eût gros sur le cœur, à faire la paix une fois pour toutes avec Clotilde, car il aimait profondément sa sœur, qui était son aînée de deux ans. Il ne concevait pas que l'ombre d'un désaccord pût obscurcir leur relation. Au moment du dessert, coupant court aux propos impersonnels qui avaient fait jusque-là l'essentiel de la conversation, il posa une main sur la sienne et lui avoua avec une émotion manifeste qu'il supportait très mal qu'un contentieux les éloignât l'un de l'autre. Plusieurs mois s'étaient écoulés, et plutôt que de céder à la pente insidieuse des faux semblants, il était temps à présent d'enterrer les griefs – tous les griefs – et de renouer, sur une bonne embrassade, avec leur affection, leur tendresse, leur complicité de toujours.

Il avait parlé à mi-voix, mais en y mettant tellement d'intensité que les regards convergèrent vers eux et que le silence s'établit autour de la table. Clotilde parut embarrassée. Chacun guettait sa réponse, même ceux qui ignoraient de quoi il était question. Alors elle ne put que murmurer, en dégageant vite sa main, avec ces inflexions moralisatrices qu'il lui arrivait de prendre, ce petit ton glacial, horripilant d'ancienne institutrice de province : « Un peu de tenue, je t'en prie, on verra plus tard. »

Elle devait se le reprocher cruellement. Sans doute n'eût-elle pas réagi de la même façon si son frère et elle s'étaient trouvés seul à seule ? « Quand je pense… » Devant les êtres qui nous sont chers, se répéterait-elle en boucle, il faudrait toujours garder à l'esprit que personne n'est immortel. Pourquoi, mon Dieu, n'avait-il pas attendu une circonstance plus propice à la réconciliation que ce ridicule banquet de 1er mai ? « Je ne me pardonnerai jamais, jamais », avouerait-elle encore, des années plus tard.

*
* *

Max Jameson n'avait pu noter le numéro de la plaque d'immatriculation, mais c'était forcément un véhicule de location et les loueurs de limousine n'étaient pas pléthore, même dans cette région dévolue à l'étalage du grand capital. Il se gara devant la poste, au coin de la rue Jean-Mermoz, et alla interroger l'annuaire. Les agences les plus proches se trouvaient l'une à La Seyne-sur-Mer, l'autre à la sortie de Port-Grimaud, la troisième sur la route de Gassin.

Il les appela dans cet ordre en se faisant passer pour un secrétaire, un domestique. Son patron, disait-il, avait oublié une paire de lunettes dans la voiture qui était venue le chercher ce matin à l'aéroport de La Môle. Au second coup de téléphone, une jeune femme lui répondit, interloquée, que chauffeur et automobile étaient réservés jusqu'à dimanche. « Je ne comprends pas, le chauffeur n'est pas avec vous ? » demanda-t-elle. Mais quand Jameson essaya de lui faire dire où était ce chez vous, elle conçut des soupçons et lui raccrocha au nez.

Vingt minutes plus tard, il poussait la porte de l'agence Loca-Prestige. À en croire la publicité, on était capable de vous louer ici une jeep transsaharienne, une Rolls décapotable, un hors-bord de compétition, un voilier de trente mètres, doté d'un équipage féminin si vous le désiriez. Des cactus égayaient la vitrine ; la décoration jouait la carte du ranch texan ; sur le mur orangé du fond, une tête de bœuf empaillée fixait le visiteur de ses prunelles de verre.

Une secrétaire tapait à la machine sur le plus petit des deux bureaux que comptait la pièce, sans doute la jeune femme qui avait répondu au téléphone. Un quinquagénaire en chemise de daim à franges lui faisait vis-à-vis, dont le sourire découvrait une dentition d'une régularité et d'une blancheur hollywoodiennes. Ses cheveux étaient noués en catogan. Campé sur le compas de ses bras, il se donnait des airs héroïques comme s'il se contemplait dans la glace ou qu'il attendait qu'un metteur en scène criât : *Moteur !*

« Bonjour, s'exclama-t-il. Je peux vous aider ? »

De part et d'autre de son sous-main, l'agrafeuse et le cendrier assortis, la règle en acajou, le pot à stylos et l'agenda en lézard, tous les objets s'alignaient selon le principe régalien de la symétrie. Jameson enveloppa l'ensemble d'un regard approbateur, misant sur la vanité du personnage.

Il se recommanda des célébrités qui faisaient la gloire de la Côte d'Azur, déclara que toutes lui avaient chanté les mérites de Loca-Prestige, exhiba sa carte de presse, nomma les principaux magazines auxquels il collaborait et jura d'y assurer dorénavant la promotion des yachts et des limousines de l'agence ; offrit un havane ; fit son grand numéro viril. Il n'avait besoin que d'un tout petit renseignement, en échange de quoi il se faisait fort de convaincre Johnny en personne, un copain de toujours, de poser auprès de… – « vous êtes ? Jean-Paul Mariniani, c'est ça » – bras dessus bras dessous, avec le bovin naturalisé dans le fond, et de passer la photo dans *Paris-Match*. Il fit le pitre, lâcha ses meilleures blagues, réussit à faire pouffer la secrétaire qui n'en perdait pas une miette, mais ne tira rien du cow-boy de l'agence.

« Écoutez, vous avez loué une limousine à des Anglais ce matin, je ne vous demande pas de nom, je comprends vos scrupules, dites-moi juste à quelle adresse ils sont descendus. » Il évoqua le droit inaliénable du public à être informé ; déploya tout son charme ; proposa la petite enveloppe – « Trois mille balles ? Quel est votre chiffre ? Allez, personne n'en saura rien… » Outré, Jean-Paul Mariniani lui indiqua la porte.

« Donnez-moi au moins un indice. Les Parcs ? Je brûle… ? Ou alors une villa des Salins… ? Je trouverai de toute façon, alors facilitez-moi la tâche, je vous revaudrai ça et tout le monde sera content. »

Jameson s'emportait maintenant : un loueur de voiture incorruptible, cela n'existe pas, même au cinéma, de qui se fichait ce guignol, avec son obligation de confidentialité ? Il allait bousculer cette tête à claques, lui faire cracher son bridge : quelques baffes devraient suffire à lui révéler son intérêt, à réveiller sa vraie nature. Il se leva, la main lourde, mais l'autre reculait déjà son fauteuil pour défendre son honneur, hurlant à la secrétaire de téléphoner au commissariat.

*
* *

« Pas pour moi, merci. »

Le ministre refusa l'armagnac qu'offrait le patron. Un whisky à l'apéritif, du vin blanc au déjeuner : il se sentait repu et rêvait d'une petite sieste.

À l'extérieur de l'auberge, sur le parking, l'air embaumait l'herbe humide et le feu de bois. Il faisait frais, le ciel se couvrait ; peut-être eût-il dû songer à prendre un imperméable. De l'autre côté de la route, on apercevait des vaches blanches et noires, blotties en cercle au centre d'une prairie, signe que la pluie n'allait pas tarder.

« Je ferai un somme dans la voiture », dit-il en embrassant sa femme que sa sœur et son beau-frère (avec eux, les adieux furent brefs) se chargeaient de raccompagner. Il serra la main du président du conseil général, puis celle de son directeur de cabinet qu'il devait retrouver en fin d'après-midi, avant de se tourner vers Tinchant-Vérat qui avait émis le souhait de lui dire deux mots en particulier.

« Alors mon vieux, qu'est-ce qu'il y a encore ? »

L'industriel était son obligé, il lui devait son maintien à la tête de la SSMA, une entreprise de la région, sous contrat avec le ministère de la Défense.

Le chauffeur et l'agent de sécurité s'éloignèrent de quelques pas, par discrétion. Ils virent le ministre s'adosser patiemment à la portière de la R 25, puis hausser les épaules, et finir par se fermer, et secouer la tête avec détermination, puis irritation, tandis que l'industriel s'empêtrait dans ses arguments, le regard flottant, un peu mou, comme s'il pressentait depuis le début qu'il effectuait une démarche vaine.

Les deux hommes se quittèrent sans se saluer. Leur entretien n'avait pas duré trois minutes, de sorte que l'instruction jugea inutile par la suite, je suppose, de consigner l'incident dans le rapport définitif.

Le ministre s'installa sur la banquette arrière et ferma un instant les yeux avant d'empoigner son téléphone. L'agent de sécurité en profita pour récupérer son arme qu'il avait rangée dans le coffre, selon la procédure en vigueur, avec la mallette qu'on appelle le « triptyque » parce que ses trois volets se déplient pour servir de bouclier pare-balle. C'était un sous-officier de la police nationale passé sur concours à la VO, le Service des voyages officiels qu'on devait rebaptiser SPHP, Service de protection des hautes personnalités, aussitôt après le drame. La quarantaine, plus de quinze ans de maison, une carrière sans histoire, sans éclat non plus, un individu un peu routinier sans doute, mais il faut reconnaître que sa mission actuelle n'avait rien de palpitant non plus.

Et l'on reprit le chemin de Dieppe. Le ministre était attendu à 15 h 30 à l'entrée du parc Jehan-Ango pour y donner le coup d'envoi d'une course cycliste.

« Roulez doucement, dit-il au chauffeur. »

Puis : « Passez par la corniche, j'aime bien voir la mer quand il fait ce temps. »

Les premières gouttes commençaient à tomber lorsque la voiture de fonction se rangea à proximité de la banderole rouge et blanche sous laquelle, entourés d'une petite foule, s'échauffaient les coureurs.

*
* *

Que lui arrivait-il ? Avait-il perdu la main ? Normalement, il ne lui eût pas fallu dix minutes pour obtenir l'adresse de la villa où la limousine avait déposé les inconnus qui avaient atterri à La Môle.

Max Jameson se demandait à quel moment il avait déraillé. Dès le départ, sans doute. Il s'était mal positionné, alors que dans ce type d'affrontement l'attitude initiale détermine la ligne de conduite de chacun. Il avait manqué de doigté, avait envoyé les mauvais signaux. Au lieu de monter à l'attaque bille en tête, encore sous le coup de la colère d'avoir raté sa proie, il eût dû prendre le temps de trouver ses marques, afin de mieux circonvenir l'abruti au catogan.

Il n'avait plus la grâce. N'était plus dans le coup. Se faisait l'effet d'un vieux tromblon, bon pour la casse. Eut soudain l'intuition que, pour lui, la vie avait fini de tenir ses promesses, qu'elle ne lui réserverait plus de surprise, qu'il se trouvait désormais du côté sombre et borné de la pente. Il avait toujours cette peur au ventre qu'un jour « ça ne marcherait plus ».

La tentation du renoncement faillit l'emporter – rentrer chez lui, se mettre au lit avec Bidi et regarder la télé en sirotant un verre jusqu'à ce qu'un sommeil épais le transportât au lendemain ; puis il se dit que s'il repartait du Midi les mains vides, sans rien tenter, il deviendrait pareil à son père et n'oserait plus se regarder dans un miroir.

Quelle heure était-il ? Dans combien de temps fermerait l'agence de location ? En ce samedi 1er mai, il était déjà miraculeux qu'elle fût ouverte ; mais c'était un beau week-end de début de saison, et peut-être y attendait-on encore des clients.

Il mit en marche et effectua un demi-tour, de façon à se garer vingt mètres plus loin, de l'autre côté de la rue, à un endroit d'où il pouvait surveiller la porte en verre de Loca-Prestige.

Il ne prendrait pas de gélule bleue, pas aujourd'hui, ni de pilule blanche – non, monsieur.

Un rayon de soleil lui tiédissait la joue. Il retroussa les manches de sa chemise, alluma la radio et trouva une station de rock agressif. À des gamines qui passaient, attifées comme des gitanes, il acheta tout le muguet qui leur restait, un gros bouquet fatigué par la chaleur, trempant dans une boîte de conserve qu'il coinça entre ses genoux. – Bidi détestait le muguet ; l'unique fois qu'il lui en avait offert, elle l'avait enfermé dans un placard, prétextant qu'elle était allergique au parfum douceâtre des petites clochettes blanches. – Il se mit à ruminer des souvenirs de

Bidi, cela l'aidait à surmonter l'angoisse des passages à vide, ces instants de découragement qu'il traversait par intervalles (où il sombrait, oubliant qu'ils sont éphémères) et qui étaient un reliquat de ses attaques de panique. Monta le volume : la musique se déchaîna à l'intérieur de la Clio moutarde. Chanta à tue-tête. Une demi-heure plus tard, ses regrets ne concernaient plus que l'eau minérale et les sandwichs qu'il avait abandonnés en bordure de l'aéroport.

À Dieppe, pendant ce temps, le ministre donnait le signal du départ de la course que sponsorisait la municipalité, ainsi que le Crédit agricole et diverses établissements commerciaux de la ville dont les noms s'affichaient en caractères moins gros. Les bains de foule le requinquaient. On lui avait prêté un parapluie et il serrait des mains, échangeait des politesses, distribuait des satisfecit, son agent de sécurité sur les talons. Que lui avait-on prévu ensuite comme festivité ? Ah, oui, une compétition de canoë-kayak : il était censé remettre le trophée au vainqueur sur l'aire nautique du camping de l'Arques, aux environs de 17 heures. Qu'allait-il faire jusque-là ? Il se fût bien promené à pied, parmi les vieilles demeures cossues du centre, dont le linteau s'orne souvent d'une coquille Saint-Jacques, mais il avait les semelles humides et il demanda au chauffeur de le ramener à sa mairie.

« Vous ferez d'abord un crochet par la gare. »

Sans doute le ministre voulait-il acheter des journaux, ou des cigarillos, car il n'avait pas renoncé tout à fait au tabac.

*
* *

Une ombre se profila derrière la vitrine d'aquarium où dansaient des cactus. Jameson émergea de sa torpeur. Le cow-boy de Port-Grimaud se décidait enfin à fermer.

La secrétaire partit la première, un sac rouge en bandoulière, et Jameson lui courut après dès qu'elle eut tourné le coin de la rue.

À Dieppe, dans la salle des pas perdus, le ministre étudia un moment le panneau des arrivées, fit mine de se diriger vers le quai d'où partait un express, puis, ignorant le kiosque à journaux, sortit son carnet, le feuilleta, s'approcha d'une cabine téléphonique, puis revint vers le quai. L'agent de sécurité le vit ensuite se frotter les mains, geste dont il était coutumier, un peu comme un homme qui a froid.

« Mademoiselle, mademoiselle... »

La veste pendue sur l'épaule au crochet de son doigt, Jameson se porta à la hauteur de la secrétaire et, avant qu'elle eût le temps de protester, lui offrit sa brassée de muguets dont il jeta au loin, d'un même geste théâtral, la boîte de conserve qui servait de vase. « S'il vous plaît... Vous n'allez pas me faire l'affront de refuser mes fleurs ? Vous voulez que je vous supplie devant tout le monde... ? D'accord, si cela vous fait plaisir, je mets un genou à terre. » L'eau dégoulinait des tiges et il avait l'avant-bras tout mouillé.

Revenu à la mairie, où il ne restait pratiquement personne, le ministre passa par son bureau, avant de s'enfermer dans les toilettes. On le vit se pencher à une fenêtre, un instant plus tard. Attendait-il quelqu'un ? Enfin il regagna la R 25 Baccarat d'un pas mécanique, perdu dans la nébuleuse de ses pensées.

Jameson lui avait déjà saisi le bras. Il s'était conduit comme un imbécile : faire irruption comme ça à l'agence, essayer de tirer les vers du nez de son patron... Qu'elle se rassure, il ne lui poserait aucune question sur ses clients. Non, non, tant pis pour son reportage. Au diable le boulot ! il avait envie de faire la fête puisqu'il était sur la Côte, mais il n'y connaissait personne, n'avait pas réservé d'hôtel, ne savait même pas où aller dîner, alors que son estomac criait famine : il rêvait d'une terrasse romantique où il pourrait déguster une bouillabaisse, un plateau de fruits de mer, une belle langouste, en contemplant les reflets de la lune sur la Méditerranée, et il se demandait justement si…

« Arrêtez votre cirque, lui répondit-elle d'une voix qui laissait percer une pointe d'accent du Midi. Je suis pressée, je vais rater mon car. »

Elle avait cependant changé son sac d'épaule, de façon qu'il ne fût pas un obstacle entre eux, et il en profita pour lui attraper la taille.

« Le car ? Laissez-moi vous raccompagner. Comme ça, on fera connaissance. Vous habitez de quel côté ? »

Il n'avait pas eu le loisir de bien la regarder jusque-là. C'était une jeune femme plus petite que la moyenne, aux cheveux courts, striés de mèches de couleur paille. Plutôt boulotte, forte en buste, elle avait le visage carré, franc, quelques petits boutons au coin des lèvres, mal camouflés par un aplat de fond de teint, les joues lumineuses et fraîches par ailleurs, et des yeux pétillants, vaguement bridés, bordés de cils de biche, dont le marron tirait sur le vert. Le nez minuscule, peu de cou, des doigts d'enfant, émouvants avec leur verni écaillé. Jameson affirma sa prise, éprouvant le gras de la hanche par-dessus la chemise en jean. Elle s'appelait Nathalie, lui dit-elle. Il lui donnait vingt-cinq, vingt-huit ans tout au plus.

Derrière les arbres, entre les caravanes, on apercevait des bouts de rivière, tels des morceaux de ruban métallique. Le ministre arrivait au camping de l'Arques, pour la remise des prix. Il n'y avait pas grand monde à cause du temps orageux, et il se préparait à donner quelques coups de téléphone de sa voiture en attendant l'annonce par les haut-parleurs de l'arrivée des concurrents, quand le président du club nautique tapa de l'index contre sa vitre. Alors il sortit sur la pelouse et les deux hommes (ils se connaissaient de longue date) firent un bout de chemin ensemble sous les frondaisons qui s'égouttaient. À 17 h 25, l'équipe de Fr3 Normandie les filma côte à côte en train de gagner le ponton pavoisé où commençaient à retentir des vivats et des exclamations. La caméra panota un moment sur les pagayeurs en combinaison de latex, la poitrine ceinte d'un brassard à numéro ; leur tenue moulante ne différait guère de celle des cyclistes du critérium qui s'était couru un peu plus tôt et l'on pouvait se demander si ce n'étaient pas les mêmes athlètes qui avaient troqué leur vélo contre un kayak. Enfin la télévision enregistra de bout en bout la cérémonie des coupes et la petite allocution que prononça le ministre sur le podium. Curieusement (significativement, selon les tenants du complot) ces images-là, quoiqu'elles fussent les dernières qu'on eût de lui, furent très peu diffusées par la suite sur les chaînes nationales – peut-être parce qu'elles collaient mal à la tragédie qu'il fallait illustrer : elles ne témoignaient pas d'un homme accablé, au bord de l'irréparable, mais montraient plutôt quelqu'un de souriant, à l'aise, énergique (« gonflé à bloc, comme avant », ajouterait même un de ses collaborateurs), accomplissant diligemment son travail d'élu, vantant haut et clair les vertus du courage et de l'effort individuel, et décrétant d'une voix vibrante que l'esprit sportif forgeait celui de la nation.

*
* *

Sur le dernier plan, alors que les applaudissements se sont tus et qu'il s'apprête à repartir, on voit distinctement le ministre consulter son carnet une fois encore, chercher quelqu'un des yeux, puis ranger dans la poche intérieure de sa veste le calepin relié de faux cuir. Sur cette séquence-là, ses traits n'expriment aucune émotion particulière. On peut repasser les images au ralenti, et agrandir le visage, on n'apprendra rien de plus.

*
* *

Revenu à sa voiture, selon le rapport d'enquête, le ministre téléphona à son directeur de cabinet et suppléant pour lui demander de le rejoindre à l'entrée du camping. Puis il changea d'avis : l'agent de sécurité attendrait le directeur de cabinet sur place, tandis qu'il ferait à nouveau un saut à la mairie.

Parvenu au carrefour de la départementale, toujours selon le dossier de l'instruction, le ministre pria cependant le chauffeur de ne pas retourner au centre-ville, mais de poursuivre le long de la rivière, par l'ancien chemin de halage ; puis il lui ordonna de s'arrêter sur le bas-côté de la route, après quatre cents mètres environ, et de le laisser un instant, car il avait un coup de fil à passer ; puis, quand il eut raccroché, au bout de deux ou trois minutes, il lui dit de prendre la direction de la forêt, et plus spécialement de l'étang des Dames, et de le conduire à l'endroit où Max Jameson l'avait photographié quelques mois plus tôt pour son affiche électorale, sur fond d'épicéas et de pins : autrefois, dit-il, il venait souvent se promener dans ce coin tranquille ; puis, cédant à une nouvelle inspiration, il envoya le chauffeur au camping chercher son directeur de cabinet et l'agent de sécurité, expliquant qu'il avait maintenant besoin de faire quelques pas sur la berge, tout seul.

*
* *

Jameson tint sa promesse et, de toute la soirée, ne posa aucune question sur les clients de la limousine. Cela ne semblait plus l'intéresser. Il consacrait son entière attention à Nathalie, l'interrogeait sur sa vie, ses projets, se montrait très curieux de la petite fille qu'elle avait été, de ses parents, ses amis, des animaux, chien, chat, cochon d'Inde, poisson rouge qu'elle avait pu avoir, des moindres choses qui la concernaient. Elle se méfiait au début ; la sollicitude masculine la rendait nerveuse, à plus forte raison celle de ce beau gosse surgi de nulle part. Elle avait commencé par s'esquiver au moyen de phrases toutes faites, de moues, de points de suspension, de pirouettes supposément spirituelles ou mystérieuses, mais qui tombaient à plat et ne trompaient personne, elle s'en rendait bien compte. Loin de lui en tenir rigueur, Max Jameson avait paru comprendre et, comme pour l'aider et la hisser sur le toboggan de la confidence, il s'était alors ouvert le premier avec une simplicité désarmante, ne cachant rien de sa propre enfance à Danville-Crevon, brossant un tableau très honnête, à peine édulcoré, des sévices qu'il avait subis dans sa jeunesse et des âneries qu'il avait commises en retour, lui révélant même des choses qu'il n'avait pas racontées à Bidi, sa femme, disait-il, laissant entendre par là qu'il l'avait choisie, elle, Nathalie Bouic, secrétaire d'un loueur de voitures de maîtres à Port-Grimaud, pour dépositaire exclusive de ses secrets. De fil en aiguille les défenses de la jeune femme cédèrent, elle se détendit, s'échauffa, et elle parlait d'elle maintenant, à la faveur de la nuit tombante, avec une liberté dont elle ne se fût pas crue capable, avec surtout cette griserie qu'induit la franchise débutante et qui la poussait à aller plus loin, à se livrer toujours davantage.

Il ne suffit pas de faire rire. Si tu veux séduire une fille, disait Jameson, il faut lui donner l'impression que tu sauras tirer le meilleur d'elle-même, qu'avec toi elle va faire des étincelles, que tu peux la conduire à ce que les cons appellent se dépasser. Le truc est valable en photographie, ajoutait-il à l'attention des amateurs, qu'il s'agisse de portrait, qu'il s'agisse de nu.

Ils avaient bu une bière sur le balcon du deux-pièces rose et blanc qu'elle louait dans une barre d'immeuble de l'arrière-pays. S'excusant un instant, elle s'était alors changée, avait troqué la chemise en jean contre une sorte de blouse indienne qu'ornaient de petits disques de miroir et s'était grandie au moyen de hauts escarpins beiges sur lesquels elle marchait en équilibre précaire. S'était maquillée aussi. Son rouge à lèvres lui faisait une grosse bouche de poupée gonflable, et la crudité de ce rouge troublait Jameson.

Ils prirent des kir royal dans un bar, face au coucher du soleil, afin de débattre de l'épineux problème du restaurant. Il avait des envies de mer – de crustacés, de poisson, d'entendre le bruit du ressac sur la plage –, mais Nathalie fantasmait depuis longtemps, pour en avoir entendu dire des merveilles, sur une bastide des hauteurs de Saint-Tropez, d'où l'on avait une vue splendide sur le golfe. Ce n'est pas donné, se reprit-elle trop tard, et, malgré ses protestations, c'est elle qui l'emporta.

Des photophores éclairaient leur table. Elle commanda la bouillabaisse et le carré d'agneau. Il prit la même entrée et pour suivre, le loup grillé au fenouil. Les vins ? Un meursault Louis Latour 1989, un volnay Clos des Chênes 1987 (il prétendait s'y connaître en bourgogne), accompagnés d'une grande bouteille d'eau pétillante. L'addition passera en note de frais, se disait-il.

Elle avait eu pas mal d'aventures, mais n'avait vécu vraiment qu'avec deux hommes, et tous deux, murmura-t-elle, lui en avaient fait baver. Ce n'était pas bien beau. Le dernier en date lui avait piqué ses économies avant de s'évanouir dans la nature et elle n'envisageait plus aujourd'hui de redémarrer une relation sérieuse. « Je suis trop bonne poire… » Ici, dit-elle encore, et son geste englobait le ciel, la pinède, la citadelle drapée d'or et les lumières de Sainte-Maxime scintillant dans le lointain, les jeunes ont l'esprit déformé par la tentation permanente qu'induisent les vacanciers. Elle y avait réfléchi avec ses copines. Trop de passage, trop d'hystérie, trop de fric brûlé sur l'autel du m'as-tu-vu. Un strip-tease infernal pour les autochtones : « Si tu ne crois pas aux contes de fées, tu deviens cynique avant l'heure. »

Sa fourchette à la main, Jameson la dévorait des yeux.

Après le tiramisu, il y eut une grappa, puis une autre. Ils allèrent ensuite danser au Papagayo, où ils continuèrent au ti' punch. Nathalie se trémoussait sur la piste à moitié vide en levant les bras comme une basketteuse réclamant la passe. Ils étaient très en sueur et s'embrassaient entre les morceaux. Jameson devait se demander, le lendemain, comment, avec le mélange d'alcools qu'il avait ingurgité et les caresses, les agaceries, les petits baisers qu'elle lui prodiguait, pendue à son cou, il avait réussi à garder le contrôle du volant et à les ramener indemnes jusqu'à la barre d'immeuble de l'arrière-pays.

Il n'y eut pas de préliminaire, ils étaient presque nus en atteignant le palier. Des peluches dormaient sur le couvre-lit de cretonne, qui volèrent à travers la pièce. Nathalie l'excitait (tous les corps de femme m'excitent, disait-il) et il plongea en elle, la secouant en tous sens, comme s'il avait une revanche à prendre.

C'était une toute petite chambre où l'on butait contre des choses au moindre mouvement, le genou heurtait un mur, un bras cognait la lampe, l'arête de l'armoire râpait une hanche, ou bien c'était un talon qui s'enfonçait dans les côtes, et il semblait que le volume rétrécissait à mesure qu'ils y faisaient des bonds et des cabrioles.

On a baisé comme des maboules, raconterait Jameson à Paul Doursault. Elle voulait que je lui serre la nuque, que je la griffe, que lui pince le bout des seins, que je la morde. Ça ne lui suffisait pas. À un moment, elle m'a dit : « Vas-y, frappe ! » Je me suis mis à claquer son gros cul. Elle criait : « Sur la poitrine, sur la tête, ah ! frappe, crève-moi bien ! » Je lui donnais des coups à m'en péter les jointures, il y a des limites tout de même : j'ai failli en perdre mes moyens. Elle n'arrêtait pas de gueuler. L'instant suivant elle suçait son pouce et dormait comme un ange.

Après être allé pisser à la salle de bain, il ne savait plus que faire, dirait-il encore à Doursault. Son intention initiale était de fouiller le sac à main de la jeune femme pour lui piquer les clefs de Loca-Prestige (le cow-boy lui en avait sûrement confié un double), et d'aller chercher là-bas, avant le matin, le nom et l'adresse des gens qui avaient loué la limousine ; mais, après ce qui s'était passé, il ne s'en sentait plus le courage.

Incapable de dormir, il prit une douche et se fit du café. Le placard de la cuisine ne contenait que des bols. Les Anglais ont des tasses ; les Américains, des mugs ; les militaires, des timbales qu'ils appellent des quarts. En France, il semble qu'on n'ait pas encore inventé l'anse, le café au lait se boit dans un récipient qui brûle les doigts... Il était incapable de penser à rien d'autre.

Le jour se levait et il se disait qu'il ferait aussi bien de prendre un peu de sommeil, mais lorsqu'il voulut se glisser dans le lit, il trébucha sur une grenouille en peluche et, en se rattrapant, piétina les vestiges de la lampe de chevet, dont l'ampoule explosa. Nathalie entrouvrit les yeux, le dévisagea avec un sourire abscons de drogué, puis se redressa lentement sur un coude.

« Tu étais sérieux pour les trois mille balles ? » lui demanda-t-elle d'une voix pâteuse. Et comme il la dévisageait, interdit : « Les trois mille balles, ajouta-t-elle, que tu as proposées à mon patron. »

Il chercha son pantalon et, en guise de réponse, brandit son rouleau de billets.

« Tu irais jusqu'à quatre mille ? »

Il fit pleuvoir les billets de banque sur elle.

« Le mas Galatée, à Ramatuelle, en bordure des vignes. »

Elle se fit alors sur le front une sorte de cataplasme avec une douzaine de billets à l'effigie d'Eugène Delacroix, marmonnant que c'était un remède souverain contre la migraine, puis lui ouvrit les bras, en arrondissant une bouche d'où toute trace de rouge avait disparu.

*
* *

VOIE PRIVÉE, avertissait le panneau, ENTRÉE INTERDITE.

La petite route bordée de cyprès menait à un quadrilatère de verdure, de l'autre côté de la colline. Jameson priait pour qu'il n'y eût pas de chien.

Il laissa la Clio moutarde à l'entrée d'un chemin creux et contourna la propriété par le haut, à travers le vignoble. Le soleil ne chauffait pas encore trop fort, un fond de brume tamisait par endroits les couleurs du paysage.

Ça montait, ça montait. Il se sentait jeune, il se sentait fringant à nouveau. À quoi ça tient, hein ? se disait-il.

Les terres cultivées firent bientôt place à une barrière de rochers. Derrière s'étendait un parc richement entretenu, d'une luxuriance quasi tropicale. Jameson fit une pause, puis se coula entre de grosses pierres grises et atterrit sur un tapis d'aiguilles de pin. Il n'était pas difficile de s'orienter : les tuiles du pigeonnier de la maison dépassaient du faîte des arbres, à une centaine de mètres en contrebas. Bientôt il aperçut le bleu de la piscine. Il y aura forcément un moment, se dit-il, où les hôtes de Galatée, quels qu'ils soient, auront envie de bronzer sur les transats et de piquer une tête dans l'eau ; on ne vient pas dans le Midi pour s'enfermer entre quatre murs. Alors, se rapprochant précautionneusement, il chercha un coin d'ombre où se mettre en planque. Il le trouva un peu plus loin, sous un olivier plus que centenaire à en juger par l'éclatement de son tronc ; et, dans la stridulation des grillons, son appareil à la main, une fois encore, il attendit.

Il ne se passa rien jusque vers dix heures, on dormait là-bas et les domestiques veillaient à ne pas déranger leurs maîtres. Enfin il entendit des voix, mais ce ne fut qu'une heure plus tard, alors que ses genoux s'ankylosaient et que ses paupières réclamaient douloureusement leur dose de repos, qu'il y eut un début d'animation du côté de la piscine : une soubrette en tablier blanc étala des serviettes sur les transats, puis elle revint avec un grand plateau supportant des carafes, des verres, un seau à glace.

Jameson était tellement persuadé au fond de lui qu'il allait photographier la princesse, dont le divorce semblait inévitable et à qui l'on prêtait déjà plusieurs liaisons, qu'il ne reconnut pas tout de suite la jeune femme à la chevelure éclatante qui s'avançait entre les pins parasols, enlaçant tendrement le type qu'il avait vu descendre du jet privé, la veille, et dont il apprendrait plus tard qu'il s'agissait d'un financier américain… Ils se bécotaient, ils riaient, et la pellicule, entraînée par le moteur, défilait dans l'appareil. Ce n'était que la belle-sœur de la princesse, celle qu'on appelait la Rouquine, dont le mariage battait également de l'aile. Il fallut un moment à Jameson pour comprendre que ces images qu'il enregistrait mécaniquement valaient tout de même de l'or. La lumière écrasante était affreuse, il tremblait légèrement, une branche de mimosa occultait en partie son cadre, mais ça n'avait aucune importance, le document n'en serait que plus authentique, plus éloquent. Pour réussir une grande photo de presse, il suffit d'être là où il faut, et d'y être seul, c'est d'abord un exploit d'ordre ontologique, disait Albert Seligman : il tenait l'exclusivité d'un adultère royal qu'allaient s'arracher tous les tabloïds, tous les magazines à scandales, tous les torchons du monde civilisé. Et voilà que, pour comble de prévenance, la Rouquine, épouse du frère cadet du prince héritier, s'asseyait aux pieds de son compagnon et lui suçotait le gros orteil.

Jameson fonça prendre le premier avion à destination de Londres. Un coup de cette importance requérait les compétences d'un cabinet d'affaires britannique, Seligman serait d'accord avec lui. Il ne fallait pas que les images fussent signées de son nom, d'une part à cause du fisc français, dont on connaît l'avidité, de l'autre afin de ne pas se griller à Buckingham.

Il arriva à l'aéroport dans une sorte de transe. Malgré sa gueule de bois, suant l'alcool, hoquetant l'aïoli du dîner, secoué par des remontées de bile, il flottait sur un nuage. Il s'offrit une place en première, estimant qu'il l'avait méritée. Qui prétendait que le grand Max Jameson était fini ? Par instants il en riait tout seul. Et puis, dans le salon d'Air France où il espérait trouver un Alka-Selzer, une hôtesse lui proposa les quotidiens du matin. La nouvelle faisait les gros titres et toute son excitation retomba alors en un effroi glacé : la veille, à l'heure où il faisait le joli cœur devant la secrétaire de Loca-Prestige, son ami le ministre s'était tiré une balle dans la tête sur les bords de l'étang où il l'avait photographié.

Jameson lut l'article du *Figaro*, l'article du *Provençal*, l'article du *Times* quoique son anglais fût des plus médiocres. Il ressortait des déclarations des uns et des autres que le ministre avait eu un comportement erratique tout au long de la journée. Il s'était rendu à la gare où il n'avait rien à faire, comme s'il avait d'abord songé à se jeter sous les roues d'un train. Ses moindres actes étaient révélateurs, commentait un journaliste, quand on les considérait à la lumière du drame. Avait-il essayé de se pendre dans les toilettes de la mairie ? Ou de sauter par la fenêtre à laquelle on l'avait vu se pencher ? Le ministre avait remarqué, supposait-on enfin, que le policier chargé de sa sécurité enfermait son arme de service dans la boîte à gant de la voiture, lorsqu'il ne la remisait pas dans le coffre. Il l'avait alors éloigné sous un mauvais prétexte, le consignant à l'entrée du camping ; puis, quelques minutes plus tard, avait demandé au chauffeur de se garer sur le bas-côté de la route et de le laisser seul, un instant, soi-disant pour donner un coup de téléphone, en réalité pour s'emparer du 357 Magnum Manurhin réglementaire, un revolver en acier poli pesant plus d'un kilo… Mon Dieu, ils l'ont assassiné, se répétait Jameson.

7.

« Max le pensait réellement. Ça l'épouvantait. Combien de fois m'a-t-il juré qu'il détenait des preuves… ? »

*
* *

J'ai dit que la mission m'a été confiée par à-coups. Cette fois le général voulait non seulement que je poursuive à mon idée la planification de Chrysanthème II, mais encore que j'aille sur place en préparer la phase opérationnelle – ce que nous appelons dans notre jargon équiper le site. Il calculait sans doute, non sans raison, que je me montrerais plus coopératif, plus entreprenant, plus efficace, peut-être aussi moins circonspect, s'il me laissait la bride sur le cou. « Nous avons réfléchi, m'a-t-il dit entre deux portes, dans la pénombre d'un couloir du cinquième étage, et ça nous paraît la bonne solution : vous connaissez le pays, vous connaissez le dossier. D'accord ? De notre côté, nous avons une équipe en béton, des gars qui ont fait leurs preuves… » J'avoue que, sur le moment, la perspective de retourner en Chine a éclipsé toute autre considération. On devait me rendre mon vieux passeport au nom de Birague Serge. Dès vendredi serait déposée ma demande de visa. Adieu caserne de Mortier, me disais-je ; dans dix, quinze jours je serai à nouveau sur le terrain.

« Vous prendrez vos ordres de moi, a conclu le général à l'instant de nous quitter. Suivez-les à la lettre, pas de zèle intempestif, ne débranchez plus votre portable et vous n'aurez pas à le regretter. » L'insistance pesante de son regard m'a alors ramené sur terre.

J'ai rempli les formulaires qu'il m'a remis comme si, me suis-je dit en ricanant, je signais de mon sang un pacte avec le diable. Puis, au lieu de retourner chez moi en métro, j'ai remonté à pied la rue de Belleville dont s'allumaient les réverbères, et quand je suis arrivé à hauteur de l'avenue Simon-Bolivar, je suis entré dans un café rouge et jaune téléphoner d'une cabine. Je souhaitais demander un coup de pouce à Pierre Dario-Sebald, mon mentor, consultant dans le privé depuis qu'il a pris sa retraite. J'avais hâte d'explorer les pistes que j'avais relevées sur internet à partir du fichier des agents.

Dans mon esprit, d'une certaine façon, l'opération Chrysanthème et la petite enquête que je mène pour mon compte à toutes fins utiles constituent désormais deux choses distinctes. Je veux dire par là que je n'ai pas le sentiment d'enfreindre la consigne, de transgresser les directives implicites du général. Le métier a développé ma nature amphibie et le cerveau se protège en initiant lui aussi des cloisonnements. Chrysanthème et Dominique appartiennent à des époques que sépare plus d'une décennie et, pour moi, c'est à présent comme si ces alias désignaient deux personnes. Je ferai de mon mieux pour traquer Chrysanthème en Chine ; qu'on ne m'empêche pas de chercher à découvrir ce qui est advenu à Dominique au cours des années 1990. Qui sait, murmure une voix insidieuse au fond de mon crâne, si je n'y gagnerai pas au passage une assurance vie que même les puissances des ténèbres seront contraintes d'honorer ?

*
* *

« *Wei ?* »

Il est deux heures du matin à Paris. La voix de Marvin Liu au téléphone : « *Hey ! It's good to hear your voice again !* » Et nous poursuivons en chinois.

Paris, le mardi 3 avril

Dominique traitait Max Jameson sous le nom de Reflex, c'est ma meilleure piste, la plus facile à suivre.

Max Jameson ; photoreporter de l'agence Alpha ; directeur : Albert Seligman.

Pierre Dario-Sebald m'a donné le nom d'un producteur de cinéma, de qui je me suis recommandé auprès de ce dernier. Nous fonctionnons un peu comme une franc-maçonnerie. Même si l'on n'en fait plus partie, à supposer que personne rompe jamais les ponts avec le Service, ses membres s'entraident, jouent de leur influence, mettent leur carnet d'adresses en commun selon le principe que les amis de tes amis sont nos amis. La DGSE emploie officiellement quatre ou cinq mille personnes (chiffre dérisoire, dirait Mathias, quand on songe à celui des agents de la CIA) ; il faut cependant ajouter à cela les anciens, sur qui l'on peut toujours compter, augmentés des réseaux des uns et des autres, policiers, magistrats, scientifiques, voyous, hommes d'affaires, dont la liste n'a jamais été consignée noir sur blanc, mais qui n'en constituent pas moins un rouage crucial de la machine, de sorte qu'il y a peu de secteurs de l'activité nationale sur lesquels nous n'ayons de prise.

Sur le conseil de Pierre Dario-Sebald, je me suis présenté à Albert Seligman comme un scénariste préparant un film inspiré de la vie de Max Jameson. L'introduction devait être bonne, car il a accepté de me recevoir aussitôt, me fixant rendez-vous à l'agence de photo qu'il ne dirige plus (elle a été rachetée par une société de gestion de fonds américaine), mais où il se comporte comme s'il était encore chez lui. La standardiste, les secrétaires, les photographes, tous ceux qui ont travaillé à ses côtés ne font d'ailleurs rien pour le détromper. Ils continuent à lui donner du « patron » et le laissent se balader librement à travers les étages – hormis ceux de la direction et de la comptabilité, m'a-t-il lui-même précisé d'emblée, moins pour que je le plaigne, m'a-t-il semblé, que pour me mettre à l'aise.

C'est toujours un bel homme mince, élancé, le nez délicatement busqué, les cheveux blancs rejetés en arrière. L'élégance classique : pantalon de flanelle, col roulé noir, veste en cachemire tête-de-nègre. Causeur indulgent, d'autant que ses journées ne sont guère remplies. Il aimerait écrire ses mémoires, m'a-t-il dit, et je l'y ai encouragé vivement, l'assurant que je serais son premier lecteur. Les professeurs de rhétorique nomment cette phase d'approche la recherche de la bienveillance.

Si l'on souhaite soutirer de quelqu'un davantage que des renseignements d'ordre factuel, il faut éviter de le presser de questions et l'engager au contraire à suivre le fil de sa pensée à son habitude, sans le bousculer, de sorte que chacun de ses souvenirs en appelle un autre à la surface.

Pour tenir mon rôle, j'ai acheté en bas de chez moi, dans un bazar turc, un feutre et un carnet à petits carreaux. La couverture montre une vue aérienne du Bosphore que dominent au premier plan la coupole et les minarets de Sainte-Sophie, à moins que ce ne soit de la Mosquée bleue.

« Alors, l'année 1993… »

Dans l'esprit de Max Jameson, selon Seligman, le triomphe de Ramatuelle fut éclipsé par le suicide de son ami le ministre. Le photographe y revenait sans cesse, et tout ce qu'il lisait alors dans la presse et entendait à la télévision, loin de le rasséréner, ne faisait qu'alimenter son angoisse, attiser sa rage, renforcer sa conviction. Il était catastrophé, traitait le gouvernement d'assassin, refusait de vivre un jour de plus en France, ce pays dévoyé.

Il n'était pas seul, à l'époque, à avoir des doutes. Je ne sais pas si vous vous en souvenez, a poursuivi Seligman, mais la veuve du ministre jurait, entre deux torrents de larmes, que jamais son mari n'aurait commis un geste pareil, qu'il n'était pas homme en tout cas à s'en aller sans s'expliquer par écrit : le seul fait qu'on n'eût pas trouvé de mot d'adieu suffisait, soutenait-elle, à invalider la thèse du suicide... Les détails troublants ne manquaient pas, il faut le reconnaître, et malgré les années plusieurs questions restent encore sans réponse, mais n'en va-t-il pas presque toujours ainsi ? Les choses se passent rarement comme elles le devraient, m'a encore dit Seligman, il n'y a que dans les polars que les mille mystères de l'existence nous font l'amabilité de se dissiper au fil du dernier chapitre. Qu'il soit étrange qu'un agent de sécurité accepte de laisser seule la personnalité qu'il protège, et qu'il choisisse ce moment-là précisément pour oublier son gros revolver dans la boîte à gant (comment ne s'inquiète-t-il pas de ce poids en moins, ne perçoit-il pas le vide de son holster ?), il est certain qu'il y a là matière à interrogation. D'un autre côté, qu'est-ce que cela prouve, sinon que la déveine était de la partie ? Des promeneurs auraient entendu deux coups de feu ; la mort par suicide aurait été annoncée par l'Élysée alors que le malheureux était encore en vie ; l'enquête de police aurait ensuite été précipitée, sinon bâclée, et le rapport d'autopsie n'aurait pas même été communiqué à la famille ; on n'a jamais retrouvé l'agenda que consultait le ministre moins d'une demi-heure avant l'instant fatal : il aurait contenu des révélations fracassantes ; la faute professionnelle de l'agent de sécurité n'aurait pas été sanctionnée, alors que le service de protection dont il faisait partie a été réformé dans l'heure ; mieux : personne n'aurait plus entendu parler de ce policier au lendemain de son audition par l'IGS ; et puis quoi encore ? On nage en pleine fiction… Il faut dire que la façon dont le président a alors géré la crise, accusant la presse d'avoir provoqué le désespoir de l'ex-Premier ministre à coups de calomnies, si elle en a muselé plus d'un par sa virulence, n'a pas aidé à clarifier le problème. Elle l'a juste déplacé, si vous voyez ce que je veux dire. Vous vous rappelez l'invective du chef de l'État : « Toutes les explications du monde ne justifieront pas qu'on ait pu jeter aux chiens l'honneur d'un homme et finalement sa vie… » C'était joliment trouvé ; encore qu'on soit en droit de se demander, si les journalistes sont bien les chiens, quel est ce « on » pointé comme le vrai coupable… La vérité, a soupiré Seligman, vous la connaissez comme moi. Le ministre n'avait pas le soutien de son parti. Les uns le surnommaient le Bœuf, les autres l'Enflure parce que Matignon lui avait donné la grosse tête, et c'était le dindon de la farce. Le Château ne le prenait plus au téléphone après la débâcle des législatives. Il n'y a pas résisté. Mais Max Jameson n'y croyait pas. Non, selon lui, les affaires rattrapaient son ami, la justice devait l'entendre incessamment et, d'après ce qu'il laissait entendre, cet homme honnête que les journaux avaient traîné dans la boue, bafoué, humilié par son clan, rejeté par son chef, ne se serait pas retenu de tout déballer quand il se serait retrouvé devant les juges – de dévoiler les combines, de faire plonger les gros bonnets.

« On l'aurait alors…

— On aurait réduit le ministre au silence. C'est ce que croyait Max. Nous voilà retombés dans les on et les conditionnels.

— Et ces preuves qu'il disait détenir ?

— Personne ne les a jamais vues, vous pensez bien.

— Elles se présentaient sous quelles formes ? Des enregistrements sonores, des photos ?

— Demandez à son ami Doursault, il en sait peut-être un peu plus. On va vous noter ses coordonnées… Si vous voulez mon avis, il n'y a pas de quoi fouetter un chat. Max avait la folie des grandeurs. Il aimait se vanter de savoir des choses, d'avoir des relations dans le milieu du renseignement, d'être dans le secret des dieux. Mais tout ce qu'il nous a jamais fait écouter, sur son petit magnétophone, c'était l'espèce de bêtisier qu'il se constituait pendant les séances de pose. Interrogez ses collègues : ce n'était même pas toujours marrant. Peut-être avait-il été le témoin d'une engueulade, d'un échange un peu vif, et a-t-il échafaudé là-dessus tout un roman… Max était un caractériel, je suis au regret de vous le dire. Un bon professionnel ; mais un instable, cyclothymique, obsessionnel, inquiet, miné par ses névroses. Ça n'a d'ailleurs pas duré très longtemps, son histoire de complot : à l'automne, il n'en parlait déjà plus. Il faut dire qu'après le rebondissement du scoop de Ramatuelle, le pauvre vieux n'avait plus tellement la tête aux machinations politiques. »

*
* *

Car il y eut une suite aux photos de la Rouquine : Max Jameson reçut un second coup de téléphone anonyme, en juillet ou en août, pour ce que s'en souvenait Albert Seligman.

La voix n'était pas la même, c'était un homme plus jeune, mais il s'exprimait lui aussi avec un accent et une suffisance britanniques très marqués et Jameson ne douta pas un instant que sa bonne fée lui souriait à nouveau. Il est de votre grand intérêt, lui disait-on cette fois, de surveiller les allées et venues de l'hôtel Les Glycines, à Cabourg. Une cliente assez particulière en sortira entre six et sept heures, oui, aujourd'hui même, et si j'étais vous, n'est-ce pas, je me dépêcherais.

Ce n'était pas en juillet, d'après Paul Doursault, l'ancien directeur commercial de l'agence. Non, ce devait être à la mi-août… Jameson était à Monte-Carlo pour couvrir un gala, un de ces bals contre le sida où se bousculent les stars. Il appela l'agence pour être remplacé et se débrouilla pour trouver une place d'avion dans la minute. On ignore qui il soudoya pour obtenir un Nice-Paris en cette période de l'année, mais deux gros scoops à quelques mois d'intervalle, quand il est déjà beau d'en accrocher un seul de cette envergure à son palmarès, il n'allait pas laisser passer l'occasion. L'heure tournait. À peine débarqué, il fila au Bourget où il affréta à ses frais un bimoteur qui le déposa à l'aéroport de Saint-Gatien, derrière Deauville. Là, il sauta dans un taxi, et juste avant six heures, son appareil à la main, encore essoufflé, il put faire le pied de grue devant l'hôtel que lui avait indiqué l'informateur anonyme.

Les Glycines n'était pas un palace. Un jardinet défendu par une grille entourait une de ces grosses villas tarabiscotées à marquise, colombages et tourelles dont les toits pointus semblent se chapeauter l'un l'autre ; s'il n'y avait pas eu l'enseigne et les plaques sur la porte, on aurait cru de loin une maison de vacances semblable à toutes celles qui bordaient la rue, en à peine plus volumineux. Des voilages ajourés aux fenêtres. Des jouets d'enfant sur une table en plastique. Un seau, un haveneau pour la crevette, un vélo de cross renversé. C'était un lieu de villégiature familial et Jameson se dit que la modestie de l'endroit, de même que sa situation en retrait, loin de la plage, devaient servir les amours clandestines de quelque célébrité descendue dans une grande demeure des environs, chez les Rothschild, chez les Niarchos. Le reportage n'en serait que plus croustillant. Se pouvait-il cette fois que ce fût la princesse ? Un 50 mm ferait l'affaire, il voulait saisir une ambiance, avoir l'enseigne dans le fond et l'épuisette contre la haie de fusain en amorce ; et comme il n'apercevait personne alentour qui ressemblât à un garde du corps, qu'il ne risquait donc pas de mauvais coup, ni de se faire arracher son boîtier comme cela lui était déjà arrivé (l'affaire s'était terminée au tribunal), il se campa en plein devant l'entrée de l'hôtel.

Un couple âgé entra et il en profita pour régler les commandes de l'appareil sur eux. F 8 au 125e, pour ce qui était de la vitesse et de la profondeur de champ, on ne pouvait souhaiter mieux.

Puis un adolescent boutonneux sortit, en tenue de tennis, un sac et une raquette à l'épaule.

La porte des Glycines s'ouvrit à nouveau, un moment plus tard. Max Jameson vit alors Bidi et Jeannot Gilloux, leur ami entrepreneur, descendre le perron main dans la main, et le plus étonnant, c'est qu'il ne put s'empêcher d'appuyer sur le déclencheur.

*
* *

« Où en êtes-vous avec vos Chinois ? me demande le général au téléphone. Je veux un plan d'attaque complet pour vendredi matin. Briefing à huit heures trente. » Il me donne une adresse que je ne connais pas : rue de Chazelles, métro Monceau.

En fin d'après-midi, je fais un saut à Mortier pour mon passeport. Il me faut des photos d'identité et nous avons l'obligation de nous servir du Photomaton installé dans nos murs.

Quand j'entre dans son bureau, Mathias m'adresse un clin d'œil, le poing serré pour m'assurer de son soutien moral. Tous les stages qu'il a suivis ne lui ont pas encore permis de recevoir le baptême du feu et j'imagine qu'il m'envie, dans ses rêves d'en découdre.

*
* *

Selon l'ancien directeur de l'agence, c'était une vengeance de Buckingham. Les clichés de la Rouquine en train de suçoter le gros orteil de son amant avaient causé beaucoup de tort à la couronne, il fallait punir le fauteur de scandale.

« Ces sources anonymes, on a une idée de qui il s'agissait ?

— Comment voulez-vous ? m'a dit Albert Seligman. Voilà encore une histoire dont on ne connaîtra jamais le fin mot. »

Son regard, par-dessus les étroites lunettes en écaille, me mettait au défi de prouver le contraire.

Paris, mercredi 4 avril

Le commentaire de Paul Doursault s'est révélé plus détaillé, comme s'ils avaient longuement débattu de l'origine de ce « coup bas » (c'est son expression), Jameson et lui, à l'époque.

Souvenez-vous des mots de la reine, m'a-t-il dit dans le bistrot de Maubert où nous nous sommes rencontrés : *Annus horribilis !* La royauté allait à vau-l'eau et Max s'était trouvé entraîné sans s'en rendre compte dans une guerre de factions. Quelqu'un lui avait balancé la belle-sœur du prince pour la discréditer ou atteindre la monarchie par ricochet ; et le camp des conservateurs ou celui des épouses (car il pouvait s'agir d'une simple rivalité de palais), ou bien même l'état-major de la reine (l'ordre venait d'assez haut, il fallait disposer de moyens considérables pour remonter jusqu'au reporter et le piéger), lui avait rendu ensuite la monnaie de sa pièce.

Comme on pouvait s'y attendre, Jameson cassa la figure de l'entrepreneur – l'ami de la famille, l'ancien camarade de classe.

Max était un nerveux, un sanguin, m'a expliqué Paul

Doursault après avoir trempé les lèvres dans son bock de bière. Pour lui, le choc était terrible. Il plaçait Bidi sur un piédestal. C'était Mme Jameson par-ci, Mme Jameson par-là. Il n'imaginait pas qu'elle puisse le tromper, et encore moins avec leur vieux pote Jeannot Gilloux. Je ne sais pas ce que vous a raconté Seligman, mais Max aimait sincèrement, profondément, éperdument sa femme. En ce temps-là, il se serait coupé un bras pour elle.

D'un autre côté, a poursuivi Doursault, il faut comprendre le point de vue de Bidi. Elle avait épousé une ombre, il n'était jamais là, même pendant les vacances. À Noël, Max faisait les sports d'hiver et l'été, on a dû vous le dire, c'était la Côte d'Azur. Cette situation de femme de marin lui convenait sans doute, d'une certaine manière, elle n'aurait pas choisi sinon de se cloîtrer dans leur ferme ; la vie de célibataire que menait son mari ne la dérangeait pas non plus, apparemment ; mais il y avait le petit, Max Junior. Bidi n'aime pas conduire et l'enfant lui faisait des bronchites à répétition. Quand elle devait l'emmener chez le pédiatre, elle téléphonait à Gilloux, le voisin dévoué qui avait restauré leur maison : il n'avait jamais rien su lui refuser depuis la communale. Plus tard, ça a été les devoirs, l'orthographe, les mathématiques, je ne pense pas que Bidi sache faire une division à deux chiffres. Et puis les sorties du mercredi, le supermarché à Rouen, les parties de foot, les balades à vélo. Et si la machine à laver se détraquait, qu'un fusible sautait, ou qu'il fallait passer chercher un gâteau chez sa mère, ou que la tempête déracinait un arbre, qui appelait-elle à la rescousse sinon ce bon vieux Jeannot Gilloux ? Max la couvrait de cadeaux, il ne retournait pas en Normandie sans un bouquet de roses, des confiseries, un nouveau lecteur de CD, une pile de vidéos ; il lui donnait beaucoup plus d'argent qu'elle n'en dépensait, lui passait tous ses caprices ; c'était l'homme le plus attentionné, le meilleur mari du monde – huit jours par mois. Mais le reste du temps ? Comme père, en tout cas, il ne valait pas tripette.

Je crois que Bidi et lui s'étaient connus trop jeunes, a soupiré Doursault comme si ce dernier point résumait le problème.

Autour de nous, à travers la salle, les élections excitaient la verve des consommateurs. Beaucoup de lycéens, d'étudiants dans ce quartier de grandes écoles, et je me suis étonné de les voir, avec leurs jeans étroits, leurs badges à tête de mort, leurs sweat-shirts où s'étalaient des inscriptions comme BROOKLYN ANGELS ou VIVA EL SON CUBANO !, si concernés par l'avenir de la République. Ils employaient les formules qu'on entend à la télévision, mais en les pimentant à leur goût, avec un pragmatisme décomplexé dont ne bénéficiait pas la génération précédente. Les rares clients d'âge mûr buvaient leur consommation au comptoir, le nez dans leur verre, comme s'ils avaient craint d'être pris à partie.

Je suis le seul type de l'agence à connaître un peu Bidi, m'a dit soudain Doursault, en baissant la voix de telle sorte que j'ai cru qu'il allait me livrer un secret capital. Max m'a invité deux fois à passer le week-end à Danville-Crevon. Et nous avons déjeuné une autre fois du côté des Halles, tous les trois, un jour qu'elle était venue à Paris acheter un manteau, un truc avec un col en fourrure. J'imagine qu'elle est la prochaine sur votre liste… Vous devez la rencontrer dimanche ? Alors autant vous prévenir, c'est quelqu'un de spécial. Mon conseil : allez-y avec des pincettes quand vous l'interviewerez pour votre film. Je suis même surpris qu'elle ait consenti à vous recevoir… Offrez-lui des chocolats fourrés d'une cerise, oui, ceux à la liqueur, elle en raffole.

Lors de la scène que provoqua l'épisode de Cabourg, a-t-il repris sur une nouvelle gorgée de bière, quand Max lui demanda sur tous les tons comment elle avait pu lui faire ça, Bidi se mura d'abord dans un silence outré, telle une adolescente dont l'arrivée inopinée du grand frère a gâché la fête. Elle lui tournait le dos, levait les yeux au ciel, haussait les épaules, et plus il criait, plus elle se retranchait dans un mépris boudeur. Il pleuvait depuis des jours, le petit était en colo, elle s'embêtait, c'était là son système de défense. Le gentil Gilloux ne comptait pas, il faisait quasiment partie de la famille. Elle n'avait personne d'autre sous la main, préférait-il qu'elle se tape un étranger avec toutes les maladies qui courent ? Deux ou trois cinq à sept à l'hôtel, pourquoi en faire une telle histoire ? Elle n'en revenait pas que Max la suive, qu'il l'espionne ! Selon Doursault, qui le tenait de la bouche de l'intéressé, elle ne cessait de répéter que c'était vraiment dégueulasse de sa part de l'avoir photographiée en douce, sur le perron des Glycines.

Elle avait eu d'autres aventures, sans plus de conséquence, finit-elle par avouer au cours de ces effusions que suscitent les réconciliations dans l'épuisement surexcité de la nuit. Parfois, c'était plus fort qu'elle, il lui fallait braver l'interdit, éprouver le goût du péché mortel. Max lui balança une gifle, hurla, ils échangèrent des coups et elle déclara alors, passant à l'offensive, qu'il ne s'était jamais montré de son côté un modèle de fidélité. Il avait des liaisons, il n'avait pas cessé d'en avoir, elle en était sûre et certaine. Elle cita plusieurs noms, quoiqu'elle n'eût pas de preuve, s'arrêtant en particulier sur une ancienne conseillère du ministère des Finances, une certaine Julie Wassermann.

« L'histoire avait duré assez longtemps, jusqu'à la fin des années 1980, m'a précisé Doursault.

— Julie…

— Wassermann », m'a-t-il épelé obligeamment et j'ai inscrit ce nom dans mon carnet turc.

Max avait eu le tort de la photographier dans le plus simple appareil et Bidi avait découvert les tirages dans une boîte de 18 x 24, peu après l'accident de moto, un jour qu'elle était passée chez lui, à Paris, rue Valadon, prendre des documents que réclamait leur mutuelle. Avec ses grosses mamelles cerclées de vergetures, cette femme n'était ni assez jeune ni assez jolie pour poser pour un sujet de charme et rien qu'au regard de bourgeoise en chaleur avec lequel elle fixait l'objectif il n'était pas sorcier de deviner, affirma Bidi, tandis que Max protestait de son mieux, dans quelles circonstances s'était déroulée la séance.

Ils s'évertuaient à vider l'abcès comme s'il était possible de purger tout le mal d'un coup. À la fin, elle admit que c'était son beau-frère, cette « saloperie de pourriture de flic », qui, à force d'allusions aux mœurs dissolues de la politique et du showbiz, lui avait mis en premier la puce à l'oreille ; et elle murmura sur sa lancée qu'un soir de Saint-Sylvestre, alors que le petit était resté dormir chez les grands-parents, elle l'avait « fait » avec lui aussi.

« Tu as couché avec le mari de ta sœur ?

— Juste une fois. On était bourrés, il m'avait raccompagnée en voiture…

— Le mari de ta sœur ?

— C'était le jour de l'an, il bandait à peine…

— Tu te rends compte de ce que tu dis ? Combien il y en a eu comme ça ? »

Quatre, dit-elle, Jeannot Gilloux inclus. Il y en avait eu quatre, tous de la région, en onze ans de mariage. Et lui, combien de filles avait-il baisées pendant ce temps-là ? Avait-il au moins la prudence de porter une capote ? Et s'il lui avait refilé une saloperie de virus ? Peu avant l'aube, c'est elle qui finit par mettre des conditions à son pardon : Max devait promettre avant toute chose d'aller serrer la main de l'entrepreneur dont il avait ouvert l'arcade sourcilière, qui n'était responsable de rien, qui s'était toujours montré très bon envers leur fils. D'ailleurs le garçon lui était attaché et elle ne voulait pas le priver, pour des raisons égoïstes de jalousie, à cause d'une absurde querelle de couple, de celui qu'il considérait comme son parrain depuis qu'il était gosse. C'était à prendre ou à laisser.

*
* *

À ses yeux, Bidi avait toujours raison : elle savait mieux que lui.

Ils ravalèrent leurs ressentiments, allèrent passer un week-end réparateur en Toscane, au bord de la mer (elle n'avait jamais visité l'Italie), et eurent l'impression soudain, émus par la musique euphorique des grillons, que le ciel avait tourné au beau fixe.

Un risotto arrosé d'un San Gimignano aux accents de noisette leur inspira le projet d'un deuxième enfant.

Le 1er septembre, Jameson présenta sa démission à Seligman. Le métier de reporter lui pesait, il en avait fait le tour, dit-il. La mort du ministre lui avait porté un coup. Il voulait se consacrer à sa famille qu'il avait sacrifiée trop longtemps.

« J'en ai marre de faire le con », expliqua-t-il plus simplement à Doursault.

Il rendit son pied-à-terre de la rue Valadon et se retira en Normandie où il acheta cinquante-cinq vaches, puisqu'il possédait une ferme, soutenant qu'il avait l'élevage dans le sang et qu'il comptait laisser cet héritage à sa descendance. Rien ne put le faire changer d'avis. Transpirant dans des bottes en caoutchouc, les reins fourbus, les mains écorchées, pleines d'ampoules et bientôt de cals, il retapa la grange qui servait jusque-là de remise et releva l'étable dont il doubla la superficie. Il se procura des catalogues, des manuels, car il n'y connaissait rien, commanda un matériel de traite dernier cri grâce à l'argent que lui avait rapporté la Rouquine, barrières, auges, logettes, cornadis autobloquants, faisceaux à embouts de silicone, boule à lait importée du Danemark, un ordinateur, des caméras de surveillance, une sono sophistiquée pour donner de la musique aux bêtes, et investit enfin dans un nouveau tracteur, un gros Massey-Ferguson qu'il peignit aux couleurs britanniques et dont il orna les flancs de ses initiales dorées, MJ, à l'instar d'un carrosse de Buckingham.

Il installa tout lui-même. Il se levait chaque matin à cinq heures, s'échinait jusqu'au moment de conduire son fils à l'école, puis à nouveau jusqu'au casse-croûte de onze heures, puis il tombait le soir comme une masse. Son torse s'épaississait, son teint virait au cramoisi. Entre Bidi et lui, la lune de miel se prolongeait, même si elle n'arrivait pas à être enceinte, et ils auraient pu atteindre ensemble le seuil d'une vieillesse paisible s'il avait prêté attention aux conseils désapprobateurs de sa banque et ne s'était entêté à jouer au paysan.

Tandis que l'ancien directeur commercial me racontait les multiples déboires de Jameson avec son troupeau (chaque bête, m'a-t-il dit, portait le nom d'un photographe célèbre : Doisneau, Avedon, Rheims, Man Ray, Sieff, Newton, la plus récalcitrante…), j'essayais d'en venir enfin aux questions qui m'intéressaient.

« Est-ce qu'il vous a jamais parlé d'un certain Dominique ? », lui ai-je demandé incidemment, d'une voix détachée, de façon qu'il n'aperçoive pas que c'était là l'objet principal de notre entretien.

Albert Seligman n'était pas dans la confidence ou ne se rappelait plus ; mais Doursault, lui, a hoché la tête à deux reprises et, après que j'ai commandé d'autres bières et des cacahuètes, m'a expliqué que ce Dominique est ou était quelqu'un de haut placé dans les pétroles, que Max voyait régulièrement, car il lui filait des tuyaux.

Ce sont les retours d'ascenseur que j'aimerais découvrir. Doursault ne s'est souvenu que d'un sujet sur le Koweït et, après une minute de réflexion, d'un reportage réalisé des années plus tard en Angola. Quand ils avaient choisi les diapos, sur les tables lumineuses de l'éditing, Max avait mis quelques vues de côté dont il avait demandé des contretypes pour son ami Dominique.

« Les photos représentaient quoi ?

— Qu'est-ce qu'on photographie là-bas ? Des types en train de s'égorger, des morts, des camps de réfugiés. Il y a du pétrole en Angola, c'est peut-être pour ça que son copain s'y intéressait... »

N'en sachant pas davantage, il m'a suggéré d'interroger Bidi, car Dominique, m'a-t-il alors appris, avait fait plusieurs séjours à Danville-Crevon, dont un, lui semblait-il, peu après la disparition du ministre.

Cela n'apparaissait pas dans le dossier de Noisy.

Je l'ai laissé achever le récit des mésaventures agricoles de Jameson, mais l'information ne cessait de me trotter dans la tête. Je dois avouer que j'ai accordé une attention distraite aux foins coupés trop tard, aux prises de bec avec la coopérative laitière, à l'intransigeance des services d'hygiène, à la faillite ultime, cause d'un retour en catastrophe à la photographie début 1997. Quand j'ai fini par lever une main en direction du serveur pour qu'il m'apporte l'addition, j'essayais encore de comprendre pourquoi, au mépris de toutes nos règles, l'officier traitant Dominique s'était permis de séjourner sans en référer, à différentes reprises, chez l'agent qui figure dans nos archives sous le pseudo transparent de Reflex.

*
* *

« J'ai été ravi de vous être utile... »

Les grilles des boutiques étaient closes lorsque nous nous sommes quittés sur une chaleureuse poignée de main et la promesse de nous appeler bientôt. Paul Doursault avait hâte de voir le film que je devais écrire, inspiré de la vie du reporter. Il m'a demandé quel en serait le titre et je lui ai répondu, pris de court, que nous ne l'avions pas trouvé encore.

« *Surface sensible*, m'a-t-il suggéré.

— Pas mal, pas mal. Je transmettrai à la production. »

Il s'éloigne à présent en direction de Jussieu et je descends de mon côté la rue Lagrange sans but particulier sinon celui de m'aérer l'esprit le long de la Seine.

Le général ne m'a pas appelé aujourd'hui, personne ne m'a réclamé à Mortier.

Je marche sans hâte. Devant moi, les arbres des quais, toujours les premiers à se regarnir, ont retrouvé presque toutes leurs feuilles, d'un vert tendre que le soir ombre de touches mauves comme dans un tableau impressionniste, si bien que j'ai un instant l'impression devant le spectacle des platanes et des grands peupliers qui s'élèvent entre les façades couleur d'absinthe, là où s'intercalent les tours de Notre-Dame, d'être transporté un siècle en arrière, à l'époque des omnibus à impériale, des hauts-de-forme aux reflets de pluie, des imposantes robes à crinoline. Au coin de la rue de la Bucherie, une librairie où s'alignent d'anciennes éditions de Jules Verne dont les dos richement illustrés m'évoquent les prix qui récompensaient dans mon enfance les meilleurs élèves, semble éclairée tout exprès pour me confirmer dans l'idée qu'il ne faut pas beaucoup d'imagination, dans ces quartiers du centre de Paris, pour remonter le temps et apercevoir comment les fantômes du passé tracent les chemins que nous croyons ouvrir. Nombre d'époques se rencontrent ici et continuent d'exister ensemble et de s'influencer l'une l'autre.

Je traverse le pont au Double dont les arches supportaient autrefois un bâtiment à deux étages voué aux malades et, ignorant les touristes du parvis, passe la belliqueuse statue équestre de Charlemagne, flanqué d'écuyers à longues moustaches, qui monte une garde farouche devant le jardin de l'archevêché, à l'extrémité de l'île.

De l'autre côté de la grille s'élèvent des vestiges gothiques apparentés à la cathédrale, quelques bancs de pierre et un grand saule pleureur qui me fait penser à un écureuil. Il n'y a presque personne à cette heure, mais la violente lumière des bateaux-mouches donne à l'endroit, par intermittence, l'apparence mouvementée des coulisses d'un théâtre durant un changement de décor.

Cette histoire de meurtre déguisé ne tient pas debout, me dis-je. Nous ne sommes pas en Amérique, la France ne commet plus d'assassinat politique depuis des lustres, le ministre s'est bien suicidé, en mettant à profit, si je puis dire, un malheureux concours de circonstances.

Je me range à l'avis du directeur de l'agence. Avec son magnétophone miniature et son tracteur monogrammé, le photographe était un mythomane, un paranoïaque vaniteux, et si Doursault ne m'avait pas parlé des visites de Dominique à Danville-Crevon, j'appellerais sur-le-champ Bidi Jameson pour décommander notre rendez-vous afin de ne pas gâcher mon dimanche pour rien.

La triple cabine d'un téléphone public m'attend à la sortie du jardin, là où se garent les autocars. Je glisse ma carte dans la fente et, après une seconde d'hésitation, compose plutôt le numéro de Patricia Hourtoule, la maîtresse de Dominique dont la déclaration ne figurait pas dans le dossier que j'ai compulsé au fort de Noisy. Je n'ai pas réussi à la joindre encore et je n'aime pas laisser de message. Elle décroche cette fois à la première sonnerie, comme si elle attendait près de l'appareil, et, me présentant maintenant comme un capitaine de la DPSD, qui est la Direction de la protection et de la sécurité de la défense, je sollicite un entretien, d'une voix très administrative, sous le prétexte d'une clôture d'enquête. Elle pourrait mardi, accepte-t-elle sans plaisir, mardi à 19 heures. J'essaie ensuite d'obtenir les coordonnées de Julie Wassermann ; les renseignements m'informent qu'elle est sur liste rouge et j'appelle mon contact des Télécom pour le prier de s'en occuper, à charge de revanche. Il me reste encore une demi-douzaine d'unités et je téléphone encore à Albert Seligman (un clapotis en bruit de fond m'indique qu'il me répond du fond de sa baignoire) pour le remercier de m'avoir si obligeamment ouvert les portes de sa mémoire et lui demander s'il me serait possible de consulter au début de la semaine prochaine, lundi de préférence, les images de certains reportages réalisés par Jameson en 1997, à la fin de sa vie – je ne précise pas lesquels.

Que puis-je faire de plus pour l'instant ? Pierre Dario-Sebald m'attend à dîner à neuf heures. Il habite du côté d'Étienne-Marcel et, puisque le temps est clément, quoique nous soyons loin d'avoir retrouvé une température printanière, je préfère me rendre chez lui à pied par le pont d'Arcole, l'Hôtel de Ville, la rue du Renard.

Je n'ai toujours pas décidé de ce que je vais lui dire – de la teneur, de l'étendue des informations que je peux partager. Ce n'est pas un problème de confiance. Je pratique l'homme depuis suffisamment d'années pour savoir qu'il me prêtera une oreille objective, qu'il fera son possible pour m'aider et n'en touchera mot à quiconque, mais, perdu dans la spirale croissante de mes incertitudes, j'aimerais éviter de le lier à une affaire dont j'ignore les tenants et les aboutissants et sais seulement qu'elle nous dépasse puisqu'elle a occasionné déjà, pour le moins, une désertion et l'ordre d'éliminer le déserteur. Certains réflexes jouent aussi, avatars de notre fameuse règle du besoin d'en connaître : nous ne parlons qu'à celui qui en connaît un peu. J'enverrai des coups de sonde, me dis-je, et au premier froncement de sourcil ferai machine arrière.

*
* *

Cela fait bien longtemps que Pierre Dario-Sebald ne m'a reçu chez lui et quand j'atteins son palier, au quatrième étage d'un immeuble fin de siècle dont la façade se distingue par une paire d'atlantes courbant la nuque sous le poids d'un balcon en forme de parenthèse, je reste un moment indécis, ne me rappelant plus bien si sa porte se trouve à droite ou à gauche de l'ascenseur. Pas un son ne filtre qui pourrait me guider. Pas de plaque. Paillassons identiques à bordure lie-de-vin assortie à la peinture laquée du bois. Un petit cylindre de cuivre, fixé à l'oblique, brille cependant au-dessus de l'une des sonnettes, et c'est sur celle-ci que j'appuie d'instinct, quoique je sois à peu près sûr que l'objet gravé de lettres hébraïques n'était pas là lors de ma dernière visite, il y a quatre ou cinq ans.

Il se passe près d'une minute avant qu'un mouvement ne me parvienne de l'intérieur et qu'à grand renfort de bruits de serrures et de verrous repoussés le battant ne s'ouvre à demi sur une petite dame aux cheveux d'étoupe, les bras croisés frileusement sous les seins. « Entrez », murmure-t-elle sans bouger d'un pouce, de sorte que nous demeurons quelques secondes face à face à nous dévisager, elle avec abattement, moi avec embarras. Enfin la voix de Pierre Dario-Sebald – « Conduis-le au salon ! » – la tire de sa rêverie et elle s'efface et disparaît dans les ténèbres du corridor en branlant du chef et traînant les pieds, comme si j'étais sorti déjà du champ de ses préoccupations.

Celui que j'appelle toujours mon mentor, bien que depuis des années nos relations soient d'abord, je veux le croire, d'estime réciproque, se tient assis dans un angle de la grande pièce tapissée de livres et de souvenirs de missions (j'aperçois l'ogive cabossée d'un obus de 81), sous un lampadaire dont la lumière impartiale me révèle brutalement combien il a vieilli. Son long visage que grignote une barbe informe s'est creusé, tordu, le squelette affleure sous la chair exsangue, le corps s'est tassé, a rapetissé comme par un effet d'éloignement. Il ne réussit pas à se lever tout à fait et, dans ma main, la sienne semble de plâtre si fragile que je la presse affectueusement sans oser la serrer. Ces derniers temps, nous n'avons fait que nous parler au téléphone où sa voix inchangée, régulièrement railleuse et caustique, ne laissait rien transparaître des progrès de l'âge – des ravages de la maladie. Je ne me doutais pas. Le choc est si fort que j'ai peur que mon expression ne révèle la peine qui m'étreint et crains presque autant que mes efforts à prétendre ne rien remarquer de son état ne lui en reflètent tout aussi cruellement la gravité.

« Je me suis permis de vous apporter un paquet de thé du dragon, lui dis-je d'une voix que j'espère naturelle.

— Vous ne vous êtes donc pas lassé de la Chine, me répond-il. Approchez un siège, asseyez-vous en face de moi. »

De près son visage est effrayant. La peau constellée de taches brunes fait penser à un cuir mal tanné qu'on aurait mis à sécher sur une branche, les lèvres s'ouvrent sur une cavité noire, fétide, comme si la décomposition avait commencé son travail à l'intérieur.

« La tête fonctionne, me lance-t-il avec un regard pénétrant. Alors, racontez-moi.

— Oh, il n'y a rien de bien nouveau », dis-je d'un ton léger et, feignant d'avoir mal compris la question, je lui relate les derniers potins de Mortier, le conflit provoqué par l'attribution des places de parking, la grogne du petit personnel, le nouveau nom qu'y a gagné la DGSE : Division des gens salement exploités. Il rit, il entre dans mon jeu, il m'interroge sur nos relations communes, sur nos dirigeants, sur leurs nouvelles orientations, sur la façon dont la hiérarchie envisage l'élection présidentielle et les contacts qu'elle entretient avec les différents candidats, soutenant qu'il ne connaît pas de meilleur baromètre politique : il suffit, dit-il, que le Service penche à droite pour savoir que la gauche sortira vainqueur des urnes. C'est à mon tour de me mettre à rire, et nous poursuivons un moment dans cette veine, raillant la mesquinerie de l'époque actuelle, glorifiant comme il se doit les heures héroïques du passé, rivalisant d'anecdotes sans oublier de nous moquer de nous-mêmes – fonctionnaires malgré nous, me dit-il –, de sorte que j'en viens peu à peu à faire abstraction de son délabrement physique, tout au plaisir de la discussion.

« Il y a de la vodka dans le thermos et des zakouskis sur la desserte derrière vous. Si ça ne vous embête pas de... »

Pierre Dario-Sebald est à moitié étendu sur une sorte de fauteuil réglable, comme ceux qu'on trouve dans la classe affaire des long-courriers. Grâce à une commande de l'accoudoir, il peut basculer en arrière, étendre les jambes, soutenir sa nuque. C'est là tout à la fois, m'explique-t-il, son lit si on y ajoute une couverture, son boudoir, son bureau, sa salle à manger. La tablette escamotable accueille l'ordinateur quand il travaille, la télé pour s'abrutir, un plateau au moment du repas, des livres et des revues aux autres heures. « Comme je regrette, me dit-il, de n'avoir pas connu ça plus tôt ! Vous ne pouvez pas savoir à quel point il est agréable de tout faire allongé... Juste une tranche de saumon pour moi. Mais servez-vous, prenez du tarama, des cornichons, il y a du pain noir là-dessous, j'aimerais vous voir manger pour deux. »

Nous trinquons. « *Lehaim !* » s'exclame-t-il et, comme s'il suivait le cours d'une pensée parallèle : « Je me souviens, me dit-il, d'une époque où j'étais sûrement le seul Juif du Service. Comprenez : le sale Juif de service. L'armée a toujours entretenu dans ses rangs un fond d'antisémitisme. J'était censé incarner la preuve du contraire tout en servant d'exutoire à la haine. D'un côté on me mettait en avant, de l'autre je devais subir sans broncher les vexations, les bâtons dans les roues, la méfiance générale. Les mieux intentionnés ne pouvaient s'empêcher de me demander : Comment assumerez-vous vos responsabilités en cas de conflit avec Israël ? À qui serez-vous le plus dévoué, me disait-on, à votre foi ancestrale ou à votre pays d'adoption ? Et moi, parce qu'aucun de mes grands-pères n'a fait Verdun, je leur trouvais des excuses, j'abondais dans leur sens, j'en rajoutais, je m'efforçais de démontrer que j'étais plus français que tous les Français de souche... On aurait pu croire que les choses s'amélioreraient quand le Mossad est devenu la référence en matière de renseignement, mais le discours a juste emprunté une autre forme : Vous, les Juifs, vous êtes tellement malins… ! Vous savez qu'en 1995, lors de la vague d'attentats terroristes, on m'a systématiquement écarté des négociations avec nos homologues de Tel-Aviv ? Enfin… »

Il vide son verre et soupire :

« Pardonnez-moi de m'être laissé aller comme ça. Je traverse une petite crise de youpinnerie. La mort me fait peur. Alors je me suis mis au talmud, je me frappe la poitrine, je récite les Psaumes comme si cela pouvait changer quoi que ce soit. Vous croyez en Dieu, vous ? Moi non plus, mais j'aime la pompe, la loi, les rites, c'est sans doute pour cela que j'ai choisi la carrière militaire. Je ne porte pas la kippa parce que j'aurais l'air d'un âne, mais le jour de la quille, je veux partir comme le prescrit le manuel : le rabbin dira le kaddish à mon cercueil et on coupera les franges aux quatre coins de mon châle de prière… Bon, assez pleurniché pour aujourd'hui, dites-moi maintenant quel est votre problème ? C'est quoi ce photographe sur qui vous enquêtez à l'insu de la Maison ?

— On m'a chargé d'une mission…

— Qui ne vous enchante pas, je connais. Resservez-vous et dites-m'en les grandes lignes. »

Serait-il en train de me manipuler ? Pierre Dario-Sebald est un grand maître de l'interrogatoire, je l'ai souvent vu faire.

*
* *

Le saumon est sec ; le tarama, trop gras ; les gros cornichons, mous et aqueux ; les foies de volaille sentent le rance. Pourquoi la nourriture se dégrade-t-elle toujours dans la maison des malades ? Il n'y a que la vodka à l'herbe de bison qui soit à mon goût, glacée jusqu'à en être sirupeuse, un bonheur pour l'esprit.

J'ai fini par lui raconter le principal, je lui ai parlé du

général club de golf – « le général Laurent, me dit-il, un chouchou de la gauche ; au milieu des années 1980 il trempait dans des opérations *très* spéciales » –, du médaillé de l'administration sur qui il me promet de se renseigner, de la façon dont on m'a impliqué graduellement dans l'affaire Chrysanthème, du dossier incomplet qu'on m'a servi à Noisy, des irrégularités, du peu que j'ai découvert jusqu'à présent.

« Je ne peux pas attaquer le problème de front, lui dis-je. Tout ce qui touche Dominique a été classifié par la sécurité interne. Je dois l'aborder par la bande si je veux ne pas me faire taper sur les doigts. »

Il prend des notes, réfléchit, me demande de préciser un point, semble soucieux, mais il se peut que cet air de préoccupation qui lui rétrécit les yeux et plisse les contours de ses lèvres résulte d'abord de déformations induites par la maladie. En se racornissant, les feuilles qui jaunissent au pied des arbres m'ont toujours paru exprimer une même perplexité angoissée.

« Je crains, dis-je, que la piste du photographe ne mène pas bien loin. J'irai dimanche à Danville-Crevon par acquit de conscience ; cette histoire absurde de ministre qu'on aurait suicidé m'a plutôt refroidi.

— Danville-Crevon », répète après moi Pierre Dario-Sebald.

À sa demande, j'ai installé l'ordinateur portable sur la tablette et je peux mesurer l'efficacité et le confort de son poste de commandement, comme il le nomme. Une bibliothèque tournante sur sa gauche met à portée de sa main tout ce qui lui est nécessaire, lunettes, carnet, téléphone, eau minérale, médicaments. Sur le fauteuil réglé en position chaise longue, il semble flotter en apesanteur alors qu'il pianote sur le clavier. Pourrais-je installer à Mortier un engin similaire ? Mes vertèbres abîmées par les sauts en parachute m'en seraient reconnaissantes.

« Voilà, reprend-il lorsque l'ordinateur affiche le résultat de sa recherche, Danville-Crevon. Il me semblait bien que le nom me disait quelque chose… »

J'attends la suite ou qu'il tourne l'appareil vers moi et me montre ce qu'il a déniché, mais il rabat l'écran et se contente de m'aiguiller dans le plus pur style du Service où l'information se mérite :

« Vous n'y êtes pas tout à fait. Cherchez du côté de la mairie de l'époque. Et des industries locales dans lesquelles le maire possédait des intérêts. Cette connexion-là fait du sens… Peut-être, ajoute-t-il après avoir pesé ses mots, peut-être ne devriez-vous pas prendre totalement à la légère les allégations de votre photographe.

— Personne en France ne dézinguerait un ministre, dis-je, fort du raisonnement que je me suis tenu quelques heures plus tôt.

— C'est exact. On ne tue plus chez nous… dans la société civile. »

Je ne mesure pas tout de suite la portée de cette dernière remarque. Et lorsque j'aperçois ce qu'elle sous-entend, ne peux que protester :

« Ça ne tient pas debout…

— Vous avez probablement raison.

— Qui aurait donné l'ordre ? Et puis en admettant, quelque chose aurait fini par transpirer. Un secret de ce…

— Je ne prétends pas le contraire. Je vous conseille simplement, compte tenu du degré élevé de la réaction, de ne pas écarter *a priori* les hypothèses extrêmes. Comment formuleriez-vous ça en termes de thermodynamique ? C'était votre marotte, il me semble.

— Selon le premier principe, l'objet *x* doit être brûlant, dis-je sans réfléchir, si l'on en perçoit la chaleur longtemps après qu'il eut disparu.

— Je ne vous le fais pas dire.

— Mais, vous…

— Tss-tss… Quand partez-vous pour la Chine ?

— Dans huit, dix jours. »

Il a repoussé la tablette. Ses doigts pendent dans le vide, son cou s'incline en arrière. Des parcelles de nourriture s'accrochent à sa barbe, d'autres lui maculent la poitrine.

« Nous allons rester en contact, me dit-il. Tenez-moi au courant de vos progrès et je verrai de mon côté comment je puis vous être utile. Rien ne se perd dans l'administration, il ne devrait pas être difficile de retrouver les collègues que fréquentait votre Dominique. On en tirera bien quelque chose, mais je crains pour l'instant d'avoir surestimé mes forces… J'ai été très heureux de cette soirée que nous avons passée ensemble, si, si, vous n'avez pas idée à quel point. J'espère qu'il y en aura encore. En attendant, soyez prudent et souhaitez-moi un beau rêve – un seul ne serait déjà pas si mal… Non, ne vous dérangez pas, Anna débarrassera, contentez-vous de tirer la porte derrière vous. »

Qui est cette Anna ? Il n'y avait pas d'Anna autrefois auprès de Pierre Dario-Sebald. Sur le seuil, effleurant du doigt le cuivre de la *mezouza* fixée au chambranle, je ferme les paupières afin de renforcer les vœux que je forme.

*
* *

Rue Saint-Denis, l'ancienne voie royale par où défilaient nos monarques lorsqu'ils allaient se faire couronner à la basilique du même nom ou qu'ils rejoignaient leur dernière demeure sous le dais noir brodé de crânes et de lys d'argent, on ne trouve aujourd'hui que des fast-foods, des sex-shops, des ateliers de prêt-à-porter bas de gamme, des prostituées dépoitraillées, harnachées de vinyle, certaines en âge d'être grand-mère.

Peu avant les Boulevards, un café-photocopie-internet accueille quelques noctambules, où je paye trois euros le droit de consulter ma messagerie et d'interroger un moteur de recherche.

Danville-Crevon, mairie, usine, industrie, j'essaie différents mots-clé avant qu'apparaissent des réponses que je puisse recouper, et obtiens ceci : la société SSMA dont un des principaux actionnaires n'était autre que le prince de Bussy-Lignère, ancien maire du village de Danville-Crevon, se trouve à moins de vingt kilomètres (je vérifie sur une carte) de la ferme des Jameson. – Louis de Beaussy-Lignère : décédé en 1999, extrême droite monarchiste, descendant des Bourbons, vague prétendant au trône de France, personnage moins folklorique qu'il n'y paraît, bien connu du Service. – La SSMA : fleuron de l'industrie militaire française, enfouisseurs de mines, systèmes de guidage de missile, véhicules blindés et j'en passe, ce n'est pas mon domaine. – Le recrutement de Reflex par Dominique s'inscrit dans une logique nouvelle : originaire de la région, Max Jameson ne se contentait sans doute pas de nous rapporter de jolies images du Koweït ou de l'Angola.

Le lien exact m'échappe encore, mais je comprends mieux ce qu'entendait Pierre Dario-Sebald lorsqu'il a rectifié mon assertion que la France ne tue plus – qu'il y a ajouté cette nuance : dans la société *civile*. D'autres codes régissent le monde de l'armement, d'une part à cause des intérêts en jeu, de l'autre, en raison de la nature même de ce négoce et des individus qui le pratiquent. On se souvient du scandale des frégates de Taiwan : noyade, défenestrations, chute malencontreuse, accidents thérapeutiques, combien de personnes impliquées dans cette affaire ont trouvé la mort dans les conditions les plus louches ? Deux d'entre elles étaient proches du Service et aujourd'hui encore, bien que le pouvoir ait changé de mains, la justice continue à buter contre le secret défense.

Il ne s'agissait néanmoins que de soldats, d'intermédiaires, de conseils, d'un homme d'affaires, d'un banquier ayant participé à la tractation, rien d'aussi éminent qu'un Premier ministre, et si j'entrevois ce à quoi faisait allusion Dario-Sebald, il me semble toujours aussi peu raisonnable de céder aux attraits de la théorie du complot. Quelques présomptions fondées sur un rapprochement de noms et de dates peuvent ébaucher un schéma de base : elles ne constituent pas le quart d'une preuve. À ce train la princesse également, que le photographe a traquée jusqu'à son dernier jour, ne serait pas morte à cause d'un accident de la circulation imputable à l'ivresse du conducteur, mais aurait été victime d'un meurtre savamment orchestré.

Croyez-moi ou non, aussi grotesque que cela paraisse, certains le prétendent. Sur le net où tout peut se dire, un soi-disant comité d'observateurs international, que je découvre en entrant les données dont je dispose, soutient avec aplomb que non seulement le ministre et la princesse auraient été supprimés par de mystérieux hommes de l'ombre, mais encore que les deux éliminations seraient liées, puisque le ministre français comme l'altesse britannique avaient en commun d'être passés devant l'objectif de Jameson élevé pour l'occasion au rang de « roi des paparazzi ». J'explore le site : l'honorable comité d'observateurs met en doute par ailleurs la véracité des attentats du 11 septembre. La conjuration américano-judéo-maçonnique n'est pas loin. Cette chapelle de rats n'hésiterait pas à nier aussi bien les atrocités de l'holocauste.

La crédibilité de sa source fait la valeur d'une l'info. À Mortier, nous classons cette crédibilité sur une échelle graduée de 0 de 100. Si la note est supérieure à 50, nous lançons un processus de vérification. En dessous, le renseignement passe à la trappe. Or, et nous sommes bien placés pour le savoir, l'intoxication figurant au menu de nos activités ordinaires, la plupart des sites de cet acabit sont alimentés par des individus ou des organismes dont la motivation principale est rarement, loin s'en faut, la poursuite de la vérité. Ces ragots, me dis-je, ne méritent même pas qu'on leur attribue un coefficient de 10 : à la trappe ! Soyons sérieux, tenons-nous-en aux faits.

J'efface l'historique de mes recherches et quitte le café internet de mauvaise humeur.

Le visage dévasté de Pierre Dario-Sebald ne me quitte pas, colorant en sombre tout ce qui me vient à l'esprit. Je ne l'ai pas questionné sur le mal qui le ronge, persuadé (peut-être à tort, peut-être par lâcheté) qu'il aurait trouvé humiliante ma sollicitude. Quand on a évité les balles, qu'on a survécu aux bombes, qu'on a triomphé des pires inventions de la méchanceté des hommes, comment conçoit-on de succomber sous les coups d'un ennemi microscopique, introduit dans la place par une trahison de son propre corps ?

Le développement d'un cancer, car de quoi pourrait-il s'agir d'autre ? et d'un cancer fulgurant, me dis-je, songeant obscurément à celui du pancréas, organe mystérieux et qui ne m'en paraît que plus important, doit donner une effroyable impression de justice immanente. Comment ne pas se sentir alors tout à la fois le pion, l'enjeu, le champ de bataille de quelque cataclysme cosmique, et ne pas voir dans la dynamique même de la vie, puisque tout ce qui nous arrive finit d'une certaine façon par nous sembler la norme, l'expansion inexorable d'un maelström destructeur ?

J'étais venu chercher sinon du réconfort, du moins une opinion de bon sens capable de ramener les choses à leurs justes proportions, et voilà que je me retrouve plus égaré que je ne l'étais auparavant.

Il ne suffit pas de réfuter une idée pour empêcher qu'elle distille son venin. Parfois les arguments que lui oppose la raison la renforcent et, si l'on ne réussit pas à s'en distraire d'une façon ou d'une autre, elle progresse à son aise, avec une énergie croissante, dans ces méandres du cerveau où nous n'avons aucune autorité. La France, me dis-je en traversant la porte Saint-Denis, peut s'enorgueillir d'être la troisième ou quatrième usine d'armes du monde, les assassinats n'y sont pas monnaie courante pour autant. Pour un cafouillage comme celui des frégates de Taiwan, combien de transactions profitables menées à terme sans dommage, dont personne n'entend jamais parler ? À tous ces arguments, une voix délétère m'oppose des *oui, mais* ; et scande en boucle les mots de Pierre Dario-Sebald : dans la société *civile* ; et me rappelle les racontars qui circulent dans les couloirs du Service sur les à-côtés substantiels dont l'industrie militaire ferait bénéficier nos éléments les moins recommandables ; et me remet en mémoire une interview que j'ai lue autrefois de cette femme juge chargée d'instruire le dossier tentaculaire de ELF : un haut gradé a fait un jour irruption dans son bureau, racontait-elle, pour la prier de ne pas fourrer son nez dans les commissions occultes touchant à des ventes d'armes : « Chez nous, madame, lui aurait-il dit, il n'y a pas d'avertissement… »

Un croissant de lune émerge du moutonnement des nuages orangés. Dans le faubourg désert, un grand type aux pieds nus slalome entre les poubelles, l'imperméable crasseux fermé par une ceinture de corde, le béret de guingois sur la tignasse hirsute. Il assène à distance, sans les toucher, des manchettes de karaté aux scooters, aux voitures, aux poteaux de stationnement, en susurrant sans haine, d'une voix étrangement tendre : « Je t'encule, je t'encule, salope, je t'encule ! »

Un peu plus loin, un groupe de clandestins kurdes ou albanais se blottit sous des cartons. Je ne les aurais pas remarqués si l'un d'eux, la tête rejetée en arrière comme s'il manquait d'oxygène, ne tirait par moment sur un bout de cigarette. Il a peut-être vingt ans, porte un caban aux manches trop courtes d'où dépassent des moufles taillées en mitaines, et chacune de ses bouffées paraît épaissir les barreaux de sa tristesse hagarde.

La nuit s'anime rue des Petites-Écuries, peu après le supermarché, là où s'ouvrent les portes écaillées d'affiches et de graffiti d'une salle de concert. Des types en bonnet rasta poussent devant eux les caissons noirs d'un matériel de sono qu'ils entassent dans une camionnette contre laquelle s'impatientent, une bière à la main, deux blondes à dreadlocks. Un groupe de reggae jouait-il là ce soir ? – Je ne suis plus qu'à vingt mètres de chez moi.

J'habite au deuxième. Il n'y a pas d'ascenseur.

La serrure fait entendre son cliquetis habituel et je retrouve avec soulagement la pénombre familière de mon appartement où flotte, grâce au parfum d'ambiance que je vaporise, une odeur de feuille de figuier, évocatrice pour moi d'un amour immuable. La pièce à vivre, comme disent les agents immobiliers, comprend un coin bureau, un coin salon autour de la cheminée et une cuisine à l'américaine dans le fond où je vais aussitôt me servir un verre d'eau, puis un autre, et un autre encore, car le mauvais saumon et la vodka de Pierre Dario-Sebald m'ont donné une soif de pendu.

Quand j'ai emménagé ici il y a sept ou huit ans, j'y ai installé le moins de choses possible, certain que ce serait une location provisoire. Le gros de mes affaires, mes livres chinois et les peintures, les meubles que j'avais rapportés de Shanghai, sont restés chez mon ex-femme (Élizabeth et moi avons conservé d'excellentes relations), stockés pour l'essentiel dans le grenier de sa maison du Poitou. Peu à peu cependant, voyant s'amenuiser mes chances d'obtenir un nouveau poste à l'étranger, j'ai recommencé mes accumulations et l'appartement que j'avais souhaité au départ d'un vide ascétique, conforme à mon humeur du moment, s'est peuplé d'une foultitude d'objets inutiles s'échelonnant de la fin de la dynastie des Qing à l'arrestation de la bande des Quatre, voire à la réhabilitation de Deng Xiaoping : photos de mandarins, matériel à opium, cartes d'état-major coloniales, bannières et tracts de la révolte des Boxers, insignes, affiches de propagande, porcelaines révolutionnaires, calligraphies, statuettes édifiantes que complètent bien entendu des centaines d'ouvrages en rapport, fruits de mes visites quasi hebdomadaires aux marchés aux puces, brocantes et salles des ventes de la capitale. Ce passe-temps m'est devenu une manie et, comme je m'y connais un peu, j'ai la faiblesse de croire que mes économies fructifient ainsi plus efficacement que si je les confiais à une banque. Je n'ai jamais rien revendu pour m'en assurer, mais les prix grimpent d'année en année (ma rage quand je songe à ce que je débourserais là-bas !) et j'ai transformé, fort de mes espérances, les soixante-dix mètres carrés immaculés du départ en une sorte de bazar historique où il semblerait à présent qu'on ne puisse plus ajouter une épingle. Ce bric-à-brac me rassure et me pèse à la fois ; souvent j'ai le désir de tout mettre au clou et de réinstaurer chez moi la pureté du dépouillement, mais chaque fois que j'élimine en pensée ce fatras, des exceptions s'imposent qui sauvent le reste. Comment me séparer, par exemple, de cette délicate théière ornée du drapeau du Kuomingtang ? Et de cette gravure si fraîche qu'on la dirait imprimée de la veille où l'on voit les ambassadeurs étrangers s'incliner devant l'impératrice douairière Cixi entourée de ses eunuques ? Ou de cette effigie en biscuit de Mao, première période ? Ou encore de ce placard montrant un soldat sur fond de rayonnement solaire, la mitraillette au poing, illustrant le fameux mot d'ordre : *Nous avons beaucoup à apprendre du camarade Lei Feng* ? Que serais-je enfin sans mes revues et mes livres ?

Je finis le verre d'eau en embrassant mes possessions du regard, quand il me semble soudain que la figurine du dieu de la Fortune n'occupe pas sa place exacte au milieu de la bibliothèque. Les romans de Lu Xun ne me paraissent pas non plus parfaitement alignés. Pris d'un soupçon, j'allume toutes les lumières de la pièce que j'inspecte en détail, avant de passer à la chambre, à la salle de bains. J'ai l'impression qu'une vague odeur étrangère se superpose à celle du parfum d'ambiance, et me surprends à renifler les coussins, les voilages, tel un chien qui bat le taillis. Aurais-je eu de la visite durant mon absence ? J'examine la serrure ; pas de marque. Un tableau du couloir penche à droite – que j'ai pu heurter du coude… Dans les tiroirs, dans la penderie, rien n'a bougé apparemment ; et sous le lavabo…

Alors que j'avais l'intention de me mettre au lit sitôt rentré, j'épuise près d'une heure à chercher si une équipe de « plombiers » n'a pas passé l'appartement au peigne fin, sans réussir à dissiper mes doutes ni dans un sens ni dans l'autre. Simple mesure de sécurité avant un départ en mission ? petit contrôle de routine ? pur fantasme de ma part ? Comment en aurais-je le cœur net ? Avant de fouiller un endroit, nous le filmons en vidéo afin de tout rétablir ensuite à l'identique… Je ne conserve rien chez moi cependant qui puisse me compromettre, pas même une photo souvenir. – Comment me convaincre que je ne devrais pas m'inquiéter de si peu ?

*
* *

À mon réveil, le lendemain, je fais quelques échauffements devant la glace, puis vais courir une heure le long du canal Saint-Martin. Petite forme. Le corps renâcle. Mes membres rouillés par la vie de bureau ont bien besoin d'exercice. Je me promets de leur en donner le plus possible avant mon départ.

Cet après-midi je ferai des cartons à la salle de tir.

Vendredi 6 avril

La cellule de la rue de Chazelles se cache dans un immeuble haussmannien aux volets clos, récemment ravalé, qu'on dirait fermé pour cause de congé annuel.

Une barrière métallique le long du trottoir, des caméras vidéo aux deux bouts, rien d'autre n'indique que cette façade cossue abrite une annexe du Service. J'appuie sur l'interphone et l'on m'ouvre aussitôt. Ce n'est qu'à l'intérieur, à partir de l'entresol, qu'on aperçoit que les locaux sont défendus par toutes sortes de dispositifs électroniques.

La cravate à motif de clubs de golf du général m'attend dans une petite salle de réunion beige et blanc. Il m'indique une chaise. Moquette de grand passage, mobilier tubulaire, ce pourrait être un entretien d'embauche au siège de la Sécurité sociale si ne nous rejoignaient soudain, emplissant tout l'espace, les trois membres de l'équipe que je vais prendre en charge. On m'a vanté leur expérience ; je m'attendais tout de même à des types plus jeunes. Ceux-là ne sortent ni de notre base de Cercottes ni de notre centre de Quélern. Antoine a dû abandonner l'active il y a pas mal d'années : il fait presque mon âge. Stéphane et Roger ont en tout cas largement dépassé la quarantaine. L'impression de puissance qu'ils dégagent tous trois, de violence facile, fait vite oublier néanmoins les ridules, les poches sous les yeux, le début de calvitie, les tempes poivre et sel. Ils ont d'ailleurs à cœur, au moment des présentations, de me donner un aperçu de leur condition physique en me broyant les phalanges. Pour le reste, ce sont de parfaits produits du Service, le cheveu ni trop long ni trop court, des vêtements passe-partout, une neutralité obtuse : personne ne les remarquerait dans la foule.

Polis, sans plus. Nous ne nous connaissons pas encore et je ne suis pas certain de leur faire, de mon côté, la meilleure impression.

« Bon, où en sommes-nous ? » me lance le général.

J'ai parlé trois fois à Marvin Liu ces derniers jours (trois soirs d'affilée, avec toutes les précautions d'usage) et suis porteur de bonnes nouvelles.

Le général semble avoir admis que je ne nommerais pas mon contact. Pour le désigner, j'utilise le pseudo qu'il lui a attribué l'autre fois et cela passe sans commentaire de sa part.

« D'après le Concierge, dis-je, l'opération pourra être menée à Hainan, puisque cette île semble avoir votre préférence.

— À la bonne heure ! J'ai demandé qu'on prépare des cartes. Vous allez nous montrer. »

Celui qui se fait appeler Stéphane pose sur la table une grosse boîte en carton marquée EXTRÊME-ORIENT. Les cartes qu'elle contient proviennent de l'Institut géographique national et la plus détaillée est au 1 : 60 000e, échelle tout à fait insuffisante. Je les feuillette, déplie la plus indiquée en me disant que nous aurions eu mieux à la maison mère, et commence mon exposé.

« L'île de Hainan se trouve au sud de la province de Guangdong, dans le golfe du Tonkin, en face du Vietnam. Vous avez ici Haikou, la capitale ; et là, à l'autre extrémité, sur la mer de Chine méridionale, le port de Sanya et les plages où le gouvernement développe son grand programme hôtelier. La majeure partie de la zone de Yalong, à droite, est encore en travaux, beaucoup de routes restent à faire, la construction bat son plein, d'où une concentration phénoménale de poids lourds et autres engins : un marché en or pour la cible…

— Quelle importance, le port de Sanya ?

— Infime selon les normes chinoises, moyenne selon les nôtres.

— On peut louer un bateau ?

— Pour la pêche au gros.

— Plongée sous-marine ?

— À la réserve nationale de coraux, devant Xizhou.

— Je ne savais pas que les Chinois partaient en vacances, ricane Roger. Hein, on les voit mal batifoler dans les vagues…

— Ne vous en faites pas pour eux, ils apprennent vite.

— Continuez.

— Nous voyagerons tous avec des visas touristiques. J'arriverai à Hainan de Shanghai, d'où j'aurai commencé la prépa. Quatre jours devraient me suffire pour reconnaître le site, marquer des boîtes aux lettres mortes et transmettre les premières instructions. L'équipe suivra en deux vagues, à vingt-quatre heures d'intervalle. Stéphane et Roger peuvent me rejoindre via Canton, et Antoine, via Hong Kong ; à vous de voir. On réservera les chambres de France, dans des hôtels de Dadong, sur Yuling Bay. Il faudra prendre des quatre étoiles, où descendent les vacanciers étrangers, afin de ne pas éveiller de suspicion. Je louerai en plus, depuis Shanghai, sous un nom chinois, un appartement proche de la marina, qui servira de planque en cas de pépin, ainsi qu'un véhicule.

— Vous avez l'air de connaître le coin.

— Je n'y ai jamais mis les pieds. Je connais mon boulot.

— Continuons », s'impatiente le général.

Quand je parle en public, il arrive un moment où les mots se forment d'eux-mêmes sur mes lèvres. Comme si je passais en pilote automatique, les phrases s'enchaînent sans effort et des choses auxquelles je n'avais pas pensé me viennent à mesure, ainsi, par exemple, de nous prescrire quelques séances d'UV, car sous les cocotiers un bon hâle tient lieu de camouflage.

Nous consacrons la matinée aux questions pratiques, puis à réviser à tour de rôle notre légende qui est la couverture de l'agent infiltré, puis à organiser notre prétexte qui est le motif officiel du séjour : piscine, voile, sorties nocturnes, excursions – au temple bouddhique de Nanshan, aux sources d'eau chaude de Nantian, très conseillées contre le psoriasis, au village de la minorité Miao, j'en ai relevé un certain nombre dans un guide de voyage.

Antoine et Roger m'interrompent parfois d'une question à laquelle un esprit susceptible trouverait immanquablement une coloration narquoise. Aucun des deux ne paraît éprouver beaucoup de sympathie pour les Chinois que, dans leur tête, ils doivent appeler les Jaunes, les Niaks. Si j'en juge d'après les points qu'ils soulèvent, notamment sur la nourriture et l'eau, ils se figurent partir pour une contrée arriérée, pleine de bestioles et de maladies, dont les restaurants servent de la viande de chien et où manque le papier toilette. Je suppose qu'ils m'associent au pays, puisque j'en suis un spécialiste comme l'a souligné le général ; cela ne plaide pas en ma faveur.

Stéphane, lui, se contente d'opiner en silence. C'est le plus costaud des trois, mais aussi le plus taciturne. Sa grosse tête repose sur un cou noueux, il a des doigts aux ongles rongés à vif, qu'il ne cesse de croiser, et des souliers à semelle de caoutchouc, cirés façon miroir. Par instants un voile de mélancolie adoucit la sécheresse de ses traits qu'on dirait taillés dans un bloc de bois. La tension de la nuque s'allège, les tendons réintègrent la masse des muscles et il semble alors se perdre dans la solitude d'un ailleurs douloureux face auquel les réalités de notre monde deviennent secondaires, futiles, triviales, un peu comme quelqu'un à qui l'on expose les étapes d'une démarche administrative alors qu'il se sait depuis longtemps condamné.

C'est à lui que je m'adresse le plus souvent, mais mon regard glisse sur ses prunelles éteintes sans parvenir à établir de lien, sinon de manière fugitive ; il ébauche alors un sourire qui n'engage pas à insister.

À midi on nous livre des pizzas, des sodas, des cookies, du café. Nous faisons la pause, puis reprenons sur les différents systèmes de communication que je mettrai en place, sur les codes d'alerte, sur la façon dont je préviendrai chacun quand la cible se manifestera.

Sur la table, par-dessus la carte du golfe du Tonkin, s'étalent à présent un agrandissement du visage de l'épouse du déserteur, Sun Xianyi, une petite femme aux pommettes charnues, au front luisant, plutôt jolie, et différents portraits du déserteur lui-même, exécutés à la palette graphique d'après sa dernière photo connue. Ces images tiennent compte des années passées et des transformations auxquelles Chrysanthème a pu avoir recours en jouant de son système pileux : glabre sur celle-ci, cerné d'un collier noir sur celle-là. Les faces virtuelles, aussi expressives que les cibles sur quoi j'ai tiré hier, ne me paraissent guère convaincantes : du travail d'amateur.

Enfin, après que le général nous eut priés de l'excuser et alors qu'au-dehors l'après-midi s'achève (les fentes des volets ont perdu leur éclat), j'entreprends de brosser une ébauche de mode d'emploi, de traité des bonnes manières à l'usage de la Chine, dans un esprit de sécurité, afin d'éviter aux trois membres de l'équipe – de *mon* équipe – les impairs et bévues habituels. Peut-être ai-je épuisé cependant leur réserve de concentration, peut-être est-ce le départ de l'autorité hiérarchique, la classe se dissipe, Antoine se masse les globes oculaires, Roger ne cesse de remuer sur son siège, d'étouffer des bâillements, de sorte que je précipite ma conclusion à contrecœur : procurez-vous un guide touristique, dis-je aux trois hommes, vous en lirez le chapitre liminaire intitulé communément GÉNÉRALITÉS.

Ils sont déjà debout à se dégourdir les jambes, à part Stéphane dont les yeux fixes semblent avoir du mal à s'extraire de la méditation pénible dans laquelle il est immergé depuis un moment. Bientôt il se lève, s'ébroue à son tour en marmonnant une phrase dont personne ne saisit le sens et qui n'est probablement destinée qu'à lui-même, et nous quittons tous ensemble l'atmosphère confinée de la petite pièce et descendons l'escalier pareils à des footballeurs sortant du vestiaire après un zéro à zéro calamiteux.

Les quelques mots que nous échangeons lorsque nous nous retrouvons sur le trottoir sont dénués d'arrière-pensée. Nous nous souhaitons bonne chance distraitement et chacun s'en va de son côté, Antoine et Roger d'une démarche bien huilée, Stéphane d'un pas somnambule, comme s'il redoutait de rentrer chez lui.

Sauf imprévu, nous ne sommes pas censés nous reparler avant la Chine.

*
* *

Je cours ce matin plus d'une heure le long des eaux miroitantes du canal et, à mon retour, toujours en short, trouve le courage de faire encore quelques pompes pendant que chauffe l'eau du thé.

J'en ai de plusieurs sortes, pour toutes les occasions. Du thé aux Sept Trésors pour accompagner les repas, du thé blanc Aiguilles d'argent que je déguste l'après-midi, telle une liqueur, dans un minuscule service en argile pourpre du Fujian, du Long Jing premier grade de Hangzhou au goût vivifiant de forêt printanière, du Sourcil de moine dont les longues feuilles amères ondulent comme des algues au fond du bol, idéal en été ; mais aujourd'hui, sans doute à cause du ciel d'ardoise humide et de l'impression de fatigue qui m'oppresse, je ressens le besoin d'un Gong Fu du Yunnan, puissant et cuivré comme du tabac, beaucoup plus chargé en *yang* que les autres. Pour les Chinois, nourritures et boissons ne sont pas bonnes en soi, mais bonnes pour ou contre quelque chose : favoriser la digestion, prévenir les problèmes cardiaques, améliorer la qualité du sommeil. Les préférences du palais doivent se soumettre aux demandes de l'organisme, la longévité constituant bien entendu le but suprême. Dans l'équilibre du Tao, plaisir et nécessité ondulent en phase pour ne faire qu'un… Quelle peut bien être la position de Dominique en la matière ? S'il a su devenir Chinois parmi les Chinois, dans le cocon de son exil shanghaien, peut-être a-t-il eu la chance d'apprendre de son épouse, au contact sa belle-famille, l'art de vibrer au rythme des exigences de l'instant.

Sans cesse mes pensées me ramènent vers lui, vers ce visage changeant, tour à tour chauve, moustachu ou affligé d'une frange d'un blanc duveteux que me dessine à présent le kaléidoscope des photos retouchées que nous a procurées le général. Il m'absorbe à chaque heure du jour. J'essaie de me mettre à sa place, d'entrer dans sa peau, dans son crâne, tantôt pour mieux le piéger, tantôt dans la seule idée de le comprendre, avec la même flamme, la même opiniâtreté, la même exaspération butée que si cela pouvait m'aider à trouver un sens à mes propres faillites.

Dimanche 8 avril

Elsa, comme je l'espérais, n'a pas hésité un instant avant de me prêter sa vieille Saab d'un vert de scarabée. Elle ne s'en sert presque jamais le week-end, il faut dire, préférant alors traîner au lit avec des magazines ou, s'il fait beau (ce n'est pas le cas aujourd'hui), sillonner Paris à vélo, estimant qu'elle passe déjà trop de temps derrière son volant à s'asphyxier dans les embouteillages.

Je suis allé la prendre chez elle, rue Cardinet, et nous avons dîné dans un restaurant de coquillages, du côté de Clichy. Il m'a suffi de lui dire qu'un travail urgent m'appelait en Normandie, dans les environs de Rouen, pour qu'elle me tende les clefs et les papiers de sa voiture, me priant juste de la lui rapporter avant le soir, car, m'a-t-elle dit, elle aura un lundi chargé.

Nous avons commandé le grand plateau de fruits de mer, bu beaucoup de vin d'Alsace, et elle m'a invité ensuite à dormir chez elle, prétextant que ce serait « plus simple », proposition qu'elle ne m'avait pas faite depuis des semaines, sans que je ne m'en offusque ni n'insiste beaucoup de mon côté, je dois l'admettre, car nous savons aussi bien l'un que l'autre que notre histoire sporadique, embrouillée des silences que m'impose le Service, n'a pas grand avenir.

Elsa représente un laboratoire pharmaceutique. À mon réveil, ce matin, tandis qu'elle dormait encore recroquevillée sous la couette, j'ai entassé dans un carton les prospectus et échantillons qui s'amoncelaient sur la banquette arrière et les ai rangés dans le coffre pour ne pas compromettre ma couverture de scénariste de cinéma. J'en ai profité ensuite pour laver la carrosserie dans le garage de la porte de Champerret où j'ai fait le plein.

Bidi Jameson ne m'attend qu'à deux heures, pour le café, mais j'ai eu envie de partir tôt, me disant qu'une journée au vert me ferait le plus grand bien, que j'en profiterais ainsi pour étudier la région et jeter un coup d'œil aux usines de la SSMA, sans doute aussi, pour être tout à fait honnête, parce que les démonstrations obligées de tendresse, après une nuit chahutée, m'embarrassent plus qu'autre chose.

Une bande d'azur éclaircit l'horizon dans la direction de l'autoroute de l'Ouest, donnant à penser que le ciel va se lever, mais le bleu ne grandit pas, et j'ai beau rouler, je ne me rapproche pas davantage du beau temps que de l'horizon lui-même.

J'aperçois des prés, des champs, des corbeaux qui picorent la terre, un étang derrière une haie, des vaches, un cheval solitaire. Les arbres sont très en retard sur ceux de Paris, c'est encore ici une végétation d'hiver et il n'y a rien de plus monotone qu'un paysage plat traversé à vitesse constante.

À vrai dire je n'ai pas bien compris l'élan de la veille, la fougue d'Elsa lorsque nous nous sommes retrouvés dans sa chambre. Rien ne laissait présager ce retour de flammes et une seule explication me vient à l'esprit ; je lui ai annoncé repartir dans quelques jours pour la Chine (Elsa me croit inspecteur au ministère de la Coopération, et de fait, j'en ai eu le titre), où je visiterai les Instituts français pendant deux ou trois semaines, lui ai-je dit, et sans doute a-t-elle vu dans cette séparation l'indice d'une rupture définitive. Un peu ivres, nous avons fait alors des choses que n'avions encore jamais faites ensemble et il y avait du chagrin, de la détresse dans sa frénésie à repousser les limites du plaisir et tirer de nos obscurités respectives quelques éclairs d'oubli. Ses caresses étaient de celles qu'on prodigue à qui l'on ne reverra plus, elle gémissait, elle criait qu'elle ne voulait pas que j'arrête ; je suppose que c'était son cadeau d'adieu.

*
* *

Elsa va-t-elle me manquer ? Il m'est arrivé si souvent de couper les ponts, d'accumuler les regrets, que je suis devenu incapable de percer la croûte dure qui recouvre aujourd'hui mes sentiments.

*
* *

Les choses se compliquent à Rouen où je me perds entre les ronds-points et les sens uniques des vieux quartiers. Je dois passer un pont, semble-t-il, et traverser la ville pour rejoindre la nationale 31. La carte routière d'Elsa est assez sommaire et je n'ai d'autre solution que d'interpeller un passant. La première personne que j'interroge fait comme si elle ne m'avait pas entendu ; la deuxième, une femme à cabas, me répond avec un fort accent d'Europe de l'Est qu'elle n'est pas du coin ; la troisième m'indique une rue en pente, à main gauche, qui me ramène sur le quai morose d'où je viens. C'est presque par hasard, en me dirigeant au jugé, que j'aperçois soudain une flèche indiquant DARNÉTAL.

Il me faut ensuite rouler tout droit jusqu'à la départementale 10.

Au bout d'une quinzaine de kilomètres, n'apercevant pas la bifurcation espérée, je m'arrête à un tabac épicerie buvette, seul commerce ouvert que j'ai croisé jusque-là, afin de vérifier que je ne suis pas perdu à nouveau.

C'est une campagne terne, parsemée de villages minuscules qui semblent abandonnés. Deux ou trois maisons modernes, d'une laideur si profonde que même le temps ne pourra l'entamer, marquent l'entrée de ces agglomérations fantômes. Une place entourée de bâtisses en briques grises, comme dans les cités ouvrières du XIXe siècle, l'inévitable monument aux morts des deux guerres, une affiche caduque annonçant le passage d'un cirque, et toujours pas âme qui vive. Des bois, des pâturages, des cohortes de pylônes. Une forge aux vitres brisées, à la cheminée tronquée telle une colonne mortuaire, la cour envahie d'herbes folles. Une maison de retraite à petits rideaux, où aboie un chien. Des lieux-dits. Des jachères à perte de vue. Quelques HLM vétustes derrière un arrêt de car.

Lorsqu'elle surgit soudain devant moi, au sortir d'un dédale de routes muettes, l'usine de la SSMA, immense quadrilatère entouré d'une double enceinte électrifiée, me fait l'impression par contraste d'un vaisseau du futur qu'une avarie a contraint à atterrir en rase campagne et qui ne devrait pas tarder à reprendre son voyage intersidéral. On ne peut s'en approcher sans franchir le point de contrôle barrant l'unique voie qui y conduit, mais même de loin l'effet des grands bâtiments bas, aux toits surmontés d'étranges excroissances de verre, est saisissant. CENTRE DE RECHERCHE SAINT-AIGNAN est-il écrit sur une pancarte discrète, ACCÈS INTERDIT, sans plus. Dans combien d'établissements tels que celui-ci la France fabrique-t-elle ses armes ? L'ensemble des installations couvre deux gros hectares que distrait un parc paysager agrémenté d'un plan d'eau et là encore règne le silence d'un dimanche de fin du monde ; aucune présence humaine, et je me demande en parcourant du regard le *no man's land* des alentours où peuvent bien loger les ouvriers, les techniciens, les ingénieurs qui travaillent là en semaine, l'intégralité de la production ne pouvant être assurée par des robots.

*
* *

Quelques kilomètres plus loin, le plateau s'arrondit, s'incurve, verdit, se creuse en bocages, offrant le panorama d'une nature plus sereine, plus riche, que l'on qualifiera sans doute de souriante au premier rayon de soleil. Les maisons rigoureuses sont toujours de brique bistre mais on devine un fond d'opulence derrière l'austérité des façades. Un drapeau frissonne au fronton de l'édifice qui regroupe la mairie, l'école et la poste dont les volets blancs viennent d'être repeints à neuf. Des géraniums poussent aux fenêtres et des bacs coniques pendent aux réverbères, justifiant l'inscription du panneau : DANVILLE-CREVON, HAMEAU FLEURI.

Devant la boulangerie je dois prendre à gauche, puis à gauche encore huit cents mètres après le calvaire.

Lorsque je me gare, suivant les indications qu'on m'a données, sur le terre-plein servant de parking à l'entrée de la ferme que Max Jameson appelait son manoir, je dois admettre que cet endroit coupé de la civilisation par de longs vallonnements de prés et de bois ne manque pas d'attrait pour qui aime la solitude.

Je pousse le portail. Un épagneul maussade dévale l'allée à ma rencontre. Puis un homme apparaît qui siffle le chien. C'est un grand type rougeaud, aux cheveux jaunes, en treillis kaki et charentaises fourrées. « Jeannot Gilloux », se présente-t-il, avant de me demander si j'ai fait bon voyage avec autant de considération que si j'arrivais des antipodes.

L'un après l'autre nous essuyons nos semelles au paillasson.

L'intérieur montre une curieuse juxtaposition de matériaux rustiques et d'éléments empruntés aux magazines de déco : les poutres s'opposent aux murs frottés de rose bonbon, et le bahut et l'horloge normande, aux rails agressifs des spots. On dirait que des personnalités, des circonstances divergentes ont présidé à l'aménagement de cette maison que le photographe a offerte en dot à sa femme il y a un quart de siècle, et que les apports successifs s'y sont agglutinés plutôt que de s'éliminer à mesure, donnant un sentiment de dérapage, d'anomalie génétique. Je suis toujours avide d'entrer chez des inconnus, de découvrir comment s'organisent les autres. Au mur, une photo du chien (l'épagneul s'appelle Jeff, m'apprend l'entrepreneur) répond à celle d'un adolescent (Max Junior) chevauchant une grosse moto. Des carabines, des appeaux, deux cartouchières s'alignent dans une armoire vitrée (« J'ai un Merkel 203 calibre 12, un petit bijou. Vous vous intéressez aux armes ? » Que répondre à cela ?). Là, un tapis moderne s'efforce de dissimuler les tomettes du sol, ici des légumes artificiels débordent d'une coupe. J'aperçois des roseaux duveteux dans un vase à col de cygne ; deux disques d'or et un de platine (Jameson a signé la pochette de ces quarante-cinq tours dont les titres m'évoquent de vagues souvenirs), encadrés de pourpre et disposés dans une niche comme la Sainte Trinité ; un coq naïf monté en lampe ; des poupées anciennes ; une radio déguisée en pompe à essence dont les chromes portent le logo Harley-Davidson. Sur un coffre à ferrures se dresse un vendeur d'eau en patchwork de cuir, souvenir probable d'un voyage au Maroc. Et derrière, barrant le milieu de la pièce surchauffée qui s'achève en bow-window, un vaste canapé flanqué de poufs fait face à un écran de télévision géant, sûrement le plus grand qu'il m'ait été donné de voir. C'est là que se tient Bidi Jameson, affalée parmi des coussins à pompons, turquoises, orange, marron, les jambes étendues sur le plexiglas de la table basse encombrée de jeux de société, de boîtes de confiserie, de magazines de chasse, et les pieds chaussés de charentaises en écossais fourré, identiques à celles de Jeannot Gilloux.

« Mon feuilleton vient de finir », me dit-elle. Elle semble encore toute remuée par l'épisode.

L'imagination va souvent si vite qu'elle nous joue des tours. D'après ce qu'on m'en a dit, je me figurais une beauté rétive, acariâtre et mièvre à la fois. Au lieu de cela je trouve une femme au visage d'un ovale candide, une sorte de Joconde blonde d'un naturel si évident, si sincère qu'on se sent tout de suite de plain-pied avec elle. J'en suis presque déçu. Elle m'embrasse quatre fois d'autorité, joue contre joue, les lèvres happant le vide.

Bidi porte un chandail saumon et un de ces pantalons que l'on enfile quand on veut être confortable. Pâle, longue, large, lascive, caressante, un peu de ventre, ne faisant pas son âge par ailleurs, du duvet sur les bras, un triangle de grains de beauté au menton, telle une marque tribale, j'enregistre ces détails tout en lui répétant ce que je lui ai dit au téléphone quant au motif de ma visite. Maquillage de la veille, chignon retenu par un stylo-bille publicitaire, on ne peut pas dire qu'elle se soit mise en frais ; d'un autre côté son absence de malice est telle qu'elle gobe mon histoire sans sourciller, nul besoin de développer les arguments que j'ai concoctés en chemin pour asseoir la vraisemblance de mon prétexte. L'imposture n'est pas de son monde et je me dis que Dominique, quand il venait ici, jouait sur du velours. Il paraît aller de soi à Bidi qu'on veuille tirer un film de la vie de son époux. Qui tiendra le rôle de Max, ai-je des acteurs en tête, à quel point la fiction imitera-t-elle la réalité, le tournage aura-t-il lieu à Danville-Crevon, telles sont les questions dont elle me bombarde sans préambule, secondée par Jeannot Gilloux qui a entrelacé ses doigts aux siens et ne semble pas moins émoustillé par ces perspectives cinématographiques. Viennent ensuite les restrictions de rigueur : Bidi préférerait que Max Junior, lequel va aujourd'hui sur ses vingt-cinq ans (un garçon à problème, crois-je deviner), ne figure pas dans mon scénario, ni les grands-parents du côté paternel (Max n'aurait pas voulu, a soin de me préciser l'entrepreneur, avant d'ajouter que lui non plus ne tient pas à grossir l'intrigue). Et l'instant d'après, changeant de position et de registre : apparaîtra-t-elle au générique ? signera-t-elle un contrat, recevra-t-elle des droits d'auteurs, des dividendes ? Quand je lui réponds avec prudence que cela ne dépend pas de moi, mais que j'en toucherai un mot à la production, elle hausse les épaules pour décréter que de toute façon, elle n'en fait pas une condition sine qua non (la locution sonne bizarrement sur ses lèvres). La seule chose qui importe, soutient-elle en me fixant de ses yeux de Sainte Vierge, c'est qu'au bout du compte la vérité soit faite, l'entière vérité, et la voici soudain grave et presque sentencieuse.

Elle parle à la manière des gens qui ont l'habitude de se taire. Les mots déferlent de façon virulente, saccadée, puis la verve se tarit ; et elle récupère son souffle en même temps que ses pensées se remettent en place, comme si elle prenait de l'élan avant de lâcher une nouvelle salve.

« Sers le café », dit-elle à Jeannot Gilloux, et j'en profite pour décapuchonner mon stylo et déployer le carnet turc sur mes genoux, résolu à faire preuve de patience, en attendant de pouvoir l'interroger sur Dominique et la raison des divers séjours qu'il a effectués à Danville-Crevon.

Quand elle réfléchit, deux plis lui entourent la racine du nez, elle serre un coussin contre son abdomen, on dirait une petite fille.

« Vous n'avez pas d'enregistreur », constate-t-elle.

Elle me dévisage, hésite, se rapproche jusqu'à ce que nos cuisses se touchent et bat des paupières en agitant comme un sceptre un objet que je prends d'abord pour un gros coupe-papier. La lame semble de bakélite mais quand elle l'oriente dans la lumière, je découvre que ses irisations sont le fait d'un très bel acier damas.

« Ça fait dix ans, me dit-elle en pointant le petit poignard vers ma gorge, que j'attends que quelqu'un s'intéresse enfin à ce qui est arrivé à Max. »

Tandis que nous parviennent de la cuisine des bruits de placard, un entrechoquement de tasses, un cliquetis de petites cuillères, elle me toise comme si elle cherchait le défaut de ma cuirasse, une jointure défectueuse, un interstice où frapper. Sans doute retourne-t-elle dans sa tête quelque chose dont elle doit me faire part à tout prix, qu'elle ne sait comment présenter, et cela l'agace-t-il très fort.

Je la laisse cogiter en silence. Il ne servirait à rien de la brusquer, la confiance est un fil si ténu.

Le coutelas roule entre ses paumes, comme si elle manipulait des boules anti-stress.

Il finit par se braquer sur le poste de télé :

« Tout à l'heure, pendant le feuilleton, commence-t-elle, on a discuté, Jeannot et moi… C'est bien fichu, ces séries américaines. »

Passant du coq à l'âne :

« Max était un mec fabuleux.

— C'est ce que Doursault et Seligman m'ont…

— Qu'est-ce qu'ils en savent ? Max était… » Elle répète « un mec fabuleux » comme si elle ne le lui avait jamais dit.

« Il me manque, l'ostrogoth. Personne ne m'a jamais fait rire comme lui. »

Et sans craindre d'être entendue de son compagnon qui dispose maintenant devant nous les tasses, le sucrier, une plaquette de chocolat et un quatre-quarts encore dans son emballage du supermarché :

« L'homme de ma vie, déclare-t-elle, c'est bête, hein… ? Et vous, vous regardez les séries télé ? Vous aimez ça ?

— Je ne…

— Moi, je pourrais rester des jours sur ce canapé à ne rien faire d'autre. Espionnage, policier, comédie sentimentale, science-fiction, la mafia, l'hôpital, les copines, une île mystérieuse, tout me va du moment qu'on me donne le temps de m'attacher aux héros. Jeannot enregistre mes séries préférées et je m'en fais trois ou quatre heures de suite… Aujourd'hui, il y avait cet expert-comptable divorcé d'une strip-teaseuse. On le voyait tomber en caleçon du dernier étage d'un building de Miami. Il battait des bras et des jambes comme s'il pouvait voler. Juste avant qu'il s'écrase sur le trottoir, la caméra s'est rapprochée, sa bouche s'est ouverte, ses yeux se sont écarquillés, on aurait dit qu'il se rappelait à la dernière seconde un truc horrible… J'ai pensé à Max, au scénario que vous allez écrire, et ça m'a donné une idée. Elle vaut ce qu'elle vaut, je ne suis pas de la partie comme vous. Ce que je veux dire… Voilà : vous devriez commencer par une scène forte, de la même façon. Par la veillée du corps, la cérémonie à l'église. Par une scène dramatique : moi et le gosse en larmes devant le caveau. Et revenir ensuite en arrière, comme dans l'histoire du comptable. »

Sa tirade lui a mis le feu aux joues.

« Notre caveau, Max l'a dessiné lui-même d'après un monument qu'on avait adoré en Italie. C'est Jeannot qui l'a construit ; si vous voulez, il vous emmènera tout à l'heure au cimetière… On aurait donc l'enterrement, on entendrait les pleurs, la musique, des violons, puis l'image deviendrait floue, et on nous retrouverait à Florence, Max et moi, devant le monument en question, des années plus tôt. Vous voyez ? On ferait tout du long des allers et retours dans le temps. Des… ?

— Flash-back.

— C'est ça. L'enquête avance et on revient en arrière, on voit ce qui est arrivé. On le *voit*, au lieu que quelqu'un le raconte, ce n'est pas du tout pareil.

— Je comprends. »

De la pointe de sa dague, Bidi fait sauter l'étiquette en forme de sceau qui ferme la cellophane du gâteau, me lance une œillade et nous coupe des tranches épaisses.

« De cette façon le spectateur *verra* que les choses n'ont pas pu se passer comme l'ont prétendu les gendarmes… Remarquez, vous pouvez démarrer aussi par la mort du ministre. Je ne sais pas. Avec tout le barouf que ça a fait, et l'état dans lequel était Max, ce ne serait pas mal non plus comme début.

— On m'a dit à ce sujet que votre mari possédait une preuve de… »

L'occasion paraissait opportune de lui poser l'une des sept questions menant à Dominique que j'ai préparées dans mon carnet, mais Bidi n'apprécie pas d'être coupée. Ses lèvres se pincent, son œil s'arrondit et durcit comme celui d'une poule. Le coutelas tangue à nouveau vers ma poitrine et je la prie d'un geste hâtif, avec la mimique appropriée, de ne pas tenir compte de cette sotte interruption.

« Mon idée vous intéresse ou non ?

— Je suis toute ouïe », dis-je, résigné au pire.

J'aurais dû m'inventer une autre couverture. Pourquoi, dès qu'il s'agit de cinéma, les gens se croient-ils en droit d'émettre une opinion artistique ? Ni la peinture, ni la musique, pas même la littérature, il me semble, ne suscitent pareilles vocations en société.

*
* *

Bidi me plaît. Je me sens à l'aise dans ce salon, presque en famille. Son mollet frôle le mien par intervalles ; pour un peu, encouragé par la chaleur ambiante, je m'enfoncerais dans le divan moelleux et m'assoupirais sur son épaule.

Je la laisse s'exprimer tout son soûl. Il semble qu'elle en ait rarement l'occasion et que d'une certaine façon, quoique ses prunelles s'embuent à deux ou trois reprises, elle soit à la fête. Peut-être ne se doutait-elle pas que la mémoire conserve autant de souvenirs ? Une fois tracées les grandes lignes du film qu'elle a en tête, elle s'égare avec délectation dans les péripéties licites de sa vie conjugale, multiplie les digressions à l'eau de rose, m'abreuve de ses théories, me régale de sa philosophie superstitieuse de l'existence. Les succès professionnels de Max ont attiré le mauvais œil sur lui bien avant que sévissent les Forces du Mal, m'assure-t-elle, bien avant qu'une barbouze n'assassine le ministre et que ne s'enchaînent les catastrophes, car il ne fait aucun doute dans son esprit qu'un meurtre a bien eu lieu sur les bords de l'étang des Dames, près de Dieppe, inaugurant une ignoble série. « Nous avons le témoignage du chauffeur, lui dis-je, celui de l'agent de sécurité… – Pff! ricane-t-elle, la version des complices. » Jeannot Gilloux abonde dans son sens. Il opine sans restriction, surenchérit dès qu'il le peut et se contient de façon touchante pour ne pas s'immiscer entre nous à tout bout de champ. Plutôt que de mener une interview, il me semble avoir une conversation entre copains comme j'en avais au lycée, exubérante, brouillonne, irréfléchie, chimérique. Nous parlons à bâtons rompus : je finirais par en oublier qui je suis, ce que je cherche.

Le portrait qu'elle me brosse de Dominique (« un type sur la défensive, plutôt collet monté, si vous voyez ce que je veux dire ») ne m'apprend malheureusement rien de nouveau, sinon que l'officier traitant avait enseigné à son agent toutes les ficelles de la dissimulation. Personne ne semble avoir ici la moindre notion des activités réelles de notre homme. Max avait beaucoup d'admiration pour son ami des pétroles qu'il considérait comme une sorte de grand frère. « Dominique avait sur lui une bonne influence », m'informe Bidi. Quand Max a perdu les pédales après la mort du ministre, Dominique est venu spécialement de Paris pour le voir et ils ont eu une longue discussion, très profitable. « Ils se sont expliqué entre quatre-z-yeux, dit-elle, et il me l'a bien secoué. »

J'essaie d'en savoir un peu plus sur cet épisode et Gilloux m'apprend alors que Max était devenu invivable. Il voulait que Bidi fasse leurs valises, qu'ils partent pour la Californie, qu'ils s'exilent au Canada. « Il était irascible, soupçonneux », s'emporte-t-il soudain, comme si mes questions ranimaient une vieille rancune. « Bidi et lui ont failli rompre. Max a arrêté la photo pendant quatre ans, vous vous rendez compte, pour élever des vaches ! » Aucune allusion de sa part à l'incident des Glycines. À l'en croire, la mort du ministre a seule pesé sur la décision du reporter de remiser ses appareils, et j'oublie Cabourg, je fais celui qui n'est au courant de rien.

La seconde visite de Dominique, me dit ensuite Bidi, n'a été qu'une resucée de la première. Max n'allait pas bien à nouveau (« Il avait encore disjoncté », grommelle l'entrepreneur) et les deux hommes sont allés marcher ensemble dans les bois. La promenade s'est prolongée jusqu'à la nuit, puis Dominique est reparti sans repasser par la ferme.

C'était en septembre 1997, peu après la mort de la princesse.

*
* *

L'hypothèse du grand complot, autour de quoi devrait tourner, d'après Bidi Jameson, l'intrigue du scénario que je suis supposé écrire, me convainc moins qu'auparavant.

Ni elle, ni Jeannot Gilloux, ni personne n'a jamais vu les soi-disant dossiers explosifs que le photographe prétendait détenir (de quoi faire sauter le gouvernement, ils disent tous ça), elle n'en a jamais trouvé trace, en ignore la forme, n'en connaît pas davantage le contenu que Seligman (qui n'y croyait pas) ou Doursault (qui y croyait un peu par loyalisme).

Quant à ses archives sonores, les propos qu'il enregistrait en cachette, Jameson aurait détruit les bandes lorsqu'il a quitté son pied-à-terre de la rue Valadon.

J'avais du couple une vision erronée. Jameson en disait le moins possible à son épouse. Là-dessus en tout cas, jusqu'au bout, jusqu'au jour de son suicide, il a tenu Bidi dans le flou le plus total.

La note que j'attribuerais à l'hypothèse d'une élimination de témoins est à revoir à la baisse. Peut-être 20 ou 30 sur 100. Très en dessous de la moyenne en tout cas. À la trappe, selon les critères du Service.

Je ferais choux blanc sur toute la ligne en vérité, et n'aurais aucune raison de prolonger notre entretien, si à un moment donné, alors qu'il est à nouveau question d'ennemis occultes et que Bidi agite son petit poignard avec véhémence, je ne lançais dans l'espoir de changer de sujet :

« Quelle pièce magnifique ! Permettez… Je n'ai jamais vu un travail pareil. »

Jeannot Gilloux glisse aussitôt son grain de sel. À ce qu'il en sait, la lame du couteau a été forgée dans le métal d'une pierre tombée de l'espace, une météorite découverte dans le désert de Gibson, en Australie.

« C'est le cadeau d'un voisin, soupire Bidi.

— Un cadeau du propriétaire des Bluettes, la reprend Gilloux. Un Suisse… Max l'a aidé à acheter le haras du maire.

— Le maire du village… ? (Il me faut une seconde pour faire la connexion.) Bussy-Lignères ?

— Exactement. Vous… ?

— Comme tout le monde. Par la presse. Il siégeait au conseil d'administration de… ?

— De la SSMA, acquiesce Gilloux, ravi de monopoliser la parole. Le prince dirigeait un tas de boîtes. Le canton lui doit beaucoup. Une pointure. Apparenté au roi d'Espagne. Chevalier de l'ordre de Malte, Fondateur des Amitiés Franco-iraniennes, trésorier général de l'Enfance en détresse, vice-président de l'Association pour l'amélioration de la race chevaline, il faudrait une carte de visite grande comme ça pour aligner tous ses titres.

— Et ce Suisse… ?

— Richard Drouin. Le prince lui a cédé le haras des Bluettes, un bien de famille, personne n'a jamais compris pourquoi. Et c'est moi qui ai été engagé pour les travaux.

— Un gros chantier ?

— J'ai failli refuser.

— C'était en quelle année ? »

Toujours privilégier les dates : 1982, 1993, 1997.

Bientôt l'horloge du vestibule sonne sept coups et je vérifie l'heure à ma montre, stupéfait de découvrir qu'il est déjà si tard. Mes pattes de mouche, dont Bidi a surveillé la progression d'un œil critique, noircissent une bonne vingtaine de feuillets.

On me presse de rester à dîner. À la bonne franquette, insiste l'entrepreneur. Le couple a encore « des tonnes de choses » à me confier et comme je n'en ai pas fini de mon côté avec les questions que soulève ce voisin suisse, je n'ai d'autre solution que de téléphoner à Elsa pour la prévenir que je ne pourrais pas lui rapporter sa Saab avant onze heures ou minuit.

« Ce serait trop long à t'expliquer, lui dis-je dans le vestibule où je m'isole, mais si tu préfères je mettrai la voiture au garage et glisserai les clefs dans ta boîte aux lettres. »

L'appareil coincé entre la mâchoire et l'épaule, tout en promettant que je ramènerai bien la voiture ce soir, j'écris sur une page à part du carnet turc JAMESON, puis BUSSY-LIGNÈRES-SSMA, puis RICHARD DROUIN (souligné), et relie ces noms par des flèches en me demandant comment la désertion de Dominique se rattache à ce schéma.

*
* *

Une petite pluie silencieuse dessine de fines arabesques sur le carreau et je m'étonne comme chaque fois du noir absolu des nuits à la campagne.

J'ai décidément beaucoup de sympathie pour Bidi. Elle coupe des serviettes dans un rouleau d'essuie-tout, j'aide à mettre le couvert et cela me ramène un peu à l'époque où j'avais un semblant de vie de famille, quand j'étais marié à Elizabeth, que nous improvisions nous aussi des dîners le dimanche, que nous recevions des gens que je ne me souciais pas de cribler. Avec Elsa je n'ai jamais pu. Nous n'avons presque aucune relation commune. Avec Pearl, en Chine, la situation était plus frustrante encore, nous devions nous contenter de tête-à-tête furtifs. Trois fois seulement nous avons passé quarante-huit heures ensemble au Lisboa, un hôtel casino de Macao, où nous avions réservé des chambres communicantes grâce aux bons offices de Marvin

Liu. Même lorsque nous nous retrouvions à Canton, à Hong-Kong, nous gardions nos distances en public, nous saluant d'un « *Niha* ! » impersonnel.

L'excitation du secret dure peu de temps, me dis-je. En revanche la clandestinité s'apparente vite (le manque étant la base de toute accoutumance) à un vice dont on ne sait comment se débarrasser, au même titre que le jeu ou la drogue.

« Donnez... »

Bidi me laisse déboucher la bouteille de vin rouge. Nous nous sourions pour la première fois. Le pain, le sel. De la moutarde. Je me trouve pathétique et n'en ai rien à fiche.

La lumière du lustre éclaire des fils d'argent dans ses cheveux, la faisant paraître encore plus blonde. Voilà l'image que je conserverai de Danville-Crevon : Bidi s'accoude à la table ronde en chêne, face à la cheminée où crépite un gros feu, son visage languissant à demi levé vers moi, et Jeannot Gilloux, en tablier, nous rejoint sur ses pantoufles silencieuses, portant la soupière fumante à deux mains, tel un ciboire – image d'une veillée paisible, tout à la fois modeste et solennelle, comme dans le célèbre poème de la dynastie des Tang *Avant la bataille*.

8.

Moscou l'hiver, ce n'était pas seulement le froid, les congères, les places et les avenues trop vastes où le vent soulevait des écharpes de neige sale, c'était d'abord le spectacle confondant de la désolation. Les voitures sillonnaient des espaces morts dont la vacuité se répétait de quartier en quartier comme un écho. On pouvait jouer à compter les passants, ombres modestes, vacillantes, aspirées aussitôt par la bouche noire d'un boyau souterrain.

Le deuxième jour, en fin de matinée, Richard Drouin se risqua dans l'un de ces escaliers aux marches grasses où disparaissaient les gens. L'odeur le fit d'abord hésiter, remugle de choux et de transpiration que la pénombre chargeait d'une note crapuleuse, mais il régnait au moins dans ces sous-sols dont la température se maintenait aux alentours de zéro un semblant d'activité, un succédané de vie. De grosses femmes vendaient des oignons, les jeunes exposaient des montres de contrefaçon, des cassettes pirates, des posters, des insignes de l'Armée rouge, des jumelles, des tournevis. Il erra un moment dans le dédale des couloirs, curieux des étals de misère qui y avaient trouvé refuge, éluda plusieurs propositions incompréhensibles bien qu'elles fussent enjolivées d'anglais (sa chapka n'empêchait pas qu'on reconnût l'étranger à devises), assista à une bagarre et finit par doubler le pas pour remonter à l'air libre. Il aboutit sur un parking désert, de l'autre côté d'une voie expresse, où le blizzard lui procura un bref réconfort avant de lui vriller les tempes.

Ce voyage était une erreur. Tout ce qu'il découvrait depuis son arrivée (depuis qu'une douanière sadique et moustachue avait chamboulé l'ordonnance de sa valise à l'aéroport Domodedovo) lui démontrait qu'il ne conclurait pas d'arrangement honorable.

Qu'est-ce qu'une ville où l'on ne peut se promener ? se disait-il. Un industriel hollandais avec qui il entra en conversation au bar de l'hôtel lui expliqua d'une voix amollie par l'alcool que les choses s'arrangeaient avec le redoux. Il fallait voir les bords de Moskova à la saison des cerisiers en fleurs ; Richard Drouin avait ses doutes. Mis à part le quartier d'Arbat, attraction surfaite dévolue à un tourisme médiocre (c'était là qu'il avait acheté sa chapka), la capitale russe semblait conçue pour décourager la flânerie. On n'y apercevait aucun boulevard bordé de cafés ou vitrines capables d'exciter le regard, aucun de ces rapports de proportions, de ces accords harmonieux qui donnent une noble idée de l'homme comme à Rome ou Paris. Des îlots de démesure accusaient l'indigence générale. Souvent les trottoirs manquaient, il était toujours difficile de traverser à moins de recourir aux passages souterrains dont il avait fait l'expérience, partout les voitures avaient l'avantage sur le piéton.

« Moi louer automobile blindée avec chauffeur, pourquoi toi vouloir marcher ? » s'étonnait Anatoli Vassiliev, son contact local, et Richard Drouin se fendit d'un sourire mécanique, comprenant que la cause était entendue. On ne négocie pas avec les hyènes. L'apprentissage de la civilisation, songeait-il, commence par de longues déambulations au forum.

*
* *

Il paraissait également symptomatique que les Russes fussent incapables de se croiser sans se bousculer. À l'entrée du restaurant à la mode choisi par Anatoli Vassiliev, un italien très grand genre, les hommes vous écrasaient les pieds, vous heurtaient de l'épaule, jouaient de tous les registres de l'intimidation pour franchir la porte en premier. Ils avaient une réservation, l'établissement était loin d'afficher complet, mais ils devaient défendre leur rang dans la hiérarchie de la meute et ni leur costume à trois mille dollars, ni l'or qu'ils arboraient au poignet, ni la ravissante jeune femme qu'ils traînaient derrière eux ne paraissaient établir leur position comme une bonne vieille démonstration de force.

Les clients du Puccini étaient tous grands, taillés en barrique, la nuque rase, d'une virilité impitoyable. Leurs compagnes semblaient concourir en revanche pour un titre de beauté et M. Joyeux se demanda par quel mystère ces Miss longues et flexibles pouvaient être de la même race que ces lutteurs de foire. Les deux sexes ne s'apparentaient que par la dureté des prunelles.

Au centre de la salle, dressée sur le piédestal d'une scène tournante, une joueuse de harpe en perruque poudrée égrenait ses arpèges, telle une figurine de boîte à musique.

Les couples dînaient en silence, sans échanger un regard. Leur conversation se limitait à une petite phrase par quart d'heure.

La morgue, l'ennui. Les rêves de revanche. Un temps indéfini qu'on aimerait abroger et perpétuer à la fois et dont on s'accommode par à-coups avec l'arrogance familière du martyr.

J'aurais dû refuser de chercher un accord, se répétait Richard Drouin en contemplant les hauts plafonds rococos dont Anatoli Vassiliev lui apprit que les caissons et les fresques dignes du palais d'un grand-duc étaient l'œuvre d'une équipe de décorateurs de cinéma au chômage ; il n'y avait pas six mois, lui dit-il avec un petit rire, c'était encore ici un entrepôt de bois de construction.

Quand elle lui avait été communiquée par un intermédiaire neutre, à Bruxelles, quelques semaines plus tôt, Richard Drouin avait été séduit par l'idée d'un arrangement, d'une sorte de pacte de la concurrence. Mais il avait fait une erreur en acceptant de rencontrer ses rivaux chez eux, sur leur territoire. Comment avaient-ils réussi à l'embobiner ? Il s'était mis à leur botte, contraint d'attendre leur bon vouloir.

« Pas s'inquiéter, souriait Anatoli Vassiliev. Toi profiter cuisine gastronomique. »

Sur l'assiette décorée de feuilles d'acanthes, une tomate mozzarella insipide faisait la roue à la façon d'un paon. Le Puccini était le restaurant le plus chichiteux où Richard Drouin eût jamais mis les pieds. Tout ce toc, ces simulacres, les marbres peints, la profusion d'ornements qu'avaient empilée les staffeurs des studios Mosfilm lui restaient en travers de la gorge, sans doute parce qu'il y avait cru et qu'il détestait s'être trompé. Le plus pompeux, le plus prétentieux ; le plus babylonien ; parmi les plus chers aussi. Son contact moscovite avait pris la pizza *à la Caspienne*, c'est-à-dire relevée de grains de caviar, une sorte de Napolitaine à cinquante-six dollars où l'œuf d'esturgeon remplaçait l'anchois, et Richard Drouin à qui reviendrait l'addition commençait à bouillir dans cette trattoria d'un luxe barbare perdue au fond d'une esplanade verglacée.

Cela faisait deux jours qu'il tournait en rond. Le premier rendez-vous avait été annulé parce que l'homme qu'il lui fallait rencontrer, Vik Korochenko, son principal adversaire dans les Balkans, était bloqué à Uljanovsk, sa ville natale, d'où il gérait ses affaires. Le mauvais temps clouait les avions au sol. Ce n'était la faute de personne.

Mais Vik Korochenko s'était décommandé à nouveau ce soir : un problème familial, il était navré de lui faire encore faux bond, avait susurré Anatoli Vassiliev qui jouait les interprètes. Ils se verraient demain matin sans faute : à onze heures tapantes une limousine Zil viendrait chercher Richard Drouin à l'hôtel Metropol où il était descendu.

Anatoli Vassiliev était un Russe à lunettes, d'un gabarit modeste qui expliquait sans doute qu'il fût devenu avocat. Il avait voyagé hors de l'ex-rideau de fer, baragouinait plusieurs langues et faisait preuve de retenue sinon d'attention, moyennant quoi ses honoraires n'avaient rien à envier à ceux de ses confrères de New York ou de Londres.

La moustache frémissante, Richard Drouin l'avait prié de rappeler Vik Korochenko sur-le-champ. « Dites-lui d'oublier la limousine. S'il veut me voir, ce sera à mon hôtel, au petit déjeuner. » L'avocat roulait des yeux apeurés, mais Richard Drouin agitait un index catégorique. « J'ai un vol à midi. Faites comprendre à Korochenko que si lui pas venir Metropol avant neuf heures, alors tant pis. *Niet*, *kaputt*, il n'y aura pas de seconde fois. »

À l'autre bout du fil le marchand d'armes russe avait dit oui sans chicaner, comme si l'heure et l'endroit lui étaient indifférents, comme s'il était au-dessus de ces finasseries, qu'il ne demandait qu'à faire plaisir à tout le monde, et M. Joyeux en fut vexé.

Il n'avait pas connu cette impression depuis longtemps. Il avait perdu l'initiative, les rôles s'inversaient. Ce constat désagréable (qu'il empruntait désormais une voie caduque) s'accompagnait d'un sentiment troublant de déjà-vu qu'amplifiait l'exaspérante lenteur des serveurs du Puccini.

Pendant qu'il menait ses affaires sur un mode traditionnel, quasi artisanal, ses confrères russes s'étaient réunis dans une datcha des environs de Kalimin, disait la rumeur, où ils avaient conclu une trêve sous l'égide de Vik Korochenko. Agissant sur eux à la façon d'une coulée de sang sur des requins, les stocks affolants dont ils disposaient grâce à la désintégration de l'empire soviétique et la faillite de son armée les avaient d'abord poussés à s'entre-dévorer, mais ils avaient fini par s'assagir, à renoncer aux voitures piégées, aux enlèvements, à la torture, aux émasculations pour l'exemple. Plus de guet-apens (leur guerre de gangs s'était soldée par des dizaines de cadavres, selon la presse), plus de coups fourrés, plus de dénonciations calamiteuses. Ils s'organisaient, ils échelonnaient leurs livraisons, ils échangeaient des informations sur les routes minées, sur les mauvais payeurs : ils se partageaient le gâteau yougoslave en tranches justes. Pragmatisme, efficacité, tels étaient les nouveaux mots d'ordre. L'identité du client importe peu ; on oublie ses préférences, on rengaine ses convictions. Qu'il fût Serbe, Croate, Bosniaque, nationaliste ou séparatiste, assiégé, épurateur, collabo, milicien, résistant, on ne devait considérer que le consommateur et l'acteur privilégié de la consommation, car le marché des armes se différencie de celui des yaourts ou des aspirateurs en ce sens que la demande des uns résulte de la demande des autres : chaque acheteur naît d'un acheteur opposé. C'était, paraît-il, la trouvaille de Korochenko : équilibrer la puissance de feu des belligérants de façon que perdurât le conflit. Si la victoire s'attachait trop à un camp, préconisait-il, d'après ce qu'avait entendu dire M. Joyeux, il fallait épauler le camp adverse avant l'anéantissement, afin que les carnets de commandes continuassent à se remplir. Voilà pourquoi les Russes, qui vendaient aux nationalistes, fascistes, chrétiens, communistes (principalement), souhaitaient à présent s'entendre avec ceux qui, comme M. Joyeux et ses fournisseurs américains, français, iraniens, équipaient Croates, musulmans, indépendantistes (principalement). Les marchands d'armes de tous bords, disait en résumé le message que Richard Drouin avait reçu à Bruxelles, devaient coordonner leurs opérations dans l'intérêt général. Le message évoquait la constitution d'une sorte de haute autorité. Il disait aussi que Vik

Korochenko serait personnellement honoré si Richard Drouin consentait à l'associer par ailleurs à ses transactions africaines. S'agissait-il d'une clause ou d'un simple post-scriptum ? Ce n'était pas clair. Selon Malik Azzam la formulation contenait un fond de menace.

« Ça ne fonctionnera pas, s'était exclamé M. Joyeux. C'est ridicule...

— Nos amis feront en sorte que ça fonctionne », avait répondu le messager.

Il se sentait abattu. Il prenait de l'âge. N'était pas certain de saisir les nouveaux codes.

Il faillit questionner Anatoli Vassiliev et se ravisa. Rien ne l'assurait que l'avocat n'était pas de mèche avec la concurrence.

« Toi perdu appétit ? »

Richard Drouin regarda sa montre. La harpe s'était tue. La musicienne fumait une cigarette en compagnie du maître d'hôtel, derrière une colonne, et il remarqua que c'était une toute jeune fille et qu'elle avait pleuré. Il n'avait pas d'autre choix pour l'instant – une fois de plus – que de prendre son mal en patience. Achever son tiramisu. Sourire, se faire raccompagner au Métropole. Boire un dernier verre au bar du rez-de-chaussée où il retrouverait peut-être, parmi les prostituées qui traquaient les célibataires insomniaques, l'industriel hollandais avec qui il avait échangé quelques phrases la veille. La solitude ne l'effrayait pas, loin de là, Richard Drouin s'y était accoutumé au cours des années, mais il savait qu'il aurait du mal à s'endormir faute d'avoir donné assez d'exercice à ses jambes. Son corps le démangeait. La visite du musée du Kremlin, suivie de celle de la galerie Tretiakov (où d'autre se promener en cette saison ?) ne l'avait pas occupé plus de trois heures, car ce qu'il voyait l'ennuyait (les jolies choses venaient d'Europe, le reste était hideux, cette terre était stérile) et que, par habitude, il marchait au pas cadencé.

L'addition arriva enfin, aussi astronomique qu'il l'avait

imaginée. Il paya cash et ne laissa pas de pourboire. Récupéra sa chapka au vestiaire, sa pelisse, ses gants fourrés, son écharpe en vigogne. Et attendit dans le tambour de la porte qu'Anatoli Vassiliev réveillât leur chauffeur.

Au-dehors, la morve gelait au bord des narines.

Paris, lundi 9 avril

« Demandez Catherine Kerner, m'a dit Seligman. Je l'ai prévenue. »

Je passe par l'agence de photos avant de me rendre à Mortier. On ne saurait tomber plus mal. Le week-end a été riche en déclarations, meetings et voyages électoraux. Les images arrivent en cascade de Toulon, de Maubeuge, des Dom-Tom, qu'on classe, qu'on légende. L'atmosphère est celle du Service les jours de crise. Autour de moi, dans la grande salle où m'a guidé la réceptionniste, les visages des neuf candidates et candidats à la présidence scintillent tour à tour sur les moniteurs, le bras levé, la bouche fleurie, avides d'incarner la France : l'une en robe blanche, parée d'une couronne de flamboyants telle une danseuse tahitienne, l'autre en pull-over à côtes, à tu et à toi avec des vignerons du Languedoc, celui-ci, le regard au ciel, ravi du baiser que lui décerne la centenaire d'une maison de retraite.

Ce matin, par téléphone, le général m'a demandé d'accélérer les choses. Mon visa est prêt. Il souhaite que je parte samedi par le vol Air China de 13 h 40. Il veut clore l'affaire Chrysanthème avant le renouvellement des mandats, me dis-je, ne sachant qui sera en place demain. Comment ne l'ai-je pas compris plus tôt ? Solutionner l'affaire et l'enterrer assez profond pour que personne n'en flaire plus jamais l'odeur. À moi de faire le ménage – pour cause de changement de direction.

Catherine Kerner lève enfin le nez.

« Je cherche un reportage que Max Jameson a réalisé en

Angola, lui dis-je. Mais j'ai l'impression que ce n'est pas le bon moment.

— C'est tous les jours pareil. Installez-vous là. Je vais demander à une stagiaire de s'en occuper. »

La stagiaire revient dix, douze minutes plus tard, perplexe. Elle a trouvé une fiche, mais pas les photos qui lui correspondent. L'expression de Catherine Kerner suffit à la convaincre d'effectuer une deuxième recherche. Elle reparaît bientôt, très embêtée, une feuille à la main. Elle a une date et un numéro d'enregistrement, mais pas de bon de sortie, et les images ne figurent nulle part, sous aucune entrée : ni à Angola, ni à Jameson, ni à conflits africains, ni à humanitaire, ni à...

Catherine Kerner lui arrache le papier des doigts. Un imbécile a dû mal les ranger, s'énerve-t-elle.

Un quart d'heure plus tard, après que trois personnes s'y sont mises, il lui faut se rendre à l'évidence, le reportage a disparu. Certains ont leur petite idée. Une femme rousse du nom de Delphine soutient que Jameson, qu'elle a bien connu, n'a jamais mis les pieds dans un pays en guerre : les photos n'existent pas tout bonnement parce qu'il ne les a pas prises. « Il faisait le people, argumente-t-elle. Tu le vois sur un champ de bataille ? Tu l'imagines dans un camp de réfugiés ? » Quelqu'un d'autre (un certain Patrick, je crois) se rappelle parfaitement de son côté que Jameson est parti pour Luanda, capitale de l'Angola, juste après son retour à la photographie, début 1997 ; quatre ans d'inactivité ne le mettaient pas en position de faire la fine bouche. Le papier que brandit la stagiaire lui donne raison. Chacun se penche sur la fiche. Les photos n'ont jamais été diffusées, remarque Catherine Kerner. Puis une voix dit : « Attendez, vous vous souvenez de ce cambriolage... » Et j'apprends que des voleurs ont fracturé un soir la porte de service de l'agence. Un vigile qui faisait sa ronde a reçu une balle dans le pied. Quantité de matériel informatique a été volé, des appareils, des ordinateurs. Un court-circuit a provoqué un début d'incendie, détruisant une armoire d'originaux dont la plupart n'étaient pas numérisés. Les clichés qui m'intéressent, d'après Catherine Kerner, étaient peut-être du lot.

Je demande quand a eu lieu le cambriolage. En janvier 1998, me répond-on, soit peu de temps après l'horrible suicide de Jameson et, à défaut d'autre chose, tout en remerciant chacun de son amabilité, j'inscris cette date dans le carnet turc.

*
* *

De vagues promesses avaient conclu l'entrevue de Moscou, mais dans l'ensemble la discussion s'était révélée positive. Il fallait réfléchir, apprendre à se connaître. Et l'Afrique ? voulait savoir Vik Korochenko. M. Joyeux avait soupiré que rien ne se faisait là-bas sans l'aval de la France. « La France, ce n'est qu'un problème d'argent », avait rétorqué le Russe. Les deux hommes s'étaient alors observés sans mot dire, puis ils s'étaient quittés sur une longue poignée de mains, les doigts solidement imbriqués, en s'attrapant le bras comme le font les chefs d'État devant les caméras de la télévision.

Surmontée d'un gyrophare, la voiture blindée que lui avait procurée Anatoli Vassiliev ne s'arrêtait pas aux feux rouges. Les policiers n'y trouvaient rien à redire et Richard Drouin arriva en avance à l'aéroport. La nouvelle Russie présentait aussi ses avantages.

Il débarqua à Paris à 17 h 55, d'après son dossier. Il se rendit à l'hôtel Royal-Monceau où il avait réservé une suite. Prit ses messages, donna plusieurs coups de téléphone (infructueux pour la plupart) et rejoignit à grandes enjambées, balançant les bras et multipliant les détours par plaisir, un restaurant élégant proche de l'Alma, où le préfet de la Seine-Maritime l'attendait devant un cocktail à la pêche et des amuse-gueule. Le préfet, factotum d'un ex-ministre de l'Intérieur, allait le décorer de l'ordre du Mérite lors des festivités du 14 juillet et ils avaient prévu de discuter ensemble du détail de la cérémonie, notamment du discours qui accompagnerait la remise de la médaille, comme cela se fait en pareil cas. Le préfet signalerait les précieux services rendus à la France par le récipiendaire, cela va sans dire ; il évoquerait à mots couverts le rôle joué par Richard Drouin dans la libération des otages du Liban, ainsi que son engagement pour le rayonnement d'une branche de notre industrie dont dépendent des dizaines de milliers d'emplois ; il insisterait par ailleurs sur son action infatigable en faveur de l'enfance défavorisée, rappellerait sa générosité, la façon dont il avait ouvert son haras des Bluettes aux petits orphelins de Saint-Ornulfe en accord avec le maire de Blainville-Crevon, « notre cher Bussy-Lignères », et terminerait sur son ambitieux projet d'association internationale, Gamins du monde qui mobilisait déjà des dizaines de personnalités de premier plan ; mais il manquait d'informations biographiques, dit-il, d'anecdotes intimes, propres à étoffer son texte.

Richard Drouin l'arrêta d'un tss-tss embarrassé, tandis que sa moustache prenait un arrondi modeste. Il avait préparé des notes, lui dit-il en faisant glisser sur la nappe une enveloppe de papier kraft. « Un petit aperçu de ma vie, où je vous ai mis quelques mots sur ma mère. Elle est presque nonagénaire, mais elle fera le déplacement de Suisse pour assister à la remise, si sa santé le lui permet. C'est une femme merveilleuse, d'un grand courage, et je souhaiterais que vous… Qu'elle soit… » Il devint soudain tout rouge. De son côté le préfet parut désappointé, mais il entrouvrit l'enveloppe et, quand il aperçut la photocopie de l'ordre de transfert émanant d'une banque luxembourgeoise agrafée aux feuillets manuscrits, et le chiffre à six zéros qui y figurait conformément à leurs accords, une lueur de mansuétude éclaircit son visage.

« Oh, s'exclama-t-il, vous avez bien de la chance d'avoir encore votre maman. »

L'enveloppe disparut dans sa poche.

« J'aimerais qu'à travers moi ce soit elle qu'on...

— N'en dites pas plus, mon cher. Mme Drouin sera la reine de la fête. »

Paris, mardi 10 avril

L'ancienne maîtresse de Dominique m'a donné rendez-vous à 19 heures. Je fais des détours et change de rame de métro avant de sonner à sa porte.

Je la sens tout de suite nerveuse, cassante, pressée d'en finir. Peut-être ne mord-elle pas complètement à mon histoire, malgré la fausse carte tricolore que je lui tends et le costume et la cravate sombres qui étayent mon prétexte ? Peut-être, plus simplement, n'a-t-elle pas le désir de revenir sur les années qu'elle a partagées avec Dominique qu'elle connaissait sous le nom de Boisdeffres ? Elle s'est mariée il y a trois ans, me dit-elle d'emblée et, comme pour m'en fournir la preuve, appelle : « Charles, Charles ! » Un grand type habillé un peu comme moi surgit dans mon dos, l'œil acerbe. Patricia Hourtoule a soin de m'informer, en guise de présentation, que son époux travaille à la direction de l'urbanisme de la mairie de Paris. Sur les murs tendus d'un papier bleuâtre des dessins d'architecture anciens s'étagent jusqu'au plafond.

L'accueil de Bidi Jameson était plus chaleureux.

Mes félicitations tombent dans le vide. L'époux fait hum et se retire dans une chambre attenante au salon, dont il ne ferme qu'aux deux tiers la porte coulissante, me signifiant ainsi qu'il ne perdra pas une miette de nos propos et qu'il interviendra à la moindre alerte.

On m'indique une bergère. Je fixe le bout de mes souliers. L'entretien semble mal parti.

Patricia Hourtoule a dit déjà tout ce qu'elle savait aux hommes qui l'ont interrogée, à l'époque. Et non, encore une fois, non, non, elle n'a jamais vu la « fameuse lettre ».

Elle ne l'a jamais vue, me répète-t-elle avec une expression accusatrice, comme si j'avais ma part de responsabilité dans les épreuves qu'elle a traversées. « Jamais lue, jamais vue ! crie-t-elle d'une voix aiguë. Combien de fois dois-je le répéter : à moi, il n'a pas laissé une ligne en partant, je n'ai même pas eu droit à un coup de téléphone. Vous êtes bouché, dans l'armée ! J'aimerais qu'on me laisse enfin tranquille... »

À quoi fait-elle allusion ? Avant de monter dans son 4 × 4 et de quitter Paris par l'autoroute de l'Est, Dominique aurait écrit une lettre ? Il aurait averti quelqu'un de son intention de déserter ? Relevant la tête, j'essaie de masquer mon étonnement derrière une grimace de sympathie. Voilà alors pourquoi la déclaration de Patricia Hourtoule ne figurait pas dans le dossier du fort de Noisy : le procès-verbal de son interrogatoire faisait état d'une lettre de Dominique – d'une lettre qu'en raison de notre besoin d'en connaître le général ne voulait pas me communiquer, d'une lettre dont je ne devrais pas soupçonner l'existence.

« Arrêtez de me persécuter, hoquette Patricia Hourtoule. Pendant un an vous m'avez mise sur écoute, vous avez lu mon courrier avant que je l'ouvre, vous m'avez suivie, vous avez surveillé mon bureau, vous avez espionné mes parents...

— Calmez-vous, lui dis-je en poussant du talon la porte coulissante. C'est du passé, cela ne se reproduira plus, je vous en donne ma parole. »

J'essaie de comprendre : si Dominique a justifié sa défection par écrit, ses explications devaient être suffisamment embarrassantes (je ne trouve pas de meilleur terme sur le moment) pour que le Service ait cherché à s'assurer qu'aucune personne de son entourage n'en eût connaissance... Mais pourquoi alors se serait-on acharné sur la seule Patricia Hourtoule ? Dominique avait une sœur, une seconde maîtresse, des collègues, des amis…

Tandis que je retourne en vain la question, Patricia Hourtoule me fournit d'elle-même une ébauche de réponse :

« Il était venu habiter chez moi, se met-elle à sangloter. Nous n'avions jamais été plus proches… Deux jours plus tôt, il m'avait demandé si j'accepterais de le rejoindre au cas où il s'installerait à l'étranger… Comment aurais-je pu deviner qu'il parlait sérieusement ? J'avais mon boulot, ma famille. Et puis…

— Je comprends, lui dis-je.

— Il en avait sa claque de l'armée.

— Bien sûr. Vous ne pouviez pas prévoir.

— Si seulement il m'avait… »

Je pose une main sur son épaule jusqu'à ce qu'elle s'apaise.

« Vous n'avez aucun reproche à vous faire, dis-je de manière automatique, encore sous le coup de la lettre.

— Excusez-moi, renifle-t-elle. D'habitude je… »

Elle jette un coup d'œil en direction de la chambre, puis :

« Vous l'avez retrouvé ? chuchote-t-elle. C'est ça ? Il est… ?

— Non, non. Les recherches n'ont pas abouti, c'est sans espoir.

— Mais alors, qu'est-ce que… ?

— Il faut tourner la page, lui dis-je en aspirant une forte goulée d'air. Il y a prescription. On tenait à vous en informer. »

Sans m'en rendre compte, perturbé par les implications de la lettre, j'ai dû baisser le masque. Ses antennes perçoivent-elles une note équivoque ? Son trouble cède à la stupeur, laquelle éclate en une flambée haineuse :

« Foutez-moi le camp », me lance-t-elle.

Et de glapir : « Charles ! Charles ! »

*
* *

Le lendemain de son dîner avec le préfet, Richard Drouin prit le TGV pour Bruxelles et resta quarante-huit heures enfermé dans ses bureaux de la Semintex, entre la bretelle du Ring et la place Meiser, à donner des coups de fil et recevoir et envoyer des fax.

Pendant que Vik Korochenko lui débitait de beaux discours, un chargement de munitions et de fusils HK de fabrication iranienne (nom de code Hello Kitty) s'était perdu quelque part sur la rive orientale de Neretva. La main sur le cœur, le Russe avait juré de respecter les règles de la concurrence ; il prônait la création de couloirs d'approvisionnement pour les convois d'armes, sur le modèle des couloirs humanitaires ; et un village de l'ex-Yougoslavie venait d'être rayé de la carte faute d'avoir reçu les moyens de se défendre.

Téhéran affichait son mécontentement. Richard Drouin craignait de son côté que son lieutenant et plusieurs de ses hommes eussent disparu avec la marchandise, disparition qu'il avait du mal à classer en pertes et profits.

Selon son dossier, M. Joyeux commença par questionner ses relations. Il interrogea ses amis de l'OTAN, français, américains, belges, dans cet ordre, et fut dépité par le peu de considération qu'on accordait au problème. Il pensait qu'on se mettrait en quatre pour localiser son équipe ; au lieu de quoi chacun laissait entendre – oh, en termes diplomatiques – qu'il y avait d'autres priorités là-bas, malheureusement.

Quand il appela le numéro de Washington qui lui servait depuis plus de dix ans à transmettre des rapports et qu'il demanda à parler à Mike, il eut la désagréable surprise d'entendre que Mike avait pris sa retraite. Mike était le nom générique de ses officiers traitants. Cela signifiait-il que la nouvelle administration américaine le boudait, qu'elle voulait le mettre au rancart ? Après tout ce qu'on lui avait demandé, tout qu'il avait accompli ?

Le jour suivant était un samedi ensoleillé. Il le passa chez les frères Azzam, dans leur palais blockhaus voisin d'Anvers. Puis il battit le rappel de ses mercenaires, rangea dans son sac des caleçons longs et une tenue de combat complète, avec le gilet pare-balles doublé de soie sauvage que lui avait taillé un couturier de l'avenue Montaigne, et à l'aube du dimanche, la mine soucieuse, coiffé de sa chapka (il s'y attachait, visiblement), il s'envola pour Tirana – pour l'Albanie.

Nous ne connaissons pas son emploi du temps des quatre jours suivants.

*
* *

« Allô ? »

Je rappelle Pierre Dario-Sebald.

Je réussis enfin à joindre Julie Wassermann : voix de gorge, rieuse, très attirante.

Je téléphone à Jean-Philippe Lemagny, le copain des archives dont j'ai partagé la table l'autre jour, au mess de Noisy.

« Pierre ? »

Dario-Sebald me fournit les noms de deux officiers de la Maison qui ont travaillé avec Dominique ; l'un a pris sa retraite dans le Périgord, l'autre habite la banlieue parisienne. Plutôt que de me répondre quand je lui demande des nouvelles de sa santé, il pousse un grognement comme si je l'importunais en lui remettant en tête un souvenir désagréable, et me promet à la place de me communiquer par mail, avant ce soir, les éléments qu'il a réunis sur le médaillé de l'administration, l'acolyte du général.

« Je...

— Gardez vos salamalecs, vous me remercierez plus tard. »

Julie Wassermann, à qui je ressers la fable d'un film inspiré de Jameson, se récrie qu'elle a une semaine très chargée avant de me concéder un déjeuner sur le pouce, jeudi, au bar du Plaza. J'aurais préféré un cadre moins intimidant, davantage dans mes habitudes (peut-on y commander un jambon-beurre ?), davantage dans mes moyens surtout, mais j'accepte avec empressement, feignant un naturel et une décontraction conformes à ma couverture. Je note de retirer cent euros à un distributeur. Vérifie les prix sur internet. Disons cent cinquante.

Jean-Philippe Lemagny n'est pas étonné par mon appel, il semble juste sur la défensive. Si je m'adresse à lui en dernier, c'est que j'attendais d'être certain de ma demande avant de solliciter son aide, sachant qu'il ne me refuserait pas une faveur mais ne m'en ferait pas deux. De quoi ai-je le plus besoin ? Qui me faut-il cribler en priorité ? J'ai pensé à consulter le dossier du général, puis je me suis dit que j'y trouverais au mieux un nom au-dessus du sien dans la hiérarchie, car il est peu probable qu'un de nos gradés, quel que soit son rang, fasse la chasse au déserteur pour son propre compte. J'ai songé ensuite à Bussy-Lignères, suivant l'hypothèse de Dario-Sebald d'une forfaiture liée au commerce des armes ; mais le maire royaliste de Danville-Crevon était de son vivant une sorte de célébrité et il existe cent moyens faciles de se renseigner sur lui. En raison de sa position médiane, en revanche, et pour ce que j'en connais déjà, l'opaque voisin de Bidi et Jeannot Gilloux, l'homme du haras des Bluettes qui a offert à Max Jameson un poignard forgé dans le fer d'une météorite, semble la meilleure option.

Croisant les doigts pour ne pas gaspiller mon atout :

« J'aimerais jeter un coup d'œil, dis-je à Lemagny, sur ce qu'on a aux archives sur un certain Drouin Richard, citoyen helvétique.

— Passe en fin de journée, me répond-il après une

longue seconde de réflexion. C'est là que c'est le plus calme. »

Nous sommes mercredi. Il reste trois jours pleins avant mon départ pour la Chine.

*
* *

M. Joyeux utilisait le port de Rijeka depuis l'époque où il équipait la jeune armée croate, au début des années 1990. Les canons à obus Howitzer, les efficaces mitrailleuses de .50, les missiles russes Igla, les Milan français, les Uzi israéliens, les munitions par centaines de mille voyageaient grâce à des certificats *end-user* de complaisance et de faux documents de non-réexportation. Officiellement destinés au Paraguay ou au Tchad, une avarie que justifiaient d'énormes pots-de-vin et des protections « au plus haut niveau » permettait leur débarquement de jour sur un quai de l'Adriatique. Pourquoi se cacher ? M. Joyeux avait si bien tissé sa toile qu'il louvoyait à son aise entre les forces maritimes internationales chargées d'appliquer le blocus. Un patrouilleur américain (les Américains soutenaient la Croatie) escorta même un jour un rafiot de la flotte Azzam à travers tout le canal d'Otrante. Lorsque le conflit s'étendit, que l'embargo toucha l'ensemble des États de l'ex-Yougoslavie et qu'il lui fallut approvisionner les musulmans bosniaques pour le compte des Iraniens qui leur dépêchaient déjà des instructeurs, des aspirants au martyre et des imams, M. Joyeux continua à passer par Rijeka ; les frères ennemis croates et musulmans de Bosnie faisaient front commun contre les Serbes et se partageaient les cargaisons aussi équitablement que possible. On ne pouvait en dire de même des factures. Zagreb prélevait sa part, puis temporisait, ergotait, faisait la sourde oreille afin de négocier une réduction de sa dette. Parfois la marchandise transitait aussi par le port slovène de Koper.

Les avions qui partaient d'Iran, certains loués à des *brokers*, d'autres affrétés directement par la Safiran Airlines, compagnie officielle iranienne, atterrissaient à Pula, station balnéaire du Nord-Est de la Croatie, appréciée jusque-là pour ses plages et son amphithéâtre romain. D'autres se posaient directement en Bosnie, en territoire musulman, à Tuzla, ou sur la base aérienne de Bihac. Il y avait aussi les pistes en terre, éclairées par des brûlots, qui ne servaient aux Iliouchine qu'une ou deux fois, et bien entendu les parachutages dans les zones montagneuses, d'accès difficile.

C'était un chaos sournois et monotone et Richard Drouin confiait de plus en plus souvent à ses hommes de main la surveillance du chargement et le convoyage de la marchandise. La fréquentation des ministères, des chancelleries, des présidences (le chef de la République islamique lui avait accordé une audience, le président ivoirien l'appelait mon frère) l'avait un peu dégoûté des tarmacs et des docks. Il engrangeait des profits colossaux, mais l'argent lui montait moins à la tête que le titre de conseiller ou d'envoyé spécial dont il aimait à se prévaloir, moins que les honneurs feutrés qu'on lui rendait, moins que le sentiment croissant d'ajouter sa pierre à la grande pyramide de l'Histoire. Goran Slimovic, l'ancien légionnaire qu'il avait sauvé d'un poteau d'exécution salvadorien, était devenu ainsi petit à petit, par la force des choses, sinon son bras droit pour la Yougoslavie, du moins son représentant sur le terrain où lui-même n'apparaissait plus qu'en de rares occasions. Goran parlait les langues locales. Goran avait un tempérament d'acier. Bien sûr il bricolait un peu pour son propre compte. Il faisait du trafic de pneus, de gasoil, de voitures volées, dans un sens ; et de marchandise humaine dans l'autre sens, alimentant en main-d'œuvre les entreprises du bâtiment et les proxénètes d'Europe de l'Ouest, car il eût été bête de repartir à vide. Richard Drouin fermait les yeux. Ces à-côtés profitaient à l'ensemble de ses troupes. Ils dopaient leur moral, c'était tout à la fois le ciment et la carotte de sa petite organisation.

Goran Slimovic était un soldat expérimenté, d'une prudence méthodique même lorsqu'il forçait sur la bouteille. Alors que s'était-il passé ? Une trahison ? Une embuscade ? Les caisses de HK et de 5,56 mm avaient été mises à quai et chargées sur quatre semi-remorques, lesquels s'étaient volatilisés en route, avant d'atteindre le point de jonction de la Neretva. Richard Drouin eût sans doute laissé courir en temps normal, il ne s'agissait que de malheureux fusils d'assaut et de quelques lance-grenades ; mais, quelle qu'en fût la nature, l'incident avait eu lieu durant son séjour moscovite, pendant que s'ébauchaient les bases d'une alliance qui, après réflexion, paraissait riche en possibilités. Elle tournerait à son désavantage, calculait-il, s'il l'abordait en position de faiblesse – cela risque de se savoir, s'énervait-il – et même si personne n'est irremplaçable, il s'était attaché à Goran. Il l'entendait encore pousser son juron favori, phonétiquement : *liebem ti tsuntse*, qu'on peut traduire par *Je nique ton soleil.*

Les aléas de la guerre ? Peut-on croire aux coïncidences ? Tout au long du voyage il se demanda si Vik Korochenko n'entrait pas pour quelque chose dans la disparition du convoi.

*
* *

Une photo que conserve le Service montre Richard Drouin dans ces années-là. Sa peau s'est ravinée, son crâne s'est dégarni. L'étroite couronne de cheveux qui lui reste a blanchi comme la moustache, mais, derrière les petits verres ovales des lunettes à monture métallique, les yeux clairs n'ont rien perdu de leur entrain.

*
* *

Une légende veut qu'il effectuât une partie du chemin à cheval, franchissant à pied les cols les plus hauts. En réalité il survola la frontière en hélicoptère et fit le reste du trajet dans un blindé léger dont la couleur laiteuse évoquait la peinture des véhicules des Nations unies.

Les pneus chassaient sur la boue enneigée des petites routes. Ils roulaient en formation aussi serrée que possible. Deux gros tout-terrain en tête, un autre en queue, voiture-balai équipée d'une mitrailleuse PKM, le blindé au centre. Dix-sept hommes en tout, de nationalités diverses, interprètes et chauffeurs compris. Ça cahotait, ça dérapait, ça n'avançait pas assez vite au gré de M. Joyeux qui misait sur un effet de surprise.

L'Albanais chargé de la logistique se prénommait Naim. Il avait prévu deux points de ravitaillement et d'exfiltration en cas de problème, qu'il avait entourés en rouge sur la carte. Avec ses pommettes épaisses et ses paupières étirées il ressemblait à un Ouzbek. Assis près de lui sur la banquette avant, Richard Drouin l'entendait fredonner en continu des chants nasillards, pleins de trémolos lugubres qui mettaient ses compatriotes en état de transe. Il y était question, apprit-il lorsqu'on lui en expliqua les paroles, de *kreshnik*, de preux, de braves dotés de pouvoirs surnaturels par la grâce des *zane* et des *ore* qui sont des sortes de fées.

Ces romances épiques, une fois passé le stade de l'agacement, quand on en avait assimilé le sens général et que l'imagination s'y ajoutait, donnaient beaucoup de mystère aux paysages pelés par le froid qu'encadrait le pare-brise. Des doigts bagués soutenaient doucement le rythme sur le canon d'un fusil, sur la tranche d'un casque. Affalé à l'arrière, Hondo, le Cubain, assurait les contretemps en raclant sa chevalière sur le quadrillage d'une grenade. Le voyage paraissait moins long de la sorte et Richard Drouin, au lieu de crier à la ronde de la boucler car ça l'empêchait de réfléchir, se surprit à remuer les lèvres et écorcher les syllabes du refrain à son tour.

La troupe entière poussa bientôt à l'unisson l'âpre rengaine que la radio de liaison transmettait aux trois autres véhicules. Des diablesses tissaient leurs maléfices, le sang des guerriers se transmuait en philtre d'amour, la belle paysanne dansait parmi les ours et les cerfs afin que son fiancé lui revînt. Les rares êtres vivants qu'on apercevait dans ces collines s'incorporaient sans peine à la fantasmagorie, et pas seulement en raison de la distance ou de la rapidité avec laquelle ils sortaient du champ de vision. La femme en noir ployant au milieu d'un chemin creux sous le poids d'un fagot n'avait pas l'air tout à fait réelle, non plus que le paysan vêtu d'une sorte de poncho, la carabine à l'épaule, houspillant trois chèvres que tétanisait le bruit des moteurs. C'étaient à coup sûr des fantômes errant au bord du ciel. Ici les elfes avaient bousculé un barrage, précipitant fûts et sacs de sable dans le fossé où rouillait la carcasse d'une camionnette d'un autre âge. Plus loin un aigle cracheur de feu avait détruit la ferme dont subsistaient trois pans de mur coiffés d'un enchevêtrement de poutres fumantes ; on distinguait les traces des serres sur la façade et les grands trous noirs qu'avait creusés le bec. Les monceaux de gravats alentour ? Des cumulus élevés à la mémoire des chevaliers qui avaient défié les ténèbres.

La guerre, nota M. Joyeux, sécrète des hormones hallucinogènes qui empêchent de la regarder en face. Il y avait bien longtemps qu'il ne s'était pas retrouvé au cœur des opérations et de vieilles sensations lui revenaient, comme des picotements dans la pulpe des doigts, qu'il n'accueillait pas sans plaisir. Elles établissaient une continuité, elles démontraient qu'un peu de celui qu'il était autrefois flottait encore dans sa grosse carcasse. Il s'était vu diminué à Moscou, confronté à un monde où il n'était pas certain d'avoir une place. Et chez les frères Azzam, dans leur palais forteresse des environs d'Anvers, plus que la mauvaise nouvelle de la disparition de Goran et des HK, une grande insatisfaction, l'impression de ne pas mener la vie qu'il méritait, *Oh, I deserve much better than that!* avaient gâché la fête, lui faisant craindre ce que lui réservait l'avenir. Le cuisinier avait installé un barbecue près du bassin, sur le gazon encore blanc de givre ; les nombreux neveux de Malik, déguisés en pirate, en Davy Crockett, se pourchassaient en criant dans la fumée des côtelettes d'agneau et des merguez ; c'était un beau week-end d'hiver ; et soudain, sans raison tangible, malgré les démonstrations d'amitié qu'on lui prodiguait, il s'était senti de trop, étranger, incapable en tout cas de partager la liesse que suscitait l'annonce des fiançailles de son ami. Il avait contribué au projet, répétant à Malik que son frère aîné parlait avec la voix de la sagesse lorsqu'il le poussait à fonder une famille, qu'il était de son devoir de laisser une descendance, et maintenant que Malik s'était rendu à leurs arguments, que les parents de la jeune femme, de riches Jordaniens de Londres, avaient donné leur accord et qu'on avait fixé jusqu'au montant de la dot, qu'on avait acheté le yacht sur lequel se déroulerait la lune de miel, Richard Drouin songeait : en quoi est-ce que cela me concerne ? qu'est-ce que ça peut me faire ? je n'obtiendrai pas ici le contentement de mes désirs. À quel moment leurs chemins avaient commencé à diverger, il ne savait le dire ; il se demandait plutôt si leurs chemins avaient jamais été parallèles comme il l'avait cru, s'il ne s'était pas aveuglé de bout en bout, s'il n'avait pas grossi jusqu'à l'absurde une attirance indéniable mais somme toute secondaire, une lubie en quelque sorte, pour l'unique motif qu'elle était sans espoir. Ces interrogations découvraient une atroce impression de vide, d'autant plus détestable que ce vide avait grandi sous les paillettes de l'illusion.

Richard Drouin s'était toujours figuré qu'il atteindrait la soixantaine dans la peau d'un grand bourgeois repu, et voilà que, s'il avait pour moitié réalisé son programme, la bête continuait à piaffer et ruer comme si elle n'avait pas encore pris la mesure de son enclos. Il avait besoin d'autre chose. Tandis que les invités rejoignaient la tente dressée sur la pelouse des frères Azzam, il s'était dit, songeant à l'idéal de quiétude qu'avaient essayé de lui inculquer les bons pères qui l'avaient préparé à la maturité, équivalent suisse du baccalauréat : quel attrape-couillon ! et il s'était gargarisé du mot. Dans un monde qui n'est que mouvement et transformation, la paix intérieure se gagne en bougeant et se transformant sans cesse, en épousant le rythme des planètes, en adoptant la cadence des atomes. À bord des jets qui l'emmenaient en mission, sur les longs tapis rouges des réceptions officielles, le temps semblait s'accélérer. On respire différemment dans les hautes sphères où se décide le sort des autres, pensait-il, et c'était cet air-là, brassé par des vents impérieux, que ses poumons réclamaient de toute leur force.

Le cuisinier pakistanais des Azzam attisait la braise du barbecue à l'aide d'un magazine qu'il agitait à deux mains et Richard Drouin avait aperçu à un moment, sur la couverture, dans une envolée d'étincelles, le sourire magique de la princesse photographiée à la première d'un film. Elle portait un fourreau rouge moulant, très décolleté, et brandissait une rose avec l'air d'avoir remporté un Oscar. Le reportage, publié dans un supplément du week-end, avait inspiré à Malik, quelques heures plus tôt, des phrases acides dont la petitesse l'avait glacé. Malik estimait, sans doute dans la perspective de son propre mariage, que la jeune femme eût dû se retirer de la vie publique après son divorce et renoncer aux flashs des photographes pour se consacrer pieusement à ses deux fils. Elle s'affichait partout, protestait-il, au bras des pédés du show-biz, habillée comme une… – Combien Malik avait changé ! – Lui, Richard Drouin, approuvait sans restriction la conduite de la jeune femme dont il avait suivi la carrière depuis le début, si bien qu'elle lui était devenue très proche, d'une certaine façon, au fil des années. Il comprenait surtout, pour l'éprouver dans sa chair, qu'on n'abandonne pas la course sans en crever. La princesse voudra toujours passer la vitesse supérieure, prophétisait-il. Elle et moi sommes de la même trempe. On ne se blottit pas sous la couette avec une bouillotte lorsqu'on a découvert sa valeur dans le miroir des autres, qu'on a connu l'exaltation de la vie en grand format.

Les véhicules avaient ralenti cependant, la voiture de tête les avertissait par radio qu'ils approchaient d'un village, et chacun vérifia son arme et ajusta son casque d'un geste automatique.

« C'est ici ? » demanda Richard Drouin. L'Albanais répondit par un hochement de tête.

Ils s'arrêtèrent, les portières s'ouvrirent, on releva les crans de sécurité.

Richard Drouin régla ses jumelles et scruta ce qui subsistait des maisons et des immeubles. L'aviation avait lâché ses bombes puis, à en juger par la taille des impacts, l'artillerie avait pris le relais, avant qu'une unité d'infanterie n'eût fini le travail. De nombreux bâtiments tenaient encore debout, mais ils n'avaient plus de vitre et souvent, plus de toit. Par les brèches le regard plongeait dans les appartements dévastés où l'on apercevait les fleurs d'un papier peint, du bois brisé, une jungle de câbles et de tuyaux.

La route avait été déblayée au bulldozer néanmoins et Richard Drouin donna l'ordre d'avancer.

Des tombes s'alignaient par dizaines dans un champ de maïs laissé en friche, entre le village et la rivière qui serpentait au creux de la vallée. Tous les morts n'avaient pas dû être enterrés néanmoins ; de gros oiseaux noirs picoraient les ruines en sautillant, ailes écartées, tandis que d'autres tournaient en rond dans le ciel. Et en effet, quand ils pénétrèrent dans l'agglomération, ils virent des bouts de cadavres émerger des gravats, un pied nu, un torse sans tête en maillot de corps, boursouflés et gris.

« Plus que cent mètres », dit Naim.

L'homme avait dit qu'il attendrait devant les décombres de l'église. Il prétendait savoir où se trouvaient les HK et on lui avait promis deux mille marks en échange de ses informations ; ce type n'avait foi qu'en la monnaie allemande.

*
* *

Essayons de comprendre...

Le mail de Dario-Sebald me donne un nom à particule : le médaillé de l'administration : Conrad de Lhomond du Bricourt, sous-directeur d'Arva Industries, groupe formé par la fusion, à la fin des années 1990, de diverses sociétés productrices d'armements conventionnels, parmi lesquelles la SSMA, en gras dans le texte. Une courte bio où je découvre que je ne me suis pas entièrement trompé : polytechnicien, l'acolyte du général a fait ses classes à la Délégation des affaires stratégiques du ministère de la Défense avant d'entrer dans le privé. L'organigramme d'Arva Industries : à la tête d'un département baptisé *Prospectives et investissements*, pratiquement au même niveau que le médaillé de l'administration, figure l'économiste Jean-Luc Massard, également en gras. Suivent une quinzaine de lignes résumant le parcours, après l'échec aux législatives de 1993, de l'ancien conseiller du ministre suicidé : sa nomination à la BAFI, une banque suisse fondée par ELF et aujourd'hui dissoute, dont la clientèle se composait exclusivement de chefs d'État africains ; les ennuis que s'y est attirés Massard sur la fin ; l'explosion de sa Peugeot devant sa villa genevoise de fonction, en 1997 (confer l'article de la *Tribune de Genève*, pièce jointe n° 1) et l'incendie de l'Audi de son épouse Sonia (*La Dépêche du Midi*, pièce jointe n° 2), dans leur maison de campagne de l'Aveyron ; leur mariage n'aurait pas résisté au stress induit par la violence de ces actes criminels inexpliqués : divorce prononcé moins de six mois plus tard ; enfin son retour en France, après liquidation de la BAFI (article des *Échos*, pièce jointe n° 3), et sa reconversion à Arva Industries, tout cela sous une présidence de droite, comme quoi les anciens clivages étaient devenus déjà relativement artificiels.

Dario-Sebald m'offre en annexe (bulletin de l'*International ProLink Observer*, pièce jointe n° 4) une étude indigeste mais sérieuse, vu les renvois en bas de page, sur la façon dont la discrète banque d'affaires suisse réinjectait dans le circuit légal le pétrole échangé contre des armes, le convertissait en valeurs financières à l'abri du fisc et des douanes, et distribuait les rétrocommissions d'usage via les Bermudes, le Luxembourg, le Lichtenstein et Jersey.

Commentaire de Dario-Sebald : « La brigade de répression de la délinquance économique n'a jamais enquêté sur les activités de J.-L. Massard. Aucun juge n'a demandé à l'entendre, pas même à titre de témoin. »

Essayons de comprendre – l'injonction m'est devenue une sorte de rituel.

Je referme mon carnet dans lequel j'ai recopié mot pour mot l'entier contenu du mail et, incapable encore d'intégrer ce fatras dans un ensemble cohérent, l'esprit obscurci par une espèce de purée de pois, je contemple pendant une bonne minute la vue aérienne d'Istanbul imprimée sur le carton de mauvaise qualité, le Bosphore, Sainte-Sophie ou la Mosquée bleue, dont le pelliculage commence à gaufrer et les coins, à noircir.

La prudence aurait voulu que je détruise mes notes au fur et à mesure, mais j'estime qu'elles ne risquent rien tant que je les conserve sur moi, dans la poche arrière de mon pantalon.

Je verrai plus tard, me dis-je. Lorsque j'aurai épuisé les dernières sources dont je dispose, que j'aurai discuté avec Julie Wassermann, que j'aurai interrogé les collègues de Dominique, que j'aurai parlé, si j'y arrive dans les quarante-huit heures qui me restent (mais sous quel prétexte me présenter à elle ? quel bobard la convaincra de se confier à un inconnu ? comment la tamponner ?), à Sonia Massard, l'ex-épouse du conseiller de feu notre Premier ministre.

Plus tard. Amasse, tu trieras ensuite. – J'aurai l'esprit plus libre, me dis-je, et disposerai de davantage de temps après mon départ de France (ne serait-ce que pendant l'interminable vol vers Shanghai) pour tout mettre à plat, tout réorganiser selon la chronologie et tenter de débrouiller cet écheveau de fragments hétérogènes.

*
* *

À la mi-journée, leurs véhicules camouflés dans les bois, ils se séparèrent en trois colonnes et escaladèrent sous le couvert des arbres la colline qui les séparait de la scierie désignée par l'indicateur.

Richard Drouin marchait à la deuxième place de la file du centre. Bientôt il reçut de ses éclaireurs le message que la sentinelle ennemie était neutralisée et il chuchota l'ordre de se déployer et de doubler le pas. Ils communiquaient entre eux grâce au micro et à l'oreillette que chacun portait sous son casque.

Les rochers bruns de la ligne de crête leur permirent de souffler et d'affiner la procédure avant l'assaut. L'indicateur n'avait pas menti ; les bâtiments correspondaient au plan qu'il avait tracé dans la poussière, et l'on n'apercevait aucune arme lourde, ni à l'entrée du chemin cendreux qui serpentait entre des bouleaux dépéris, ni sur la pente des toits, ni en aucun point stratégique. L'homme avait peur maintenant, il disait qu'il voulait son argent, dont on lui avait juste montré la couleur, et que la suite ne le concernait pas. Cet informateur était un tchetnik, d'après les Albanais, un nationaliste serbe déçu des pillages, qui n'attendait qu'un coup de pouce pour rejoindre des cousins installés près de Munich. M. Joyeux reconnut qu'effectivement il n'avait plus besoin de lui. Il fit signe à Naim de le liquider et l'on s'écarta pour éviter d'être éclaboussé par le sang lorsque le poignard trancha la gorge.

Naïm avait eu des parents massacrés par les Serbes (dix-neuf personnes exécutées sous les yeux d'un grand-oncle qui s'était ensuite pendu de désespoir) et il était impensable qu'il ratât une occasion de se venger.

« Bien », dit M. Joyeux.

Ils descendirent alors la pente qui menait à la scierie, courbés en deux, en élargissant le rang de façon à former le plus grand arc de cercle possible et, quand ils furent à mi-parcours, ils cherchèrent des positions protégées où placer les lance-roquettes et dresser sur leur bipied les mitrailleuses de 7,62.

La scierie s'adossait au torrent, une bâtisse en longueur que poursuivaient des appentis et un hangar d'où dépassait l'avant de deux camions Maz en bon état. Elle ouvrait sur un terre-plein où moisissaient des tas de planches. Les mauvaises herbes avaient envahi le parc à grumes ; sans doute les machines s'étaient-elles tues ici depuis longtemps.

Une cheminée fumait. Une femme étendait du linge. Une autre, coiffée d'un fichu rose, semblait bouder auprès de l'eau dont on entendait le grondement. Deux types bavardaient devant une cahute, le fusil en bretelle, l'un habillé d'une vareuse de la force Pronu, et celui-là s'esclaffait par instants, en basculant la tête comme quand on éternue. L'informateur avait parlé d'une vingtaine d'hommes, certains accompagnés de leur famille.

M. Joyeux décompta les secondes dans son micro et, à zéro, ses mercenaires tirèrent des grenades incendiaires dans les fenêtres et des roquettes contre les portes ; puis les M60 arrosèrent tout ce qui bougeait. Lui-même utilisait un M16, son arme favorite, modifié pour le tir de précision. Il fallait faire vite, la vallée répercutait l'écho des détonations et, si on ne leur opposait que des coups de feu erratiques, des flammes s'élevaient déjà du hangar dont une extrémité avait explosé dès les premiers impacts, et les flots de fumée bouillonnants obscurcissant le ciel.

Enfin les assiégés sortirent en toussant du brouillard de suie et plâtre qui s'échappait de l'intérieur, les femmes d'abord, avec des gosses, puis les hommes, les mains sur la tête, certains à cloche-pied, ou pliés en deux, l'un sur les genoux, d'autres au pas de course, que les mercenaires abattirent lorsqu'ils furent à une cinquantaine de mètres des bâtiments.

Ceux qui ont déjà *servi* une mitrailleuse (expression des plus justes) connaissent cette impression : c'est parfois la machine qui commande. Assourdi, on la sent bouillir sous la pression des gaz comme un cheval qui s'emballe. Impossible de relâcher la détente, ses trépidations se transmettent à tout le corps par les épaules, elle vous impose la folie de son galop et vos doigts ne se décrispent qu'une fois brûlée la dernière cartouche.

Quand revint le silence, il restait peu de survivants en état d'être interrogé. Un petit garçon avait roulé dans l'herbe comme un ballon et il semblait embrasser la souche qui l'avait arrêté. Des ruisselets rouges serpentaient dans les ornières du chemin en pente. Une jambe se levait bizarrement, telle une croix. Ici, on eût dit un tas de vêtements tombés au hasard sur le sol. Une affreuse odeur de graillon se mêlait à celle de la poudre.

*
* *

Grâce au sens de l'organisation et à la prévoyance de Naim, M. Joyeux revint en Normandie deux jours plus tard, les joues roses, le cheveu coupé de frais. L'Albanais lui avait fait forte impression, avec son faciès de Tartare, et il songeait à l'engager à temps plein, en remplacement de Goran, même si le mercenaire comprenait très peu d'anglais.

Il passa l'après-midi avec Michel Lefèvre, un prêtre médecin dont les manières veloutées soutenaient une grande vigueur d'esprit, de l'avis général. Cet ami du prince de Bussy-Lignères, dont l'action s'étendait du Cambodge à la Roumanie et du Pérou au Congo, lui avait donné l'idée de l'association qu'il s'apprêtait à fonder en faveur des orphelins du monde. Ils firent le tour des écuries en discutant dispensaire et école, bal de charité et levée de fonds. Ils caressèrent le museau des doubles poneys, s'attardèrent devant les attendrissants shetlands dont M. Joyeux avait peuplé une demi-douzaine de box afin que les tout-petits ne fussent pas privés de manège, puis ils trinquèrent au pur malt vingt ans d'âge dans le salon des Bluettes.

En début de soirée, après le départ de son hôte, Richard Drouin appela Malik pour lui dresser un bilan de l'opération yougoslave. Sans l'admettre, il retardait ce moment. Il s'en tint d'ailleurs aux grandes lignes : Goran n'avait pas été victime d'une embuscade des Croates ni des Serbes, lui apprit-il, mais d'un règlement de compte entre mafieux – une histoire de pneus ou de filles, dont les fusils avaient fait les frais, un truc stupide. La majorité des HK (au téléphone il dit « du stock de Hello Kitty ») était déjà revendue et avait disparu dans la nature lorsqu'il avait réussi à localiser la bande qui avait fait le coup. Cela avait peu d'importance. L'essentiel, trancha-t-il (d'où lui venaient ce ton sec, cette pointe d'irritation dans la voix ?), l'essentiel était que le message eût été délivré : personne ne s'aviserait plus de toucher à une seule de leurs livraisons.

Il ne mentionna pas le message de félicitation, très louangeur, que lui avait fait parvenir Vik Korochenko (comment le Russe était-il déjà au courant ?), ni le projet angolais qui s'ébauchait. Cette affaire ne concernerait pas les frères Azzam. Il la monterait sans leur appui, n'utiliserait pas leur flotte. Il en avait pris la décision d'un coup, quelques heures plus tôt, pendant qu'il offrait une carotte à un petit cheval isabelle nommé Jerrycan ; plus exactement à l'instant où les babines baveuses de l'animal lui avaient chatouillé la paume.

Le lendemain, levé dès potron-minet, comme il aimait à dire, il se rendit à Paris dans sa Bentley – « une auto de gentleman-farmer » – et rendit visite à une vieille dame du VIIe arrondissement.

Mme Rabbu habitait du côté du Champ-de-Mars un troisième sans ascenseur, meublé à l'ancienne. Elle avait de toutes petites mains déformées par l'âge, mais elle arrivait à compter à une vitesse stupéfiante. Cent mille, cinq cent mille, un million, elle serrait en liasses les billets de cinq cents francs avec une dextérité qu'eût enviée un employé de casino. Il ne lui fallut que quelques minutes pour emplir les deux mallettes, la beige et la bleu marine.

Cette grand-mère distinguée passait de l'argent, du Luxembourg vers la France ; personne ne savait par quel canal, elle avait ses secrets. Richard Drouin prévenait sa banque d'une cabine publique, car les portables ne sont pas sûrs, et, quarante-huit heures plus tard, la vieille dame lui remettait en liquide la somme dont il avait besoin. Elle ne connaissait ses visiteurs que sous le nom de code attaché aux comptes numérotés. Pour elle, Richard Drouin s'appelait Cary Grant, un pseudo qu'il s'était choisi dans un moment d'euphorie.

Il regagna ensuite sa voiture – c'était la partie qu'il appréciait le moins, la plus risquée – et enferma l'argent dans le coffre.

Autrefois, se disait-il, c'était à lui qu'on remettait pour prix de ses services les attachés-cases emplis de grosses coupures. Maintenant qu'il avait acquis un autre statut et que le jeu s'était compliqué, il distribuait les valises à son tour. La beige irait, par le biais d'un sénateur, à la formation politique au pouvoir ; la bleu marine reviendrait pour deux tiers au conseiller diplomatique du ministère de l'Intérieur et pour un tiers à un haut responsable de la Sofremi, l'organisme chargé d'allouer des aides à l'exportation (exportation de matériels, de systèmes et de services), tous gens d'influence, sans l'intervention desquels ne pourrait prospérer le commerce des armes – sans qui la France en serait réduite à équiper sa propre armée.

*
* *

Trois ou quatre fois plus volumineux que celui de Dominique, le dossier de Richard Drouin, que Jean-Philippe Lemagny me permet de parcourir en diagonale dans un coin discret de l'Iceberg, notre centre des archives, se révèle vite décourageant. J'épure, je glisse, pour me heurter à des enveloppes scellées au nom de la sécurité nationale. Si certains pans de la carrière du marchand d'armes s'assemblent dans une relative continuité, beaucoup se dressent en revanche au milieu de zones interdites que l'imagination peine à investir. Régulièrement le lien m'échappe. Lemagny surveille sa montre, *L'Équipe* déployé devant lui, et c'est comme si je visionnais en accéléré un film amputé par la censure. Les épisodes cruciaux ont sauté, à l'instar de scènes scabreuses, et les protagonistes échangent des baisers sans que l'on sache jamais s'ils passent à l'acte. Beaucoup de paperasse, quelques synthèses utiles, puis l'intrigue s'achève en cul-de-sac, pour repartir dans une direction différente, des mois, voire des années plus tard, avec de nouveaux décors, de nouveaux acteurs. Les manques ne sont pas moins flagrants que les coupes, et lorsque je lève le regard vers Jean-Philippe Lemagny, je le vois replonger le nez dans les résultats de première division avec une grimace éloquente.

Qu'espérais-je d'autre ?

J'en suis réduit aux pointillés.

Le dossier passe maintenant des Balkans à l'Afrique. Après avoir équipé la plupart des belligérants du conflit yougoslave, directement et indirectement, parfois avec notre accord tacite, parfois contre nos recommandations, comme s'il était en mesure de ne suivre désormais que son propre intérêt, Richard Drouin s'attaque au marché angolais. Il intervient auprès de l'Unita dès 1994, louant aux rebelles l'appui d'avions d'attaque Mig-21, de chasseurs Mig-27 et d'hélicoptères de combat Mig-24 en échange de concessions pétrolières. L'année suivante il retourne sa veste et se range, grâce à ses nouveaux associés russes, au côté des forces gouvernementales. Il fournit le matériel et les systèmes nécessaires à la sécurisation des mines de diamants de Lunda Norte et des champs pétrolifères du littoral de Soyo, et on le paye pour partie en pierres précieuses, pour partie en brut. Épisode incomplet, une fois encore : le dénouement se trouve dans deux pochettes dont l'ouverture nécessite une autorisation spéciale.

« Tu as ce qu'il te faut ? me demande Lemagny. On peut y aller ?

— Une seconde… »

Je balaie plusieurs années. Dans les dernières pages consultables, Richard est mis en examen par les justices belge et française sur la base d'une dénonciation des douanes américaines. Le procureur du roi perquisitionne ses bureaux de la Semintex, à Bruxelles, les gendarmes se présentent au haras des Bluettes où nous avons tout juste le temps de faire le ménage. Un mandat d'arrêt international est alors lancé contre lui, et M. Joyeux serait écroué en Belgique ou en France s'il ne s'envolait soudain pour l'Iran, muni d'un passeport diplomatique ivoirien. Là, il n'est pas descendu d'avion que la 3e chambre du Tribunal révolutionnaire de Téhéran l'arrête pour « collecte d'informations classifiées » – pour espionnage au profit de la CIA.

Aucun pays de l'Union européenne n'a signé d'accord d'extradition avec la République islamique.

Personne ne sait ensuite où il est incarcéré, pas même ses avocats. Une source parle d'une résidence au nord de la capitale iranienne, et deux lignes de la notice mettent en doute la réalité de cette détention providentielle : ces lignes sont de la main de Dominique.

Max Jameson aurait-il aidé à faire le ménage en Normandie ?

Je note mentalement les dates : si la perquisition des Bluettes précède de trois mois le suicide atroce du photographe, la fuite de Richard Drouin anticipe de vingt et un jours seulement celle de notre déserteur.

« Je ne sais pas trop dans quoi tu trempes, mais tout ça, soupire Lemagny avec un geste de désarroi enfantin, ce n'est pas pour nous… » Je le sens nerveux. Peut-être regrette-t-il d'avoir cédé à l'amitié. Il décline mon invitation à dîner, à boire au moins un verre ; et lorsqu'il me laisse devant une bouche de métro, vingt minutes plus tard, son au revoir me paraît des plus frileux.

*
* *

Entretien d'une heure avec l'un des collègues de Dominique dont Pierre Dario-Sebald m'a donné le nom ; l'autre refuse de me rencontrer.

Déjeuner au bar du Plaza avec Julie Wassermann. Charmante, brillante, bavarde. Ruineux autant que productif.

Rendez-vous in extremis avec Sonia Massard, obtenu à l'arraché en me faisant passer (une intuition) pour un flic des Renseignements généraux. La haine qu'elle voue désormais au père de ses enfants a beaucoup joué, je pense, dans sa décision de me recevoir. Massard s'est remarié avec une jeune Lettonne et l'a laissée sans le sou ; elle le croit capable du pire. Réquisitoire terrible, il aurait fait ci, il aurait fait ça – propos outrés sans doute par la rancœur.

C'est une grande femme maigre, raide, carrée, nageant dans une robe splendide, aux cheveux abîmés par les teintures et qui, de loin, ne fait pas son âge.

Je n'en tire rien de précis. Lorsqu'ils ne se noient pas dans les généralités, les faits qu'elle consent à aborder se perdent dans le flot de ses mauvais souvenirs. Elle glisse sur les questions touchant à l'épisode suisse, à la BAFI, à la nomination à Arva Industries. Ouvre des parenthèses psychologiques au lieu de répondre, dissèque le passé, se lamente, part dans des diatribes, et la véhémence qui l'agite souligne alors sur son visage les boursouflures, les tensions, les étirements d'une entropie contrariée. Je n'y suis pas spécialement sensible, mais l'intervention du bistouri saute aux yeux. La paupière gauche de Sonia Massard s'étire vers la tempe, quand la droite a tendance à tomber en rideau. Une coloration impure cerne le cou. Les lèvres surtout débordent jusque sous les narines, dans les moments où l'indignation l'emporte, comme si les substances dont on les avait gonflées se répandaient sous la peau. J'aperçois, en même temps, par-delà les traits remodelés, le fantôme d'une harmonie perdue, un reste de la personne charmante, intelligente et gauche qu'elle était autrefois et, imaginant ce qu'elle a du traverser, l'humiliation, les insomnies, les solutions de désespoir, j'éprouve une de ces peines qui vous donnent envie de fuir.

Paris, vendredi 13 avril

Dernier rendez-vous avec le général, en fin d'après-midi.

Nous réglons le volet matériel de l'opération, au troisième étage de l'annexe de la rue de Chazelles. Les cinquante-cinq mille euros d'honoraires que j'ai réclamés pour le Concierge sont passés comme une lettre à la poste. Marvin Liu n'en espérait pas tant, je m'étais préparé à un marchandage ; le général n'a pas tiqué. L'argent sortira, j'imagine, d'un de nos comptes off-shore.

On ne discute pas davantage mes frais de mission, alors que nos comptables mégotent d'ordinaire sur le remboursement du moindre taxi, du moindre bock de bière. Ces largesses inusitées me donnent la mesure de la caisse noire où puise le général. Il faut croire qu'aux yeux des commanditaires de l'opération Chrysanthème, la tête de Dominique n'a pas de prix.

Liquide, téléphone portable, appareil de photo ; je signe les reçus qu'on me tend – qui ne sont pas les formulaires habituels du Service. On me remet également mon billet d'avion, mon vrai faux passeport pourvu d'un visa en règle, et une carte d'identité, une carte de crédit, un permis de conduire, une carte d'Assurance maladie, tous au nom de Serge Birague, professeur de français en congé sabbatique, et assez usés pour paraître avoir servi, sans m'imposer pour autant l'interrogatoire de sécurité réglementaire.

Le général tripote le nœud de sa cravate verte, étoilée de clubs de golf. C'est peut-être la troisième fois qu'il le rectifie. Si nous disputions une partie de poker, j'en déduirais que son annonce ne correspond pas aux cartes qu'il a en main et dirais que je passe.

Il prend d'ailleurs la peine de me raccompagner jusque dans le hall, une fois n'est pas coutume, et lâche quelques banalités avant de s'éclaircir la voix pour déclarer :

« Bon, vous devez vous en douter, on vous a mis sur une opération pas très catholique… Autant être franc, il n'y a pas de récompense à la clef. On ne vous filera pas de médaille, la mission ne figurera même pas dans vos états de service… »

Je me rappelle avoir lu quelque part que nous acceptons plus facilement, par une bizarrerie du cerveau humain, de nous plier à une corvée, d'exécuter une tâche déplaisante, lorsque nous n'en espérons aucun profit. L'esprit s'en accommoderait mieux, pour ne pas entrer en contradiction avec lui-même, pour ne pas tomber dans ce que les psychologues appellent la dissonance cognitive.

« Il faut que vous me fassiez confiance, poursuit le général. La seule chose que je puisse vous dire, c'est que les instances supérieures comptent sur vous. Je vous épargne le bla-bla. Nous sommes des soldats, ça devrait vous suffire. »

Il me serre la main là-dessus et il s'ensuit pour nous deux un petit moment d'embarras.

« Bonne chance », murmure-t-il, avant de me lancer : « Rompez ! » en manière de plaisanterie.

J'essaie de ne pas trop me poser de question et de réfléchir plutôt, sur le chemin du retour, aux différentes choses qu'il me reste à faire.

Les journées rallongent. Lorsque je regagne mon appartement, une clarté poisseuse baigne encore les rues pleines de la foule excitée des vendredis soir.

Par quoi commencer ?

Je suis allé à Mortier en milieu de journée récupérer quelques affaires que je n'aime pas abandonner là-bas, notamment deux paquets de thé vert qui se conserveront mieux au réfrigérateur. Je les place dans le bac à légumes, fermés par une pince à linge. Je range ensuite sur une étagère de la bibliothèque une liasse de papiers, relevés de banque, courriers divers, et les trois cartes postales que j'ai décrochées de mon bureau. Ces cartes sont un sujet de curiosité inépuisable pour Mathias. Pourquoi, se demande-t-il, pourquoi, plutôt que le portrait d'une petite amie ou un souvenir de régiment, ai-je punaisé en triangle face à ma table de travail la reproduction de *L'Homme au casque d'or,* un tableau autrefois attribué à Rembrandt que conserve un musée de Berlin, la vue décolorée d'un casino de Macao et un paysage des Baléares où l'on voit, photographiée depuis la mer, une falaise abrupte surmontée d'une minuscule rotonde blanche ? Ça l'intrigue ; ça n'a pas de sens, ou plutôt si, ça en a forcément un pour moi. Il les a étudiées en long et en large et n'a pu s'empêcher de les retourner en mon absence, m'a-t-il avoué, pour découvrir que la partie réservée à la correspondance demeurait vierge ; il aimerait comprendre. S'agit-il d'un rébus ? Il m'asticote par intervalles, persuadé que je finirai par craquer, mais je m'en tiens à la réponse que je lui ai toujours faite : ce sont là trois images que j'aime bien.

Je n'y ai pas coupé au moment des adieux : « Donne-moi un indice, m'a-t-il supplié. Il y a un rapport avec ta famille, hein ? Avec ton enfance ? Je brûle ?

— Tu gèles », lui ai-je dit une fois de plus, et un sourire me vient en repensant à la souffrance de mélodrame qu'il a mimée alors.

Je me déshabille, prends une douche et, une serviette nouée autour des hanches, tire maintenant ma valise du placard et remplis l'étiquette au stylo-bille, inscris le nom de Serge Biragué en capitales et le fais suivre de l'adresse qui figure sur mes nouveaux papiers, prenant conscience enfin que je ne suis qu'à une nuit du départ.

Un costume léger, un blouson, des chemisettes, deux maillots de bain, des chaussures sombres à semelles de crêpe. Je vérifie que rien ne traîne à l'intérieur des vêtements que j'emporte, qui contredirait ma nouvelle identité. J'inspecte jusqu'aux marques de blanchisserie, puis vide soigneusement mon portefeuille que je garnis des papiers qu'on m'a confiés rue de Chazelles, et le mets à part sur le rebord de la fenêtre, avec les billets d'avion, le carnet turc, l'appareil photo, le portable. Un guide, deux ou trois romans, de la musique, une paire de tongs, de quoi pourrait encore avoir besoin un professeur de lettres en vacances ?

J'allume la radio pour éviter de penser à ce qui m'attend. Je vis une expérience unique, me dis-je. Personne n'a jamais entendu parler d'un officier de mon niveau qui ait eu l'opportunité de suivre une affaire jusqu'à son terme – évaluation, conception, service et soutien, commandement, exécution. La chaîne du renseignement ne fonctionne qu'à la verticale ; on transmet ; l'information monte, s'affinant à mesure, tandis que les ordres descendent, de plus en plus fragmentés. J'ignore le plus souvent d'où vient la matière que je traite, quelle place elle occupe dans le puzzle, et je la perds de vue dès l'instant que je l'ai dégraissée ; et voilà qu'on me donne la chance de sauter d'un ascenseur à l'autre, de conjuguer stratégie et tactique…

Quand la publicité s'éternise, je change de station, évitant la variété française qui finit toujours par me donner le bourdon.

Nu à présent, car la serviette de bain ne cessait de glisser, j'attaque le ménage, avec balai, serpillière, aspirateur. Le temps m'a manqué cette semaine et la poussière et le désordre se sont accumulés à travers les pièces.

Je note : penser à couper l'eau et le gaz demain matin ; à débarrasser la cuisine des denrées périssables ; à descendre les poubelles.

Téléphoner à Elsa.

Il faudrait que je songe à manger quelque chose, mais je doute de rien pouvoir avaler.

Je joue un instant avec l'idée d'une soupe aux œufs et à la tomate. Il me reste du bouillon de poule déshydraté, deux brins de ciboule et de la pulpe en boîte. Cela se prépare avec de la sauce de soja claire, de l'huile de sésame, un morceau de sucre et du poivre du Sichuan. Lorsque la préparation commence de bouillir, on y incorpore l'œuf battu que l'on fait couler en filet, et l'on remue avec une baguette en décrivant des huit. Le blanc des œufs, le rouge de la tomate et le vert de la ciboule s'associent alors en fleurs délicates. C'est un de mes plats préférés. Mais je me dis qu'il serait idiot de cuisiner une spécialité shanghaienne à la veille d'aller en Chine ; et aussitôt mes pensées reviennent à la mission, à ce qu'elle cache, à Dominique.

Cesse de faire des nœuds à ton ciboulot, me dis-je, adoptant soudain le parler militaire.

Arrête de psychoter.

« Ici nul ne passe plus, et à plus forte raison le message d'un mort. Mais toi, assis à ta fenêtre, tu rêves sans fin à ce message lorsque descend le soir. »

Kafka, *La Muraille de Chine*.

Connaissez-vous le théorème Lincoln-Kennedy ? Ce théorème ne vient pas de la physique, je l'ai découvert sous la plume d'un statisticien, dans une revue de vulgarisation que nous recevons à Mortier où nous sommes abonnés à toutes sortes de magazines. La démonstration s'appuie sur le nombre anormal de corrélations qui existent entre l'assassinat d'Abraham Lincoln et celui de John F. Kennedy. La liste a de quoi intriguer. Les deux présidents furent tués un vendredi, d'une balle dans la tête ; Lincoln, au Ford Theater, dans la loge Kennedy ; Kennedy, dans une voiture de marque Lincoln, fabriquée par les usines Ford. L'assassin du premier, John Wilkes Booth, était né en 1839 ; celui du second, Lee Harvey Oswald, en 1939. Booth réussit à s'échapper de la salle de spectacle et fut capturé dans un entrepôt ; Oswald s'enfuit d'un entrepôt, avant d'être appréhendé dans une salle de spectacle. De même que Lincoln et Kennedy sont également des noms de sept lettres, le nom triple de chacun des meurtriers est formé de quinze lettres également. Les assassins étaient des hommes du Sud ; tous deux périrent sans avoir été jugés. Cela ne s'arrête pas là. Abraham Lincoln fut élu au Congrès en 1846 ; John F. Kennedy, en 1946. Lincoln remporta les présidentielles un jeudi de 1860 ; Kennedy, un jeudi de 1960. Le secrétaire du premier s'appelait

Kennedy ; celui du second s'appelait Lincoln. Tous deux eurent un successeur nommé Johnson, l'un né en 1808, l'autre, en 1908. On pourrait ajouter encore que Lincoln et Kennedy étaient également concernés par le problème des droits civiques ; qu'ils eurent tous deux la douleur de perdre un enfant en couches ; ou que Zapruder, l'homme à qui nous devons le récit du meurtre d'Abraham Lincoln, se prénommait John, tandis que Zelfindorfer, le cameraman amateur qui filma en 8 mm l'assassinat de John Kennedy, se prénommait Abraham.

Ces coïncidences sont indéniablement troublantes, expliquait l'article. Elles suggèrent que l'Histoire montre parfois un goût spécieux pour la symétrie ; elles pourraient donner à penser que les deux assassinats furent moins le fruit d'une conjuration humaine, comme cela a été souvent prétendu, que d'une conjuration divine.

Cependant, poursuivait le statisticien, aussi nombreuses et intrigantes soient-elles, ces coïncidences restent infimes au regard des divergences existant entre les deux cas. Les épouses des présidents diffèrent à tout point de vue, par l'âge, le poids, l'origine, de même que leurs parents respectifs, de même que diffèrent leurs goûts en matière de sport ou de musique, l'heure ou les conditions climatiques des instants fatals, les derniers mots qu'ils écrivirent, ce que contenaient leur estomac, que sais-je ? la couleur de leurs prunelles, la nature de leurs sous-vêtements ; et on peut en dire autant de Booth et d'Oswald. Deux membres de leur administration présentent un parallèle, mais qu'en est-il des autres, de *tous* les autres ? D'une certaine façon le nombre des divergences tend vers l'infini, quand l'ensemble des corrélations tient sur une demi-page. Beaucoup d'entre elles sont d'ailleurs approximatives, sinon tirées par les cheveux. Comment rapprocher sérieusement le fait que la dépouille du plus jeune fils de Lincoln eût été déterrée pour être inhumée dans un autre cimetière du fait que le corps de John Kennedy Junior, disparu en mer, fut repêché, puis enseveli en mer ? Quel rapport y a-t-il entre la soirée que Lincoln aurait passée chez des amis à Monroe, dans le Maryland, peu avant sa mort, et la liaison que l'on prête à Kennedy avec l'actrice Marilyn Monroe ?

Prenez deux personnes au hasard dans une pièce, disait l'article en conclusion, vous leur trouverez vite des dizaines de points communs conformément à la loi des très grands nombres, et certains feront crier à la Providence. Tiens, vous connaissez Untel ! Comment, mais moi aussi j'ai fait ma sixième au lycée Carnot ! Mettez vingt-cinq personnes dans cette même pièce, et vous aurez une chance sur deux que deux d'entre elles aient la même date d'anniversaire.

Même un astrologue ne saurait toujours se tromper, calculait Voltaire.

Ce que je veux dire, c'est qu'on doit garder à l'esprit le théorème Lincoln-Kennedy lorsqu'on examine des événements derrière lesquels semble se profiler l'ombre attractive d'un complot, et songer que trois incohérences montées en épingle sont peu de choses devant la masse rationnelle des causes établies, lesquelles ont pour seul tort d'orienter vers des solutions prosaïques.

C'est ce que me conseille, que me répète la voix du bon sens.

Nous aimerions qu'un plan supérieur règle chaque tragédie. S'il faut désigner un coupable, le courroux de l'Olympe, la raison d'État, les intérêts d'une multinationale semblent préférables au hasard brut ou à la solitude du désespoir. Face au suicide d'un proche, devant l'abîme qu'ouvre cette trahison accusatrice, il suffit d'un trou d'emploi du temps, d'une bizarrerie, d'une vague ambiguïté pour mendier le réconfort d'une conspiration. La veuve du Premier ministre ne pouvait concevoir, sous le choc, que son époux fût assez éprouvé pour se faire sauter la tête avec le 357 Magnum de son garde du corps. Une main criminelle dévie la douleur, elle impose une contre-enquête et alimente un ultime ersatz de vie. Bidi continue à penser qu'il est impossible que Max Jameson se soit donné la mort en s'immolant par le feu ; ce n'est pas acceptable, Max en savait trop, Max a été liquidé par les mêmes ordures qui ont supprimé son ami le ministre. Et jusque dans le cas de la princesse, où nous tenons en quelque sorte le rôle de la veuve, comment ne pas questionner les causes de sa disparition ? Une femme adulée, assez libre pour défier la couronne britannique et sortir avec un musulman, assez généreuse pour tenir la main des malades et des déshérités, assez courageuse pour militer contre les mines antipersonnel qui fauchent et estropient chaque année des milliers de civils, des milliers d'enfants, une telle femme ne périt pas d'un banal excès de vitesse. Par un phénomène de validation subjective, les moindres coïncidences engendrent des distorsions. Max Jameson traquait la princesse, il la pourchassait encore la veille, en Sardaigne, sur la Côte – ce même Max Jameson qui possédait une Fiat Uno blanche, identique à celle que des témoins ont aperçue dans le tunnel du drame –, ce même paparazzi proche d'un ministre suicidé dans des conditions équivoques et qui se serait lui-même fait brûler vif à l'intérieur de sa voiture quelques mois plus tard ; et cela ne vous semble pas suspect ?

Besoin de comprendre, besoin de réenchantement – notre fonds commun de paranoïa fait le reste. On nous cache tout. Les ficelles se tirent dans l'ombre…

99,5 % des rumeurs de complot, de conspirations et autres machineries occultes qui font frissonner un certain public, contiennent moins de réalité qu'un fantasme.

Je le sais. Combien de fois, à Mortier, pensant intercepter des signaux forts, avons-nous flairé un de ces coups subtils, un de ces gambits bulgares qui finissent en eau de boudin ? Combien de fois notre contre-espionnage, enflammé par une poignée d'anomalies, s'est-il mobilisé en pure perte ?

Je le sais d'expérience. Il n'empêche que mes certitudes commencent à flancher.

Pourquoi Dominique a-t-il envoyé une lettre à ses supérieurs avant de déserter ? Pourquoi cette lettre n'apparaît-elle pas dans son dossier ? Se justifier, à ce stade, consiste à dénoncer. Subtiliser ensuite cette lettre revient à l'accréditer... J'ai lu et relu les notes du carnet turc, j'ai examiné à la loupe la chronologie des événements, dans l'avion, pendant les quelques jours que je suis restés à Shanghai et hier soir encore, peinant à trouver le sommeil, sur le balcon de ma chambre d'hôtel, face à la nuit que berçait le bruit des vagues, et je suis en passe d'admettre, contre les préjugés de la raison, qu'il y a peut-être quelque chose cette fois au-delà des coïncidences et que mon affaire – je suis de plus en plus enclin à le penser – ne relève pas des 99,5 % d'affabulation habituels, mais qu'elle appartient, quoique je sois encore loin, très loin d'en démêler les dessous, à ce substrat de 0,5 % auquel nous devons accorder une attention toujours entière, ne serait-ce que par respect de l'arithmétique.

Depuis mon départ de Paris, les paroles du général n'ont cessé de me travailler : « Les plus hautes instances comptent sur vous... »

Les éléments que j'ai collectés ont une faible portée tant qu'on les examine isolément ; mais si je les ajoute les uns aux autres, que j'additionne, d'une part, cette lettre que nous a fait parvenir notre officier avant de déserter, le suicide du photographe qu'il traitait, le suicide préalable du ministre, l'accident mortel de la princesse, qu'il est difficile d'écarter une fois recoupées les dates (je me reproche à présent d'avoir trop vite rejeté cette piste, de ne pas avoir donné à la princesse la place qu'elle méritait dans le tableau), et, de l'autre, notre industrie de l'armement, les trafics de Richard Drouin, voisin du photographe, les combines financières de Massard, conseiller du ministre, et que je leur adjoins enfin le pétrole iranien, le pétrole et les diamants angolais, sans parler du rôle que nous avons pu jouer dans plusieurs guerres civiles ni des génocides consécutifs, je n'énonce plus une simple suite de coïncidences du type Lincoln-Kennedy, j'aboutis à un faisceau épais de présomptions.

J'ignore quel secret Dominique a emporté avec lui, mais ses retombées éventuelles, vu l'importance des protagonistes, me paraissent de nature à ébranler ces plus hautes instances qu'évoquait pudiquement le général, à discréditer le pouvoir, à causer de graves préjudices au pays que j'ai juré de défendre.

Mes scrupules fondent à mesure que grandit ma conviction. En ouvrant les rideaux ce matin sur les eaux lumineuses de la mer de Chine méridionale, je réalise qu'il est de mon devoir que la menace soit éradiquée.

*
* *

La plage de Dadong. Lumière cendreuse, mer tiède.

Le vent a cessé, il a plu jusqu'au lever du soleil et les longs cocotiers dont la tête oscille à hauteur de mon troisième étage égouttent leurs palmes au-dessus de la piscine.

Il est huit heures du matin et le thermomètre extérieur indique 24°.

J'étais plutôt interloqué, hier, en débarquant dans la fournaise de Hainan Sanya, après quatre jours passés à Shanghai. Aucun de mes séjours dans le pays ne m'avait préparé à cette Chine estivale, luxuriante et moite. L'International Phoenix Airport s'efforçait de ressembler à une case, avec ses piliers de teck en plastique moulé et ses gros clochetons en forme d'ananas. Des chauffeurs de car brandissaient des pancartes de tour opérateur. Les chariots à bagages jouaient les autotamponneuses, entraînant à leur suite une horde de vacanciers autochtones et russes suant sous la chemise hawaïenne.

Premier jour, premier repérage.

Des inscriptions en caractères cyrilliques doublent un peu partout les annonces en chinois. J'ignorais que l'île est une destination privilégiée de la bourgeoisie moscovite, et je me demande comment l'aurait pris le général s'il en avait été averti. Sans doute n'aurait-il pas apprécié non plus l'énorme caserne flanquée de pièces d'artillerie qui étrangle l'entrée de la ville, ni les caméras de surveillance que j'ai aperçues sur la route principale.

Sanya a oblitéré l'ancien port de pêcheurs. De vastes avenues de style communiste alignent des cohortes de buildings fatigués qui n'ont pas vingt ans d'âge. Les lendemains commencent à peine à chanter par ici. De l'autre côté de la rivière en revanche, dont la double embouchure sert de port à une flotte de sampans noirâtres, passé le quartier de la nuit niché au pied de hautes tours modernes, le sable blanc de Dadonghai que cerne une jungle montagneuse a permis l'essor d'une station balnéaire saugrenue, tout à la fois prospère et naïve, un petit éden à la chinoise.

SANYA FOREVER TROPICAL PARADISE, clame la banderole du syndicat d'initiative.

Une grand-rue dont les radicelles conduisent à la mer ; des bars, des restaurants de poissons le long de la plage, sous les palmiers ficelés de guirlandes électriques ; des arcades commerciales ; des hôtels tapageurs : le Jingking où descendront Stéphane et Roger, le Royal Garden où j'ai réservé la chambre d'Antoine. Le mien se trouve à un bon kilomètre du centre, vers le sud, dans la direction de la colline du Daim.

J'ignore encore où habitera la cible, mais je mise obscurément sur un établissement plus austère.

*
* *

Les petits taxis bleus de Sanya.

Un plastique transparent qui colle aux fesses recouvre la banquette arrière de la voiture. Je feins de parler un chinois rudimentaire et Cao Guogu, le chauffeur, hoche la tête pour masquer son plaisir de conduire un étranger méritant. J'ai loué ses services à la demi-journée et il choisit des mots simples, accessibles à un enfant, pour me faire découvrir les beautés de son île. Malgré la température, il porte des gants de coton immaculé. Sa famille, m'apprend-il, est originaire de Nanping, une localité de l'intérieur. Son père cultivait la noix d'arec que nous appelons bétel et son fils travaille dur pour devenir ingénieur chimiste. Il lui manque un bout d'oreille : lobe tranché, vilaine cicatrice. Au milieu d'autres grigris, un médaillon à l'effigie de Mao se balance sous le rétroviseur au bout d'une passementerie vermillon.

Nous faisons le grand tour. Je griffonne des notes à même la carte déployée sur mes genoux.

La ville de Sanya se déroule sur une bande étroite, le long de la côte.

Nous descendons Jiefang Lu. Circulation audacieuse, les autos doublent à droite autant qu'à gauche.

Nous remontons Erhuan Lu où se trouve la Tiandu Inc., l'entreprise de transport que la belle-famille de la cible espère compter bientôt parmi sa clientèle. Des drapeaux multicolores entourent le parc de camions au fond duquel s'élèvent deux étages d'ateliers et de bureaux. Touriste consciencieux, je prends des photos à l'aide du petit appareil numérique qu'on m'a confié rue de Chazelles.

Nous passons devant le zoo aquatique de Tianya Haijiao. Nous faisons une halte devant un bol de thé et un sachet de graines de melon. Nous apercevons des cultures proprettes, des champs tracés au cordeau, des buffles gris, la corde passée dans les naseaux. Nous visitons la *Yalong Bay National Resort*, à vingt kilomètres de Sanya, ses golfs, ses complexes hôteliers, sa plage immense à l'eau transparente. Yalonghai ambitionne une clientèle de luxe. Elle ne cesse de se développer autour d'un *mall* à l'américaine à moitié vide, que domine encore une grue, et je dois avouer que je lui préfère sans conteste la baie de Dadong, plus modeste, plus vivante, dont l'atmosphère sympathique rappelle le début des congés payés.

Au retour, je demande au chauffeur de m'arrêter à proximité d'un magasin d'articles de plongée. Palmes, masque et tuba me permettent de justifier l'achat d'une ceinture de plombs et d'un couteau à grande lame avec un côté tranchant et l'autre dentelé. La gaine en polycarbonate se fixe au mollet, invisible sous le pantalon. J'éprouve du pouce le fil du métal. Demain, me dis-je, j'irai dans un bazar faire l'acquisition d'une pierre à affûter.

*
* *

Les soirées de Sanya.

Le café Coco : trois tables à l'entrée ; la salle en couloir ne paye pas de mine, mais elle ouvre sur un grand jardin carré où l'on sert des jus de fruits frais, des milk-shakes, des cappuccinos, autour d'un manguier qu'a colonisé une armée de moineaux à bec jaune. Musique occidentale. Des jeunes, des étrangers. Beaucoup de passage. Je visite les toilettes. La Chine n'a pas cédé à la mode des graffiti, mais, comme je l'espérais, ces murs-ci en sont constellés afin de faire comme à New York ou Amsterdam.

À gauche de la chasse d'eau j'inscris mes initiales, S B, utilisant le gros marqueur vert indélébile que j'ai apporté de Paris. Le café Coco sera notre première boîte aux lettres mortes.

Et je repars en prospect.

Dans une ruelle transversale, un peu plus loin : le Sky Bar. Façade noire, baffles noires, rock heavy metal, tonneaux de bière, publicités pour de la bière, des chopes sur les tables. Une famille russe juchée sur de hauts tabourets. La mère pourrait être la duègne de la fille, dix-sept, dix-huit ans, extrêmement jolie malgré les coups de soleil qui lui rougissent le visage et les bras. Ses yeux volettent sur les hommes comme si elle nous essayait en pensée. Ici non plus les graffiti ne manquent pas dans les toilettes, les *Mike was there*, les *suck my dick*, les *Ciao ! Giancarlo de Milano*. À gauche de la cuvette je trace à nouveau mon monogramme comme un animal circonscrit son territoire. Le Sky Bar sera notre boîte aux lettres nocturne.

Certification de la zone – marcher, pousser la porte des magasins, noter les doubles entrées, les coins où l'on peut se fondre dans la foule, les arrêts de taxi, les lieux fréquentés par les Occidentaux, un fast-food, un grill australien.

Proche du centre commercial : le Cyber Dadong.

Le soir du troisième jour, j'envoie une première série d'instructions – ce que nous appelons l'équipement de ville – à l'adresse hotmail que le général m'a demandé d'apprendre par cœur : les coordonnées des lieux de rencontre, tourniquets, points de rupture, solutions de replis, accompagnées des photos correspondantes que j'ai transférées de mon appareil à l'ordinateur. Message aussi innocent qu'une carte postale.

J'écris ensuite à Pierre Dario-Sebald. J'aimerais qu'il me donne des nouvelles de ce vieux copain qui travaillait dans une banque, certain qu'il comprendra que j'ai besoin de plus d'informations sur la nouvelle carrière de Jean-Luc Massard. Le régime chinois impose qu'on prenne des précautions : parano est mère de sûreté, aimait à répéter un de nos anciens directeurs des Opérations. De la même façon, je lui signale une reprise de *Guillaume Tell* de Rossini, pour l'interroger sur Richard Drouin, trafiquant d'armes suisse, et le questionne sur le final de la *Fairy Queen* de Purcell, nom de code que nous avons attribué à la princesse lors de notre dernière conversation téléphonique. Contrairement à moi, Pierre Dario-Sebald adore l'opéra.

En Chine on dîne tôt.

Le Rocher de la retraite céleste est un restaurant de plein air, en surplomb de la plage, où se balancent des lanternes. À l'entrée, des dizaines d'aquariums dressent leur mur phosphorescent en guise de menu. On compose ici son repas sur le vif. Poissons de toutes sortes, de toutes formes, au museau effilé, au nez de boxeur, du fretin remuant jusqu'au squale blafard à l'étroit dans sa boîte de verre ; anguilles luisantes ; crustacés, coquillages bigarrés, tigrés, souvent inidentifiables. Certaines espèces semblent sortir des planches d'un album de paléozoologie. Antennes, pinces, trompes grisâtres, mille tentacules, des tortues molles dans des bassines de plastique où trempe un tuyau d'arrosage, des insectes nageurs, une faune abyssale inconnue de nos marchés. Les prix grimpent selon l'extravagance.

Je commande des palourdes vertes sautées au gingembre, une dorade frite à la sauce aigre-douce, du chou au tofu, des champignons et une bouteille de vieux vin jaune, c'est le Service qui régale, on me doit bien ça ; et, en attendant d'être servi, remâche les notes du carnet turc que j'ai tiré de ma poche.

La nuit est douce. J'ai fait une heure d'exercice à la salle de gym de l'hôtel avant de piquer une tête dans les vagues et mes muscles accusent une fatigue voisine du bien-être. Cette solitude de bout du monde me convient à merveille ; elle me repose de la bousculade de Shanghai, de la course des dernières semaines. À Shanghai je n'ai pas eu beaucoup d'instants à moi. Marvin Liu a envoyé son chauffeur me chercher à l'aéroport et, me laissant à peine le temps d'une douche, m'a imposé sur-le-champ le rythme frénétique de la mégapole. Encore ahuri par le décalage horaire, j'ai dû l'accompagner à l'inauguration d'une entreprise de téléphonie mobile dont il s'occupe ; discours, cocktail suivi d'un banquet de trente plats ; après quoi nous sommes allés à ses nouveaux bureaux du 88, building phare de Pudong, où il ne m'a épargné aucun des potins de la ville ; puis, n'accordant qu'une minute à mon affaire (« *Mei wen qi !* Tout est réglé », souriait-il), il m'a traîné à un vernissage dans une galerie de la Suzhou Creek, et de là nous sommes allés à une fête sur le Bund, en l'honneur de je ne sais quel fabricant de parfum, où le volume de la musique était suffisamment élevé pour transformer en migraine les velléités de conversation. Et les jours suivants, même chose, j'ai revu Zhao Dahua, et le professeur Bao, d'autres amis encore, et chacun avait organisé pour moi un programme de réjouissance mémorable, assez arrosé pour me conduire au bord du malaise.

Marvin Liu fait partie de ces êtres privilégiés que satisfont trois heures de sommeil par nuit et qui paraissent mener une vie exclusive de plaisirs quand ils sont à leur bureau avant l'ouverture, six jours par semaine. Il gère d'une main de fer dix sociétés à la fois, peut réciter le *Livre des odes* de bout en bout, est capitaine d'une équipe nationale de bridge, se passionne pour la Formule 1, les fromages français (je lui ai apporté un camembert) et les dernières tendances de la mode masculine. C'est un régal éreintant de le suivre, avec son crâne rasé de bonze, déployant une énergie à quoi rien ni personne ne résiste, toujours de bonne humeur, la cigarette aux lèvres, toujours pendu à un téléphone (maladie shanghaienne) qu'il ne repose que lorsque sonne son autre portable.

Nous avons fini par parler, entre deux communications. Tout était réglé, en effet, semblait-il. Marvin, à qui j'ai répété que l'affaire pouvait lui valoir des « complications », a suivi mes recommandations à la lettre. Il n'est pas intervenu directement. Il a fait appel à un consortium taïwanais pour appâter la Tiandu Inc., et la société de transport routier, soucieuse de plaire à cet investisseur réputé, a vite mordu à l'hameçon. Mise en concurrence sur un gros contrat, la belle-famille de la cible devrait arriver à Hainan Sanya lundi prochain, selon les échanges de fax qu'il m'a communiqués. Quand j'ai demandé à Marvin qui était au courant, il m'a répondu que seule sa secrétaire, Xian Xian, suivait le dossier, et que je n'avais pas à me faire de bile de ce côté-là parce que Xian Xian était sa maîtresse depuis deux mois ; le connaissant, l'aveu ne m'a pas réjoui.

Comme d'habitude il ne m'a posé aucune question sur mes motivations. Il se doute que je travaille pour le gouvernement français (peut-être pense-t-il au commerce extérieur ?) et, en bon Chinois, cela lui suffit. On ne parle pas de ces choses-là. D'ailleurs quelle importance au regard de l'amitié ? Il était beaucoup plus intéressé de savoir si je comptais appeler Pearl dont le mariage n'a pas tenu. Elle était enceinte, m'a-t-il appris, n'a pu garder l'enfant et, son mari l'a pratiquement répudiée, de sorte qu'elle est à nouveau célibataire. Me voyant changer d'expression, il a ajouté qu'elle s'est coupé et teint les cheveux, puis il s'est mis à rire, de ce rire qui sert à dissimuler l'embarras, en proférant les plaisanteries qui se colportent ici sur le romantisme incurable des Français.

J'ai beaucoup hésité avant de téléphoner à Pearl. Je n'étais pas certain que ce fût une bonne idée ; je disposais de si peu de temps. Et puis j'ai entendu sa voix au bout du fil.

*
* *

« *Xoaodie... !* »

Le restaurant se vide lentement. J'ai pris une bière avec la pastèque, j'en demande une autre ; si je fumais encore, j'aurais envie d'une cigarette.

L'œil vague, je contemple les étoiles, pareil à une algue flottant entre deux eaux, *mobilis in mobile*. Assis à la table voisine, le patron du restaurant se gratte le ventre. Pour mieux jouir de la fraîcheur du soir il a remonté son t.shirt par-dessus son volumineux estomac, jusqu'à la poitrine, et roulé son pantalon aux genoux. Par instant il se racle la gorge, détourne la tête et expulse un crachat parabolique qui atterrit dans la rigole où s'écoule le trop-plein des aquariums. Les spirales de lumière clignotent autour des palmiers. Nos regards se croisent ; chacun reconnaît en l'autre une plante marine soumise à l'attraction des corps célestes.

Au bout d'un moment il crie à la petite serveuse en uniforme pistache d'apporter une bouteille de vodka et deux verres. Le second est pour moi, qu'il emplit à ras bord. « *Gambei !* » me lance-t-il en se fendant d'un sourire que je lui rends avec un *gambei* appuyé.

« *Xie xie ni.*

— *Bu yong xie.* »

Nous buvons cul sec. À la tournée suivante, il me demande d'où je viens. Je lui dis *Faghuo* et il pousse un murmure approbateur. À la troisième, je lui avoue que j'aime beaucoup son île. Il n'y a rien à ajouter ; nous replongeons dans nos pensées et restons ainsi à scruter l'obscurité du large, immobiles sur nos chaises parallèles, peut-être une demi-heure, trois quarts d'heure encore, très contents l'un de l'autre, lui l'estomac nu, dôme cireux où se reflète la lune, moi raide et mou à la fois, caressant du bout des doigts la couverture du carnet turc comme si elle contenait en braille la solution de mes problèmes.

Que disait cette stèle dont Marvin Liu m'avait déchiffré l'inscription dans un jardin de Qufu dont les sentiers zigzaguaient entre des pins ? Parvenu à l'âge de la sagesse, était-il écrit, Confucius agissait en totale liberté sans pour autant transgresser aucune règle.

Lequel de nous deux s'est levé d'abord ? Je n'ai pas souvenir d'avoir quitté le restaurant.

Des chauffeurs de taxi me font signe, les rabatteurs des salons de massage m'interpellent. Je me concentre sur le chemin qui serpente le long d'un muret dégoulinant de plantes grasses. Des éclats de mica brillent dans la pierre et des bruits mouillés peuplent la pénombre. Avec un réverbère tous les cent mètres, cette contre-allée que des ficus séparent de la route paraît moins propice aux amoureux qu'à un guet-apens… Lorsque les phares d'une voiture repoussent les ténèbres, je remarque des buissons de fleurs blanches, roulées en tortillons comme des parasols repliés. J'aperçois des traînées luisantes à mes pieds, et des sortes de boules brunes qui cloquent le ciment du sol. Elles se déplacent cependant, ce n'est pas une illusion, ce sont des escargots, des escargots énormes, une tribu d'escargots inconscients qui se hâtent à découvert. Certains dressent les cornes à mon approche, d'autres se rétractent sous la carapace, confiants en leur système de défense. Nous attachons beaucoup de prix à nous éviter, eux et moi. Je sonde l'obscurité du bout de ma chaussure, j'avance en crabe, parfois sur les pointes, me répétant que Confucius, grâce à sa connaissance parfaite de la Voie, n'en aurait écrasé aucun. J'ai beau faire très attention, j'entends à deux reprises une coquille craquer sous mon pied avant d'atteindre le refuge de l'hôtel.

*
* *

Une chose à laquelle je n'avais pas songé jusqu'alors et que j'additionne aux autres ce matin, en faisant la queue, en short, la tête embrumée, devant le buffet des céréales et des compotes :

La princesse a trouvé la mort un dimanche 31 août ; le ministre, un samedi 1er mai ; Jameson, un vendredi soir ; et c'est un vendredi également que Dominique a quitté Paris en direction de l'Est. Serait-ce encore une coïncidence ? Nul n'ignore que le crime parfait se commet les jours fériés, les fins de semaine, lorsque le gros des magistrats et des policiers est de sortie, se repose en famille ou jardine à la campagne, et que des suppléants tiennent la permanence. On augmente encore ses atouts entre 18 et 2 heures du matin, comme dans le cas de Jameson et de la princesse, quand les effectifs réduits sont débordés d'appels. Scène du crime gâchée, erreur de procédure, une instruction initiée dans ces moments-là a toujours moins de chance d'aboutir, forcément, même les débutants le savent. – Je me souviens de ces plans d'invasion échafaudés par les stratèges de l'Armée rouge, que nous avons pu consulter à la fin de la Guerre froide ; il y en avait trois, très différents, dont l'unique constante était le moment prévu pour l'attaque : dans l'esprit des experts soviétiques il ne faisait aucun doute qu'il fallait envahir la France une veille de week-end de la Pentecôte s'il comportait un pont ; personne ne serait à son poste parmi nos hauts responsables politiques et militaires, leur éparpillement géographique autant que leurs loisirs et les bouchons des autoroutes détraqueraient notre force de frappe. – Je me rappelle la guerre de Kippour.

Vendredi pour Jameson et Dominique, samedi pour le ministre, le dernier dimanche des grandes vacances pour la princesse. Parlons pour le moins de circonstances favorables.

*
* *

Les journées de Sanya.

Je commence par un footing, quelques brasses dans la mer, un massage au spa de l'hôtel. Au bout de Jiangang Lu, en face de Yugang Xincun, je réserve ensuite un bateau pour la pêche au gros, suivant les instructions du général. Je retiens un trente-six pieds, propulsé par deux moteurs diesel Caterpillar de 450 chevaux. La coque blanche du *Kingfish* me paraît en bon état, de même que le sondeur, la VHF, le GPS. Vingt-huit nœuds maximum, je ne trouverais pas plus rapide. Marchandage de rigueur, trois cents dollars de dépôt, je confirmerai la location par téléphone. Le capitaine me serre longuement la main ; il me prend pour un nabab.

Si quelque chose tournait mal, nous aurions cette solution de secours : exfiltration par voie maritime, un cargo battant pavillon comorien se traînera à partir de lundi dans les eaux internationales, on nous communiquera les codes radio en temps utile.

Autre élément de ce plan B : le deux pièces que j'ai loué depuis Shanghai dans une résidence de dix-huit étages, à proximité de la marina. On y accède par une esplanade que garde une brigade d'éléphants en bronze, grandeur nature, démesure chinoise. Entrée invisible depuis la loge des camarades du Comité de voisinage, identifiables à leur brassard rouge. Deux ascenseurs, encore doublés de bâches. Les couloirs empestent la peinture, le caoutchouc. Je monte y déposer un sac de provisions, du café, des biscuits, et un autre, apporté de Paris, contenant une trousse de premier secours, des compresses, des antibiotiques, une pince et un scalpel, du fil chirurgical, de quoi parer au plus urgent.

Une Volkswagen attend au parking, dont s'est occupé un de mes contacts chinois, car il est interdit aux non-résidents de conduire : à n'utiliser qu'en cas d'extrême nécessité.

Dans une parfumerie, en sortant, j'achète un petit vaporisateur de laque à cheveux. À trente centimètres, expliquent nos instructeurs, son jet aveugle l'adversaire. Il complète le poignard maintenant aiguisé et les plombs remodelés en matraque que j'ai emmaillotés d'une chaussette. Le poignard est mon frère, le fusil, mon cousin, dit un proverbe mongol. Ces armes improvisées me rassurent. J'ignore encore à quoi et contre qui elles pourraient me servir ; l'officier traitant organise, surveille, prévient, il certifie le terrain pour une action, il peut donner l'ordre de la démonter, mais il n'y participe pas lui-même ; je déteste cependant l'idée de me promener tout nu, tandis que Stéphane, Roger et Antoine seront « lestés », comme le sera aussi, peut-être, la cible.

De quoi disposeront nos hommes ? D'un couteau de commando similaire au mien, d'une corde de guitare en guise de garrot, de pilules, d'aiguilles empoisonnées, le général ne m'a pas dit comment ils procéderont, mon rôle se limite encore une fois à leur fournir un soutien logistique, mais je vois mal notre équipe passer la douane chinoise avec un fusil et des chargeurs ou se procurer une arme à feu sur place. Quelle que soit la mission, de nos jours, la sécurité prime sur le résultat.

Le deux pièces silencieux, tout en haut de la tour, me laisse une impression de désarroi que n'arrive pas à effacer l'animation des rues. L'espace minuscule semble n'avoir jamais été habité. Pas une marque, pas une éraflure. On dirait que le lit, la table en pin verni, les chaises pliantes, le lampadaire halogène sortent des cartons. L'électroménager de la cuisine a l'air aussi factice que dans un appartement témoin. J'ai inventorié les placards. Tout y a été calculé pour deux, deux bols, deux jeux d'assiettes, quatre baguettes, et je me suis vu vivre là-bas avec Pearl, fenêtres ouvertes sur l'esplanade aux éléphants. Nous regarderions les bateaux de pêche remonter la rivière au crépuscule, nous jouerions à la dînette, puis nous nous faufilerions ensemble sous le drap, en nous serrant très fort pour ne pas disparaître, aspirés par la vacuité du lieu. Lorsque j'ai relevé les volets des stores, la blancheur des murs a claqué comme un reproche ; si j'avais eu mes cartes postales avec moi, je les aurais scotchées aussitôt devant l'horizon pour dérider cette éprouvette stérile.

Je me demande si je pourrais être heureux à Sanya, c'est dire combien l'endroit me paraît irréel.

Une famille chinoise marche comme moi dans la direction de Dadonghai, la belle-mère boitant sur une canne, la mère, le père, le fiston, habillés tous les quatre de façon identique, d'un bermuda, d'une chemise, d'un bob taillés dans le même coton à motif d'hippocampes rouge et bleu. Ils chantent en se donnant la main. Plus loin, c'est un couple sans casque qui passe en riant sur un vélomoteur électrique.

Je change de cybercafé. Celui-ci donne sur le City Hotel et fait aussi salon de thé, papeterie, kiosque à journaux. Les utilisateurs des machines s'y voient offrir une boisson chaude.

Trois courriers occupent ma messagerie. Le général dit que l'équipement « va bien » ; les choses suivent leur cours. Marvin Liu me retransmet le dernier fax de la Tiandu Inc. : rendez-vous confirmé pour mardi, au siège de la société de transport. Pierre Dario-Sebald m'écrit de son côté, sans trop de précautions, que le cocher du carrosse de la Fairy Queen émargeait à la Centrale. Le conducteur de la Mercedes, dont le taux d'alcoolémie de 1,87 gramme a précipité la princesse et son amant contre un pilier du pont de l'Alma, venait d'être nommé à la tête de la sécurité de leur hôtel, et la nouvelle n'en est pas vraiment une. La clientèle cosmopolite des grands palaces intéresse le renseignement. La DST, la CIA, le Mossad, le MI5 aussi soutirent de petits services, placer un micro, perquisitionner une valise, du personnel qualifié de ces palaces où descendent les émissaires palestiniens, les barons de l'acier, les rois du pétrole. J'y avais déjà songé à l'époque, lorsque la presse revenait chaque jour sur les circonstances du drame, les décortiquant à tort et à travers, avide d'exploiter la moindre veine du filon. Quant à l'agenda perdu à la dernière de *Rigoletto*, poursuit Pierre Dario-Sebald, et je comprends qu'il parle là du carnet disparu que le Premier ministre consultait dans l'heure qui a précédé sa mort, lorsqu'il remettait les trophées de la compétition de canoë-kayak, eh bien, il ne s'agissait pas de l'agenda explosif que tout le monde croyait, a-t-il découvert, mais d'un simple répertoire téléphonique. L'objet aurait été subtilisé par un adjoint à la mairie, puis remis à un membre de la famille, le gendre probablement, déjà dans la confidence : il renfermait les coordonnées privées d'une certaine personne, « je ne vais pas vous faire un dessin ». Le vol de ce calepin avait ouvert la porte à bien des spéculations. C'était une bonne action en quelque sorte, on ne voulait pas accabler la veuve davantage, on avait protégé la mémoire du défunt et l'identité de son « amie », mariée également. Rien de plus pour l'instant, termine Pierre Dario-Sebald, sinon qu'il a bon espoir de parler sous peu à un ancien collaborateur de Massard : « Aux Finances, on n'a pas que des copains. » En post-scriptum, il me conseille de bien profiter des bains de mer, car il fait à Paris un temps exécrable.

Je cherche un instant un double sens à cette phrase et, n'en apercevant pas, me résous à suivre le conseil.

C'est dimanche. Stéphane et Roger arrivent ce soir.

Antoine sera là demain matin, ainsi que les beaux-parents de la cible, j'espère.

*
* *

La plage de Sanya.

Paillotes, transats. Les adultes somnolent, lisent un magazine, croquent des bonbons à la viande. Les gamins bâtissent des châteaux de sable qu'ils ornent de coquillages. On lance un ballon. De jeunes intrépides assourdissent le rivage aux commandes d'un jet ski.

Le soleil brûle. Ces Chinois en maillot de bain, bronzés et huilés, représentent une nouveauté pour moi. Les canons traditionnels de la beauté réclament la blancheur du bouton de lotus. Jamais Pearl ne s'exposerait ainsi au grand air. Elle attache beaucoup de prix à la pâleur de son teint, estimant comme la plupart des Shanghaiennes qu'un visage et des mains de brique sont le triste apanage des femmes de la campagne. Jusqu'au plus fort de l'été, lorsqu'elles se déplacent à deux roues, beaucoup de citadines se couvrent encore de pied en cap, dissimulant leur visage sous un chapeau cloche et leurs avant-bras sous des manchons fermés au poignet par des élastiques. Ce que j'aperçois à travers mes lunettes noires était totalement impensable il y a cinq ou six ans. Spectacle troublant : de jeunes Chinoises se déhanchent en bikini, que le manque d'habitude rend très impudiques.

Lorsque j'ai annoncé à Pearl où me conduisait le travail, elle m'a dit que Hainan Sanya était maintenant une destination de voyage de noce à la mode, et que la génération actuelle apprenait à nager.

Cela reste l'exception. Des cordes fixées à des piquets, tendues à la verticale du rivage sur une cinquantaine de mètres, dessinent dans l'eau des enclos protégés. Les rares baigneurs avancent en s'y cramponnant à deux mains et, dès qu'ils perdent pied ou qu'une vague les effleure, ils poussent des cris stridents de souris. Hier, j'ai vu un colosse en string noir enfiler une bouée gonflable pour se risquer dans la mer. J'imagine les sarcasmes dont rivaliseront Stéphane et Roger. On trouve beaucoup plus de monde à la piscine, dans le bassin des enfants.

Pearl m'a avoué que si elle allait un jour en Europe, en Italie, en Espagne, elle aimerait étudier le crawl elle aussi. Elle s'est mise à pouffer à cette idée, les doigts en éventail devant la bouche, en personne bien élevée ; mais c'était dit sans arrière-pensée, de sorte que je n'ai pas eu à choisir entre changer de sujet et lui faire de fausses promesses.

Mes voisins de chaise longue jouent à pulvériser des monstres sur l'écran de leur téléphone, farniente asiatique. C'est un drôle de métier que le mien, et je brûle maintenant d'en finir.

*
* *

Lundi.

Dans les toilettes du café Coco, les paraphes de Stéphane et Roger encadrent mes initiales. Celles d'Antoine s'y adjoindront tout à l'heure. Si tout va bien, nous aurons un premier briefing à huit heures du soir, dans l'arrière-salle du Sky Bar.

En milieu de journée, le temps s'étire démesurément. Pas un nuage. Je me fais servir un plat de nouilles aux légumes dans la chambre, y touche à peine, puis rideaux fermés, ayant éteint la clim qui me donne mal à la gorge, j'essaie de faire une sieste en attendant que baisse le soleil. Je me réveille presque aussitôt dans une moiteur fœtale… L'oreiller trempé sent la sueur recuite. Alors que je pensais à Pearl en cherchant le sommeil, les images qui me viennent à présent tournent à nouveau autour de Dominique, du sort qui l'attend, de la suite d'événements qui a conduit cet officier sans tache à se faire traquer par des collègues jusqu'au fin fond de la Chine.

J'ai mis en ordre une partie des antécédents, le recrutement de Jameson au début des années 1980, les manœuvres d'approche de Richard Drouin, les premières livraisons d'armes à l'Iran sous embargo, avec la bénédiction discrète de la France et de l'Otan, l'intervention de Jean-Luc Massard dans le blanchiment du produit des ventes, les intérêts ainsi noués… Essayons de comprendre, me dis-je une fois encore. Des signaux clignotent dans mon esprit, comme si l'état de flottement dans lequel je me trouve favorisait l'activité du cerveau, dont il faisait une entité autonome, dotée d'une acuité accrue. Le commerce des armes est soumis chez nous à trois autorisations. Le ministère de la Défense donne son accord, puis les Finances, puis Matignon. Une partie des sommes faramineuses engrangées s'évanouit ensuite dans la nature, ou plutôt tombe subrepticement dans l'escarcelle de lobbyistes, d'intermédiaires, de décideurs qui s'attribuent un pourcentage en propre ou le reversent dans les caisses de leur formation politique. Raisonnons par hypothèse. La justice fourre son nez là où on ne l'attendait pas, au cours de la décennie suivante, quand éclatent les scandales liés au financement des partis, à ELF, à la corruption par l'argent du pétrole. Les livres de compte saisis montrent des ramifications, des comparses se mettent à table, l'instruction remonte toujours plus haut. Admettons alors que le ministre, très éprouvé par les attaques dont il a déjà été l'objet, laisse entendre qu'il ne mentirait pas aux juges s'il venait à être entendu. Admettons qu'il soit alors dessoudé, son meurtre, maquillé en suicide, et que Max Jameson détienne une preuve, un embryon de preuve qui invalide la thèse officielle… Nous sommes en mai 1993. Selon mon carnet turc, Dominique fait sa première visite à Danville-Crevon dix jours après la mort de celui que Jameson se vantait d'appeler son ami. Le photographe est hystérique, paranoïaque, il a perdu les pédales, ce sont les mots de Bidi. Bizarrement, la discussion lui remet les idées en place. Il ne parle plus ensuite de faire sauter le gouvernement, ni de s'exiler au Canada. Et, avant la fin de l'été, il renonce à ses appareils, se débarrasse de son pied-à-terre de la rue Valadon et, par la même occasion, pour ce que s'en rappelle Bidi, de ses archives sonores, des bandes qu'enregistrait le magnétophone dont une pochette de soie dissimulait le micro, quand ce n'était pas un slip de femme, puis il se lance dans l'élevage de vaches laitières. Il n'est pas certain que cela se soit passé dans cet ordre, mais c'est aux alentours de cette date en tout cas que le dossier de Dominique qu'on m'a laissé consulter au fort de Noisy présente un trou, qu'apparaît l'empreinte révélatrice d'une agrafe rouillée… Notre officier aurait-il contraint Jameson, à coups de menaces et de promesses, à lui remettre les bandes, ces preuves qu'il prétendait posséder ? Dominique serait-il à l'origine du coup de téléphone anonyme (« une cliente assez particulière sortira de l'hôtel Les Glycines… ») qui a transformé le reporter en exploitant agricole ? Serait-il l'auteur de la manipe de Cabourg ? Je ferme les yeux pour laisser les enchaînements se développer à leur aise. Admettons… L'élevage modèle périclite et, en 1997, année pour laquelle le dossier de Noisy comportait également plusieurs lacunes, Jameson reprend sa carrière de photographe. Je compulse mes notes de mémoire. Il espère renouer avec les sujets qui lui ont réussi auparavant. Il fait des pieds et des mains pour couvrir la croisade que la princesse commence à mener contre les mines antipersonnel, il voudrait être du voyage de la Croix-Rouge à Luanda, du voyage en Bosnie : on lui refuse à chaque fois son accréditation. Il part seul pour l'Angola, à ses frais, m'a dit Doursault, le commercial de l'agence ; mais le reportage ne se vend pas et sera, peut-être, détruit ou volé… Selon Seligman, Jameson a perdu la grâce, il ne trouve plus ses marques, c'est un dinosaure. Multiplication des chaînes de télévision, avènement du numérique, la profession traverse une crise, de nouveaux magazines tiennent le haut du pavé, les grandes agences commencent à disparaître. Et c'est là que mon imagination tombe à court d'hypothèse... Durant tout le mois d'août Max Jameson s'acharne à suivre la princesse. Il la traque sur la Côte, tel un chien enragé, m'a dit le directeur de l'agence. Il la cherche en Sardaigne, il course en zodiac le yacht de milliardaire où elle a été conviée, il loupe la scène du baiser sur le pont du bateau, manque l'épisode de la riviera italienne, rate le retour à Monaco, ne prend pas une photo digne d'une « couve ». Dégoûté, il rentre à Paris le 31, le même jour que la princesse et son nouvel amant, mais, quand la meute des paparazzi se rue quelques heures plus tard vers leur hôtel, il semble qu'il ait de son côté abandonné la partie. Aucun de ses collègues ne l'aperçoit devant le palace, place Vendôme, il n'est pas de l'équipée des Champs-Élysées. D'ailleurs il ne sera aucunement inquiété après le drame : selon la PJ, la Fiat Uno qu'aurait éraflée la Mercedes de la princesse à l'entrée du tunnel de l'Alma ne serait pas la sienne, les policiers seront formels. Et il s'envole pour la Corse à l'aube du 1er septembre, peu avant que le Premier ministre britannique, la voix brisée par l'émotion, annonce à l'Angleterre et au monde que « la princesse du peuple » n'a pas survécu aux blessures causées par l'accident. Que va-t-il faire à Bastia ? Les vendanges, m'a dit Seligman ; photographier un chanteur, m'a déclaré Doursault ; se reposer, m'a affirmé Bidi.

Pourquoi Dominique se rend-il à nouveau à Danville-Crevon dans la quinzaine qui suit ?

Pourquoi Jameson aurait-il alors, selon les termes de Jeannot Gilloux, complètement disjoncté ?

Que s'est-il passé dans l'intervalle ? – Je vide au goulot une bouteille d'eau minérale, entrebâille les rideaux, récupère machinalement le maillot que j'ai mis à sécher sur le balcon.

Durant ces mois de déconvenues, où Max Jameson peinait à se remettre en selle, la justice a rattrapé Richard

Drouin. En juin, averti par une de nos sources de la magistrature, Dominique a dû procéder à une intervention de dernière minute pour débarrasser le haras des Bluettes des documents pouvant compromettre le Service et l'État, bordereaux, ordres de transfert, laissez-passer, manifestes, documents bouclés aussitôt dans des cartons scellés par le secret défense et transférés au plus profond de l'Iceberg, au fort de Noisy. Il est plus que probable que Dominique ait fait appel pour cela à son agent. Jameson se trouve sur place, c'est un familier des lieux... D'un autre côté, me dis-je, Jameson est un voyou, un type sans foi ni loi, à en croire ses confrères ; il traverse une mauvaise passe ; l'opération s'est montée à la va-vite. Aurait-il dérobé au passage de quoi faire chanter le marchand d'armes, des fax, des photos, un carnet de commande qu'il espère monnayer... ?

Qu'a-t-on emporté des Bluettes ? Est-ce une raison d'ordre privé ou bien cette opération de nettoyage, ou encore le décès de la princesse, qui a plongé le photographe dans un état de perturbation tel que Dominique doive retourner en Normandie ? Et s'il existait un rapport entre l'une et l'autre chose, je veux dire entre la princesse et le commerce des armes, car enfin, l'origine de la fortune de son amant n'y est pas étrangère, le père de ce dernier a fait ses classes au service d'un Monsieur 5 %... ?

Je n'ai de réponse à aucune de ces questions et ne peux, encore une fois, que m'en remettre à la chronologie. – Liquidation de la BAFI et nomination de Jean-Luc Massard à Arva Industries ; perquisition au haras des Bluettes ; accident mortel de la princesse ; seconde visite de Dominique à Danville-Crevon ; suicide du photographe ; fuite de Richard Drouin en Iran ; désertion de Dominique.

Il me reste encore quelques heures avant le briefing du Sky Bar et je reprends par le détail les notes du carnet turc... À son retour de Corse, Max Jameson fait à ses proches l'effet d'un homme en pleine dépression. On se rappelle ses antécédents, les attaques de paniques dont il a souffert durant des années. Il avale des pilules. Tantôt il reste prostré dans la pénombre de sa chambre, tantôt il se laisse aller à de brusques effusions sentimentales, prend sa femme et son fils dans les bras et les presse contre lui à leur faire mal, avec des sanglots convulsifs, m'a dit Bidi (sur ses lèvres, le récit de la scène trahissait d'abord sa passion des séries américaines), puis, comme s'il avait honte de ces manifestations de faiblesse si peu dans son caractère, il les plante sans un mot et s'en va ruminer son malheur au fond de l'étable à l'abandon, où les vaches ne mugissent plus, où se sont tus les paso-doble et les boléros censés stimuler la lactation. « On ne pouvait pas lui parler, il prenait tout de travers... » Là-dessus Dominique vient faire la preuve à nouveau de sa « bonne influence ». Les deux hommes partent marcher dans la campagne, leur tête-à-tête se prolonge jusqu'à la tombée du jour et, à l'heure du dîner, miracle, Jameson paraît aller un peu mieux. Il se remet au travail, couvre un gala de charité, puis le mariage d'un footballeur niçois, une exclusivité. À Paris, il habite maintenant un meublé du côté des Ternes. Plusieurs semaines passent avant qu'il ne revienne en coup de vent à Danville-Crevon. Les affaires reprennent, dit-il à Bidi. Il a des projets, il compte faire la saison de Noël à Gstaad comme par le passé. Il serait sur un gros coup. Les relevés de compte que j'ai pu voir à l'agence indiquent en tout cas qu'en octobre, s'il n'a pas retrouvé son niveau d'autrefois, ses reportages lui ont rapporté une somme rondelette.

Il n'a pas lâché la moto, mais s'est acheté une nouvelle voiture en leasing, une BMW automatique dont il a équipé lui-même le coffre d'une sorte d'armoire blindée, doublée de mousse, où il range sa panoplie d'objectifs et d'appareils. Il a toujours été bon bricoleur, reconnaît Jeannot Gilloux.

Le mercredi 12 novembre, il dîne avec Paul Doursault qui le juge plutôt en forme. Le vendredi 14, il poste deux lettres recommandées, et toutes deux concernent Bidi.

L'une, adressée à sa banque, donne à son épouse procuration sur ses comptes ; l'autre, que son agence recevra le lundi 17, fait d'elle la bénéficiaire exclusive des droits d'auteur de ses photos. Il quitte le parking Wagram en milieu d'après-midi et, au lieu de partir pour Lille où il doit suivre la campagne électorale du maire sortant, il prend la direction du sud, roule sur plus de cinq cents kilomètres, quitte l'autoroute, s'arrête faire le plein à une station des environs de Millau où il demande en plus, comme s'il s'attaquait au Sahara, un bidon d'essence de vingt-cinq litres, et il quitte la nationale, trouve un chemin vicinal qui le mène sur une zone militaire, dans le parc naturel des Causses, au beau milieu du Larzac. La BMW se gare à l'orée d'une futée de chênes – vers les 11 heures du soir, des soldats en manœuvre repèrent le rougeoiement des flammes. Quand ils atteignent la voiture, juste avant les pompiers qu'ils ont prévenus par radio, il est déjà trop tard pour intervenir. Les réservoirs ont explosé, le moteur a fondu, les buissons, les arbres eux-mêmes brûlent. Les scientifiques de l'Institut de recherches criminelles de la gendarmerie nationale ne récupèrent le lendemain, dans la carcasse calcinée, que des débris de squelette parmi les cendres, à peine de quoi, paraît-il, emplir une boîte à chaussures. L'analyse ADN d'un fragment du crâne et sa comparaison avec un prélèvement effectué sur Max Junior permettent cependant une identification formelle et, aucune trace d'une intervention extérieure n'ayant été relevée sur les lieux, après onze mois d'investigations la juge d'instruction clôt l'enquête en concluant au suicide.

J'imagine les alentours de la carcasse fumante piétinés par les bidasses, par les pompiers, les fragments de verre et de métal projetés, la danse des extincteurs, les efforts des uns et des autres pour éteindre l'incendie, et je me demande quelle « trace d'une intervention extérieure » aurait bien pu subsister encore au lever du jour.

Jameson se serait arrosé d'essence, aurait bouclé sa

ceinture, puis craqué une allumette. On aurait dû le prévoir, m'a dit Seligman. Max ne supportait pas de ne plus être le meilleur, il aura voulu partir en beauté. Le métier ne lui convenait plus. Une fin spectaculaire, c'était bien son genre. Selon le colonel Curve qui commandait à l'époque la gendarmerie de l'Aveyron, il est difficile d'expliquer ce qui l'a conduit à se donner la mort, mais il semble qu'il ait très mal vécu la suspicion qui planait à son encontre dans la disparition de la princesse, « suspicion relative à sa profession de paparazzi et à la Fiat Uno blanche immatriculée au nom de son épouse ». Les problèmes psychologiques de Jameson, l'abus de médicaments ou leur mélange nocif, sa récente dépression sont cités dans les coupures de presse que m'a montrées Bidi, de même que le décès de son père dans une maison de retraite de Rouen, au début de l'été, décès qui l'aurait profondément affecté en dépit de leur long « désaccord *conflictuel* ». Jameson n'avait pas parlé à ce père depuis plus de vingt ans, mais c'est vrai, a admis Bidi à contrecœur, que « ça turlupinait Max », au point qu'il ait fini par inhumer la dépouille du vieil homme dans le caveau en marbre inspiré d'un monument florentin que leur avait construit Jeannot Gilloux.

Peuvent aussi se greffer sur ce contexte, soutenait l'un des articles, des raisons personnelles que les enquêteurs « préfèrent ne pas aborder de façon explicite ». Pour Paul Doursault, qui n'arrivait pas à croire au début que son ami eût mis fin à ses jours d'une manière aussi monstrueuse (« Vous vous rendez compte, se faire cramer comme un bonze »), ces raisons personnelles, c'était Bidi que le photographe, rentré chez lui à l'improviste, avait surprise en train de faire l'amour avec l'entrepreneur. Sa femme lui avait crié qu'elle n'avait pas fini, sans interrompre ses ébats. Dès que Max quittait Danville-Crevon, m'a confié l'ancien commercial, l'autre se glissait dans leur lit. Ils ne se cachaient même plus. À son sens, Jameson avait fait beaucoup d'efforts pour restaurer leur couple, il prenait sur lui, mais ces trahisons à répétition lui faisaient mal à en crever.

Je me suis abstenu d'évoquer ce témoignage devant Bidi, bien entendu. Il ne faisait aucun doute à ses yeux que son mari avait été assassiné, comme l'avait été le ministre, et rien n'aurait su de toute façon la faire changer d'opinion. Max avait peur du feu, m'a-t-elle dit. Et d'abord pourquoi serait-il allé se tuer si loin ? Il pouvait se pendre dans son meublé des Ternes, se précipiter dans la Seine à moto, ingurgiter une boîte de barbituriques ici même. À son avis, les lettres recommandées, tapées sur un ordinateur, ne prouvent rien. Il n'y avait qu'à imiter sa signature, un gribouillis enfantin qu'elle contrefaisait pour sa part depuis toujours. Savez-vous, m'a-t-elle demandé en me menaçant du petit poignard forgé dans une météorite, savez-vous que l'on n'a pas retrouvé les clefs de la BMW, alors que les portières étaient verrouillées ? Et que les types des pompes funèbres ont dit qu'ils n'avaient jamais vu un cadavre calciné à ce point, à croire qu'on avait mélangé du phosphore à l'essence ? Qu'un des gendarmes de l'enquête est tombé d'un cinquième étage avant que le juge d'instruction ait rendu ses conclusions ? Et que les appareils de Max, ce qu'aucun n'assassin ne pouvait savoir, étaient encore enfermés dans leur cache du coffre où ils se sont à moitié liquéfiés ? Elle ne concevait pas qu'un professionnel comme lui ait pu prendre des dispositions pour ses droits d'auteurs mais n'ait pas songé à préserver son précieux matériel ; cela lui semblait illogique.

Sur le chemin de la douche, alors que je m'étire et me frotte les paupières, une nouvelle hypothèse m'arrête.

Supposons, me dis-je, que Dominique ait reçu l'ordre d'éliminer cet agent fragile, émotif, très instable, qui sait ou a deviné trop de choses. Lui tendre un piège ne présente guère de difficulté. Dominique étrangle Jameson dans l'obscurité du parking des Ternes, cache le corps sous une couverture, descend à Millau où il fait un crochet par la station d'essence… Non, un reçu a été versé au dossier de l'instruction : comment connaîtrait-il le numéro de la carte de crédit du reporter ? Plus simplement, il lui fixe rendez-vous dans le Larzac, il doit lui montrer quelque chose, et lui téléphone de prendre l'essence en route, sous un prétexte quelconque, sans doute une panne, en insistant pour que le règlement soit effectué par carte bancaire de façon qu'un justificatif lui permette d'être remboursé. Ce justificatif est une pièce à conviction épatante. Il l'assomme alors près du bois de chênes, le sangle au siège de la BMW, débouche le bidon. Ni le jour, ni l'heure, ni le mode opératoire, propre à effacer toute trace, ni le lieu, un vaste plateau militaire, n'infirment ce scénario.

Il faut imaginer, dans ce cas, un homme qui sombre ensuite dans le puits du remords. À la longue nous finissons presque toujours par éprouver de l'affection pour nos agents. Quels que soient les sentiments de départ, l'empathie qui nous aide à les manipuler induit une sorte de tendresse. Ils nous touchent comme le petit cousin malaimé qu'on aimerait dégourdir. Dominique doit regretter une mort qui le mine d'autant plus qu'elle lui paraît inutile, et dont l'inutilité se fait criante à mesure qu'elle l'obsède. N'existait-il pas d'autre moyen de circonvenir son agent ? Il aurait pu le raisonner encore, il l'avait déjà piégé à Cabourg, il se sentait capable de le manœuvrer à nouveau…. Jean-Luc Massard prospère dans les somptueux bureaux de SSMA, métamorphosée en Arva Industries. Le marchand d'armes suisse jouit de son exil iranien, à l'abri de ses millions, pendant que ses avocats négocient avec les justices belge et française une réduction des charges portées contre lui. Tandis que Max Jameson… Au fond, il a tué un innocent pour sauvegarder la pourriture lucrative de la politique ; et la mauvaise conscience de Dominique se transforme en rancune, en animosité contre la hiérarchie. Les sujets de mécontentement ne nous font pas défaut : le moindre grief attise son écœurement. Dans le système clos de sa culpabilité, l'entropie ne cesse de croître, accomplissant des ravages. Et si on allait le supprimer lui aussi au nom de la raison d'État, se demande-t-il bientôt ? Et si les psychologues du Service le déclaraient incontrôlable à son tour ? Plutôt que de s'abandonner à ce sort, il déverse alors ce qu'il a sur le cœur dans une lettre qu'il envoie à Mortier, et il claque la porte, crache sur le seuil, part sans se retourner. Il se lance dans une longue errance purificatrice à travers l'Europe, trouve l'oubli au fond de la fosse à vidange d'un garage de Vilnius, franchit les plaines immenses de l'Asie centrale et finit par se retrouver en Chine, à des années-lumière de son passé, où peut débuter une existence nouvelle.

*
* *

Une chose que nous apprennent nos années de formation mais que la vie de bureau a tendance à gommer ensuite : nous travaillons une matière vivante.

*
* *

Qu'éprouvait Dominique ? – Je ne sais pas. Je n'ai encore tué personne. J'ai beau avoir fait carrière au Service, avoir été entraîné en vue de cette éventualité, cela reste pour moi de la théorie. On ne m'a envoyé ni au Liban, ni en Afghanistan, c'est la première fois que je participe à l'élimination d'une cible, et la seule mort qui m'ait jamais donné à réfléchir est la mienne, moins d'ailleurs sous la forme du trépas que du temps où je ne serai plus quand le monde continuera à tourner. Chaque fois que cette angoisse-là m'étreint, afin de soulager mon esprit du poids qui l'étouffe – qui me fait suffoquer : j'imagine la terre tassée sur le cercueil et la pierre qu'on tire dessus –, je me demande, raisonnablement, pourquoi l'éternité future dont je serai exclu serait plus effroyable que les siècles innombrables qui ont précédé ma naissance. Je n'y apparais pas davantage. Il est moins odieux, murmurent cependant mes démons, de ne pas exister que de n'exister plus, d'être inconscient du monde que d'y être jeté pour une durée qu'on sait infinitésimale. C'est aussi injuste, cruel, que de vous priver d'une chose sitôt que vous y prenez goût. L'amour n'a jamais touché votre cœur ? Tenez, essayez, stop, terminé. J'en regretterais presque de ne pas croire en l'au-delà, de ne pas être de ces culs bénis à matricule qui confondent foi et patriotisme… – Quelles sont ou étaient les convictions intimes de Dominique ? Le collègue que j'ai interrogé grâce à Pierre Dario-Sebald l'avait au fond très peu connu. Ils s'étaient surtout fréquentés pour des raisons professionnelles, dont il ne pouvait me parler, et les confidences qu'il a lâchées du bout des lèvres, sans retirer à aucun moment ses lunettes noires, n'occupent pas quatre lignes du carnet turc. Laisserais-je un souvenir aussi ténu si je venais à disparaître ?

La douche ne m'a fait aucun bien et la touffeur humide de cette fin de journée (le portier de l'hôtel attend de l'orage) donne aux rues une couleur de rêve avorté.

La crainte de Dieu aggrave-t-elle le remords ? Je suis persuadé qu'elle l'atténue, au contraire, avec ses promesses de rédemption, et que la vraie morale est athée, comme le professent les philosophes chinois depuis Mencius.

Je marche jusqu'au café Coco où les initiales d'Antoine, dans les toilettes pour hommes, m'apprennent que l'équipe est désormais au complet.

La caissière me reconnaît, à l'espace internet du centre commercial ; cela ne me plaît guère, mais je ne me vois pas braver la canicule sur des kilomètres pour satisfaire aux protocoles de sécurité du Service. Aucun courrier n'occupe ma messagerie. Que fait Pierre Dario-Sebald ? À quoi joue Marvin Liu ? Je les relance tous deux en termes pressants, avant d'envoyer un bref rapport au général. La tentation est grande d'appeler Pearl, mais je me répète qu'il ne faut pas, que je ne dois pas me laisser distraire. Je t'appellerai *après*, l'ai-je prévenue en l'embrassant, alors qu'elle ne m'avait posé aucune question, quand j'ai quitté son appartement le dernier soir. Nous envisagerons l'avenir *après*, me disais-je à moi-même.

Un papillon de nuit bourdonne contre la vitre sombre derrière laquelle scintillent des lumières. Comme il me reste une bonne heure à tuer, je me branche sur la toile où j'ai vite fait de trouver un site de *Mah-Jong*. Il y a des semaines que je n'y ai pas joué et les réflexes ne reviennent pas sur-le-champ. Ouverture brouillonne, irréfléchie. Je me contente de passer mes nerfs sur les pièces virtuelles. Le chuintement des tuiles me rend néanmoins à la patience et, à force d'assembler les paires, ces victoires modestes sur le hasard, la satisfaction tranquille que procurent l'exercice de la vigilance et l'application d'une méthode m'abstraient peu à peu de la réalité, lui substituant un univers de nombres et de symboles propice au détachement. Malgré un mauvais début, les tuiles me sont d'ailleurs favorables, le huit de bambou récalcitrant finit par rencontrer son double, les fleurs tombent une à une, je gagne la partie sur un couple de six – *liu*, chiffre que les Chinois considèrent comme extrêmement bénéfique.

Sur l'ordinateur voisin, un gros type consulte une page consacrée aux vêtements de bébé. J'aperçois du coin de l'œil des images de grenouillère, de bavoir rose, de pyjama orné d'oursons, de robe à smocks. Cherche-t-il un cadeau à offrir ? Est-il dans la branche ? Lorsqu'il boit son thé, ses lèvres se retroussent sur le gobelet et il émet des bruits de succion. La caissière, une myope au visage tout en os et aux cheveux permanentés, surveille mon écran de son côté, et paraît rassurée de me voir enchaîner les réussites. Les clients ne sont pas nombreux. Je suis le seul étranger.

Je perds bientôt le compte des parties, ne retenant que

celles qui me valent la joie d'être félicité par l'ordinateur. Une dernière – je la rate. Le reliquat des pièces compose cette fois une figure en forme d'oiseau, le bec à la verticale. Il ne vole ni vers la droite ni vers la gauche, alors comment interpréter ce présage ?

Sur un regard à la pendule, je tape à nouveau le mot de passe de ma messagerie. Pierre Dario-Sebald ne s'est toujours pas manifesté, ce qui est étrange, car c'est le début de l'après-midi à Paris et qu'il ne fait plus rien, sinon pianoter sur un ordinateur, cloué par la maladie à son grand fauteuil réglable ; mais Marvin m'a écrit. Mon ami et son beau-frère, me dit-il, sont bien arrivés à Sanya. Ils sont descendus à l'hôtel Kai Yue, en ville, où ils occupent des chambres contiguës, la 503 et la 504. Ils doivent rencontrer les dirigeants de la Tiandu Inc. à 16 heures, demain, mardi, dans les bureaux d'Erhuan Lu, je devrais être content. Ils banquèteront ensuite avec leurs hôtes à la Montagne de jade où ils ont réservé une table pour sept, et finiront la soirée au Kelly's KTV, un établissement bardé de néons que j'ai repéré par hasard dans le quartier de la nuit, à dix minutes de l'esplanade aux éléphants. En pièce jointe figure le fax de confirmation qu'a reçu la société de transport routier. Elle en a adressé copie au consortium taiwanais, lequel en a transmis un double à Marvin Liu, selon le système que nous avons mis au point. – Mon ami ? Cela signifie que Dominique se trouve déjà dans l'île ? Nous nous étions figuré que la belle-famille viendrait seule et que la cible arriverait en renfort dans un deuxième temps, après que nous aurions rendu sa présence indispensable. Je ne sais pourquoi, peut-être à cause de ma tendance à couper les cheveux en quatre, je n'ai pas songé un instant que le déserteur se déplacerait de son propre chef, ignorant les règles élémentaires de prudence. Sans doute, me dis-je en traduisant le contenu du fax à l'intention du général, a-t-il trouvé bienvenue une récréation au bord de la mer, loin des pièges de Shanghai, où il n'aura pas à se cacher. – Mais si Dominique n'avait pas l'intention de s'attarder plus de vingt-quatre heures à Sanya ? S'il repartait une fois plaidée la cause de sa société, laissant son beau-frère poursuivre seul la négociation ? Comment allons-nous nous organiser pour le coincer en si peu de temps ? – Faudra-t-il donner l'ordre de démonter si nous n'y réussissons pas ? – Que va ordonner le général ?

À cause d'un phénomène de persistance rétinienne les pièces de mah-jong continuent à danser devant mes yeux, les saisons, les bambous, les phœnix, la queue en panache.

*
* *

Je couvre les derniers mètres en courant. La pluie s'est mise à tomber alors que je sortais du café internet, de grosses gouttes éparses qui s'évaporaient en touchant le sol, puis le tonnerre a grondé au loin, le vent a agité la crinière des cocotiers, et en un instant une puissante averse s'est abattue sur Dadonghai.

La bannière *FOREVER TROPICAL PARADISE* du syndicat d'initiative claque piteusement entre ses mâts.

Je me précipite à l'intérieur du Sky Bar où de nombreux promeneurs ont trouvé refuge. – « *Duibuqi…* » Me fraie un chemin en m'ébrouant. Des gouttes ruissellent dans mon cou et, comme les trottoirs défoncés se sont vite couverts de flaques, de l'eau clapote entre mes orteils. Au fond de la salle qui n'a pas dû connaître depuis longtemps une telle affluence, Stéphane et Roger s'appliquent à ne pas me voir. Je n'aperçois pas Antoine. Peut-être était-il encore en route quand a éclaté l'orage et s'abrite-t-il quelque part sous un auvent.

« *Qing gei wo yi ping pijiu.* »

Le barman me tend une bière ainsi que des serviettes en papier pour m'éponger le front. Je paye et me dirige négligemment vers les hommes du Service, satisfait de constater qu'ils ont choisi un coin obscur où il n'y a que de jeunes Chinois. Les Russes, plus susceptibles de parler notre langue, préfèrent s'attabler en bordure de la terrasse que ferme pour l'instant l'épais rideau de la pluie.

La chemise sombre de Stéphane s'entrouvre largement sur un torse musculeux et imberbe. Il doit s'épiler, à la manière de certains sportifs. Vêtu d'un polo rayé, Roger boit du jus d'orange à la paille, et il y a quelque chose de pesant dans la pose qu'il a adoptée, les bras en équerre, comme s'il s'apprêtait à déplacer le demi-tonneau monté sur un pied de métal devant lequel il est assis. Pourquoi me méfierais-je d'eux ? ce sont nos hommes.

Je longe le mur, protégeant ma consommation du coude, comme si je cherchais un tabouret de libre, et pousse une exclamation en apercevant les journaux français posés comme convenu entre les verres. Un touriste reconnaît des compatriotes, prétexte limpide. « Eh, sans blague, vous êtes… – Ah, vous aussi… – Vous êtes sur l'île depuis longtemps ? » Stéphane et Roger ne sont pas meilleurs comédiens que moi, mais qui irait critiquer la performance ? « Permettez ? » Ils me laissent parcourir les titres du *Figaro* de samedi et je découvre avec un étonnement qui cette fois n'est pas feint que le premier tour de l'élection présidentielle s'est tenu hier. L'événement m'était complètement sorti de la tête, je n'ai pas pensé à allumer la télévision depuis que je suis en Chine, l'actualité n'entre plus dans mes préoccupations, mais s'informer du résultat des urnes, c'est excellent.

La musique techno n'empêche pas qu'on entende par intervalles le ciel se déchirer. Quelques secondes plus tard le blanc des éclairs détoure les visages, arrêtant les mouvements comme les flashs d'un stroboscope.

Nous crions un peu pour nous comprendre.

Tandis qu'ils m'apprennent que le candidat centriste ne figure plus dans la course, comme c'était prévisible, je les mets rapidement au courant. La cible est arrivée. Si le général nous donne le feu vert, leur dis-je, il va falloir agir vite. Et tout en repliant le quotidien, je glisse entre ses pages un plan de la ville un peu mouillé, provenant de la réception de mon hôtel, où j'ai reporté les infos que m'a transmises Marvin Liu : le Kai Yue, chambres 503 et 504 ; l'emplacement de la Tiandu Inc., une croix suivie de *r-v demain 16 h* ; le restaurant La Montagne de jade avec l'horaire probable du dîner ; enfin, entouré d'un cercle, le Kelly's KTV qui me paraît la meilleure option, personnellement.

Près du bar, une grande Russe dépoitraillée fait du grabuge. « Qui m'offre un verre ? », hurle-t-elle en anglais. Les Chinois qu'elle asticote ricanent poliment.

Où peut bien être Antoine ? Orage ou pas, on ne manque pas un briefing.

*
* *

Rentré en taxi après avoir dîné sur le pouce dans un bouiboui désert, j'ai passé une partie de la nuit sur le balcon, en peignoir de bain, à vider le minibar en regardant les éléments se déchaîner. À la faveur des éclairs je voyais les minces cocotiers lutter contre la tourmente. Le miroir piqueté de la piscine semblait animé d'une vie propre. Les fleurs malmenées des parterres frémissaient, se contractaient, se couchaient pour échapper au supplice.

Le téléphone qu'on m'a confié rue de Chazelles a sonné vers minuit, alors que la tempête battait son plein. Le général m'a d'abord félicité d'avoir débusqué la cible, puis il a écouté mes suggestions, convenant avec moi qu'il serait difficile d'intervenir dans les parages de l'hôtel ou de la compagnie de transport, qu'il y aurait trop de gens aux abords du restaurant, trop de lumière, de même que dans les rues, et il s'est rendu à mes suggestions, après que je lui ai brièvement expliqué quelle sorte d'endroit est le Kelly's

KTV. J'entendais des voix discuter derrière lui. « D'accord, m'a-t-il dit après un silence. Préparez le repli, et procédez. »

J'ai alors détruit la carte du téléphone portable et l'ai remplacée par une autre, au contenu anodin.

Les doutes que je pensais avoir réduits au silence me revenaient par vagues. Dans l'espèce de reconstitution des faits que j'ai échafaudée, je me suis soudain rendu compte que Maurice Boisdeffres alias Dominique n'occupe pas la première place, comme si un processus instinctif d'identification avait rendu superflu que je m'appesantisse sur lui. Nous sommes deux fonctionnaires, ai-je réfléchi. Deux corps égaux par la densité et la chaleur, plongés à dix ans d'écart dans un même bouillon chaotique. Nos carrières correspondent, nos manques aussi, pour ce que j'en sais, de sorte que je l'ai négligé sans doute pour me concentrer sur les autres protagonistes de l'histoire, sur le photographe, sur le marchand d'armes et dans une moindre mesure sur Massard, qui m'étaient de prime abord étrangers. Nous ne nous préoccupons guère de qui nous ressemble, surtout lorsque les données privées ont été mises entre parenthèses comme dans notre cas. Cela me déroutait, comme une anomalie de plus...

Je n'éprouve aucun besoin de parler de moi, on me l'a assez reproché, ainsi qu'on l'a sûrement reproché à Dominique (« Tu es trop secret, soupirait déjà Élizabeth. Plains-toi davantage, si tu veux qu'on t'aime ! ») ; non par goût de la dissimulation, ni entièrement par obligation professionnelle, mais parce que, même lorsque je m'interroge à part, je ne vois pas grand-chose à dire. J'ai beau redoubler d'effort, tantôt le labyrinthe brumeux de mes souvenirs me conduit à des culs-de-sac, tantôt il me fourvoie dans des zones fallacieuses où se reflètent une jeunesse, un passé aussi plats qu'irréels, dont je ne suis pas persuadé qu'ils m'appartiennent en propre. Un de nos psys m'a expliqué qu'il fallait en chercher la raison du côté de mon père, pupille de la nation, et que, fils d'orphelin, je ne m'autorisais pas à avoir de racines, d'où l'impression de flottement qui m'habite. Un autre a évoqué un jour une théorie plus complexe d'*agonie primitive*, de dissociation du moi (« le sujet se coupe de son vrai self », disait-il), imputable cette fois à une défaillance de la mère. Passé la cinquantaine, il me semble triste, voire un peu ridicule, de s'inquiéter d'avoir été sevré trop tôt. À quoi cela m'avancerait-il ? Je n'ai rien à raconter et ne m'en porte pas plus mal. Si je mentionne cet aspect de mon caractère, c'est seulement que je cherche à comprendre pourquoi je n'ai pas donné de réel relief à Dominique, à cet officier du renseignement qui a su devenir Chinois parmi les Chinois, pourquoi j'ai omis de creuser son histoire personnelle, d'apporter de l'épaisseur au détail de son quotidien. Je n'arrive pas plus à le définir qu'à me représenter moi-même. J'ai préservé son opacité, au fond, comme si j'étais personnellement en cause.

Il m'a échappé par un effet de miroir, et la figure du déserteur, de la cible à abattre, s'est détachée ainsi, spontanément, de l'homme vieillissant d'os et de chair qui doit dormir en cet instant, sans s'inquiéter de ce qui l'attend, dans la chambre 503 ou 504 de l'hôtel Kai Yue, à moins de cinq kilomètres d'ici à vol d'oiseau. Je pourrais décrocher le téléphone et demander à lui parler : exiger qu'il me dise pourquoi il s'est enfui en claquant la porte, le sommer de me fournir une raison valable de… – Sans doute est-ce sa proximité physique qui a modifié la donne. Je m'embrouille dans les raisonnements. Aucune explication ne me convainc. Je m'égare, je déraille. À cause de l'imminence du dénouement. À cause de la trouille.

Si l'opération réussit, si nous arrivons à dézinguer Dominique demain, ce soir plutôt, je rentrerai en France avec une marque indélébile sur la conscience et, pour me torturer les méninges, le même poids de questions qu'au départ. Plutôt que de s'en tenir à la règle du besoin d'en connaître, le général aurait dû me faire confiance. S'il m'avait dit de quoi il en retourne, quel danger au juste nous sommes censés supprimer, il aurait allégé au moins la pression des scrupules... Je vais accomplir mon devoir, cela va sans dire, comme Dominique a fait le sien un soir dans le Larzac ; je n'ai pas le choix. Mais à quel prix ?

J'ai somnolé un instant. Je n'arrive toujours pas à dormir. L'orage s'éloigne, alors que des pensées parasites ne cessent de me harceler. Je pense à Pierre Dario-Sebald que je revois à l'époque où le Service prenait la moindre de ses notules pour parole d'oracle. J'entends la voix de la femme de Massard : « Vous ne savez pas de quoi Jean-Luc est capable. Il a toujours été un sale égoïste, sous ses airs de sainte nitouche, mais l'appel du pouvoir a éveillé en lui un monstre de duplicité et de calcul. »

Je me couche, j'éteins. « Un monstre de duplicité et de calcul. » Le sommeil se refuse. Je me relève, j'engloutis la barre de chocolat du minibar, en deux bouchées, de même que j'ai fini le sachet de cacahuètes après le coup de fil du général. Je vais pisser, retape les coussins, éteins à nouveau, allume la télé. Je zappe, allongé par le travers du lit. La télécommande, avant-goût du portable, voilà bien l'invention majeure des années 1990 : tout le spectacle du monde à portée de la main, l'information démultipliée, réduite à un kaléidoscope de flashs et de jingles. Dans la chambre baignée maintenant d'une lumière bleutée, je songe à ce surplus, ce déversoir, au rêve de communication égalitaire qui prenait forme alors que s'écroulait l'ennemi soviétique, à l'espace de savoir et de liberté que nous appelions de nos vœux, aux horreurs qu'a ressuscitées à la place la décennie : le nationalisme, la guerre civile en Europe, la religion comme si l'humanité n'en avait pas déjà assez souffert. Je change de chaîne, ne trouve pas les infos françaises, passe les news américaines, saute un reportage sur le massacre des cachalots, échoue sur un film chinois déjà commencé dont l'une des actrices ressemble à Pearl à l'époque de notre rencontre, avant qu'elle s'éclaircisse les cheveux et les coupe à la garçonne. Elle a ses épaules rondes, ses yeux obliques de Mandchoue, son élégante réserve. L'intrigue oppose deux écoles de kung-fu dont l'art se fonde sur la calligraphie. Le sosie de Pearl combat un maître à longue barbe blanche, et ils bondissent et volent à travers l'espace d'un cabinet de lettrés, utilisant de grands pinceaux en guise de sabre. Chaque fois que l'un d'eux porte un coup, et que recule l'adversaire, il trace un caractère sur un rouleau de papier : le vainqueur sera celui qui aura complété le texte, une sentence discréditant l'institution rivale. Scénario alambiqué, où des héros tués reviennent expliquer comment la mort les a épargnés, où les duels érudits se répètent inlassablement. Je me laisse prendre à cette fable. J'ai toujours aimé ces compositions en spirale dont d'infimes nuances marquent la progression, un changement d'angle, de décors, de tempo, de tonalité. À présent les bruns dominent. Bientôt mes paupières s'alourdissent, puis se ferment.

*
* *

Pearl répète qu'il ne faut jamais jeter les yeux en arrière. Les Gardes rouges ont battu son grand-père à mort, durant l'été 1966, parce qu'il commerçait avec les Chiens d'impérialistes ; la Révolution culturelle a rééduqué son père dans un *lao bai* du Yunnan, un de ces camps de travail où ont péri des dizaines de millions de Chinois ; elle-même a grandi dans une ferme proche de Xiangtan, et elle avait neuf ans quand on lui a offert sa première paire de chaussures. Mais elle prétend que cela ne compte plus, même si l'on ne peut rien oublier. Le passé est passé, il faut regarder vers l'avant. Demain sera meilleur qu'aujourd'hui figure parmi ses proverbes favoris. Je me souviendrai toujours de sa réflexion, un matin que l'on nous avait servi un café infect et que je repoussais ma tasse ; elle m'a dit : Je le bois quand même, comme ça le prochain aura un goût délicieux.

*
* *

Après la pluie d'hier, l'hôtel, la baie, la totalité de la ville de Sanya présente l'aspect d'un lendemain de foire. Des débris de végétation lardent la boue des rues qu'une armée de balayeurs s'emploie à nettoyer depuis l'aube. Ciel exsangue – épuisé, lessivé. La combinaison orange des employés municipaux, avec ses bandes phosphorescentes, constitue la seule tache de couleur qu'on distingue aujourd'hui. La mer elle-même semble mal se remettre d'une gueule de bois.

Dans la piscine où flottaient encore des feuilles et des palmes arrachées, j'ai fait vingt longueurs avant de confier mes pieds à un masseur – la réflexologie plantaire, médecine souveraine –, et c'est l'esprit clair et le corps relativement dispos que j'ai retenu des places d'avion pour demain (destinations diverses : Melbourne, Leningrad, Bangkok) et confirmé la location du bateau de pêche, selon les instructions du général. Notre consigne ? déguerpir au plus vite après une action, par n'importe quel moyen. Puis j'ai appelé le Kelly's KTV et, imitant de mon mieux l'accent taïwanais, j'ai demandé à la standardiste si elle avait enregistré une réservation au nom de la société de Dominique ou de la Tiandu Inc. Le salon privé 306 leur avait été attribué, m'a-t-elle appris, et j'ai alors fait réserver le salon 307 par l'un de mes contacts de Shanghai, en précisant bien qu'il était destiné à des étrangers ne parlant pas chinois. Cette question réglée, j'ai hélé un taxi et suis allé reconnaître la zone d'objectif.

La vie nocturne de Sanya se concentre dans deux petites rues piétonnes. À la tombée du jour, le quartier se pare de soleils électriques, les façades resplendissent sous le carrousel des projecteurs, une foule bruyante s'agite au rythme des rampes de néons et des boules de miroirs. Bars et clubs n'ont pas aussi bonne mine en matinée, privés de leur maquillage d'ombre et de lumière, lorsque le bruit des poubelles que l'on sort a remplacé les bouffées de musique et que les trottoirs maculés de déchets ne sont plus parcourus que par des coulées marronnasses.

Boîtes de nuit, saunas, salons de massage interlopes.

Le Kelly's KTV, avec ses murs tendus de sequins, se dresse à l'angle de Yuya Lu, la rue principale, entre le Honeymoon, temple de la disco, et le Honolulu, un pub dont l'enseigne figure une planche de surf. L'établissement compte trois étages, semble-t-il. Fenêtres condamnées. Une unique sortie de secours, derrière, au coin d'une venelle malodorante.

J'évite de m'attarder. Déjeune de ravioles à la vapeur sur Jixiang Lu, une adresse que m'a conseillée le concierge de l'hôtel – rien de comparable aux *dim sum* de Hong-Kong. Oh, les prochains seront sûrement délicieux…

Rendez-vous à 15 heures au café Coco ; nous devons éviter de nous montrer ensemble deux jours de suite au même endroit. Antoine a intérêt à arriver à l'heure à ce briefing-là et ne pas prétexter une nouvelle indisposition.

Je cherche maintenant un centre internet. J'irai ensuite boucler mes bagages, effacer les photos de l'appareil numérique, régler ma chambre d'hôtel, détruire le carnet turc et me préparer en vue de ce soir.

*
* *

J'aurais dû comprendre. Telle la lettre d'Edgar Poe, les choses les plus évidentes passent souvent inaperçues. J'aurais dû en tout cas me montrer plus circonspect : trop d'irrégularités entachaient la mission dès le départ. J'aurais dû deviner au moins que le général, contrairement à l'usage établi, n'utilisait pas mon seul canal pour faire exécuter ses ordres.

Avec le recul, j'ai le net sentiment d'avoir été berné comme un novice.

Le caractère circulaire de la Double Félicité, grand autocollant rouge et or, accueillait le visiteur à l'entrée du Kelly's KTV. Nos hommes s'étaient un peu endimanchés sur mes indications, pantalon sombre, chemise de ville ; je voulais qu'ils passent pour des cadres supérieurs en goguette, pour les participants d'un séminaire (il s'en tient beaucoup à Sanya), décidés à prendre du bon temps après une fastidieuse journée de travail. Stéphane et Roger avaient fait de leur mieux, mais Antoine, arrivé séparément dans le quartier de la nuit (je leur avais marqué à chacun l'adresse en chinois sur un bout de papier, pour que le chauffeur de taxi les comprenne), Antoine ne s'était pas donné beaucoup de mal, une ombre de barbe lui bleuissait la mâchoire et il arborait une saharienne informe, aussi chiffonnée que s'il avait dormi avec. En le voyant arriver, alors que je vérifiais que la zone était claire, qu'il n'y avait pas de policier, ni aucune menace à l'horizon, j'ai immédiatement pensé qu'il serait une source de problème. Il avançait de sa démarche de robot en détresse, indifférent aux passants qu'il bousculait comme si ses difficultés personnelles lui donnaient la priorité sur le reste du monde. Il avait attrapé un refroidissement à cause de la climatisation, prétendait-il, et une saloperie lui avait détraqué les intestins. J'avais l'impression qu'il n'écoutait rien de ce que je disais, comme l'après-midi de notre première rencontre, rue de Chazelles, lorsqu'il s'obstinait à fuir mon regard. Mais quand son visage transpirant s'est approché du mien, j'ai découvert que son haleine puait l'alcool.

« Il faut que tu viennes avec nous, m'a chuchoté Stéphane. Il n'est pas en état. Tu vas le remplacer. »

En tant qu'officier traitant j'aurais dû refuser. Dans le plan que je leur avais exposé, et qu'avait approuvé le général, j'assurais les arrières depuis une terrasse voisine et n'étais censé intervenir qu'en cas de pépin, s'il fallait couvrir la fuite précipitée de l'équipe ou assurer le balayage de façon que les autorités locales ne découvrent jamais qu'un commando français ait opéré sur leur territoire ; personne ne souhaite renouveler le malheureux cafouillage du *Rainbow Warrior*. Stéphane m'a fait valoir qu'ils n'y arriveraient pas à deux, que ma connaissance de la langue et des mœurs locales leur serait plus utile à l'intérieur qu'à l'extérieur, qu'on était en train de gaspiller du temps, et il a eu l'intelligence d'ajouter en m'agrippant le bras, avec juste le ton qu'il faut : « Allez, mon vieux, ce n'est pas le moment de se dégonfler. »

Antoine a donc pris ma place sous les planches de surf du Honolulu, où il a commandé du café, maugréant qu'il serait vite redevenu opérationnel, et j'ai gravi les marches du Kelly's KTV, encadré des deux autres.

Institution chinoise, un KTV, c'est beaucoup plus qu'un karaoké. L'idée est bien d'y chanter, un verre à la main, devant un écran où défilent en sous-titre les paroles d'un air connu, mais c'est d'abord le cadre privilégié de la vie sociale du pays. Depuis l'époque des logements communautaires, dont les locataires se partagent la salle de bain et la cuisine, l'habitude s'est perdue de recevoir chez soi, faute de place et d'intimité. Soucieux de ne pas perdre la face, les Chinois s'invitent rarement à la maison. Dans leur esprit, la fête requiert du clinquant. Dès qu'il s'agit de commémorer un anniversaire, de célébrer quelque événement, un diplôme, une promotion, d'honorer une relation de passage, de nouer des liens professionnels, de conclure une affaire, ou s'ils veulent simplement se retrouver entre collègues, entre amis, ils louent un salon privé dans un KTV. Il y en a presque partout, dans chaque ville, pour toutes les bourses et de toutes les sortes, depuis le petit établissement de quartier où l'on se rend en famille le dimanche jusqu'au club prestigieux, destiné aux nantis et aux puissants, dont certaines salles disposent d'un piano, d'un écran de cinéma, voire de leur propre piste de danse. Je me souviens du

Goldtime, à Hangzhou, où m'avait invité un soir Marvin Liu : ascenseur particulier, marbre blanc, canapés profonds, des dorures, une opulence digne de Las Vegas. Dans de tels endroits, les hommes peuvent profiter en outre, moyennant un supplément, de la compagnie d'hôtesses dont les prestations attentionnées – remplir les verres, faire la conversation, vous masser la nuque, se trémousser, jouer les chorus girls, en un mot : vous conférer de l'importance – rappellent de loin les services que rendent les geishas.

Je dirais que le Kelly's se situait au bas de la catégorie supérieure. Luxe modeste, installations quelconques, dont on ne savait dire si elles étaient rudimentaires ou bien en cours d'achèvement.

Dans l'entrée, où des jolies jeunes femmes en *qipao* fendu jusqu'à mi-cuisse nous prodiguaient d'obséquieuses courbettes pour nous souhaiter la bienvenue, brillait un petit autel dédié aux habituelles divinités de la Guerre, de la Fortune et de la Littérature. Des offrandes de fleurs et de fruits s'empilaient à même le sol et des bâtonnets d'encens brûlaient devant les statuettes éclairées par des bougies électriques. Plus loin, auprès d'un palmier en pot, se dressaient comme dans une brocante de grands vases en porcelaine, des bleu et blanc, un vert à motif de pivoines, des grenat, le col entouré d'un ruban rouge portant des inscriptions que je n'ai pas eu le temps de lire. Au fond du hall pendaient le portrait de Mao Zedong, motte de beurre inébranlable, et celui du président de la République actuel.

On nous a fait monter trois étages. Des portes en verre opaque s'alignaient le long du couloir. Nous sommes passés devant la 306 derrière laquelle Dominique, son beau-frère et leurs hôtes semblaient déjà s'amuser beaucoup, et nous sommes entrés dans le salon mitoyen.

La pièce faisait une vingtaine de mètres carrés. Bouquets de fleurs en plastique, lumière tamisée. De lourds fauteuils aux accoudoirs garnis de napperons entouraient une table basse. Il y avait encore un divan vert, appuyé contre le bar décoré d'une clef de sol et de notes de musique, et le poste de télévision occupait la meilleure place, sous une peinture criarde représentant une danseuse de flamenco à demi nue.

Un garçon en veste blanche galonnée nous a invités par geste à nous asseoir. Il a branché un micro à une console reliée à la télé, a appuyé sur une touche et les haut-parleurs ont déversé un succès hongkongais sirupeux, tandis que le clip apparaissait à l'écran.

« OK ? » a-t-il demandé.

Stéphane a répondu d'un mouvement de tête et le garçon lui a alors tendu un menu plastifié qui proposait, traduites en russe aussi bien qu'en anglais, des formules aux noms grandiloquents, *Imperial Treasures*, *Southern Beauty*, *Moonligh Delicacies*.

« Je fais quoi ? a grommelé Stéphane en me passant la feuille graisseuse.

— Montre-lui que tu n'y comprends rien, mais aussi que tu t'en fiches, et commande ce qu'il y a de plus cher.

— C'est toi le spécialiste », a-t-il soupiré et il a fini par désigner, avec une moue perplexe, les Trésors impériaux à mille deux cents yuans.

Quelques instants plus tard, on nous apportait, joliment arrangés sur un grand plateau, un assortiment de bouteilles, d'amuse-gueules et de fruits. Une serveuse a disposé les assiettes et les verres, une autre s'est agenouillée sur la moquette et a mélangé dans une carafe du thé sucré avec un whisky écossais authentique. Tandis que la première répartissait la glace, et que Roger pestait contre le gâchis, la seconde a demandé si nous souhaitions une compagnie féminine. « *Girls ? Girls ?* » disait-elle, tandis que ses doigts délicats traçaient en l'air des signes obscènes. Devant le refus catégorique de Stéphane, les deux jeunes femmes se sont retirées sans plus de manière.

« On n'est pas mal ici, a murmuré Roger. Alors, quelle est la suite du programme ?

— On fait semblant de boire. On attend un quart d'heure, puis tu sonnes le garçon. »

Roger et Stéphane ont alors enfilé des gants de latex et ont essuyé à l'aide d'une serviette les surfaces susceptibles de conserver leurs empreintes. Ils n'en avaient pas pour moi et Roger s'est fait un peu prier pour me donner son gant gauche. Je les ai alors imités, puis j'ai vidé nos boissons dans l'évier et je suis resté accoté au bar, la main nue dans la poche, le cœur battant, essayant de me remémorer les innombrables KTV où j'ai pu passer une soirée pendant les quatre années que j'étais en poste à Shanghai.

Les minutes suivantes se sont écoulées plus aisément que je ne l'avais craint.

Roger jouait avec la console de la télé. Il parcourait les titres du catalogue lorsqu'il est tombé sur un succès des années 1970 ou 80, je ne sais plus, il y a eu tellement de reprises. Il a lancé la musique, épaté de croiser une connaissance en terre étrangère : « *And now, The end is near* », fredonnait-il, nous racontant que la chanson faisait un malheur à Johannesburg lorsqu'il y stationnait. Jusqu'au refrain qu'il n'a pu s'empêcher de brailler dans une pose de crooner, emporté par la mélodie : « *And more, Much more than this, I did it... My way !* »

Assis près de la porte, Stéphane a écrasé sa cigarette (je n'avais pas remarqué jusque-là qu'il fumait) et lui a crié de la boucler, de poser le micro et de remettre une chanson chinoise. – « Fais pas le con ! Qu'est-ce que tu cherches ? Heureusement que la pièce est insonorisée... » – De mauvais poil, il s'est levé, a jeté sa veste sur un fauteuil, et j'ai aperçu alors, dépassant de la poche intérieure, deux étuis oblongs en aluminium brossé, pareils à ceux où les dentistes enferment leurs instruments. Des seringues, ai-je deviné ; ils ont prévu une injection létale.

Il était maintenant un peu plus de neuf heures trente. « Tiens-toi prêt », a-t-il lancé à Roger, comme si je comptais pour du beurre, et il a appuyé sur la sonnette pour appeler le garçon, puis il a ôté un gant en le faisant rouler comme une peau morte. Le serveur a poussé la porte au bout de quelques minutes, et Stéphane, appliquant à la lettre le plan que j'avais imaginé et dont le succès me paraissait soudain assez aléatoire, s'est mis à gesticuler avec un air de contrariété cocasse : « *Can't find French songs.* » L'autre manifestait son incompréhension de son mieux, paumes et bouche ouvertes, mais Stéphane répétait : « *French...* » en faisant craquer sous son nez deux billets rouges de cent yuans, « *Next door foreigner, maybe French also, he can help us, ask him* », jusqu'à ce que ce mot de *French*, porté par la promesse d'un gros pourboire, franchisse la barrière de la langue. Le visage du garçon s'est soudain illuminé : « Ok, *due, due, due...* » et l'argent a changé de mains.

Nous avons soupiré tous les trois. On a entendu un conciliabule dans le couloir. Stéphane a alors remis son gant, non sans difficulté, le latex collait, et tiré de son pantalon un flacon en plastique souple à charnière, comme ceux dont on garnit les trousses de voyage, qu'il a débouché de l'ongle en le tenant à bout de bras, et un carré de ouate, qu'il a imbibé de liquide, puis caché dans son dos. Roger a fait de même et s'est approché de moi. Une grosse veine battait sur son front. Nous dissimulions tous trois nos mains maintenant et, dans ma grande naïveté, j'étudiais les gestes des deux professionnels comme s'il s'était agi d'une démonstration pendant un stage de perfectionnement.

Un moment plus tard la porte s'est ouverte à nouveau et le serveur, avec un sourire de triomphe, a poussé devant lui le client occidental du salon mitoyen, un type mince, glabre, aux cheveux plutôt noirs que gris, vêtu d'une chemise en soie bleue ou violette, c'était difficile à dire à cause du contre-jour.

« Pardon de vous déranger, a susurré Stéphane en congédiant le garçon. C'est gentil à vous de...

— Vous avez un problème ?

— Impossible de comprendre comment marche ce truc. C'est tout écrit en chinois. » Et il a refermé la porte du pied.

Plusieurs choses se sont alors passées simultanément. Je voyais bien malgré le manque de lumière que l'homme n'était pas Dominique ; et que les deux exécuteurs ne l'ignoraient pas non plus, sans paraître autrement étonnés ; et j'ai pris conscience du coup qu'ils suivaient désormais un ordre que ne m'avait pas transmis le général et qui me concernait au même titre que cet inconnu en qui je reconnaissais à présent Max Jameson, sans l'ombre d'un doute, d'après les nombreuses photos et coupures de presse que m'avait montrées Bidi dans leur ferme ; il avait à peine vieilli ; et le plus étrange était que tout cela faisait sens.

On dit que l'esprit fonctionne par associations, que des impulsions fusent aux quatre coins du cerveau, envoyant des stimuli à la zone de la mémoire, à celle des automatismes, au centre de l'apprentissage, au lobe des questions en suspens, si une telle chose existe, et que s'établissent en vérité des connexions entre l'ensemble des récepteurs et les circonvolutions les plus secrètes de l'encéphale, de sorte qu'en une fraction de seconde, parfois, des vannes s'ouvrent, des fiches défilent à travers les synapses, des dérivations inusitées s'opèrent et que, à l'inverse du pas à pas d'un raisonnement, les influx circulent alors en même temps dans tous les sens, d'un bout à l'autre du réseau, rendant quasi instantanées l'analyse, la décision, la réaction… Je peux refaire une partie du chemin à présent, mettre en phase les échanges de mimiques, la brusque transformation que je discernais dans les regards, une augmentation de la température, un certain déplacement de l'air avant que Roger n'agrippe mon épaule en levant le genou droit pour me déséquilibrer, et l'image que je gardais dans un recoin de mon esprit de la panoplie double des exécuteurs, les deux étuis à seringue, les deux flacons d'anesthésiant, dont la redondance me dérangeait sans que je m'en inquiète pourtant outre mesure, et lier l'attitude des deux hommes à la prétendue indisposition d'Antoine qu'ils m'avaient convaincu de remplacer, ou y adjoindre encore, remontant plus haut dans l'échelle des problèmes non résolus, le fait que depuis quarante-huit heures, malgré mes appels pressants, Pierre Dario-Sebald ne réponde plus à mes mails ; mais sur le moment je n'ai pas eu à combiner ces éléments, les pièces se sont ajustées sans que j'y réfléchisse. Il m'arrive pareillement, lorsque je fais une partie de *Mah-Jong*, de lire le jeu en bloc, et de me fier ensuite à ce type d'intuition anticipatrice plus efficace que de laborieux calculs. C'est sans doute cela qui m'a sauvé.

Roger essayait de me renverser en arrière pour m'appliquer son tampon d'ouate, il possédait une force supérieure à la mienne, mais ses yeux se sont écarquillés en grand lorsqu'il s'est aperçu qu'au lieu de résister, j'en profitais pour pivoter, esquiver et lui balancer au creux de la hanche, utilisant l'élan qu'il m'avait donné, dans un mouvement réflexe, ma chaussette lestée de plomb. La matraque l'a plié en deux, souffle coupé, et je me suis alors précipité sur Stéphane, reportant sur lui la hargne que je n'avais pas réussi à éprouver contre Dominique quand je croyais qu'il était la cible.

*
* *

Je me rends compte à présent, réfugié dans le deux pièces au-dessus de l'esplanade aux éléphants, que j'ai bénéficié surtout d'une chance inouïe, de cette chance unique qu'on prête aux débutants, car je n'avais jamais eu l'occasion jusque-là de mettre en application, sinon sur le tapis d'un dojo, les techniques de corps à corps qu'on m'a enseignées il y a un quart de siècle au centre de Mont-Louis. Si j'en réchappe, j'en fais la promesse, j'irai dans un temple taoïste rendre des dévotions aux divinités de la Fortune, de la Littérature et de la Guerre. Je brûlerai une brassée d'encens, j'offrirai des oranges, des pommes, des carrés de feuille d'or, et j'accomplirai, tout mécréant que je sois, autant de génuflexions et prosternations qu'on voudra m'indiquer.

Rétrospectivement, tremblant encore, plus que de douleur, d'une tension paroxysmique des nerfs, je me dis qu'il aurait suffi d'une hésitation, d'un faux pas, que je trébuche sur la table basse, que je vise mal, pour que le piège du Kelly's KTV se referme sur moi autant que sur le photographe. Je serais bien incapable de réitérer l'exploit, j'ai même du mal à me représenter précisément comment, après l'avoir frappé de ma matraque, j'ai pu arracher à Roger l'anesthésiant qu'il tenait à la main, pour en asperger Stéphane – le jet a sabré son visage en diagonale –, alors que celui-ci, ahuri par la contre-attaque, peinait de son côté à maîtriser Jameson. Cela me paraît assez extraordinaire, en tout cas très au-dessus de mes capacités.

L'exécuteur s'est effondré en se tordant à la manière d'un poisson hors de l'eau, babines béantes. Jameson tanguait au-dessus de lui, embrumé par les vapeurs qu'il avait inhalées. La télévision passait une vieille romance shanghaienne de l'époque du jazz et des Concessions. Et moi, j'écumais de rage.

Roger commençait cependant à retrouver ses esprits, il gémissait dans mon dos. L'effet des substances volatiles qu'avait concoctées le Service n'allait pas tarder à se dissiper et je ne me sentais pas de taille à soutenir un nouvel assaut. Alors j'ai tiré les seringues de leur étui d'aluminium, j'ai écarté les lèvres de Roger, écrasant sa pomme d'Adam du coude parce qu'il tentait de mordre, et lui ai injecté le poison par lequel j'étais censé mourir ; et j'ai ensuite ouvert à deux doigts la bouche de Stéphane et l'ai piqué à son tour sous la langue, là où l'aiguille ne laisse pratiquement pas de marque.

Pour la suite, il fallait procéder selon le manuel. Effacer mes empreintes, ôter les gants des cadavres et coller leurs doigts sur les verres, sur la feuille plastifiée du menu, fouiller leurs poches, renverser un tabouret sous Roger afin de justifier l'hématome que lui avait causé ma matraque, encore que je doute que la ruse trompe un médecin légiste, ramasser les seringues, les étuis, les flacons, les tampons de ouate, les emballer dans un vieux journal (il en traînait un dans la corbeille), et quitter les lieux au plus vite, en soutenant d'un bras Jameson, seul témoin de la scène, décamper avec lui avant que son beau-frère et les gérants de la Tiandu Inc. ne s'inquiètent de son absence.

Je les ai entendus chanter en sortant dans le couloir. On chantait, on portait des toasts dans les quatre ou cinq salons occupés, mais il n'y avait en vue ni serveur ni hôtesse. Jameson dodelinait de la tête, les paupières papillotantes comme un gamin qui tombe de sommeil, et je lui parlais en mandarin, je lui disais que j'étais son ami, « *Wo ni peng you* », qu'il n'avait rien à redouter de moi, au contraire, « *Ni fang xin* », et qu'il se sentirait mieux une fois au-dehors. La tête me tournait. Moi aussi j'avais besoin d'air pur pour avoir respiré un peu de l'anesthésiant du Service.

De temps à autre la mâchoire du photographe remuait, on aurait dit qu'il mastiquait du chewing-gum ; mais il ne réussissait à articuler aucun son et m'accompagnait docilement comme si la drogue avait paralysé le siège de sa volonté.

Au fond du couloir du premier étage traînait une desserte. J'ai renversé le réchaud à alcool sur les serviettes sales, déclenchant un début d'incendie (créez de la confusion, disent nos instructeurs), puis passant par les cuisines du rez-de-chaussée où le timbre strident de l'alarme provoquait déjà la panique, nous avons quitté le Kelly's KTV par la porte de secours, mêlés au flot du personnel, et nous sommes enfuis dans la venelle de derrière que j'avais repérée au cours de la matinée.

*
* *

Le sang.

La rage. Dominant la souffrance, la rage, l'écœurement, le fer rouge de l'injustice enfoncé dans la plaie.

Que disait Pierre Dario-Sebald dans son dernier message, qu'il avait bon espoir d'interroger un ancien collaborateur de « notre ami des Finances » ? À qui Pierre a-t-il parlé ? Aura-t-il, par ma faute, posé la question de trop à la mauvaise personne ? L'a-t-on fait bénéficier alors, lui aussi, en remerciements des services rendus, de l'accident cardiaque, de l'empoisonnement alimentaire indécelable que provoquent nos seringues ? Un invalide d'ores et déjà condamné, la décision n'a pas dû être difficile à prendre. Deux hommes bien habillés sonnent à sa porte, ils se présentent comme d'anciens collègues, Anna les introduit dans la bibliothèque tapissée de souvenirs, et l'un efface le disque dur de l'ordinateur, tandis que l'autre enfonce l'aiguille : un pied tressaute, l'œil roule et se fige. Est-ce à cause de Massard, est-ce à cause du suicide du ministre que l'ordre est tombé de nous liquider tous les deux ?

J'ai secoué Jameson, à défaut de Dominique, l'ai giflé afin qu'il soit en état de me répondre. L'ai tiré au fond d'un jardin public, glissant sur un tapis de feuilles visqueuses, et lui ai plongé la tête dans l'eau d'un bassin jusqu'à ce qu'il commence à mouliner des bras. Si une partie de ses neurones refusaient d'obéir, il n'avait rien raté de ce qui s'était produit au KTV et malgré les paroles lénifiantes que je lui avais prodiguées en chemin il avait maintenant très peur de moi. Il grelottait de panique. Il faut dire que nous nous tenions presque embrassés sur la margelle, tel un couple d'amoureux, et que j'appuyais la pointe de mon poignard de plongée au-dessus du dernier anneau de sa trachée-artère, à la base du menton, au plus tendre de la gorge.

« *Ni wo… Bu yao sha wo…*

— Je ne vais pas te tuer. Mes ordres concernaient Dominique. Je n'ai rien contre toi.

— Vous allez me…

— Pas si tu me dis la vérité. »

Un bruit de pas s'approchait et je l'ai poussé dans l'obscurité d'une futaie de bambous, par-dessus une barrière, et l'ai entraîné plus loin, le faisant trébucher contre des branchages déjà pourrissants tombés de la veille, jusqu'au bas d'un tertre planté de seringas parfumés, contre un rocher où personne ne pouvait nous voir.

« Écoute, écoute-moi bien, lui ai-je dit en le contraignant à s'accroupir. Il y a quelques jours j'ai dîné dans ta ferme de Danville-Crevon. Bidi jouait avec un couteau moins tranchant que celui-ci, mais dont l'acier provenait d'une météorite découverte en Australie. Elle m'a parlé de toi, de ton fils, de ton élevage de vaches laitières, et elle m'a montré une photo de ton caveau de famille qu'a construit Jeannot Gilloux d'après un monument antique que vous aviez vu à Florence. Écoute-moi : la photo du caveau où reposent tes cendres. »

De l'eau dégoulinait de ses cheveux où s'accrochaient des brindilles. Il n'a rien dit d'abord, comme s'il pesait le pour et le contre, puis il a fini par murmurer : « Ce sont les cendres de mon père… Il y avait le corps de mon père dans la voiture quand Dominique et moi avons foutu le feu. Il venait de mourir. On était allé le déterrer en Normandie. Pour l'ADN… »

Il s'exprimait avec un léger accent chuintant, la langue embarrassée. J'ai pensé d'abord à un effet subsidiaire de la drogue, puis je me suis rappelé qu'il n'avait pas dû prononcer un seul mot de français depuis dix ans.

*
* *

Je ne m'étais pas trompé sur toute la ligne. Dominique avait bien reçu l'ordre d'éliminer son agent, pour la deuxième fois, disait Jameson. D'après lui, tout le monde voulait sa peau, il avait échappé à une tentative de meurtre et l'on menaçait sa famille. Il avait reçu une photo de Bidi et une autre de son fils, Max Junior, avec un trou au milieu du front. Il suppliait que ça s'arrête, il avait donné déjà tout ce qu'il possédait, les négatifs, les enregistrements, les albums, mais personne ne croyait qu'il tiendrait sa langue, il fallait qu'il disparaisse et Dominique avait alors simulé le suicide par le feu du plateau du Larzac. Il lui avait procuré un passeport et Jameson s'était enfui en Chine où l'avait déjà conduit un reportage, quelques années plus tôt. L'air de renaissance qui soufflait à Shanghai l'avait impressionné. Il se sentait, m'a-t-il dit, comme ces émigrés européens qui, n'ayant plus rien à perdre, partaient tenter leur chance en Amérique au début du XXe siècle, avec cette différence qu'il était pour sa part loin d'être démuni. L'argent que lui avaient rapporté ses scoops princiers, plus exactement les sommes importantes qu'il avait confiées à un avocat londonien pour échapper au fisc et qu'il avait laissées fructifier jusque-là, lui permettaient d'envisager un avatar de vie confortable. Il y en avait même largement pour deux et il avait proposé à Dominique de l'accompagner, de partager le magot avec lui. Au début l'officier ne pouvait s'y résoudre, il demeurait fidèle au Service, il pensait pouvoir assumer sa forfaiture, être en mesure de composer avec son devoir et sa conscience, puis la charge était devenue trop forte et quand il avait vu la tournure que prenaient les choses, la promotion de Massard, les arrangements dont allait bénéficier le trafiquant d'armes, qu'il avait deviné les soupçons que concevait sa hiérarchie et les mesures extrêmes qu'il encourait à son tour, il avait explosé, comme je le supposais : il avait rédigé la lettre accusatrice qu'on avait supprimée de son dossier, il avait pris le large, il avait déserté. Son périple initial, dans l'esprit de Jameson, le dénuement qu'il s'imposait, les boulots misérables auxquels il s'astreignait, logeant dans des foyers turcs, travaillant au noir, dans la voirie en Allemagne, sur un chantier, puis dans la fosse à vidange de Vilnius, correspondaient à une phase d'expiation. Ils se téléphonaient, Jameson lui avait parlé à plusieurs reprises. Il l'exhortait à le rejoindre. Il lui racontait qu'en achetant un side-car il avait sympathisé avec le vendeur, un retraité du Parti, qu'il courtisait sa fille, passionnée de deux-roues comme lui, et qu'ils étaient en train de monter ensemble, grâce aux capitaux qu'il avait fait transférer à Hong-Kong, l'affaire de mécanique qui deviendrait leur société de pièces détachées; mais Dominique répondait invariablement qu'il n'était pas prêt, qu'il se débrouillerait tout seul, qu'il préférait aller à son rythme. Et puis un jour, après un long silence, il avait appelé d'Oulan-Bator pour vérifier si la proposition tenait toujours, et l'ancien paparazzi était allé le chercher à la frontière.

« Où est Dominique ? » ai-je demandé à Jameson. Il m'a regardé de travers, doutant que je ne sois pas au courant.

« Il est tombé malade il y a quelques mois, m'a-t-il dit. On a d'abord diagnostiqué une pneumonie. Les poumons étaient très atteints. En fait, c'est le cœur qui a lâché en premier. »

*

* *

Je le savais, selon Jameson, forcément. Je ne pouvais pas ne pas le savoir. On l'espionnait. Ses voisins lui avaient encore signalé, pas plus tard que la semaine dernière, qu'un ancien flic se renseignait sur les Blancs vivant dans son quartier, et il était à peu près certain d'avoir été photographié alors qu'il nettoyait sa moto, une Chang Jiang 750, dans la cour du *lilong* du district de Hongkou où habitait sa famille. C'était même pour cela qu'il avait décidé d'accompagner son beau-frère dans l'île de Hainan, afin de mettre de l'espace entre ce détective et lui, le temps de faire jouer ses relations… – « Ou alors, ils ne vous ont rien dit, a-t-il deviné soudain. Oh, je sais comment ça se passe chez vous, Dominique m'a expliqué la façon dont il fonctionne, votre Service. Il m'a tout raconté. Les contrôleurs, les recoupements, la deuxième, la troisième équipe… Ils se sont foutus de votre gueule à vous aussi. »

J'ai continué à le questionner, mais je ne l'écoutais plus qu'à moitié. Sans rien ni personne à portée contre quoi s'assouvir, la rage cédait le pas à l'abattement, et il n'en aurait pas fallu beaucoup, tandis que Jameson m'assénait son récit, pour que mes yeux se gonflent de larmes.

Il n'avait plus peur et parlait à présent à ne plus pouvoir s'arrêter. Il parlait du ministre, de la princesse, remontant dans le temps, il parlait de Richard Drouin et de Massard, m'exposant les tenants et les aboutissants de son histoire, mais avec une grande égalité de ton, comme s'il relatait une aventure ancienne survenue à un tiers, qu'il ne se sentait pas en droit de prendre parti ou qu'il s'agissait de cas d'école instructifs, cent fois débattus et ne valant au fond qu'à titre documentaire alors que l'essentiel se trouvait ailleurs. Il s'était débarrassé du ressentiment, en vrai Chinois. À un moment il a changé de position, pour ne pas s'ankyloser, et j'ai entendu des feuilles se froisser sous sa semelle. La clarté des étoiles nous réduisait à deux blocs sombres, mais j'imaginais qu'il avait retrouvé le pli sarcastique qui retroussait ses lèvres sur les portraits de lui que je gardais en mémoire. Pas une fois il ne m'a posé de question sur Bidi, ni sur son fils ; on ne coupe pas les ponts à demi, je suppose.

*
* *

Le ministre adorait le président, disait-il, il avait le souci de son parti, mais il plaçait l'intérêt de la France au-dessus, même si ça sonne un peu bête. Il estimait le système pourri, il affirmait qu'on ne devait plus entériner les mensonges, qu'ils perpétuaient des pratiques délétères. La débâcle des législatives lui avait ouvert les yeux et il avait arrêté sa décision, en leader responsable. Ses anciens collaborateurs lui rappelaient cependant qu'il y a les choses que l'on peut dire et celles qu'on ne doit pas dire, et à leur voix se joignaient celles d'anciens membres de son gouvernement et celles, plus discrètes mais plus fermes, du lobby militaire. Et les pressions ont commencé. Les avis amicaux, les conseils dans ton bien, les pense à ta famille, le chantage, les menaces. Le hasard a voulu que j'en enregistre quelques-unes, m'a expliqué Jameson ; c'était des messages sans ambiguïté. Ils bluffent, se défendait le ministre, ils n'oseront jamais. Comme tout le monde, il avait néanmoins son point faible ; à près de soixante-dix ans il était amoureux, un peu par ma faute, a ajouté Jameson, j'avais fait les présentations, je servais d'alibi, enfin, il entretenait une liaison et ne voulait pas causer de peine à sa femme. Alors ils l'ont poussé à bout, ils ont harcelé la maîtresse, ils les ont filmés, il n'osait plus la voir ni lui téléphoner, il ne savait plus quoi faire, il l'a attendue toute la journée du 1er mai, à la gare, à la mairie, ils lui ont fait croire qu'elle avait rompu et que son épouse recevrait par la poste les preuves de sa malhonnêteté, que les électeurs apprendraient la canaille qu'il était sous son masque de probité et de vertu : il a fini par craquer et se faire sauter la tête sur la rive de l'étang où était née son idylle, là où je l'avais photographié lors de la campagne des législatives.

« Vous disiez qu'on l'avait assassiné… Je pensais que vous alliez me sortir une histoire d'hommes-grenouilles surgissant de l'eau avec des flingues…

— Parce que pour vous ce n'est pas un assassinat, peut-être ? J'avais la voix de Massard et celle de ce type de l'armement sur mon magnétophone, le priant de la boucler sur les ventes de missiles à l'Iran. Qu'est-ce qu'il vous faut : vous auriez dû les entendre… »

Plus il parlait, plus je me disais que les explications qu'on peine à découvrir sont toujours décevantes, car elles surviennent trop tard ; il leur manque la grâce de l'immédiateté, la pureté d'un mat en trois coups. Je songeais au mot de Léon Bloy qui soutenait que l'Histoire est une sous-branche de la psychologie. Je me disais que pour moi, de toute façon, cela n'avait plus d'importance. Mon existence s'était interrompue une demi-heure plus tôt, dans le salon 307 du Kelly's KTV. Le métier, les copains, les souvenirs, tout ce qui avait composé ma vie m'était désormais défendu. On m'avait banni du cercle pour avoir rôdé de trop près autour de l'arbre interdit, et je me disais que la foudre que j'avais évitée de justesse au karaoké ne manquerait pas de fondre sur moi, comme elle s'était abattue à l'évidence sur Pierre Dario-Sebald, si je commettais la folie de chercher à revenir, à seulement m'approcher de la France. Ils ne me rateront pas, pensais-je. Je ne possède aucune monnaie d'échange. Ils m'arrêteront pour les meurtres d'Antoine et Roger et me pendront aux barreaux de la cellule dans les premières heures de ma garde-à-vue.

*
* *

J'ai prévenu Jameson qu'il ne pourrait pas rentrer à son hôtel. « La police va vouloir vous interroger », lui ai-je dit. Mais ça n'avait pas l'air de le tracasser outre mesure. Il continuait à parler, adossé à la pierre, la tête penchée dans le vide, comme à confesse. Parfois une expression lui sortait en chinois.

Je n'ai pas tout écouté, vers la fin les mots n'ont plus guère de sens. Je me souviens qu'il a évoqué à un moment un enchaînement inexorable de causes à effet qui m'a fait songer à la façon dont le bouddhisme justifie la transmigration des âmes. Au milieu de 1997, disait-il, revenu à la photographie après la faillite de son exploitation agricole, alors qu'il cherchait en vain le scoop qui lui remettrait le pied à l'étrier, il avait eu l'idée d'un reportage à scandale : Michel Lefèvre, avec qui son voisin des Bluettes voulait lancer l'association Gamins du monde, était un pédophile notoire. S'il se dévouait inlassablement en faveur des orphelins de trois continents, ce prêtre médecin attendait de ses protégés de discrètes faveurs en retour pour lui et ses amis. On jasait déjà à Danville-Crevon. Les petits de Saint-Ornulphe se plaignaient que les stages équestres se terminent parfois dans une chambre du haras ; mais ce n'était qu'une rumeur et le père Lefèvre était si bien introduit (il suffit de voir les noms qui composent son comité de soutien aujourd'hui qu'il a été finalement mis en examen : les monseigneurs, les dames patronnesses, les hommes de lettres, les pontes de l'industrie) que personne n'osait lui chercher des poux. Quant à Richard Drouin, c'était aussi un bienfaiteur de la région, dans son genre. Il fallait entendre, m'a dit Jameson, ces monstruosités typiques de chez nous : oh, ces deux-là font sûrement plus de bien que de mal, les gosses inventent n'importe quoi… J'étais persuadé de tenir le gros truc. En Angola, a-t-il soupiré, la princesse devait visiter les hôpitaux où l'on soignait les enfants victimes des mines antipersonnel, où on leur recousait le ventre, où on leur bricolait des prothèses ; l'un de ces centres médicaux, un dispensaire de brousse à trois cents kilomètres de Luanda, était l'œuvre de Michel Lefèvre. Le prêtre allait accueillir lui-même la princesse, escomptant sans doute que son projet d'association bénéficierait de la couverture médiatique, et j'ai décidé de faire le voyage à mes frais, en « spéculation ». Fiasco total. La BBC et la Croix-Rouge britannique ont annulé la visite à la dernière minute, peut-être avaient-ils eu vent des bruits qui couraient. J'ai pris des photos sans intérêt : Richard Drouin, le prince de Bussy-Lignère, deux ou trois militaires locaux, avec des gamins estropiés sur les genoux, en train de leur tapoter le crâne, de leur caresser la joue. Pas de quoi monter un sujet, et j'aurais laissé tomber si un peu plus tard, au mois de juin, a précisé Jameson, Dominique ne m'avait demandé de l'aider à s'introduire d'urgence aux Bluettes afin d'y récupérer des documents intéressant la sécurité nationale, et si je n'étais tombé alors, en fouillant les chambres de l'étage tandis qu'il vidait le bureau, sur une collection de souvenirs intimes. Une liasse d'albums, dont les images allaient d'un visage disséqué à la machette au corps nu d'un petit garçon écartelé entre des anneaux, dormaient dans l'un des placards dérobés qu'avait réalisés Jeannot Gilloux...

Je n'avais pas envie d'en entendre davantage. Je me suis levé, préoccupé par ma propre sauvegarde, mais Jameson m'a emboîté le pas, comme un vieil ami, me tirant la manche pour m'exposer la suite. Il pensait sans doute qu'il ne retrouverait pas de sitôt un interlocuteur suffisamment averti pour partager ses secrets.

Quand Richard Drouin a découvert, m'a-t-il dit, que j'étais en possession des albums, il a décidé d'avoir ma peau, de s'en prendre à Bidi, à mon fils s'il le fallait. L'arbitrage de Dominique n'y a rien changé. Votre hiérarchie s'en lavait les mains, elle me jugeait quantité négligeable. On a décidé de mon sort en juillet ou en août, pendant que je faisais la saison sur la Côte... Vous avez cru malin de jouer les Ponce Pilate : c'est à cause de cela que la princesse est morte.

*
* *

Je ne suis pas sûr d'avoir cru son histoire.

Dans sa version des faits, il arrosait depuis longtemps les responsables de la sécurité du palace qui devaient accueillir la princesse et son amant. Un coup de fil et on lui disait où et quand. Pendant que les autres paparazzi faisaient le pied de grue, qu'ils sillonnaient Paris, Jameson n'avait qu'à cueillir ses proies à l'endroit indiqué.

Il se souvenait qu'il faisait chaud ce vendredi 31 août 1997, que la capitale commençait à se remplir mais qu'il y flottait encore un air de vacances. L'été n'avait pas été très fructueux mais il comptait se rattraper ce soir-là : on parlait d'une demande en mariage.

Arrivé de Nice, ignorant de ce qui se tramait contre lui, Jameson était passé à son studio des Ternes poser son sac, se changer, appeler Bidi, avec qui il avait fini par s'engueuler, parce qu'elle détestait qu'il reste absent aussi longtemps, puis avait donné différents coups de téléphone. Il avait appris ainsi les allers et retours, le dîner avorté, le siège que faisaient les photographes devant le palace ; on lui avait même signalé les guetteurs planqués rue Cambon, à l'arrière de l'hôtel. Sa grosse inquiétude était que la princesse ne dorme là-bas. Tu me fileras un passe dans ce cas, avait-il dit au type de la sécurité, et j'irai flasher le couple au plumard. Il plaisantait, bien sûr, et l'autre avait ri avant de raccrocher en disant que son patron le réclamait, qu'il était d'une humeur de chacal.

Quand il n'appelait pas son informateur, Jameson téléphonait à l'agence pour savoir où en étaient les collègues. Peu avant huit heures, une fille du standard lui avait annoncé qu'elle avait un message pour lui, de la part de Bidi : sa femme était en route pour le rejoindre. Ça m'a étonné, m'a dit Jameson, Bidi ne venait pas à Paris sans une bonne raison, la ville la déprimait, et elle n'appelait jamais à l'agence. J'ai téléphoné à Danville-Crevon : la ligne sonnait dans le vide – je parle du fixe, Bidi ne se servait pas de son portable, elle craignait que des ondes maléfiques lui rongent la cervelle – et j'ai pensé : c'est bizarre après notre engueulade, bon, on verra bien.

Vers les onze heures, onze heures et demie, alors que je commençais à somnoler, a poursuivi Jameson, le responsable de la sécurité m'a averti que ça s'agitait à l'hôtel. Il n'aurait sans doute pas l'occasion de me contacter à nouveau, mais en tout état de cause, a-t-il chuchoté dans l'appareil, le chauffeur – il ne savait pas encore que ce serait lui – emprunterait le Cours-la-Reine et le souterrain de l'Alma où l'on pouvait accélérer à fond ; c'était l'itinéraire le plus indiqué pour rompre une filature… J'ai pris mes appareils, je suis monté sur ma moto que j'avais garée en bas de chez moi, et je me suis mis en route sans me presser, n'habitant pas très loin des quais de la Concorde. Il y avait encore pas mal de circulation à cette heure de la nuit, a poursuivi Jameson, des gens sortaient du cinéma, du restaurant, si bien que je n'ai pas remarqué qu'on me suivait. Les grands chiffres lumineux au deuxième étage de la tour Eiffel décomptaient les jours qui nous séparaient de l'an 2000. Je me souviens que le chiffre m'a paru dérisoire alors que le changement de millénaire avait encore un goût prononcé de science-fiction. Je me suis posté à l'entrée du tunnel. Il faisait une température agréable. J'ai laissé tourner le moteur, me demandant si j'avais le temps d'allumer un cigare. J'allais béquiller lorsqu'une voiture derrière moi a lancé des appels de phare. J'ai cru reconnaître la voiture de Bidi, c'était une Fiat Uno blanche identique à la nôtre, et je lui ai fait signe de ne pas s'arrêter, d'aller m'attendre de l'autre côté du souterrain, parce que c'était dangereux pour elle de stationner sur une voie expresse. Comment Bidi m'avait-elle retrouvé ? Je passais la première lorsque j'ai vu la Fiat foncer sur moi. Et soudain il y a eu deux voitures, et elles me prenaient en sandwich. Dans le rétroviseur j'ai aperçu, sur la droite, au volant d'une Peugeot bleu marine, un type aux paupières étirées, aux pommettes de Tartare, et, à ce moment précis, une chose s'est passée que les tueurs n'avaient pas prévue, la Mercedes de la princesse est arrivée derrière nous comme un boulet de canon. J'ai poussé les gaz, changeant de vitesse sur la roue arrière. Les yeux de la princesse s'écarquillaient contre la vitre. La limousine n'a fait qu'érafler la Fiat, lui arrachant un rétroviseur, un feu de position, mais le chauffeur a dû donner un brusque coup de volant pour éviter la Peugeot qui se rabattait sur moi, et il roulait si vite qu'il a perdu le contrôle du véhicule. J'ai entendu un bruit de tonnerre quand la calandre a percuté un pilier du tunnel. La petite Fiat ne faisait pas le poids, mais l'autre taré continuait la poursuite, je crois qu'il m'a tiré dessus, je ne l'ai semé qu'à la hauteur du Trocadéro… Qu'est-ce qu'ils s'étaient figuré ? Qu'un paparazzi tué par un chauffard un soir de 31 août n'affligerait personne… ? Je ne savais pas dans quel trou me terrer. Bidi ne répondait pas, Dominique était sur répondeur, et la princesse avait eu à ma place un accident dont j'allais vite apprendre qu'il lui avait coûté la vie. La face de Tartare, derrière le volant de la Peugeot, me rappelait quelque chose : j'avais déjà aperçu ce type-là aux côtés de Richard Drouin, aux Bluettes. Je n'osais pas retourner chez moi. J'avais honte, j'avais peur. Alors j'ai roulé jusqu'à Orly, et à l'aube je me suis envolé par le premier avion pour la Corse en attendant de joindre Dominique, espérant qu'il pouvait arranger les choses…

*
* *

Nous étions parvenus, à force d'errer dans la plantation de bambous, à un petit chemin qui dominait la mer. Nous avons entendu le roulement des vagues, puis le roucoulement d'un oiseau nocturne. Les nuages occultaient les étoiles ; bientôt il s'est mis à pleuvoir.

Jameson ne parlait plus que de façon erratique. Il m'expliquait qu'en croyant régler un problème, le Service s'en était créé un autre, beaucoup plus grave. « Imaginez l'embarras de vos chefs, m'a-t-il dit, lorsqu'ils ont découvert que certaines de leurs connexions, certains de leurs honorables correspondants, des agents qu'ils avaient choyés pendant des années, étaient impliqués dans la tragédie. Ils faisaient dans leur froc à l'idée d'être associés à la mort de princesse, s'est-il exclamé. Ils ont déployé des trésors d'énergie et de ruse pour éviter qu'une information transpire, ils ont muselé la police, la magistrature, ils ont abattu le Tartare de la Peugeot bleue, et ils sont toujours prêts, à ce que je vois, à tuer quiconque pourrait les rattacher à l'accident de l'Alma. Richard Drouin ? Ils ne sont pas parvenus à l'avoir, ou bien il avait pris ses précautions, et ils lui ont permis de se réfugier en Iran. Richard Drouin n'était qu'un pion. Mais ils ont estimé plus prudent d'ordonner à Dominique de me clore définitivement le bec… Vous me suivez ? » Moi, je ne disais rien parce que je savais qu'à toutes ces morts devrait bientôt s'en ajouter une autre.

Par-delà l'estuaire scintillaient les lumières du port de Sanya. La route contournait un bosquet bas et touffu ; plus loin elle bifurquait d'un côté vers la ville endormie et de l'autre vers la plage de Dadong. N'ayant rien de plus à nous dire, Jameson et moi nous sommes quittés là, sans un au revoir, sur un hochement de tête, et je m'aperçois à l'instant que j'ai oublié de lui demander, alors que la question me chiffonnait, si l'enfant que la Chinoise avait voulu enregistrer à l'état-civil de notre consulat de Shanghai était le sien ou bien celui de Dominique.

Il tombait une pluie légère, plutôt vivifiante, sans rapport avec l'averse diluvienne de la veille. Elle m'a tiré peu à peu de mon engourdissement et je me suis mis à réfléchir tout en descendant la côte dans la direction de l'esplanade aux éléphants.

Antoine, me disais-je, a besoin de moi pour son exfiltration, je suis le seul à avoir la clef de la planque où nous avons entreposé nos bagages en milieu d'après-midi, après avoir rendu les chambres d'hôtel, le seul en mesure de parler au capitaine du *Kingfish*, le bateau de pêche pouvant rallier le cargo comorien qui croise à la limite des eaux territoriales…

Puis je me suis dit que j'étais idiot. Un verrou chinois n'arrête pas un type tel qu'Antoine ; nous avons tous suivi les cours des « gratteurs », les serruriers du Service. Il me fallait raisonner différemment. Qu'aurais-je fait à sa place, à partir du moment où s'était déclenchée l'alarme d'incendie du Kelly's KTV ? D'abord, m'enfuir avant l'arrivée des pompiers, avant surtout que la police ne boucle le quartier et ne lance un avis de recherche, une fois découvert le mystère de deux Blancs morts ensemble de cause apparemment naturelle… Non, Antoine s'était sans doute rendu directement à la planque de l'esplanade aux éléphants, où se trouvaient l'argent, les billets, les passeports, car nous ne portons jamais rien de personnel sur nous pendant une action. Il avait dû s'y précipiter, et comprendre à mesure que tournaient les heures, ne voyant arriver ni Stéphane ni Roger, que les choses, une fois de plus, ne s'étaient pas déroulées comme prévu. Sans doute avait-il averti le général. Pour lui, le deux pièces constituait une souricière, il ne parlait pas chinois et je pouvais aussi bien être arrêté et le dénoncer à la police et révéler aux autorités locales toute l'opération. Il lui fallait limiter la casse, avant d'organiser sa cavale… Il s'était tenu alors le même raisonnement que je me tenais : admettons que les cibles s'en soient sorties, s'était-il dit, que ferais-je à leur place ?

J'apercevais la barre de tours où se trouvait notre point de repli. Les abords du quartier étaient déserts, ma montre indiquait 1 h 57 du matin. Au lieu de prendre droit devant moi, j'ai commencé à effectuer un tour circulaire en empruntant l'allée piétonne qui longeait la chaussée, regrettant d'avoir jeté au fond d'une bouche d'égout la matraque, les seringues, les petits flacons d'anesthésiant surtout, dont l'un restait à moitié plein. Et puis, alors que je marchais déjà depuis peut-être vingt minutes, et que mes pas me ramenaient au bord de la falaise, j'ai perçu un craquement derrière moi, le bruit caractéristique d'une coquille d'escargot qu'on écrase, et je me suis préparé à l'assaut.

Ma riposte s'est révélée moins heureuse qu'au Kelly's KTV. La bombe de laque avec quoi j'espérais aveugler Antoine a raté ses yeux. J'avais dégainé mon couteau, mais le sien s'est montré plus rapide. La lame qui visait le ventre s'est enfoncée dans ma hanche gauche et m'a entaillé l'intérieur du bras dans le mouvement de retour. Elle m'aurait sûrement étripé au coup suivant si je n'avais accompagné mon cri de douleur d'un juron chinois. Antoine a cru que j'appelais un complice à la rescousse ; il semblait anxieux, irrésolu. Il a reculé, a tourné la tête ; une coquille d'escargot a encore craqué sous son poids et je lui ai expédié mon pied entre les jambes, puis l'ai projeté dans le vide d'un revers du coude. Il a battu des bras et est allé s'écraser contre les rochers, face la première, dix mètres plus bas, tandis que je me laissais tomber sur le parterre de gazon et de plantes grasses en me tenant le côté et que mes larmes se mêlaient à l'eau de la pluie.

*
* *

Je me suis relevé précautionneusement, du sang plein les doigts. Ce n'était pas encore trop douloureux mais j'avais le milieu du corps ankylosé, comme si un faux mouvement m'avait bloqué la hanche.

Le temps me manquait pour examiner mes plaies. J'ai battu les buissons derrière moi, là où Antoine s'était tenu en embuscade. Son sac reposait au sec, sous les feuilles d'un ficus. J'y ai trouvé nos portefeuilles avec ses affaires, nos billets, nos quatre passeports et près de vingt-cinq mille euros en liquide. J'ai déchiré une chemise et ai confectionné un garrot pour mon bras. Un polo plié en quatre pouvait faire office de pansement ; j'ai épongé le sang et l'ai coincé contre la plaie qui s'ouvrait sous mes côtes, puis j'ai réussi à enfiler un blouson d'Antoine, afin de dissimuler le bandage improvisé aux yeux d'éventuels passants.

Antoine, c'est ainsi qu'on m'appellera désormais.

Antoine n'est pas entré au KTV, il était en retard à nos deux briefings et n'est resté qu'un instant au Sky Bar comme au café Coco, pas assez longtemps en tout cas pour s'être fait remarquer par qui que ce soit. Un touriste sans histoire. – Il porte des lunettes de vue sur sa photo d'identité ; lui ressemblerais-je assez avec des lunettes similaires pour franchir un contrôle d'aéroport ? – J'ai enfourné son passeport dans une poche, le reste de ses papiers et l'argent dans une autre, et j'ai pris tous les documents concernant Stéphane, Roger et moi-même afin les déchiqueter en petits morceaux et les faire disparaître en chemin.

Antoine Michelet, ingénieur agronome né à Mont-de-Marsant... Nous avons révisé ensemble nos légendes, rue de Chazelles. Je dois redresser le torse, essayer d'adopter une démarche normale.

*
* *

Le silence règne dans le deux pièces où il y a quelques jours je me suis imaginé vivre avec Pearl et l'idée me hante que l'espace autour moi, de l'autre côté des murs blancs désormais maculés par endroits de traces rougeâtres, est en train de diminuer, de se rétracter en une boule de ténèbres. Il faut dire que la nuit s'obstine derrière les fentes des stores et que je me déplace dans une semi pénombre, soucieux de ne pas me faire repérer de l'extérieur par une lumière à cette heure avancée, ne gardant allumée que la minuscule salle de bain aveugle, aussi étroite et fonctionnelle qu'une pièce d'eau d'hôpital, où j'ai transporté une pile de sous-vêtements en guise de coton et la trousse de premier secours fournie par le Service.

Lorsque je regarde par la fenêtre je ne reconnais rien du paysage qui m'entoure, la mer se dresse tel un mur noir dont il me semble qu'il se rapproche de minute en minute et, tout en bas de la tour, je n'aperçois plus les grands éléphants en bronze de l'esplanade comme s'ils avaient été engloutis eux aussi dans la catastrophe. Sur le ruban obscur de la rivière, là où tout à l'heure étaient amarrés les sampans, les chalutiers, la longue flottille de petites barques, une masse indistincte de formes encastrées les unes dans les autres s'amenuise doucement dans une sorte de brume phosphorescente. Le silence lui-même a une qualité bizarre ; c'est moins une absence de bruit qu'un étouffement artificiel des sons comme si une machine acoustique émettait des ondes inverses dont je percevais l'infime rumeur.

Combien de sang ai-je perdu ?

Les efforts que j'ai accomplis pour me déshabiller, ôter le blouson de Stéphane, déboutonner et retirer ma chemise tout en appuyant sur la plaie, m'ont fait un instant tourner de l'œil. Je me suis senti partir et me suis accroché au mur le long duquel je me suis laissé glisser le plus lentement possible afin de ne pas ouvrir la blessure davantage et aggraver mon état. Et maintenant, me disais-je, hein ? maintenant que le froid gagne sur la chaleur de mes organes, quel est le niveau de l'entropie ?

La plaie au côté semble profonde et je ne me sens pas en mesure de la recoudre. Je l'ai nettoyée d'une main, l'ai désinfectée de mon mieux, ai pulvérisé dessus une poudre antibiotique, l'ai enfermée sous un gros carré adhésif, ai avalé cachets et gélules, puis me suis casé sur l'une des deux chaises du living, parce que c'est assis que je me sens le moins mal, et me suis occupé du bras, dont l'entaille paraît superficielle, quoique je puisse difficilement le remuer, et l'ai bandé serré en veillant que les lèvres de la plaie restent jointes.

Combien de temps vais-je tenir ainsi, transi, avec mon pantalon empesé d'un sang encore poisseux, incapable de me laver, me raser, me rendre présentable pour l'avion ?

La boîte d'analgésiques, le petit flacon d'antiseptique, les huit compresses, tout cela a été dosé par le Service comme si la cavalerie accourrait à la rescousse dans la minute.

Il faut que je quitte l'île demain. Je choisirai un vol court, une ligne intérieure, moins surveillée que les destinations internationales. Puis je gagnerai Shanghai à petites étapes…

D'une efficacité redoutable, la police chinoise n'est pas des plus rapides… Il faut que je…

Je retarde le moment de penser à Pearl, réservant son souvenir à des minutes plus difficiles. J'essaie de me concentrer pour l'instant, afin de contrer le rétrécissement de l'espace extérieur et redonner du volume au monde, sur des images lumineuses de lieux ouverts, de promenades, tirées de ces journées ensoleillées où je déambulais à Shanghai comme si la ville m'appartenait en propre : les grands platanes du parc Fuxing qui se reflètent sur l'étang aux nénuphars ; les retraités faisant leur gymnastique devant les pierres déchiquetées du coin de rocaille ; le précieux rocher de Taihu qu'ont sculpté le vent et les eaux, imposant comme une montagne, avec son corps sinueux, ses arêtes pareilles à mille sommets, et ce percement dans le haut où circule le souffle du *qi*…

Je me force à respirer dans un sac en plastique lorsque je sens monter la crise de tétanie.

Je recompose en pensée les allées qui bifurquent du jardin du mandarin Yu ; je cherche le goût des bouchées à la vapeur qu'on sert juste à côté sur des disques de bambou fumants, d'une délicatesse supérieure même à celles des *dim sun* de Kowloon, lorsqu'à l'automne débute la saison du crabe.

Un bourdonnement emplit mes oreilles… Je songe à ce pavillon du Baiyunguan aujourd'hui détruit où j'ai vu officier un jour les moines à bonnet plat : ils entouraient une longue écharpe jaune qui s'incurvait jusqu'à une lanterne, et l'un jouait de la flûte, l'autre du tambourin, un autre d'une sorte de viole grinçante tandis que résonnait le gong, fixant chacun une direction différente, toujours à la limite de la cacophonie et se rajustant par miracle à la dernière seconde sans pourtant se concerter.

Je me rappelle combien Pearl redoute les fantômes.

Je pense aux vieilles maisons de bois de Laoximen qu'ont rasées les urbanistes pour élever à la place des litanies de tours de cinquante étages ; je pense aux quartiers que je ne reconnaîtrais pas, m'a-t-on dit, du côté de Hongqiao, à ces bâtisses neuves, ces rues nouvelles que j'imagine grises et compactes, se télescopant et se métamorphosant sans cesse comme dans les méandres d'un rêve.

Je pense à Pearl. Je pense à son expression lorsqu'elle m'a annoncé d'un ton coupable, les yeux baissés, qu'après sa fausse-couche elle ne pourrait sans doute plus être mère.

Je pense qu'il est difficile de percer quelque chose à jour et de rester soi-même intact.

Le sang a cessé de couler de ma hanche mais la blessure m'élance par intervalles, de façon de plus en plus douloureuse.

Je pense aux changements souterrains, à toutes les transformations muettes que, parfois, seules une ou deux personnes remarquent.

Je pense à l'ancien idéal de l'Empire du Milieu, selon lequel le sage est sans idée, *wu yi*, sans nécessité, *wu bi*, sans position arrêtée, *wu gu*, sans moi, *wu wo*.

Je me demande pourquoi les analgésiques tardent tellement à agir.

Il ne faut pas que je perde pied. Demeurer conscient… Je me dis que je préférerais me jeter par la fenêtre plutôt que de finir sous la torture dans une geôle chinoise.

Je me dis que je ne suis pas encore mort.

Remerciements

L'auteur aimerait remercier pour l'aide précieuse qu'ils lui ont apportée, pour leur amitié, pour leur soutien, pour leurs conseils, pour les multiples informations qu'ils lui ont communiquées de vive voix ou à travers leurs œuvres,

dans l'ordre alphabétique :

Jean-Gabriel Barthélémy, Georges Berghezan (*Trafics d'armes vers l'Afrique*), Alexandra Boulat, Virgile Bramly, Marine Bramly, Paul Burrell (*Confidences royales*), Ysaline et Frank Davidson, Raymond Depardon (*Reporter*), Erik Emptaz, Hubert Henrotte (*Le Monde dans les yeux*), Karina Hocine-Bellanger, F. K., Jean Huon (*Le M 16*), Maya Hsu, Juliette Kerner, Dominique Labarrière (*Cet homme a été assassiné*), Pearl Lam, Isabelle Laffont, Cédric Lazerges, Mme Leelee de l'agence Chine Tourisme et la compagnie Air China, Laurent Léger (*Trafics d'armes*), Pierre Martinet (*Un agent sort de l'ombre*), Philippe Nataf, Jean-Jacques Naudet, Michel Palmieri, Dr Frédéric Perrier, L. R.-B., Gérard Rambert, Jacqueline Raoul-Duval, Bettina Rheims, Marion Ruggieri, Roger Thérond, Ph. Y., Zhuang Jay, Ginger Zheng, ainsi que *** et ***, dont les confidences n'ont pas été les moins utiles à ce roman, mais qui préfèrent ne pas être cités nommément, pour les raisons qu'on imagine, pas même sous leurs seules initiales.

Ce volume a été composé
par IGS-CP à L'Isle-d'Espagnac (Charente).

Impression réalisée sur CAMERON par
BRODARD ET TAUPIN
La Flèche
en juin 2008

Pour l'éditeur, le principe est d'utiliser des papiers composés de fibres naturelles, renouvelables, recyclables et fabriquées à partir de bois issus de forêts qui adoptent un système d'aménagement durable.

En outre, l'éditeur attend de ses fournisseurs de papier qu'ils s'inscrivent dans une démarche de certification environnementale reconnue.

Imprimé en France
Dépôt légal : juin 2008
N° d'édition : 01 – N° d'impression : 48103